老吕专硕系列

MF/MIB/MI/MV/MT

丛书主编◎吕建刚

经济类联考 396数学 要点精编

主编 ◎ 张天德

副主编 ◎ 范洪军、樊树芳、张琨

北京理工大学出版社
BEIJING INSTITUTE OF TECHNOLOGY PRESS

图书在版编目(CIP)数据

经济类联考·396数学要点精编 / 张天德主编．—北京：北京理工大学出版社，2021.4
ISBN 978-7-5682-9747-9

Ⅰ．①经…　Ⅱ．①张…　Ⅲ．①高等数学-研究生-入学考试-自学参考资料　Ⅳ．①O13

中国版本图书馆CIP数据核字(2021)第068042号

出版发行 / 北京理工大学出版社有限责任公司
社　　址 / 北京市海淀区中关村南大街5号
邮　　编 / 100081
电　　话 / (010)68914775(总编室)
(010)82562903(教材售后服务热线)
(010)68948351(其他图书服务热线)
网　　址 / http://www.bitpress.com.cn
经　　销 / 全国各地新华书店
印　　刷 / 保定市中画美凯印刷有限公司
开　　本 / 787毫米×1092毫米　1/16
印　　张 / 25
字　　数 / 587千字
版　　次 / 2021年4月第1版　2021年4月第1次印刷
定　　价 / 79.80元

责任编辑 / 高　芳
文案编辑 / 胡　莹
责任校对 / 刘亚男
责任印制 / 李志强

图书配套服务使用说明

一、图书配套工具库：喵屋

扫码下载"乐学喵 App"
(安卓/iOS 系统均可扫描)

下载乐学喵App后，底部菜单栏找到"喵屋"，在你备考过程中碰到的所有问题在这里都能解决。可以找到答疑老师，可以找到最新备考计划，可以获得最新的考研资讯，可以获得最全的择校信息。

二、各专业配套官方公众号

可扫描下方二维码获得各专业最新资讯和备考指导。

三、视频课程

扫码观看
396经综基础课程

四、图书勘误

扫描获取图书勘误

五、备考交流群

396经济类联考
备考QQ群

前 言

经济类联考综合能力考试是为高等院校和科研院所招收金融硕士（MF）、应用统计硕士（MAS）、税务硕士（MT）、国际商务硕士（MIB）、保险硕士（MI）和资产评估硕士（MV）而设置的具有选拔性质的全国联考科目．经济类联考综合试卷包含数学、逻辑、写作三个部分，其中，数学部分主要考查学生对经济分析中常用的数学知识的基本概念和基本方法的理解和应用，所占分值为70分，在综合测试中占据半壁江山，是考生复习的重要内容．为此考研数学名师张天德教授根据多年的教学和辅导经验，紧扣最新考试大纲，依据考试要求编写了本书．

知识框架解构

本书依据新考试大纲，深刻领会大纲精髓，将全书分为三大部分（微积分、线性代数和概率论），系统讲解了大纲所要求掌握的微积分、线性代数、概率论的基本思想、重要知识点、常考题型．

1. 主体框架简介

本书共9章，每章的体系包含知识梳理、历年真题考点统计、考情分析、通关测试四个板块，帮助考生从宏观上了解396经济类联考，具体介绍如下：

知识梳理 每章开篇以思维导图的形式将本章的知识点进行展示，系统详细地总结了本章知识体系，使考生能够提纲挈领地了解本章主要知识点．

考点统计 每章以表格的形式将历年真题按照考试年份、考查知识点进行统计汇总，清晰展现考试常考题型及重要考点，帮助考生抓住重点．

考情分析 根据历年真题统计表进行考情分析，结合最新大纲考查内容、2021年的真题和历年真题考查题型的变化预测本章考试方向，让考生对本章的考试要求及考试情况有很好地把握．

通关测试 每章最后给出通关测试题，通关测试题严格按照最新大纲样卷提供的题型编写，总共35道选择题，每题5个选项，每道题的正确选项是唯一的．每章测试题都配有“答案速查”和“答案详解”，以便考生对照答案，发现问题，查缺补漏，自我检验学习效果．

2. 分支框架简介

每一章根据自身的内容安排，分为不同的节，每节设置考纲解析、知识精讲、题型精练三部分，旨在将内容分类、细化，便于考生从微观的角度把控自身的学习节奏，从而深入了解396经济类联考，具体介绍如下：

考纲解析 每节开篇点明本节主要知识点及对每个知识点所要求掌握的程度，让考生在学习过程中把握学习节奏，做到有的放矢．

知识精讲 每节设置知识精讲，涵盖本节所有基本知识点，详细地给出概念、性质等基本内容，系统梳理基本的知识点，并辅以表格等形式对难点进行解释，力求考生通过学习后，迅速理解并掌握基本知识．

题型精练　根据考试大纲，针对知识精讲中的基本考点，归纳出常考题型，每个题型配备“技巧总结”，帮助考生迅速掌握该题型，起到事半功倍的效果．每种题型配有五个左右的例题，例题全部设置为单项选择题，且附有详细的解析过程，此外，重点和难点例题配有“点评”，加强考生对该考点的理解和掌握．

图书特色说明

1. 紧扣最新考试大纲

本书依据最新经济类联考大纲，深入研究 2021 年经济类联考真题后重新编写，内容分布合理，选取的题目都是选择题（5 选 1），从一开始就带领考生认识、熟悉 396 经济类联考．

2. 模块化讲解，系统化学习

本书的每一小节就是一个模块，考纲解析提出了每一节的学习要点和要求，让考生有目的地进行下一步学习；以讲（知识精讲）学（技巧总结）练（题型精练）的方式层层递进，让考生快速掌握每一节的知识点，稳基础、会做题．

3. 重视基础知识，提升综合能力

经济类联考综合能力数学大纲主要考查考生对经济分析常用数学知识的基本概念和基本方法的理解和应用；同时，题量的增加使得 396 考查的知识点更加全面，且近年来对知识点的综合应用考查有明显增加．因此本书注重加强对基本概念、性质定理和基本计算方法的理解和运用；重视基础题和综合题，远离偏题、怪题；增加不同章节之间的联动，帮助考生打好数学基础，从而提升综合处理问题的能力．

4. 技巧化解题，提高计算能力

经济类联考综合能力数学考试题共 35 道选择题，总分 70 分，每题平均花费的时间在 2 分钟左右，虽然试题难度不高，但需要考生有较强的计算能力．因此本书的每个题型都配备技巧总结，归纳总结技巧，让考生会做题、巧做题；同时，每章后面设有“本章通关测试”，全书附送“综合测试卷”，增大题量，帮助考生重复练习同种类型题目，避免发生“一看就会、一做就错”的惨剧，提高自己的计算能力．

本书由考研数学名师张天德教授任主编，由范洪军、樊树芳、张琨任副主编，参加编写的主要人员有孙建波、周秀娟、安徽燕．衷心希望我们精心打造的这本《经济类联考 · 396 数学要点精编》对您有所裨益．限于时间关系，书中疏漏之处在所难免，不当之处，欢迎同仁和读者批评指正，以便不断完善．

张天德

目录
contents

396 经济类联考数学考试大纲解读

一、试卷结构解读

2021 经济类联考发生较大的调整，尤以数学部分的考纲变化最大，现将数学部分新旧大纲的对比列表说明：

大纲	分值	考查形式	各科占比
旧大纲	70 分	10 道选择题，4 选 1，每题 2 分; 10 道计算题，每题 5 分	微积分：6 道选择题＋6 道计算题，共 42 分，占比 60%; 线性代数：2 道选择题＋2 道计算题，共 14 分，占比 20%; 概率论：2 道选择题＋2 道计算题，共 14 分，占比 20%
新大纲	70 分	35 道选择题，5 选 1，每题 2 分	（参考 2021 年经济类联考真题和大纲样卷） 微积分：21～22 道选择题，占比 60%～62.9%; 线性代数：7 道选择题，占比 20%; 概率论：6～7 道选择题，占比 17.1%～20%

2021 年 396 数学题型变化的同时伴随着题量的急剧上升，这代表着虽然单个题目的难度有所下降，但试题的灵活性进一步增强，这对考生的做题速度和答题技巧提出更高的要求．同时，我们可以看出，经济类联考对微积分、线性代数和概率论的考查比重影响不大，考试的重点依旧在微积分部分，题量占比最大，线性代数和概率论次之，考生在复习过程中应尊重这个客观规律，有的放矢．

二、考试大纲内容解读

经济类联考的数学分为微积分、线性代数和概率论三部分．大纲给出的知识范围较为简略，为使考生系统复习，深入理解相关基本知识点，我们结合历年真题，将内容进一步解读，具体如下：

1. 微积分部分

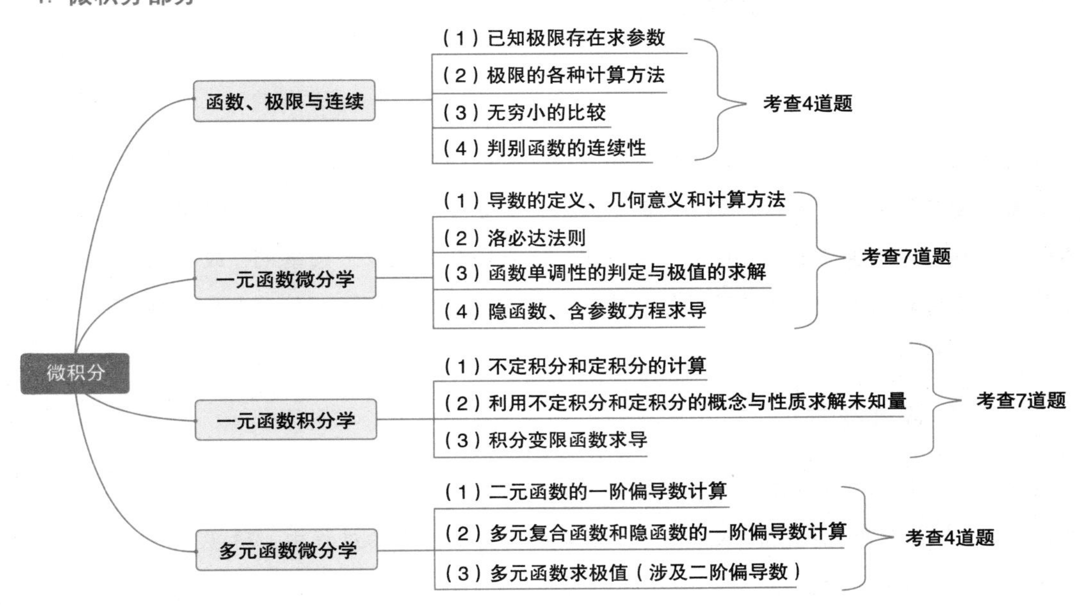

新旧大纲变化：①由“多元函数的一阶偏导数”变为“多元函数的偏导数”；
②新增“多元函数的极值”.

2. 线性代数部分

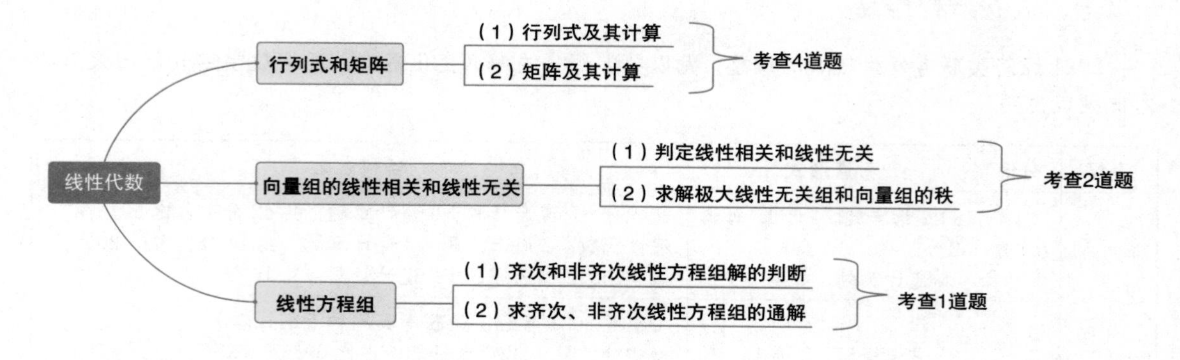

新旧大纲变化：新增“行列式的基本运算”.

3. 概率论部分

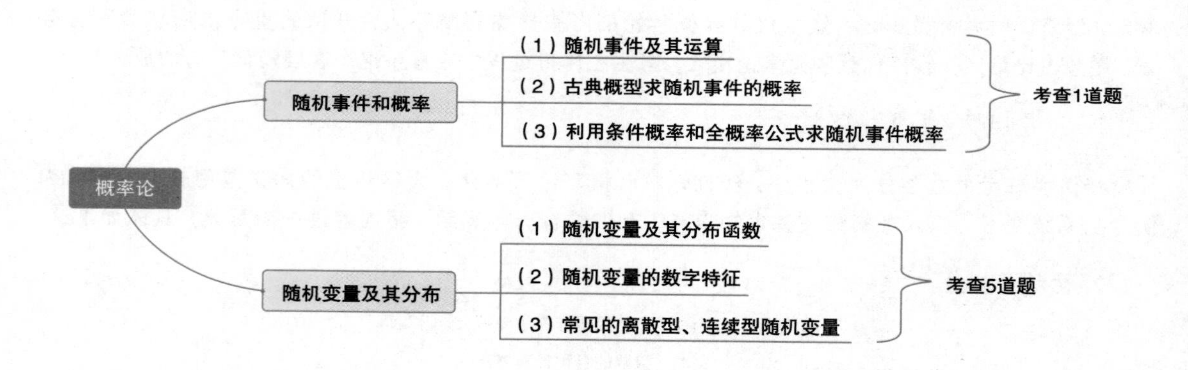

要说明的是，重点题型是根据历年真题并结合大纲归纳而出，而所占题量则是根据2021年经济类联考真题归纳总结而来，其分布比例和大纲样卷基本一致，在考生学习过程中也具有一定的参考价值．有些知识虽然在试卷中的考查较少，但它们是其他章节的基础，或者极易和其他章节的知识组成综合题来考查，也是不可忽视的存在，所以请大家在时间分配上要做到主次分明，但不要忽视细节和基础．

三、全年备考规划

数学的学习是一个循序渐进的过程性学习，需要考生持续不断地努力学习，但这并不意味着简单的“题海”战术就能帮助你取得高分，尤其是在长线备考的过程中，科学合理的备考规划尤为重要．备考过程中要做到以下两点：

1. 科学的时间分配

我们可以将长期复习规划分为三个阶段，根据每个阶段的知识特点和任务要求，考生可作如下安排：

阶段	时间安排	任务
基础阶段	共计 12 周，1 至 2 周复习一章	了解 396 数学考题的范围，熟练掌握基础知识，要求考生会做题
母题训练阶段	共计 9 周，每周复习一章	复习、巩固数学基础知识，进行题型的专项学习和训练，要求考生巧做题
冲刺模拟阶段	共计 9 周，其中，花费 6 周研究真题，最后 3 周进行模拟测试	增加做题量，适应考试节奏，稳步提高做题速度及正确率
注：短期计划根据个人情况做到每天固定 2 小时左右进行数学知识的学习．		

2. 完善的备考逻辑

从基础阶段到冲刺阶段，这是一个不断向前，又相互关联的过程，为了更高效地学习，建议考生形成这样一套完善的备考逻辑：

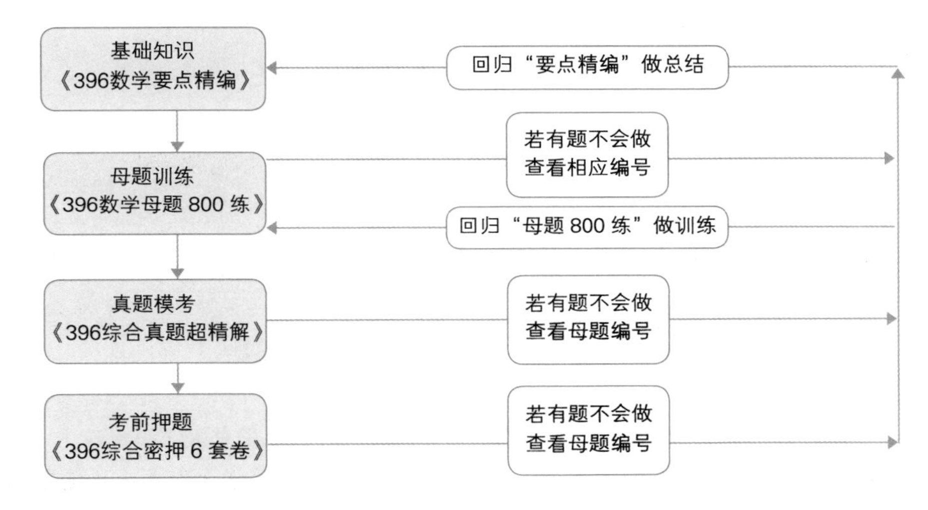

考生在备考过程中，若有题型不会，可回归《396 数学母题 800 练》做训练；若发现知识点有欠缺，可回归《396 数学要点精编》做总结．

第一部分

微积分

第1章 函数、极限与连续

本章知识梳理

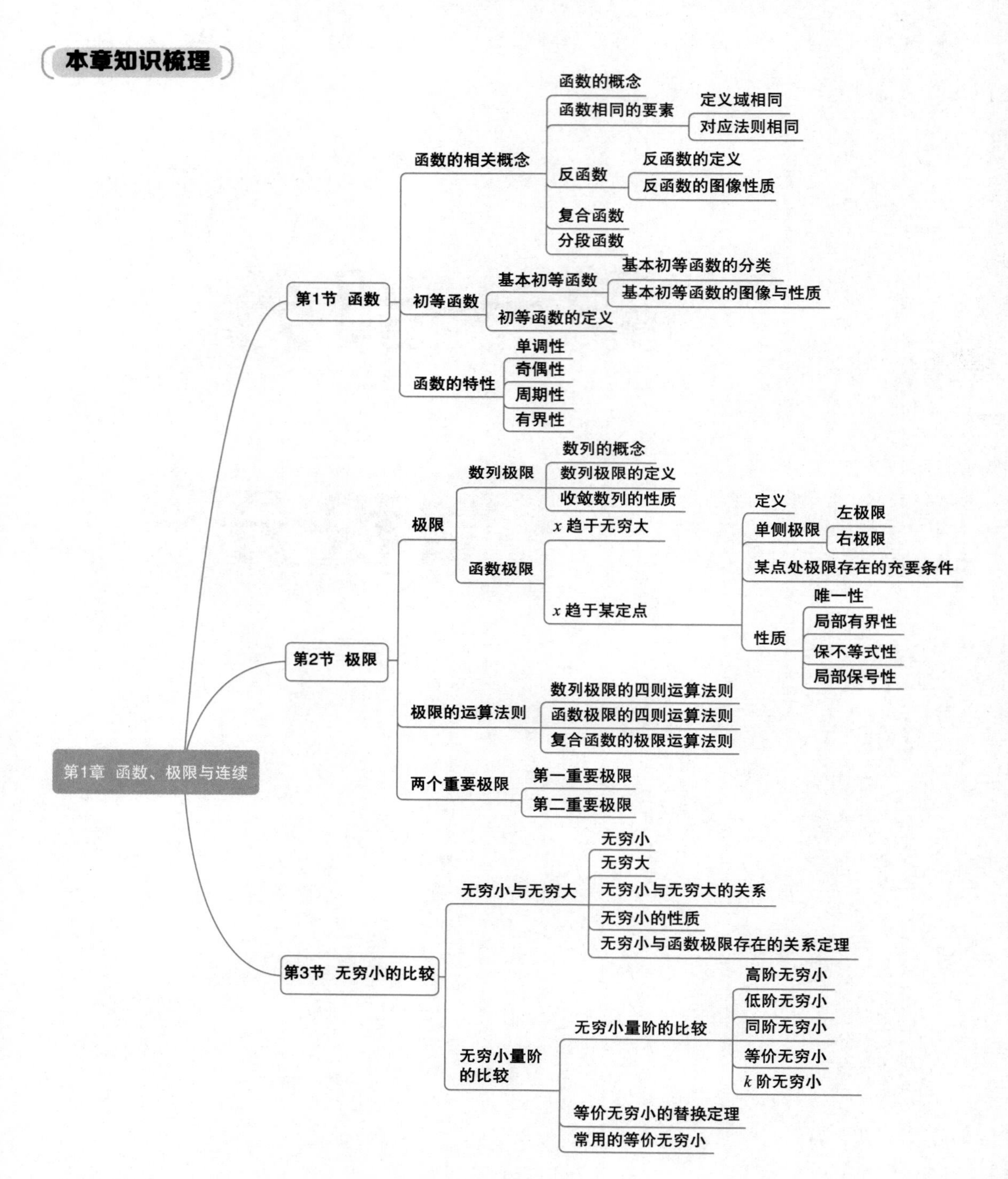

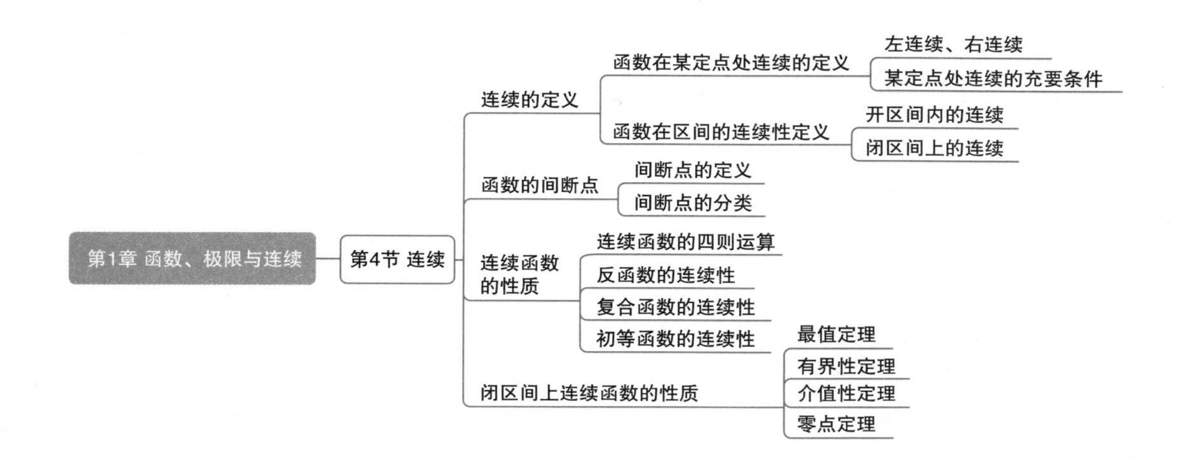

历年真题考点统计

考点	2011	2012	2013	2014	2015	2016	2017	2018	2019	2020	2021	合计
函数		2										2 分
极限		7	5					2	12	7	6	39 分
无穷小与无穷大										2	2	4 分
函数的连续性						5	5					10 分

说明：由于很多真题都是综合题，不是考查 1 个知识点而是考查 2 个甚至 3 个知识点，所以，此考点统计表并不能做到 100%准确，但基本准确．

考情分析

根据统计表分析可知，函数极限与连续的相关知识在这 11 年中考了 55 分，平均每年考查约 5 分．

考纲虽然没有明确将这一部分写入考点，但函数作为高等数学的主要研究对象，是微积分的基础和重中之重，所以学习过程中不能忽视．极限是本章考查的重点，常考的题型有已知极限存在求参数，等价无穷小替换定理等各种求函数极限的方法，无穷小的比较和函数连续性的判别．

根据最新大纲，数学的题型变为 35 道单选题，这意味着对函数基础知识的考查会进一步加强，而原先常以计算题形式考查的题型(极限的计算、根据函数连续性求未知参数等)改为选择题后，在做题方法上更具有技巧性和灵活性．2021 年的真题中考查了函数极限的定义、求函数极限的各种方法、无穷小阶的比较、等价无穷小替换定理的使用，由此可以看出本章考查的侧重点往概念与性质的方向进行转变，考生在备考时应注意加强对概念与性质的理解和应用．

第1节 函数

考纲解析

1. 理解函数的概念，学会求函数的定义域和值域．
2. 理解复合函数及分段函数的概念，了解反函数的概念．
3. 掌握基本初等函数的性质及其图形，了解初等函数的概念．
4. 了解并学会判断、使用函数的有界性、单调性、周期性和奇偶性．

知识精讲

1 函数的相关概念

1.1 函数的概念

定义 设 D 是一个给定的非空数集，若对任意的 $x\in D$，按照一定对应法则 f，总有唯一确定的数值 y 与之对应，则称 y 是 x 的**函数**，记为

$$y=f(x),$$

其中 x 为自变量，y 为因变量．数集 D 称为函数 $f(x)$ 的定义域，可记作 D_f；函数值的全体 $W=\{y \mid y=f(x),\ x\in D\}$ 称为函数 $f(x)$ 的值域，可记作 R_f.

1.2 函数相同的要素

定义域 D_f 和对应法则 f 是确定函数的两个要素，因此某两个函数相同是指它们有相同的定义域和相同的对应法则．

1.3 反函数

定义 设函数 $y=f(x)$，$x\in D$，$y\in W$（D 是定义域，W 是值域），若对于任意一个 $y\in W$，D 中都有唯一确定的 x 与之对应，这时 x 是定义在 W 上的 y 的函数，称它为 $y=f(x)$ 的**反函数**，记作 $x=f^{-1}(y)$，$y\in W$.

习惯上常用字母 x 表示自变量，用字母 y 表示函数，故为了与习惯一致，将反函数 $x=f^{-1}(y)$，$y\in W$ 的变量 x、y 对调，改写成 $y=f^{-1}(x)$，$x\in W$.

今后凡不特别说明，函数 $y=f(x)$ 的反函数均记为 $y=f^{-1}(x)$，$x\in W$ 的形式．

图像性质 在同一直角坐标系下，$y=f(x)$，$x\in D$ 与反函数 $y=f^{-1}(x)$，$x\in W$ 的图像关于直线 $y=x$ 对称．

注 单调函数必有反函数，且单调递增（递减）的函数的反函数也是单调递增（递减）的．

1.4 复合函数

定义 设有函数

$$y=f(u),\ u\in D_f,\ u=g(x),\ x\in D,$$

且 $R_g \subset D_f$，则函数 $y=f[g(x)]$ 称作由 $y=f(u)$ 和 $u=g(x)$ 复合而成的**复合函数**，$u=g(x)$ 称为内函数，$y=f(u)$ 称为外函数，u 称为中间变量．

【例】函数 $y=\sin u$ 与 $u=x^2+1$ 可以复合成复合函数 $y=\sin(x^2+1)$.

注 ①复合函数不仅可以由两个函数复合而成，也可以由多个函数相继进行复合而成．如函数 $y=u^2$，$u=\ln v$，$v=2x$ 可以复合成复合函数 $y=\ln^2(2x)$.

②并非任意的两个函数都可以进行复合．比如 $y=\arcsin u$，$u=2+x^2$ 不能复合成一个函数，因为 $u=2+x^2 \geqslant 2$，而 $y=\arcsin u$ 是定义在 $[-1, 1]$ 上的函数，于是 $y=\arcsin(2+x^2)$ 的定义域为空集．因此，两个函数可以复合的条件必须是内函数的值域包含于外函数的定义域内．

1.5 分段函数

定义 函数在其定义域的不同部分用不同的解析式表达，这类函数称为**分段函数**．

常见的分段函数：

(1)绝对值函数 $y=|x|=\begin{cases}-x, & x<0,\\ x, & x\geqslant 0,\end{cases}$ 如图 1-1 所示．

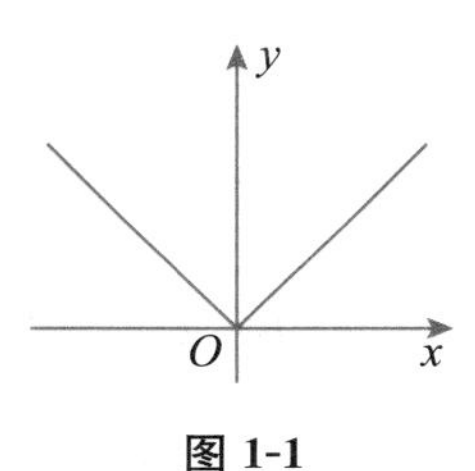

图 1-1

(2)符号函数 $\operatorname{sgn}x=\begin{cases}-1, & x<0,\\ 0, & x=0,\\ 1, & x>0,\end{cases}$ 如图 1-2 所示．

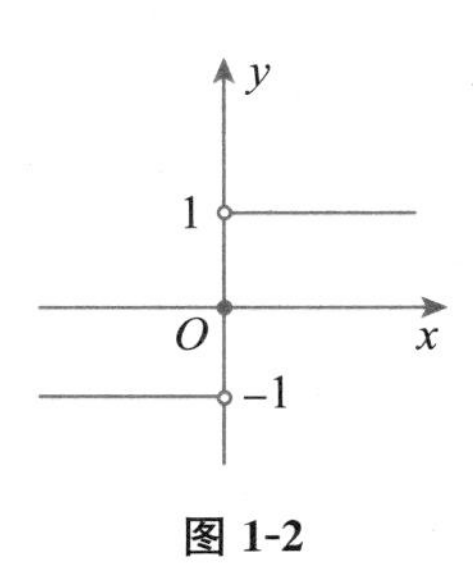

图 1-2

2 初等函数

2.1 基本初等函数

幂函数：$y=x^\alpha$（α 为常数）；

指数函数：$y=a^x$（$a>0$ 且 $a\neq 1$）；

对数函数：$y=\log_a x$（$a>0$ 且 $a\neq 1$）；

三角函数：$y=\sin x$，$y=\cos x$，$y=\tan x$，$y=\cot x$，$y=\sec x$，$y=\csc x$；

反三角函数：$y=\arcsin x$，$y=\arccos x$，$y=\arctan x$，$y=\operatorname{arccot} x$.

为了便于理解，下面将基本初等函数的图像和性质做总结如下，参看表 1-1.

表 1-1

函 数		图 像	性 质
幂函数 $y=x^{\alpha}$，$\alpha\in\mathbf{R}$		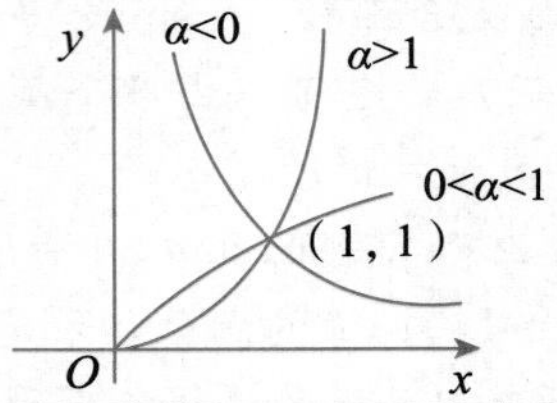	在第一象限，$\alpha>0$ 时函数单调增；$\alpha<0$ 时函数单调减． 恒过点(1，1)，无界．
指数函数 $y=a^{x}(a>0$ 且 $a\neq1)$		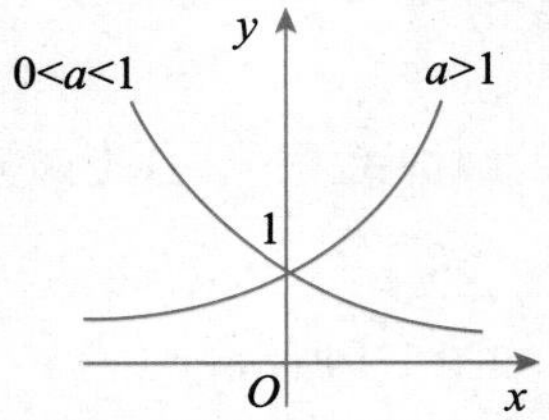	$a>1$ 时函数单调增； $0<a<1$ 时函数单调减． 恒过点(0，1)，无界．
对数函数 $y=\log_{a}x(a>0$ 且 $a\neq1)$		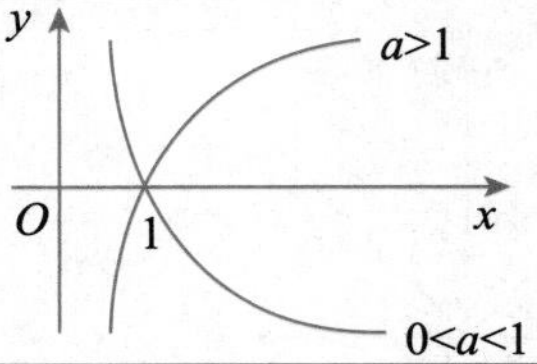	$a>1$ 时函数单调增； $0<a<1$ 时函数单调减． 恒过点(1，0)，无界．
三角函数	正弦函数 $y=\sin x$	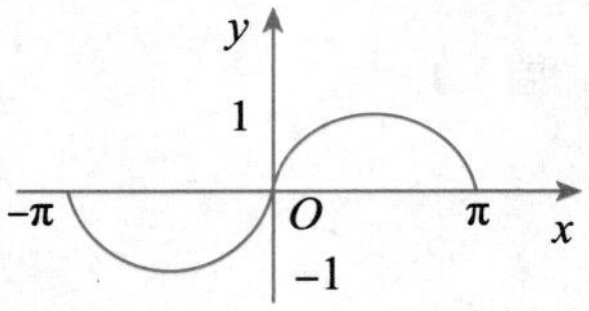	是奇函数同时也是周期函数，周期 $T=2\pi$，$\vert\sin x\vert\leqslant1$，有界．
	余弦函数 $y=\cos x$	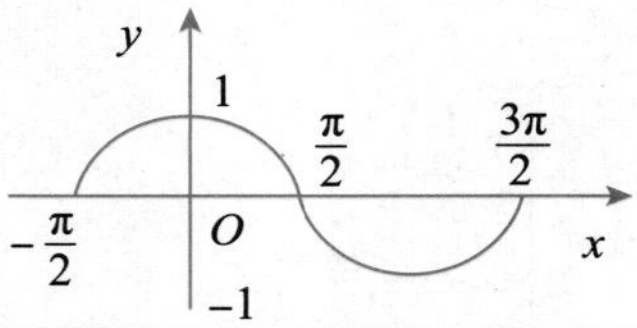	是偶函数同时也是周期函数，周期 $T=2\pi$，$\vert\cos x\vert\leqslant1$，有界．
	正切函数 $y=\tan x$	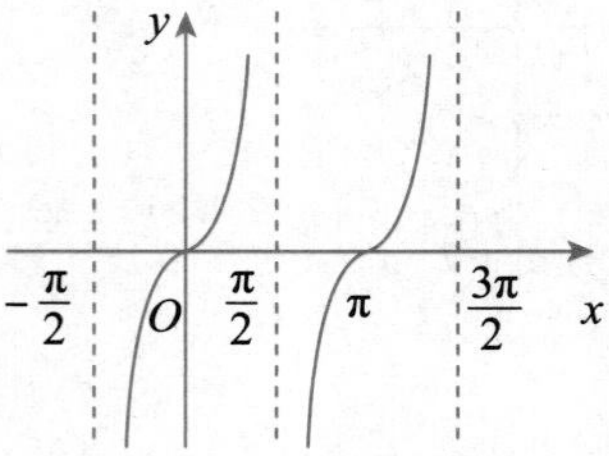	是奇函数同时也是周期函数，周期 $T=\pi$，无界．
	余切函数 $y=\cot x$	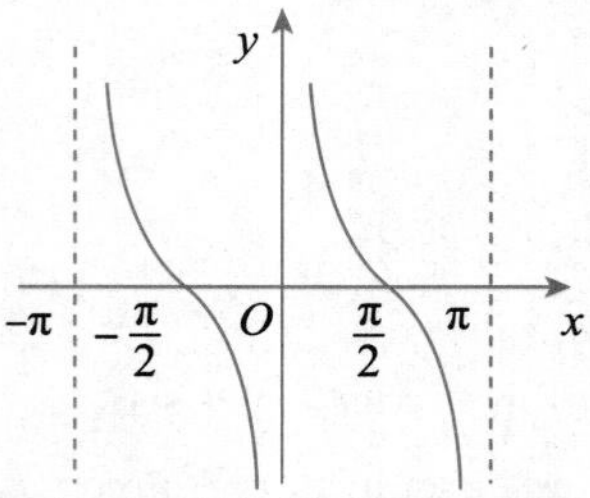	是奇函数同时也是周期函数，周期 $T=\pi$，无界．

续表

函数		图像	性质
反三角函数	反正弦函数 $y=\arcsin x$	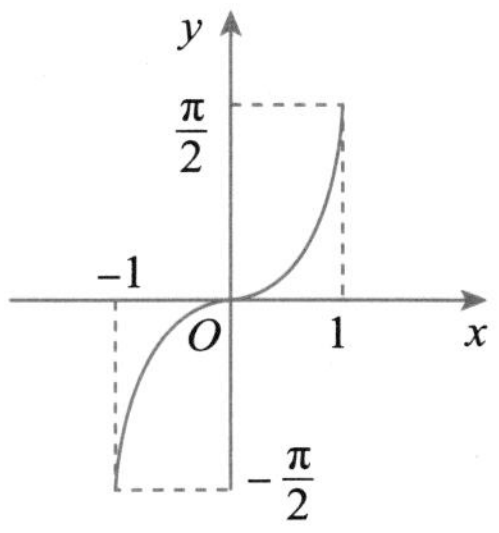	定义域：$x\in[-1,1]$. 值域：$y\in\left[-\frac{\pi}{2},\frac{\pi}{2}\right]$. 奇函数，单调递增，有界.
	反余弦函数 $y=\arccos x$	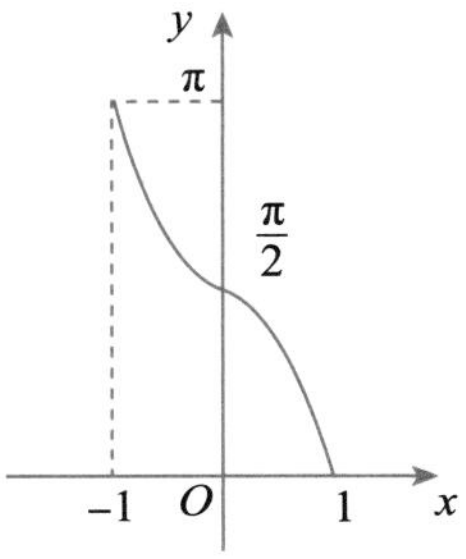	定义域：$x\in[-1,1]$. 值域：$y\in[0,\pi]$. 单调递减，有界.
	反正切函数 $y=\arctan x$	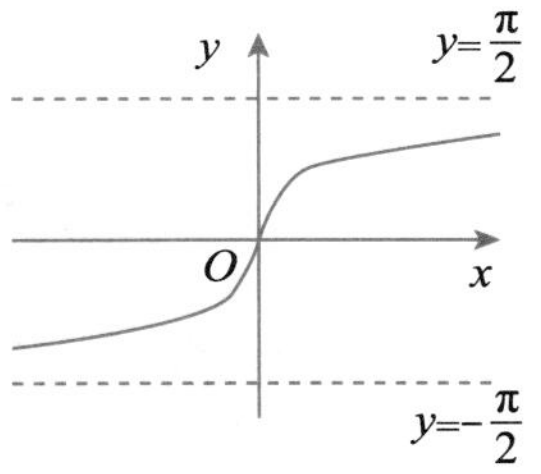	定义域：$x\in(-\infty,+\infty)$. 值域：$y\in\left(-\frac{\pi}{2},\frac{\pi}{2}\right)$. 奇函数，单调递增，有界.
	反余切函数 $y=\text{arccot}\, x$	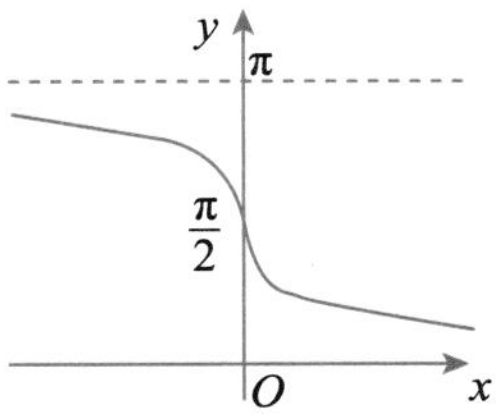	定义域：$x\in(-\infty,+\infty)$. 值域：$y\in(0,\pi)$. 单调递减，有界.

2.2 初等函数

定义 由常数和基本初等函数经过有限次的四则运算和复合运算所得到的函数，称为**初等函数**.

【例】①函数 $f(x)=2^{\sqrt{x}}\ln(2x+5)$，$g(x)=\sqrt{\sin 2x}+e^{\arctan 3x}$ 等均为初等函数.

②分段函数大多不是初等函数，但绝对值函数 $f(x)=|x|$ 可以表示为 $f(x)=\sqrt{x^2}$，故为初等函数.

3 函数的特性

3.1 函数的单调性

定义 如果函数 $y=f(x)$ 对区间 $I\subset D$ 内的任意两点 x_1 和 x_2，当 $x_1<x_2$ 时，总有

(1) $f(x_1)\leqslant f(x_2)$，则称 y 在区间 I 内是**单调增加**(或称**单调递增**)的，若总有 $f(x_1)<f(x_2)$，称 y 在区间 I 内是**严格单调增加**(或称**严格单调递增**)的，如图 1-3 所示；

(2) $f(x_1)\geqslant f(x_2)$，则称 y 在区间 I 内是**单调减少**(或称**单调递减**)的，若总有 $f(x_1)>f(x_2)$，称 y 在区间 I 内是**严格单调减少**(或称**严格单调递减**)的，如图 1-4 所示.

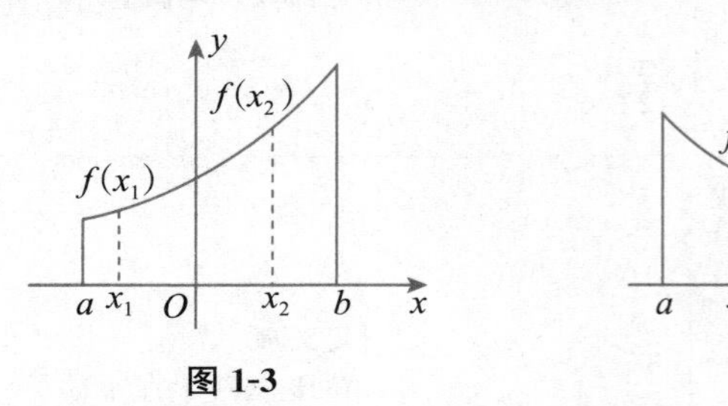

图 1-3

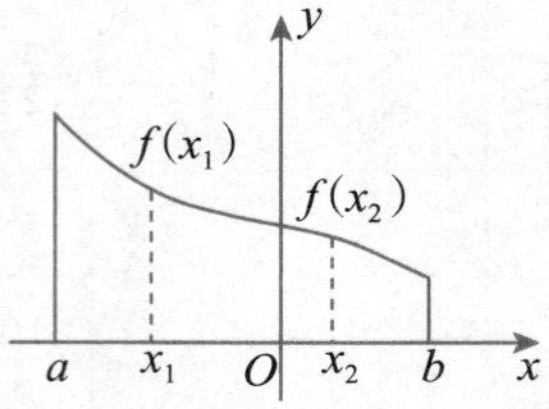

图 1-4

单调增加和单调减少的函数统称为**单调函数**；严格单调增加和严格单调减少的函数统称为**严格单调函数**.

一般情况下，若不单独说明，本书所指单调增加(减少)即为严格单调增加(减少).

【例】$f(x)=x^3$ 在 $(-\infty,+\infty)$ 上单调增加；$f(x)=a^x\ (0<a<1)$ 在 $(-\infty,+\infty)$ 上单调减少；$f(x)=x^2$ 在 $(-\infty,0)$ 上单调减少，在 $[0,+\infty)$ 上单调增加.

3.2 函数的奇偶性

定义 设函数 $y=f(x)$ 的定义域 D 关于原点对称，如果对于任意 $x\in D$

(1)若 $f(-x)=f(x)$ 恒成立，则称函数 $f(x)$ 为**偶函数**；

(2)若 $f(-x)=-f(x)$ 恒成立，则称函数 $f(x)$ 为**奇函数**；

(3)如果函数 $f(x)$ 既不是奇函数也不是偶函数，称为**非奇非偶函数**.

【例】$f(x)=x^2$，$f(x)=\cos x$ 为偶函数；

$f(x)=x$，$f(x)=x^3$，$f(x)=\sin x$ 为奇函数；

$y=\sin x+\cos x$ 是非奇非偶函数.

图像性质

(1)偶函数的图像关于 y 轴对称.

若 $f(x)$ 为偶函数，则对于定义域内的任意 $x\in D$，$f(-x)=f(x)$ 恒成立，所以当 $P(x,f(x))$ 是图像上的点，那么它关于 y 轴的对称点 $P'(-x,f(x))$ 也在图像上，如图 1-5 所示.

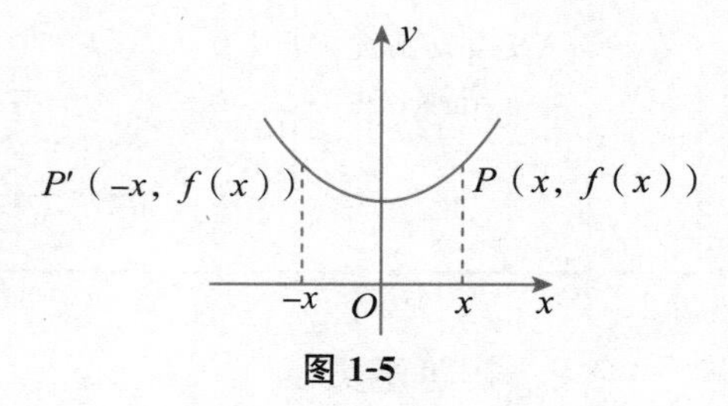

图 1-5

(2)奇函数的图像关于原点对称.

若 $f(x)$ 为奇函数，则对于定义域内的任意 $x\in D$，$f(-x)=-f(x)$ 恒成立，所以当 $Q(x,f(x))$ 是图像上的点，那么它关于原点的对称点 $Q'(-x,-f(x))$ 也在图像上，如图 1-6 所示.

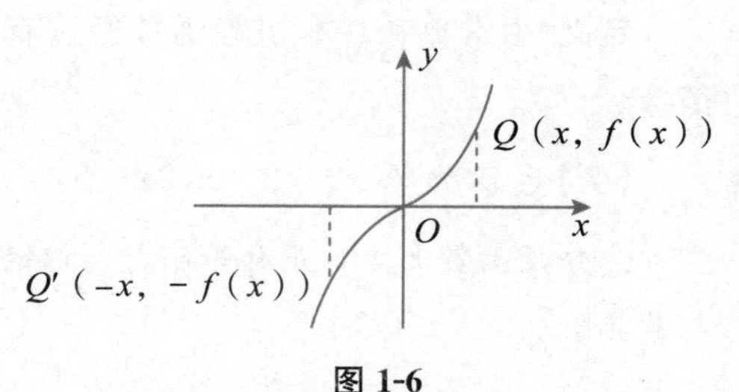

图 1-6

注 奇偶函数之间的运算规律：奇函数±奇函数=奇函数；偶函数±偶函数=偶函数；奇函数×奇函数=偶函数；偶函数×偶函数=偶函数；奇函数×偶函数=奇函数．

3.3　函数的周期性

定义 设函数 $y=f(x)$，$x\in D$，如果存在常数 $T>0$，对任意 $x\in D$，有 $x\pm T\in D$，且 $f(x\pm T)=f(x)$恒成立，则称函数 $y=f(x)$为**周期函数**，T 称为 $f(x)$的一个周期，显然，nT 也是 $f(x)$的一个周期．通常我们所说函数的周期是指其**最小正周期**．

【例】函数 $y=\sin x$ 和 $y=\cos x$ 都是以 $T=2\pi$ 为周期的周期函数；

函数 $y=\tan x$ 是以 $T=\pi$ 为周期的周期函数．

3.4　函数的有界性

定义 设函数 $y=f(x)$，其定义域为 D，如果

(1)存在常数 A，使得对任意 $x\in D$，均有 $f(x)\geqslant A$ 成立，则称函数 $f(x)$在 D 上有**下界**；

(2)存在常数 B，使得对任意 $x\in D$，均有 $f(x)\leqslant B$ 成立，则称函数 $f(x)$在 D 上有**上界**；

(3)存在一个正数 M，使得对任意 $x\in D$，均有 $|f(x)|\leqslant M$ 成立，则称函数 $f(x)$在 D 上是**有界**的，否则称函数 $f(x)$在 D 上是**无界**的．

题型精练

题型1　求函数的定义域

技巧总结

函数的定义域虽然不会单独考查，但在求解函数的其他问题时，求出正确的定义域是解题的基础，也是避开做题陷阱的关键，在此我们对求函数定义域的基本方法做一个简单的小结：

(1)分式中的分母不能为零；

(2)负数不能开偶次方根；注意：开方根后的值为算术平方根，即非负数；

(3)对数中的真数必须大于零；

(4)反三角函数 $y=\arcsin x$ 与 $y=\arccos x$ 中的 x 必须满足 $|x|\leqslant 1$；

(5)以上情况同时在某函数中出现时，应取其交集；

(6)对于实际问题则需求其实际定义域；

(7)已知复合函数外函数的定义域，求复合函数的定义域，则令内函数的函数值在外函数的定义域内，从而得到复合函数的定义域；

(8)求两个函数之和的定义域，即两个函数各自定义域求交集．

例1　函数 $y=\arcsin(1-x)+\dfrac{1}{2}\lg\dfrac{1+x}{1-x}$的定义域是(　　)．

A. $(0,1)$　　B. $[0,1)$　　C. $(0,1]$　　D. $[0,1]$　　E. $[0,2]$

【解析】要使函数有意义，则要求对数中真数大于0，反三角函数定义域为$[-1,1]$，故有

$$\begin{cases}-1\leqslant 1-x\leqslant 1,\\ \dfrac{1+x}{1-x}>0\end{cases}\Rightarrow\begin{cases}0\leqslant x\leqslant 2,\\ -1<x<1\end{cases}\Rightarrow 0\leqslant x<1,$$

即所求函数的定义域为$[0, 1)$.

【答案】B

例2 设$f(x)$的定义域为$[1, 2]$，则函数$f(x^2)$的定义域是(　　).

A. $[1, 2]$　　B. $[1, \sqrt{2}]$　　C. $[-\sqrt{2}, \sqrt{2}]$

D. $[-\sqrt{2}, -1]\cup[1, \sqrt{2}]$　　E. $[0, 2]$

【解析】由题意可得，$1\leqslant x^2\leqslant 2$，解得$f(x^2)$的定义域为$[-\sqrt{2}, -1]\cup[1, \sqrt{2}]$.

【答案】D

【点评】本题是已知函数$f(x)$的自变量x的范围$[m, n]$，求函数$f[g(x)]$中自变量x的范围，该类型题的解法是把函数$f[g(x)]$中的$g(x)$看成$f(x)$中的x，即求不等式的解集$m\leqslant g(x)\leqslant n$，从而得到函数$f[g(x)]$的定义域.

题型2 判断两个函数是否相同

技巧总结

(1)两个函数相同需要遵循定义域相同和对应法则相同两个要素；

(2)两个函数的定义域和值域相同不能判断两个函数就是同一个函数，比如$f(x)=x$，$g(x)=x^3$，这两个函数的定义域和值域相同，但显然不是同一个函数.

例3 下列各组函数中，两个函数为同一函数的是(　　).

A. $f(x)=x^2+3x-1$，$g(t)=t^2+3t-1$　　B. $f(x)=\dfrac{x^2-4}{x-2}$，$g(x)=x+2$

C. $f(x)=\sqrt{x}\sqrt{x-1}$，$g(x)=x+2$　　D. $f(x)=3$，$g(x)=|x|+|3-x|$

E. $f(x)=\ln^2 x$，$g(x)=2\ln x$

【解析】两个函数的定义域和对应法则分别相同即为同一函数，与自变量用哪个字母表示无关，所以A项正确.B、C项中定义域不同：$f(x)$的定义域为$x\neq 2$，$g(x)$的定义域为$\mathbf{R}$；C、D和E项中的对应法则不同.

【答案】A

题型3 求初等函数的表达式

技巧总结

(1)计算初等函数的表达式一般会涉及到复合函数，故需要充分理解复合函数的概念；

(2)“复合”运算是函数的一种基本运算，应按照由自变量开始、先内后外的顺序逐次求解；

(3)解决此类问题的基本思路是采取变量代换的思想.

例4 设函数$f(x)=\sin x$，$f[g(x)]=1-x^2$，则$g(x)=$(　　).

A. $\arcsin(1-x^2)$

B. $2k\pi+\arcsin(1-x^2)$

C. $2k\pi+\pi-\arcsin(1-x^2)$

D. $2k\pi+\arcsin(1-x^2)$或$2k\pi+\pi-\arcsin(1-x^2)$

E. $2k\pi-\arcsin(1-x^2)$或$2k\pi+\pi+\arcsin(1-x^2)$

【解析】采用变量代换，可令$g(x)=u$，则$f[g(x)]=f(u)=1-x^2$，故$\sin u=1-x^2$，则由正弦函数的周期性及图像，可知

$$u=g(x)=2k\pi+\arcsin(1-x^2)\text{或}u=g(x)=2k\pi+\pi-\arcsin(1-x^2).$$

【答案】D

例5　已知$f\left(x+\dfrac{1}{x}\right)=x^2+\dfrac{1}{x^2}$，则$f(x)=(\quad)$.

A. $x^2\pm2$　　B. x^2+1　　C. x^2-1　　D. x^2+2　　E. x^2-2

【解析】因为$f\left(x+\dfrac{1}{x}\right)=x^2+\dfrac{1}{x^2}=\left(x+\dfrac{1}{x}\right)^2-2$，令$x+\dfrac{1}{x}=t$，即$f(t)=t^2-2$，再将符号换成$x$，所以$f(x)=x^2-2$.

【答案】E

【点评】解决本类问题的基本思路是采取变量代换的思想．注意到$x+\dfrac{1}{x}$和$x^2+\dfrac{1}{x^2}$能建立完全平方关系，因此可以整体代换，从而顺利求得结果．

题型4　求分段函数的复合函数

技巧总结

(1)对于分段函数需要注意:

①虽然在自变量的不同变化范围内计算函数值的算式不同，但它定义的是一个函数;

②它的定义域是各个表达式的定义域的并集;

③求自变量x的函数值，先要看点x属于哪一个变化范围，找到对应变化范围的函数表达式，然后按此表达式计算所对应的函数值．

(2)求分段函数的复合函数，需要在分段函数的基础上充分理解复合函数的概念，“复合”运算是函数的一种基本运算，在此类题目中需要对分段函数的定义域和值域判断准确，对复合函数的复合与分解要熟练掌握．

例6　设$f(x)=\begin{cases}1, & |x|\leqslant1,\\0, & |x|>1,\end{cases}$则$f\{f[f(x)]\}$等于(　　).

A. $\begin{cases}0, & |x|\leqslant1,\\1, & |x|>1\end{cases}$　　B. $\begin{cases}0, & x\leqslant1,\\1, & x>1\end{cases}$　　C. $\begin{cases}1, & |x|\leqslant1,\\0, & |x|>1\end{cases}$

D. 0　　E. 1

【解析】由题意可知，分段函数$f(x)$只能取0和1两个值，故其值域小于等于1，则$f[f(x)]=1$，因此可得$f\{f[f(x)]\}=f(1)=1$.

【答案】E

【点评】做这类题时，需由里到外逐层求解，首先找到自变量的取值在哪个段内，然后对应求解函数值．由于$f(x)$的取值为$\{0,1\}$，它作为自变量在分段函数的第一段，所以$f[f(x)]\equiv1$，因此$f\{f[f(x)]\}=f(1)=1$.

例7 设$g(x)=\begin{cases}2-x, & x\leqslant0,\\ x+2, & x>0,\end{cases}$ $f(x)=\begin{cases}x^2, & x<0,\\ -x, & x\geqslant0,\end{cases}$则$g[f(x)]=($ $)$.

A. $\begin{cases}2+x^2, & x<0,\\ 2-x, & x\geqslant0\end{cases}$ B. $\begin{cases}2-x^2, & x<0,\\ 2+x^2, & x\geqslant0\end{cases}$ C. $\begin{cases}2-x^2, & x<0,\\ 2-x, & x\geqslant0\end{cases}$

D. $\begin{cases}2+x^2, & x<0,\\ 2+x, & x\geqslant0\end{cases}$ E. $\begin{cases}x^2-2, & x<0,\\ 2+x, & x\geqslant0\end{cases}$

【解析】$g[f(x)]=\begin{cases}2-f(x), & f(x)\leqslant0,\\ f(x)+2, & f(x)>0\end{cases}\Rightarrow g[f(x)]=\begin{cases}2+x, & x\geqslant0,\\ x^2+2, & x<0\end{cases}\Rightarrow g[f(x)]=\begin{cases}2+x^2, & x<0,\\ 2+x, & x\geqslant0.\end{cases}$

【答案】D

【点评】本题的难点在于两个函数都为分段函数，在计算过程中容易出现混乱．在做这个题时，考生需要确定内外函数，然后将内函数代入外函数中，即将$f(x)$代入到函数$g(x)$的表达式中，此时$g[f(x)]=\begin{cases}2-f(x), & f(x)\leqslant0,\\ f(x)+2, & f(x)>0,\end{cases}$再去讨论$f(x)$的情况，当$x\geqslant0$时，$f(x)=-x\leqslant0$，当$x<0$时，$f(x)=x^2>0$，由此得出D项．

题型5 判断函数的特性

(1)单调性的判断

技巧总结

关于函数单调性的判断方法主要有:

①定义判别法：任取定义域内的两点x_1和x_2，设$x_1<x_2$，通过判断$f(x_1)$和$f(x_2)$的大小关系，判断函数的单调性（这种方法需要熟练掌握函数单调性的定义，常用于函数表达式不复杂的题）.

②图像判别法：熟练掌握基本初等函数的图像，在客观题中借助图像来判别．

③求导判别法：将导数作为判别单调性的工具，此类题目见第2章函数的单调性．

例8 函数$f(x)=x^2-2x$的单调性是( ).

A. $(-\infty,+\infty)$上单调递增 B. $(-\infty,+\infty)$上单调递减

C. 先单调递增，再单调递减 D. 先单调递减，再单调递增

E. 以上选项均不正确

【解析】函数$f(x)=x^2-2x$的定义域为$(-\infty,+\infty)$，任取两点x_1，x_2，不妨设$x_1<x_2$，在区间$(1,+\infty)$内，则有

$$\begin{aligned}f(x_2)-f(x_1)&=({x_2}^2-2x_2)-({x_1}^2-2x_1)\\&={x_2}^2-{x_1}^2-2(x_2-x_1)\\&=(x_2-x_1)(x_2+x_1-2)>0,\end{aligned}$$

所以由单调递增的定义可知，函数 $f(x)=x^2-2x$ 在区间 $(1, +\infty)$ 是单调递增的．

同理可证函数 $f(x)=x^2-2x$ 在区间 $(-\infty, 1)$ 是单调递减的．

【答案】D

【点评】此题也可用求导判别法，详见第2章例46.

例9 下列函数在区间 $(-\infty, +\infty)$ 上单调减少的是(   ).

A. $\cos x$　　B. $2-x$　　C. 2^x　　D. x^2　　E. $\arctan x$

【解析】观察选项，均为初等函数，此类题考查单调性，可根据初等函数图像及性质(见前文表1-1)来进行判断．$\cos x$ 在 $(-\infty, +\infty)$ 显然不是单调函数；$2-x$ 在 $(-\infty, +\infty)$ 上随着 x 的增大而减小，则 $2-x$ 在 $(-\infty, +\infty)$ 上是单调减少的；2^x 在 $(-\infty, +\infty)$ 上单调增加；x^2 在 $(-\infty, 0)$ 上单调减少，在 $[0, +\infty)$ 上单调增加；$\arctan x$ 在 $(-\infty, +\infty)$ 上是单调增加的．

【答案】B

(2)**奇偶性的判断**

技巧总结

在两个函数(常函数除外)的公共定义域关于原点对称的前提下，判断函数的奇偶性，除了定义法之外，还可以利用奇偶性的运算规律：

①两个偶函数的和、差、积都是偶函数；

②两个奇函数的和、差是奇函数，积是偶函数；

③一个奇函数与一个偶函数的积是奇函数；

④可导的奇函数的导数为偶函数，可导的偶函数的导数为奇函数．

例10 函数 $y=\dfrac{e^x-e^{-x}}{2}$ 是(   ).

A. 奇函数　　B. 偶函数　　C. 非奇非偶函数

D. 有界函数　　E. 周期函数

【解析】由 $f(x)=\dfrac{e^x-e^{-x}}{2}$，得 $f(-x)=\dfrac{e^{-x}-e^x}{2}=-\left(\dfrac{e^x-e^{-x}}{2}\right)=-f(x)$，所以由定义知，$f(x)$ 为奇函数．

【答案】A

例11 函数 $f(x)=\dfrac{\cos x\cdot\arctan x}{1+x^2}$ 是(   ).

A. 偶函数　　B. 奇函数　　C. 非奇非偶函数

D. 单调递增函数　　E. 周期函数

【解析】函数 $f(x)=\dfrac{\cos x\cdot\arctan x}{1+x^2}$ 的定义域为 $(-\infty, +\infty)$，该函数可看作是函数 $f_1(x)=\cos x$，$f_2(x)=\arctan x$，$f_3(x)=\dfrac{1}{1+x^2}$ 三个函数的乘积，其中，函数 $f_1(x)=\cos x$ 和 $f_3(x)=\dfrac{1}{1+x^2}$ 是定义域在 $(-\infty, +\infty)$ 的偶函数，函数 $f_2(x)=\arctan x$ 是定义域在 $(-\infty, +\infty)$ 的奇函数，由

奇偶性的运算规律，可知函数 $f(x)=\dfrac{\cos x\cdot\arctan x}{1+x^2}$ 为奇函数．

【答案】B

(3)**周期性的判断**

> 技巧总结
>
> 对于函数周期性的判断需熟练掌握函数周期性的定义，还可以利用下面常用的结论：
>
> ①可导的周期函数，求导后周期性不变，比如 $(\sin x)'=\cos x$，$\sin x$ 和 $\cos x$ 周期均为 2π.
>
> ②两个周期函数和(差)的最小正周期为这两个周期函数最小正周期的最小公倍数．

例 12　假设函数 $f(x)$是周期为 2 的可导函数，则 $f'(x)$的周期为(　　).

A. 4　　B. 1　　C. 2　　D. 8　　E. 16

【解析】函数求导后周期性不变，所以 $f'(x)$的周期为 2.

【答案】C

例 13　假设函数 $f(x)$的周期为 3，函数 $g(x)$的周期为 4，则函数 $f(x)+g(x)$的周期为(　　).

A. 3　　B. 4　　C. 6　　D. 8　　E. 12

【解析】根据结论“两个周期函数和的最小正周期为这两个周期函数最小正周期的最小公倍数”，所以 $f(x)+g(x)$的周期为 12.

【答案】E

(4)**有界性的判断**

> 技巧总结
>
> 函数有界性的判断方法：
>
> ①掌握简单的函数的图像，利用数形结合的方法；
>
> ②利用闭区间上连续函数的性质；
>
> ③利用函数极限的局部有界性；
>
> ④利用有界性的定义证明．
>
> 注　有界性常结合无穷小量一起考查．

例 14　函数 $f(x)=\lg(1+x)$在(　　)内是有界的．

A. $(-1,+\infty)$　　B. $(1,+\infty)$　　C. $(1,2)$

D. $(-1,1)$　　E. $(-1,3)$

【解析】函数 $f(x)=\lg(1+x)$是由函数 $f(x)=\lg x$ 的图像向左平移了一个单位得到的，该函数有渐近线 $x=-1$，即当 $x\to-1$ 时，$f(x)\to\infty$，所以 $f(x)$无界．通过图像可直观看出，该函数在(1，2)是有界的．

【答案】C

例 15 如果 $f(x)=\dfrac{|x|}{x(x-1)(x-2)^2}$，那么以下区间是 $f(x)$ 的有界区间的是(　　).

A. $(-1,\ 0)$　　B. $(0,\ 1)$　　C. $(1,\ 2)$

D. $(2,\ 3)$　　E. $(0,\ 3)$

【解析】$f(x)=\dfrac{|x|}{x(x-1)(x-2)^2}$ 有三个无定义的点：$x=0$，$x=1$，$x=2$.

$$\lim_{x\to0^+}\frac{|x|}{x(x-1)(x-2)^2}=\lim_{x\to0^+}\frac{x}{x(x-1)(x-2)^2}=\lim_{x\to0^+}\frac{1}{(x-1)(x-2)^2}=-\frac{1}{4};$$

$$\lim_{x\to0^-}\frac{|x|}{x(x-1)(x-2)^2}=\lim_{x\to0^-}\frac{-x}{x(x-1)(x-2)^2}=\lim_{x\to0^-}\frac{-1}{(x-1)(x-2)^2}=\frac{1}{4};$$

$$\lim_{x\to1}\frac{|x|}{x(x-1)(x-2)^2}=\lim_{x\to1}\frac{x}{x(x-1)(x-2)^2}=\lim_{x\to1}\frac{1}{(x-1)(x-2)^2}=\infty;$$

$$\lim_{x\to2}\frac{|x|}{x(x-1)(x-2)^2}=\lim_{x\to2}\frac{x}{x(x-1)(x-2)^2}=\lim_{x\to2}\frac{1}{(x-1)(x-2)^2}=\infty.$$

由所求极限值可知，$x=1$，$x=2$ 附近无界，故排除 B、C、D、E 项；又因为 $x=0$ 处有左、右极限，故选 A 项.

【答案】A

【点评】无穷大一定无界，故排除 B、C、D、E 项，该性质可查阅第 3 节知识精讲的 1.2.

第 2 节　极限

考纲解析

1. 了解数列极限和函数极限(包括单侧极限)的概念与性质.
2. 掌握极限存在的充分必要条件.
3. 掌握极限的四则运算法则，掌握两个重要极限.

知识精讲

1 极限

1.1 数列及数列极限的概念

定义 如果按照某一法则，对每个 $n\in\mathbf{N}^+$，对应着一个确定的实数 x_n，这些实数 x_n 按照下标 n 从小到大排列得到的一个序列

$$x_1,\ x_2,\ x_3,\ \cdots,\ x_n,\ \cdots$$

就叫作**数列**，简记为数列 $\{x_n\}$.

对于数列$\{x_n\}$，当n无限增大($n\to\infty$)时，若x_n无限趋近于一个确定的常数a，则称a为n趋于无穷大时**数列$\{x_n\}$的极限**(或称数列收敛于a)，记作

$$\lim_{n\to\infty}x_n=a \text{ 或 } x_n\to a(n\to\infty),$$

此时，也称数列$\{x_n\}$的极限存在，否则，称数列$\{x_n\}$的极限不存在(或称数列是发散的).

1.2 收敛数列的性质

(1)**唯一性**：收敛数列的极限是唯一的.

(2)**有界性**：收敛数列是有界的.

(3)**保号性**：如果$\lim\limits_{n\to\infty}x_n=a$，且$a>0$(或$a<0$)，那么存在正整数$N$，当$n>N$时，都有$x_n>0$($x_n<0$).

1.3 函数极限的定义

定义1 设函数$y=f(x)$，在$|x|>a>0$时有定义，当x的绝对值无限增大($x\to\infty$)时，若函数$f(x)$的值无限趋近于一个确定的常数A，则称常数A为$x\to\infty$时**函数$f(x)$的极限**，记作

$$\lim_{x\to\infty}f(x)=A \text{ 或 } f(x)\to A(x\to\infty),$$

此时也称极限$\lim\limits_{x\to\infty}f(x)$存在，否则称极限$\lim\limits_{x\to\infty}f(x)$不存在.

注 这里的$x\to\infty$，指的是自变量x沿着x轴向正负两个方向趋于无穷大.x取正值且无限增大，记为$x\to+\infty$，读作x趋于正的无穷大；x取负值且绝对值无限增大，记为$x\to-\infty$，读作x趋于负的无穷大.所以$x\to\infty$同时包含$x\to+\infty$和$x\to-\infty$.

定义2 设函数$y=f(x)$在点x_0的某一去心邻域有定义，如果存在常数A，对于任意给定的正数ε(不论它有多小)，总存在正数δ，使得当x满足不等式$0<|x-x_0|<\delta$时，对应的函数值$f(x)$都满足不等式

$$|f(x)-A|<\varepsilon,$$

则称常数A为当$x\to x_0$时**函数$f(x)$的极限**，记作

$$\lim_{x\to x_0}f(x)=A \text{ 或 } f(x)\to A(x\to x_0).$$

极限$\lim\limits_{x\to x_0}f(x)=A$的几何解释如图1-7所示，任意给定正数$\varepsilon$，作直线$y=A+\varepsilon$与$y=A-\varepsilon$，总能找到点$x_0$的一个$\delta$邻域$(x_0-\delta, x_0+\delta)$，使得当$x\in(x_0-\delta, x_0)\cup(x_0, x_0+\delta)$时，函数$y=f(x)$的图像全部落在这两条直线之间.

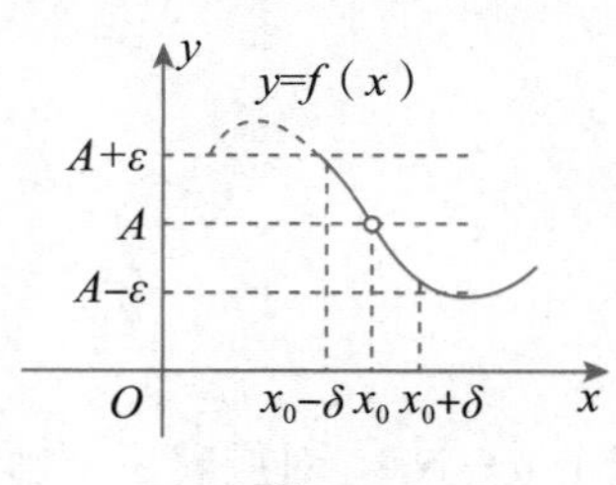

图1-7

由上述定义易得下列函数的极限：

(1)$\lim\limits_{x\to x_0}x=x_0$；

(2)$\lim\limits_{x\to x_0}c=c$($c$为常数).

1.4 函数的单侧极限

左极限 设函数 $y=f(x)$ 在点 x_0 的左邻域有定义，如果自变量 x 从小于 x_0 的一侧趋近于 x_0 时，函数 $f(x)$ 无限趋近于一个确定的常数 A，则称 A 为当 $x\to x_0$ 时函数 $f(x)$ 的**左极限**，记作

$$\lim_{x\to x_0^-} f(x)=A \text{ 或 } f(x_0-0)=A \text{ 或 } f(x_0^-)=A.$$

右极限 设函数 $y=f(x)$ 在点 x_0 的右邻域有定义，如果自变量 x 从大于 x_0 的一侧趋近于 x_0 时，函数 $f(x)$ 无限趋近于一个确定的常数 A，则称 A 为当 $x\to x_0$ 时函数 $f(x)$ 的**右极限**，记作

$$\lim_{x\to x_0^+} f(x)=A \text{ 或 } f(x_0+0)=A \text{ 或 } f(x_0^+)=A.$$

1.5 函数极限存在的充分必要条件

$f(x)$ 极限存在且等于 A 的充分必要条件是

(1) $\lim\limits_{x\to+\infty} f(x)$ 与 $\lim\limits_{x\to-\infty} f(x)$ 都存在且等于 A，即

$$\lim_{x\to\infty} f(x)=A \Leftrightarrow \lim_{x\to+\infty} f(x)=\lim_{x\to-\infty} f(x)=A;$$

(2)左极限 $\lim\limits_{x\to x_0^-} f(x)$ 与右极限 $\lim\limits_{x\to x_0^+} f(x)$ 都存在且等于 A，即

$$\lim_{x\to x_0} f(x)=A \Leftrightarrow \lim_{x\to x_0^-} f(x)=\lim_{x\to x_0^+} f(x)=A.$$

1.6 函数极限的性质

以 $x\to x_0$ 为例给出函数极限的性质：

(1)(唯一性) 若极限 $\lim\limits_{x\to x_0} f(x)$ 存在，则极限是唯一的.

(2)(局部有界性) 若 $\lim\limits_{x\to x_0} f(x)$ 存在，则 $f(x)$ 在 x_0 的某去心邻域 $\mathring{U}(x_0)$ 内有界.

(3)(保不等式性) 设 $\lim\limits_{x\to x_0} f(x)$ 与 $\lim\limits_{x\to x_0} g(x)$ 都存在，且在某去心邻域 $\mathring{U}(x_0)$ 内有 $f(x)\leqslant g(x)$，则 $\lim\limits_{x\to x_0} f(x)\leqslant \lim\limits_{x\to x_0} g(x)$.

(4)(局部保号性) 若 $\lim\limits_{x\to x_0} f(x)=A>0(A<0)$，则对一切 $x\in\mathring{U}(x_0)$，有 $f(x)>0(f(x)<0)$.

2 极限的运算法则

2.1 数列极限的四则运算法则

设有数列 $\{x_n\}$ 和 $\{y_n\}$，如果 $\lim\limits_{n\to\infty} x_n=a$，$\lim\limits_{n\to\infty} y_n=b$，则

(1) $\lim\limits_{n\to\infty}(x_n+y_n)=\lim\limits_{n\to\infty} x_n+\lim\limits_{n\to\infty} y_n=a+b$；

(2) $\lim\limits_{n\to\infty}(x_n\cdot y_n)=\lim\limits_{n\to\infty} x_n\cdot\lim\limits_{n\to\infty} y_n=a\cdot b$；

(3)当 $y_n\neq 0(n=1,2,\cdots)$ 且 $b\neq 0$ 时，$\lim\limits_{n\to\infty}\dfrac{x_n}{y_n}=\dfrac{a}{b}$.

2.2 函数极限的四则运算法则

当 $x\to x_0$(或 $x\to\infty$)时，如果 $f(x)$ 与 $g(x)$ 的极限都存在，且分别为 $f(x)\to A$，$g(x)\to B$，则

(1)$f(x)\pm g(x)$的极限存在，且有

$$f(x)\pm g(x)\to A\pm B;$$

(2)$f(x)\cdot g(x)$存在，且有

$$f(x)\cdot g(x)\to A\cdot B;$$

(3)若 $B\neq 0$，则$\dfrac{f(x)}{g(x)}$的极限存在，且有

$$\frac{f(x)}{g(x)}\to\frac{A}{B}.$$

推广 设 $f(x)$的极限存在，且 $f(x)\to A$，则

(1)若 c 是常数，则 $cf(x)$的极限存在，且有

$$cf(x)\to cA;$$

(2)若 a 为正整数，则$[f(x)]^a$ 的极限存在，且有

$$[f(x)]^a\to A^a.$$

2.3 复合函数的极限运算法则

定理 设$\lim\limits_{u\to u_0}f(u)=A$，$\lim\limits_{x\to x_0}\varphi(x)=u_0$，且在点 x_0 的某去心邻域内 $\varphi(x)\neq u_0$，则由 $y=f(u)$ 和 $u=\varphi(x)$复合而成的函数 $y=f[\varphi(x)]$的极限存在，且

$$\lim_{x\to x_0}f[\varphi(x)]=\lim_{u\to u_0}f(u)=A.$$

3 两个重要极限

3.1 第一重要极限

常见形式：$\lim\limits_{x\to 0}\dfrac{\sin x}{x}=1$ 或$\lim\limits_{x\to\infty}x\sin\dfrac{1}{x}=1$.

推广 $\lim\limits_{u(x)\to 0}\dfrac{\sin u(x)}{u(x)}=1$.

3.2 第二重要极限

常见形式：$\lim\limits_{x\to\infty}\left(1+\dfrac{1}{x}\right)^x=\mathrm{e}$ 或$\lim\limits_{x\to 0}(1+x)^{\frac{1}{x}}=\mathrm{e}$.

推广 极限为“1^∞”型：$\lim\limits_{u(x)\to 0}[1+u(x)]^{\frac{1}{u(x)}}=\mathrm{e}$ 或者 $\lim\limits_{u(x)\to\infty}\left(1+\dfrac{1}{u(x)}\right)^{u(x)}=\mathrm{e}$.

题型精练

题型6 求数列极限

技巧总结

对于无穷多项数列的和求极限时，需先对数列求和后再求极限，切记不能使用极限的四则运算法则．特别地，对数列进行求和可采用以下方法：

(1)等差数列求和公式：$S_n=\dfrac{n(a_1+a_n)}{2}$；等比数列求和公式：$S_n=\dfrac{a_1(1-q^n)}{1-q}$.

(2)多个分数求和，使用裂项相消法：① $\frac{1}{n(n+k)}=\frac{1}{k}\left(\frac{1}{n}-\frac{1}{n+k}\right)$；当 $k=1$ 时，$\frac{1}{n(n+1)}=\frac{1}{n}-\frac{1}{n+1}$. ② $\frac{1}{(2n-1)(2n+1)}=\frac{1}{2}\left(\frac{1}{2n-1}-\frac{1}{2n+1}\right)$. ③ $\frac{n-1}{n!}=\frac{1}{(n-1)!}-\frac{1}{n!}$.

(3)数列中有多个括号的乘积，则使用分子分母相消法或者凑平方差公式法：

① $\left(1-\frac{1}{2}\right)\left(1-\frac{1}{3}\right)\left(1-\frac{1}{4}\right)\cdots\left(1-\frac{1}{n}\right)=\frac{1}{2}\times\frac{2}{3}\times\frac{3}{4}\times\cdots\times\frac{n-1}{n}=\frac{1}{n}$；

② $(a+b)(a^2+b^2)(a^4+b^4)\cdots=\frac{(a-b)(a+b)(a^2+b^2)(a^4+b^4)\cdots}{(a-b)}=\frac{(a^8-b^8)\cdots}{(a-b)}$.

(4)多个无理分数相加减，将每个无理分数分母有理化，再消项：

$\frac{1}{\sqrt{n+k}+\sqrt{n}}=\frac{1}{k}(\sqrt{n+k}-\sqrt{n})$；当 $k=1$ 时，$\frac{1}{\sqrt{n+1}+\sqrt{n}}=\sqrt{n+1}-\sqrt{n}$.

例 16　设 $x_n=\frac{1}{3}+\frac{1}{15}+\cdots+\frac{1}{4n^2-1}$，则 $\lim\limits_{n\to\infty}x_n=$(　　).

A. $\frac{1}{3}$　　B. $\frac{1}{2}$　　C. 1　　D. 2　　E. 3

【解析】因为 $\frac{1}{4n^2-1}=\frac{1}{2}\left(\frac{1}{2n-1}-\frac{1}{2n+1}\right)$，所以有

$$
\begin{aligned}
\lim_{n\to\infty}x_n&=\lim_{n\to\infty}\left(\frac{1}{3}+\frac{1}{15}+\cdots+\frac{1}{4n^2-1}\right)\\
&=\lim_{n\to\infty}\frac{1}{2}\left[\left(1-\frac{1}{3}\right)+\left(\frac{1}{3}-\frac{1}{5}\right)+\cdots+\left(\frac{1}{2n-1}-\frac{1}{2n+1}\right)\right]\\
&=\frac{1}{2}\lim_{n\to\infty}\left(1-\frac{1}{2n+1}\right)\\
&=\frac{1}{2}.
\end{aligned}
$$

【答案】B

【点评】数列求和取极限，需要先求和再取极限，求和时，先观察数列通项特点，再采取“拆项相消”法、分子分母相消法、凑平方差公式法或分子分母有理化等方法对数列进行求和.

例 17　求极限 $\lim\limits_{n\to\infty}\left(\frac{1+2+3+\cdots+n}{n}-\frac{n}{2}\right)=$(　　).

A. 1　　B. $\frac{1}{2}$　　C. $\frac{1}{3}$

D. $\frac{1}{4}$　　E. 不存在

【解析】由等差数列求和公式，可得

$$\lim_{n\to\infty}\left(\frac{1+2+3+\cdots+n}{n}-\frac{n}{2}\right)=\lim_{n\to\infty}\frac{2(1+2+3+\cdots+n)-n^2}{2n}=\lim_{n\to\infty}\frac{(1+n)n-n^2}{2n}=\frac{1}{2}.$$

【答案】B

【点评】该题目属于数列极限问题，其中有一等差数列求和，故通分后需要使用求和公式求和

后再化简计算．当然，也可以先求和，再化简，得

$$\lim_{n\to\infty}\left(\frac{1+2+3+\cdots+n}{n}-\frac{n}{2}\right)=\lim_{n\to\infty}\left(\frac{(1+n)n}{2n}-\frac{n}{2}\right)=\lim_{n\to\infty}\left(\frac{1+n}{2}-\frac{n}{2}\right)=\lim_{n\to\infty}\frac{1}{2}=\frac{1}{2}.$$

题型 7 已知极限存在求函数

技巧总结

若已知函数的极限存在，求函数的表达式，即通过求解函数中的未知量的值，来确定函数表达式．

函数极限的概念中强调，若极限存在则极限值为确定的常数，常数的极限等于其本身．故可使用待定系数法，令极限值为一个常数，通过题干中的等量关系，求出该常数，从而求出函数中未知量的值，得到函数的表达式．

例 18 若$\lim\limits_{x\to1}f(x)$存在，且 $f(x)=x^3+\dfrac{2x^2+1}{x+1}+2\lim\limits_{x\to1}f(x)$，则 $f(x)=$（ ）．

A. $x^3+\dfrac{2x^2+1}{x+1}+5$　　B. $x^3+\dfrac{2x^2+1}{x+1}-\dfrac{5}{2}$　　C. $x^3+\dfrac{2x^2+1}{x+1}-5$

D. $x^3+\dfrac{2x^2+1}{x+1}+\dfrac{5}{2}$　　E. $x^3+\dfrac{2x^2+1}{x+1}$

【解析】由极限的定义，若极限存在，则极限值一定为常数．

不妨设$\lim\limits_{x\to1}f(x)=c$，则对等式 $f(x)=x^3+\dfrac{2x^2+1}{x+1}+2\lim\limits_{x\to1}f(x)$两边同时取 $x\to1$ 时的极限，可得

$$\lim_{x\to1}f(x)=\lim_{x\to1}\left(x^3+\frac{2x^2+1}{x+1}+2c\right),$$

即 $c=1+\dfrac{3}{2}+2c$，所以 $c=-\dfrac{5}{2}$，所以 $f(x)=x^3+\dfrac{2x^2+1}{x+1}-5$.

【答案】C

题型 8 利用极限存在的充要条件求极限

技巧总结

函数极限存在的充分必要条件（知识精讲 1.5）主要应用在考查分段函数在分界点处求极限和复合函数求极限的问题上，这两种类型的函数求极限需分别计算某点处的两个单侧极限，若两个单侧极限存在且相等，则极限存在．

例 19 设 $f(x)=\begin{cases}1+\sin x, & x<0,\\ \cos x+k, & x\geqslant0,\end{cases}$则常数 $k=$（ ）时函数 $f(x)$在定义域内有极限．

A. 2　　B. -2　　C. 0　　D. 1　　E. -1

【解析】因为 $\lim\limits_{x\to0^-}f(x)=\lim\limits_{x\to0^-}(1+\sin x)=1$；$\lim\limits_{x\to0^+}f(x)=\lim\limits_{x\to0^+}(\cos x+k)=k+1$.

由函数极限存在的充分必要条件，得 $1=k+1$，即 $k=0$.

【答案】C

例 20 $\lim\limits_{x\to\infty}3^{x}=($　　$)$.

A. 1　　B. 0　　C. $+\infty$　　D. $-\infty$　　E. 不存在

【解析】结合指数函数的图像可知，当 $x\to-\infty$ 时，$3^{x}\to0$；当 $x\to+\infty$ 时，$3^{x}\to+\infty$，两侧极限不相等，所以极限不存在.

【答案】E

例 21 $\lim\limits_{x\to0}3^{\frac{1}{x}}=($　　$)$.

A. 1　　B. 0　　C. ∞　　D. -1　　E. 不存在

【解析】当 $x\to0^{-}$ 时，$\dfrac{1}{x}\to-\infty$，则 $3^{\frac{1}{x}}\to0$；当 $x\to0^{+}$ 时，$\dfrac{1}{x}\to+\infty$，则 $3^{\frac{1}{x}}\to+\infty$，函数在0点处的左、右极限不相等，所以极限不存在.

【答案】E

题型9　求函数极限

(1)利用极限的四则运算法则计算“$\dfrac{0}{0}$”型未定式极限

技巧总结

利用极限的四则运算法则计算“$\dfrac{0}{0}$”型未定式极限，可以先对式子进行整理，采用约分或者分子（分母）有理化的方法将其化简，然后将所求极限的点代入化简后的式子即可.

例 22 $\lim\limits_{x\to2}\dfrac{x^{2}-4}{x-2}=($　　$)$.

A. 1　　B. 2　　C. 3　　D. 4　　E. ∞

【解析】$\lim\limits_{x\to2}\dfrac{x^{2}-4}{x-2}=\lim\limits_{x\to2}\dfrac{(x-2)(x+2)}{x-2}=\lim\limits_{x\to2}(x+2)=4$.

【答案】D

例 23 极限 $\lim\limits_{x\to0}\dfrac{\sqrt{a+x}-\sqrt{a-x}}{x}(a>0)=($　　$)$.

A. $\dfrac{1}{\sqrt{a}}$　　B. $-\dfrac{1}{\sqrt{a}}$　　C. $\sqrt{a}$　　D. $-\sqrt{a}$　　E. 1

【解析】将分子有理化，可得

$$\lim_{x\to0}\frac{\sqrt{a+x}-\sqrt{a-x}}{x}=\lim_{x\to0}\frac{(a+x)-(a-x)}{x(\sqrt{a+x}+\sqrt{a-x})}=\lim_{x\to0}\frac{2}{\sqrt{a+x}+\sqrt{a-x}}=\frac{1}{\sqrt{a}}.$$

【答案】A

【点评】该极限问题是“$\frac{0}{0}$”型未定式，且分子为无理式，需要先对分子有理化，进而求极限．遇到两个根式相减的形式，一般会进行分子有理化或分母有理化，或者分子分母同时有理化．

(2)利用极限的四则运算法则计算“$\frac{\infty}{\infty}$”型未定式极限

技巧总结

若分子分母的极限都为“∞”，这种极限为“$\frac{\infty}{\infty}$”型未定式极限，常用方法为“抓大头”，即在计算中分子分母同除以 x 的最高次方，可总结为下面的结论：

设 $a_0\neq0$，$b_0\neq0$，m，n 为自然数，对于分式求极限，有

$$\lim_{x\to\infty}\frac{a_0x^m+a_1x^{m-1}+\cdots+a_m}{b_0x^n+b_1x^{n-1}+\cdots+b_n}=\begin{cases}\frac{a_0}{b_0}，当 m=n 时，\\ 0，\quad 当 m<n 时，\\ \infty，当 m>n 时．\end{cases}$$

例 24 极限$\lim\limits_{x\to\infty}\frac{2x^2+3x-3}{x^2-x+1}=$(　　).

A. $\frac{1}{2}$　　B. 2　　C. 0　　D. ∞　　E. 不存在

【解析】分子分母同除以 x^2 得

$$\lim_{x\to\infty}\frac{2x^2+3x-3}{x^2-x+1}=\lim_{x\to\infty}\frac{2+\frac{3}{x}-\frac{3}{x^2}}{1-\frac{1}{x}+\frac{1}{x^2}}=2.$$

【答案】B

例 25 极限$\lim\limits_{x\to\infty}\frac{3x^4+3x-3}{5x^3-x+1}=$(　　).

A. $\frac{3}{5}$　　B. $\frac{5}{3}$　　C. 0　　D. ∞　　E. 1

【解析】分子分母同除以 x^4 得

$$\lim_{x\to\infty}\frac{3x^4+3x-3}{5x^3-x+1}=\lim_{x\to\infty}\frac{3+\frac{3}{x^3}-\frac{3}{x^4}}{\frac{5}{x}-\frac{1}{x^3}+\frac{1}{x^4}}=\infty.$$

【答案】D

例 26 极限$\lim\limits_{x\to\infty}\frac{20x^3+3x-3}{3x^4-x+1}=$(　　).

A. $\frac{20}{3}$　　B. $\frac{3}{20}$　　C. 0　　D. ∞　　E. 20

【解析】分子分母同除以 x^4 得

$$\lim_{x\to\infty}\frac{20x^3+3x-3}{3x^4-x+1}=\lim_{x\to\infty}\frac{\frac{20}{x}+\frac{3}{x^3}-\frac{3}{x^4}}{3-\frac{1}{x^3}+\frac{1}{x^4}}=0.$$

【答案】C

【点评】例24至例26可直接使用技巧总结的结论得出结果，对于选择题，会节省很多时间，考生要熟记该结论.

(3)利用极限的四则运算法则计算“$\infty-\infty$”型未定式极限

技巧总结

利用极限的四则运算法则计算“$\infty-\infty$”型未定式极限，通常采用通分或分子有理化的化简方法.

例 27 求极限$\lim\limits_{x\to-1}\left(\frac{1}{x+1}-\frac{3}{x^3+1}\right)=(\quad)$.

A. 1　　B. -1　　C. 0　　D. ∞　　E. 3

【解析】对函数先进行通分，再化简求极限，得

$$\lim_{x\to-1}\left(\frac{1}{x+1}-\frac{3}{x^3+1}\right)=\lim_{x\to-1}\frac{x^2-x+1-3}{x^3+1}=\lim_{x\to-1}\frac{x^2-x-2}{x^3+1}$$

$$=\lim_{x\to-1}\frac{(x-2)(x+1)}{(x+1)(x^2-x+1)}=\lim_{x\to-1}\frac{x-2}{x^2-x+1}=-1.$$

【答案】B

例 28 求极限$\lim\limits_{x\to\infty}(\sqrt{x+1}-\sqrt{x})=(\quad)$.

A. 1　　B. -1　　C. 0　　D. ∞　　E. 2

【解析】可将函数看作分母为1的分式，对分子有理化，则有

$$\lim_{x\to\infty}(\sqrt{x+1}-\sqrt{x})=\lim_{x\to\infty}\frac{1}{\sqrt{x+1}+\sqrt{x}}=0.$$

【答案】C

(4)利用极限的四则运算法则计算“$0\cdot\infty$”型未定式极限

技巧总结

对含有无理式的“$0\cdot\infty$”型的极限问题，先进行分子或分母的有理化(即分子分母同乘无理式的共轭因式)，再对分子、分母同除以最高次数项.

此类含有无理式的题型不适合使用洛必达法则求解.

例 29 求极限$\lim\limits_{x\to+\infty}x\cdot(\sqrt{x^2+3}-\sqrt{x^2-1})=(\quad)$.

A. 0　　B. -2　　C. 1　　D. ∞　　E. 2

【解析】分子分母同乘以无理式的共轭根式，化为“$\frac{\infty}{\infty}$”型，则有

$$\lim_{x\to+\infty} x\cdot(\sqrt{x^2+3}-\sqrt{x^2-1})=\lim_{x\to+\infty}\frac{x[x^2+3-(x^2-1)]}{\sqrt{x^2+3}+\sqrt{x^2-1}}=\lim_{x\to+\infty}\frac{4x}{x\left(\sqrt{1+\frac{3}{x^2}}+\sqrt{1-\frac{1}{x^2}}\right)}=2.$$

【答案】E

(5)利用第一重要极限计算“$\frac{0}{0}$”型未定式极限

技巧总结

第一重要极限解决的是“$\frac{0}{0}$”型未定式极限，其基本形式为$\lim\limits_{x\to0}\frac{\sin x}{x}=1$或$\lim\limits_{x\to\infty} x\sin x\frac{1}{x}=1$，在考题中通常会用到其推广形式$\lim\limits_{u(x)\to0}\frac{\sin u(x)}{u(x)}=1$进行计算，在计算过程中，可利用四则运算法则，努力凑出第一重要极限的形式．

另外此类题型往往还可以结合后面将学到的等价无穷小的替换定理以及洛必达法则等方法来解决，在计算中需灵活使用．

例 30 极限$\lim\limits_{x\to0}\frac{x-\sin 3x}{x+\sin 3x}=$(　　).

A. $\frac{1}{2}$　　B. $-\frac{1}{2}$　　C. 1　　D. -1　　E. 不存在

【解析】$\lim\limits_{x\to0}\frac{x-\sin 3x}{x+\sin 3x}=\lim\limits_{x\to0}\frac{\frac{1}{3}-\frac{\sin 3x}{3x}}{\frac{1}{3}+\frac{\sin 3x}{3x}}=\frac{\frac{1}{3}-1}{\frac{1}{3}+1}=-\frac{1}{2}$.

【答案】B

【点评】该极限为“$\frac{0}{0}$”型未定式，且分子分母中均含有$\sin 3x$，故考虑到可以凑成第一重要极限的标准形式$\lim\limits_{u(x)\to0}\frac{\sin u(x)}{u(x)}=1$，于是分子分母同时除以$3x$，从而可以利用第一重要极限求解．

例 31 极限$\lim\limits_{x\to0}\frac{x^2\sin\frac{1}{x}}{\tan x}=$(　　).

A. 1　　B. -1　　C. 0　　D. ∞　　E. 无法计算

【解析】根据第一重要极限及无穷小与有界函数之积仍为无穷小的结论，得

$$\lim_{x\to0}\frac{x^2\sin\frac{1}{x}}{\tan x}=\lim_{x\to0}\frac{x}{\sin x}\cdot\lim_{x\to0}\cos x\cdot\lim_{x\to0}x\sin\frac{1}{x}=0.$$

【答案】C

【点评】该极限为“$\frac{0}{0}$”型未定式，也可先使用无穷小的等价替换（当$x\to0$时，$\tan x\sim x$）进行化简，故又可解为$\lim\limits_{x\to0}\frac{x^2\sin\frac{1}{x}}{\tan x}=\lim\limits_{x\to0}\frac{x^2\sin\frac{1}{x}}{x}=\lim\limits_{x\to0}x\sin\frac{1}{x}=0$.

(6)利用第二重要极限计算“1^∞”型未定式极限

技巧总结

第二重要极限是计算“1^∞”型未定式极限的重要方法.

第二重要极限基本形式为$\lim\limits_{x\to\infty}\left(1+\frac{1}{x}\right)^x=\mathrm{e}$或$\lim\limits_{x\to 0}(1+x)^{\frac{1}{x}}=\mathrm{e}$，其变形形式为$\lim\limits_{u(x)\to 0}[1+u(x)]^{\frac{1}{u(x)}}=\mathrm{e}$或者$\lim\limits_{u(x)\to\infty}\left[1+\frac{1}{u(x)}\right]^{u(x)}=\mathrm{e}$.

将函数凑成第二重要极限的形式$\lim\limits_{u(x)\to\infty}\left[1+\frac{1}{u(x)}\right]^{u(x)}=\mathrm{e}$的过程中，要注意凑的顺序，先凑底数为$\left[1+\frac{1}{u(x)}\right]$，再凑指数为$u(x)$，与底数中的$\frac{1}{u(x)}$互为倒数，指数变形中要保持恒等.

例 32 极限$\lim\limits_{x\to\infty}\left(1+\frac{1}{3x}\right)^x=$(　　).

A. $\frac{1}{3}$　　B. 3　　C. e^3　　D. $\mathrm{e}^{\frac{1}{3}}$　　E. $\mathrm{e}^{-\frac{1}{3}}$

【解析】函数变形并应用第二重要极限可得

$$\lim_{x\to\infty}\left(1+\frac{1}{3x}\right)^x=\lim_{x\to\infty}\left(1+\frac{1}{3x}\right)^{3x\cdot\frac{1}{3}}=\lim_{x\to\infty}\left[\left(1+\frac{1}{3x}\right)^{3x}\right]^{\frac{1}{3}}=\left[\lim_{x\to\infty}\left(1+\frac{1}{3x}\right)^{3x}\right]^{\frac{1}{3}}=\mathrm{e}^{\frac{1}{3}}.$$

【答案】D

例 33 $\lim\limits_{n\to\infty}\left(\frac{n+1}{n+2}\right)^n=$(　　).

A. 1　　B. 2　　C. e　　D. e^{-1}　　E. e^2

【解析】观察函数的极限形式为“1^∞”型，故利用第二重要极限，将函数变形，得

$$\lim_{n\to\infty}\left(\frac{n+1}{n+2}\right)^n=\lim_{n\to\infty}\left(\frac{n+2-1}{n+2}\right)^n=\lim_{n\to\infty}\left(1-\frac{1}{n+2}\right)^n=\lim_{n\to\infty}\left(1-\frac{1}{n+2}\right)^{-(n+2)\left(-\frac{n}{n+2}\right)}=\mathrm{e}^{-1}.$$

【答案】D

例 34 若$\lim\limits_{x\to\infty}\left(\frac{x+a}{x-a}\right)^x=\mathrm{e}$，则常数$a=$(　　).

A. $\frac{1}{2}$　　B. $-\frac{1}{2}$　　C. e　　D. $\mathrm{e}^{\frac{1}{2}}$　　E. $\mathrm{e}^{-\frac{1}{2}}$

【解析】由于$\lim\limits_{x\to\infty}\left(\frac{x+a}{x-a}\right)^x=\lim\limits_{x\to\infty}\left(1+\frac{2a}{x-a}\right)^{\frac{x-a}{2a}\cdot\frac{2ax}{x-a}}=\left[\lim\limits_{x\to\infty}\left(1+\frac{2a}{x-a}\right)^{\frac{x-a}{2a}}\right]^{\lim\limits_{x\to\infty}\frac{2ax}{x-a}}=\mathrm{e}^{2a}=\mathrm{e}$，可得$2a=1$，$a=\frac{1}{2}$.

【答案】A

【点评】此类极限的关系式是幂指函数，且极限形式为“1^∞”型，故可利用第二重要极限来求解．首先将$\frac{x+a}{x-a}$整理为$1+\frac{2a}{x-a}$，$\lim\limits_{x\to\infty}\left(\frac{x+a}{x-a}\right)^x=\lim\limits_{x\to\infty}\left(1+\frac{2a}{x-a}\right)^x=\mathrm{e}$，此时和第二重要极限形式

基本相同；再凑指数，因为指数与底数中分式互为倒数，故 $\lim\limits_{x\to\infty}\left(1+\dfrac{2a}{x-a}\right)^{x}=\lim\limits_{x\to\infty}\left[\left(1+\dfrac{2a}{x-a}\right)^{\frac{x-a}{2a}}\right]^{\frac{2ax}{x-a}}$，出现 $\lim\limits_{u(x)\to\infty}\left[1+\dfrac{1}{u(x)}\right]^{u(x)}$ 直接应用第二重要极限即可．切记，指数变形中要保持恒等，不要忘记乘以$\dfrac{2ax}{x-a}$.

题型10 已知极限求参数

技巧总结

已知极限求参数是历年考试的重点．通常需转化为“$\dfrac{0}{0}$”型或“$\dfrac{\infty}{\infty}$”未定式，再通过求解未定式极限的方法，求出参数值．在求解这类问题时，要充分根据已知条件中极限的存在性及极限值存在的充要条件．注意：

(1)利用极限的四则运算法则：将题干函数应用四则运算分解成几个可直接求极限的式子．

(2)对于分式求极限，当分母极限为 0，而分式极限值存在且为非零常数时，分子极限也为 0.

(3)可以使用后面将要学的无穷小的等价替换及洛必达法则等方法进行求解.

例 35 已知$\lim\limits_{x\to\infty}\left(\dfrac{x^2}{x+1}-ax-b\right)=0$，其中 a，b 是常数，则(　　).

A. $a=1$，$b=1$　　B. $a=-1$，$b=1$

C. $a=1$，$b=-1$　　D. $a=-1$，$b=-1$

E. $a=-1$，$b=0$

【解析】先将函数化简，然后利用四则运算法则求解，则有

$$\begin{aligned}\lim_{x\to\infty}\left(\frac{x^2}{x+1}-ax-b\right)&=\lim_{x\to\infty}\left[\frac{1+(x^2-1)}{x+1}-ax-b\right]\\&=\lim_{x\to\infty}\frac{1}{x+1}+\lim_{x\to\infty}(x-ax-1-b)\\&=\lim_{x\to\infty}[(1-a)x-(1+b)]=0,\end{aligned}$$

得$\lim\limits_{x\to\infty}(1-a)x=1+b$，由于 a，b 是常数，故当且仅当$\begin{cases}1-a=0,\\1+b=0\end{cases}$时条件成立，即 $a=1$，$b=-1$.

【答案】C

例 36 设$\lim\limits_{x\to1}\dfrac{x^3+ax-2}{x^2-1}=2$，则 $a=$(　　).

A. 3　　B. 2　　C. 1　　D. 0　　E. -3

【解析】因为分母极限$\lim\limits_{x\to1}x^2-1=0$，函数极限存在且非零，故由技巧总结知

$$\lim_{x\to1}(x^3+ax-2)=0\Rightarrow a=1.$$

【答案】C

第3节 无穷小的比较

考纲解析

1. 理解无穷小量的概念和基本性质，掌握无穷小量的比较方法．
2. 了解无穷大量的概念及其与无穷小量的关系．
3. 学会利用等价无穷小的替换定理求解函数极限．

知识精讲

1 无穷小与无穷大

1.1 无穷小

定义 设 $f(x)$在 x_0 的某去心邻域有定义，如果$\lim\limits_{x \to x_0} f(x)=0$，则称函数 $f(x)$为当 $x \to x_0$ 时的无穷小．

【例】当 $x \to 0$ 时，函数 x^2，$\sin x$，$\tan x$ 均为无穷小；

当 $x \to \infty$时，函数$\dfrac{1}{x^2}$，$\dfrac{1}{1+x^2}$均为无穷小；

当 $x \to -\infty$时，函数 2^x 为无穷小；

当 $n \to \infty$时，数列$\left\{\dfrac{(-1)^{n+1}}{n}\right\}$，$\left\{\dfrac{1}{2^n}\right\}$均为无穷小．

注 ①一个变量是否为无穷小，除了与变量本身有关外，还与自变量的变化趋势有关．例如$\lim\limits_{x \to \infty} \dfrac{1}{x}=0$，即当 $x \to \infty$时，$\dfrac{1}{x}$为无穷小；但因为$\lim\limits_{x \to 1} \dfrac{1}{x}=1 \neq 0$，所以 $x \to 1$ 时，$\dfrac{1}{x}$不是无穷小．

②无穷小不是绝对值很小的常数，而是在自变量的某种变化趋势下，函数的绝对值趋近于0的变量．特别地，常数0可以看成任何一个变化过程中的无穷小．

1.2 无穷大

定义 当 $x \to x_0$ 时，如果函数 $f(x)$的绝对值无限增大，则称当 $x \to x_0$ 时 $f(x)$为无穷大，记作$\lim\limits_{x \to x_0} f(x)=\infty$.

【例】由于$\lim\limits_{x \to \frac{\pi}{2}} \tan x=\infty$，$\lim\limits_{x \to 0^+} \log_a x=\infty$，故在相应的自变量变化过程中，$\tan x$ 和$\log_a x$ 是无穷大．

同样，当 $x \to +\infty$时，$a^x(a>1)$是无穷大；当 $x \to -\infty$时，$a^x(0<a<1)$是无穷大．

注 ①无穷大是变量，它不是很大的数，不要将无穷大与很大的数(如 $10^{1\,000}$)混淆．

②无穷大是没有极限的变量，但无极限的变量不一定是无穷大．比如$\lim\limits_{x \to 0} \sin \dfrac{1}{x}$不存在，但当

$x\to 0$ 时，$\sin\frac{1}{x}$不是无穷大．

③无穷大一定无界，但无界函数不一定是无穷大．

④无穷大分为正无穷大与负无穷大，分别记为$+\infty$和$-\infty$．例如，$\lim\limits_{x\to\frac{\pi}{2}^-}\tan x=+\infty$，$\lim\limits_{x\to\infty}(-x^2+1)=-\infty$.

在无穷大与无穷小两个定义中，将$x\to x_0$换成$x\to+\infty$，$x\to-\infty$，$x\to\infty$，$x\to x_0^+$，$x\to x_0^-$以及$n\to\infty$可定义不同变化过程中的无穷小(大).

1.3 无穷小与无穷大的关系

设函数$y=f(x)$在点x_0的某一去心邻域有定义，当$x\to x_0$时，有

(1)若$f(x)$是无穷大，则$\frac{1}{f(x)}$是无穷小；

(2)若$f(x)$是无穷小，且$f(x)\neq 0$，则$\frac{1}{f(x)}$是无穷大．

因此，对无穷大量的研究可归结为对无穷小量的讨论．

1.4 无穷小的性质

(1)有限多个无穷小量之和仍是无穷小量；

(2)有限多个无穷小量之积仍是无穷小量；

(3)有界函数与无穷小量之积仍为无穷小量；

(4)常数与无穷小量之积仍为无穷小量．

1.5 无穷小与函数极限存在的关系定理

$\lim\limits_{x\to x_0}f(x)=A$的充分必要条件是$f(x)=A+\alpha$，其中$\alpha=\alpha(x)$是$x\to x_0$的无穷小，即$\lim\limits_{x\to x_0}\alpha(x)=0$.

2 无穷小量阶的比较

2.1 无穷小量阶的比较

设α，β是自变量在同一变化过程中的两个无穷小，且$\alpha\neq 0$，如果

(1)$\lim\frac{\beta}{\alpha}=0$，则称$\beta$是比$\alpha$**高阶的无穷小**，记作$\beta=o(\alpha)$；

(2)$\lim\frac{\beta}{\alpha}=\infty$，则称$\beta$是比$\alpha$**低阶的无穷小**；

(3)$\lim\frac{\beta}{\alpha}=c(c\neq 0)$，则称$\beta$与$\alpha$是**同阶无穷小**；

特别地，当$c=1$，即$\lim\frac{\beta}{\alpha}=1$时，则称$\beta$与$\alpha$是**等价无穷小**，记作$\beta\sim\alpha$；等价无穷小具有自反性和传递性；

(4)如果$\lim\frac{\beta}{\alpha^k}=c(c\neq 0,\ k>0)$，则称$\beta$是关于$\alpha$的$k$**阶无穷小**．

【例】①因为$\lim\limits_{x\to0}\dfrac{x^3}{\sin x}=0$，所以当$x\to0$时，$x^3$是$\sin x$的高阶无穷小，记作$x^3=o(\sin x)$，也可以称当$x\to0$时，$\sin x$是$x^3$的低阶无穷小．

②因为$\lim\limits_{x\to0}\dfrac{1-\cos x}{x^2}=\dfrac{1}{2}$，所以当$x\to0$时$1-\cos x$与$x^2$为同阶无穷小，当$x\to0$时，$1-\cos x\sim\dfrac{1}{2}x^2$.

③因为$\lim\limits_{x\to0}\dfrac{\tan x-\sin x}{x^3}=\lim\limits_{x\to0}\dfrac{\tan x(1-\cos x)}{x^3}=\dfrac{1}{2}$，所以当$x\to0$时，$\tan x-\sin x$是$x$的三阶无穷小．

2.2 等价无穷小的替换定理

若α，β是自变量同一变化过程中的无穷小，且$\alpha\sim\alpha'$，$\beta\sim\beta'$，$\lim\dfrac{\beta'}{\alpha'}$存在，则$\lim\dfrac{\beta}{\alpha}=\lim\dfrac{\beta'}{\alpha'}$.

等价无穷小具有传递性，即若$\alpha\sim\beta$，$\beta\sim\gamma$，则$\alpha\sim\gamma$.

2.3 当x→0时，常用的等价无穷小

(1)$\sin x\sim x$；(2)$\tan x\sim x$；

(3)$1-\cos x\sim\dfrac{1}{2}x^2$；(4)$\arcsin x\sim x$；

(5)$\arctan x\sim x$；(6)$\ln(1+x)\sim x$；

(7)$e^x-1\sim x$；(8)$(1+x)^\alpha-1\sim\alpha x$.

题型精练

题型11 对无穷小量的判断

技巧总结

(1)利用无穷小的定义和性质判断无穷小量；

(2)利用无穷小和无穷大的关系判断无穷小量：无穷大的倒数是无穷小量，而只有当非零的无穷小取倒数时为无穷大．

注 无穷小的性质不能推广到无穷大量．

例37 设$x\to x_0$时，$f(x)$和$g(x)$都是无穷小量，则下列结论中不一定正确的是(　　).

A. $f(x)+g(x)$是无穷小量

B. $f(x)\cdot g(x)$是无穷小量

C. $f(x)^{g(x)}$是无穷小量

D. $h(x)=\begin{cases}f(x), & x>x_0,\\ g(x), & x<x_0\end{cases}$是无穷小量

E. $\dfrac{f(x)}{g(x)}$可能是无穷小量

【解析】对A项和B项，由无穷小的性质：有限个无穷小量的和、差、积仍是无穷小量可知A，B是正确的；C项：当$x\to x_0$时，若$f(x)$，$g(x)$都是无穷小量，则$f(x)^{g(x)}$为“0^0”型未定式，需经过具体计算来判断$f(x)^{g(x)}$是否为无穷小量，故不一定正确；D项：$\lim\limits_{x\to x_0^+}h(x)=\lim\limits_{x\to x_0^-}h(x)=$

0，由在某点极限存在的充要条件可知，函数 $h(x)$ 依然是无穷小量，故正确；E 项：当 $x\to x_0$ 时 $\frac{f(x)}{g(x)}$ 为"$\frac{0}{0}$"型未定式，可能是无穷小，该表述是正确的．

【答案】C

例 38 若 $\lim\limits_{x\to x_0}f(x)=\infty$，$\lim\limits_{x\to x_0}g(x)=\infty$，下列极限正确的是(　　)．

A. $\lim\limits_{x\to x_0}[f(x)+g(x)]=\infty$　　B. $\lim\limits_{x\to x_0}[f(x)-g(x)]=0$

C. $\lim\limits_{x\to x_0}\frac{1}{f(x)+g(x)}=0$　　D. $\lim\limits_{x\to x_0}kf(x)=\infty$（$k$ 为非零常数）

E. $\lim\limits_{x\to x_0}\frac{f(x)}{g(x)}=1$

【解析】两个无穷小量之和仍为无穷小量，此性质不能推广到无穷大量．例如，设 $f(x)=\frac{1}{x}$，$g(x)=2-\frac{1}{x}$，则 $\lim\limits_{x\to 0}f(x)=\lim\limits_{x\to 0}\frac{1}{x}=\infty$，$\lim\limits_{x\to 0}g(x)=\lim\limits_{x\to 0}\left(2-\frac{1}{x}\right)=\infty$．而 $f(x)+g(x)=2$，$\lim\limits_{x\to 0}[f(x)+g(x)]=\lim\limits_{x\to 0}2=2$，这表明当 $x\to 0$ 时，$f(x)$ 与 $g(x)$ 均为无穷大量，但是 $f(x)+g(x)$ 不为无穷大量．所以 A 不正确，显然 C 也不正确，故排除 A 项、C 项．

同理，如果 $f(x)=\frac{1}{x}$，$g(x)=2+\frac{1}{x}$，$f(x)-g(x)=-2$，可知 $\lim\limits_{x\to 0}[f(x)-g(x)]=-2\neq 0$，故应排除 B 项．

E 项为"$\frac{\infty}{\infty}$"型未定式，极限结果不确定，故应排除 E 项．

由极限的运算法则可知 $\lim\limits_{x\to 0}kf(x)=k\cdot\lim\limits_{x\to 0}f(x)=k\cdot\infty=\infty$，所以 D 项正确．

【答案】D

【点评】有限个无穷小量的和、差都是无穷小量．但对于无穷大量来讲，由于无穷大量的定义是变量的绝对值无限增大，因此在考虑有限个无穷大量的和、差时需要考虑到量的正无穷大、负无穷大情况．故无穷小量的性质不能直接应用于无穷大量．

例 39 已知当 $x\to 0$ 时，$f(x)$ 是无穷大量，下列变量中当 $x\to 0$ 时一定是无穷小量的是(　　)．

A. $xf(x)$　　B. $\frac{1}{f(x)}$　　C. $f(x)-\frac{1}{x}$　　D. $x+f(x)$　　E. $\frac{f(x)}{x}$

【解析】在自变量的同一变化过程中，无穷大的倒数是无穷小．显然 B 项是正确的．

【答案】B

例 40 $\lim\limits_{x\to\infty}\left(\frac{\sin x}{x}+x\sin\frac{1}{x}\right)=$(　　)．

A. $\frac{1}{2}$　　B. 2　　C. 1　　D. 0　　E. 不存在

【解析】应用第一重要极限和无穷小乘有界函数仍是无穷小的性质，可得

$$\lim_{x\to\infty}\left(\frac{\sin x}{x}+x\sin\frac{1}{x}\right)=\lim_{x\to\infty}\frac{\sin x}{x}+\lim_{x\to\infty}\frac{\sin\frac{1}{x}}{\frac{1}{x}}=0+1=1.$$

【答案】C

【点评】当 $x\to\infty$ 时，函数 $\frac{\sin x}{x}$ 求极限利用了无穷小量 $\frac{1}{x}$ 与有界变量 $\sin x$ 的乘积仍是无穷小的性质，函数 $x\sin\frac{1}{x}$ 利用了第一重要极限求解．求极限时务必注意自变量的变化趋势．

题型12 无穷小的比较

技巧总结

无穷小的比较是历年来考查的重点，此类题型需牢记无穷小量阶的比较的定义，同时需记住一些常用的等价无穷小．在做这类题型时，需要注意:

(1)首先需要明确无穷小的比较，一定是两个无穷小量之间的比较;

(2)判断无穷小的阶，即求无穷小之比的极限，按照求极限的方法求解即可;

(3)等价无穷小的替换只能应用在所求极限式中相乘或相除的因式，对极限式中的相加或相减的部分不能随意替换．

例41 当 $x\to 0$ 时，下列(　　)是关于 x 的3阶无穷小．

A. $\sqrt[3]{x^2}-\sqrt{x}$　　B. $\sqrt{a+x^3}-\sqrt{a}\,(a\neq 0)$　　C. $x^3+0.0001\cdot x^2$

D. $\sqrt[3]{\tan x^3}$　　E. $\ln^3(1+\sqrt[3]{x})$

【解析】分别给每个选项除以 x^3 后求极限，若极限为非零的常数，则为所选项．

因为 $\lim\limits_{x\to 0}\frac{\sqrt{a+x^3}-\sqrt{a}}{x^3}=\lim\limits_{x\to 0}\frac{x^3}{x^3(\sqrt{a+x^3}+\sqrt{a})}=\frac{1}{2\sqrt{a}}$，根据无穷小比较的定义，可知 $\sqrt{a+x^3}-\sqrt{a}$ 是关于 x 的3阶无穷小．验证可知，其他选项除以 x^3 后求极限，极限值均为 ∞，不合要求．

【答案】B

【点评】本题考查的是无穷小的比较，应熟记无穷小比较的各种定义．

由于 $\lim\limits_{x\to 0}\frac{\sqrt[3]{x^2}-\sqrt{x}}{x}=\lim\limits_{x\to 0}\frac{x^{\frac{1}{2}}(x^{\frac{1}{6}}-1)}{x}=\lim\limits_{x\to 0}\frac{(x^{\frac{1}{6}}-1)}{x^{\frac{1}{2}}}=\infty$，即 $\sqrt[3]{x^2}-\sqrt{x}$ 是比 x 低阶的无穷小．

由于 $\lim\limits_{x\to 0}\frac{x^3+0.0001\cdot x^2}{x^2}=\lim\limits_{x\to 0}(x+0.0001)=0.0001$，即 $x^3+0.0001\cdot x^2$ 与 x^2 是同阶无穷小，x^2 是 x^3 的低阶无穷小，所以 $x^3+0.0001\cdot x^2$ 是 x^3 的低阶无穷小．

由于 $\lim\limits_{x\to 0}\frac{\sqrt[3]{\tan x^3}}{x}=\lim\limits_{x\to 0}\frac{(\tan x^3)^{\frac{1}{3}}}{x}=\lim\limits_{x\to 0}\frac{(x^3)^{\frac{1}{3}}}{x}=1$，即 $\sqrt[3]{\tan x^3}$ 与 x 是等价的无穷小．

由于 $\lim\limits_{x\to 0}\frac{\ln^3(1+\sqrt[3]{x})}{x}=\lim\limits_{x\to 0}\frac{(\sqrt[3]{x})^3}{x}=1$，即 $\ln^3(1+\sqrt[3]{x})$ 与 x 是等价的无穷小．

例42 当 $x\to 0$ 时，下列5个无穷小量中比其他4个更高阶的无穷小量是(　　)．

A. $\ln(1+x)$　　B. e^x-1　　C. $\tan x-\sin x$　　D. $1-\cos x$　　E. $\tan x$

【解析】当 $x\to 0$ 时，$\ln(1+x)\sim x$，$e^x-1\sim x$，$1-\cos x\sim\frac{1}{2}x^2$，$\tan x\sim x$，且有

$$\lim_{x\to0}\frac{\tan x-\sin x}{x^3}=\lim_{x\to0}\frac{\tan x(1-\cos x)}{x^3}=\lim_{x\to0}\frac{x\cdot\frac{1}{2}x^2}{x^3}=\frac{1}{2},$$

即当 $x\to0$ 时，$\tan x-\sin x\sim\frac{1}{2}x^3$. 比较5个选项，可知C项，$\tan x-\sin x$ 是 $x\to0$ 时比其他4个更高阶的无穷小.

【答案】C

例43　设 $x\to0$ 时，$e^{x\cos x^2}-e^x$ 与 x^n 是同阶无穷小，则 n 为(　　).

A. 5　　B. 4　　C. $\frac{5}{2}$　　D. 2　　E. 1

【解析】因为 $e^{x\cos x^2}-e^x=e^x\left[e^{x(\cos x^2-1)}-1\right]$，当 $x\to0$ 时，$e^{x(\cos x^2-1)}-1\sim x(\cos x^2-1)\sim x\cdot\left(-\frac{x^4}{2}\right)$，即

$$\lim_{x\to0}\frac{e^{x\cos x^2}-e^x}{x^5}=\lim_{x\to0}\frac{e^x\left[e^{x(\cos x^2-1)}-1\right]}{x^5}=\lim_{x\to0}\frac{e^{x(\cos x^2-1)}-1}{x^5}=\lim_{x\to0}\frac{x\cdot\left(-\frac{x^4}{2}\right)}{x^5}=-\frac{1}{2},$$

显然，$e^{x\cos x^2}-e^x$ 与 x^5 为同阶无穷小，符合题意，所以 $n=5$.

【答案】A

【点评】判断无穷小的阶，根据定义，即为求无穷小之比的极限：$\lim\limits_{x\to0}\frac{e^{x\cos x^2}-e^x}{x^n}$. 该极限为"$\frac{0}{0}$"型，我们优先考虑能否使用等价无穷小的替换进行化简. 由于分子中含有指数函数部分，我们知道 $e^{\varphi(x)}-1\sim\varphi(x)(\varphi(x)\to0)$. 故可将分子进行变形：$e^{x\cos x^2}-e^x=e^x\left[e^{x(\cos x^2-1)}-1\right]$，其中当 $x\to0$ 时，$x(\cos x^2-1)\to0$，从而，当 $x\to0$ 时，$e^{x(\cos x^2-1)}-1\sim x(\cos x^2-1)$. 由于分子化简后是两个因式的乘积，因此可以用等价无穷小替换，即

$$\begin{aligned}\lim_{x\to0}\frac{e^{x\cos x^2}-e^x}{x^n}&=\lim_{x\to0}\frac{e^x\left[e^{x(\cos x^2-1)}-1\right]}{x^n}=\lim_{x\to0}\frac{e^x\cdot x(\cos x^2-1)}{x^n}\\&=\lim_{x\to0}e^x\cdot\lim_{x\to0}\frac{x(\cos x^2-1)}{x^n}=\lim_{x\to0}\frac{x(\cos x^2-1)}{x^n}.\end{aligned}$$

而 $1-\cos x^2\sim\frac{1}{2}x^4$，故 $\lim\limits_{x\to0}\frac{x(\cos x^2-1)}{x^n}=\lim\limits_{x\to0}\frac{x\left(-\frac{1}{2}x^4\right)}{x^n}=-\frac{1}{2}\lim\limits_{x\to0}\frac{x^5}{x^n}$. 由题设知该无穷小的比较是同阶无穷小，当且仅当 $n=5$.

【注意】由于本题分母中的 n 是待求的值，故本题不宜用洛必达法则求极限.

例44　设当 $x\to0$ 时，$(1-\cos x)\ln(1+x^2)$ 是比 $x\sin x^n$ 高阶的无穷小，而 $x\sin x^n$ 是比 $e^{x^2}-1$ 高阶的无穷小，则正整数 $n=$(　　).

A. 1　　B. 2　　C. 3　　D. 4　　E. 5

【解析】$\lim\limits_{x\to0}\frac{(1-\cos x)\ln(1+x^2)}{x\sin x^n}=\lim\limits_{x\to0}\frac{\frac{1}{2}x^2\cdot x^2}{x^{n+1}}=\frac{1}{2}\lim\limits_{x\to0}\frac{x^4}{x^{n+1}}=\frac{1}{2}\lim\limits_{x\to0}\frac{1}{x^{n-3}}=0$，故 $n<3$.

而$\lim\limits_{x\to0}\dfrac{x\sin x^n}{e^{x^2}-1}=\lim\limits_{x\to0}\dfrac{x^{n+1}}{x^2}=\lim\limits_{x\to0}x^{n-1}=0$，故$n>1$.

综上，$n=2$.

【答案】B

【点评】本题考查的知识点是高阶无穷小的定义，以及等价无穷小的替换．在求极限$\lim\limits_{x\to0}\dfrac{(1-\cos x)\ln(1+x^2)}{x\sin x^n}$中，先利用等价无穷小替换$1-\cos x\sim\dfrac{1}{2}x^2$，$\ln(1+x^2)\sim x^2$，$\sin x^n\sim x^n$进行了化简，而高阶无穷小的极限值是0，故极限$\dfrac{1}{2}\lim\limits_{x\to0}\dfrac{1}{x^{n-3}}=0$当且仅当$n<3$. 在求极限$\lim\limits_{x\to0}\dfrac{x\sin x^n}{e^{x^2}-1}$中，应用了等价无穷小替换的变形形式：当$x\to0$时，$e^{x^2}-1\sim x^2$，$\sin x^n\sim x^n$. 而极限$\lim\limits_{x\to0}x^{n-1}=0$当且仅当$n>1$. 联立有$1<n<3$，故得$n=2$.

题型13 利用等价无穷小计算极限

技巧总结

需熟练掌握八大基本等价关系，当$x\to0$时，常用的等价无穷小有

(1)$\sin x\sim x$；(2)$\tan x\sim x$；(3)$1-\cos x\sim\dfrac{1}{2}x^2$；(4)$\arcsin x\sim x$；

(5)$\arctan x\sim x$；(6)$\ln(1+x)\sim x$；(7)$e^x-1\sim x$；(8)$(1+x)^\alpha-1\sim\alpha x$.

以上等价无穷小一定牢记，在求极限时经常使用，也可在此基础上进行推广使用，即上述等价关系中的x换为$\phi(x)$，且$\phi(x)\to0$时仍成立．

在使用等价无穷小替换时务必注意：只能在乘除法中使用等价无穷小的替换．

例45 若$x\to0$时，$(1-ax^2)^{\frac{1}{4}}-1$与$x\sin x$是等价无穷小，则$a=$(　　).

A. -4　　B. 4　　C. $-\dfrac{1}{4}$　　D. $\dfrac{1}{4}$　　E. 1

【解析】当$x\to0$时，$(1-ax^2)^{\frac{1}{4}}-1\sim-\dfrac{1}{4}ax^2$，$x\sin x\sim x^2$，于是，根据题意有

$$\lim_{x\to0}\frac{(1-ax^2)^{\frac{1}{4}}-1}{x\sin x}=\lim_{x\to0}\frac{-\frac{1}{4}ax^2}{x^2}=-\frac{1}{4}a=1,$$

所以$a=-4$.

【答案】A

例46 极限$\lim\limits_{x\to0}\dfrac{x^2(e^x-1)}{(1-\cos x)\sin 2x}=$(　　).

A. -2　　B. 2　　C. -3　　D. -1　　E. 1

【解析】因为$x\to0$时$e^x-1\sim x$，$\sin 2x\sim 2x$，$1-\cos x\sim\dfrac{1}{2}x^2$，所以

$$\lim_{x\to0}\frac{x^2(e^x-1)}{(1-\cos x)\sin 2x}=\lim_{x\to0}\frac{x^2\cdot x}{\frac{1}{2}x^2\cdot 2x}=1.$$

【答案】E

例 47 极限 $\lim\limits_{x\to0^+}\dfrac{1-\sqrt{\cos x}}{x(1-\cos\sqrt{x})}=(\quad)$.

A. -2　　B. 2　　C. $-\dfrac{1}{2}$　　D. $\dfrac{1}{2}$　　E. 1

【解析】原式 $=\lim\limits_{x\to0^+}\dfrac{1-\cos x}{x(1-\cos\sqrt{x})(1+\sqrt{\cos x})}=\lim\limits_{x\to0^+}\dfrac{\frac{1}{2}x^2}{x\cdot\frac{1}{2}x\cdot(1+\sqrt{\cos x})}=\dfrac{1}{2}$.

【答案】D

【点评】先观察到该极限式子为“$\dfrac{0}{0}$”型，且分子中的无理式适宜有理化，分母中的乘积因子可以用等价无穷小替换，当 $x\to0^+$ 时，$1-\cos\sqrt{x}\sim\dfrac{1}{2}x$，$1-\cos x\sim\dfrac{1}{2}x^2$，进而，经过化简约分求出极限值.

例 48 极限 $\lim\limits_{n\to\infty}2^n\sin\dfrac{x}{2^n}(x\neq0)=(\quad)$.

A. $-x$　　B. x　　C. 0　　D. $\dfrac{1}{2^n}$　　E. $\dfrac{x}{2^n}$

【解析】由等价无穷小替换，可得 $\lim\limits_{n\to\infty}2^n\sin\dfrac{x}{2^n}=\lim\limits_{n\to\infty}2^n\cdot\dfrac{x}{2^n}=x$.

【答案】B

【点评】本题求的是当 $n\to\infty$ 时，数列 $2^n\sin\dfrac{x}{2^n}$ 的极限，因此 n 是变量，而数列中出现的 x 在求极限中当常数对待，使用等价无穷小关系 $\sin x\sim x(x\to0)$，因当 $n\to\infty$ 时 $\dfrac{x}{2^n}\to0$，故有 $\sin\dfrac{x}{2^n}\sim\dfrac{x}{2^n}$. 又当 $n\to\infty$ 时，该题目极限类型是“$\infty\cdot0$”型，所以本题还可以考虑将其变形化为“$\dfrac{0}{0}$”型，用第一重要极限求解：$\lim\limits_{n\to\infty}2^n\sin\dfrac{x}{2^n}=\lim\limits_{n\to\infty}\dfrac{\sin\frac{x}{2^n}}{\frac{x}{2^n}}\cdot x=x$.

例 49 极限 $\lim\limits_{x\to+\infty}\ln(1+2^x)\ln\left(1+\dfrac{3}{x}\right)=(\quad)$.

A. $\ln2$　　B. $2\ln2$　　C. $3\ln2$　　D. 1　　E. 0

【解析】当 $x\to+\infty$ 时，函数 $\ln\left(1+\dfrac{3}{x}\right)$ 为无穷小量，$\ln\left(1+\dfrac{3}{x}\right)\sim\dfrac{3}{x}$，但此时函数 $\ln(1+2^x)$ 不是无穷小量，不能直接使用等价无穷小替换定理，故将其表示为

$$\ln[2^x(2^{-x}+1)]=x\ln 2+\ln(1+2^{-x}),$$

其中，当 $x\to+\infty$ 时函数 $\ln(1+2^{-x})$ 为无穷小量，由等价无穷小替换可得 $\ln(1+2^{-x})\sim 2^{-x}$，故

$$\begin{aligned}\lim_{x\to+\infty}\ln(1+2^x)\ln\left(1+\frac{3}{x}\right)&=\lim_{x\to+\infty}\ln[2^x(2^{-x}+1)]\cdot\frac{3}{x}\\&=\lim_{x\to+\infty}[x\ln 2+\ln(1+2^{-x})]\cdot\frac{3}{x}\\&=3\ln 2+\lim_{x\to+\infty}2^{-x}\cdot\frac{3}{x}\\&=3\ln 2.\end{aligned}$$

【答案】C

【点评】该题我们也可以考虑用今后将学到的洛必达法则进行求解．首先极限类型是“$0\cdot\infty$”型，其中的无穷小量 $\ln\left(1+\frac{3}{x}\right)$ 可以先用 $\frac{3}{x}$ 等价替换，即

$$\lim_{x\to+\infty}\ln(1+2^x)\ln\left(1+\frac{3}{x}\right)=\lim_{x\to+\infty}\ln(1+2^x)\cdot\frac{3}{x}=3\lim_{x\to+\infty}\frac{\ln(1+2^x)}{x},$$

极限变成了“$\frac{\infty}{\infty}$”型，然后用洛必达法则求解，有

$$3\lim_{x\to+\infty}\frac{\ln(1+2^x)}{x}=3\lim_{x\to+\infty}\frac{\ln 2\cdot 2^x}{1+2^x}=3\ln 2\lim_{x\to+\infty}\frac{2^x}{1+2^x}=3\ln 2\lim_{x\to+\infty}\frac{1}{1+\frac{1}{2^x}}=3\ln 2.$$

第4节 连续

考纲解析

1. 理解函数连续的概念：函数在一点连续的定义，左连续和右连续，函数在一点连续的充分必要条件．

2. 掌握函数在一点处连续的性质：连续函数的四则运算，复合函数的连续性，反函数的连续性，会求函数的间断点及确定其类型．

3. 掌握闭区间上连续函数的性质：有界性定理，最大值和最小值定理，介值定理(包括零点定理)．

4. 理解初等函数在其定义区间上的连续，并会利用连续性求极限．

知识精讲

1 函数在某点处的连续性

定义1 设函数 $y=f(x)$ 在点 x_0 的某一邻域内有定义，如果当自变量 x 有增量 Δx 时，函数相应的有增量 Δy，若 $\lim\limits_{\Delta x\to 0}\Delta y=0$，则称函数 $y=f(x)$ 在点 x_0 处**连续**，x_0 为 $f(x)$ 的连续点．

定义 2 设函数 $y=f(x)$在点 x_0 的某邻域内有定义，若$\lim\limits_{x\to x_0}f(x)=f(x_0)$，则称函数 $y=f(x)$在点 x_0 处**连续**.

定义 3 如果函数 $f(x)$在开区间(a,b)内每一点都连续，则称 $f(x)$在(a,b)内连续；如果函数 $f(x)$在开区间(a,b)内每一点都连续，且在左端点 $x=a$ 处右连续，在右端点 $x=b$ 处左连续，则称 $f(x)$在闭区间$[a,b]$上**连续**，并称$[a,b]$是 $f(x)$的连续区间.

注 ①$f(x)$在左端点 $x=a$ **右连续**是指满足

$$\lim_{x\to a^+}f(x)=f(a);$$

②$f(x)$在右端点 $x=b$ **左连续**是指满足

$$\lim_{x\to b^-}f(x)=f(b).$$

定理 函数 $f(x)$在点 x_0 处连续的充分必要条件是函数 $f(x)$在点 x_0 处既左连续又右连续.

2 函数的间断点

2.1 间断点的定义

定义 如果函数 $f(x)$在点 x_0 处不连续，则称函数 $f(x)$在点 x_0 处间断，点 x_0 称为 $f(x)$的**间断点**. 如果在点 x_0 处有下列三种情形之一，则点 x_0 称为 $f(x)$的**间断点**：

(1)在点 x_0 处，$f(x)$没有定义；

(2)虽然在点 x_0 处，$f(x)$有定义，但是$\lim\limits_{x\to x_0}f(x)$不存在；

(3)虽然在点 x_0 处，$f(x)$有定义，$\lim\limits_{x\to x_0}f(x)$存在，但$\lim\limits_{x\to x_0}f(x)\neq f(x_0)$.

2.2 间断点的分类

(1)第一类间断点

$f(x)$在点 x_0 的左右极限 $f(x_0-0)$和 $f(x_0+0)$都存在的间断点为**第一类间断点**.

若 $f(x)$在 x_0 无定义，或有定义但 $f(x_0-0)=f(x_0+0)\neq f(x_0)$，则称点 x_0 为 $f(x)$的**可去间断点**.

若 $f(x_0-0)\neq f(x_0+0)$，则称点 x_0 为 $f(x)$的**跳跃间断点**.

(2)第二类间断点

左、右极限 $f(x_0-0)$和 $f(x_0+0)$中至少有一个不存在的间断点为**第二类间断点**.

特别地，在第二类间断点中，若 $f(x_0-0)$和 $f(x_0+0)$中至少有一个是无穷大，则称 x_0 为 $f(x)$的**无穷间断点**；若$\lim\limits_{x\to x_0}f(x)$不存在，且 $f(x)$无限振荡，称 x_0 为 $f(x)$的**振荡间断点**.

3 连续函数的性质

性质 1 连续函数的和、差、积、商(分母不为 0)仍是连续函数.

性质 2 设函数 $y=f(x)$在区间 I_x 上是单调的连续函数，则它的反函数 $y=f^{-1}(x)$是区间 $I_y=\{f(x)\mid x\in I_x\}$上的单调连续函数.

性质 3 设函数 $g(x)$在点 x_0 连续，函数 $f(u)$在点 $u_0=g(x_0)$连续，则复合函数 $f[g(x)]$在点 x_0 连续.

性质 4 初等函数在其定义区间内都是连续的.

4 闭区间上连续函数的性质

最值定理 如果函数 $f(x)$在闭区间$[a, b]$上连续，则函数 $f(x)$在闭区间$[a, b]$上一定有最大值与最小值.

有界性定理 闭区间上的连续函数一定在该区间上有界.

介值性定理 如果函数 $f(x)$在闭区间$[a, b]$上连续，m 和M 分别为$f(x)$在$[a, b]$上的最小值与最大值，则对介于 m 与M 之间的任一实数c(即 $m<c<M$)，至少存在一点 $\xi\in(a, b)$，使得 $f(\xi)=c$.

零点定理 如果函数 $f(x)$在闭区间$[a, b]$上连续，且 $f(a)$与 $f(b)$异号，则至少存在一点 $\xi\in(a, b)$，使得 $f(\xi)=0$.

题型精练

题型14 函数的连续性

技巧总结

(1)判断函数在某一定点处是否连续，主要根据函数在某点处连续的定义，即$\lim\limits_{x\to x_0}f(x)=f(x_0)$表示函数 $f(x)$在 x_0 处有定义且有极限并且函数值和极限相等.

(2)判断分段函数的连续性，即判断在分界点处的连续性，可应用函数在某点处连续的充分必要条件：$f(x)$在 x_0 处连续$\Leftrightarrow f(x)$在 x_0 处即左连续又右连续.需要进行的步骤有

①利用各种求函数极限的方法，求出分段点处的单侧极限（左右两侧都要算）；

②求出分段点处的函数值；

③根据函数连续的充分必要条件：$\lim\limits_{x\to x_0^+}f(x)=\lim\limits_{x\to x_0^-}f(x)=f(x_0)$来判断在该点是否连续.

例 50 设 $f(x)=\begin{cases}\dfrac{1}{x}\sin x, & x<0,\\ k, & x=0,\\ x\sin\dfrac{1}{x}+1, & x>0,\end{cases}$ 则常数 $k=$(　　)时函数 $f(x)$在定义域内连续.

A. 2　　B. -2　　C. 0　　D. 1　　E. -1

【解析】因为 $\lim\limits_{x\to 0^-}f(x)=\lim\limits_{x\to 0^-}\dfrac{\sin x}{x}=1$；

根据无穷小量与有界变量的积为无穷小量，可知$\lim\limits_{x\to 0}x\sin\dfrac{1}{x}=0$，从而

$$\lim_{x\to 0^+}f(x)=\lim_{x\to 0^+}\left(x\sin\frac{1}{x}+1\right)=1;$$

若函数在定义域内连续，则 $f(0)=k=\lim\limits_{x\to 0^-}f(x)=\lim\limits_{x\to 0^+}f(x)=1$，即 $k=1$.

【答案】D

【点评】此类题型为已知函数的连续性，求解题目中的未知常数，难点在于计算分段点处两个

单侧极限，需要用到极限计算中学到的方法，比如两个重要极限，无穷小的性质，有理化等方法．

例 51 设 $f(x)=\begin{cases} x^2-1, & x<0, \\ x, & 0\leqslant x\leqslant 1, \\ 2-x, & 1<x\leqslant 2, \end{cases}$ 则 $f(x)$ 在（　　）．

A. $x=0$，$x=1$ 处都间断
B. $x=0$，$x=1$ 处都连续
C. $x=0$ 处间断，$x=1$ 处连续
D. $x=0$ 处连续，$x=1$ 处间断
E. $(-\infty, +\infty)$ 内连续

【解析】判断分段函数在分段点处的连续性只需按照函数在一点连续的定义及间断点的定义去判断即可．

在点 $x=0$ 处，左极限 $f(0-0)=0^2-1=-1$，右极限 $f(0+0)=0$，由于在点 $x=0$ 处的左极限不等于右极限，即 $f(0-0)\neq f(0+0)$，所以点 $x=0$ 为 $f(x)$ 的间断点；

在点 $x=1$ 处，$f(1-0)=1$，$f(1+0)=2-1=1$，且 $f(1)=1$，因此在点 $x=1$ 处 $f(1-0)=f(1+0)=f(1)$，所以点 $x=1$ 为 $f(x)$ 的连续点．

【答案】C

例 52 设 $a>0$，$f(x)=\begin{cases} \dfrac{2\sin x+1}{x^2+1}, & x\geqslant 0, \\ \dfrac{\sqrt{a}-\sqrt{a-x}}{2x}, & x<0, \end{cases}$ 欲使函数 $f(x)$ 在 $x=0$ 处连续，则 $a=$（　　）．

A. $\dfrac{1}{2}$　　B. $\dfrac{1}{4}$　　C. $\dfrac{1}{8}$　　D. $\dfrac{1}{16}$　　E. $\dfrac{1}{32}$

【解析】要使 $f(x)$ 在 $x=0$ 处连续，就必须满足 $\lim\limits_{x\to 0^+}f(x)=\lim\limits_{x\to 0^-}f(x)=f(0)$，由 $f(0)=1$，且

$$\lim_{x\to 0^+}f(x)=\lim_{x\to 0^+}\frac{2\sin x+1}{x^2+1}=1,$$

$$\lim_{x\to 0^-}f(x)=\lim_{x\to 0^-}\frac{\sqrt{a}-\sqrt{a-x}}{2x}=\lim_{x\to 0^-}\frac{a-(a-x)}{2x(\sqrt{a}+\sqrt{a-x})}=\frac{1}{4\sqrt{a}},$$

故 $\dfrac{1}{4\sqrt{a}}=1$，解得 $a=\dfrac{1}{16}$.

【答案】D

例 53 设 $f(x)$ 在 $x=2$ 处连续，且 $\lim\limits_{x\to 2}\dfrac{f(x)-3}{x-2}$ 存在，则 $f(2)=$（　　）．

A. 2　　B. -2　　C. 0　　D. 3　　E. -3

【解析】由 $\lim\limits_{x\to 2}\dfrac{f(x)-3}{x-2}$ 存在，知 $\lim\limits_{x\to 2}[f(x)-3]=0$，即 $\lim\limits_{x\to 2}f(x)=3$；另一方面，由 $f(x)$ 在 $x=2$ 处连续，根据连续的定义得 $f(2)=\lim\limits_{x\to 2}f(x)$，所以 $f(2)=3$.

【答案】D

【点评】本题是根据已知条件中极限存在确定分子的极限为零，再根据连续性的定义知，函数值与极限值相等．

题型15 判断间断点及间断点的类型

技巧总结

(1)寻找间断点的方法有

①初等函数没有定义的点是其间断点；

②分段函数的分段点处往往是间断点，具体情况还需判断.

(2)间断点类型的判别：

①在间断点处两个单侧极限都存在，则为第一类间断点，若两个单侧极限相等则为可去间断点；若两个单侧极限不相等，则为跳跃间断点.

②在间断点处两个单侧极限至少有一个不存在，则为第二类间断点.

③一般不是第一类间断点的任何间断点都是第二类间断点.

例 54 设 $f(x)=\begin{cases}0, & x\leqslant 0,\\ \dfrac{e^x-1-x}{2x}, & 0<x\leqslant 1,\\ e^x-1, & 1<x\leqslant 2,\end{cases}$ 则 $f(x)$ 的间断点个数为(　　).

A. 0　　B. 1　　C. 2

D. 3　　E. 4

【解析】$f(x)$ 的可能间断点为 $x=0$，$x=1$.

在 $x=0$ 处，由于 $\lim\limits_{x\to 0^-}f(x)=0$，$f(0)=0$，$\lim\limits_{x\to 0^+}f(x)=\lim\limits_{x\to 0^+}\left(\dfrac{e^x-1-x}{2x}\right)=0$，故函数 $f(x)$ 在 $x=0$ 处连续；

在 $x=1$ 处，由于 $\lim\limits_{x\to 1^-}f(x)=\lim\limits_{x\to 1^-}\left(\dfrac{e^x-1-x}{2x}\right)=\dfrac{e-2}{2}$，$\lim\limits_{x\to 1^+}f(x)=\lim\limits_{x\to 1^+}(e^x-1)=e-1$，左右极限不相等，所以 $x=1$ 为间断点.故间断点个数为 1.

【答案】B

例 55 函数 $\varphi(x)=\dfrac{1}{1-e^{\frac{x}{1-x}}}$ 的跳跃间断点为(　　).

A. $x=1$　　B. $x=0$　　C. $x=0$，$x=1$

D. $x=-1$　　E. $x=-1$，$x=0$

【解析】$\varphi(x)$ 是一个初等函数，除 $x=0$，$x=1$ 外都有定义.由于 $\lim\limits_{x\to 0}(1-e^{\frac{x}{1-x}})=1-e^0=0$，故 $\lim\limits_{x\to 0}\varphi(x)=\infty$，从而 $x=0$ 是 $\varphi(x)$ 的第二类间断点中的无穷间断点；

又因为 $\lim\limits_{x\to 1^-}\dfrac{x}{1-x}=+\infty$，$\lim\limits_{x\to 1^+}\dfrac{x}{1-x}=-\infty$，故 $\lim\limits_{x\to 1^-}e^{\frac{x}{1-x}}=+\infty$，$\lim\limits_{x\to 1^+}e^{\frac{x}{1-x}}=0$，所以 $\varphi(1-0)=0$，$\varphi(1+0)=1$，两侧极限存在但不相等，因此 $x=1$ 是 $\varphi(x)$ 的第一类间断点中的跳跃间断点.

【答案】A

例 56 函数 $y=\dfrac{x}{\tan x}$ 的间断点为(　　).

A. $x=0$　　B. $x=\dfrac{k\pi}{2}(k\in\mathbf{Z})$　　C. $x=k\pi(k\in\mathbf{Z})$

D. $x=\dfrac{\pi}{2}$　　E. $x=k\pi+\dfrac{\pi}{2}(k\in\mathbf{Z})$

【解析】 当 $x=k\pi(k\in\mathbf{Z})$ 时，分母 $\tan x=0$，此时函数 $y=\dfrac{x}{\tan x}$ 没有意义，故 $x=k\pi(k\in\mathbf{Z})$ 为间断点；

当 $x=k\pi+\dfrac{\pi}{2}(k\in\mathbf{Z})$ 时，函数 $y=\dfrac{x}{\tan x}$ 的分母 $\tan x$ 没有意义，故 $x=k\pi+\dfrac{\pi}{2}(k\in\mathbf{Z})$ 也为间断点.

综上，所求函数的间断点为 $x=\dfrac{k\pi}{2}(k\in\mathbf{Z})$.

【答案】 B

本章通关测试

1. 设 $y=f(x)$在区间$[0, 1]$上有意义，则 $f\left(x+\frac{1}{4}\right)+f\left(x-\frac{1}{4}\right)$的定义域是(　　).

A. $[0, 1]$　　B. $\left[-\frac{1}{4}, \frac{5}{4}\right]$　　C. $\left[-\frac{1}{4}, \frac{1}{4}\right]$

D. $\left[-\frac{1}{4}, \frac{3}{4}\right]$　　E. $\left[\frac{1}{4}, \frac{3}{4}\right]$

2. 函数 $y=\sqrt{x^2-x-6}-\arcsin\frac{2x-3}{9}$的定义域是(　　).

A. $[-\infty, -2]\cup[3, +\infty]$　　B. $[-3, -2]\cup[3, 6]$　　C. $[-2, 3]$

D. $[-3, 6]$　　E. $[3, 6]$

3. 下列函数中，(　　)中的两个函数是相同的.

A. $f(x)=\frac{x^2-1}{x-1}$，$g(x)=x+1$

B. $f(x)=(\sqrt{x})^2$，$g(x)=x$

C. $f(x)=\ln x^2$，$g(x)=2\ln x$

D. $f(x)=\sin^2 x+\cos^2 x$，$g(x)=1$

E. $f(x)=1$，$g(x)=\frac{x}{x}$

4. 若函数 $f(x+1)=x^2+2x+3$，则 $f(x)=$(　　).

A. x^2+1　　B. $(x+2)^2$　　C. x^2+2

D. $(x+1)^2$　　E. $(x+2)^2+2$

5. 函数 $y=|x\cos(-x)|$是(　　).

A. 有界函数　　B. 偶函数　　C. 奇函数

D. 周期函数　　E. 单调函数

6. 下列函数中非奇非偶的函数是(　　).

A. $f(x)=x(1-x)$　　B. $f(x)=3^x-3^{-x}$　　C. $f(x)=\ln\frac{x+1}{x-1}$

D. $f(x)=x^2\cos x$　　E. $f(x)=\ln(x+\sqrt{1+x^2})$

7. 设 $f(x)$为奇函数，且 $F(x)=f(x)\cdot\left(\frac{1}{a^x+1}-\frac{1}{2}\right)$，其中 a 为不等于 1 的正数，则函数 $F(x)$ 是(　　).

A. 偶函数　　B. 奇函数　　C. 非奇非偶函数

D. 奇偶性与 a 有关的函数　　E. 有界函数

8. 函数 $f(x)=2^{x-1}$ 的反函数 $f^{-1}(x)$等于(　　).

A. $\log_2(x+1)$　　B. $1+\log_2 x$　　C. $\frac{1}{2}\log_2 x$

D. $2\log_2 x$　　E. $1+\frac{1}{2}\log_2 x$

9. 当 $x\to 0$ 时，若 $\lim\limits_{x\to 0}\frac{\sqrt[4]{x}+\sqrt[3]{x}}{x^k}=A(A\neq 0)$，则 $k=$(　　).

A. $\frac{1}{3}$　B. 3　C. $\frac{1}{4}$　D. 4　E. $\frac{1}{12}$

10. 极限 $\lim\limits_{x\to 0}\frac{3\sin x+x^2\cos\frac{1}{x}}{(1+\cos x)\ln(1+x)}=$(　　).

A. $\frac{2}{3}$　B. $\frac{3}{2}$　C. 3　D. 0　E. ∞

11. n 为正整数，a 为某实数，$a\neq 0$，且 $\lim\limits_{x\to+\infty}\frac{x^{1\,999}}{x^n-(x-1)^n}=\frac{1}{a}$，则 $n=$(　　)，并且 $a=$(　　).

A. 2 000，2 000　B. 2 000，1 999　C. 1 999，1 999
D. 1 999，2 000　E. 2 000，2 001

12. 极限 $\lim\limits_{n\to\infty}(\sqrt{n+\sqrt{n}}-\sqrt{n-\sqrt{n}})=$(　　).

A. 0　B. $\frac{1}{2}$　C. 1　D. 2　E. ∞

13. 极限 $\lim\limits_{n\to\infty}\left[\sqrt{1+2+\cdots+n}-\sqrt{1+2+\cdots+(n-2)}\right]=$(　　).

A. 2　B. $\frac{1}{2}$　C. $\frac{\sqrt{2}}{2}$　D. $\sqrt{2}$　E. 0

14. 极限 $\lim\limits_{n\to\infty}\frac{\frac{1}{2\,011}+\frac{1}{2\,011^2}+\cdots+\frac{1}{2\,011^n}}{\frac{1}{2\,012}+\frac{1}{2\,012^2}+\cdots+\frac{1}{2\,012^n}}=$(　　).

A. 1　B. $\frac{2\,012}{2\,011}$　C. $\frac{2\,011}{2\,012}$
D. $\frac{2\,010}{2\,011}$　E. $\frac{2\,011}{2\,010}$

15. 当 $x\to 0$ 时，极限存在的函数为 $f(x)=$(　　).

A. $\begin{cases}\frac{|x|}{x}, & x\neq 0,\\ 0, & x=0\end{cases}$　B. $\begin{cases}\frac{\sin x}{|x|}, & x\neq 0,\\ 0, & x=0\end{cases}$　C. $\begin{cases}x^2+2, & x<0,\\ 2^x, & x>0\end{cases}$

D. $\begin{cases}\frac{1}{2+x}, & x<0,\\ x+\frac{1}{2}, & x>0\end{cases}$　E. $\begin{cases}(1+x)^{\frac{1}{x}}, & x<0,\\ e^x, & x>0\end{cases}$

16. 已知极限 $\lim\limits_{x\to+\infty}\left(\frac{x^2}{x+1}-x-a\right)=2$，则常数 a 是(　　).

A. 1　B. 2　C. -1　D. -2　E. -3

17. 已知$\lim\limits_{x\to 0}\dfrac{x}{f(3x)}=2$，则$\lim\limits_{x\to 0}\dfrac{f(2x)}{x}=$(　　).

A. 2　　B. $\dfrac{3}{2}$　　C. $\dfrac{2}{3}$　　D. $\dfrac{1}{3}$　　E. $\dfrac{1}{2}$

18. 极限$\lim\limits_{n\to\infty}(\sqrt{n+3\sqrt{n}}-\sqrt{n-\sqrt{n}})=$(　　).

A. $\dfrac{2}{3}$　　B. $\dfrac{3}{2}$　　C. 2　　D. $\dfrac{1}{3}$　　E. $\dfrac{1}{2}$

19. 若$\lim\limits_{x\to 3}\dfrac{x^2-2x+k}{x-3}=4$，则$k=$(　　).

A. -3　　B. 3　　C. 2　　D. 4　　E. -4

20. 下列极限存在的是(　　).

A. $\lim\limits_{x\to+\infty}\sqrt{\dfrac{x^2+1}{x}}$　　B. $\lim\limits_{x\to\infty}\dfrac{|x|(x+1)}{x^2}$　　C. $\lim\limits_{x\to+\infty}\dfrac{1}{2^x-1}$

D. $\lim\limits_{x\to\infty}\ln(1+x^2)$　　E. $\lim\limits_{x\to\infty}x(\sqrt{x^2+1}-x)$

21. 极限$\lim\limits_{x\to 0}\dfrac{\sin(\pi+x)-\sin(\pi-x)}{x}=$(　　).

A. -1　　B. -2　　C. 1　　D. 0　　E. -1

22. 若$\lim\limits_{x\to\infty}\left(1+\dfrac{k}{x}\right)^{-3x}=\mathrm{e}^{-1}$，则$k=$(　　).

A. $\mathrm{e}^{\frac{1}{3}}$　　B. $\mathrm{e}^{-\frac{1}{3}}$　　C. $\dfrac{1}{3}$　　D. e^{-1}　　E. -1

23. 极限$\lim\limits_{n\to\infty}\left(\dfrac{n-2}{n+2}\right)^n=$(　　).

A. e^4　　B. e^{-4}　　C. -4　　D. e^{-2}　　E. e^2

24. $\lim\limits_{x\to\infty}\left(1+\dfrac{1}{x}\right)^{3x+5}=$(　　).

A. e^3　　B. e^{-3}　　C. e^2　　D. e^{-2}　　E. e^5

25. 极限$\lim\limits_{x\to 0}(1+\tan x)^{\cot x}=$(　　).

A. e^2　　B. e^{-3}　　C. e　　D. e^{-2}　　E. e^{-1}

26. 设$x\to 0$时，$\ln(1+x^k)$与$x+\sqrt[3]{x}$为等价无穷小，则$k=$(　　).

A. 3　　B. -3　　C. 1　　D. $\dfrac{1}{3}$　　E. $-\dfrac{1}{3}$

27. 下列函数在$x\to 0$时与x^2为同阶无穷小的是(　　).

A. 2^x　　B. 2^x-1　　C. $1-\cos x$

D. $x-\sin x$　　E. $\tan x-\sin x$

28. 下列命题正确的是(　　).

A. 无穷小量的倒数是无穷大量

B. 无穷小量是绝对值很小很小的数

C. 无穷小量是以零为极限的变量

D. 无界变量一定是无穷大量

E. 无穷大量不一定是无界变量

29. 下列变量在给定的变化过程中为无穷小量的是(　　).

A. $\sin\frac{1}{x}(x\to 0)$　　B. $e^{\frac{1}{x}}(x\to 0)$　　C. $\ln(1+x^2)(x\to 0)$

D. $\frac{x-3}{x^2-9}(x\to 3)$　　E. $3^x(x\to\infty)$

30. 设函数 $f(x)=\begin{cases}\frac{\sin ax}{x}, & x>0,\\ 1-ae^x, & x\leqslant 0\end{cases}$ 在点 $x=0$ 处连续，则 $a=$(　　).

A. 2　　B. 1　　C. 0　　D. -1　　E. $\frac{1}{2}$

31. 设函数 $f(x)=\begin{cases}\frac{x^2-2x-3}{x+1}, & x\neq -1,\\ a, & x=-1\end{cases}$ 在点 $x=-1$ 处连续，则 $a=$(　　).

A. -4　　B. -2　　C. 0　　D. 4　　E. 2

32. 若函数 $f(x)=\begin{cases}x^2+1, & |x|\leqslant c,\\ \frac{10}{|x|}, & |x|>c\end{cases}$ 在定义域上连续，则常数 $c=$(　　).

A. 1　　B. 2　　C. 3　　D. 4　　E. 5

33. $x=\frac{\pi}{2}$ 是函数 $y=\frac{x}{\cot x}$ 的(　　).

A. 连续点　　B. 可去间断点　　C. 跳跃间断点

D. 无穷间断点　　E. 振荡间断点

34. 设函数 $f(x)=\begin{cases}e^{ax}-a, & x\leqslant 0,\\ x+a\cos 2x, & x>0\end{cases}$ 为 $(-\infty,+\infty)$ 上的连续函数，则 $a=$(　　).

A. 1　　B. 2　　C. -2　　D. $-\frac{1}{2}$　　E. $\frac{1}{2}$

35. $x=1$ 为函数 $y=\frac{x^2-1}{x-1}$ 的(　　).

A. 连续点　　B. 无穷间断点　　C. 振荡间断点

D. 可去间断点　　E. 跳跃间断点

答案速查

1～5　EBDCB　　6～10　AABCB　　11～15　ACDED
16～20　EDCAC　　21～25　BCBAC　　26～30　DCCCE
31～35　ABDED

答案详解

1. E

【解析】由条件知函数 $y=f(x)$ 的定义域为 $[0,1]$，即对应法则 f 作用在 $[0,1]$ 上的值有意义，故有 $0\leqslant x+\frac{1}{4}\leqslant 1$ 且 $0\leqslant x-\frac{1}{4}\leqslant 1$，分别求解，取交集得 $f\left(x+\frac{1}{4}\right)+f\left(x-\frac{1}{4}\right)$ 的定义域为 $\left[\frac{1}{4},\frac{3}{4}\right]$.

2. B

【解析】由偶次根号下为非负数、反正弦函数的定义域为 $[-1,1]$，可得

$$\begin{cases}x^2-x-6\geqslant 0,\\ \left|\frac{2x-3}{9}\right|\leqslant 1\end{cases}\Rightarrow\begin{cases}(x+2)(x-3)\geqslant 0,\\ -1\leqslant\frac{2x-3}{9}\leqslant 1\end{cases}\Rightarrow\begin{cases}x\leqslant -2\text{ 或 }x\geqslant 3,\\ -3\leqslant x\leqslant 6,\end{cases}$$

取交集，解得所求函数的定义域为 $[-3,-2]\cup[3,6]$.

3. D

【解析】两函数相同必须满足定义域和对应法则分别相同.
A 项：定义域不同，$f(x)$ 的定义域为 $\{x\mid x\neq 1\}$，$g(x)$ 的定义域为全体实数；B 项：定义域和对应法则都不同；C 项：定义域不同，$f(x)$ 的定义域为 $\{x\mid x\neq 0\}$，$g(x)$ 的定义域为 $\{x\mid x>0\}$；D 项：定义域和对应法则都相同；E 项：定义域不同，$f(x)$ 的定义域为全体实数，$g(x)$ 的定义域为 $\{x\mid x\neq 0\}$.

【点评】判断函数是否相同的两大要素是定义域和对应法则，两大要素相同的函数为同一函数，缺一不可.

4. C

【解析】方法一：因为 $f(x+1)=x^2+2x+3=(x+1)^2+2$，所以 $f(x)=x^2+2$.
方法二：换元法. 令 $x+1=t$，则 $x=t-1$，代入函数解析式，得 $f(t)=(t-1)^2+2(t-1)+3=t^2+2$，再将符号 t 换成符号 x，有 $f(x)=x^2+2$.

5. B

【解析】因为 $f(-x)=|-x\cos x|=|x\cos(-x)|=f(x)$，所以该函数为偶函数.

6. A

【解析】利用奇偶性的定义易验证 A 项为非奇非偶函数，B 项为奇函数，C 项为奇函数，E 项为奇函数，利用奇偶性的性质：偶×偶=偶，可验证 D 项为偶函数.

【点评】判别函数的奇偶性首先考虑奇偶性的定义，用定义判别是基本的方法，同时还需掌握一些简单函数的奇偶性，可利用奇偶性的性质来进行判别．

7. A

【解析】令 $g(x)=\frac{1}{a^x+1}-\frac{1}{2}$，则

$$g(-x)=\frac{1}{a^{-x}+1}-\frac{1}{2}=\frac{a^x-1}{2(a^x+1)}=-\frac{1}{a^x+1}+\frac{1}{2}=-g(x),$$

所以 $g(x)$ 为奇函数．

因为 $f(x)$ 为奇函数，$g(x)$ 为奇函数，所以 $f(x)\cdot g(x)$ 为偶函数，即 $F(x)$ 为偶函数．

8. B

【解析】由 $y=2^{x-1}$，两边直接取对数，得 $\log_2 y=x-1$，则有 $x=\log_2 y+1$，x 与 y 互换得 $y=1+\log_2 x$．

9. C

【解析】方法一：$\lim\limits_{x\to 0}\frac{\sqrt[4]{x}+\sqrt[3]{x}}{x^k}=\lim\limits_{x\to 0}(x^{\frac{1}{4}-k}+x^{\frac{1}{3}-k})=\lim\limits_{x\to 0}x^{\frac{1}{4}-k}+\lim\limits_{x\to 0}x^{\frac{1}{3}-k}=A$，若使极限为非零常数，则只有 $\lim\limits_{x\to 0}x^{\frac{1}{4}-k}$ 与 $\lim\limits_{x\to 0}x^{\frac{1}{3}-k}$ 一个为 1，一个为 0 才能实现．

若 $k=\frac{1}{3}$，则 $\lim\limits_{x\to 0}x^{\frac{1}{3}-k}=\lim\limits_{x\to 0}x^0=1$，但 $\lim\limits_{x\to 0}x^{\frac{1}{4}-\frac{1}{3}}=\lim\limits_{x\to 0}x^{-\frac{1}{12}}=\lim\limits_{x\to 0}\frac{1}{\sqrt[12]{x}}=\infty$，不符合题意；

若 $k=\frac{1}{4}$，则 $\lim\limits_{x\to 0}x^{\frac{1}{4}-k}=\lim\limits_{x\to 0}x^0=1$，但 $\lim\limits_{x\to 0}x^{\frac{1}{3}-\frac{1}{4}}=\lim\limits_{x\to 0}x^{\frac{1}{12}}=\lim\limits_{x\to 0}\sqrt[12]{x}=0$，符合题意．

所以 $\lim\limits_{x\to 0}\frac{\sqrt[4]{x}+\sqrt[3]{x}}{\sqrt[4]{x}}=\lim\limits_{x\to 0}(1+\sqrt[12]{x})=1$，符合题干，因此 $k=\frac{1}{4}$.

方法二：由于 $\lim\limits_{x\to 0}\frac{\sqrt[4]{x}+\sqrt[3]{x}}{x^k}=\lim\limits_{x\to 0}\frac{x^{\frac{1}{4}}(1+x^{\frac{1}{12}})}{x^k}=\lim\limits_{x\to 0}x^{\frac{1}{4}-k}(1+x^{\frac{1}{12}})=A(A\neq 0)$，因为 A 为非零常数，故只有当 $k=\frac{1}{4}$ 时成立，此时极限为 1.

10. B

【解析】利用四则运算法则，将函数拆分成求极限的几个函数，有

$$\begin{aligned}\text{原式}&=\lim_{x\to 0}\frac{1}{1+\cos x}\cdot\lim_{x\to 0}\frac{3\sin x+x^2\cos\frac{1}{x}}{\ln(1+x)}\\&=\frac{1}{2}\cdot\lim_{x\to 0}\frac{3\sin x+x^2\cos\frac{1}{x}}{x}\\&=\frac{1}{2}\left(\lim_{x\to 0}\frac{3\sin x}{x}+\lim_{x\to 0}x\cos\frac{1}{x}\right)\\&=\frac{3}{2}.\end{aligned}$$

【点评】对于分式求极限，先观察分子分母极限值的存在情况，若是“$\frac{0}{0}$”型，就优先考虑能否

使用无穷小的等价替换进行化简，同时再观察是否有极限值为非零常数的因式，若有，可先进行求极限，从而使所求式子更加简化．然后再选择合适的求极限方法，比如该题经过化简后，分项求极限，分别使用第一重要极限和无穷小的性质进行求解．

11. A

【解析】由 $\lim\limits_{x\to+\infty}\dfrac{x^{1\,999}}{x^n-(x-1)^n}=\lim\limits_{x\to+\infty}\dfrac{x^{1\,999}}{nx^{n-1}-\dfrac{n(n-1)}{2}x^{n-2}+\cdots+(-1)^{n+1}}$ 存在，知 x^{n-1} 与 $x^{1\,999}$ 同阶，从而 $n=2\,000$，此时上式极限值 $=\dfrac{1}{n}=\dfrac{1}{a}$，得 $a=n=2\,000$.

【点评】本题是"$\dfrac{\infty}{\infty}$"型极限问题，有的同学考虑使用洛必达法则，但其实并不简单，这类问题的最佳方案是使用有理分式求极限的结论"抓大头"，要使分式极限为非零常数，当且仅当分子分母最高次数项指数相等才可以，从而确定出 n 的值，进而求出 a 的值．

如果使用洛必达法则，就会出现

$$\begin{aligned}\lim_{x\to+\infty}\frac{x^{1\,999}}{x^n-(x-1)^n}&=\lim_{x\to+\infty}\frac{1\,999x^{1\,998}}{nx^{n-1}-n(x-1)^{n-1}}\\&=\lim_{x\to+\infty}\frac{1\,999\cdot1\,998x^{1\,997}}{n(n-1)x^{n-2}-n(n-1)(x-1)^{n-2}}\\&\ \ \vdots\\&=\lim_{x\to+\infty}\frac{1\,999!}{n(n-1)\cdots(n-1\,998)[x^{n-1\,999}-(x-1)^{n-1\,999}]}=\frac{1}{a},\end{aligned}$$

当且仅当 $[x^{n-1\,999}-(x-1)^{n-1\,999}]=1$ 时成立，故 $n=2\,000$，此方法需要求高阶导数，略显烦琐！

12. C

【解析】将分子有理化可得

$$\begin{aligned}&\lim_{n\to\infty}(\sqrt{n+\sqrt{n}}-\sqrt{n-\sqrt{n}})\\&=\lim_{n\to\infty}\frac{(\sqrt{n+\sqrt{n}}-\sqrt{n-\sqrt{n}})(\sqrt{n+\sqrt{n}}+\sqrt{n-\sqrt{n}})}{\sqrt{n+\sqrt{n}}+\sqrt{n-\sqrt{n}}}\\&=\lim_{n\to\infty}\frac{2\sqrt{n}}{\sqrt{n+\sqrt{n}}+\sqrt{n-\sqrt{n}}}\\&=\lim_{n\to\infty}\frac{2}{\sqrt{1+\sqrt{\frac{1}{n}}}+\sqrt{1-\sqrt{\frac{1}{n}}}}\\&=\frac{2}{\sqrt{1+0}+\sqrt{1-0}}\\&=1.\end{aligned}$$

13. D

【解析】将分子有理化，有

$$\begin{aligned}&\lim_{n\to\infty}\left[\sqrt{1+2+\cdots+n}-\sqrt{1+2+\cdots+(n-2)}\right]\\&=\lim_{n\to\infty}\frac{n-1+n}{\sqrt{1+2+\cdots+n}+\sqrt{1+2+\cdots+(n-2)}}\end{aligned}$$

$$=\lim_{n\to\infty}\frac{(2n-1)}{\sqrt{\frac{n(n+1)}{2}}+\sqrt{\frac{(n-1)(n-2)}{2}}}$$

$$=\frac{2}{\sqrt{\frac{1}{2}}+\sqrt{\frac{1}{2}}}=\sqrt{2}.$$

【点评】含根式的数列极限问题，一般应先有理化．无分母的，分母可以看作1；求当$n\to\infty$的极限时，同除以分子分母的最高次幂．

14. E

【解析】使用等比数列求和公式，化简可得

$$\lim_{n\to\infty}\frac{\frac{1}{2\,011}+\frac{1}{2\,011^2}+\cdots+\frac{1}{2\,011^n}}{\frac{1}{2\,012}+\frac{1}{2\,012^2}+\cdots+\frac{1}{2\,012^n}}=\lim_{n\to\infty}\frac{\dfrac{\frac{1}{2\,011}\left[1-\left(\frac{1}{2\,011}\right)^n\right]}{1-\frac{1}{2\,011}}}{\dfrac{\frac{1}{2\,012}\left[1-\left(\frac{1}{2\,012}\right)^n\right]}{1-\frac{1}{2\,012}}}=\frac{\frac{1}{2\,010}}{\frac{1}{2\,011}}=\frac{2\,011}{2\,010}.$$

15. D

【解析】A项：因为$\lim\limits_{x\to0^-}\frac{|x|}{x}=-1$，$\lim\limits_{x\to0^+}\frac{|x|}{x}=1$，左右极限不相等，所以$\lim\limits_{x\to0}f(x)$不存在；

B项：因为$\lim\limits_{x\to0^-}\frac{\sin x}{|x|}=-1$，$\lim\limits_{x\to0^+}\frac{\sin x}{|x|}=1$，左右极限不相等，所以$\lim\limits_{x\to0}f(x)$不存在；

C项：因为$\lim\limits_{x\to0^-}(x^2+2)=2$，$\lim\limits_{x\to0^+}2^x=1$，左右极限不相等，所以$\lim\limits_{x\to0}f(x)$不存在；

E项：$\lim\limits_{x\to0^-}(1+x)^{\frac{1}{x}}=\mathrm{e}$，$\lim\limits_{x\to0^+}\mathrm{e}^x=1$，左右极限不相等，所以$\lim\limits_{x\to0}f(x)$不存在；

D项：$\lim\limits_{x\to0^-}f(x)=\lim\limits_{x\to0^-}\frac{1}{2+x}=\frac{1}{2}$，$\lim\limits_{x\to0^+}f(x)=\lim\limits_{x\to0^+}\left(x+\frac{1}{2}\right)=\frac{1}{2}$，故$\lim\limits_{x\to0}f(x)=\frac{1}{2}$.

【点评】在近几年考试真题中考查函数极限存在的充要条件的题目类型一般分为：求极限、判断函数在一点处的连续性等．若考查分段函数中分段点处极限的存在情况，需讨论单侧极限是否存在且相等，即$\lim\limits_{x\to x_0^-}f(x)=\lim\limits_{x\to x_0^+}f(x)$.

要注意：函数中若有绝对值符号的要先去掉绝对值符号，再讨论．

16. E

【解析】由已知$\lim\limits_{x\to+\infty}\left(\frac{x^2}{x+1}-x-a\right)=\lim\limits_{x\to+\infty}\frac{(-1-a)x-a}{x+1}=2$，解得$-1-a=2$，$a=-3$.

17. D

【解析】由$\lim\limits_{x\to0}\frac{x}{f(3x)}=2$，得$\lim\limits_{x\to0}\frac{3x}{f(3x)}=6$，令$u=3x$，则$\lim\limits_{u\to0}\frac{u}{f(u)}=6$，即$\lim\limits_{u\to0}\frac{f(u)}{u}=\frac{1}{6}$.

所以$\lim\limits_{x\to0}\frac{f(2x)}{x}=2\lim\limits_{x\to0}\frac{f(2x)}{2x}\xlongequal{u=2x}2\lim\limits_{u\to0}\frac{f(u)}{u}=\frac{1}{3}$.

18. C

【解析】分子有理化，原式$=\lim\limits_{n\to\infty}\dfrac{4\sqrt{n}}{\sqrt{n+3\sqrt{n}}+\sqrt{n-\sqrt{n}}}=\lim\limits_{n\to\infty}\dfrac{4}{\sqrt{1+\dfrac{3}{\sqrt{n}}}+\sqrt{1-\dfrac{1}{\sqrt{n}}}}=2$.

19. A

【解析】已知当$x\to3$时，分母$(x-3)\to0$，又因为函数的极限存在，所以当$x\to3$时，分子$x^2-2x+k\to0$，将$x=3$代入方程$x^2-2x+k=0$，解得$k=-3$.

20. C

【解析】A项：当$x\to+\infty$时，$\sqrt{\dfrac{x^2+1}{x}}\to+\infty$，极限不存在，排除A项；

B项：当$x\to+\infty$时，$\dfrac{|x|(x+1)}{x^2}=\dfrac{x(x+1)}{x^2}=1+\dfrac{1}{x}\to1$，而当$x\to-\infty$时，$\dfrac{|x|(x+1)}{x^2}=\dfrac{-x(x+1)}{x^2}=-1-\dfrac{1}{x}\to-1$，所以当$x\to\infty$时，$\dfrac{|x|(x+1)}{x^2}$的极限不存在，排除B项；

C项：当$x\to+\infty$时，$\dfrac{1}{2^x-1}\to0$，所以C项正确；

显然，D项中$\lim\limits_{x\to\infty}\ln(1+x^2)=\infty$，其极限必不存在；

E项：$\lim\limits_{x\to+\infty}x(\sqrt{x^2+1}-x)=\lim\limits_{x\to+\infty}\dfrac{x}{\sqrt{x^2+1}+x}=\lim\limits_{x\to+\infty}\dfrac{1}{\sqrt{1+\dfrac{1}{x^2}}+1}=\dfrac{1}{2}$，而$\lim\limits_{x\to-\infty}x(\sqrt{x^2+1}-x)=$

$\lim\limits_{x\to-\infty}\dfrac{x}{\sqrt{x^2+1}+x}=\lim\limits_{x\to-\infty}\dfrac{1}{-\sqrt{1+\dfrac{1}{x^2}}+1}=\infty$，所以极限$\lim\limits_{x\to\infty}x(\sqrt{x^2+1}-x)$不存在.

21. B

【解析】$\lim\limits_{x\to0}\dfrac{\sin(\pi+x)-\sin(\pi-x)}{x}=\lim\limits_{x\to0}\dfrac{-\sin x-\sin x}{x}=-2\lim\limits_{x\to0}\dfrac{\sin x}{x}=-2$.

22. C

【解析】由第二重要极限，可得$\lim\limits_{x\to\infty}\left(1+\dfrac{k}{x}\right)^{-3x}=\lim\limits_{x\to\infty}\left(1+\dfrac{k}{x}\right)^{\frac{x}{k}(-3k)}=e^{-3k}=e^{-1}$，因此$k=\dfrac{1}{3}$.

23. B

【解析】方法一：$\lim\limits_{n\to\infty}\left(\dfrac{n-2}{n+2}\right)^n=\lim\limits_{n\to\infty}\dfrac{\left(1-\dfrac{2}{n}\right)^n}{\left(1+\dfrac{2}{n}\right)^n}=\lim\limits_{n\to\infty}\dfrac{\left(1-\dfrac{2}{n}\right)^{-\frac{n}{2}\cdot(-2)}}{\left(1+\dfrac{2}{n}\right)^{\frac{n}{2}\cdot2}}=\dfrac{e^{-2}}{e^2}=e^{-4}$.

方法二：应用第二重要极限求解，即

$$\lim_{n\to\infty}\left(\frac{n-2}{n+2}\right)^n=\lim_{n\to\infty}\left(1+\frac{-4}{n+2}\right)^n=\lim_{n\to\infty}\left[\left(1+\frac{-4}{n+2}\right)^{\frac{n+2}{-4}}\right]^{\frac{-4n}{n+2}}=e^{-4}.$$

24. A

【解析】因为待求极限的函数为幂指函数，且为“1^∞”型未定式极限，所以有

$\lim\limits_{x\to\infty}\left(1+\dfrac{1}{x}\right)^{3x+5}=\lim\limits_{x\to\infty}\left[\left(1+\dfrac{1}{x}\right)^{3x}\cdot\left(1+\dfrac{1}{x}\right)^5\right]=\left[\lim\limits_{x\to\infty}\left(1+\dfrac{1}{x}\right)^x\right]^3\cdot\left[\lim\limits_{x\to\infty}\left(1+\dfrac{1}{x}\right)\right]^5=e^3\cdot1^5=e^3$.

25. C

【解析】换元法，设 $t=\tan x$，则 $\frac{1}{t}=\cot x$，当 $x\to0$ 时，$t\to0$，故有

$$\lim_{x\to0}(1+\tan x)^{\cot x}=\lim_{t\to0}(1+t)^{\frac{1}{t}}=\mathrm{e}.$$

26. D

【解析】由已知条件，可得 $\lim\limits_{x\to0}\frac{\ln(1+x^k)}{x+\sqrt[3]{x}}=1$，且 $x\to0$ 时，$\ln(1+x^k)\sim x^k$，则 $\lim\limits_{x\to0}\frac{\ln(1+x^k)}{x+\sqrt[3]{x}}=$ $\lim\limits_{x\to0}\frac{x^k}{x+\sqrt[3]{x}}=\lim\limits_{x\to0}x^{k-\frac{1}{3}}\cdot\frac{1}{x^{\frac{2}{3}}+1}=1$，而 $\lim\limits_{x\to0}\frac{1}{x^{\frac{2}{3}}+1}=1$，故 $k-\frac{1}{3}=0$，即 $k=\frac{1}{3}$.

【点评】本题应用了等价无穷小的变形形式：$\ln[1+\varphi(x)]\sim\varphi(x)(\varphi(x)\to0)$，故当 $x\to0$ 时，$\ln(1+x^k)\sim x^k$，由等价无穷小的定义知

$$\lim_{x\to0}\frac{\ln(1+x^k)}{x+\sqrt[3]{x}}=\lim_{x\to0}\frac{x^k}{x+\sqrt[3]{x}}=\lim_{x\to0}x^{k-\frac{1}{3}}\cdot\frac{1}{x^{\frac{2}{3}}+1}=1,$$

当且仅当 $\lim\limits_{x\to0}x^{k-\frac{1}{3}}=1$，即 $k=\frac{1}{3}$ 时，上式成立.

27. C

【解析】A 项：$\lim\limits_{x\to0}2^x=1\neq0$，所以 $x\to0$ 时，2^x 根本不是一个无穷小；

B 项：$\lim\limits_{x\to0}(2^x-1)=0$，由洛必达法则，得 $\lim\limits_{x\to0}\frac{2^x-1}{x^2}=\lim\limits_{x\to0}\frac{2^x\ln2}{2x}=\infty$，所以二者不是同阶无穷小；

C 项：$\lim\limits_{x\to0}(1-\cos x)=0$，$\lim\limits_{x\to0}\frac{1-\cos x}{x^2}=\lim\limits_{x\to0}\frac{\frac{1}{2}x^2}{x^2}=\frac{1}{2}$，所以二者是同阶无穷小；

D 项：$\lim\limits_{x\to0}(x-\sin x)=0$，由洛必达法则，得 $\lim\limits_{x\to0}\frac{x-\sin x}{x^2}=\lim\limits_{x\to0}\frac{1-\cos x}{2x}=0$，所以二者不是同阶无穷小；

E 项：$\lim\limits_{x\to0}(\tan x-\sin x)=0$，$\lim\limits_{x\to0}\frac{\tan x-\sin x}{x^2}=\lim\limits_{x\to0}\frac{\tan x(1-\cos x)}{x^2}=\lim\limits_{x\to0}\frac{x\cdot\frac{x^2}{2}}{x^2}=0$，同理，二者也不是同阶无穷小.

28. C

【解析】由于数零是无穷小量中唯一的数，但零没有倒数，所以 A 项不正确，如果限制无穷小量不取零，则它的倒数为无穷大量；由于绝对值很小很小的"数"其极限值不一定为零，排除 B 项；根据无穷小量的定义可知 C 项正确；因为函数 $f(x)=x\sin x$ 在 $x\to\infty$时是无界的函数，但不是无穷大，故 D 项不正确；无穷大量一定是无界的变量，故 E 项表述不正确.

29. C

【解析】当 $x\to0$ 时，$\sin\frac{1}{x}$是振荡的，无极限，所以排除 A 项；

当 $x\to0^-$ 时，$\mathrm{e}^{\frac{1}{x}}\to0$；当 $x\to0^+$ 时，$\mathrm{e}^{\frac{1}{x}}\to+\infty$，所以排除 B 项；

当 $x\to0$ 时，$\ln(1+x^2)\to\ln1=0$，所以 C 项正确；

当 $x\to3$ 时，$\frac{x-3}{x^2-9}=\frac{1}{x+3}\to\frac{1}{6}\neq0$，所以排除 D 项；

当 $x\to+\infty$时，$3^x\to+\infty$，当 $x\to-\infty$时，$3^x\to0$，所以排除 E 项．

【点评】本题中需注意几个易错点：

①当 $x\to0$ 时，$\sin\dfrac{1}{x}$振荡无极限；

②当 $x\to0^-$时，$e^{\frac{1}{x}}\to0$；当 $x\to0^+$时，$e^{\frac{1}{x}}\to+\infty$.

只要上述两个易错点注意到，本题很容易找到正确选项．

30. E

【解析】由已知条件可得 $\lim\limits_{x\to0^+}f(x)=\lim\limits_{x\to0^+}\dfrac{\sin ax}{x}=a$，$\lim\limits_{x\to0^-}f(x)=\lim\limits_{x\to0^-}(1-ae^x)=1-a$，因为函数在 $x=0$ 处连续，则有 $\lim\limits_{x\to0^-}f(x)=\lim\limits_{x\to0^+}f(x)=f(0)$，即 $a=1-a$，所以 $a=\dfrac{1}{2}$.

31. A

【解析】因为 $f(x)$在点 $x=-1$ 处连续，所以 $\lim\limits_{x\to-1}f(x)=f(-1)=a$，又有

$$\lim_{x\to-1}f(x)=\lim_{x\to-1}\frac{x^2-2x-3}{x+1}=\lim_{x\to-1}\frac{(x-3)(x+1)}{x+1}=\lim_{x\to-1}(x-3)=-4.$$

所以 $a=-4$.

32. B

【解析】$f(x)=\begin{cases}x^2+1, & |x|\leqslant c,\\ \dfrac{10}{|x|}, & |x|>c\end{cases}$ 可变形为 $f(x)=\begin{cases}-\dfrac{10}{x}, & x<-c,\\ x^2+1, & -c\leqslant x\leqslant c,\\ \dfrac{10}{x}, & x>c.\end{cases}$

因为函数 $f(x)$在定义域上连续，所以 $f(x)$在 $x=-c$ 和 $x=c$ 处均连续．

因此 $\lim\limits_{x\to-c^-}\left(-\dfrac{10}{x}\right)=\lim\limits_{x\to-c^+}(x^2+1)$，且 $\lim\limits_{x\to c^-}(x^2+1)=\lim\limits_{x\to c^+}\dfrac{10}{x}$，即$\dfrac{10}{c}=(-c)^2+1$，代入选项，解得 $c=2$.

33. D

【解析】因为$\lim\limits_{x\to\frac{\pi}{2}}\dfrac{x}{\cot x}=\infty$，所以 $x=\dfrac{\pi}{2}$是函数 $y=\dfrac{x}{\cot x}$的无穷间断点．

34. E

【解析】$f(0)=1-a$，$\lim\limits_{x\to0^-}f(x)=\lim\limits_{x\to0^-}(e^{ax}-a)=1-a$，$\lim\limits_{x\to0^+}f(x)=\lim\limits_{x\to0^+}(x+a\cos2x)=a$.

由于 $f(x)$为$(-\infty,+\infty)$上的连续函数，所以 $f(x)$在 $x=0$ 处连续，故 $\lim\limits_{x\to0^-}f(x)=\lim\limits_{x\to0^+}f(x)=f(0)$，因此 $a=1-a$，即得 $a=\dfrac{1}{2}$.

35. D

【解析】$\lim\limits_{x\to1}\dfrac{x^2-1}{x-1}=\lim\limits_{x\to1}\dfrac{(x-1)(x+1)}{x-1}=\lim\limits_{x\to1}(x+1)=2$，函数在 $x=1$ 这一点极限存在，所以左右极限相等，但函数在 $x=1$ 处没有定义．故 $x=1$ 为第一类间断点中的可去间断点．

第2章 一元函数微分学

本章知识梳理

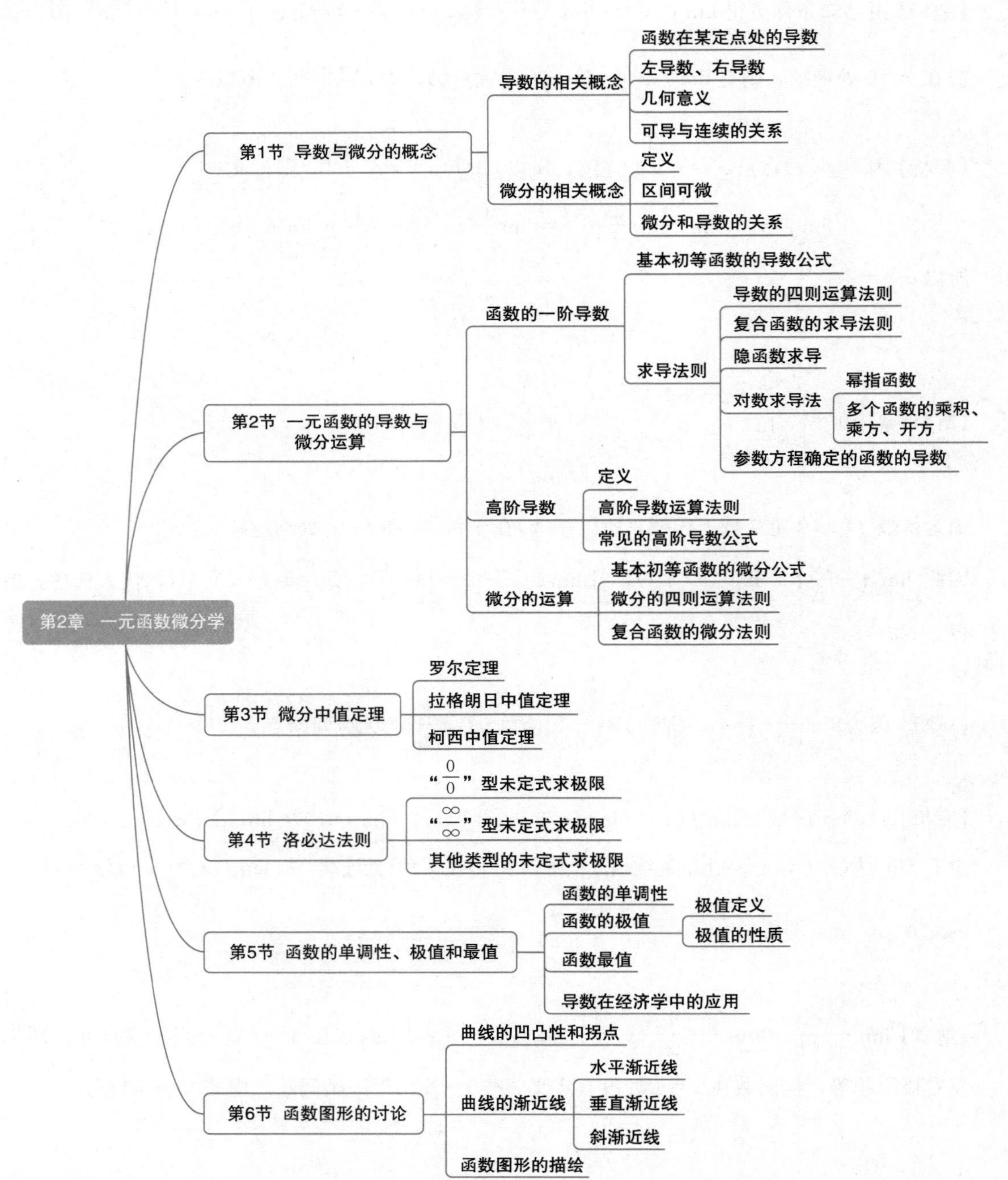

历年真题考点统计

考点	2011	2012	2013	2014	2015	2016	2017	2018	2019	2020	2021	合计
导数的定义			2	7	7	7	2	2	2		4	33 分
导数的运算	2	2	7		2	4	5	7		7	4	40 分
隐函数求导及参数方程求导				7	7				2	5	2	23 分
微分			2	5		2					2	11 分
高阶导数		5		2					5			12 分
洛必达法则		5	5					2	5	5	4	26 分
单调性与极值的判断	14	7	7	5	5	7	7	5	4	2	4	67 分
凹凸性与拐点的判断	2											2 分

说明：由于很多真题都是综合题，不是考查1个知识点而是考查2个甚至3个知识点，所以，此考点统计表并不能做到100%准确，但基本准确．

考情分析

根据统计表分析可知，一元函数微分学的相关知识在这11年中考了214分，平均每年考查19.5分．

本章的考查内容涉及导数概念、导数的几何意义、导数运算、微分定义及函数单调性、极值的判断等，其中以单调性极值考查的次数最多，是每年的必考题，因此考生必须熟练掌握求函数极值和单调区间的方法．导数的定义和运算是本章的次重点，近几年一直都有考查，说明396重视对基础知识的理解和掌握，考生需要强化对基础概念、性质、定理的理解和记忆，并能熟练运用导数进行相关运算．洛必达法则是求极限常用的方法，隐函数的求导和高阶导数是本章的难点，这些都是备考过程中不可忽视的内容，考生可通过知识精讲、题型精练，同时借助变形题目来提高对各个知识点的认识并掌握．

虽然2021年题型发生变化，但是根据2021年真题我们可以看出，本章考查的侧重点不变，仍然集中在导数概念，导数运算及单调性判断上，考生可着重进行复习．

第1节 导数与微分的概念

考纲解析

1. 理解导数的相关概念及其几何意义，会求曲线上一点处的切线方程与法线方程.
2. 探究函数可导性与连续性的关系.
3. 了解微分的概念，可微与可导的关系.
4. 会用定义求函数在一点处的导数及函数的一阶微分.

知识精讲

1 导数的相关概念

1.1 导数的定义

定义 设函数 $y=f(x)$ 在点 x_0 的某邻域内有定义，当自变量 x 在 x_0 处有增量 Δx（点 $x+\Delta x$ 仍在该邻域内）时，相应函数的增量为 $\Delta y=f(x_0+\Delta x)-f(x_0)$.

如果当 $\Delta x\to 0$ 时，极限 $\lim\limits_{\Delta x\to 0}\dfrac{\Delta y}{\Delta x}$ 存在，则称函数 $y=f(x)$ 在 x_0 处可导，并把这个极限值称为函数 $y=f(x)$ 在 x_0 处的**导数**，记作 $f'(x_0)$，即

$$f'(x_0)=\lim_{\Delta x\to 0}\frac{\Delta y}{\Delta x}=\lim_{\Delta x\to 0}\frac{f(x_0+\Delta x)-f(x_0)}{\Delta x},$$

也可记作 $y'|_{x=x_0}$，$\left.\dfrac{\mathrm{d}f}{\mathrm{d}x}\right|_{x=x_0}$，$\left.\dfrac{\mathrm{d}y}{\mathrm{d}x}\right|_{x=x_0}$.

当 $\Delta x\to 0$ 时，若这个比值的极限不存在，则称函数 $y=f(x)$ 在 x_0 处不可导.

注 ①自变量的增量 Δx 也常用 h 来表示，因此上式也可以写作

$$f'(x_0)=\lim_{h\to 0}\frac{f(x_0+h)-f(x_0)}{h};$$

②令 $x=x_0+\Delta x$，则又可写作

$$f'(x_0)=\lim_{x\to x_0}\frac{f(x)-f(x_0)}{x-x_0};$$

③若不可导的原因是由于 $f'(x_0)=\lim\limits_{\Delta x\to 0}\dfrac{\Delta y}{\Delta x}=\infty$，为方便叙述，也称函数 $y=f(x)$ 在点 x_0 处的导数为无穷大.

1.2 左右导数

定义 设函数 $y=f(x)$ 在 x_0 的左邻域 $(x_0-\delta,\ x_0)$ 内有定义，如果当 $\Delta x\to 0^-$ 时，极限 $\lim\limits_{\Delta x\to 0^-}\dfrac{f(x_0+\Delta x)-f(x_0)}{\Delta x}$ 存在，则称此极限值为函数 $y=f(x)$ 在 x_0 处的**左导数**，记为

$$f'_{-}(x_0)=\lim_{\Delta x\to 0^-}\frac{f(x_0+\Delta x)-f(x_0)}{\Delta x}=\lim_{x\to x_0^-}\frac{f(x)-f(x_0)}{x-x_0};$$

同理，**右导数**为

$$f'_{+}(x_0)=\lim_{\Delta x\to 0^+}\frac{f(x_0+\Delta x)-f(x_0)}{\Delta x}=\lim_{x\to x_0^+}\frac{f(x)-f(x_0)}{x-x_0}.$$

左导数和右导数统称为**单侧导数**.

定理 函数 $f(x)$在 x_0 处可导的充要条件是左、右导数都存在且相等.

1.3 导数的几何意义

若函数 $f(x)$在 $x=x_0$ 处可导，则曲线 $y=f(x)$在点$(x_0, f(x_0))$处的**切线方程**为

$$y-f(x_0)=f'(x_0)(x-x_0),$$

故函数 $f(x)$在点 x_0 的导数 $f'(x_0)$是曲线 $y=f(x)$在点$(x_0, f(x_0))$处的切线斜率.

当 $f'(x_0)\neq 0$ 时，曲线在该点的**法线方程**为

$$y-f(x_0)=-\frac{1}{f'(x_0)}(x-x_0).$$

如果 $y=f(x)$在点$(x_0, f(x_0))$处 $f'(x_0)=0$，则在此点处的**切线方程**为 $y=f(x_0)=y_0$；**法线方程**为 $x=x_0$.

1.4 可导与连续的关系

定理 如果函数 $y=f(x)$在 x_0 处可导，则 $y=f(x)$在 x_0 处连续.

证 若函数 $f(x)$在点 x_0 可导，由导数定义可得$\lim\limits_{x\to x_0}\dfrac{f(x)-f(x_0)}{x-x_0}=f'(x_0)$，所以

$$\begin{aligned}\lim_{x\to x_0}[f(x)-f(x_0)]&=\lim_{x\to x_0}\left[\frac{f(x)-f(x_0)}{x-x_0}\cdot(x-x_0)\right]\\&=\lim_{x\to x_0}\frac{f(x)-f(x_0)}{x-x_0}\cdot\lim_{x\to x_0}(x-x_0)\\&=f'(x_0)\cdot 0=0,\end{aligned}$$

即$\lim\limits_{x\to x_0}f(x)=f(x_0)$. 故函数 $y=f(x)$在 x_0 处必连续.

注 定理的逆命题不一定成立，即若函数在某点连续，不一定在该点可导. 连续是可导的必要条件，不是充分条件.

2 微分的相关概念

2.1 微分的定义

定义 设函数 $y=f(x)$在 x_0 的某邻域$U(x_0)$内有定义，$x_0+\Delta x\in U(x_0)$，如果函数的增量 $\Delta y=f(x_0+\Delta x)-f(x_0)$，可表示为

$$\Delta y=A\Delta x+o(\Delta x),$$

其中 A 是不依赖于 Δx 的常数，$o(\Delta x)$是比 Δx 高阶的无穷小，可称函数 $y=f(x)$在点 x_0 处**可微**；$A\Delta x$ 被称为 $y=f(x)$在点 x_0 处的**微分**，记为 $\mathrm{d}y\mid_{x=x_0}$，即 $\mathrm{d}y\mid_{x=x_0}=A\Delta x$.

特点 ①$A\Delta x$ 是 Δx 的线性函数；

②Δy 与它的差 $\Delta y-A\Delta x=o(\Delta x)$是比 Δx 高阶的无穷小($\Delta x\to 0$).

因此微分 $A\Delta x$ 为 Δy 的线性主要部分，当 $A\neq 0$ 时，且 $|\Delta x|$ 很小时，就可以用 Δx 的线性函数 $A\Delta x$ 来近似代替 Δy.

2.2 区间可微

如果函数 $f(x)$ 对于区间 (a,b) 内每一点 x 都可微，则称函数 $f(x)$ 在**区间** (a,b) **上可微**. 函数 $f(x)$ 在区间 (a,b) 上的微分记为 $\mathrm{d}y=f'(x)\Delta x$.

通常把自变量 x 的改变量 Δx 称为自变量的微分，记作 $\mathrm{d}x$，即 $\mathrm{d}x=\Delta x$，则在任意点 x 处函数的微分 $\mathrm{d}y=f'(x)\Delta x=f'(x)\mathrm{d}x$.

2.3 微分和导数的关系

从微分的定义 $\mathrm{d}y=f'(x)\mathrm{d}x$ 可以推出，函数的导数就是函数的微分与自变量的微分之商，即 $f'(x)=\dfrac{\mathrm{d}y}{\mathrm{d}x}$，因此导数又叫"微商".

题型精练

题型1 利用导数定义求极限

技巧总结

求抽象函数在某点处的导数多数情况下需要用导数的定义来求导，具体形式有两种：

(1)已知函数在某点处的导数值，求极限.

①函数 $f(x)$ 在 $x=x_0$ 处可导，并且 $f'(x_0)=A$，求 $\lim\limits_{h\to0}\dfrac{f(x_0+ah)-f(x_0+bh)}{h}$. 其中 A，a，b 为常数. 根据导数的定义知

$$\begin{aligned}&\lim_{h\to0}\frac{f(x_0+ah)-f(x_0+bh)}{h}\\&=\lim_{h\to0}\left[a\frac{f(x_0+ah)-f(x_0)}{ah}-b\frac{f(x_0+bh)-f(x_0)}{bh}\right]\\&=(a-b)f'(x_0)\\&=(a-b)A.\end{aligned}$$

②若抽象函数 $f(x)$ 满足 $f(x_0)=0$，则常用 $f'(x_0)=\lim\limits_{x\to x_0}\dfrac{f(x)-f(x_0)}{x-x_0}=\lim\limits_{x\to x_0}\dfrac{f(x)}{x-x_0}$ 来求解相关极限.

③［小技巧］已知 $f'(x_0)$，求解 $\lim\limits_{h\to0}\dfrac{f(x_0+ah)-f(x_0+bh)}{h}$ 时，可直接记忆

$$\lim_{h\to0}\frac{f(x_0+ah)-f(x_0+bh)}{h}=\frac{ah-bh}{h}f'(x_0)=(a-b)f'(x_0),$$

即分子上两点之差除以分母，得到的值就是 $f'(x_0)$ 的倍数（可通过例2进行练习、验证）.

(2)已知极限值，求函数在某点处的导数.

已知 $\lim\limits_{h\to0}\dfrac{f(x_0+ah)-f(x_0+bh)}{h}=A$，其中 A，a，b 为常数，可得 $f'(x_0)=\dfrac{A}{a-b}$（学生可自行根据第①点完成推导证明）.

例1 已知函数 $f(x)$在点 x_0 处可导，则$\lim\limits_{\Delta x\to 0}\frac{f(x_0-2\Delta x)-f(x_0)}{\Delta x}=$(　　).

A. $-2f'(x_0)$　　B. $2f'(-x_0)$　　C. $2f'(x_0)$

D. $-2f'(-x_0)$　　E. $-\frac{1}{2}f'(x_0)$

【解析】根据导数的定义，知

$$\lim_{\Delta x\to 0}\frac{f(x_0-2\Delta x)-f(x_0)}{\Delta x}=-2\lim_{\Delta x\to 0}\frac{f(x_0-2\Delta x)-f(x_0)}{-2\Delta x}=-2f'(x_0).$$

【答案】A

【点评】本题使用技巧总结中的小技巧做题更为简便，方法如下：

$$\begin{aligned}&\lim_{\Delta x\to 0}\frac{f(x_0-2\Delta x)-f(x_0)}{\Delta x}\\=&\lim_{\Delta x\to 0}\frac{-2\Delta x-0}{\Delta x}f'(x_0)\\=&-2f'(x_0).\end{aligned}$$

例2 设 $f(x)$在 $x=x_0$ 处可导，则(　　)$=f'(x_0)$.

A. $\lim\limits_{h\to 0}\frac{f(x_0-h)-f(x_0)}{h}$　　B. $\lim\limits_{h\to 0}\frac{f(x_0+2h)-f(x_0-h)}{h}$

C. $\lim\limits_{h\to 0}\frac{f(x_0+2h)-f(x_0+h)}{h}$　　D. $\lim\limits_{h\to 0}\frac{f(x_0-2h)-f(x_0-h)}{h}$

E. $\lim\limits_{h\to 0}\frac{f(x_0+h)-f(x_0-h)}{h}$

【解析】方法一：由函数在某点的导数定义，知 $f'(x_0)=\lim\limits_{\Delta x\to 0}\frac{\Delta y}{\Delta x}=\lim\limits_{\Delta x\to 0}\frac{f(x_0+\Delta x)-f(x_0)}{\Delta x}$.

A 项：$\lim\limits_{h\to 0}\frac{f(x_0-h)-f(x_0)}{h}=-1\cdot\lim\limits_{h\to 0}\frac{f(x_0-h)-f(x_0)}{-h}=-f'(x_0)$；

B 项：$\lim\limits_{h\to 0}\frac{f(x_0+2h)-f(x_0-h)}{h}=\lim\limits_{h\to 0}\left[2\frac{f(x_0+2h)-f(x_0)}{2h}+\frac{f(x_0-h)-f(x_0)}{-h}\right]=3f'(x_0)$；

C 项：$\lim\limits_{h\to 0}\frac{f(x_0+2h)-f(x_0+h)}{h}=\lim\limits_{h\to 0}\left[2\frac{f(x_0+2h)-f(x_0)}{2h}-\frac{f(x_0+h)-f(x_0)}{h}\right]=f'(x_0)$；

D 项：$\lim\limits_{h\to 0}\frac{f(x_0-2h)-f(x_0-h)}{h}=\lim\limits_{h\to 0}\left[-2\frac{f(x_0-2h)-f(x_0)}{-2h}+\frac{f(x_0-h)-f(x_0)}{-h}\right]=-f'(x_0)$；

E 项：

$$\begin{aligned}\lim_{h\to 0}\frac{f(x_0+h)-f(x_0-h)}{h}&=\lim_{h\to 0}\frac{f(x_0+h)-f(x_0)+f(x_0)-f(x_0-h)}{h}\\&=\lim_{h\to 0}\frac{[f(x_0+h)-f(x_0)]-[f(x_0-h)-f(x_0)]}{h}\\&=\lim_{h\to 0}\frac{f(x_0+h)-f(x_0)}{h}+\lim_{h\to 0}\frac{f(x_0-h)-f(x_0)}{-h}=2f'(x_0).\end{aligned}$$

方法二：应用技巧总结第③点快速解题．

A 项：$\lim\limits_{h\to 0}\dfrac{f(x_0-h)-f(x_0)}{h}=\dfrac{-h}{h}f'(x_0)=-f'(x_0)$；

B 项：$\lim\limits_{h\to 0}\dfrac{f(x_0+2h)-f(x_0-h)}{h}=\dfrac{2h-(-h)}{h}f'(x_0)=3f'(x_0)$；

C 项：$\lim\limits_{h\to 0}\dfrac{f(x_0+2h)-f(x_0+h)}{h}=\dfrac{2h-h}{h}f'(x_0)=f'(x_0)$；

D 项：$\lim\limits_{h\to 0}\dfrac{f(x_0-2h)-f(x_0-h)}{h}=\dfrac{-2h-(-h)}{h}f'(x_0)=-f'(x_0)$；

E 项：$\lim\limits_{h\to 0}\dfrac{f(x_0+h)-f(x_0-h)}{h}=\dfrac{h-(-h)}{h}f'(x_0)=2f'(x_0)$.

【答案】C

【点评】利用导数的定义求导是考试中常考的知识点之一，解题过程中除了前面所述方法外，对于选择题，多数题目也可采用特殊函数排除选项．

例 3　设 $f(0)=0$，且在 $x=0$ 处导数存在，则 $\lim\limits_{x\to 0}\dfrac{f(2x)}{x}=$(　　).

A. $2f(0)$　　B. $\dfrac{1}{2}f'(0)$　　C. $f'(0)$　　D. $f(0)$　　E. $2f'(0)$

【解析】因为 $f(0)=0$，所以 $\lim\limits_{x\to 0}\dfrac{f(2x)}{x}=2\lim\limits_{x\to 0}\dfrac{f(0+2x)-f(0)}{2x}=2f'(0)$.

【答案】E

题型 2　函数可导性的判断

技巧总结

此类题型主要是和分段函数相结合进行考查，形式有两种，分别为

(1)判断可导性．函数 $f(x)$ 在点 x_0 处可导的充要条件为左、右导数都存在且相等，故求单侧导数是判断分段函数在某点处可导的有力工具，因此要熟练掌握单侧导数的定义式．

(2)根据分段函数在分段点的连续性和可导性求解分段函数中的参数，常规思路是

①由分段函数在其分段点可导得函数在该点连续，根据连续的判别方法可建立一个方程；

②在分段点的导数则按导数定义或者左、右导数的定义求导，根据可导性建立一个方程；

③结合两个方程，得到关于未知参数的方程组，求解可得参数值．

例 4　设 $f(x)=\begin{cases}\dfrac{2}{3}x^3, & x>1,\\ x^2, & x\leqslant 1,\end{cases}$ 则 $f(x)$ 在 $x=1$ 处(　　).

A. 左、右导数均存在且相等

B. 左、右导数均存在但不相等

C. 左导数不存在，右导数存在

D. 左导数存在，右导数不存在

E. 左、右导数均不存在

【解析】因为

$$f'_{-}(1)=\lim_{x\to1^{-}}\frac{f(x)-f(1)}{x-1}=\lim_{x\to1^{-}}\frac{x^{2}-1}{x-1}=2,$$

$$f'_{+}(1)=\lim_{x\to1^{+}}\frac{f(x)-f(1)}{x-1}=\lim_{x\to1^{+}}\frac{\frac{2}{3}x^{3}-1}{x-1}=\infty.$$

所以 $f(x)=\begin{cases}\frac{2}{3}x^{3}, & x>1,\\ x^{2}, & x\leqslant1\end{cases}$ 在点 $x=1$ 处左导数存在，右导数不存在．

【答案】D

【点评】事实上，本题中 $f(1)=1$，而 $\lim\limits_{x\to1^{+}}f(x)=\lim\limits_{x\to1^{+}}\frac{2}{3}x^{3}=\frac{2}{3}\neq f(1)$，所以 $f(x)$ 在 $x=1$ 处不是右连续的，当然不存在右导数．

例5　设函数 $f(x)=\begin{cases}\dfrac{x}{1+\mathrm{e}^{\frac{1}{x}}}, & x<0,\\ 0, & x=0,\\ \dfrac{2x}{1+\mathrm{e}^{x}}, & x>0,\end{cases}$ 则函数在点 $x=0$ 处的导数为（　　）．

A. 0　　B. 1　　C. 2　　D. -1　　E. 不存在

【解析】$f(x)$ 是分段函数，由定义法分别求 $f(x)$ 在点 $x=0$ 处的左、右导数，得

$$f'_{-}(0)=\lim_{x\to0^{-}}\frac{\frac{x}{1+\mathrm{e}^{\frac{1}{x}}}-0}{x}=\lim_{x\to0^{-}}\frac{1}{1+\mathrm{e}^{\frac{1}{x}}}=1,$$

$$f'_{+}(0)=\lim_{x\to0^{+}}\frac{\frac{2x}{1+\mathrm{e}^{x}}-0}{x}=\lim_{x\to0^{+}}\frac{2}{1+\mathrm{e}^{x}}=1.$$

故 $f(x)$ 在 $x=0$ 处左右导数存在且相等，所以其在 $x=0$ 处导数存在，且 $f'(0)=1$.

【答案】B

例6　设函数 $f(x)$ 有连续的导函数，$f(0)=0$ 且 $f'(0)=b$，若函数

$$F(x)=\begin{cases}\dfrac{f(x)+a\sin x}{x}, & x\neq0,\\ A, & x=0\end{cases}$$

在 $x=0$ 处连续，则常数 $A=$（　　）．

A. $a+b$　　B. $a-b$　　C. $b-a$　　D. a　　E. b

【解析】方法一：因为

$$\lim_{x\to0}F(x)=\lim_{x\to0}\frac{f(x)+a\sin x}{x}=\lim_{x\to0}\left(\frac{f(x)-f(0)}{x}+\frac{a\sin x}{x}\right)=f'(0)+a=b+a.$$

由函数 $F(x)$ 在 $x=0$ 处连续，有 $\lim\limits_{x\to0}F(x)=F(0)=A$，得 $A=a+b$.

方法二：因为函数 $f(x)$ 有连续的导函数，利用洛必达法则可得

$$\lim_{x\to 0}F(x)=\lim_{x\to 0}\frac{f(x)+a\sin x}{x}=\lim_{x\to 0}[f'(x)+a\cos x]=f'(0)+a=b+a.$$

由函数 $F(x)$ 在 $x=0$ 处连续，有 $\lim\limits_{x\to 0}F(x)=F(0)=A$，所以 $A=a+b$.

【答案】A

题型3 导数的几何意义的应用

技巧总结

(1)求曲线上一点处的切线方程需要利用导数的几何意义．求切线方程的步骤一般为：

①求切点坐标 (x_0, y_0)；

②求出导函数 $f'(x)$，从而进一步求得在切点处的导数 $f'(x_0)$，也可以根据导数的定义，得出 $f'(x_0)=\lim\limits_{x\to x_0}\dfrac{f(x)-f(x_0)}{x-x_0}$；

③代入切线方程公式 $y-y_0=f'(x_0)(x-x_0)$，化简整理求出结果．

注 两条直线平行并且斜率存在，则两条直线的斜率相等．若斜率为0，则切线方程为 $y=y_0$.

(2)法线方程为：$y-y_0=-\dfrac{1}{f'(x_0)}(x-x_0)$.

注 当 $f'(x_0)=0$ 时，法线方程为 $x=x_0$；当 $f'(x_0)\neq 0$ 时，法线方程与切线方程斜率乘积为 -1.

例7 曲线 $y=2\sin x+x^2$ 在 $x=0$ 处的切线方程为(　　).

A. $x-y=0$　　B. $x-y=1$　　C. $2x-y=0$

D. $2x-y=1$　　E. $2x+y=0$

【解析】因为 $y'=(2\sin x+x^2)'=2\cos x+2x$，于是 $y'(0)=2$. 又因为 $y(0)=0$，代入切线方程得 $y=2x$，即 $2x-y=0$.

【答案】C

【点评】本题我们先求出已知函数的导数，将 $x=0$ 代入导函数解析式得到 $f'(0)$，$f'(0)$ 即为所求切线的斜率．

例8 曲线 $y=x^2$ 在点(1，1)处的法线方程为(　　).

A. $y=x$　　B. $y=-\dfrac{x}{2}+\dfrac{3}{2}$　　C. $y=\dfrac{x}{2}+\dfrac{3}{2}$

D. $y=-\dfrac{x}{2}-\dfrac{3}{2}$　　E. $y=\dfrac{x}{2}-\dfrac{3}{2}$

【解析】因 $y'=2x$，$y'|_{x=1}=2$，由法线方程斜率与切线方程斜率乘积为 -1，可知法线方程斜率为 $k_{法}=-\dfrac{1}{2}$，所求法线方程为 $y-1=-\dfrac{1}{2}(x-1)$，即 $y=-\dfrac{x}{2}+\dfrac{3}{2}$.

【答案】B

例9 曲线 $y=x^3-3x$ 上，切线平行于 x 轴的切点为(　　).

A. (0，0)　　B. (1，-2)　　C. (-1，-2)　　D. (2，2)　　E. (1，2)

【解析】利用函数在某点处的导数就是函数在该点处切线的斜率．$y'=3x^2-3$，由于切线平行于 x 轴，则有 $y'=0$，解得 $x=\pm1$，那么切点为$(1，-2)$，$(-1，2)$．

【答案】B

【点评】求曲线上一点处的切线方程是考试中常考的题型之一，解题中应首先判断曲线在切点处的导数，还有充分利用"两条直线平行并且斜率存在，则两条直线的斜率相等"这一结论．

题型4 可导与连续的关系判断

技巧总结

函数 $f(x)$的性质有可导性、可微性、连续性、在某点有极限等，但并不是所有的函数都具备这些性质，因此，对函数性质的判别成为考试出现频率较高的一种题型，重点考查考生对极限、连续、可导及可微这些概念和关系的理解，现总结如下：

(1)函数 $f(x)$在某点极限存在，在此点未必连续；

(2)函数 $f(x)$在某点连续，在此点未必可导；

(3)函数 $f(x)$在某点可导与可微是等价的，仅限于一阶微分；

(4)函数 $f(x)$在某点可导，必在此点连续；

(5)函数 $f(x)$在某点连续，必在此点存在极限；

(6)判断分段函数在其分界点处的连续性及可导性时，首先根据函数连续性的判定讨论分段函数在分界点的连续性．若连续，则继续判定在分界点的可导性；若不连续，则就没有讨论可导性的必要了．

例10 若函数 $f(x)$在 x_0 处可导，则函数 $|f(x)|$ 在点 x_0 处(　　)．

A. 必定可导　　B. 必定不可导　　C. 必定不连续

D. 必定连续　　E. 以上选项均不正确

【解析】因为函数 $f(x)$在 x_0 处可导，则函数 $f(x)$在 x_0 处连续，即$\lim\limits_{x\to x_0}f(x)=f(x_0)$，于是$\lim\limits_{x\to x_0}|f(x)|=|f(x_0)|$，即函数 $|f(x)|$ 在点 x_0 处必定连续，故C项不正确、D项正确．

取 $f(x)=x$ 在 $x=0$ 处可导，而 $|f(x)|=|x|$ 在 $x=0$ 处不可导，故A项不正确；取 $f(x)=x^2$ 在 $x=0$ 处可导，而 $|f(x)|=|x^2|=x^2$ 在 $x=0$ 处也可导，故B、E项不正确．

【答案】D

例11 设函数 $f(x)=\begin{cases}x\arctan\dfrac{1}{x}, & x\neq0,\\ 0, & x=0,\end{cases}$ 则 $f(x)$在 $x=0$ 处(　　)．

A. 极限不存在　　B. 极限存在但不连续

C. 连续但不可导　　D. 可导

E. 左导数存在，但右导数不存在

【解析】因为$\lim\limits_{x\to0}f(x)=\lim\limits_{x\to0}x\arctan\dfrac{1}{x}=0=f(0)$，所以 $f(x)$在 $x=0$ 处连续．

又因为

$$f'_-(0)=\lim_{x\to0^-}\frac{f(x)-f(0)}{x-0}=\lim_{x\to0^-}\frac{x\arctan\frac{1}{x}-0}{x}=\lim_{x\to0^-}\arctan\frac{1}{x}=-\frac{\pi}{2},$$

$$f'_+(0)=\lim_{x\to0^+}\frac{f(x)-f(0)}{x-0}=\lim_{x\to0^+}\frac{x\arctan\frac{1}{x}-0}{x}=\lim_{x\to0^+}\arctan\frac{1}{x}=\frac{\pi}{2}.$$

由 $f'_-(0)\neq f'_+(0)$，可得 $f(x)$ 在 $x=0$ 处不可导．

【答案】C

例 12　设函数 $f(x)=\begin{cases}x\cos\frac{1}{x}, & x>0,\\ x^2, & x\leqslant0,\end{cases}$ 则 $f(x)$ 在 $x=0$ 处(　　).

A. 极限不存在　　B. 极限存在但不连续

C. 连续但不可导　　D. 可导

E. 左、右导数都存在但不相等

【解析】证明连续性：因为

$$\lim_{x\to0^-}f(x)=\lim_{x\to0^-}x^2=0=f(0),\lim_{x\to0^+}f(x)=\lim_{x\to0^+}x\cos\frac{1}{x}=0=f(0),$$

即 $f(x)$ 在 $x=0$ 处左连续且右连续，所以 $f(x)$ 在 $x=0$ 处连续；

证明可导性：因为 $f'_-(0)=\lim\limits_{x\to0^-}\dfrac{f(x)-f(0)}{x-0}=\lim\limits_{x\to0^-}\dfrac{x^2-0}{x-0}=0$，故左导数存在，又因为

$f'_+(0)=\lim\limits_{x\to0^+}\dfrac{f(x)-f(0)}{x-0}=\lim\limits_{x\to0^+}\dfrac{x\cos\frac{1}{x}-0}{x-0}=\lim\limits_{x\to0^+}\cos\dfrac{1}{x}$，该极限不存在，故右导数不存在．

综上所述，$f(x)$ 在 $x=0$ 处连续但不可导．

【答案】C

题型 5　微分基本知识的应用

技巧总结

(1)函数在一点处的微分为 $\mathrm{d}y|_{x=x_0}=f'(x_0)\Delta x$；

(2)函数任意点的微分为 $\mathrm{d}y=f'(x)\mathrm{d}x$，先求出函数的导数，再代入公式即可；

(3)通过微分的四则运算规律，可以从已知微分求得未知微分．

例 13　设函数 $y=f(x)$ 有 $f'(x_0)=\frac{1}{2}$，则当 $\Delta x\to0$，$f(x)$ 在 $x=x_0$ 处的微分 $\mathrm{d}y$ 是(　　).

A. 与 Δx 等价的无穷小　　B. 比 Δx 低价的无穷小

C. 比 Δx 高价的无穷小　　D. 与 Δx 同阶的但不是等价的无穷小

E. 无法比较

【解析】因为 $\lim\limits_{\Delta x\to0}\dfrac{\mathrm{d}y}{\Delta x}=\lim\limits_{\Delta x\to0}\dfrac{f'(x_0)\Delta x}{\Delta x}=f'(x_0)=\dfrac{1}{2}$，故当 $\Delta x\to0$ 时，$\mathrm{d}y$ 是与 Δx 同阶的但不是等价的无穷小．

【答案】D

例 14 下列命题中正确的是（　　）.

①如果$\lim\limits_{x\to x_0}f(x)$和$\lim\limits_{x\to x_0}g(x)$都不存在，则$\lim\limits_{x\to x_0}[f(x)+g(x)]$不存在.

②函数 $f(x)$在闭区间$[a,b]$上连续，则一定存在最大值与最小值.

③函数 $f(x)$在点 x_0 处左右导数都存在是函数 $f(x)$在点 x_0 处可导的充要条件.

④若 $f(x)$在$[a,b]$上可导，则 $f(x)$在$[a,b]$上连续.

⑤若 $f(x)$在$[a,b]$上可导，则 $f(x)$在$[a,b]$上可微.

A. ①②⑤　　B. ①②④　　C. ①②③⑤

D. ②③⑤　　E. ②④⑤

【解析】①令 $f(x)=\begin{cases}1, & x>0,\\0, & x=0,\\-1, & x<0,\end{cases}$ $g(x)=\begin{cases}1, & x<0,\\0, & x=0,\\-1, & x>0,\end{cases}$ $\lim\limits_{x\to 0}f(x)$和$\lim\limits_{x\to 0}g(x)$都不存在，但$\lim\limits_{x\to 0}[f(x)+g(x)]=0$，故该命题错误；

②闭区间上的连续函数 $f(x)$一定存在最值，故该命题正确；

③函数 $f(x)$在点 x_0 处左右导数都存在且相等是函数 $f(x)$在点 x_0 处可导的充要条件，故该命题错误；

④由可导与连续的关系知，闭区间上的可导函数一定连续，故该命题正确；

⑤由可微与可导的关系知，在一元函数中，可微与可导是等价的，故该命题正确.

【答案】E

第2节　一元函数的导数与微分运算

考纲解析

1. 掌握基本初等函数导数、微分计算公式以及基本求导法则和微分法则.
2. 会求隐函数的导数.
3. 掌握对数求导法.
4. 掌握由参数方程所确定的函数的求导方法.
5. 了解高阶导数的概念，会求简单函数的高阶导数.

知识精讲

1 函数的一阶导数

1.1 基本初等函数的导数公式

(1)$(c)'=0$(c 为常数)；

(2)$(x^a)'=ax^{a-1}(a\in\mathbf{R})$；

(3)$(a^x)'=a^x\ln a(a>0，a\neq1)$，$(\mathrm{e}^x)'=\mathrm{e}^x$；

(4) $(\log_a x)'=\dfrac{1}{x\ln a}(a>0,\ a\neq 1)$，$(\ln x)'=\dfrac{1}{x}$；

(5) $(\sin x)'=\cos x$，$(\cos x)'=-\sin x$，$(\tan x)'=\sec^2 x$，$(\cot x)'=-\csc^2 x$，$(\sec x)'=\sec x\cdot\tan x$，$(\csc x)'=-\csc x\cdot\cot x$；

(6) $(\arcsin x)'=\dfrac{1}{\sqrt{1-x^2}}$，$(\arccos x)'=-\dfrac{1}{\sqrt{1-x^2}}$，$(\arctan x)'=\dfrac{1}{1+x^2}$，$(\text{arccot}\, x)'=-\dfrac{1}{1+x^2}$.

1.2 基本求导法则

定理 若函数 $u(x)$，$v(x)$ 在点 x 处可导，则函数 $u(x)\pm v(x)$，$u(x)\cdot v(x)$，$\dfrac{u(x)}{v(x)}(v(x)\neq 0)$ 分别在该点处也可导，并且有

(1) $[u(x)\pm v(x)]'=u'(x)\pm v'(x)$；

(2) $[u(x)\cdot v(x)]'=u'(x)\cdot v(x)+u(x)\cdot v'(x)$；

(3) $[Cu(x)]'=Cu'(x)$（C 为常数）；

(4) $\left[\dfrac{u(x)}{v(x)}\right]'=\dfrac{u'(x)\cdot v(x)-u(x)\cdot v'(x)}{v^2(x)}$.

定理中的(1)可推广至有限个可导函数的代数和求导，即

$$[u_1(x)\pm u_2(x)\pm\cdots\pm u_m(x)]'=u_1'(x)\pm u_2'(x)\pm\cdots\pm u_m'(x).$$

定理中的(2)可推广至三个可导函数相乘的求导情形，即若 $u(x)$，$v(x)$，$w(x)$ 可导，则有 $(uvw)'=u'vw+uv'w+uvw'$，也可以推广到有限个函数乘积求导.

定理中的(4)是商的求导公式 $\left[\dfrac{u(x)}{v(x)}\right]'$，特别地，若 $u(x)=1$，则有 $\left[\dfrac{1}{v(x)}\right]'=-\dfrac{v'(x)}{v^2(x)}$.

1.3 复合函数的求导法则

定理 若函数 $y=f(u)$ 在区间 I_u 内可导，$u=\varphi(x)$ 在区间 I_x 内可导，且 $x\in I_x$ 时，$\varphi(x)=u\in I_u$，则复合函数 $y=f[\varphi(x)]$ 在区间内可导，且有

$$(f[\varphi(x)])'=f'(u)\varphi'(x)=f'[\varphi(x)]\cdot\varphi'(x),$$

或记为 $\dfrac{\mathrm{d}y}{\mathrm{d}x}=\dfrac{\mathrm{d}y}{\mathrm{d}u}\cdot\dfrac{\mathrm{d}u}{\mathrm{d}x}$.

应当注意上式左端的 $(f[\varphi(x)])'$ 是先把 $u=\varphi(x)$ 代入 $y=f(u)$ 得到复合函数 $y=f[\varphi(x)]$ 后，再对 x 求导数；右端的 $f'[\varphi(x)]$ 是先将 $y=f(u)$ 对 u 求导后，再把 $u=\varphi(x)$ 代入到 $f'(u)$ 中.

复合函数求导法则有时也称为链式法则.

1.4 隐函数求导

如果在方程 $F(x,\ y)=0$ 中，令 x 取某一区间内的任一确定值，相应地总有满足这个方程的值 y 存在，那么我们就说方程 $F(x,\ y)=0$ 在该区间上确定了 x 的隐函数 y.

对隐函数 $F(x,\ y)=0$ 求导后，可以得到一个 $y'_x=g(x,\ y)$ 的式子，其中 $g(x,\ y)$ 是关于 x，y 的表达式，具体步骤如下：

(1)利用基本求导法则，在方程 $F(x,\ y)=0$ 两边同时对 x 求导，其中关于 y 的函数 $\varphi(y)$ 对 x 求导时，必须把 y 看成中间变量，利用复合函数的链式法则来求导，即 $[\varphi(y)]'_x=[\varphi(y)]'_y\cdot y'_x$；

(2)得到一个关于 y'_x 的方程，解这个方程即可得到 y 关于 x 的导数 y'_x.

【例】$x^2-y^2=0$，方程两边对 x 求导，得 $2x-2yy'=0$，解得 $y'=\dfrac{x}{y}$.

1.5 对数求导法

对数求导法主要针对下面两种情形的函数求导数：

(1)幂指函数：$y=u(x)^{v(x)}(u(x)>0)$；

(2)由多个函数的积、商、幂等构成的函数.

对于以上两类函数，可通过方程两边同取对数，将函数转换成隐函数再求导.

1.6 参数方程确定的函数的导数

定义 函数 $y=f(x)$的关系由参数方程$\begin{cases}x=\varphi(t),\\ y=\psi(t)\end{cases}$$(\alpha\leqslant t\leqslant\beta)$给出，其中 t 为参数.

【例】椭圆$\dfrac{x^2}{a^2}+\dfrac{y^2}{b^2}=1$ 的参数方程为$\begin{cases}x=a\cos t,\\ y=b\sin t\end{cases}$$(0\leqslant t\leqslant 2\pi)$.

求导方法：(1)消去参数法.有的参数方程可以化成 y 是 x 的显函数的形式，但是这种变化过程有时不能进行，或者即使可以进行也比较麻烦.

(2)直接由参数方程求导法.

前提：$x=\varphi(t)$，$y=\psi(t)$都是可导函数，$\varphi'(t)\neq 0$，$x=\varphi(t)$有反函数 $t=\varphi^{-1}(x)$.

步骤：①把 $t=\varphi^{-1}(x)$代入 $y=\psi(t)$中，得复合函数 $y=\psi[\varphi^{-1}(x)]$.

②由复合函数与反函数的求导法则，得

$$\frac{\mathrm{d}y}{\mathrm{d}x}=\frac{\mathrm{d}y}{\mathrm{d}t}\cdot\frac{\mathrm{d}t}{\mathrm{d}x}=\frac{\frac{\mathrm{d}y}{\mathrm{d}t}}{\frac{\mathrm{d}x}{\mathrm{d}t}}=\frac{\psi'(t)}{\varphi'(t)},$$

即

$$\frac{\mathrm{d}y}{\mathrm{d}x}=\frac{\psi'(t)}{\varphi'(t)}\text{或}\frac{\mathrm{d}y}{\mathrm{d}x}=\frac{\frac{\mathrm{d}y}{\mathrm{d}t}}{\frac{\mathrm{d}x}{\mathrm{d}t}}.$$

推广 如果 $x=\varphi(t)$，$y=\psi(t)$都具有二阶导数，且 $\varphi'(t)\neq 0$，我们可以用上面求一阶导数的思路求出$\dfrac{\mathrm{d}^2y}{\mathrm{d}x^2}$，即

$$\frac{\mathrm{d}^2y}{\mathrm{d}x^2}=\frac{\mathrm{d}}{\mathrm{d}x}\left(\frac{\mathrm{d}y}{\mathrm{d}x}\right)=\frac{\mathrm{d}}{\mathrm{d}x}\left(\frac{\psi'(t)}{\varphi'(t)}\right)=\frac{\mathrm{d}}{\mathrm{d}t}\left(\frac{\psi'(t)}{\varphi'(t)}\right)\cdot\frac{\mathrm{d}t}{\mathrm{d}x}=\frac{\mathrm{d}}{\mathrm{d}t}\left(\frac{\psi'(t)}{\varphi'(t)}\right)\cdot\frac{1}{\frac{\mathrm{d}x}{\mathrm{d}t}},$$

再应用求导法则对 t 求导，可得$\dfrac{\psi''(t)\varphi'(t)-\psi'(t)\varphi''(t)}{[\varphi'(t)]^2}\cdot\dfrac{1}{\varphi'(t)}=\dfrac{\psi''(t)\varphi'(t)-\psi'(t)\varphi''(t)}{[\varphi'(t)]^3}$.

参数方程确定的函数求二阶导数时，可以不必记忆公式，求解时按照步骤推导即可.

2 高阶导数

2.1 高阶导数的定义

定义 若函数 $y=f(x)$的导函数 $y=f'(x)$在点 x_0 可导，则称 $y=f'(x)$在点 x_0 的导数为函

数 $y=f(x)$在 x_0 的**二阶导数**，记作 $f''(x_0)$，即

$$f''(x_0)=\lim_{\Delta x\to 0}\frac{f'(x_0+\Delta x)-f'(x_0)}{\Delta x},$$

同时称函数 $f(x)$在 x_0 处**二阶可导**.

若 $f(x)$在区间 I 上的每一点都是二阶可导，则得到一个定义在 I 上的二阶导函数，记作 $f''(x)$，$x\in I$，或简单记作 f''.

仿照上述定义，可由二阶导函数 f''定义 $y=f(x)$在任意点 x 的三阶导数 $f'''(x)$.

一般地，可由 $f(x)$的 $n-1$ 阶导函数 $f^{(n-1)}$定义 $f(x)$的 **n 阶导函数**(或简称 **n 阶导数**)$f^{(n)}(x)$.

二阶及二阶以上的导数统称为函数的**高阶导数**，函数 $y=f(x)$在 x_0 的 n 阶导数记作

$$f^{(n)}(x_0)，\ y^{(n)}\Big|_{x=x_0}\ 或\frac{\mathrm{d}^n y}{\mathrm{d}x^n}\Big|_{x=x_0}.$$

相应地，n 阶导函数记作 $f^{(n)}(x)$，$y^{(n)}$或$\frac{\mathrm{d}^n y}{\mathrm{d}x^n}$.

2.2 高阶导数的运算法则

若函数 $u=u(x)$，$v=v(x)$在 x 点处具有 n 阶导数，则 $u(x)\pm v(x)$、$Cu(x)$(C 为常数)在 x 点处具有 n 阶导数，且

$$(u\pm v)^{(n)}=u^{(n)}\pm v^{(n)}，(Cu)^{(n)}=Cu^{(n)}.$$

求函数的高阶导数并非就是一次一次求导这么简单，我们常需要将所求函数进行恒等变形，利用已知函数的高阶导数公式，并结合求导运算法则、变量代换或通过找规律来得到高阶导数的通项公式.

2.3 常见 n 阶导数公式

$$(x^n)^{(n)}=n!；(\mathrm{e}^x)^{(n)}=\mathrm{e}^x；(\sin x)^{(n)}=\sin\left(x+n\cdot\frac{\pi}{2}\right)；(\cos x)^{(n)}=\cos\left(x+n\cdot\frac{\pi}{2}\right).$$

3 微分的运算

根据微分的表达式 $\mathrm{d}y=f'(x)\mathrm{d}x$，要计算函数的微分，只需计算函数的导数，再乘以自变量的微分. 因此，可得到如下的微分公式和微分运算法则.

3.1 基本初等函数的微分公式

(1)$\mathrm{d}c=0$(c 为常数)；

(2)$\mathrm{d}x^a=ax^{a-1}\mathrm{d}x(a\in\mathbf{R})$；

(3)$\mathrm{d}a^x=a^x\ln a\,\mathrm{d}x(a>0，a\neq 1)$，$\mathrm{d}\mathrm{e}^x=\mathrm{e}^x\mathrm{d}x$；

(4)$\mathrm{d}\log_a x=\frac{1}{x\ln a}\mathrm{d}x(a>0，a\neq 1)$，$\mathrm{d}\ln x=\frac{1}{x}\mathrm{d}x$；

(5) $\mathrm{d}\sin x=\cos x\mathrm{d}x$，$\mathrm{d}\cos x=-\sin x\mathrm{d}x$，$\mathrm{d}\tan x=\sec^2 x\mathrm{d}x$，$\mathrm{d}\cot x=-\csc^2 x\mathrm{d}x$，$\mathrm{d}\sec x=\sec x\cdot\tan x\mathrm{d}x$，$\mathrm{d}\csc x=-\csc x\cdot\cot x\mathrm{d}x$；

(6) $\mathrm{d}\arcsin x=\frac{1}{\sqrt{1-x^2}}\mathrm{d}x$，$\mathrm{d}\arccos x=-\frac{1}{\sqrt{1-x^2}}\mathrm{d}x$，$\mathrm{d}\arctan x=\frac{1}{1+x^2}\mathrm{d}x$，$\mathrm{d}\mathrm{arccot}x=\left(-\frac{1}{1+x^2}\right)\mathrm{d}x$.

3.2 微分的四则运算法则

设 $u=u(x)$，$v=v(x)$都是可微函数，则

(1)$\mathrm{d}(u\pm v)=\mathrm{d}u\pm\mathrm{d}v$；

(2)$\mathrm{d}(uv)=v\mathrm{d}u+u\mathrm{d}v$，$\mathrm{d}(cu)=c\mathrm{d}u$($c$ 为常数)；

(3)$\mathrm{d}\left(\frac{u}{v}\right)=\frac{v\mathrm{d}u-u\mathrm{d}v}{v^2}(v\neq0)$；

3.3 复合函数的微分法则

设 $y=f(u)$，$u=\varphi(x)$都可导，则复合函数 $y=f[\varphi(x)]$的微分为

$$\mathrm{d}y=f'(u)\mathrm{d}u=f'[\varphi(x)]\varphi'(x)\mathrm{d}x.$$

如果要求 $y=f(u)$的微分，会得到 $\mathrm{d}y=f'(u)\mathrm{d}u$，这时 u 是自变量．

而如果求 $y=f(u)$，$u=\varphi(x)$所构成的复合函数 $y=f[\varphi(x)]$的微分，由复合函数的微分法则，会得到 $\mathrm{d}y=f'(u)\varphi'(x)\mathrm{d}x$，由于 $\mathrm{d}u=\varphi'(x)\mathrm{d}x$，即 $\mathrm{d}y=f'(u)\varphi'(x)\mathrm{d}x=f'(u)\mathrm{d}u$，这时 u 是中间变量．

从上面的式子可以看出：无论 u 是自变量还是中间变量，只要函数可微，其微分形式都可以写成 $\mathrm{d}y=f'(u)\mathrm{d}u$，它的微分在形式上保持不变，这一性质称为**一阶微分形式的不变性**．

题型精练

题型6 初等函数求导运算

技巧总结

本考点属于简单题型，但需要对基本初等函数的导数公式和基本求导法则熟练掌握，灵活运用．

对初等函数求导时，如果既有函数的和、差、积、商，又有复合函数，这时需要从整体上把握函数，从结构上分解函数，逐步运用相应的求导法则，特别要注意复合函数的求导．

复合函数求导是常考的典型题型，首先要明确复合函数是由几层简单函数复合而成，在逐层求导后，再利用链式法则将各层导数相乘．

例15 设函数 $f(x)=x\sin x$，则 $f'\left(\frac{\pi}{2}\right)=$(　　)．

A. 1　　B. -1　　C. 0　　D. $\frac{\pi}{2}$　　E. $\frac{\pi^2}{2}$

【解析】因为 $f'(x)=\sin x+x\cos x$，所以 $f'\left(\frac{\pi}{2}\right)=\sin\frac{\pi}{2}+\frac{\pi}{2}\cos\frac{\pi}{2}=1$.

【答案】A

【点评】本题类型是求已知函数在某点处的导数．需要先求出函数的导函数，再将点代入求值，需要熟练运用导数的乘法法则：$[u(x)\cdot v(x)]'=u'(x)\cdot v(x)+u(x)\cdot v'(x)$.

例16 已知函数 $y=x^2\sin\frac{1}{x}+\frac{2x}{1-x^2}$，则 $\mathrm{d}y=$(　　)．

A. $\left[x\sin\frac{1}{x}-\cos\frac{1}{x}+\frac{2(1+x^2)}{(1-x^2)^2}\right]dx$　　B. $\left[2x\sin\frac{1}{x}-\cos\frac{1}{x}+\frac{2(1+x^2)}{(1-x^2)^2}\right]dx$

C. $\left[2x\sin\frac{1}{x}+\cos\frac{1}{x}+\frac{2(1+x^2)}{(1-x^2)^2}\right]dx$　　D. $\left[-2x\sin\frac{1}{x}-\cos\frac{1}{x}+\frac{2(1+x^2)}{(1-x^2)^2}\right]dx$

E. $\left[x\sin\frac{1}{x}+\cos\frac{1}{x}+\frac{2(1+x^2)}{(1-x^2)^2}\right]dx$

【解析】利用函数微分运算法则，可得

$$\begin{aligned}dy&=d\left(x^2\sin\frac{1}{x}\right)+d\left(\frac{2x}{1-x^2}\right)\\&=d(x^2)\sin\frac{1}{x}+x^2d\left(\sin\frac{1}{x}\right)+\frac{(1-x^2)d(2x)-2xd(1-x^2)}{(1-x^2)^2}\\&=2x\sin\frac{1}{x}dx+x^2\cdot\left(-\frac{1}{x^2}\right)\cos\frac{1}{x}dx+\frac{(1-x^2)\cdot 2dx-2x(-2x)dx}{(1-x^2)^2}\\&=\left[2x\sin\frac{1}{x}-\cos\frac{1}{x}+\frac{2(1+x^2)}{(1-x^2)^2}\right]dx.\end{aligned}$$

【答案】B

例 17　设 $y=e^{-\frac{x}{2}}\cos 3x$，则 $dy=$(　　).

A. $\left(-\frac{1}{2}e^{-\frac{x}{2}}\cos 3x-3e^{-\frac{x}{2}}\sin 3x\right)dx$　　B. $\left(\frac{1}{2}e^{-\frac{x}{2}}\cos 3x-3e^{-\frac{x}{2}}\sin 3x\right)dx$

C. $\left(-\frac{1}{2}e^{-\frac{x}{2}}\cos 3x+3e^{-\frac{x}{2}}\sin 3x\right)dx$　　D. $\left(\frac{1}{2}e^{-\frac{x}{2}}\cos 3x+3e^{-\frac{x}{2}}\sin 3x\right)dx$

E. $\left(-\frac{1}{2}e^{-\frac{x}{2}}\cos 3x-\frac{3}{2}e^{-\frac{x}{2}}\sin 3x\right)dx$

【解析】由函数在任意点的微分公式，得

$$dy=(e^{-\frac{x}{2}}\cos 3x)'dx=\left(-\frac{1}{2}e^{-\frac{x}{2}}\cos 3x-3e^{-\frac{x}{2}}\sin 3x\right)dx.$$

【答案】A

例 18　函数 $y=2(1-2x)^3$ 的导数$\frac{dy}{dx}=$(　　).

A. $12(1-2x)^2$　　B. $-12(1-2x)^3$　　C. $-12(1+2x)^2$

D. $-12(1-2x)^2$　　E. $12(1-2x)^3$

【解析】$\frac{dy}{dx}=[2(1-2x)^3]'=6(1-2x)^2\cdot(1-2x)'=-12(1-2x)^2$.

【答案】D

例 19　设 $f(x)$可导，$y=f(x^2+1)$，则$\frac{dy}{dx}=$(　　).

A. $xf'(x^2+1)$　　B. $2f'(x^2+1)$　　C. $2xf(x^2+1)$　　D. $f'(x^2+1)$　　E. $2xf'(x^2+1)$

【解析】$\frac{dy}{dx}=[f(x^2+1)]'=f'(x^2+1)\cdot(x^2+1)'=2xf'(x^2+1)$.

【答案】E

【点评】此题考查的是复合函数求导．对于 $y=f(x^2+1)$，令 $y=f(u)$，$u=x^2+1$，则由复合函数求导的链式法则，得 $\frac{dy}{dx}=\frac{dy}{du}\cdot\frac{du}{dx}=f'(u)\cdot 2x=2xf'(x^2+1)$．

例 20 设 $y=x^x$，则 $\frac{dy}{dx}=$(   )．

A. x^x B. $x^x(\ln x-1)$ C. $\ln x+1$ D. $x^x(1-\ln x)$ E. $x^x(\ln x+1)$

【解析】$y'=(x^x)'=(e^{x\ln x})'=e^{x\ln x}(\ln x+1)=x^x(\ln x+1)$．

【答案】E

【点评】此题还可以用对数求导法：对方程两边同时取对数，得 $\ln y=x\ln x$，两边对 x 求导，得 $\frac{1}{y}y'=\ln x+1$，整理得 $y'=y(\ln x+1)$，即 $y'=x^x(\ln x+1)$．

例 21 已知 $y=e^{3x}\cos^2 x+\sin\frac{\pi}{3}$，则 $y'=$(   )．

A. $e^{3x}(3\cos x-\sin 2x)$ B. $e^{3x}(3\cos^2 x-\sin x)$

C. $e^{3x}(3\cos^2 x-\sin 2x)$ D. $e^{3x}(3\cos 2x-\sin 2x)$

E. $e^{3x}(3\cos^2 x+\sin 2x)$

【解析】$y'=3e^{3x}\cos^2 x-2e^{3x}\cos x\sin x=3e^{3x}\cos^2 x-e^{3x}\sin 2x=e^{3x}(3\cos^2 x-\sin 2x)$．

【答案】C

【点评】注意 $\sin\frac{\pi}{3}$ 是常数，其导数为 0．要正确区分 $y=\cos^2 x$ 和 $y=\cos x^2$ 这两个复合函数的导数：$(\cos^2 x)'=-2\cos x\sin x$，$(\cos x^2)'=-2x\sin x^2$．

例 22 已知函数 $y=\ln(x+\sqrt{a^2+x^2})$，则 $y'=$(   )．

A. $\frac{1}{\sqrt{a^2-x^2}}$ B. $\frac{x}{\sqrt{a^2+x^2}}$ C. $\frac{2x}{\sqrt{a^2+x^2}}$ D. $\frac{1}{\sqrt{a^2+x^2}}$ E. $\frac{2a}{\sqrt{a^2+x^2}}$

【解析】
$$y'=\frac{1}{x+\sqrt{a^2+x^2}}(x+\sqrt{a^2+x^2})'=\frac{1}{x+\sqrt{a^2+x^2}}\left(1+\frac{x}{\sqrt{a^2+x^2}}\right)$$
$$=\frac{1}{x+\sqrt{a^2+x^2}}\cdot\frac{x+\sqrt{a^2+x^2}}{\sqrt{a^2+x^2}}=\frac{1}{\sqrt{a^2+x^2}}.$$

【答案】D

题型 7 隐函数求导

技巧总结

隐函数求导法：把方程 $F(x, y)=0$ 中的 y 看作是 x 的函数 $y(x)$，利用复合函数求导法则，方程两端同时对 x 求导，然后解出 y'_x．

例 23 由方程 $x^2-y^2-4xy=0$ 确定的隐函数的导数 $\frac{dy}{dx}=($　　$)$.

A. $\frac{x-y}{y+2x}$　　B. $\frac{x+2y}{y-2x}$　　C. $\frac{2x-y}{y+2x}$

D. $\frac{x-2y}{y+x}$　　E. $\frac{x-2y}{y+2x}$

【解析】在方程两边同时对 x 求导，得 $2x-2y\frac{dy}{dx}-4y-4x\frac{dy}{dx}=0$，化简整理，得

$$\frac{dy}{dx}=\frac{x-2y}{y+2x}.$$

【答案】E

例 24 已知方程 $xy-\sin(\pi y^2)=0$，则 $y'\Big|_{\substack{x=0\\y=1}}=($　　$)$.

A. $-\frac{1}{2\pi}$　　B. $-\frac{1}{\pi}$　　C. $-\frac{1}{2}$　　D. $\frac{1}{2\pi}$　　E. $\frac{1}{\pi}$

【解析】在方程两边同时对 x 求导，可得 $y+xy'-\cos(\pi y^2)\cdot 2\pi y\cdot y'=0$，解得 $y'=\frac{y}{2\pi y\cos(\pi y^2)-x}$，所以 $y'\Big|_{\substack{x=0\\y=1}}=-\frac{1}{2\pi}$.

【答案】A

【点评】求隐函数在某点的导数和求显函数在某点的导数一样，先求导函数，再将点坐标代入.

题型8　利用对数求导求复杂函数的导数

技巧总结

对于 $y=u(x)^{v(x)}$ 型函数及由乘除、乘方、开方混合运算所构成的函数求导，可使用对数求导法，计算步骤如下：

(1)对方程两边同时取自然对数，化显函数为隐函数；

(2)利用对数的性质进行整理化简，然后使用隐函数求导法进行求解，并注意结果回代.

例 25 已知 $y=x^{\sin x}(x>0)$，则 $y'=($　　$)$.

A. $x^{\sin x}\left(\sin x\ln x+\frac{\sin x}{x}\right)$　　B. $x^{\sin x}\left(\cos x\ln x+\frac{\sin x}{x}\right)$

C. $x^{\sin x}\left(\sin x\ln x+\frac{\cos x}{x}\right)$　　D. $x^{\sin x}\left(\cos x\ln x-\frac{\sin x}{x}\right)$

E. $x^{\sin x}\left(-\cos x\ln x+\frac{\sin x}{x}\right)$

【解析】方程两边同时取对数，得 $\ln y=\sin x\ln x$，接着方程两边同时对 x 求导，得 $\frac{y'}{y}=\cos x\ln x+\frac{\sin x}{x}$，化简整理，得 $y'=\left(\cos x\ln x+\frac{\sin x}{x}\right)y$，把 $y=x^{\sin x}$ 代入，得 $y'=x^{\sin x}\left(\cos x\ln x+\frac{\sin x}{x}\right)$.

【答案】B

例 26　函数 $f(x)=\frac{x^3}{2-x}\cdot\sqrt[3]{\frac{2-x}{(2+x)^2}}$，则 $f'(1)=($　　$)$.

A. $\frac{31\sqrt[3]{3}}{9}$　　B. $\frac{\sqrt[3]{3}}{9}$　　C. $\frac{\sqrt[3]{3}}{27}$　　D. $\frac{31\sqrt[3]{3}}{27}$　　E. $\frac{31\sqrt[3]{3}}{3}$

【解析】方程两边同时取对数，得 $\ln f(x)=3\ln x-\ln(2-x)+\frac{1}{3}[\ln(2-x)-2\ln(2+x)]$，即 $\ln f(x)=3\ln x-\frac{2}{3}\ln(2-x)-\frac{2}{3}\ln(2+x)$. 方程两边同时对 x 求导，得 $\frac{f'(x)}{f(x)}=\frac{3}{x}+\frac{2}{3}\cdot\frac{1}{2-x}-\frac{2}{3}\cdot\frac{1}{x+2}$，所以 $f'(x)=f(x)\left[\frac{3}{x}+\frac{2}{3}\left(\frac{1}{2-x}-\frac{1}{x+2}\right)\right]$，故

$$f'(1)=f(1)\left[3+\frac{2}{3}\left(1-\frac{1}{3}\right)\right]=f(1)\cdot\frac{31}{9},$$

而 $f(1)=\sqrt[3]{\frac{1}{9}}=\frac{\sqrt[3]{3}}{3}$，从而 $f'(1)=\frac{\sqrt[3]{3}}{3}\cdot\frac{31}{9}=\frac{31\sqrt[3]{3}}{27}$.

【答案】D

题型9　参数方程确定的函数的导数

技巧总结

对于由参数方程 $\begin{cases}x=\varphi(t),\\ y=\psi(t)\end{cases}$ $(\alpha\leqslant t\leqslant\beta)$ 所确定的函数 $y=f(x)$ 求导，通常不需要通过消参数化 y 是 x 的显函数再求导，而是直接使用参数方程求导公式 $\frac{\mathrm{d}y}{\mathrm{d}x}=\frac{\frac{\mathrm{d}y}{\mathrm{d}t}}{\frac{\mathrm{d}x}{\mathrm{d}t}}$ 进行求解.

注意分子、分母的顺序不要颠倒，且结果是关于参数的表达式.

例 27　函数 $f(x)$ 由参数方程 $\begin{cases}x=1-2t+t^2,\\ y=4t^2\end{cases}$ 所确定，则 $\left.\frac{\mathrm{d}y}{\mathrm{d}x}\right|_{t=2}=($　　$)$.

A. 2　　B. 4　　C. 6　　D. 8　　E. 10

【解析】$\left.\frac{\mathrm{d}y}{\mathrm{d}x}\right|_{t=2}=\left.\frac{\frac{\mathrm{d}y}{\mathrm{d}t}}{\frac{\mathrm{d}x}{\mathrm{d}t}}\right|_{t=2}=\left.\frac{8t}{-2+2t}\right|_{t=2}=8$.

【答案】D

例 28　曲线 $\begin{cases}x=t^2,\\ y=4t\end{cases}$ 在 $t=1$ 处的切线方程为(　　).

A. $y=2x+1$　　B. $y=x+2$　　C. $y=2x+2$

D. $y=2x+1$　　E. $y=-2x+2$

【解析】切线的斜率为$\left.\dfrac{\mathrm{d}y}{\mathrm{d}x}\right|_{t=1}=\left.\dfrac{\frac{\mathrm{d}y}{\mathrm{d}t}}{\frac{\mathrm{d}x}{\mathrm{d}t}}\right|_{t=1}=\left.\dfrac{4}{2t}\right|_{t=1}=2$，由于$t=1$时，曲线过$(1,4)$点，所以切线方程为$y-4=2(x-1)$，即$y=2x+2$.

【答案】C

题型10 求函数的高阶导数

技巧总结

高阶求导的题目是考试中常考知识点，以考查二阶导数为主.

(1)求二阶导数y''，必须先求一阶导数y'，再求y'对x的导数.

(2)求n阶导数的一般方法是：先求低阶导数，再由不完全归纳法归纳出n阶导数的表达式，求解时要注意以下几点：

①在求导数前或者求完一阶导数后，函数能化简的先化简，便于计算；

②导数可以多求几阶，便于观察总结规律；

③求导时保留原始形式，便于归纳.

例 29 设$y=\ln\sqrt{\dfrac{1-x}{1+x^2}}$，则$y''\big|_{x=0}=($　　$)$.

A. $\dfrac{3}{2}$　　B. $\dfrac{2}{3}$　　C. $-\dfrac{3}{2}$　　D. $-\dfrac{2}{3}$　　E. -2

【解析】函数可变形为$y=\dfrac{1}{2}[\ln(1-x)-\ln(1+x^2)]$，所以$y'=\dfrac{1}{2}\left(\dfrac{-1}{1-x}-\dfrac{2x}{1+x^2}\right)$，$y''=\dfrac{1}{2}\left[-\dfrac{1}{(1-x)^2}-\dfrac{2(1-x^2)}{(1+x^2)^2}\right]$，得$y''\big|_{x=0}=-\dfrac{3}{2}$.

【答案】C

例 30 设$y=f(x^2)$的二阶导数存在，则$y''=($　　$)$.

A. $x^2f''(x^2)+2f'(x^2)$

B. $4x^2f''(x^2)-2f'(x^2)$

C. $4x^2f''(x^2)+f'(x^2)$

D. $4x^2f''(x^2)-f'(x^2)$

E. $4x^2f''(x^2)+2f'(x^2)$

【解析】因为$y'=f'(x^2)\cdot 2x$，$y''=4x^2f''(x^2)+2f'(x^2)$.

【答案】E

例 31 若函数$y=\mathrm{e}^{ax}$，则$y^{(n)}(1)=($　　$)$.

A. $a^n\mathrm{e}^a$　　B. $a\mathrm{e}^a$　　C. a^n　　D. e^a　　E. $a^n\mathrm{e}^{2a}$

【解析】$y'=a\mathrm{e}^{ax}$，$y''=a^2\mathrm{e}^{ax}$，$y'''=a^3\mathrm{e}^{ax}$，…，$y^{(n)}=a^n\mathrm{e}^{ax}$，所以$y^{(n)}(1)=a^n\mathrm{e}^a$.

【答案】A

题型11 求解参数方程确定的函数的二阶导数

技巧总结

参数方程所确定的函数求二阶导数的解法与步骤如下：

(1)先求出一阶导数，然后构造一阶导数$\frac{\mathrm{d}y}{\mathrm{d}x}$与$x$的新参数方程；

(2)对新参数方程继续使用参数方程求导公式：$\frac{\mathrm{d}^2 y}{\mathrm{d}x^2}=\frac{\mathrm{d}}{\mathrm{d}t}\left(\frac{\mathrm{d}y}{\mathrm{d}t}\right)\cdot\frac{\mathrm{d}t}{\mathrm{d}x}=\frac{\frac{\mathrm{d}\left(\frac{\mathrm{d}y}{\mathrm{d}x}\right)}{\mathrm{d}t}}{\frac{\mathrm{d}x}{\mathrm{d}t}}$.

例32 设$\begin{cases}x=2(t-\sin t),\\ y=3(1-\cos t),\end{cases}$则$\frac{\mathrm{d}^2 y}{\mathrm{d}x^2}=($ $)$.

A. $\frac{3}{4(1-\cos t)^2}$　　B. $-\frac{3}{4(1-\cos t)^2}$　　C. $-\frac{1}{4(1-\cos t)^2}$

D. $\frac{1}{4(1-\cos t)^2}$　　E. $-\frac{3}{4(1-\cos t)}$

【解析】$\frac{\mathrm{d}y}{\mathrm{d}x}=\frac{\frac{\mathrm{d}y}{\mathrm{d}t}}{\frac{\mathrm{d}x}{\mathrm{d}t}}=\frac{3(1-\cos t)'}{2(t-\sin t)'}=\frac{3\sin t}{2(1-\cos t)}$，再建立新方程组$\begin{cases}x=2(t-\sin t),\\ \frac{\mathrm{d}y}{\mathrm{d}x}=\frac{3\sin t}{2(1-\cos t)},\end{cases}$可得

$$\frac{\mathrm{d}^2 y}{\mathrm{d}x^2}=\frac{\frac{\mathrm{d}\left(\frac{\mathrm{d}y}{\mathrm{d}x}\right)}{\mathrm{d}t}}{\frac{\mathrm{d}x}{\mathrm{d}t}}=\frac{\left[\frac{3\sin t}{2(1-\cos t)}\right]'}{2(t-\sin t)'}=-\frac{3}{4(1-\cos t)^2}.$$

【答案】B

第3节 微分中值定理

考纲解析

1. 理解罗尔中值定理，会用罗尔定理证明方程根的存在性.
2. 理解拉格朗日中值定理，会用拉格朗日中值定理证明简单的不等式.
3. 了解柯西中值定理.

知识精讲

1 罗尔定理

定理 设函数$f(x)$满足如下条件：

(1)在闭区间$[a, b]$上连续;

(2)在开区间(a, b)上可导;

(3)$f(a)=f(b)$,

则至少存在一点$\xi\in(a, b)$,使得$f'(\xi)=0$.

几何意义 在两端高度相同的一段连续曲线上,若除两端点外,处处都存在不垂直于x轴的切线,则其中至少存在一条水平切线.如图2-1所示.

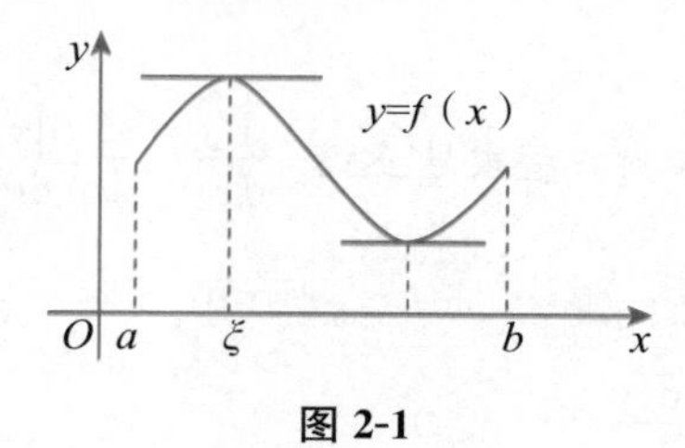

图 2-1

代数意义 当$f(x)$可导时,在函数$f(x)$的两个等值点之间至少存在方程$f'(x)=0$的一个根.

注 ①定理中的ξ不唯一,定理只表明ξ的存在性.

②定理的条件是结论成立的充分条件而非必要条件,即条件满足时结论一定成立;若结论成立,条件可能成立也可能不成立.

③定理中的三个条件缺少任何一个,结论都不一定成立.

2 拉格朗日中值定理

定理 设函数$f(x)$满足如下条件:

(1)在闭区间$[a, b]$上连续;

(2)在开区间(a, b)上可导,

则至少存在一点$\xi\in(a, b)$,使得

$$f'(\xi)=\frac{f(b)-f(a)}{b-a}.$$

拉格朗日中值定理的结论也可以写作

$$f(b)-f(a)=f'(\xi)(b-a)(a<\xi<b).$$

注 ①拉格朗日中值定理的几何意义为:在一段连续曲线上,若除两端点外处处都存在不垂直于x轴的切线,则其中至少有一条切线平行于端点连线,如图2-2所示.

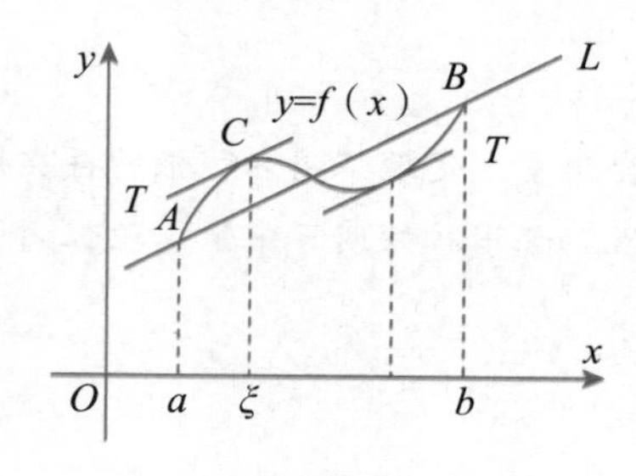

图 2-2

②拉格朗日中值定理是罗尔中值定理的一种推广,而罗尔中值定理是拉格朗日中值定理的一个特例.

③拉格朗日中值定理建立了函数与导数的等式关系,由此可以用导数研究函数的性质.

3 柯西中值定理

定理 设函数 $f(x)$、$g(x)$满足如下条件：

(1)在闭区间$[a, b]$上连续；

(2)在开区间(a, b)上可导且 $g'(x)\neq 0$，

则在(a, b)内至少存在一点ξ，使得

$$\frac{f(b)-f(a)}{g(b)-g(a)}=\frac{f'(\xi)}{g'(\xi)}.$$

注 ①柯西中值定理的几何意义与拉格朗日中值定理的几何意义基本上相同，所不同的是曲线表达式采用了比 $y=f(x)$形式更为一般的参数方程．

②拉格朗日中值定理是柯西中值定理的特殊情况．因为若取 $g(x)=x$，则 $g'(x)\equiv 1$，$g(b)-g(a)=b-a$，柯西中值定理的结论变形为在(a, b)内至少存在一点ξ，使

$$\frac{f(b)-f(a)}{b-a}=f'(\xi),$$

这正是拉格朗日中值定理的结论．

题型精练

题型12 验证中值定理

技巧总结

验证中值定理的条件，需要判断函数的连续性和可导性．

(1)若函数是初等函数，只需要判断其在给定区间内有定义即可．

(2)若函数是分段函数，考虑判断函数在分界点处的连续性与可导性．

(3)若要求满足条件的ξ值，则需要求出函数的导函数，从而得到关于导函数的方程进行求解．

例 33 下列函数中，在区间$[-1, 1]$上满足罗尔定理条件的是(　　)．

A. $f(x)=\frac{1}{\sqrt{1-x^2}}$　　B. $f(x)=\sqrt{x^2}$　　C. $f(x)=\sqrt[3]{x^2}$

D. $f(x)=x^2+1$　　E. $y=|x|$

【解析】A 项：在 $x=-1$ 和 $x=1$ 点不连续；B、C、E 项在 $x=0$ 不可导；使用排除法，应选 D 项．经验证，$f(x)=x^2+1$ 满足罗尔定理的三个条件．

【答案】D

例 34 若函数 $f(x)$在$[a, b]$上连续，在(a, b)内可导，则(　　)．

A. 存在 $\theta\in(0, 1)$，使得 $f(b)-f(a)=f'[\theta(b-a)](b-a)$

B. 存在 $\theta\in(0, 1)$，使得 $f(b)-f(a)=f'[a+\theta(b-a)](b-a)$

C. 存在 $\theta\in(0, 1)$，使得 $f(b)-f(a)=f'(\theta)(b-a)$

D. 存在$\theta\in(0,1)$，使得$f(b)-f(a)=f'[\theta(b-a)]$

E. 存在$\theta\in(0,1)$，使得$f(b)-f(a)=f'(a+\theta)(b-a)$

【解析】当$\theta\in(0,1)$时，$a+\theta(b-a)\in(a,b)$，由拉格朗日中值定理，得

$$f(b)-f(a)=f'[a+\theta(b-a)](b-a).$$

【答案】B

例 35 对函数$f(x)=\frac{1}{x}$在区间$[1,2]$上应用拉格朗日中值定理得$f(2)-f(1)=f'(\xi)$(其中$1<\xi<2$)，则$\xi=$(　　).

A. $\frac{4}{3}$　　B. $\sqrt{2}$　　C. $\sqrt{3}$　　D. $\frac{3}{2}$　　E. $\frac{\sqrt{5}}{2}$

【解析】因为$f(x)$在$[1,2]$上连续且可导，所以由拉格朗日中值定理得，存在$\xi\in(1,2)$，使得$f(2)-f(1)=f'(\xi)(2-1)$，即$-\frac{1}{2}=f'(\xi)\times1$，所以$-\frac{1}{2}=-\frac{1}{\xi^2}$，解得$\xi=\sqrt{2}$.

【答案】B

题型13　利用罗尔定理讨论根的存在性

技巧总结

讨论$f'(x)=0$的根的存在性，可以利用罗尔定理进行讨论，利用罗尔定理的关键是求出定理中的根的存在区间，步骤如下:

(1)根据函数$f(x)$的特点发现令$f(x)=0$的根，从而得出所需要的根的存在区间;

(2)利用罗尔定理在这些区间内讨论根的存在性，并结合方程的次数确定根的个数.

例 36 已知函数$f(x)=(x-1)(x-2)(x-3)$，则方程$f'(x)=0$有(　　)个实根.

A. 0　　B. 1　　C. 2　　D. 3　　E. 4

【解析】因为$f(1)=f(2)=f(3)$，显然$f(x)$在区间$[1,2]$，$[2,3]$上满足罗尔定理的条件，于是存在$\xi_1\in(1,2)$，$\xi_2\in(2,3)$，使得$f'(\xi_1)=f'(\xi_2)=0$，所以$f'(x)=0$至少有两个实根.

又因为$f'(x)=0$为二次方程，最多两个实根，综上，方程$f'(x)=0$有两个实根.

【答案】C

题型14　利用拉格朗日中值定理讨论不等式

技巧总结

利用拉格朗日中值定理讨论不等式，主要是利用定理中ξ的取值范围来证明不等式，这在考试中是常考题型也是复习难点，需强化练习.

在证明不等式的过程中要注意结合函数单调性进行判断.

例 37 设函数$y=f(x)$具有二阶导数，且$f'(x)>0$，$f''(x)>0$，Δx为自变量x在x_0点处的增量，Δy与dy分别为$f(x)$在点x_0处相应的增量与微分，若$\Delta x>0$，则(　　).

A. $0<\mathrm{d}y<\Delta y$　　B. $0<\Delta y<\mathrm{d}y$　　C. $\Delta y<\mathrm{d}y<0$

D. $\mathrm{d}y<\Delta y<0$　　E. $\Delta y=\mathrm{d}y$

【解析】当 $\Delta x>0$ 时，由拉格朗日中值定理，有 $\Delta y=f(x_0+\Delta x)-f(x_0)=f'(\xi)\Delta x$，其中 $x_0<\xi<x_0+\Delta x$，由 $f'(x)>0$，$f''(x)>0$ 得 $f'(x)$ 为增函数，则 $0<f'(x_0)<f'(\xi)$，所以 $0<\mathrm{d}y=f'(x_0)\Delta x<f'(\xi)\Delta x=\Delta y$.

【答案】A

【点评】本题需要讨论的是 Δy 与 $\mathrm{d}y$ 的大小，首先考虑到微分定义中 $\mathrm{d}y=f'(x_0)\cdot\Delta x$，式中有 $f'(x_0)$，于是考虑拉格朗日中值定理，取 $\xi\in(x_0, x_0+\Delta x)$，从而 $\Delta y=f(x_0+\Delta x)-f(x_0)=f'(\xi)\cdot\Delta x$，问题就转化为比较 $f'(x_0)$ 与 $f'(\xi)$ 的大小，而给出的条件中有 $f''(x)>0$，那么根据函数 $f'(x)$ 的单调性即可判断.

例 38 设在 $[0, 1]$ 上，$f''(x)>0$，则 $f'(0)$，$f'(1)$，$f(1)-f(0)$ 或 $f(0)-f(1)$ 的大小顺序是(　　).

A. $f'(1)>f'(0)>f(1)-f(0)$　　B. $f(0)-f(1)>f'(0)>f'(1)$

C. $f(1)-f(0)>f'(1)>f'(0)$　　D. $f'(1)>f(0)-f(1)>f'(0)$

E. $f'(1)>f(1)-f(0)>f'(0)$

【解析】因为 $f''(x)>0$，所以 $f'(x)$ 在 $[0, 1]$ 上单调递增，故 $f'(1)>f'(0)$. 而由拉格朗日中值定理知 $f(1)-f(0)=f'(\xi)(1-0)$，其中 ξ 介于 0 与 1 之间，则 $f'(1)>f'(\xi)>f'(0)$，即 $f'(1)>f(1)-f(0)>f'(0)$.

【答案】E

第 4 节　洛必达法则

考纲解析

1. 熟练掌握用洛必达法则求"$\frac{0}{0}$""$\frac{\infty}{\infty}$"型未定式的极限.

2. 熟练掌握"$0\cdot\infty$""$\infty-\infty$""∞^0""0^0""1^∞"型未定式转化为"$\frac{0}{0}$""$\frac{\infty}{\infty}$"型未定式的变形，然后再求极限.

知识精讲

定理 1（洛必达法则Ⅰ）设 $f(x)$、$g(x)$ 在 x_0 的某一去心邻域内有定义，如果

(1) $\lim\limits_{x\to x_0}f(x)=0$，$\lim\limits_{x\to x_0}g(x)=0$；

(2) $f(x)$、$g(x)$ 在 x_0 的某去心邻域内可导，且 $g'(x)\neq0$；

(3) $\lim\limits_{x\to x_0}\frac{f'(x)}{g'(x)}$ 存在(或无穷大)，那么

$$\lim_{x\to x_0}\frac{f(x)}{g(x)}=\lim_{x\to x_0}\frac{f'(x)}{g'(x)}.$$

注 ①如果$\lim\limits_{x\to x_0}\frac{f'(x)}{g'(x)}$还是“$\frac{0}{0}$”型未定式，且函数$f'(x)$与$g'(x)$满足洛必达法则Ⅰ中应满足的条件，则可继续使用洛必达法则，即有

$$\lim_{x\to x_0}\frac{f(x)}{g(x)}=\lim_{x\to x_0}\frac{f'(x)}{g'(x)}=\lim_{x\to x_0}\frac{f''(x)}{g''(x)},$$

依此类推，直到求出所要求的极限.

②洛必达法则Ⅰ中，极限过程$x\to x_0$若换成$x\to x_0^+$，$x\to x_0^-$以及$x\to\infty$，$x\to+\infty$，$x\to-\infty$情形的“$\frac{0}{0}$”型未定式，结论仍然成立.

定理2（洛必达法则Ⅱ）设$f(x)$、$g(x)$在x_0的某一去心邻域内有定义，如果

(1)$\lim\limits_{x\to x_0}f(x)=\infty$，$\lim\limits_{x\to x_0}g(x)=\infty$；

(2)$f(x)$、$g(x)$在x_0的某去心邻域内可导，且$g'(x)\neq 0$；

(3)$\lim\limits_{x\to x_0}\frac{f'(x)}{g'(x)}$存在(或无穷大)，那么

$$\lim_{x\to x_0}\frac{f(x)}{g(x)}=\lim_{x\to x_0}\frac{f'(x)}{g'(x)}.$$

注 ①如果$\lim\limits_{x\to x_0}\frac{f'(x)}{g'(x)}$还是“$\frac{\infty}{\infty}$”型未定式，且函数$f'(x)$与$g'(x)$满足洛必达法则Ⅱ中应满足的条件，则可继续使用洛必达法则，即有

$$\lim_{x\to x_0}\frac{f(x)}{g(x)}=\lim_{x\to x_0}\frac{f'(x)}{g'(x)}=\lim_{x\to x_0}\frac{f''(x)}{g''(x)},$$

依此类推，直到求出所要求的极限.

②洛必达法则Ⅱ中，极限过程$x\to x_0$若换成$x\to x_0^+$，$x\to x_0^-$以及$x\to\infty$，$x\to+\infty$，$x\to-\infty$情形的“$\frac{\infty}{\infty}$”型未定式，结论仍然成立.

题型精练

题型15 直接使用洛必达法则计算“$\frac{0}{0}$”“$\frac{\infty}{\infty}$”型未定式的极限

技巧总结

应用洛必达法则应注意:

(1)只有“$\frac{0}{0}$”型和“$\frac{\infty}{\infty}$”型未定式才能使用洛必达法则;

(2)洛必达法则可以多次使用，但使用时要注意是否满足洛必达法则的条件;

(3)与等价无穷小替换结合使用，会大大减少计算量.

例 39 计算$\lim\limits_{x\to\frac{\pi}{2}}\dfrac{\ln\sin x}{(\pi-2x)^2}=($　　$)$.

A. $-\dfrac{1}{8}$　　B. $\dfrac{1}{8}$　　C. $-\dfrac{1}{4}$　　D. $\dfrac{1}{4}$　　E. 1

【解析】

$$原式\overset{\frac{0}{0}}{=}\lim_{x\to\frac{\pi}{2}}\frac{\frac{\cos x}{\sin x}}{2(\pi-2x)(-2)}=-\frac{1}{4}\lim_{x\to\frac{\pi}{2}}\frac{1}{\sin x}\cdot\lim_{x\to\frac{\pi}{2}}\frac{\cos x}{(\pi-2x)}=-\frac{1}{4}\lim_{x\to\frac{\pi}{2}}\frac{\cos x}{(\pi-2x)}$$

$$\overset{\frac{0}{0}}{=}-\frac{1}{4}\lim_{x\to\frac{\pi}{2}}\frac{-\sin x}{-2}=-\frac{1}{8}.$$

【答案】A

例 40 计算$\lim\limits_{x\to0^+}\dfrac{\ln\cot x}{\ln x}=($　　$)$.

A. ∞　　B. 2　　C. -1　　D. 0　　E. 1

【解析】$\lim\limits_{x\to0^+}\dfrac{\ln\cot x}{\ln x}\overset{\frac{\infty}{\infty}}{=}\lim\limits_{x\to0^+}\dfrac{\frac{1}{\cot x}\cdot\left(-\frac{1}{\sin^2x}\right)}{\frac{1}{x}}=-\lim\limits_{x\to0^+}\dfrac{x}{\sin x\cos x}=-\lim\limits_{x\to0^+}\dfrac{x}{\sin x}\cdot\lim\limits_{x\to0^+}\dfrac{1}{\cos x}=-1.$

【答案】C

【点评】在求未定式的极限时，可以把洛必达法则与第1章中求极限的方法结合，特别是在乘、除的情况下与等价无穷小替换的方法结合起来，以简化计算.

例 41 计算极限$\lim\limits_{x\to0}\dfrac{\int_0^x(\sin t)^2\mathrm{d}t}{\ln(1+x^3)}=($　　$)$.

A. $\dfrac{1}{3}$　　B. $-\dfrac{1}{3}$　　C. -1　　D. 0　　E. 1

【解析】$\lim\limits_{x\to0}\dfrac{\int_0^x(\sin t)^2\mathrm{d}t}{\ln(1+x^3)}=\lim\limits_{x\to0}\dfrac{\int_0^x(\sin t)^2\mathrm{d}t}{x^3}=\lim\limits_{x\to0}\dfrac{(\sin x)^2}{3x^2}=\lim\limits_{x\to0}\dfrac{x^2}{3x^2}=\dfrac{1}{3}.$

【答案】A

【注意】$\left[\int_0^x(\sin t)^2\mathrm{d}t\right]'=(\sin x)^2$，即直接将$x$替换被积函数中的$t$，这应用了积分变上限函数的求导公式，后面会学到.

例 42 设$x\to0$时，$\mathrm{e}^{\tan x}-\mathrm{e}^x$与$x^n$是同阶无穷小，则$n=($　　$)$.

A. 1　　B. 2　　C. 3　　D. 4　　E. 5

【解析】$\lim\limits_{x\to0}\dfrac{\mathrm{e}^{\tan x}-\mathrm{e}^x}{x^n}=\lim\limits_{x\to0}\dfrac{\mathrm{e}^x(\mathrm{e}^{\tan x-x}-1)}{x^n}=\lim\limits_{x\to0}\dfrac{\mathrm{e}^{\tan x-x}-1}{x^n}=\lim\limits_{x\to0}\dfrac{\tan x-x}{x^n}$

$$\overset{\frac{0}{0}}{=}\lim_{x\to0}\frac{\sec^2x-1}{nx^{n-1}}=\lim_{x\to0}\frac{\frac{1}{\cos^2x}-1}{nx^{n-1}}=\lim_{x\to0}\frac{1}{\cos^2x}\cdot\lim_{x\to0}\frac{1-\cos^2x}{nx^{n-1}}$$

$$=\lim_{x\to0}\frac{1-\cos^2x}{nx^{n-1}}=\frac{1}{n}\lim_{x\to0}\frac{\sin^2x}{x^{n-1}}=\frac{1}{n}\lim_{x\to0}\frac{x^2}{x^{n-1}}.$$

由题干可知，$e^{\tan x}-e^{x}$ 与 x^{n} 是同阶无穷小，所以 $\lim\limits_{x\to 0}\dfrac{x^{2}}{x^{n-1}}=1$，故 $n-1=2$，即 $n=3$. 经验证，此时 $\lim\limits_{x\to 0}\dfrac{e^{\tan x}-e^{x}}{x^{3}}=\dfrac{1}{3}\lim\limits_{x\to 0}\dfrac{x^{2}}{x^{2}}=\dfrac{1}{3}$，符合题干要求.

【答案】C

题型16　将其他型未定式变形后使用洛必达法则

技巧总结

(1)“$0\cdot\infty$”型可以通过把一个因式改写为倒数写在分母中的方法变形为“$\dfrac{0}{0}$”或“$\dfrac{\infty}{\infty}$”型；

(2)遇到 $\infty-\infty$ 型未定式时，一般先进行通分，再使用洛必达法则、等价无穷小替换等.

(3)对于幂指函数形式的未定式求极限，一般需要先转化为以e为底的复合函数，利用复合函数极限运算法则，然后再次转化成“$\dfrac{0}{0}$”或“$\dfrac{\infty}{\infty}$”型的未定式，并利用洛必达法则.

例43　极限 $\lim\limits_{x\to 0^{+}}x\ln x=$(　　).

A. -2　　B. -1　　C. 0　　D. 1　　E. 2

【解析】原式 $=\lim\limits_{x\to 0^{+}}\dfrac{\ln x}{\dfrac{1}{x}}\overset{\frac{\infty}{\infty}}{=}\lim\limits_{x\to 0^{+}}\dfrac{\dfrac{1}{x}}{-\dfrac{1}{x^{2}}}=0.$

【答案】C

例44　极限 $\lim\limits_{x\to 1}\left(\dfrac{x}{x-1}-\dfrac{1}{\ln x}\right)=$(　　).

A. $-\dfrac{1}{2}$　　B. -1　　C. 0　　D. 1　　E. $\dfrac{1}{2}$

【解析】$\lim\limits_{x\to 1}\left(\dfrac{x}{x-1}-\dfrac{1}{\ln x}\right)=\lim\limits_{x\to 1}\dfrac{x\ln x-(x-1)}{(x-1)\ln x}\overset{\frac{0}{0}}{=}\lim\limits_{x\to 1}\dfrac{\ln x+1-1}{\dfrac{x-1}{x}+\ln x}$

$$=\lim_{x\to 1}\frac{\ln x}{1-\dfrac{1}{x}+\ln x}\overset{\frac{0}{0}}{=}\lim_{x\to 1}\frac{\dfrac{1}{x}}{\dfrac{1}{x}+\dfrac{1}{x^{2}}}=\frac{1}{2}.$$

【答案】E

例45　极限 $\lim\limits_{x\to 0}(\cos x)^{\frac{1}{\ln(1+x^{2})}}=$(　　).

A. $\dfrac{1}{\sqrt{e}}$　　B. 1　　C. $\sqrt{e}$　　D. e　　E. e^{2}

【解析】原式$=\mathrm{e}^{\left[\lim\limits_{x\to0}\frac{\ln\cos x}{\ln(1+x^2)}\right]}$，而

$$\lim_{x\to0}\frac{\ln\cos x}{\ln(1+x^2)}=\lim_{x\to0}\frac{\ln\cos x}{x^2}\overset{\frac{0}{0}}{=}\lim_{x\to0}\frac{-\frac{\sin x}{\cos x}}{2x}=-\lim_{x\to0}\frac{\tan x}{2x}=-\frac{1}{2},$$

所以原式$=\mathrm{e}^{-\frac{1}{2}}=\frac{1}{\sqrt{\mathrm{e}}}$.

【答案】A

第5节 函数的单调性、极值和最值

考纲解析

1. 掌握用导数判定函数的单调性及求函数的单调增、减区间的方法.
2. 会利用函数的增减性证明简单的不等式.
3. 了解函数极值的概念.
4. 掌握求函数的极值和最大(小)值的方法，并且会解简单的应用问题.

知识精讲

1 函数单调性

定理 设函数$f(x)$在区间I上可导，对一切$x\in I$有

(1)$f'(x)\geqslant0$，则函数$f(x)$在I上**单调增加**;

(2)$f'(x)\leqslant0$，则函数$f(x)$在I上**单调减少**.

注 函数$f(x)$在某区间内单调增加(减少)时，在个别点x_0处，可以有$f'(x_0)=0$.

【例】函数$y=x^3$在区间$(-\infty,+\infty)$内是单调增加的，而$y'(x)=3x^2\geqslant0$，仅当$x=0$时，$y'(0)=0$.

2 极值

2.1 极值的定义

定义 设$f(x)$在点x_0的某邻域$U(x_0,\delta)$内有定义，若对于$U(x_0,\delta)$内异于x_0的点x都满足:

(1)$f(x)<f(x_0)$，则称$f(x_0)$为函数的**极大值**，x_0称作**极大值点**;

(2)$f(x)>f(x_0)$，则称$f(x_0)$为函数的**极小值**，x_0称作**极小值点**.

函数的极大值和极小值统称为函数的**极值**，使函数取得极值的点称作**极值点**.

注 ①函数极值的概念是局部性的，在一个区间内，函数可能存在许多个极值，函数的极大值和极小值之间并无确定大小关系;

②由极值的定义知，函数的极值只能在区间内部取得，不能在区间端点上取得.

2.2 极值的性质

定理 (极值存在的必要条件)若可导函数 $y=f(x)$ 在点 x_0 处可导，且在 x_0 处取得极值，则点 x_0 一定是其驻点，即 $f'(x_0)=0$.

对于定理，需要说明以下两点：

(1)在 $f'(x_0)$ 存在时，$f'(x_0)=0$ 不是极值存在的充分条件，即函数的驻点不一定是函数的极值点．例如：$x=0$ 是函数 $y=x^3$ 的驻点但不是极值点．

(2)函数在导数不存在的点处也可能取得极值．

把驻点和导数不存在的点统称为**可能极值点**．为了找出极值点，首先要找出所有的可能极值点，然后再判断它们是否是极值点．

2.3 极值的判别法

定理 1 (极值存在的第一充分条件)设函数 $f(x)$ 在 x_0 处连续，在 x_0 的某去心邻域 $\mathring{U}(x_0, \delta)$ 内可导，如果满足：

(1)当 $x_0-\delta<x<x_0$ 时，$f'(x)\geqslant 0$；当 $x_0<x<x_0+\delta$ 时，$f'(x)\leqslant 0$，则 $f(x)$ 在 x_0 处取得极大值(左增右减)；

(2)当 $x_0-\delta<x<x_0$ 时，$f'(x)\leqslant 0$；当 $x_0<x<x_0+\delta$ 时，$f'(x)\geqslant 0$，则 $f(x)$ 在 x_0 处取得极小值(左减右增)；

(3)当 x 在点 x_0 的邻域内取值时，$f'(x)$ 的符号不发生改变，则 $f(x)$ 在点 x_0 处不取得极值．

定理 2 (极值存在的第二充分条件)设函数 $f(x)$ 在 x_0 点处二阶可导，且 $f'(x_0)=0$，则

(1)若 $f''(x_0)<0$，则 $f(x_0)$ 是 $f(x)$ 的极大值；

(2)若 $f''(x_0)>0$，则 $f(x_0)$ 是 $f(x)$ 的极小值；

(3)当 $f''(x_0)=0$ 时，$f(x_0)$ 有可能是极值也有可能不是极值．

注 定理 2 适用的范围比定理 1 要小，它只适用于判定驻点是否为极值点，不能判定导数不存在的点是否为极值点，但对某些题目来讲，应用此定理可以使题目的解答更简捷．

3 最值

闭区间上函数的最值

设函数 $f(x)$ 在闭区间 $[a, b]$ 上连续，根据闭区间上连续函数的性质(最值定理)，$f(x)$ 在 $[a, b]$ 上一定存在**最值**．

如果函数的最值是在区间内部取得的话，那么其最值点也一定是函数的极值点；当然，函数的最值点也可能取在区间的端点上．

因此，可以按照如下的步骤来求给定闭区间上函数的最值：

(1)在给定区间上求出函数所有可能极值点：驻点和导数不存在的点；

(2)求出函数在所有驻点、导数不存在的点和区间端点的函数值；

(3)比较这些函数值的大小，最大者即函数在该区间的最大值，最小者即该区间的最小值．

4 导数在经济学中的应用

4.1 边际函数

定义 设函数 $y=f(x)$ 在 x 处可导，则称导数 $f'(x)$ 为 $f(x)$ 的**边际函数**．$f'(x)$ 在 x_0 处的值

$f'(x_0)$为**边际函数值**，即当$x=x_0$时，x改变一个单位，y改变$f'(x_0)$个单位．

(1)边际成本的计算公式：设总成本函数$C_T=C_T(Q)$，Q为产量，则生产Q个单位产品时的边际成本函数为$C_M=\frac{\mathrm{d}C_T(Q)}{\mathrm{d}Q}$.

(2)边际收益的计算公式：设总收益函数为$R_T=QP(Q)$，故平均收益$R_A=\frac{R_T}{Q}=P(Q)$，边际收益$R_M=\frac{\mathrm{d}R_T}{\mathrm{d}Q}=P(Q)+QP'(Q)$. 该式表示当销售$Q$个单位时，多销售一个单位产品使其增加或减少的收益．

4.2 弹性函数

定义 设函数$y=f(x)$在x处可导，函数的相对改变量$\frac{\Delta y}{y}=\frac{f(x+\Delta x)-f(x)}{f(x)}$与自变量的相对改变量$\frac{\Delta x}{x}$之比$\frac{\Delta y}{\Delta x}\cdot\frac{x}{y}$称为函数$f(x)$从$x$到$x+\Delta x$两点间的**弹性**，弹性函数为

$$\varepsilon_{yx}=\lim_{\Delta x\to 0}\frac{\Delta y}{\Delta x}\cdot\frac{x}{y}=y'\cdot\frac{x}{y}.$$

4.3 最大利润问题

在经济学中，总收入和总成本都可以表示为产量x的函数，分别记为$R(x)$和$C(x)$，则总利润$L(x)$可表示为$L(x)=R(x)-C(x)$. 为使总利润最大，其一阶导数需等于零，即

$$\frac{\mathrm{d}L(x)}{\mathrm{d}x}=\frac{\mathrm{d}[R(x)-C(x)]}{\mathrm{d}x}=0,$$

由此可得$\frac{\mathrm{d}R(x)}{\mathrm{d}x}=\frac{\mathrm{d}C(x)}{\mathrm{d}x}$，即欲使总利润最大，必须使边际收益等于边际成本．

根据判断极值存在的第二充分条件，为使总利润达到最大，还要求二阶导数$\frac{\mathrm{d}^2[R(x)-C(x)]}{\mathrm{d}x^2}<0$，上一步得到的$x$值满足使二阶导数小于0的即为所求值．

题型精练

题型17 判断函数单调性

技巧总结

讨论一个函数的单调性，最简单的方法是求出该函数的导数，再根据导数的符号判别即可．因此，讨论函数单调性的步骤如下:

(1)确定$f(x)$的定义域;

(2)求$f'(x)$，并找出$f(x)$单调区间所有可能的分界点(包括$f(x)$的驻点、$f'(x)$不存在的点)，并根据分界点把定义域分成若干区间;

(3)判断一阶导数$f'(x)$在各区间内的符号，从而判断函数在各区间中的单调性．

例46 函数$y=x^2-2x$的单调区间是( ).

A. $(-\infty,+\infty)$上单调增

B. $(-\infty, +\infty)$上单调减

C. $(-\infty, 1]$上单调增，$(1, +\infty)$上单调减

D. $(-\infty, 1]$上单调减，$(1, +\infty)$上单调增

E. $(-\infty, 0]$上单调增，$(0, +\infty)$上单调减

【解析】因为 $y=x^2-2x$，所以 $y'=2x-2$；令 $y'=0$，则 $x=1$.

当 $x\in(-\infty, 1]$时，$y'\leqslant 0$，函数 $y=x^2-2x$ 单调递减；

当 $x\in(1, +\infty)$时，$y'>0$，函数 $y=x^2-2x$ 单调递增.

【答案】D

例 47 设 $f(x)$在$(-\infty, +\infty)$内可导，且对任意 x_1，x_2，当 $x_1>x_2$ 时，都有 $f(x_1)>f(x_2)$，则(　　).

A. 对任意 x，$f'(x)>0$

B. 对任意 x，$f'(-x)\leqslant 0$

C. 对任意 x，$f'(x)<0$

D. 函数$-f(-x)$单调增加

E. 函数 $f(-x)$单调增加

【解析】当 $x_1>x_2$ 时，$-x_1<-x_2$，则 $f(-x_1)<f(-x_2)$，从而$-f(-x_1)>-f(-x_2)$，即$-f(-x)$单调增加.

【答案】D

【点评】由题目条件知，函数 $f(x)$单调递增，即对任意 $x\in(-\infty, +\infty)$，$f'(x)\geqslant 0$. 故A项不全面(反例：$y=x^3$，$x\in(-\infty, +\infty)$，而 $y'=3x^2\geqslant 0$)；

当 $x_1>x_2$ 时，$-x_1<-x_2$，根据题意有 $f(-x_1)<f(-x_2)$，即函数 $f(-x)$单调递减，则$[f(-x)]'\leqslant 0$，而$[f(-x)]'=-f'(-x)\leqslant 0$，即 $f'(-x)\geqslant 0$. B、C和E项错误；

而当 $x_1>x_2$ 时，$-f(-x_1)>-f(-x_2)$，由函数单调性的定义知$-f(-x)$单调增加，故D项正确.

例 48 $y=2x^2-\ln x$ 的递减区间为(　　).

A. $\left(0, \frac{1}{2}\right]$

B. $\left(-\infty, \frac{1}{2}\right)$

C. $\left(\frac{1}{2}, +\infty\right)$

D. $\left(-\frac{1}{2}, 0\right)$

E. $\left[-\frac{1}{2}, \frac{1}{2}\right]$

【解析】因为 $y=2x^2-\ln x$，所以 $y'=4x-\frac{1}{x}$. 若求函数 $y=2x^2-\ln x$ 的递减区间，则需要 $y'=4x-\frac{1}{x}\leqslant 0$，若使函数 $y=2x^2-\ln x$ 有意义，则 $x>0$，故解 $y'\leqslant 0$ 得解集为$\left[-\frac{1}{2}, \frac{1}{2}\right]$.

【答案】E

题型18 判断函数极值

技巧总结

求函数的极值的步骤如下:

(1)确定函数的连续区间(初等函数即为定义域);

(2)求导数 $f'(x)$ 并求出函数的驻点和导数不存在的点;

(3)若函数既有驻点又有导数不存在的点，则利用极值存在的第一充分条件，依次判断这些点是否是函数的极值点;

若函数只有驻点且驻点处的二阶导数值不等于零，则利用极值存在的第二充分条件，判断这些点是否是函数的极值点;

(4)求出各极值点处的函数值，即得 $f(x)$ 的全部极值.

例 49 若函数 $y=f(x)$ 在点 $x=x_0$ 处取得极大值，则(　　).

A. $f'(x_0)=0$　　B. $f''(x_0)<0$

C. $f''(x_0)>0$　　D. $f'(x_0)=0$ 且 $f''(x_0)<0$

E. $f'(x_0)=0$ 或 $f'(x_0)$ 不存在

【解析】若函数 $y=f(x)$ 在点 $x=x_0$ 处取得极大值，则 x_0 可能是驻点，也可能是不可导点，所以 $f'(x_0)=0$ 或 $f'(x_0)$ 不存在.

【答案】E

例 50 设 $f(x)=x\sin x+\cos x$，下列命题中正确的是(　　).

A. $f(0)$ 是极大值，$f\left(\frac{\pi}{2}\right)$ 是极小值

B. $f(0)$ 是极小值，$f\left(\frac{\pi}{2}\right)$ 是极大值

C. $f(0)$ 是极大值，$f\left(\frac{\pi}{2}\right)$ 也是极大值

D. $f(0)$ 是极小值，$f\left(\frac{\pi}{2}\right)$ 也是极小值

E. $f(0)$，$f\left(\frac{\pi}{2}\right)$ 都不是极值

【解析】$f'(x)=\sin x+x\cos x-\sin x=x\cos x$，显然 $f'(0)=0$，$f'\left(\frac{\pi}{2}\right)=0$;

又 $f''(x)=\cos x-x\sin x$，且 $f''(0)=1>0$，$f''\left(\frac{\pi}{2}\right)=-\frac{\pi}{2}<0$，由极值存在的第二充分条件，可知 $f(0)$ 是极小值，$f\left(\frac{\pi}{2}\right)$ 是极大值.

【答案】B

例 51 若函数 $f(x)$ 在点 x_0 有极大值，则在 x_0 点的某充分小邻域内，函数 $f(x)$ 在点 x_0 的左侧和右侧的变化情况是(　　).

A. 左侧上升右侧下降　　　　B. 左侧下降右侧上升

C. 左右侧均先降后升　　　　D. 左右侧均先升后降

E. 不能确定

【解析】若函数 $f(x)$ 在点 x_0 有极大值，由极大值存在的第一充分条件可得：在 x_0 的邻域内，函数在点 x_0 的左侧上升，右侧下降.

【答案】A

题型19　利用单调性讨论根的个数

技巧总结

求函数的零点和求方程的根其实是一类问题，都可以转化为函数图形与 x 轴交点的问题，而函数与 x 轴的交点可通过函数的单调性来解决.

(1)若函数 $f(x)$ 在区间 (a, b) 上的单调性一致，则函数 $f(x)$ 在区间 (a, b) 上最多只有一个零点，结合区间端点值即可判断；

(2)若函数 $f(x)$ 在区间 (a, b) 上的单调性不一致，则需要根据函数 $f(x)$ 的各个单调区间上的端点值的符号来判断零点个数.

例 52　当 $a=$(　　)时，函数 $f(x)=2x^3-9x^2+12x-a$ 恰有两个不同的零点.

A. 2　　B. 4　　C. 6　　D. 8　　E. 0

【解析】$f'(x)=6x^2-18x+12=6(x-1)(x-2)$，从而 $f(x)$ 可能的极值点为 $x=1$，$x=2$.

而当 $x<1$ 时，$f'(x)>0$，即函数单调递增；当 $1<x<2$ 时，$f'(x)<0$，即函数单调递减；当 $x>2$ 时，$f'(x)>0$，即函数单调递增.

因为 $f(1)=5-a$，$f(2)=4-a$，如图 2-3(a)所示，当 $f(1)=0$，即 $a=5$ 时，函数 $f(x)$ 恰有两个不同的零点. 如图 2-3(b)所示，当 $f(2)=0$，即 $a=4$ 时，函数 $f(x)$ 也恰有两个不同的零点. 又因选项中只有 $a=4$，故 B 项正确.

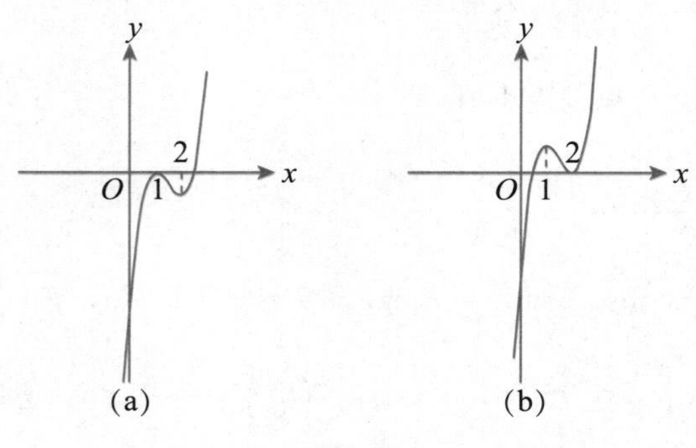

图 2-3

【答案】B

例 53　设常数 $k>0$，函数 $f(x)=\ln x-\frac{x}{e}+k$ 在 $(0, +\infty)$ 内零点个数为(　　).

A. 4　　B. 3　　C. 2　　D. 1　　E. 0

【解析】因 $\lim\limits_{x\to0^+}f(x)=-\infty$，$\lim\limits_{x\to+\infty}f(x)=-\infty$（因为 $\lim\limits_{x\to+\infty}\dfrac{\ln x}{\dfrac{x}{\mathrm{e}}}=\lim\limits_{x\to+\infty}\dfrac{\mathrm{e}}{x}=0$，即同一变化趋势下，幂函数形式无穷大是比对数函数形式无穷大更高阶的无穷大），而 $f'(x)=\dfrac{1}{x}-\dfrac{1}{\mathrm{e}}=0$，得驻点 $x=\mathrm{e}$.

当 $0<x<\mathrm{e}$ 时，$f'(x)>0$，$f(x)$ 单调增加；当 $x>\mathrm{e}$ 时，$f'(x)<0$，$f(x)$ 单调减少．而 $f(\mathrm{e})=k>0$，所以 $f(x)$ 在 $(0,\mathrm{e})$ 内有一个零点，在 $(\mathrm{e},+\infty)$ 内有一个零点．

【答案】C

题型20 判断函数最值

技巧总结

闭区间 $[a,b]$ 上连续函数 $f(x)$ 最值的求解步骤如下:

(1)找出函数 $f(x)$ 在 (a,b) 内的所有可能极值点（驻点和导数不存在的点）;

(2)求函数 $f(x)$ 在可能极值点及区间端点处的函数值;

(3)比较这些函数值的大小，其中最大者与最小者就是函数在区间 $[a,b]$ 上的最大和最小值．

例 54 函数 $f(x)=x+\dfrac{3}{2}x^{\frac{2}{3}}$ 在区间 $\left[-8,\dfrac{1}{8}\right]$ 上的最小值为（　　）.

A. 0　　B. $\dfrac{1}{2}$　　C. $-\dfrac{1}{2}$　　D. -2　　E. -8

【解析】$f'(x)=1+x^{-\frac{1}{3}}$，令 $f'(x)=0$，解得驻点 $x=-1$，且 $f(x)$ 有不可导点 $x=0$，它们均在定义域内．因为 $f(0)=0$，$f(-1)=\dfrac{1}{2}$，$f(-8)=-2$，$f\left(\dfrac{1}{8}\right)=\dfrac{1}{2}$，比较后可知，函数的最小值点是左端点 $x=-8$，最小值为 $f(-8)=-2$.

【答案】D

【点评】解题过程中注意对函数进行整理：

对于 $f'(x)=1+x^{-\frac{1}{3}}=0$，即 $f'(x)=1+\dfrac{1}{\sqrt[3]{x}}=\dfrac{\sqrt[3]{x}+1}{\sqrt[3]{x}}=0$，即 $\sqrt[3]{x}+1=0$，解得驻点 $x=-1$，且由分母知，$x=0$ 为 $f(x)$ 的不可导点，驻点和不可导点是解本题的关键．

例 55 设 $f(x_0)$ 为 $f(x)$ 在 $[a,b]$ 上的最大值，则（　　）.

A. $f'(x_0)=0$　　B. $f'(x_0)$ 不存在

C. x_0 为区间端点　　D. $f'(x_0)=0$ 或 $f'(x_0)$ 不存在或 x_0 为区间端点

E. 以上选项均不正确

【解析】由技巧总结可知，函数的最大值或最小值在函数的驻点、导数不存在的点、区间的两个端点处均有可能．

【答案】D

例 56 函数 $y=x^2\ln x$ 在 $[1,\mathrm{e}]$ 上最大值是（　　）.

A. e^2　　B. e　　C. 0　　D. e^{-2}　　E. e^{-1}

【解析】在$[1, e]$上，$y'=2x\ln x+x=x(2\ln x+1)>0$，所以函数单调递增，右端点对应的函数值即为最大值，即最大值为$f(e)=e^2$.

【答案】A

【点评】若$f(x)$在$[a, b]$上单调递增(或单调递减)，则在端点处取得最值.

题型21　导数在经济学中的应用

技巧总结

导数在经济学中的应用，主要记住求解边际成本，边际收益，弹性函数，最大利润等的公式.

例57　设总成本函数为$C_T=0.001Q^3-0.3Q^2+40Q+1\,000$，当$Q=50$时，边际成本为(　　).

A. 17.5　　B. 150　　C. 0.35　　D. 50　　E. 15

【解析】边际成本函数为$C_M=\frac{dC_T}{dQ}=0.003Q^2-0.6Q+40$，故$Q=50$时的边际成本为

$$C_M\big|_{Q=50}=(0.003Q^2-0.6Q+40)\big|_{Q=50}=17.5.$$

【答案】A

例58　设某商品需求函数为$Q=10-\frac{P}{2}$，在$P=3$时，若价格上涨1%，其总收益将变化(　　).

A. 0.7%　　B. 0.75%　　C. 0.82%　　D. 1%　　E. 2%

【解析】根据题意，求在$P=3$时总收益R_T对价格P的弹性. 由于总收益$R_T=PQ=10P-\frac{P^2}{2}$，于是总收益的价格弹性函数为

$$\varepsilon=\frac{dR_T}{dP}\cdot\frac{P}{R_T}=(10-P)\cdot\frac{P}{10P-\frac{P^2}{2}}=\frac{2(10-P)}{20-P},$$

从而在$P=3$时总收益的价格弹性

$$\varepsilon\big|_{P=3}=\frac{2(10-P)}{20-P}\bigg|_{P=3}\approx 0.82.$$

故在$P=3$时，若价格上涨1%，其总收益将变化0.82%.

【答案】C

例59　设某厂每批生产A商品x台的费用为$C(x)=5x+200$(万元)，得到的收入为$R(x)=10x-0.01x^2$(万元)，使利润最大的每批的产量为(　　).

A. 200台　　B. 150台　　C. 100台　　D. 300台　　E. 250台

【解析】设利润为$L(x)$，则

$$L(x)=R(x)-C(x)=5x-0.01x^2-200.$$

$L'(x)=5-0.02x$，令$L'(x)=0$，解得$x=250$(台).

由于$L''(x)=-0.02<0$，所以$L(250)=425$(万元)为极大值，也是最大值，此时产量为250台.

【答案】E

第 6 节 函数图形的讨论

考纲解析

1. 了解曲线凹凸性和拐点的概念，会利用导数判定曲线的凹凸性.
2. 会求曲线的拐点.
3. 会求曲线的渐近线.

知识精讲

1 曲线凹凸性和拐点

1.1 凹凸性和拐点的概念

定义 1 设函数 $f(x)$在区间 I 上连续，如果对 I 上任意两点 x_1 和 x_2，总有

$$f\left(\frac{x_1+x_2}{2}\right)<\frac{f(x_1)+f(x_2)}{2},$$

则称在区间 I 上的图形是**凹的**，如图 2-4(a)所示；如果总有

$$f\left(\frac{x_1+x_2}{2}\right)>\frac{f(x_1)+f(x_2)}{2},$$

则称在区间 I 上的图形是**凸的**，如图 2-4(b)所示.

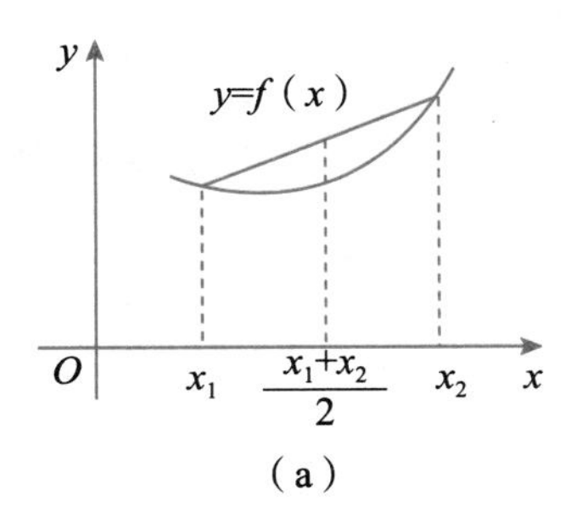

(a)

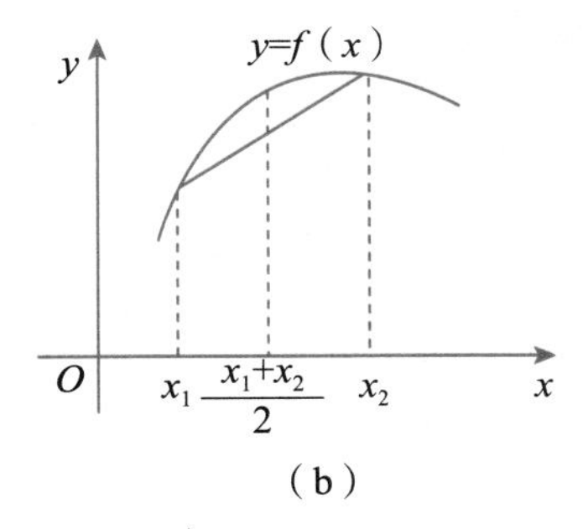

(b)

图 2-4

定义 2 设函数 $f(x)$在开区间(a, b)内可导，如果在该区间内 $f(x)$的曲线位于其上任何一点切线的上方，则称该曲线在(a, b)内是**凹的**，区间(a, b)称为**凹区间**，如图 2-5(a)所示；

反之，如果 $f(x)$的曲线位于其上任一点切线的下方，则称该曲线在(a, b)内是**凸的**，区间(a, b)称为**凸区间**，如图 2-5(b)所示.

曲线上凹凸区间的分界点称为曲线的**拐点**.

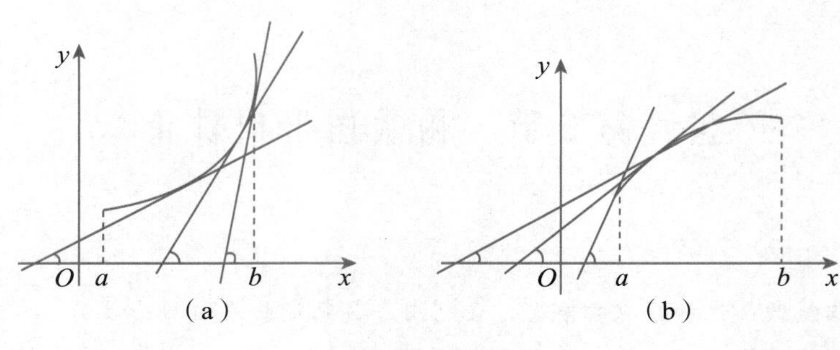

图 2-5

注 拐点是位于曲线上而不是坐标轴上的点，因此应表示为$(x_0, f(x_0))$，而 $x=x_0$ 仅是拐点的横坐标，若要表示拐点，必须算出相应的纵坐标 $f(x_0)$.

1.2 凹凸性的判定法

定理 设函数 $f(x)$在$[a, b]$上连续，在(a, b)内二阶可导，那么

(1)若对$\forall x\in(a, b)$，$f''(x)\geqslant 0$，则 $f(x)$在$[a, b]$上的图形是凹的；

(2)若对$\forall x\in(a, b)$，$f''(x)\leqslant 0$，则 $f(x)$在$[a, b]$上的图形是凸的.

由于拐点是曲线凹凸性的分界点，由定理可得，拐点的左右两旁的 $f''(x)$必然异号.

2 曲线的渐近线

定义 如果曲线上的一点沿着曲线趋于无穷远时，该点与某条直线的距离趋于零，则称此直线为曲线的**渐近线**.

(1)水平渐近线

如果曲线 $y=f(x)$的定义域是无限区间，且有 $\lim\limits_{x\to-\infty} f(x)=b$ 或 $\lim\limits_{x\to+\infty} f(x)=b$，则直线 $y=b$ 为曲线 $y=f(x)$的渐近线，称为**水平渐近线**.

(2)垂直渐近线

设曲线 $y=f(x)$在点 $x=a$ 的一个去心邻域(或左邻域，或右邻域)中有定义，如果 $\lim\limits_{x\to a^-} f(x)=\infty$ 或 $\lim\limits_{x\to a^+} f(x)=\infty$，则直线 $x=a$ 称为曲线 $y=f(x)$的**垂直渐近线**.

(3)斜渐近线

如果

$$\lim_{x\to\infty}[f(x)-(kx+b)]=0,$$

则称直线 $y=kx+b$ 是曲线 $y=f(x)$的**斜渐近线**，其中

$$\lim_{x\to\infty}\frac{f(x)}{x}=k, \lim_{x\to\infty}[f(x)-kx]=b.$$

3 函数图形的描绘

描点法是描绘图形最基本的方法，它适用于某些简单函数图形的描绘.

对于稍复杂的函数，可以利用导数，对函数的单调性、极值、凹凸性、拐点和渐近线作充分的讨论，把握函数的主要特征，再加上函数的奇偶性、周期性及某些特殊点的补充，就可以掌握函数的形态并把函数的图形描绘的比较准确.

利用导数描绘函数图形的一般步骤如下：

(1)求出函数 $y=f(x)$的定义域，确定图形的范围；

(2)讨论函数的奇偶性和周期性，确定图形的对称性和周期性；

(3)计算函数的一阶导数 $f'(x)$和二阶导数 $f''(x)$；

(4)求函数的间断点、驻点、不可导点和拐点，将这些点由小到大排列，对定义域分成若干子区间；

(5)列表讨论函数在各个子区间内的单调性、凹凸性、极值点和拐点；

(6)确定函数图形的水平、垂直渐近线，确定图形的变化趋势；

(7)求曲线上的一些特殊点，如与坐标轴的交点等，有时还要求出一些辅助点的函数值，然后根据(5)中的表格描点绘图．

题型精练

题型22 凹凸性和拐点的判断

技巧总结

可按如下步骤求函数的凹凸区间和拐点：

(1)确定函数的连续区间(初等函数即为定义域)；

(2)求出函数二阶导数，并解出二阶导数为零的点和二阶导数不存在的点，划分连续区间；

(3)依次判断每个区间上二阶导数的符号，利用判定定理，确定每个区间的凹凸性，并进一步求出拐点坐标．

例60 若在区间(a,b)内，导数 $f'(x)<0$，二阶导数 $f''(x)>0$，则函数 $f(x)$在该区间内是(　　)．

A. 单调增加，曲线是凸的　　B. 单调增加，曲线是凹的

C. 单调减少，曲线是凸的　　D. 单调减少，曲线是凹的

E. 无法判断

【解析】由函数的单调性知，$f'(x)<0$，$f(x)$单调减少；

由函数的凹凸性知 $f''(x)>0$，$f(x)$在(a,b)上的图形是凹的．

【答案】D

例61 函数 $y=|1+\sin x|$ 在区间$(\pi,2\pi)$内的图形是(　　)．

A. 凹的　　B. 凸的　　C. 先凹后凸　　D. 先凸后凹　　E. 直线

【解析】当 $x\in(\pi,2\pi)$时，$-1\leqslant\sin x\leqslant0$，从而 $0\leqslant\sin x+1\leqslant1$.

所以 $y=|1+\sin x|=1+\sin x$，$y'=\cos x$，$y''=-\sin x>0$.

从而函数 $y=|1+\sin x|$ 在$(\pi,2\pi)$内为凹的．

【答案】A

【点评】由函数图形凹凸性的定义知，如果函数的图形是凹的，即在曲线上任取两点连续，该线段位于曲线之上．我们也可以根据函数 $y=|1+\sin x|=1+\sin x$ 的图像判断出函数在区间

(π，2π)内的图形是凹的．

例 62 若点(1，3)为 $y=ax^3+bx^2$ 的拐点，则 a、b 的值为(　　)．

A. $a=-6$，$b=3$　　　　B. $a=-\frac{3}{2}$，$b=\frac{9}{2}$

C. $a=0$，$b=3$　　　　D. $a=3$，$b=0$

E. $a=\frac{3}{2}$，$b=\frac{3}{2}$

【解析】将拐点(1，3)代入 $y=ax^3+bx^2$，得 $a+b=3$；再求 $y'=3ax^2+2bx$，$y''=6ax+2b$，在拐点处 $y''=0$，将拐点(1，3)代入得 $6a+2b=0$. 联立两个方程得 $a=-\frac{3}{2}$，$b=\frac{9}{2}$.

【答案】B

【点评】我们知道拐点的必要条件是“若 $f''(x_0)$存在，$(x_0，f(x_0))$是曲线的拐点，则 $f''(x_0)=0$”，而函数 $y=ax^3+bx^2$ 在任意点都存在二阶导数，则可计算其二阶导数使其为 0.

题型23　渐近线

技巧总结

(1)水平渐近线是斜渐近线的特例，因为水平渐近线相当于 $\lim\limits_{x\to\infty}\frac{f(x)}{x}=k=0$ 的情况，故当 x 在同一趋近方向，即 x 趋近于 $+\infty$(或 $-\infty$)时，有斜渐近线就不可能有水平渐近线．

(2)水平渐近线和斜渐近线加在一起最多有两条；垂直渐近线可以有无数条，如果函数没有间断点，则没有垂直渐近线．

(3)求曲线的渐近线，只需要根据垂直渐近线和斜渐近线的定义求解，当 $\lim\limits_{x\to\infty}\frac{f(x)}{x}=k=0$ 时，求得的斜渐近线即为水平渐近线．

例 63 当 $x>0$ 时，曲线 $y=x\sin\frac{1}{x}$(　　)．

A. 没有水平渐近线

B. 仅有垂直渐近线

C. 仅有水平渐近线

D. 既有水平渐近线，又有垂直渐近线

E. 没有水平渐近线，也没有垂直渐近线

【解析】因为 $\lim\limits_{x\to\infty}f(x)=\lim\limits_{x\to\infty}x\sin\frac{1}{x}=1$，故该曲线有水平渐近线 $y=1$；又因为 $\lim\limits_{x\to0}f(x)=\lim\limits_{x\to0}x\sin\frac{1}{x}=0$，所以 $x=0$ 不是垂直渐近线．

【答案】C

【点评】若极限 $\lim\limits_{x\to\infty}f(x)$，$\lim\limits_{x\to-\infty}f(x)$，$\lim\limits_{x\to+\infty}f(x)$ 有一个存在，假设极限值为 a，则直线 $y=a$ 为曲线 $y=f(x)$ 的水平渐近线．

例 64 曲线 $y=\dfrac{x^3}{x^2+2x-3}$有(　　).

A. 斜渐近线 $y=x-2$，无水平渐近线，无垂直渐近线

B. 水平渐近线 $y=0$，无垂直渐近线，无斜渐近线

C. 水平渐近线 $y=0$，垂直渐近线 $x=1$，$x=-3$，无斜渐近线

D. 垂直渐近线 $x=1$，$x=-3$，无水平渐近线，无斜渐近线

E. 斜渐近线 $y=x-2$，垂直渐近线 $x=1$，$x=-3$，无水平渐近线

【解析】$\lim\limits_{x\to\infty}\dfrac{x^3}{x^2+2x-3}=\infty$，所以无水平渐近线；

$\lim\limits_{x\to1}\dfrac{x^3}{x^2+2x-3}=\lim\limits_{x\to-3}\dfrac{x^3}{x^2+2x-3}=\infty$，故有垂直渐近线 $x=1$，$x=-3$；

$k=\lim\limits_{x\to\infty}\dfrac{f(x)}{x}=\lim\limits_{x\to\infty}\dfrac{x^2}{x^2+2x-3}=1$，$b=\lim\limits_{x\to\infty}[f(x)-x]=\lim\limits_{x\to\infty}\dfrac{-2x^2+3x}{x^2+2x-3}=-2$，因此有斜渐近线 $y=x-2$.

【答案】E

例 65 曲线 $y=e^{\frac{1}{x}}\arctan\dfrac{x^2+x+1}{(x-1)(x+2)}$的渐近线条数为(　　).

A. 0　　B. 1　　C. 2　　D. 3　　E. 4

【解析】因为$\lim\limits_{x\to\infty}e^{\frac{1}{x}}\arctan\dfrac{x^2+x+1}{(x-1)(x+2)}=e^0\cdot\arctan1=1\cdot\dfrac{\pi}{4}=\dfrac{\pi}{4}$，所以 $y=\dfrac{\pi}{4}$为其水平渐近线；

又因为$\lim\limits_{x\to0^+}e^{\frac{1}{x}}\arctan\dfrac{x^2+x+1}{(x-1)(x+2)}=+\infty$，于是 $x=0$ 为其垂直渐近线.

$\lim\limits_{x\to1^+}e^{\frac{1}{x}}\arctan\dfrac{x^2+x+1}{(x-1)(x+2)}=e^1\lim\limits_{x\to1^+}\arctan\dfrac{x^2+x+1}{(x-1)(x+2)}=\dfrac{\pi}{2}e$；

$\lim\limits_{x\to1^-}e^{\frac{1}{x}}\arctan\dfrac{x^2+x+1}{(x-1)(x+2)}=e^1\lim\limits_{x\to1^-}\arctan\dfrac{x^2+x+1}{(x-1)(x+2)}=-\dfrac{\pi}{2}e$，故 $x=1$ 不是垂直渐近线；

$\lim\limits_{x\to-2^+}e^{\frac{1}{x}}\arctan\dfrac{x^2+x+1}{(x-1)(x+2)}=e^{-\frac{1}{2}}\lim\limits_{x\to-2^+}\arctan\dfrac{x^2+x+1}{(x-1)(x+2)}=\dfrac{\pi}{2\sqrt{e}}$；

$\lim\limits_{x\to-2^-}e^{\frac{1}{x}}\arctan\dfrac{x^2+x+1}{(x-1)(x+2)}=e^{-\frac{1}{2}}\lim\limits_{x\to-2^-}\arctan\dfrac{x^2+x+1}{(x-1)(x+2)}=-\dfrac{\pi}{2\sqrt{e}}$，故 $x=-2$ 不是垂直渐近线.

$k=\lim\limits_{x\to\infty}\dfrac{f(x)}{x}=\lim\limits_{x\to\infty}\dfrac{e^{\frac{1}{x}}}{x}\arctan\dfrac{x^2+x+1}{(x-1)(x+2)}=0$，故无斜渐近线.

【答案】C

本章通关测试

1. 设 $f(x)=x^2$，则 $\lim\limits_{\Delta x\to 0}\dfrac{f(a)-f(a-\Delta x)}{\Delta x}=(\quad)$.

A. $2a$　　B. $-2a$　　C. a　　D. a^2　　E. $-a^2$

2. 函数 $f(x)=(x^2-x-2)|x^3-x|$ 不可导点的个数是(　　).

A. 3　　B. 2　　C. 1　　D. 0　　E. 不确定

3. 已知 $f(x)$ 可导，且 $\lim\limits_{x\to 0}\dfrac{f(1+x)-f(1-x)}{x}=1$，则 $f'(1)=(\quad)$.

A. 2　　B. 1　　C. 0　　D. $\dfrac{1}{2}$　　E. -1

4. 曲线 $y=\ln x^2$ 在 $x=\mathrm{e}$ 处的切线方程为(　　).

A. $y-2=\dfrac{1}{\mathrm{e}^2}(x-\mathrm{e})$　　B. $y-2=\dfrac{1}{2\mathrm{e}}(x-\mathrm{e})$　　C. $y=\dfrac{2}{\mathrm{e}}x$

D. $y+2=\dfrac{2}{\mathrm{e}}(x-\mathrm{e})$　　E. $y+2=\dfrac{1}{2\mathrm{e}}(x-\mathrm{e})$

5. 曲线 $y=x\ln x$ 的平行于直线 $x-y+1=0$ 的切线方程为(　　).

A. $y=x-1$　　B. $y=-(x+1)$

C. $y=(\ln x-1)(x-1)$　　D. $y=x$

E. $y=x+1$

6. 设 $f(x)=\begin{cases}x\mathrm{e}^{\frac{1}{x}}, & x\neq 0,\\ 0, & x=0,\end{cases}$ 则 $f(x)$ 在 $x=0$ 处(　　).

A. 极限不存在　　B. 极限存在但不连续

C. 连续但不可导　　D. 可导

E. 左右导数都存在但不相等

7. 设 $f(x)=\begin{cases}\dfrac{1-\mathrm{e}^{x^2}}{x}, & x\neq 0,\\ 0, & x=0,\end{cases}$ 则 $f'(0)=(\quad)$.

A. 0　　B. -1　　C. 2　　D. $\dfrac{1}{2}$　　E. 1

8. 已知曲线 $y=x^2+x-2$ 在点 M 处的切线与直线 $y=3x+1$ 平行，则点 M 的坐标为(　　).

A. (0，1)　　B. (1，−1)　　C. (0，0)　　D. (1，1)　　E. (1，0)

9. 设方程 $x=y^y$ 确定 y 是 x 的函数，则 $\mathrm{d}y=(\quad)$.

A. $\dfrac{1}{x(1-\ln y)}\mathrm{d}x$　　B. $\dfrac{1}{x(1+\ln y)}\mathrm{d}x$　　C. $\dfrac{1}{1+\ln y}\mathrm{d}x$

D. $\dfrac{1}{x(1+\ln y)}$　　E. $\dfrac{1}{1-\ln y}\mathrm{d}x$

10. 设函数 $g(x)$ 可微，$h(x)=e^{1+g(x)}$，$h'(1)=1$，$g'(1)=2$，则 $g(1)=$（　　）.

A. $\ln 3-1$　　B. $-\ln 3-1$

C. $-\ln 2-1$　　D. $\ln 2-1$

E. $\ln 2+1$

11. 已知函数 $y=e^{\sin x}+\ln(1+\sqrt{x})$，则 $y'=$（　　）.

A. $e^{\sin x}\cdot\cos x+\dfrac{1}{2(x+\sqrt{x})}$　　B. $e^{\sin x}+\dfrac{1}{2(x+\sqrt{x})}$

C. $e^{\sin x}\cdot\cos x+\dfrac{1}{(x+\sqrt{x})}$　　D. $e^{\sin x}\cdot\cos x+\dfrac{1}{(1+\sqrt{x})}$

E. $-e^{\sin x}\cdot\cos x+\dfrac{1}{2(x+\sqrt{x})}$

12. 设 $y=\cos(\sin x)$，则 $dy=$（　　）.

A. $-\sin x\sin(\sin x)dx$　　B. $\sin x\sin(\sin x)dx$

C. $\cos x\sin(\sin x)dx$　　D. $-\sin x\cos(\sin x)dx$

E. $-\cos x\sin(\sin x)dx$

13. 设方程 $xy=e^{x+y}$ 确定函数 $y=y(x)$，则 $y'=$（　　）.

A. $\dfrac{e^{x+y}-y}{x+e^{x+y}}$　　B. $\dfrac{e^{x+y}-y}{x-e^{x+y}}$　　C. $\dfrac{e^{x+y}+y}{x-e^{x+y}}$　　D. $\dfrac{e^{x+y}+y}{x+e^{x+y}}$　　E. $\dfrac{e^{x+y}-1}{x-e^{x+y}}$

14. 已知 $f(x)=x^3+\dfrac{3}{x}-\sqrt{x}+1$，则 $f'(1)=$（　　）.

A. 2　　B. 1　　C. 0　　D. $-\dfrac{1}{2}$　　E. -1

15. 设方程 $x^2+2xy-y^2-2x=0$ 确定函数 $y=y(x)$，则 $y'=$（　　）.

A. $\dfrac{1+x+y}{x-y}$　　B. $\dfrac{1-x-y}{x+y}$　　C. $\dfrac{1+x-y}{x-y}$　　D. $\dfrac{1-x+y}{x-y}$　　E. $\dfrac{1-x-y}{x-y}$

16. 设函数 $y=y(x)$ 由 $2^{xy}=x+y$ 所确定，$\left.\dfrac{dy}{dx}\right|_{x=0}=$（　　）.

A. $\ln 2+1$　　B. $\ln 2-1$　　C. 0　　D. 1　　E. $2\ln 2-1$

17. 设 $y=\ln x$，则 $y^{(n)}=$（　　）.

A. $(-1)^n n!\ x^{-n}$　　B. $(-1)^n(n-1)!\ x^{-2n}$

C. $(-1)^{n-1}(n-1)!\ x^{-n}$　　D. $(-1)^{n-1}n!\ x^{-n+1}$

E. $(-1)^{n-1}n!\ x^{-n}$

18. 已知函数 $y=\left(\dfrac{x}{1+x}\right)^x(x>0)$，则 $y'=$（　　）.

A. $\left(\dfrac{x}{1+x}\right)^x\left[\ln\left(\dfrac{x}{1+x}\right)+\dfrac{1}{1+x}\right]$　　B. $\left(\dfrac{x}{1+x}\right)^x\ln\left(\dfrac{x}{1+x}\right)$

C. $\left(\dfrac{x}{1+x}\right)^x\left[\ln\left(\dfrac{x}{1+x}\right)-\dfrac{1}{1+x}\right]$　　D. $x\left(\dfrac{x}{1+x}\right)^{x-1}$

E. $\left(\dfrac{x}{1+x}\right)^x$

19. 已知$\begin{cases}x=\arctan t,\\y=\ln(1+t^2),\end{cases}$则$\dfrac{dy}{dx}=$(　　).

A. $-2t$　　B. $\dfrac{1}{1+t^2}$　　C. $\dfrac{2t}{1+t^2}$　　D. $\dfrac{t}{1+t^2}$　　E. $2t$

20. 曲线$\begin{cases}x=e^t\sin 2t,\\y=e^t\cos t\end{cases}$在点(0，1)处的法线方程为(　　).

A. $2x-y+1=0$　　B. $2x+y-1=0$　　C. $2x-y-1=0$

D. $2x+y+1=0$　　E. $x-2y-1=0$

21. 设函数$y=xe^x$，则$y''=$(　　).

A. $(x+1)e^x$　　B. $(x-2)e^x$　　C. $x(x+2)e^x$　　D. $(x+2)e^x$　　E. $(x-1)e^x$

22. 函数$y=\sqrt{x-1}+x$在[5，10]上满足拉格朗日中值公式的点ξ等于(　　).

A. $\dfrac{15}{2}$　　B. $\dfrac{29}{2}$　　C. $\dfrac{29}{4}$　　D. $\dfrac{13}{2}$　　E. 5

23. 对函数$y=x^3+8$在区间[0，1]上应用拉格朗日中值定理时，所得中间值ξ为(　　).

A. 3　　B. $\dfrac{1}{\sqrt{3}}$　　C. $\dfrac{1}{3}$　　D. $-\dfrac{1}{3}$　　E. $\dfrac{1}{\sqrt[3]{3}}$

24. 下列函数在区间[-1，1]上满足罗尔定理条件的是(　　).

A. $f(x)=x-\dfrac{1}{x}$　　B. $f(x)=\dfrac{1}{x}$

C. $f(x)=1-x^2$　　D. $f(x)=1-|x|$

E. $f(x)=\dfrac{1}{2x-1}$

25. 极限$\lim\limits_{x\to0}\dfrac{\tan x-x}{x^3}$等于(　　).

A. 3　　B. $\dfrac{1}{6}$　　C. 0　　D. $-\dfrac{1}{3}$　　E. $\dfrac{1}{3}$

26. 极限$\lim\limits_{x\to0}\left(\dfrac{1+x}{1-e^{-x}}-\dfrac{1}{x}\right)=$(　　).

A. 1　　B. $\dfrac{3}{2}$　　C. 0　　D. $\dfrac{1}{2}$　　E. $\dfrac{2}{3}$

27. 若$f(x)=\begin{cases}\dfrac{\sin 2x+e^{2ax}-1}{x}, & x\neq0,\\a, & x=0\end{cases}$在$(-\infty,+\infty)$上连续，则$a=$(　　).

A. 1　　B. $\dfrac{1}{2}$　　C. 0　　D. 2　　E. -2

28. $\lim\limits_{x\to\infty}x^2\left(1-\cos\dfrac{1}{x}\right)=$(　　).

A. 2　　B. $-\dfrac{1}{2}$　　C. 0　　D. $\dfrac{1}{2}$　　E. 1

29. 函数$y=x^2e^x$的单调递减区间是(　　).

A. $(2, +\infty)$　　B. $(-\infty, -2)$　　C. $(0, +\infty)$

D. $(-2, 0)$　　E. $(-\infty, +\infty)$

30. 函数 $y=x^3-6x^2+9x-3$ 的极大值为(　　).

A. -1　　B. 3　　C. 1　　D. 0　　E. -3

31. 曲线 $y=(x+6)e^{\frac{1}{x}}$ 的单调减区间的个数为(　　).

A. 0　　B. 1　　C. 3　　D. 2　　E. 4

32. 当 $x=1$ 时，函数 $y=x^2-2px+q$ 达到极值，则 $p=$(　　).

A. 0　　B. 1　　C. 2　　D. -1　　E. -3

33. 曲线 $y=(x-1)^2(x-3)^2$ 的拐点个数为(　　).

A. 2　　B. 1　　C. 0　　D. 3　　E. 4

34. 曲线 $y=\dfrac{x^2-2x+2}{x-1}$ 的垂直渐近线的方程是(　　).

A. $x=1$　　B. $y=1$　　C. $x=0$　　D. $y=0$　　E. $x=-1$

35. $y=x^2-x^3$ 的凹区间是(　　).

A. $\left(\frac{1}{3}, +\infty\right)$　　B. $\left(-\infty, \frac{1}{3}\right)$　　C. $\left(-\frac{1}{3}, +\infty\right)$

D. $\left(-\frac{1}{3}, \frac{1}{3}\right)$　　E. $\left(-\infty, -\frac{1}{3}\right)$

答案速查

1～5 ABDCA　6～10 ABEBC　11～15 AEBDE
16～20 BCAEB　21～25 DCBCE　26～30 BEDDC
31～35 DBAAB

答案详解

1. A

【解析】由题意知 $f'(x)=2x$，根据导数的定义，知

$$\lim_{\Delta x\to 0}\frac{f(a)-f(a-\Delta x)}{\Delta x}=\frac{a-(a-\Delta x)}{\Delta x}f'(a)=f'(a)=2a.$$

2. B

【解析】把 $f(x)$写为分段函数

$$f(x)=\begin{cases}-(x-2)x(x-1)(x+1)^2, & x<-1,\\ (x-2)x(x-1)(x+1)^2, & -1\leqslant x\leqslant 0,\\ -(x-2)x(x-1)(x+1)^2, & 0<x<1,\\ (x-2)x(x-1)(x+1)^2, & x\geqslant 1,\end{cases}$$

$f(x)$的不可导点可能为 $x=-1$，$x=0$，$x=1$.

由 $f'_-(-1)=\lim\limits_{x\to -1^-}\dfrac{-(x-2)x(x-1)(x+1)^2}{x+1}=0$，$f'_+(-1)=\lim\limits_{x\to -1^+}\dfrac{(x-2)x(x-1)(x+1)^2}{x+1}=0$，根据 $f'_-(-1)=f'_+(-1)$，可得 $x=-1$ 为 $f(x)$的可导点.

由 $f'_-(0)=\lim\limits_{x\to 0^-}\dfrac{(x-2)x(x-1)(x+1)^2}{x}=2$，$f'_+(0)=\lim\limits_{x\to 0^+}\dfrac{-(x-2)x(x-1)(x+1)^2}{x}=-2$；

$f'_-(1)=\lim\limits_{x\to 1^-}\dfrac{-(x-2)x(x-1)(x+1)^2}{x-1}=4$，$f'_+(1)=\lim\limits_{x\to 1^+}\dfrac{(x-2)x(x-1)(x+1)^2}{x-1}=-4$，可得 $f'_-(0)\neq f'_+(0)$，$f'_-(1)\neq f'_+(1)$，因此 $f(x)$的不可导点有两个，分别为 $x=0$，$x=1$.

3. D

【解析】根据导数的定义知

$$\lim_{x\to 0}\frac{f(1+x)-f(1-x)}{x}=\frac{x-(-x)}{x}f'(1)=2f'(1)=1,$$

所以 $f'(1)=\dfrac{1}{2}$.

4. C

【解析】$y'=\dfrac{2}{x}$，$y'|_{x=\mathrm{e}}=\dfrac{2}{\mathrm{e}}$，故切线斜率为$\dfrac{2}{\mathrm{e}}$；当 $x=\mathrm{e}$ 时，$y=2$，所以切线方程为 $y-2=\dfrac{2}{\mathrm{e}}(x-\mathrm{e})$，即 $y=\dfrac{2}{\mathrm{e}}x$.

5. A

【解析】由直线 $x-y+1=0$ 可得，所求切线斜率 $k=1$.

对曲线 $y=x\ln x$ 求导得

$$y'=(x\ln x)'=\ln x+1,$$

令 $y'=1$，解得 $x=1$，于是切点为(1，0)，从而所求的切线方程为 $y=x-1$.

6. A

【解析】因为 $\lim\limits_{x\to0^+}xe^{\frac{1}{x}}=\lim\limits_{t\to+\infty}\frac{e^t}{t}=\lim\limits_{t\to+\infty}e^t=+\infty$，所以$\lim\limits_{x\to0}xe^{\frac{1}{x}}$不存在．

7. B

【解析】$f'(0)=\lim\limits_{x\to0}\frac{f(x)-f(0)}{x}=\lim\limits_{x\to0}\frac{1-e^{x^2}}{x^2}=\lim\limits_{x\to0}\frac{-x^2}{x^2}=-1.$

8. E

【解析】因为所求切线与直线 $y=3x+1$ 平行，则过 M 点的切线的斜率等于 3.

由 $y'=2x+1$，可得 $2x+1=3$，即 $x=1$，代入曲线方程，得 $y=0$. 故 M 点的坐标为(1，0).

9. B

【解析】方程两边关于 x 求导，得 $1=e^{y\ln y}\left(y'\ln y+y\frac{1}{y}y'\right)$，则 $y'=\frac{1}{y^y(1+\ln y)}=\frac{1}{x(1+\ln y)}$，

从而 $dy=y'dx=\frac{1}{x(1+\ln y)}dx$.

10. C

【解析】在 $h(x)=e^{1+g(x)}$ 两端关于 x 求导，得 $h'(x)=e^{1+g(x)}\cdot g'(x)$，将 $x=1$ 代入上式，得 $h'(1)=e^{1+g(1)}\cdot g'(1)$，即 $1=e^{1+g(1)}\cdot 2$，解得 $g(1)=-\ln2-1$.

11. A

【解析】$y'=(e^{\sin x})'+[\ln(1+\sqrt{x})]'=e^{\sin x}\cdot\cos x+\frac{(1+\sqrt{x})'}{1+\sqrt{x}}=e^{\sin x}\cdot\cos x+\frac{1}{2(x+\sqrt{x})}.$

12. E

【解析】$dy=y'dx=-\sin(\sin x)(\sin x)'dx=-\cos x\cdot\sin(\sin x)dx.$

13. B

【解析】两边同时对 x 求导，得 $y+xy'=e^{x+y}(1+y')$，解得 $y'=\frac{e^{x+y}-y}{x-e^{x+y}}$.

14. D

【解析】由求导法则和幂函数求导公式，得

$$f'(x)=\left(x^3+\frac{3}{x}-\sqrt{x}+1\right)'=3x^2-\frac{3}{x^2}-\frac{1}{2\sqrt{x}},$$

所以 $f'(1)=3\cdot1^2-\frac{3}{1^2}-\frac{1}{2\sqrt{1}}=3-3-\frac{1}{2}=-\frac{1}{2}$.

15. E

【解析】两边对 x 求导，得 $2x+2y+2xy'-2yy'-2=0$，解得 $y'=\frac{1-x-y}{x-y}$.

16. B

【解析】由所给方程知 $y(0)=1$，方程两边对 x 求导，得 $2^{xy}(\ln 2)(y+xy')=1+y'$.

将 $y(0)=1$ 代入式中，知 $\left.\frac{\mathrm{d}y}{\mathrm{d}x}\right|_{x=0}=\ln 2-1$.

17. C

【解析】由 $y'=\frac{1}{x}$，$y''=-\frac{1}{x^2}$，$y'''=\frac{2}{x^3}$，…，$y^{(n)}=\frac{(-1)^{n-1}(n-1)!}{x^n}$，得

$$y^{(n)}=(-1)^{n-1}(n-1)!\ x^{-n}.$$

18. A

【解析】两边取对数，得 $\ln y=x[\ln x-\ln(1+x)]$，两边对 x 求导数，得

$$\frac{1}{y}y'=\ln\left(\frac{x}{1+x}\right)+x\left(\frac{1}{x}-\frac{1}{1+x}\right)=\ln\left(\frac{x}{1+x}\right)+\frac{1}{1+x},$$

解得 $y'=\left(\frac{x}{1+x}\right)^x\left[\ln\left(\frac{x}{1+x}\right)+\frac{1}{1+x}\right]$.

19. E

【解析】$\frac{\mathrm{d}y}{\mathrm{d}x}=\frac{\frac{\mathrm{d}y}{\mathrm{d}t}}{\frac{\mathrm{d}x}{\mathrm{d}t}}=\frac{[\ln(1+t^2)]'}{(\arctan t)'}=\frac{\frac{2t}{1+t^2}}{\frac{1}{1+t^2}}=2t$.

20. B

【解析】$\frac{\mathrm{d}y}{\mathrm{d}x}=\frac{\frac{\mathrm{d}y}{\mathrm{d}t}}{\frac{\mathrm{d}x}{\mathrm{d}t}}=\frac{\mathrm{e}^t\cos t-\mathrm{e}^t\sin t}{\mathrm{e}^t\sin 2t+2\mathrm{e}^t\cos 2t}=\frac{\cos t-\sin t}{\sin 2t+2\cos 2t}$，当 $x=0$，$y=1$ 时，$t=0$，从而 $\left.\frac{\mathrm{d}y}{\mathrm{d}x}\right|_{t=0}=\frac{1}{2}$，所以法线斜率 $k=-2$，则曲线在 $(0,1)$ 处的法线方程为 $y-1=-2x$，即 $2x+y-1=0$.

21. D

【解析】因为 $y'=(x\mathrm{e}^x)'=\mathrm{e}^x+x\mathrm{e}^x$，所以 $y''=(\mathrm{e}^x+x\mathrm{e}^x)'=2\mathrm{e}^x+x\mathrm{e}^x=(2+x)\mathrm{e}^x$.

22. C

【解析】因为 $y'=\frac{1}{2\sqrt{x-1}}+1$，所以由拉格朗日中值定理，得

$$\frac{1}{2\sqrt{\xi-1}}+1=\frac{f(10)-f(5)}{10-5}=\frac{6}{5},$$

解得 $\xi=\frac{29}{4}\in(5,10)$.

23. B

【解析】$y'=3x^2$，应用拉格朗日中值定理得 $f'(\xi)=\frac{f(1)-f(0)}{1-0}$，即 $3\xi^2=\frac{(1+8)-8}{1}=1$，所以 $\xi=\frac{1}{\sqrt{3}}\in(0,1)$.

24. C

【解析】A 项：$f(x)$ 在 $x=0$ 点不连续.

B项：$f(x)$不满足 $f(-1)=f(1)$的条件，在 $x=0$ 点也不连续.

D项：$f(x)$在 $x=0$ 点不可导.

E项：$f(x)$在 $x=\frac{1}{2}$点不连续，因此，A、B、D、E项都不满足罗尔定理的条件.

验证可知C项中的 $f(x)$满足罗尔定理的全部条件.

25. E

【解析】$\lim\limits_{x\to0}\frac{\tan x-x}{x^3}=\lim\limits_{x\to0}\frac{\sec^2 x-1}{3x^2}=\lim\limits_{x\to0}\frac{\tan^2 x}{3x^2}=\frac{1}{3}$.

26. B

【解析】将原式通分化为“$\frac{0}{0}$”型未定式极限，再应用洛必达法则.

$$原式=\lim_{x\to0}\frac{x+x^2-1+e^{-x}}{x(1-e^{-x})}=\lim_{x\to0}\frac{x+x^2-1+e^{-x}}{x^2}$$

$$\overset{\frac{0}{0}}{=}\lim_{x\to0}\frac{1+2x-e^{-x}}{2x}\overset{\frac{0}{0}}{=}\lim_{x\to0}\frac{2+e^{-x}}{2}=\frac{3}{2}.$$

27. E

【解析】若 $f(x)$在$(-\infty, +\infty)$上连续，则 $f(x)$在 $x=0$ 点处连续，即$\lim\limits_{x\to0}f(x)=f(0)=a$.

因为$\lim\limits_{x\to0}f(x)=\lim\limits_{x\to0}\frac{\sin2x+e^{2ax}-1}{x}\overset{\frac{0}{0}}{=}\lim\limits_{x\to0}\frac{2\cos2x+2ae^{2ax}}{1}=2+2a$，所以 $2+2a=a$，则 $a=-2$.

28. D

【解析】$\lim\limits_{x\to\infty}x^2\left(1-\cos\frac{1}{x}\right)=\lim\limits_{x\to\infty}x^2\cdot\frac{1}{2}\cdot\frac{1}{x^2}=\lim\limits_{x\to\infty}\frac{1}{2}=\frac{1}{2}$.

29. D

【解析】已知函数的定义域为全体实数，且 $y'=(x^2e^x)'=(2x+x^2)e^x<0$，即有$(2x+x^2)<0$，解得$-2<x<0$，故单调递减区间为$(-2, 0)$.

30. C

【解析】由 $y=x^3-6x^2+9x-3$，可得 $y'=3(x-3)(x-1)$，令 $y'=0$，解得驻点 $x=1$ 和 $x=3$，又因为 $y''=6x-12$，有 $y''(3)>0$，$y''(1)<0$，所以 $x=1$ 为极大值点，极大值为 $f(1)=1$.

31. D

【解析】已知函数的定义域为$(-\infty, 0)\cup(0, +\infty)$，且 $y'=e^{\frac{1}{x}}-\frac{x+6}{x^2}e^{\frac{1}{x}}=e^{\frac{1}{x}}\left(1-\frac{x+6}{x^2}\right)$，令 $y'=0$，解得 $x_1=3$，$x_2=-2$ 为驻点，故得表2-1：

表 2-1

x	$(-\infty, -2)$	-2	$(-2, 0)$	0	$(0, 3)$	3	$(3, +\infty)$
y'	+	0	−	不存在	−	0	+
y	单调递增	极大值	单调递减	不存在	单调递减	极小值	单调递增

由此可得，单调减区间有两个，分别为$(-2, 0)$和$(0, 3)$.

32. B

【解析】$y'(x)=2x-2p$，因为当 $x=1$ 时，函数达到极值，故 $y'(1)=0$，解出 $p=1$.

33. A

【解析】$y'=2(x-1)(x-3)^2+2(x-1)^2(x-3)$，$y''=4(3x^2-12x+11)=0$，解得 $y''=0$ 有两个根，根据一元二次方程的图像，知根两侧二阶导数符号变号，即两根均为拐点.

34. A

【解析】因为$\lim\limits_{x\to1}y=\lim\limits_{x\to1}\dfrac{x^2-2x+2}{x-1}=\infty$，所以曲线的垂直渐近线的方程是 $x=1$.

35. B

【解析】由 $y=x^2-x^3$ 得 $y'=2x-3x^2$，$y''=2-6x$. 令 $y''>0$，解得 $x<\dfrac{1}{3}$.

因此 $y=x^2-x^3$ 的凹区间为$\left(-\infty, \dfrac{1}{3}\right)$.

第3章 一元函数积分学

本章知识梳理

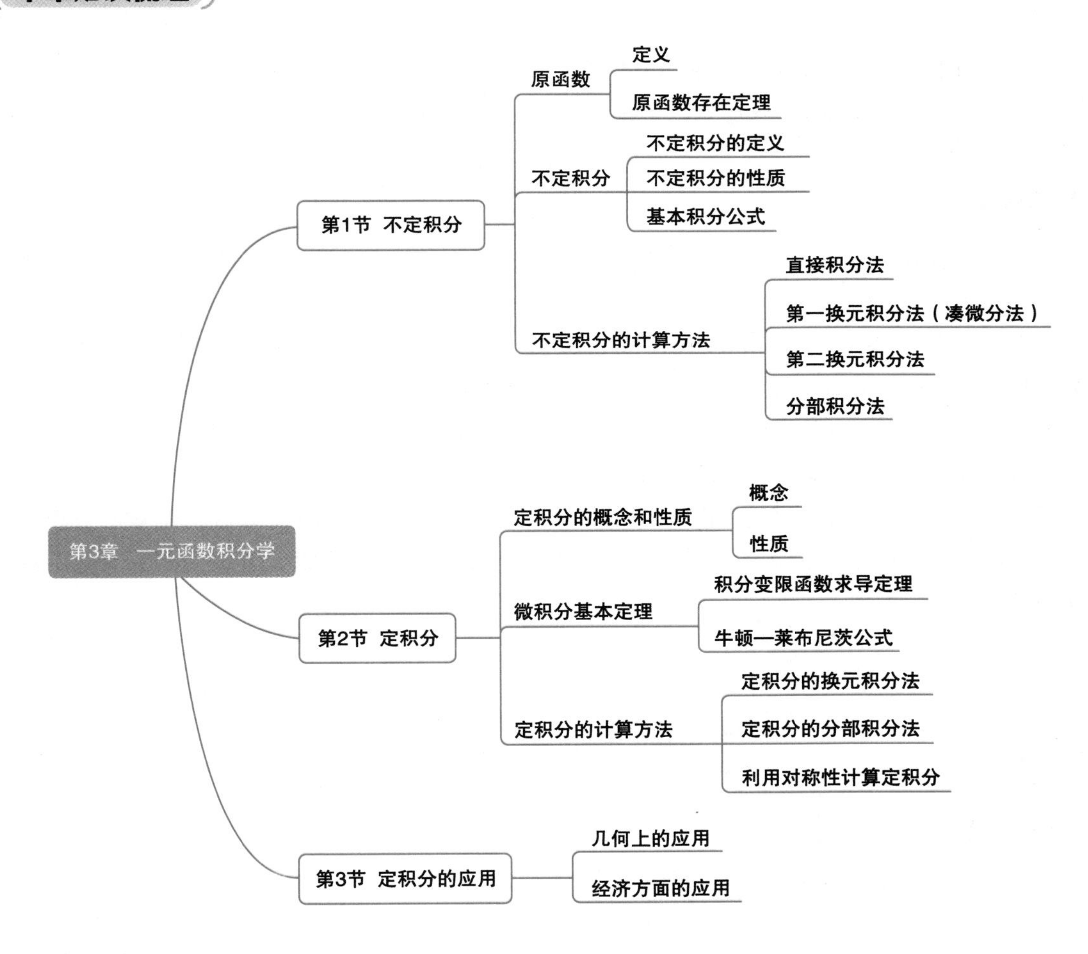

历年真题考点统计

考点	2011	2012	2013	2014	2015	2016	2017	2018	2019	2020	2021	合计
不定积分的概念、性质				2	2			2			4	10 分
不定积分的计算	7	2	2	5	5		7	10	5	7	2	52 分

续表

考点	2011	2012	2013	2014	2015	2016	2017	2018	2019	2020	2021	合计
定积分的概念、性质	2	2			2						2	8分
积分变限函数的求导			2	2	2	2	5	2	7	2	2	26分
定积分的计算	5	5	12	7	5	7	9	7	7	7	4	75分
定积分的应用						5					2	7分

说明：由于很多真题都是综合题，不是考查1个知识点而是考查2个甚至3个知识点，所以，此考点统计表并不能做到100%准确，但基本准确．

考情分析

根据统计表分析可知，一元函数积分学的相关知识在这11年中考了178分，平均每年考查约16.2分．

本章的考查内容涉及不定积分和定积分的概念、性质，不定积分和定积分的计算，积分变限函数的求导，定积分的应用等．其中以不定积分和定积分的计算考查的次数最多，是每年的必考题，考生需加强对积分计算方法的掌握程度．积分变限函数的求导是本章的难点，经常用于洛必达法则求极限的问题中，近几年一直都有考查，考生需予以重视．

根据最新大纲，虽然考试题型改为35道单项选择题，但根据2021年真题对本章的考查可以看出，本章考查的侧重点不变，仍是不定积分和定积分的概念、性质及计算以及积分变限函数的求导问题．

第1节 不定积分

考纲解析

1. 了解原函数和不定积分的概念．
2. 掌握不定积分的基本性质和基本积分公式．
3. 掌握不定积分的换元积分法与分部积分法．

知识精讲

1 原函数

1.1 原函数的定义

定义 设$F(x)$，$f(x)$是定义在区间I上的函数，若对任意的$x\in I$，都有

$$F'(x)=f(x)\text{或 } \mathrm{d}F(x)=f(x)\mathrm{d}x,$$

则称 $F(x)$是 $f(x)$在区间 I 上的一个**原函数**.

1.2 原函数存在定理

定理 1 若函数 $f(x)$在区间 I 上连续，则在该区间上一定存在可导函数 $F(x)$，使得对任意 $x\in I$ 都有 $F'(x)=f(x)$，即区间 I 上的连续函数一定有原函数.

定理 2 设函数 $F(x)$是 $f(x)$在区间 I 上的一个原函数，那么 $f(x)$在区间 I 上的任意一个原函数可以表示为 $F(x)+C$，其中 C 是任意常数.

注 $f(x)$在 I 上的任意两个原函数之间，只可能相差一个常数.

2 不定积分

2.1 不定积分的定义

定义 函数 $f(x)$在区间 I 上的全体原函数 $F(x)+C$ 称为 $f(x)$在区间 I 上的**不定积分**，记作 $\int f(x)\mathrm{d}x$，即

$$\int f(x)\mathrm{d}x=F(x)+C,$$

其中，$\int$ 称为积分号，$f(x)$称为被积函数，$f(x)\mathrm{d}x$ 称为被积表达式，x 称为积分变量，任意常数 C 称为积分常数.

2.2 不定积分的性质

性质 1 不定积分运算与微分运算互为逆运算.

(1) $\left[\int f(x)\mathrm{d}x\right]'=f(x)$或 $\mathrm{d}\left[\int f(x)\mathrm{d}x\right]=f(x)\mathrm{d}x$；

(2) $\int F'(x)\mathrm{d}x=F(x)+C$ 或 $\int \mathrm{d}F(x)=F(x)+C$.

性质 2 $\int kf(x)\mathrm{d}x=k\int f(x)\mathrm{d}x$($k$ 为非零常数).

性质 3 $\int [f_1(x)\pm f_2(x)]\mathrm{d}x=\int f_1(x)\mathrm{d}x\pm\int f_2(x)\mathrm{d}x$.

2.3 基本积分公式

(1) $\int k\mathrm{d}x=kx+C$(k 为常数)；

(2) $\int x^{\mu}\mathrm{d}x=\dfrac{1}{\mu+1}x^{\mu+1}+C(\mu\neq-1,\ x>0)$；

(3) $\int \dfrac{1}{x}\mathrm{d}x=\ln|x|+C(x\neq0)$；

(4) $\int a^x\mathrm{d}x=\dfrac{a^x}{\ln a}+C(a>0\text{ 且 }a\neq1)$，$\int \mathrm{e}^x\mathrm{d}x=\mathrm{e}^x+C$；

(5) $\int \sin x\mathrm{d}x=-\cos x+C$，$\int \cos x\mathrm{d}x=\sin x+C$，$\int \sec^2 x\mathrm{d}x=\tan x+C$；

$\int \csc^2 x\mathrm{d}x=-\cot x+C$，$\int \tan x\sec x\mathrm{d}x=\sec x+C$，$\int \cot x\csc x\mathrm{d}x=-\csc x+C$；

$\int \tan x\mathrm{d}x=-\ln|\cos x|+C$，$\int \cot x\mathrm{d}x=\ln|\sin x|+C$，$\int \sec x\mathrm{d}x=\ln|\sec x+\tan x|+C$；

$\int \csc x\mathrm{d}x=\ln|\csc x-\cot x|+C$；

(6) $\int \frac{1}{1+x^2}\mathrm{d}x=\arctan x+C$；

(7) $\int \frac{1}{\sqrt{1-x^2}}\mathrm{d}x=\arcsin x+C$，$\int \frac{1}{\sqrt{a^2-x^2}}\mathrm{d}x=\arcsin\frac{x}{a}+C$；

(8) $\int \frac{1}{a^2+x^2}\mathrm{d}x=\frac{1}{a}\arctan\frac{x}{a}+C$，$\int \frac{1}{a^2-x^2}\mathrm{d}x=\frac{1}{2a}\ln\left|\frac{a+x}{a-x}\right|+C$.

3 不定积分的计算方法

3.1 直接积分法

根据被积函数的特点作适当的初等变形后，再使用不定积分的性质将被积函数分解成若干个可直接用基本积分公式计算的式子，分别计算即可．

3.2 第一换元积分法(凑微分法)

定理 设 $f(u)$ 有原函数 $F(u)$，且 $u=\varphi(x)$ 是可导函数，则

$$\int f[\varphi(x)]\varphi'(x)\mathrm{d}x=F[\varphi(x)]+C.$$

注 使用第一换元积分法的关键在于把被积函数凑成 $f[\varphi(x)]\varphi'(x)$ 的形式，以便选取变换 $u=\varphi(x)$，化成易于积分的 $\int f(u)\mathrm{d}u$，最终不要忘记把变量 (u) 还原为起始变量 (x)，过程如下：

$$\int f[\varphi(x)]\mathrm{d}\varphi(x)\xlongequal{\varphi(x)=u}\int f(u)\mathrm{d}u=F(u)+C\xlongequal{u=\varphi(x)}F[\varphi(x)]+C.$$

常见凑微分的积分形式

(1) $\int f(au+b)\mathrm{d}u=\frac{1}{a}\int f(au+b)\mathrm{d}(au+b)$，$a\neq 0$；

(2) $\int f(au^n+b)u^{n-1}\mathrm{d}u=\frac{1}{na}\int f(au^n+b)\mathrm{d}(au^n+b)$，$a\neq 0$，$n\neq 0$；

(3) $\int f(a^u+b)a^u\mathrm{d}u=\frac{1}{\ln a}\int f(a^u+b)\mathrm{d}(a^u+b)$，$a>0$ 且 $a\neq 1$；

(4) $\int f(\sqrt{u})\frac{1}{\sqrt{u}}\mathrm{d}u=2\int f(\sqrt{u})\mathrm{d}(\sqrt{u})$；

(5) $\int f\left(\frac{1}{u}\right)\frac{1}{u^2}\mathrm{d}u=-\int f\left(\frac{1}{u}\right)\mathrm{d}\left(\frac{1}{u}\right)$；

(6) $\int f(\ln u)\frac{1}{u}\mathrm{d}u=\int f(\ln u)\mathrm{d}(\ln u)$；

(7) $\int f(\sin u)\cos u\mathrm{d}u=\int f(\sin u)\mathrm{d}(\sin u)$；

(8) $\int f(\cos u)\sin u\mathrm{d}u=-\int f(\cos u)\mathrm{d}(\cos u)$；

(9) $\int f(\tan u)\sec^2 u\mathrm{d}u=\int f(\tan u)\mathrm{d}(\tan u)$；

(10) $\int f(\arcsin u)\frac{1}{\sqrt{1-u^2}}\mathrm{d}u=\int f(\arcsin u)\mathrm{d}(\arcsin u)$；

(11) $\int f\left(\arctan\frac{u}{a}\right)\frac{1}{a^2+u^2}\mathrm{d}u=\frac{1}{a}\int f\left(\arctan\frac{u}{a}\right)\mathrm{d}\left(\arctan\frac{u}{a}\right)$，$a>0$；

(12) $\int\frac{f'(u)}{f(u)}\mathrm{d}u=\ln|f(u)|+C$.

3.3 第二换元积分法

定理 设 $x=\psi(t)$ 是单调的可导函数，且 $\psi'(t)\neq 0$，又设 $f[\psi(t)]\psi'(t)$ 的一个原函数为 $\Phi(t)$，则 $\int f(x)\mathrm{d}x=\Phi[\psi^{-1}(x)]+C$.

注 求积分 $\int f(x)\mathrm{d}x$ 时，如果设 $x=\psi(t)$，且 $x=\psi(t)$ 满足定理的条件，求积分的过程如下：

$$\int f(x)\mathrm{d}x\xlongequal{x=\psi(t)}\int f[\psi(t)]\psi'(t)\mathrm{d}t=\Phi(t)+C\xlongequal{t=\psi^{-1}(x)}\Phi[\psi^{-1}(x)]+C.$$

常见类型 第二换元法经常用于被积函数中出现根式，且无法用直接积分法和第一换元法计算的题目．被积函数中含有根式的不定积分换元归纳如下：

(1)含有根式 $\sqrt[n]{ax+b}$ 时，令 $\sqrt[n]{ax+b}=t$；

(2)同时含有根式 $\sqrt[m_1]{x}$ 和根式 $\sqrt[m_2]{x}$ (m_1，$m_2\in\mathbf{Z}^+$)时，令 $x=t^m$，其中 m 是 m_1，m_2 的最小公倍数；

(3)含有根式 $\sqrt{a^2-x^2}$ $(a>0)$时，令 $x=a\sin t$；

(4)含有根式 $\sqrt{a^2+x^2}$ $(a>0)$时，令 $x=a\tan t$；

(5)含有根式 $\sqrt{x^2-a^2}$ $(a>0)$时，令 $x=a\sec t$.

其中，方法(3)，(4)，(5)称为**三角换元**．另外，当被积函数的分母次幂较高时，还经常用**倒代换**，利用它可以消去被积函数分母中的变量 x.

【例】 求 $\int\frac{\sqrt{a^2-x^2}}{x^4}\mathrm{d}x\ (x>0)$.

解 本题除了作三角代换去求解外，还可以用倒代换．

设 $x=\frac{1}{t}(t>0)$，则 $\mathrm{d}x=-\frac{1}{t^2}\mathrm{d}t$，于是

$$\begin{aligned}\int\frac{\sqrt{a^2-x^2}}{x^4}\mathrm{d}x&=\int\frac{\sqrt{a^2-\frac{1}{t^2}}}{\frac{1}{t^4}}\left(-\frac{1}{t^2}\right)\mathrm{d}t=-\int t\sqrt{a^2t^2-1}\,\mathrm{d}t\\&=-\frac{1}{2a^2}\int\sqrt{a^2t^2-1}\,\mathrm{d}(a^2t^2-1)=-\frac{1}{3a^2}(a^2t^2-1)^{\frac{3}{2}}+C\\&=-\frac{(a^2-x^2)^{\frac{3}{2}}}{3a^2x^3}+C.\end{aligned}$$

3.4 分部积分法

设 $u=u(x)$，$v=v(x)$在区间 I 上都有连续的导数，则有

$$\int u(x)v'(x)\mathrm{d}x=u(x)v(x)-\int u'(x)v(x)\mathrm{d}x,$$

简记为 $\int uv'\mathrm{d}x=uv-\int u'v\,\mathrm{d}x$ 或 $\int u\mathrm{d}v=uv-\int v\,\mathrm{d}u$.

题型精练

题型1 利用原函数的概念与性质进行计算

技巧总结

在直接考查原函数这类题目中，要注意搞清楚所给函数之间的关系，熟练使用以下公式：

(1)若已知一个函数的原函数，求这个函数，则对原函数求导即可，$F'(x)=f(x)$;

(2)若已知一个函数的导函数，求这个函数本身，则求积分 $\int f(x)\mathrm{d}x=F(x)+C$.

解题过程中遵循一个原则，即根据所给函数关系求出题干的未知函数，再根据题干要求解题.

例1 设函数 $f(x)$的一个原函数为$\frac{1}{x}$，则 $f'(x)=($　　$)$.

A. $-\frac{1}{x^2}$　　B. $\frac{2}{x^3}$　　C. $\frac{1}{x^2}$　　D. $\ln|x|$　　E. $-\frac{2}{x^3}$

【解析】由原函数的定义，可知 $f(x)=\left(\frac{1}{x}\right)'=-\frac{1}{x^2}$，所以 $f'(x)=\frac{2}{x^3}$.

【答案】B

【点评】此处关键是利用了原函数的定义，从而才能搞清楚 $f'(x)$与$\frac{1}{x}$的关系：$f(x)=\left(\frac{1}{x}\right)'$，$f'(x)=\left[\left(\frac{1}{x}\right)'\right]'$.

例2 若 $\ln x(x>0)$是函数 $f(x)$的原函数，那么 $f(x)$的另一个原函数是(　　).

A. $\ln ax(a>0，x>0)$

B. $\frac{1}{a}\ln x(x>0)$

C. $\ln(x+a)(x+a>0)$

D. $\frac{1}{2}(\ln x)^2(x>0)$

E. $\ln^2\frac{x}{2}(x>0)$

【解析】因为 $f(x)=(\ln x)'=\frac{1}{x}$，又$(\ln ax)'=\frac{1}{ax}\cdot a=\frac{1}{x}=f(x)$，所以 A 项正确.

【答案】A

例3 如果函数 $f(x)$ 的导函数是 $\sin x$，则 $f(x)$ 的一个原函数为( ).

A. $1+\sin x$ B. $x-\sin x$ C. $x+\cos x$ D. $1-\cos x$ E. $\sin x$

【解析】因为 $f'(x)=\sin x$，$f(x)=\int \sin x\mathrm{d}x=-\cos x+C_1$，则 $f(x)$ 的原函数为 $\int f(x)\mathrm{d}x=\int(-\cos x+C_1)\mathrm{d}x=-\sin x+C_1x+C_2$，$C_1$，$C_2\in\mathbf{R}$，验证选项，可知B项正确.

【答案】B

题型2 不定积分的概念与性质

技巧总结

(1)不定积分的概念：如果 $F(x)$ 是 $f(x)$ 的一个原函数，则有

$$\int f(x)\mathrm{d}x=F(x)+C,\ f(x)=(F(x)+C)';$$

(2)对积分运算与微分运算互为逆运算的这个性质的考查，熟记几个公式：

$$\left[\int f(x)\mathrm{d}x\right]'=f(x) \text{或} \mathrm{d}\int f(x)\mathrm{d}x=f(x)\mathrm{d}x;$$

$$\int F'(x)\mathrm{d}x=F(x)+C \text{或} \int \mathrm{d}F(x)=F(x)+C.$$

也就是说，不定积分的导数(或微分)等于被积函数(或被积表达式)；一个函数的导数(或微分)的不定积分与这个函数相差一个任意常数.

注 求不定积分运算，结果中要有 C；求导数的运算，结果中不能含有 C.

例4 设 $\int f(x)\mathrm{d}x=\ln(x+\sqrt{1+x^2})+C$，则 $f(x)=$( ).

A. $\dfrac{x}{\sqrt{1+x^2}}$ B. $\dfrac{1}{\sqrt{1+x^2}}$ C. $\dfrac{1}{1+x}$ D. $\dfrac{1}{1+x^2}$ E. $-\dfrac{1}{\sqrt{1+x^2}}$

【解析】根据不定积分的定义可得

$$f(x)=[\ln(x+\sqrt{1+x^2})+C]'=\frac{1+\dfrac{x}{\sqrt{1+x^2}}}{x+\sqrt{1+x^2}}=\frac{1}{\sqrt{1+x^2}}.$$

【答案】B

例5 若 $\int f(x)\mathrm{d}x=x^2\mathrm{e}^{2x}+C$，则 $f(x)=$( ).

A. $2x\mathrm{e}^{2x}$ B. $4x\mathrm{e}^{2x}$ C. $2x^2\mathrm{e}^{2x}$ D. $2x\mathrm{e}^{2x}(x+1)$ E. $-2x^2\mathrm{e}^{2x}$

【解析】根据不定积分的定义，可得

$$f(x)=(x^2\mathrm{e}^{2x}+C)'=2x\mathrm{e}^{2x}+2x^2\mathrm{e}^{2x}=2x\mathrm{e}^{2x}(x+1).$$

【答案】D

例6 C 为任意常数，且 $F'(x)=f(x)$，则下列等式成立的是( ).

A. $\int F'(x)\mathrm{d}x=f(x)+C$ B. $\int f'(x)\mathrm{d}x=F(x)+C$

C. $\int F(x)\mathrm{d}x=F'(x)+C$ D. $\int f(x)\mathrm{d}x=F(x)+C$

E. $\int f(x)\mathrm{d}x=F'(x)+C$

【解析】由不定积分的性质，一个可导函数，先对其求导，再求不定积分，结果只差一个常数 C，故A、B项不正确；C项：因为已知 $\int F(x)\mathrm{d}x$ 是求 $F(x)$ 的不定积分，$F'(x)$ 不是 $F(x)$ 的一个原函数，故C项不正确；D项：由题意 $F'(x)=f(x)$，$F(x)$ 是 $f(x)$ 的一个原函数，故D项正确；E项：$F'(x)$ 不是 $f(x)$ 的原函数，故E项不正确．

【答案】D

例7　设 $f(x)$ 为可导函数，则下列结果正确的是(　　).

A. $\int f(x)\mathrm{d}x=f(x)$　　B. $\left(\int f(x)\mathrm{d}x\right)'=f(x)$

C. $\int f'(x)\mathrm{d}x=f(x)$　　D. $\left(\int f(x)\mathrm{d}x\right)'=f(x)+C$

E. $\left(\int f(x)\mathrm{d}x\right)'=0$

【解析】根据技巧总结可采用排除法．

先看A项与C项是求不定积分的运算，结果中要有 C，故可排除A项与C项；B项与D项为求导数的运算，结果中不能含有 C，故可排除D项，不定积分求导数应为被积函数，即 $(\int f(x)\mathrm{d}x)'=f(x)$，故可排除E项，于是应选B.

【答案】B

例8　若 $\int f(x)\mathrm{d}x=x\mathrm{e}^{-2x}+C$，则 $f(x)=$(　　)，其中 C 为常数．

A. $-2x\mathrm{e}^{-2x}$　B. $-2x^2\mathrm{e}^{-2x}$　C. $(1-2x)\mathrm{e}^{-2x}$　D. $(1-2x^2)\mathrm{e}^{-2x}$　E. $(1-x)\mathrm{e}^{-2x}$

【解析】根据不定积分的定义可得

$$f(x)=\left(\int f(x)\mathrm{d}x\right)'=\mathrm{e}^{-2x}+x\mathrm{e}^{-2x}(-2)=\mathrm{e}^{-2x}(1-2x).$$

【答案】C

例9　$\mathrm{d}\left(\int a^{x^2-3x}\mathrm{d}x\right)=$(　　).

A. a^{x^2-3x}　　B. $a^{x^2-3x}(2x-3)\ln a\,\mathrm{d}x$

C. $a^{x^2-3x}\cdot(2x-3)\mathrm{d}x$　　D. $a^{x^2-3x}+C$

E. $a^{x^2-3x}\mathrm{d}x$

【解析】由不定积分与微分互为逆运算的关系：$\mathrm{d}\left(\int f(x)\mathrm{d}x\right)=f(x)\mathrm{d}x$，可以得出 $\mathrm{d}\left(\int a^{x^2-3x}\mathrm{d}x\right)=a^{x^2-3x}\mathrm{d}x$.

【答案】E

题型3　利用直接积分法求不定积分

技巧总结

直接积分法求不定积分是经常考到的题型，在利用基本积分公式求不定积分时，需根据被积函数的特点对函数作适当的初等变形，然后再使用不定积分的性质将函数分解成若干个可直接用基本积分公式的式子，分别求积分．

例 10 $\int x(1+2x)^2\mathrm{d}x=(\quad)$.

A. $x^5+\frac{4}{3}x^3+\frac{x^2}{2}+C$

B. $x^4+\frac{4}{3}x^3+\frac{x^2}{2}$

C. $x^4+\frac{4}{3}x^3+\frac{x^2}{2}+C$

D. $\frac{1}{2}x^2(1+2x)^3+C$

E. $x^2(1+2x)^3+C$

【解析】根据不定积分公式，可得

$$\int x(1+2x)^2\mathrm{d}x=\int(4x^3+4x^2+x)\mathrm{d}x=x^4+\frac{4}{3}x^3+\frac{x^2}{2}+C.$$

【答案】C

例 11 $\int\frac{1}{\sin^2\frac{x}{2}\cos^2\frac{x}{2}}\mathrm{d}x=(\quad)$.

A. $-4\cos x+C$　B. $-4\cot x+C$　C. $-4\tan x+C$　D. $4\cot x+C$　E. $-4\csc x+C$

【解析】$\int\frac{1}{\sin^2\frac{x}{2}\cos^2\frac{x}{2}}\mathrm{d}x=\int\frac{1}{\left(\frac{\sin x}{2}\right)^2}\mathrm{d}x=\int 4\csc^2x\mathrm{d}x=-4\cot x+C.$

【答案】B

【点评】本题主要考查的重点公式有 $\sin x=2\sin\frac{x}{2}\cos\frac{x}{2}$，$\frac{1}{\sin x}=\csc x$，$\int\csc^2x\mathrm{d}x=-\cot x+C$.

例 12 $\int\sqrt{x}(x^2-5)\mathrm{d}x=(\quad)$.

A. $\frac{1}{7}x^{\frac{7}{2}}-\frac{10}{3}x^{\frac{3}{2}}+C$

B. $\frac{2}{7}x^{\frac{7}{2}}+\frac{10}{3}x^{\frac{3}{2}}+C$

C. $\frac{1}{7}x^{\frac{7}{2}}-\frac{7}{3}x^{\frac{3}{2}}+C$

D. $\frac{2}{7}x^{\frac{7}{2}}-\frac{10}{3}x^{\frac{3}{2}}+C$

E. $-\frac{2}{7}x^{\frac{7}{2}}+\frac{10}{3}x^{\frac{3}{2}}+C$

【解析】利用直接积分法 $\int\sqrt{x}(x^2-5)\mathrm{d}x=\int(x^{\frac{5}{2}}-5x^{\frac{1}{2}})\mathrm{d}x=\frac{2}{7}x^{\frac{7}{2}}-\frac{10}{3}x^{\frac{3}{2}}+C.$

【答案】D

题型 4　不定积分的第一换元积分法

技巧总结

第一换元积分法中有 12 种常见的凑微分的积分形式(详见知识精讲的第三部分不定积分的计算方法).

注意，要在求得不定积分的结果后将变量回代.

例 13 求 $\int\frac{1}{x(1-2\ln x)}\mathrm{d}x=(\quad)$.

A. $\frac{1}{2}\ln|1-2\ln x|+C$　　B. $-\frac{1}{2}\ln(1-2\ln x)+C$

C. $\frac{1}{2}\ln(1-2\ln x)+C$　　D. $-\frac{1}{2}\ln|1-2\ln x|+C$

E. $-\ln|1-2\ln x|+C$

【解析】由第一换元积分法和不定积分的性质，可得

$$\int\frac{1}{x(1-2\ln x)}\mathrm{d}x=\int\frac{1}{1-2\ln x}\mathrm{d}\ln x=-\frac{1}{2}\int\frac{1}{1-2\ln x}\mathrm{d}(1-2\ln x)$$
$$=-\frac{1}{2}\ln|1-2\ln x|+C.$$

【答案】D

例 14　如果 $f(x)=\mathrm{e}^x$，则 $\int\frac{f'(\ln x)}{x}\mathrm{d}x=(\quad)$.

A. $-\frac{1}{x}+C$　B. $-x+C$　C. $\frac{1}{x}+C$　D. $x+C$　E. $-\frac{1}{x^2}+C$

【解析】方法一：利用第一换元积分法和不定积分的性质，可得

$$\int\frac{f'(\ln x)}{x}\mathrm{d}x=\int f'(\ln x)\mathrm{d}\ln x\xlongequal{令u=\ln x}\int f'(u)\mathrm{d}u=f(u)+C$$
$$=f(\ln x)+C=\mathrm{e}^{\ln x}+C=x+C.$$

方法二：根据导数的定义可得 $f'(x)=\mathrm{e}^x$，$f'(\ln x)=\mathrm{e}^{\ln x}=x$，代入所求式子，得

$$\int\frac{f'(\ln x)}{x}\mathrm{d}x=\int\frac{x}{x}\mathrm{d}x=x+C.$$

【答案】D

例 15　$\int\frac{\mathrm{e}^{3\sqrt{x}}}{\sqrt{x}}\mathrm{d}x=(\quad)$.

A. $\frac{2}{3}\mathrm{e}^{3\sqrt{x}}+C$　B. $\frac{2}{3}\mathrm{e}^{\sqrt{x}}+C$　C. $\frac{1}{3}\mathrm{e}^{3\sqrt{x}}+C$

D. $-\frac{2}{3}\mathrm{e}^{3\sqrt{x}}+C$　E. $-\frac{2}{3}\mathrm{e}^{\sqrt{x}}+C$

【解析】方法一：由于 $\mathrm{d}\sqrt{x}=\frac{1}{2}\frac{\mathrm{d}x}{\sqrt{x}}$，因此 $\int\frac{\mathrm{e}^{3\sqrt{x}}}{\sqrt{x}}\mathrm{d}x=2\int\mathrm{e}^{3\sqrt{x}}\mathrm{d}\sqrt{x}=\frac{2}{3}\int\mathrm{e}^{3\sqrt{x}}\mathrm{d}(3\sqrt{x})=\frac{2}{3}\mathrm{e}^{3\sqrt{x}}+C.$

方法二：设 $\sqrt{x}=t$，则 $x=t^2$，$\mathrm{d}x=2t\mathrm{d}t$，故

$$\int\frac{\mathrm{e}^{3\sqrt{x}}}{\sqrt{x}}\mathrm{d}x=\int\frac{\mathrm{e}^{3t}}{t}2t\mathrm{d}t=2\int\mathrm{e}^{3t}\mathrm{d}t$$
$$=\frac{2}{3}\int\mathrm{e}^{3t}\mathrm{d}(3t)=\frac{2}{3}\mathrm{e}^{3t}+C=\frac{2}{3}\mathrm{e}^{3\sqrt{x}}+C.$$

【答案】A

例 16　$\int\frac{\tan x}{\sqrt{\cos x}}\mathrm{d}x=(\quad)$.

A. $\dfrac{1}{\sqrt{\cos x}}+C$　　B. $\dfrac{2}{\sqrt{\cos x}}+C$　　C. $-\dfrac{1}{\sqrt{\cos x}}+C$

D. $-\dfrac{2}{\sqrt{\cos x}}+C$　　E. $\dfrac{3}{\sqrt{\cos x}}+C$

【解析】$\int\dfrac{\tan x}{\sqrt{\cos x}}\mathrm{d}x=\int\dfrac{\sin x}{\sqrt{\cos x}\cdot\cos x}\mathrm{d}x=-\int(\cos x)^{-\frac{3}{2}}\mathrm{d}\cos x=\dfrac{2}{\sqrt{\cos x}}+C.$

【答案】B

例 17　$\int xf(x^2)f'(x^2)\mathrm{d}x=($　　$).$

A. $\dfrac{1}{4}[f(x^2)]^2+C$　　B. $\dfrac{1}{4}[f(x^2)-f(x)]^2+C$

C. $\dfrac{1}{4}[f(x^2)-x]^2+C$　　D. $\dfrac{1}{4}[f(x^2+f(x))]^2+C$

E. $-\dfrac{1}{4}[f(x^2)-x]^2+C$

【解析】设 $u=x^2$，则 $xf'(x^2)\mathrm{d}x=\dfrac{1}{2}f'(x^2)\mathrm{d}x^2=\dfrac{1}{2}f'(u)\mathrm{d}u=\dfrac{1}{2}\mathrm{d}f(u)$，所以

$$\int xf(x^2)f'(x^2)\mathrm{d}x\xlongequal{u=x^2}\frac{1}{2}\int f(u)\mathrm{d}f(u)=\frac{1}{4}[f(u)]^2+C=\frac{1}{4}[f(x^2)]^2+C.$$

【答案】A

例 18　设 $f(x)$ 为连续函数，$\int f(x)\mathrm{d}x=F(x)+C$，则正确的是(　　).

A. $\int f(ax+b)\mathrm{d}x=F(ax+b)+C$

B. $\int f(x^n)x^{n-1}\mathrm{d}x=F(x^n)+C$

C. $\int f(\ln ax)\dfrac{1}{x}\mathrm{d}x=F(\ln ax)+C$，$a\neq 0$

D. $\int f(\mathrm{e}^{-x})\mathrm{e}^{-x}\mathrm{d}x=F(\mathrm{e}^{-x})+C$

E. $\int f(\cos x)\mathrm{d}x=F(\sin x)+C$

【解析】A 项：令 $ax+b=u$，$\dfrac{\mathrm{d}(F(u)+C)}{\mathrm{d}x}=F'(u)u'=f(u)u'=af(ax+b)$，则 A 项错误；

B 项：令 $x^n=u$，$\dfrac{\mathrm{d}(F(u)+C)}{\mathrm{d}x}=F'(u)u'=f(u)u'=nx^{n-1}f(x^n)$，则 B 项错误；

C 项：令 $\ln ax=u$，$\dfrac{\mathrm{d}(F(u)+C)}{\mathrm{d}x}=F'(u)u'=f(u)u'=\dfrac{1}{x}f(\ln ax)$，则 C 项正确；

D 项：令 $\mathrm{e}^{-x}=u$，$\dfrac{\mathrm{d}(F(u)+C)}{\mathrm{d}x}=F'(u)u'=f(u)u'=-\mathrm{e}^{-x}f(\mathrm{e}^{-x})$，则 D 项错误；

E 项：令 $\sin x=u$，$\dfrac{\mathrm{d}(F(u)+C)}{\mathrm{d}x}=F'(u)u'=f(u)u'=\cos xf(\sin x)$，则 E 项错误．

【答案】C

题型5 不定积分的第二换元积分法

(1)第二换元积分法中的三角代换

技巧总结

常用的三角换元有

①被积函数中含有$\sqrt{a^2-x^2}\ (a>0)$，令$x=a\sin t$；

②被积函数中含有$\sqrt{x^2+a^2}\ (a>0)$，令$x=a\tan t$；

③被积函数中含有$\sqrt{x^2-a^2}\ (a>0)$，令$x=a\sec t$.

注意，在求得积分的结果后，将变量回代.

例 19 $\int\frac{x\mathrm{d}x}{\sqrt{x^2-a^2}}=(\quad)$.

A. $\frac{x}{\sqrt{x^2-a^2}}+C$　B. $-\sqrt{x^2+a^2}+C$　C. $\sqrt{x^2+a^2}+C$

D. $\sqrt{x^2-a^2}+C$　E. $-\sqrt{x^2-a^2}+C$

【解析】令$x=a\sec t\left(0<t<\frac{\pi}{2}\right)$，则$\mathrm{d}x=a\cdot\sec t\cdot\tan t\mathrm{d}t$，$\sqrt{x^2-a^2}=a\tan t$，代入原式，得

$$\int\frac{x\mathrm{d}x}{\sqrt{x^2-a^2}}=\int\frac{a\sec t}{a\tan t}\cdot a\cdot\sec t\cdot\tan t\mathrm{d}t=\int a\sec^2 t\mathrm{d}t=a\tan t,$$

画一个直角三角形，使它的一个锐角为t，由$x=a\sec t$，可令斜边为x(如图 3-1 所示).

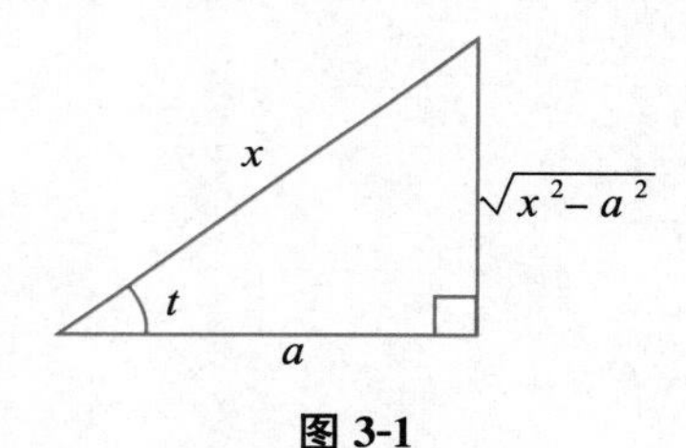

图 3-1

这时，$\tan t=\frac{\sqrt{x^2-a^2}}{a}$，于是所求积分为

$$\int\frac{x\mathrm{d}x}{\sqrt{x^2-a^2}}=a\tan t=a\frac{\sqrt{x^2-a^2}}{a}=\sqrt{x^2-a^2}+C.$$

【答案】D

例 20 $\int\frac{\mathrm{d}x}{(2x^2+1)\sqrt{x^2+1}}=(\quad)$.

A. $-\arctan\frac{x}{\sqrt{1-x^2}}+C$　B. $\arctan\frac{x}{\sqrt{1-x^2}}+C$

C. $-\arctan\frac{x}{\sqrt{1+x^2}}+C$　D. $\arctan\frac{x}{\sqrt{1+x^2}}+C$

E. $\arctan\frac{-x}{\sqrt{1+x^2}}+C$

【解析】设 $x=\tan u$，则 $dx=\sec^2 u du$，故

$$\int \frac{dx}{(2x^2+1)\sqrt{x^2+1}}=\int \frac{du}{\cos u\cdot(2\tan^2 u+1)}=\int \frac{\cos u du}{2\sin^2 u+\cos^2 u}$$

$$=\int \frac{d\sin u}{1+\sin^2 u}=\arctan(\sin u)+C$$

$$=\arctan \frac{x}{\sqrt{1+x^2}}+C.$$

【答案】D

例 21 不定积分 $\int \frac{dx}{(1-x^2)^{\frac{3}{2}}}=(\quad)$.

A. $-\frac{x}{\sqrt{1-x^2}}+C$　　B. $\frac{3x}{\sqrt{1-x^2}}+C$　　C. $\frac{2x}{\sqrt{1-x^2}}+C$

D. $-\frac{2x}{\sqrt{1-x^2}}+C$　　E. $\frac{x}{\sqrt{1-x^2}}+C$

【解析】令 $x=\sin t$，$t\in\left(-\frac{\pi}{2},\frac{\pi}{2}\right)$，则 $dx=\cos t dt$，故

$$原式=\int \frac{\cos t}{(1-\sin^2 t)^{\frac{3}{2}}}dt=\int \frac{\cos t}{(\cos^2 t)^{\frac{3}{2}}}dt=\int \frac{1}{\cos^2 t}dt=\int \sec^2 t dt=\tan t+C=\frac{x}{\sqrt{1-x^2}}+C.$$

【答案】E

(2)**第二换元积分法中的其他代换**

技巧总结

第二换元积分法主要是解决去根号的问题，其中若被积函数中含有 $\sqrt[n]{ax+b}$ 的形式，可以直接作变量代换 $\sqrt[n]{ax+b}=t$.

注意，在求得积分的结果后，将变量回代．

例 22 不定积分 $\int \frac{\cos\sqrt{x}}{\sqrt{x}}dx=(\quad)$.

A. $\sin\sqrt{x}+C$　　B. $2\sin\sqrt{x}+C$　　C. $\cos\sqrt{x}+C$　　D. $2\cos\sqrt{x}+C$　　E. $\ln\sqrt{x}+C$

【解析】令 $t=\sqrt{x}$，则 $x=t^2$，$dx=2t dt$，则

$$\int \frac{\cos\sqrt{x}}{\sqrt{x}}dx=\int \frac{\cos t}{t}\cdot 2t dt=2\int \cos t dt=2\sin t+C,$$

回代 $t=\sqrt{x}$，得 $\int \frac{\cos\sqrt{x}}{\sqrt{x}}dx=2\sin\sqrt{x}+C$.

【答案】B

【点评】当被积函数中含有 x 的根式时，一般可作变量代换去掉根式，将原积分化成有理函数的积分然后求积分．这种代换常称为有理代换．

例 23 不定积分$\int\frac{\mathrm{d}x}{\sqrt{x}(1+\sqrt[3]{x})}=$(   ).

A. $6(\sqrt[3]{x}-\arctan\sqrt[3]{x})+C$

B. $6(\sqrt[6]{x}-\arctan\sqrt[6]{x})+C$

C. $6(\sqrt[3]{x}+\arctan\sqrt[3]{x})+C$

D. $6(\sqrt{x}-\arctan\sqrt{x})+C$

E. $6(\sqrt[6]{x}+\arctan\sqrt[6]{x})+C$

【解析】设 $x=t^6(t>0)$，则$\sqrt{x}=t^3$，$\sqrt[3]{x}=t^2$，$\mathrm{d}x=6t^5\mathrm{d}t$，故

$$\begin{aligned}\int\frac{\mathrm{d}x}{\sqrt{x}(1+\sqrt[3]{x})}&=\int\frac{6t^5\mathrm{d}t}{t^3(1+t^2)}=6\int\frac{t^2}{1+t^2}\mathrm{d}t=6\int\frac{t^2+1-1}{1+t^2}\mathrm{d}t\\&=6\int\left(1-\frac{1}{1+t^2}\right)\mathrm{d}t=6(t-\arctan t)+C\\&=6(\sqrt[6]{x}-\arctan\sqrt[6]{x})+C.\end{aligned}$$

【答案】B

题型 6 不定积分的分部积分法

(1)直接使用分部积分公式

技巧总结

使用分部积分法的关键在于正确地寻找公式中的 v，此时须先找到 v'，在分部积分法中主要遇到的是两种不同类型的函数乘积进行积分运算，将基本初等函数按照“反、对、幂、三、指”的顺序进行排列，排序在后的看成是 v'.

例 24 不定积分$\int\frac{x}{\sin^2x}\mathrm{d}x=$(   ).

A. $x\cot x+\ln|\sin x|+C$

B. $x\cot x-\ln|\sin x|+C$

C. $-x\cot x-\ln|\sin x|+C$

D. $-\cot x+\ln|\sin x|+C$

E. $-x\cot x+\ln|\sin x|+C$

【解析】根据分部积分公式可得

$$\int\frac{x}{\sin^2x}\mathrm{d}x=\int x\csc^2x\mathrm{d}x=-\int x\mathrm{d}\cot x=-x\cot x+\int\cot x\mathrm{d}x=-x\cot x+\ln|\sin x|+C.$$

【答案】E

例 25 $\int x\arctan x\mathrm{d}x=$(   ).

A. $\frac{1}{2}x^2\arctan x-\frac{1}{2}x-\arctan x+C$

B. $\frac{1}{2}x^2\arctan x-x+\frac{1}{2}\arctan x+C$

C. $\frac{1}{2}x^2\arctan x-\frac{1}{2}x+\arctan x+C$

D. $\frac{1}{2}x^2\arctan x-\frac{1}{2}x-\frac{1}{2}\arctan x+C$

E. $\frac{1}{2}x^2\arctan x-\frac{1}{2}x+\frac{1}{2}\arctan x+C$

【解析】根据分部积分法可得

$$\int x\arctan x\mathrm{d}x=\frac{1}{2}\int \arctan x\mathrm{d}x^2=\frac{1}{2}\left(x^2\arctan x-\int\frac{x^2}{1+x^2}\mathrm{d}x\right)$$
$$=\frac{1}{2}\left[x^2\arctan x-\int\left(1-\frac{1}{1+x^2}\right)\mathrm{d}x\right]$$
$$=\frac{1}{2}x^2\arctan x-\frac{1}{2}x+\frac{1}{2}\arctan x+C.$$

【答案】E

例 26 已知 $f(\ln x)=x$，则 $\int xf(x)\mathrm{d}x=(\quad)$.

A. $x^2\mathrm{e}^x-\mathrm{e}^x+C$
B. $x\mathrm{e}^x+\mathrm{e}^x+C$
C. $x\mathrm{e}^x-\mathrm{e}^x+C$
D. $\mathrm{e}^x-x\mathrm{e}^x+C$
E. $x\mathrm{e}^x-x^2\mathrm{e}^x+C$

【解析】令 $\ln x=t$，则 $x=\mathrm{e}^t$，从而 $f(t)=\mathrm{e}^t$，即 $f(x)=\mathrm{e}^x$，所以有

$$\int xf(x)\mathrm{d}x=\int x\mathrm{e}^x\mathrm{d}x=x\mathrm{e}^x-\mathrm{e}^x+C.$$

【答案】C

【点评】由于复合函数 $f(\ln x)$的表达式 $f(\ln x)=x$ 已知，我们可以通过换元法确定 $f(x)$的函数表达式．从而将要求的积分化为 $\int x\mathrm{e}^x\mathrm{d}x$ 的形式，然后令 $v'=\mathrm{e}^x$ 再利用分部积分公式求解．

例 27 $\int(x+1)\ln x\mathrm{d}x=(\quad)$.

A. $\frac{1}{2}(x+1)\ln x-\frac{x^2}{4}-x-\frac{1}{2}\ln|x|+C$

B. $\frac{1}{2}(x+1)^2\ln x+\frac{x^2}{4}-x-\frac{1}{2}\ln|x|+C$

C. $\frac{1}{2}(x+1)^2\ln x-\frac{x^2}{4}-x+\frac{1}{2}\ln|x|+C$

D. $\frac{1}{2}(x+1)^2\ln x-\frac{x^2}{4}-x-\frac{1}{2}\ln|x|+C$

E. $\frac{1}{2}(x+1)\ln x-\frac{x^2}{4}+x-\frac{1}{2}\ln|x|+C$

【解析】根据分部积分公式，可得

$$\int(x+1)\ln x\mathrm{d}x=\frac{1}{2}\int\ln x\mathrm{d}(x+1)^2=\frac{1}{2}(x+1)^2\ln x-\frac{1}{2}\int(x+1)^2\frac{1}{x}\mathrm{d}x$$
$$=\frac{1}{2}(x+1)^2\ln x-\frac{1}{2}\int\left(x+2+\frac{1}{x}\right)\mathrm{d}x$$
$$=\frac{1}{2}(x+1)^2\ln x-\frac{x^2}{4}-x-\frac{1}{2}\ln|x|+C.$$

【答案】D

【点评】常用的分部积分 $y=\int P_n(x)\ln x\mathrm{d}x$ 型．一般选择 $u=\ln x$，而 $v'=P_n(x)$．本题中 $P_n(x)=(x+1)$，则 $\int(x+1)\ln x\mathrm{d}x=\frac{1}{2}\int\ln x\mathrm{d}(x+1)^2$，然后利用分部积分公式进行求解．

例 28 $\int \arcsin x \mathrm{d}x=(\quad)$.

A. $x\arcsin x-\sqrt{1-x^2}+C$ B. $x\arcsin x+\sqrt{1-x^2}+C$

C. $-x\arcsin x+\sqrt{1-x^2}+C$ D. $-x\arcsin x-\sqrt{1-x^2}+C$

E. $x\arcsin x+\sqrt{1+x^2}+C$

【解析】$\int \arcsin x \mathrm{d}x=x\arcsin x-\int x\cdot\frac{1}{\sqrt{1-x^2}}\mathrm{d}x$

$$=x\arcsin x+\frac{1}{2}\int\frac{1}{\sqrt{1-x^2}}\mathrm{d}(1-x^2)$$

$$=x\arcsin x+\sqrt{1-x^2}+C.$$

【答案】B

【点评】通常，当被积函数是两种不同类型的函数乘积时，可应用分部积分法．此题被积函数虽然是单一函数 $\arcsin x$，但我们可以将 $\arcsin x$ 看作 u，$\mathrm{d}x$ 直接看作 $\mathrm{d}v$ 的形式来利用分部积分公式求解．

(2) **循环法**

技巧总结

循环法是指不定积分经过两次积分后，使得等式两边含有不同系数的同一个积分．此时通过移项就可以解出所求积分，一定不要忘记，积分完右边要加上一个任意常数"C"．

例 29 $\int \mathrm{e}^x\sin x\mathrm{d}x=(\quad)$.

A. $\frac{1}{3}\mathrm{e}^x(\sin x-\cos x)+C$ B. $\mathrm{e}^x(\sin x-\cos x)+C$

C. $\frac{1}{2}\mathrm{e}^x(\sin x-\cos x)+C$ D. $\frac{1}{2}\mathrm{e}^x(\sin x+\cos x)+C$

E. $\frac{1}{3}\mathrm{e}^x(\sin x+\cos x)+C$

【解析】$\int \mathrm{e}^x\sin x\mathrm{d}x=\int \mathrm{e}^x\mathrm{d}(-\cos x)=-\mathrm{e}^x\cos x+\int \mathrm{e}^x\cos x\mathrm{d}x$，等式右端的积分与左端的积分是同一类型的，故对右端的积分再用一次分部积分公式，即

$$\int \mathrm{e}^x\cos x\mathrm{d}x=\int \mathrm{e}^x\mathrm{d}\sin x=\mathrm{e}^x\sin x-\int \mathrm{e}^x\sin x\mathrm{d}x,$$

于是 $\int \mathrm{e}^x\sin x\mathrm{d}x=-\mathrm{e}^x\cos x+\mathrm{e}^x\sin x-\int \mathrm{e}^x\sin x\mathrm{d}x$.

故移项可得

$$\int \mathrm{e}^x\sin x\mathrm{d}x=\frac{1}{2}\mathrm{e}^x(\sin x-\cos x)+C.$$

【答案】C

例 30 $\int \sec^3 x\mathrm{d}x=(\quad)$.

A. $\frac{1}{2}(\sec x\tan x+\ln|\sec x+\tan x|)+C$

B. $\frac{1}{3}(\sec x\tan x+\ln|\sec x+\tan x|)+C$

C. $\frac{1}{3}(\sec x\tan x-\ln|\sec x+\tan x|)+C$

D. $\frac{1}{4}(\sec x\tan x+\ln|\sec x+\tan x|)+C$

E. $-\frac{1}{2}(\sec x\tan x+\ln|\sec x+\tan x|)+C$

【解析】$\int\sec^3 x\mathrm{d}x=\int\sec x\mathrm{d}\tan x=\sec x\tan x-\int\tan x\mathrm{d}\sec x$

$$=\sec x\tan x-\int\tan^2 x\sec x\mathrm{d}x=\sec x\tan x-\int(\sec^2 x-1)\sec x\mathrm{d}x$$

$$=\sec x\tan x-\int\sec^3 x\mathrm{d}x+\int\sec x\mathrm{d}x$$

$$=\sec x\tan x-\int\sec^3 x\mathrm{d}x+\ln|\sec x+\tan x|,$$

移项整理得$\int\sec^3 x\mathrm{d}x=\frac{1}{2}(\sec x\tan x+\ln|\sec x+\tan x|)+C$.

【答案】A

题型7 综合多种方法求解不定积分

技巧总结

在计算不定积分的过程中可能用到的积分方法不唯一，比如在分部积分法中可能用到第二换元积分法或者凑微分法．

特别指出的是，在遇到抽象函数形式计算积分时，经常考虑用分部积分法，分部积分法可以连续多次使用．

例31 不定积分$\int e^{\sqrt{2x}}\mathrm{d}x=($　　$)$.

A. $(\sqrt{2x}+1)e^{\sqrt{2x}}+C$

B. $-(\sqrt{2x}+1)e^{\sqrt{2x}}+C$

C. $(\sqrt{2x}-1)e^{\sqrt{2x}}+C$

D. $-(\sqrt{2x}-1)e^{\sqrt{2x}}+C$

E. $(\sqrt{2x}-2)e^{\sqrt{2x}}+C$

【解析】令$t=\sqrt{2x}$，则$x=\frac{1}{2}t^2$，$\mathrm{d}x=t\mathrm{d}t$，则

$$\int e^{\sqrt{2x}}\mathrm{d}x=\int te^t\mathrm{d}t=\int t\mathrm{d}e^t=te^t-\int e^t\mathrm{d}t=te^t-e^t+C$$

$$=(t-1)e^t+C=(\sqrt{2x}-1)e^{\sqrt{2x}}+C.$$

【答案】C

例 32 设 $f(x)$ 的一个原函数为 e^{x^2}，则 $\int xf''(x)dx=$（　　）.

A. $4x^2e^{x^2}+C$　　B. $4x^3e^{x^2}+C$　　C. $2x^3e^{x^2}+C$

D. $2x^2e^{x^2}+C$　　E. $-4x^3e^{x^2}+C$

【解析】$\int xf''(x)dx=\int xdf'(x)=xf'(x)-\int f'(x)dx=xf'(x)-f(x)+C$，由于 $f(x)=(e^{x^2})'=2xe^{x^2}$，则 $f'(x)=2e^{x^2}+4x^2e^{x^2}$，所以 $\int xf''(x)dx=4x^3e^{x^2}+C$.

【答案】B

【点评】当被积函数中含有抽象函数 $f'(x)$ 或者 $f''(x)$ 时，我们通常可将 $f'(x)$ 或 $f''(x)$ 与 dx 凑微分，凑成 $df(x)$ 或 $df'(x)$，然后按照分部积分公式进行求解.

例 33 设 $f'(x^2)=\ln x(x>0)$，则 $f(x)=$（　　）.

A. $\frac{x}{2}(\ln x-1)+C$　　B. $\frac{x}{2}(\ln x+1)+C$

C. $\frac{x}{2}(\ln|x|-1)+C$　　D. $-\frac{x}{2}(\ln x-1)+C$

E. $\frac{x}{2}(\ln|x|+1)+C$

【解析】方法一：因为 $f'(x^2)=\frac{df(x^2)}{dx^2}=\ln x$，所以 $df(x^2)=\ln x dx^2$，积分得

$$f(x^2)=\int \ln x dx^2=x^2\ln x-\int xdx=x^2\ln x-\frac{1}{2}x^2+C,$$

令 $x^2=t$，则有 $f(t)=t\ln\sqrt{t}-\frac{1}{2}t+C=\frac{t}{2}(\ln t-1)+C$，故 $f(x)=\frac{x}{2}(\ln x-1)+C$.

方法二：先换元，再积分.

令 $x^2=t$，则有 $f'(t)=\ln\sqrt{t}=\frac{1}{2}\ln t$，即 $f'(x)=\frac{1}{2}\ln x$，两边积分得

$$f(x)=\int\frac{1}{2}\ln x dx=\frac{x}{2}(\ln x-1)+C.$$

【答案】A

题型 8　有理函数的积分

技巧总结

有理函数的一般形式为 $R(x)=\frac{P(x)}{Q(x)}=\frac{a_0x^n+a_1x^{n-1}+\cdots+a_n}{b_0x^m+b_1x^{m-1}+\cdots+b_m}$，其中 n，m 为非负整数，a_0，a_1，…，a_n 与 b_0，b_1，…，b_m 都是常数，且 $a_0b_0\neq0$. 若 $m>n$，则称 $R(x)$ 为真分式，若 $m\leqslant n$，则称 $R(x)$ 为假分式.

利用多项式的除法，假分式一定可以化成多项式与真分式的和，因此对有理函数的积分，只要讨论真分式的积分即可.

例 34 $\int \frac{1+x+x^2}{x(1+x^2)}dx=(\quad)$.

A. $\ln x+\arctan x+C$　　B. $\ln|x|-\arctan x+C$

C. $-\ln|x|+\arctan x+C$　　D. $-\ln x+\arctan x+C$

E. $\ln|x|+\arctan x+C$

【解析】$\int \frac{1+x+x^2}{x(1+x^2)}dx=\int \frac{(1+x^2)+x}{x(1+x^2)}dx=\int \frac{1}{x}dx+\int \frac{1}{1+x^2}dx=\ln|x|+\arctan x+C$.

【答案】E

【点评】本题显然是一个有理函数的积分，分母已经分解因式，我们不要再展开，解题的关键就是把被积函数分解，即$\frac{1+x+x^2}{x(1+x^2)}=\frac{(1+x^2)+x}{x(1+x^2)}=\frac{1}{x}+\frac{1}{1+x^2}$.

例 35 $\int \frac{x^4}{1+x^2}dx=(\quad)$.

A. $\frac{x^2}{2}-x+\arctan x+C$　　B. $\frac{x^3}{3}+x+\arctan x+C$

C. $\frac{x^2}{2}+x+\arctan x+C$　　D. $\frac{x^3}{3}-x+\arctan x+C$

E. $\frac{x^3}{3}-x-\arctan x+C$

【解析】
$$\int \frac{x^4}{1+x^2}dx=\int \frac{(x^4-1)+1}{1+x^2}dx=\int (x^2-1)dx+\int \frac{1}{1+x^2}dx$$
$$=\frac{x^3}{3}-x+\arctan x+C.$$

【答案】D

【点评】有理函数若为假分式，则一定可以化成某个多项式与真分式的和，本题的被积函数为有理假分式，解题的关键就是先分离出一个整式，即$\frac{x^4}{1+x^2}=\frac{(x^4-1)+1}{1+x^2}=x^2-1+\frac{1}{1+x^2}$.

例 36 不定积分$\int \frac{dx}{x(x+1)}=(\quad)$.

A. $\ln\left|\frac{x+1}{x}\right|+C$　　B. $\ln\left|\frac{x}{x+1}\right|+C$

C. $\ln\frac{x+1}{x}+C$　　D. $\ln\frac{x}{x+1}+C$

E. $-\ln\frac{x}{x+1}+C$

【解析】$\int \frac{dx}{x(x+1)}=\int \left(\frac{1}{x}-\frac{1}{x+1}\right)dx=\ln|x|-\ln|x+1|+C=\ln\left|\frac{x}{x+1}\right|+C$.

【答案】B

第2节 定积分

考纲解析

1. 了解定积分的概念和基本性质.
2. 了解定积分中值定理.
3. 理解积分上限的函数并会求它的导数，掌握牛顿—莱布尼茨公式.
4. 掌握定积分的换元积分法与分部积分法.

知识精讲

1 定积分的概念和性质

1.1 定积分的相关概念

(1)定积分的定义

定义 设函数 $y=f(x)$ 在区间 $[a, b]$ 上有界，在 $[a, b]$ 内任意插入 $n-1$ 个分点

$$a=x_0<x_1<\cdots<x_{n-1}<x_n=b,$$

将区间 $[a, b]$ 分成 n 个小区间 $[x_{i-1}, x_i]$ $(i=1, 2, \cdots, n)$，每个小区间的长度记为 $\Delta x_i=x_i-x_{i-1}$ $(i=1, 2, \cdots, n)$，在每个小区间上任取一点 $\xi_i\in[x_{i-1}, x_i]$，作乘积 $f(\xi_i)\Delta x_i$，再求和 $\sum\limits_{i=1}^{n} f(\xi_i)\Delta x_i$.

记 $\lambda=\max\limits_{1\leqslant i\leqslant n}\{\Delta x_i\}$，取 $\lambda\to0$ 时上述和式的极限 $\lim\limits_{\lambda\to0}\sum\limits_{i=1}^{n} f(\xi_i)\Delta x_i$，如果该极限存在，则称函数 $f(x)$ 在区间 $[a, b]$ 上可积，此极限值为函数 $f(x)$ 在区间 $[a, b]$ 上的**定积分**，记作 $\int_a^b f(x)\mathrm{d}x$，即

$$\int_a^b f(x)\mathrm{d}x=\lim_{\lambda\to0}\sum_{i=1}^{n} f(\xi_i)\Delta x_i,$$

其中 $f(x)$ 称为被积函数，x 称为积分变量，$f(x)\mathrm{d}x$ 称为被积表达式，$[a, b]$ 称为积分区间，a 称为积分下限，b 称为积分上限，$\sum\limits_{i=1}^{n} f(\xi_i)\Delta x_i$ 称为 $f(x)$ 在 $[a, b]$ 上的积分和.

注 ①当 $a=b$ 时，$\int_a^a f(x)\mathrm{d}x=0$；

②当 $a>b$ 时，$\int_a^b f(x)\mathrm{d}x=-\int_b^a f(x)\mathrm{d}x$.

(2)可积条件

①函数 $f(x)$ 在闭区间 $[a, b]$ 上连续，则函数 $y=f(x)$ 在区间 $[a, b]$ 上可积；

②函数 $f(x)$ 在闭区间 $[a, b]$ 上的单调函数，则 $f(x)$ 在区间 $[a, b]$ 上可积；

③函数 $f(x)$ 在闭区间 $[a, b]$ 上除有有限个第一类间断点外处处连续，则函数 $y=f(x)$ 在区

间$[a, b]$上可积．

(3)几何意义

在$[a, b]$上$f(x)\geqslant 0$时，定积分$\int_a^b f(x)\mathrm{d}x$表示由曲线$y=f(x)$，直线$x=a$，$x=b$和x轴所围成的曲边梯形的面积；

在$[a, b]$上$f(x)\leqslant 0$时，由曲线$y=f(x)$，直线$x=a$，$x=b$和x轴所围成的曲边梯形位于x轴的下方，定积分$\int_a^b f(x)\mathrm{d}x$表示曲边梯形面积的负值；

在$[a, b]$上$f(x)$既取得正值又取得负值时，此时定积分$\int_a^b f(x)\mathrm{d}x$表示x轴上方图形面积减去x轴下方图形面积所得之差．如图3-2所示，有$\int_a^b f(x)\mathrm{d}x=A_1-A_2+A_3$.

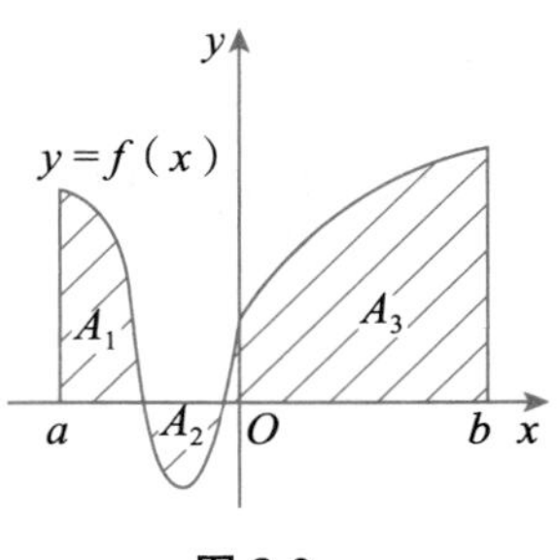

图 3-2

1.2 定积分的性质

设$f(x)$，$g(x)$在区间$[a, b]$上可积，则有

(1)加法运算：$\int_a^b [f(x)\pm g(x)]\mathrm{d}x=\int_a^b f(x)\mathrm{d}x\pm\int_a^b g(x)\mathrm{d}x$.

此性质还可以推广到任意有限个函数和与差的情况，即

$$\int_a^b [f_1(x)\pm f_2(x)\pm\cdots\pm f_n(x)]\mathrm{d}x=\int_a^b f_1(x)\mathrm{d}x\pm\int_a^b f_2(x)\mathrm{d}x\pm\cdots\pm\int_a^b f_n(x)\mathrm{d}x.$$

(2)数乘运算：$\int_a^b kf(x)\mathrm{d}x=k\int_a^b f(x)\mathrm{d}x$($k$是常数).

(3)区间可加性：设a，b，c是三个任意的实数，则$\int_a^b f(x)\mathrm{d}x=\int_a^c f(x)\mathrm{d}x+\int_c^b f(x)\mathrm{d}x$.

(4)保号性：若在区间$[a, b]$上有$f(x)\geqslant 0$，则$\int_a^b f(x)\mathrm{d}x\geqslant 0$.

推论1 若在区间$[a, b]$上有$f(x)\leqslant g(x)$，则$\int_a^b f(x)\mathrm{d}x\leqslant\int_a^b g(x)\mathrm{d}x$.

推论2 若$f(x)$在区间$[a, b]$上可积，则$|f(x)|$在区间$[a, b]$上可积，且

$$\left|\int_a^b f(x)\mathrm{d}x\right|\leqslant\int_a^b |f(x)|\mathrm{d}x.$$

(5)估值定理：设M和m分别是函数$f(x)$在区间$[a, b]$上的最大值和最小值，则

$$m(b-a)\leqslant\int_a^b f(x)\mathrm{d}x\leqslant M(b-a).$$

(6)定积分中值定理：设函数$f(x)$在区间$[a, b]$上连续，则在区间$[a, b]$上至少存在一点ξ，使得$\int_a^b f(x)\mathrm{d}x=f(\xi)(b-a)$.

注 数值$\frac{1}{b-a}\int_a^b f(x)\mathrm{d}x$称为连续函数$f(x)$在区间$[a, b]$上的平均值．

2 微积分基本定理

2.1 积分变限函数求导定理

定理 设函数 $y=f(x)$在区间$[a, b]$上连续，则积分上限函数 $\Phi(x)=\int_a^x f(t)\mathrm{d}t$ 在区间$[a, b]$上可导，且 $\Phi'(x)=\left(\int_a^x f(t)\mathrm{d}t\right)'=f(x)$，$x\in[a, b]$.

注 ①积分下限函数 $\Phi(x)=\int_x^b f(t)\mathrm{d}t=-\int_b^x f(t)\mathrm{d}t$，因此有

$$\Phi'(x)=\left(\int_x^b f(t)\mathrm{d}t\right)'=\left(-\int_b^x f(t)\mathrm{d}t\right)'=-f(x).$$

②若 $y=f(x)$连续，$a(x)$，$b(x)$可导，则

$$\Phi'(x)=\left(\int_a^{b(x)} f(t)\mathrm{d}t\right)'=f[b(x)]\cdot b'(x),$$

$$\Phi'(x)=\left(\int_{a(x)}^b f(t)\mathrm{d}t\right)'=-f[a(x)]\cdot a'(x),$$

$$\Phi'(x)=\left(\int_{a(x)}^{b(x)} f(t)\mathrm{d}t\right)'=f[b(x)]\cdot b'(x)-f[a(x)]\cdot a'(x).$$

2.2 牛顿—莱布尼茨公式

定理 设函数 $f(x)$在区间$[a, b]$上连续，且 $F(x)$是 $f(x)$在该区间上的一个原函数，则

$$\int_a^b f(x)\mathrm{d}x=F(b)-F(a).$$

3 定积分的计算方法

3.1 定积分的换元积分法

定理 如果函数 $f(x)$在区间$[a, b]$上连续，函数 $x=\varphi(t)$满足条件：

(1)$\varphi(\alpha)=a$，$\varphi(\beta)=b$；

(2)当 $t\in[\alpha, \beta]$(或$[\beta, \alpha]$)时，$a\leqslant\varphi(t)\leqslant b$；

(3)$\varphi(t)$在区间$[\alpha, \beta]$(或$[\beta, \alpha]$)上有连续的导数，且 $\varphi'(t)\neq 0$，则有定积分换元公式

$$\int_a^b f(x)\mathrm{d}x=\int_\alpha^\beta f(\varphi(t))\varphi'(t)\mathrm{d}t.$$

注 ①定理中的公式从左往右相当于不定积分中的第二换元法，从右往左相当于不定积分中的第一换元法(此时可以不换元，而直接凑微分).

②与不定积分换元法不同，定积分在换元后不需要还原，只要把最终的数值计算出来即可.

③采用换元法计算定积分时，如果换元，一定换限，不换元就不换限.

3.2 定积分的分部积分法

设 $u(x)$，$v(x)$在$[a, b]$上具有连续的导数，则

$$\int_a^b u(x)v'(x)\mathrm{d}x=u(x)v(x)\Big|_a^b-\int_a^b u'(x)v(x)\mathrm{d}x,$$

简记为$\int_a^b u\mathrm{d}v=(uv)\Big|_a^b-\int_a^b v\mathrm{d}u$.

3.3 利用对称性计算定积分

设函数 $y=f(x)$ 在区间 $[-a, a]$($a>0$)上连续，则有

(1) $\int_{-a}^{a} f(x)\mathrm{d}x=\int_{0}^{a}[f(x)+f(-x)]\mathrm{d}x$；

(2) $\int_{-a}^{a} f(x)\mathrm{d}x=\begin{cases}0, & f(x) \text{ 是奇函数}, \\ 2\int_{0}^{a} f(x)\mathrm{d}x, & f(x) \text{ 是偶函数}.\end{cases}$

题型精练

题型9 定积分的概念、性质的应用

技巧总结

定积分的概念、几何意义与性质是考试中常考知识点之一，主要考查考生对基础概念理解和记忆，难度不大，但仍需重视．

例37 定积分 $\int_{a}^{b} f(x)\mathrm{d}x$(　　)．

A. 与 $f(x)$ 无关　　B. 与区间 $[a, b]$ 无关

C. 与变量 x 采用的符号无关　　D. 是变量 x 的函数

E. 分割区间的方式有关

【解析】根据定积分的定义，定积分与分割区间的方式、积分变量无关，只取决于被积函数和积分区间．定积分是一个常数，不是变量 x 的函数．

【答案】C

【点评】定积分 $\int_{a}^{b} f(x)\mathrm{d}x$ 与积分变量的符号的选取无关，即

$$\int_{a}^{b} f(x)\mathrm{d}x=\int_{a}^{b} f(t)\mathrm{d}t=\int_{a}^{b} f(u)\mathrm{d}u.$$

例38 定积分 $\int_{0}^{2}\sqrt{4-x^{2}}\,\mathrm{d}x$ 的值是(　　)．

A. 2π　　B. $\frac{\pi}{4}$　　C. $\frac{\pi}{2}$

D. 4π　　E. π

【解析】由定积分的几何意义可知，该定积分值等于圆 $x^{2}+y^{2}=4$ 的四分之一的面积，故有 $\int_{0}^{2}\sqrt{4-x^{2}}\,\mathrm{d}x=\frac{1}{4}\cdot\pi\cdot 2^{2}=\pi$.

【答案】E

【点评】本题考查了对定积分几何意义的理解和应用，上题也可利用换元积分法求解，相对来说比较麻烦．我们可设 $x=2\sin t$，$t\in\left[0, \frac{\pi}{2}\right]$，则 $\int_{0}^{2}\sqrt{4-x^{2}}\,\mathrm{d}x=\int_{0}^{\frac{\pi}{2}} 2\cos t\,\mathrm{d}(2\sin t)=\int_{0}^{\frac{\pi}{2}} 4\cos^{2} t\,\mathrm{d}t=2\int_{0}^{\frac{\pi}{2}}(\cos 2t+1)\mathrm{d}t=(\sin 2t+2t)\Big|_{0}^{\frac{\pi}{2}}=\pi$.

例 39 下列不等式成立的是(　　).

A. $\int_1^2 x^3 dx \leqslant \int_1^2 x^2 dx$　　B. $\int_0^1 x^2 dx \leqslant \int_0^1 x^3 dx$　　C. $\int_0^1 x^2 dx \geqslant \int_0^1 x^3 dx$

D. $\int_1^2 \ln x dx \leqslant \int_1^2 (\ln x)^2 dx$　　E. $\int_0^1 2^x dx \geqslant \int_0^1 3^x dx$

【解析】当 $0 \leqslant x \leqslant 1$ 时，$x^2 \geqslant x^3$，根据定积分保号性质知 $\int_0^1 x^2 dx \geqslant \int_0^1 x^3 dx$.

【答案】C

例 40 估计积分 $\int_{\frac{\pi}{4}}^{\frac{5\pi}{4}} (1+\sin^2 x) dx$ 的值，结论正确的是(　　).

A. $\pi \leqslant \int_{\frac{\pi}{4}}^{\frac{5\pi}{4}} (1+\sin^2 x) dx \leqslant 2\pi$　　B. $0 \leqslant \int_{\frac{\pi}{4}}^{\frac{5\pi}{4}} (1+\sin^2 x) dx \leqslant \pi$

C. $\frac{\pi}{2} \leqslant \int_{\frac{\pi}{4}}^{\frac{5\pi}{4}} (1+\sin^2 x) dx \leqslant \pi$　　D. $0 \leqslant \int_{\frac{\pi}{4}}^{\frac{5\pi}{4}} (1+\sin^2 x) dx \leqslant 2\pi$

E. $\frac{\pi}{2} \leqslant \int_{\frac{\pi}{4}}^{\frac{5\pi}{4}} (1+\sin^2 x) dx \leqslant 2\pi$

【解析】由于 $1 \leqslant 1+\sin^2 x \leqslant 2$，故 $\int_{\frac{\pi}{4}}^{\frac{5\pi}{4}} dx \leqslant \int_{\frac{\pi}{4}}^{\frac{5\pi}{4}} (1+\sin^2 x) dx \leqslant 2\int_{\frac{\pi}{4}}^{\frac{5\pi}{4}} dx$，即

$$\pi \leqslant \int_{\frac{\pi}{4}}^{\frac{5\pi}{4}} (1+\sin^2 x) dx \leqslant 2\pi.$$

【答案】A

【点评】我们先计算出被积函数 $y=1+\sin^2 x$ 在区间 $\left[\frac{\pi}{4}, \frac{5\pi}{4}\right]$ 上的最小值与最大值，然后套用估值定理的公式即可.

例 41 函数 $f(x)=\ln x$ 在区间[1, 3]上连续，并在该区间上的平均值是 6，则 $\int_1^3 f(x) dx=$ (　　).

A. 6　　B. 12　　C. 0　　D. 3　　E. 24

【解析】由积分中值定理知 $\int_1^3 f(x) dx = 6 \times (3-1) = 12$.

【答案】B

题型10　变限函数的导数

技巧总结

主要利用积分上限函数的求导定理 $\Phi'(x)=\frac{d}{dx}\int_a^x f(t) dt = f(x)\ (x \in [a,b])$，和复合型积分上限的求导公式 $\Phi'(x)=\left(\int_a^{b(x)} f(t) dt\right)'=f[b(x)] \cdot b'(x)$ 进行计算.

例 42 当 $x \to 0^+$ 时，下列无穷小量中最高阶的是(　　).

A. $\int_0^x (e^{t^2}-1) dt$　　B. $\int_0^x \ln(1+\sqrt{t^3}) dt$　　C. $\int_0^{\sin x} \sin t^2 dt$

D. $\int_0^{1-\cos x}\sqrt{\sin^3 t}\,dt$　　E. $\int_0^{x^2}(\sqrt{1+\tan t}-1)dt$

【解析】A 项：$\left[\int_0^x(e^{t^2}-1)dt\right]'=e^{x^2}-1$，当 $x\to0^+$ 时，$e^{x^2}-1\sim x^2$，因此 $\int_0^x(e^{t^2}-1)dt$ 是 x 的 3 阶无穷小．

B 项：$\left[\int_0^x\ln(1+\sqrt{t^3})dt\right]'=\ln(1+\sqrt{x^3})$，当 $x\to0^+$ 时，$\ln(1+\sqrt{x^3})\sim x^{\frac{3}{2}}$，因此 $\int_0^x\ln(1+\sqrt{t^3})dt$ 是 x 的 $\frac{5}{2}$ 阶无穷小．

C 项：$\left[\int_0^{\sin x}\sin t^2\,dt\right]'=\sin(\sin^2x)\cdot\cos x$，当 $x\to0^+$ 时，$\sin(\sin^2x)\cdot\cos x\sim x^2$，因此 $\int_0^{\sin x}\sin t^2\,dt$ 是 x 的 3 阶无穷小．

D 项：$\left[\int_0^{1-\cos x}\sqrt{\sin^3 t}\,dt\right]'=\sqrt{\sin^3(1-\cos x)}\cdot\sin x$，当 $x\to0^+$ 时，可得

$$\sqrt{\sin^3(1-\cos x)}\cdot\sin x\sim(1-\cos x)^{\frac{3}{2}}\cdot x\sim\left(\frac{1}{2}x^2\right)^{\frac{3}{2}}\cdot x=\left(\frac{1}{2}\right)^{\frac{3}{2}}\cdot x^4,$$

因此 $\int_0^{1-\cos x}\sqrt{\sin^3 t}\,dt$ 是 x 的 5 阶无穷小．

E 项：$\left[\int_0^{x^2}(\sqrt{1+\tan t}-1)dt\right]'=(\sqrt{1+\tan x^2}-1)\cdot 2x$，当 $x\to0^+$ 时，可得

$$(\sqrt{1+\tan x^2}-1)\cdot 2x\sim\frac{1}{2}\tan x^2\cdot 2x\sim\frac{1}{2}x^2\cdot 2x=x^3,$$

因此 $\int_0^{x^2}(\sqrt{1+\tan t}-1)dt$ 是 x 的 4 阶无穷小．

比较可知，D 项是最高阶的．

【答案】D

例 43　令 $y=\int_0^x(t-1)^2(t+2)dt$，则 $\left.\frac{dy}{dx}\right|_{x=0}=($　　$)$．

A. -2　　B. -1　　C. 1　　D. 2　　E. 0

【解析】$y'=\left[\int_0^x(t-1)^2(t+2)dt\right]'=(x-1)^2(x+2)$，将 $x=0$ 代入，得 $y'(0)=2$.

【答案】D

例 44　$\frac{d}{dx}\left(\int_0^{x^2}\sqrt{1+t^2}\,dt\right)=($　　$)$．

A. $\sqrt{1+x^2}$　　B. $\sqrt{1+x^4}$　　C. $2x\sqrt{1+x^4}$

D. $2x\sqrt{1+x^2}$　　E. $x^2\sqrt{1+x^4}$

【解析】根据复合型积分上限函数求导数公式，可得

$$\frac{d}{dx}\left(\int_0^{x^2}\sqrt{1+t^2}\,dt\right)=\sqrt{1+(x^2)^2}\cdot(x^2)'=2x\sqrt{1+x^4}.$$

【答案】C

题型11 利用牛顿—莱布尼茨公式求定积分

技巧总结

牛顿—莱布尼茨公式为$\int_a^b f(x)\mathrm{d}x=F(x)\big|_a^b=F(b)-F(a)$，它给出计算定积分的一个有效的简便方法：连续函数$f(x)$在$[a,b]$上的定积分等于它的任意一个原函数$F(x)$在区间$[a,b]$上的增量，因此大家要熟记公式．

例 45 设$f(x)=2x$，则$\int_0^4 f(x)\mathrm{d}x=($　　$)$.

A. 3　　B. 16　　C. 1　　D. 2　　E. 0

【解析】根据牛顿—莱布尼茨公式，计算可得$\int_0^4 f(x)\mathrm{d}x=\int_0^4 2x\mathrm{d}x=x^2\big|_0^4=16$.

【答案】B

题型12 分段函数形式下定积分的计算

技巧总结

利用积分区间的可加性和牛顿—莱布尼茨公式对分段函数形式下的定积分进行计算．

例 46 设$f(x)=\begin{cases}2x+1, & x\leqslant 2,\\ 1+x^2, & 2<x\leqslant 4,\end{cases}$当$k=($　　$)$时，可使$\int_k^3 f(x)\mathrm{d}x=\frac{40}{3}\left(-\frac{1}{2}<k<2\right)$.

A. -1　　B. 0　　C. 1　　D. $\frac{1}{2}$　　E. $\frac{3}{2}$

【解析】根据积分区间的可加性和牛顿—莱布尼茨公式，计算可得

$$\begin{aligned}\int_k^3 f(x)\mathrm{d}x&=\int_k^2(2x+1)\mathrm{d}x+\int_2^3(1+x^2)\mathrm{d}x=(x^2+x)\big|_k^2+\left(x+\frac{x^3}{3}\right)\bigg|_2^3\\&=6-(k^2+k)+\frac{22}{3}=\frac{40}{3}-(k^2+k).\end{aligned}$$

已知$\int_k^3 f(x)\mathrm{d}x=\frac{40}{3}$，即$\frac{40}{3}-(k^2+k)=\frac{40}{3}$，因此$k^2+k=0$，解得$k=0$，$k=-1$(舍去).

【答案】B

例 47 计算$\int_{-1}^3|2-x|\mathrm{d}x=($　　$)$.

A. 1　　B. 2　　C. 3　　D. 4　　E. 5

【解析】$|2-x|=\begin{cases}2-x, & x\leqslant 2,\\ x-2, & x>2,\end{cases}$则由定积分的区间可加性得

$$\int_{-1}^3|2-x|\mathrm{d}x=\int_{-1}^2(2-x)\mathrm{d}x+\int_2^3(x-2)\mathrm{d}x=\left(2x-\frac{x^2}{2}\right)\bigg|_{-1}^2+\left(\frac{x^2}{2}-2x\right)\bigg|_2^3=4\frac{1}{2}+\frac{1}{2}=5.$$

【答案】E

【点评】我们也可通过第一换元积分法求解本题，设$2-x=t$，则

$$\int_{-1}^{3}|2-x|\,\mathrm{d}x=-\int_{3}^{-1}|t|\,\mathrm{d}t=\int_{-1}^{3}|t|\,\mathrm{d}t=2\int_{0}^{1}t\mathrm{d}t+\int_{1}^{3}t\mathrm{d}t=1+4=5.$$

题型13 定积分的换元积分法

技巧总结

(1)定积分的换元公式为

$$\int_a^b f(x)\mathrm{d}x=\int_\alpha^\beta f(\varphi(t))\varphi'(t)\mathrm{d}t,$$

其中$\varphi(\alpha)=a$，$\varphi(\beta)=b$；$\varphi(t)$在$[\alpha,\beta]$(或$[\beta,\alpha]$)上单调，且其导数$\varphi'(t)$连续．

(2)应用换元公式时要注意两点：

①作换元$x=\varphi(t)$时，不仅被积表达式要变换，积分上、下限也要随之作变换，即把对x积分的积分限a，b相应的换成对t积分的积分限α，β.

②在求出$f(\varphi(t))\varphi'(t)$的一个原函数$G(t)$后，不必像计算不定积分那样要用$x=\varphi(t)$的反函数$t=\varphi^{-1}(x)$代入$G(t)$，而只要直接计算$G(\beta)-G(\alpha)$即可．这是定积分与不定积分的换元法的不同之处，也是定积分换元法的优越性所在．

例48 定积分$\int_0^2 x\sqrt{1+2x^2}\,\mathrm{d}x=$(　　).

A. $\frac{1}{6}$　　B. 4　　C. 13　　D. 2　　E. $\frac{13}{3}$

【解析】根据第一换元积分法和牛顿—莱布尼茨公式可得

$$\int_0^2 x\sqrt{1+2x^2}\,\mathrm{d}x=\frac{1}{4}\int_0^2\sqrt{1+2x^2}\,\mathrm{d}(1+2x^2)=\frac{1}{4}\cdot\frac{2}{3}(1+2x^2)^{\frac{3}{2}}\Big|_0^2=\frac{13}{3}.$$

【答案】E

【点评】使用凑微分法计算定积分只要熟练利用不定积分的凑微分法求得一个原函数，然后再利用牛顿—莱布尼茨公式计算求得结果即可．

例49 设$\int_1^x f(t)\mathrm{d}t=\frac{x^4}{2}-\frac{1}{2}$，则$\int_1^4\frac{1}{\sqrt{x}}f(\sqrt{x})\mathrm{d}x=$(　　).

A. 2　　B. 7　　C. 12　　D. 15　　E. 17

【解析】$\int_1^4\frac{1}{\sqrt{x}}f(\sqrt{x})\mathrm{d}x\xlongequal{令t=\sqrt{x}}\int_1^2 2f(t)\mathrm{d}t=2\int_1^2 f(x)\mathrm{d}x=2\cdot\left(\frac{2^4}{2}-\frac{1}{2}\right)=15.$

【答案】D

【点评】我们也可在$\int_1^x f(t)\mathrm{d}t=\frac{x^4}{2}-\frac{1}{2}$两边同时对$x$求导数，于是$f(x)=2x^3$，从而

$$\int_1^4\frac{1}{\sqrt{x}}f(\sqrt{x})\mathrm{d}x=2\int_1^4\frac{1}{\sqrt{x}}(\sqrt{x})^3\mathrm{d}x=2\int_1^4 x\mathrm{d}x=x^2\Big|_1^4=16-1=15.$$

例50 定积分$\int_0^a x^2\sqrt{a^2-x^2}\,\mathrm{d}x=$(　　).

A. $\frac{a^4\pi}{4}$　　B. $\frac{a^4\pi}{8}$　　C. $\frac{a^4\pi}{16}$　　D. $\frac{a^4\pi}{32}$　　E. $\frac{a^4\pi}{2}$

【解析】根据第二换元积分法，可令 $x=a\sin t$，$dx=a\cos t dt$，当 $x=0$ 时，$t=0$；当 $x=a$ 时，$t=\frac{\pi}{2}$，故有

$$\begin{aligned}\int_0^a x^2\sqrt{a^2-x^2}dx&=\int_0^{\frac{\pi}{2}}(a\sin t)^2\sqrt{a^2-a^2\sin^2 t}\cdot a\cos t dt\\&=a^4\int_0^{\frac{\pi}{2}}\sin^2 t\cos^2 t dt=\frac{a^4}{4}\int_0^{\frac{\pi}{2}}\sin^2 2t dt\\&=\frac{a^4}{32}\int_0^{\frac{\pi}{2}}(1-\cos 4t)d4t=\frac{a^4\pi}{16}.\end{aligned}$$

【答案】C

【点评】我们还可通过定积分的几何意义来解本题，具体过程如下：

$$\int_0^a x^2\sqrt{a^2-x^2}dx=\frac{1}{2}\int_0^a\sqrt{x^2(a^2-x^2)}dx^2\xlongequal{令x^2=t}\frac{1}{2}\int_0^{a^2}\sqrt{t(a^2-t)}dt=\frac{1}{2}\int_0^{a^2}\sqrt{\frac{a^4}{4}-\left(t-\frac{a^2}{2}\right)^2}dt,$$

定积分 $\int_0^{a^2}\sqrt{\frac{a^4}{4}-\left(t-\frac{a^2}{2}\right)^2}dt$ 表示以 $\left(\frac{a^2}{2},0\right)$ 为圆心，以 $\frac{a^2}{2}$ 为半径的半圆的面积，即 $\frac{a^4\pi}{8}$. 故所求定积分为 $\frac{a^4\pi}{16}$.

题型14　分部积分法求定积分

技巧总结

定积分的分部积分法是求定积分的重要方法，解题的关键是如何选取分部积分公式 $\int_a^b u dv=uv\big|_a^b-\int_a^b v du$ 中的 u，v.

根据求不定积分时使用分部积分法的原则：将基本初等函数按照“反、对、幂、三、指”的顺序进行排列，排序在后的看成是 v'.

例 51　$\int_0^1 x\ln(1+x)dx=($　　$)$.

A. $\frac{1}{4}$　　B. 0　　C. $\frac{1}{2}$　　D. 2　　E. 4

【解析】根据分部积分公式和牛顿—莱布尼茨公式计算定积分可得

$$\begin{aligned}\int_0^1 x\ln(1+x)dx&=\frac{1}{2}\int_0^1\ln(1+x)dx^2=\frac{1}{2}x^2\ln(1+x)\Big|_0^1-\frac{1}{2}\int_0^1\frac{x^2}{1+x}dx\\&=\frac{1}{2}\ln 2-\frac{1}{2}\int_0^1\frac{x^2-1+1}{1+x}dx=\frac{1}{2}\ln 2-\frac{1}{2}\int_0^1\left(x-1+\frac{1}{x+1}\right)dx\\&=\frac{1}{2}\ln 2-\frac{1}{2}\left(\frac{1}{2}x^2-x+\ln|x+1|\right)\Big|_0^1\\&=\frac{1}{2}\ln 2-\frac{1}{2}\left(\ln 2-\frac{1}{2}\right)=\frac{1}{4}.\end{aligned}$$

【答案】A

例 52 已知 $f(2)=\frac{1}{2}$，$f'(2)=0$ 及 $\int_0^2 f(x)\mathrm{d}x=1$，则 $\int_0^1 x^2 f''(2x)\mathrm{d}x=(\quad)$.

A. -1 B. $-\frac{1}{4}$ C. 0 D. $\frac{1}{2}$ E. 1

【解析】两次运用分部积分公式．设 $t=2x$，则 $\mathrm{d}x=\frac{1}{2}\mathrm{d}t$，当 $x=0$ 时，$t=0$；当 $x=1$ 时，$t=2$，根据分部积分法和牛顿—莱布尼茨公式可得

$$\begin{aligned}\int_0^1 x^2 f''(2x)\mathrm{d}x &=\frac{1}{2}\int_0^2 \frac{t^2}{4}f''(t)\mathrm{d}t=\frac{1}{8}\left[t^2 f'(t)\Big|_0^2-2\int_0^2 tf'(t)\mathrm{d}t\right]\\&=\frac{1}{8}\left[-2\int_0^2 t\mathrm{d}f(t)\right]=-\frac{1}{4}\left[tf(t)\Big|_0^2-\int_0^2 f(t)\mathrm{d}t\right]\\&=-\frac{1}{4}(1-1)=0.\end{aligned}$$

【答案】C

例 53 定积分 $\int_0^1 \mathrm{e}^{\sqrt{x}}\mathrm{d}x=(\quad)$.

A. $\frac{1}{2}$ B. 2 C. 1 D. e E. e−1

【解析】令 $\sqrt{x}=t$，则 $x=t^2$，$\mathrm{d}x=2t\mathrm{d}t$，当 $x=0$ 时，$t=0$；当 $x=1$ 时，$t=1$，根据分部积分法和牛顿—莱布尼茨公式，可得

$$\int_0^1 \mathrm{e}^{\sqrt{x}}\mathrm{d}x=2\int_0^1 \mathrm{e}^t t\,\mathrm{d}t=2\int_0^1 t\,\mathrm{d}\mathrm{e}^t=2\left(t\mathrm{e}^t\Big|_0^1-\int_0^1 \mathrm{e}^t\,\mathrm{d}t\right)=2\left(\mathrm{e}-\mathrm{e}^t\Big|_0^1\right)=2[\mathrm{e}-(\mathrm{e}-1)]=2.$$

【答案】B

第3节 定积分的应用

考纲解析

1. 会利用定积分计算平面图形的面积．
2. 会利用定积分求解简单的经济应用问题．

知识精讲

1 定积分在几何上的应用

定积分在几何上的应用主要是利用定积分求解直角坐标系中的平面图形的面积．

(1)在平面直角坐标系中求由曲线 $y=f(x)$，$y=g(x)$以及直线 $x=a$，$x=b$ 围成图形的面积A，其中函数 $f(x)$，$g(x)$在区间$[a,b]$上连续，且 $f(x)\geqslant g(x)$，如图 3-3 所示，所求面积为 $A=\int_a^b[f(x)-g(x)]\mathrm{d}x$；若 $f(x)\leqslant g(x)$，则有 $A=-\int_a^b[f(x)-g(x)]\mathrm{d}x$.

综合以上两种情况，由 $y=f(x)$，$y=g(x)$，$x=a$ 以及 $x=b(a<b)$ 围成图形的面积为

$$A=\int_a^b |f(x)-g(x)|\,dx.$$

(2)如图 3-4 所示，在平面直角坐标系中，由曲线 $x=\psi_1(y)$，$x=\psi_2(y)$ 以及直线 $y=c$，$y=d(c\leqslant d)$ 围成图形的面积为

$$A=\int_c^d |\psi_1(y)-\psi_2(y)|\,dy.$$

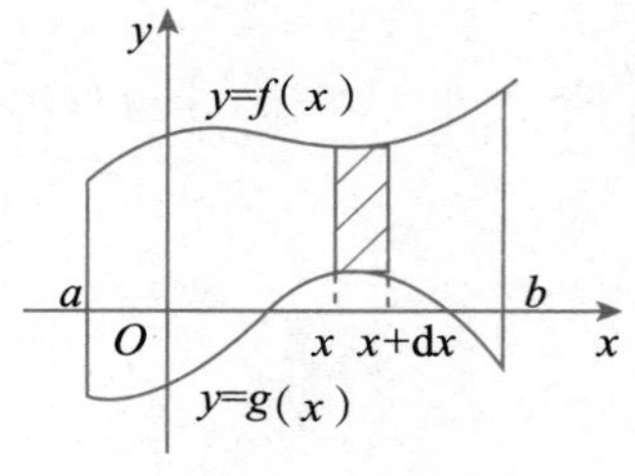

图 3-3

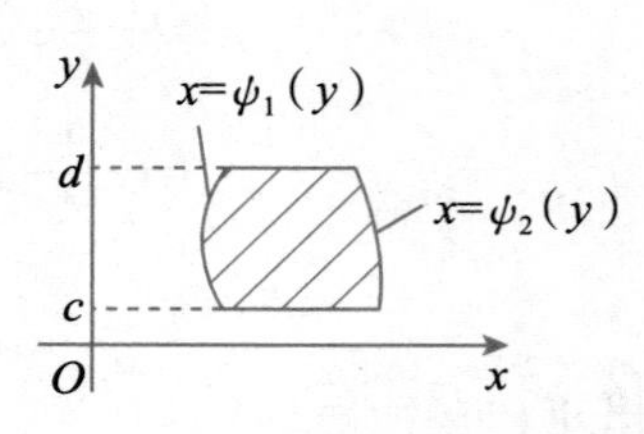

图 3-4

2 定积分在经济方面的应用

2.1 利用定积分求原经济函数问题

由边际函数求总函数(即原函数)，一般采用不定积分来解决，或者求一个变上限的定积分．可以求总需求函数、总成本函数、总收益函数以及总利润函数．

设经济应用函数 $u(x)$ 的边际函数为 $u'(x)$，则有 $u(x)=u(0)+\int_0^x u'(t)\,dt$.

2.2 利用定积分求总量问题

如果求总函数在某个范围的改变量，则直接采用定积分来解决．

设总产量 $Q(t)$ 的变化率为 $Q'(t)$，则由 t_1 到 t_2 时间内生产的总产量为 $Q=\int_{t_1}^{t_2} Q'(t)\,dt$.

题型精练

题型15 利用定积分计算平面图形的面积

技巧总结

计算平面图形的面积常用的公式为

$$A=\int_a^b [g(x)-f(x)]\,dx.$$

其中平面图形是由曲线 $y=f(x)$，$y=g(x)$ 以及直线 $x=a$，$x=b$ 围成，且 $f(x)\leqslant g(x)$ $(a\leqslant x\leqslant b)$.

例 54 由曲线 $y=x^2$ 及 $y=\sqrt{x}$ 所围成的平面图形的面积为(　　).

A. $\frac{1}{2}$　　B. $\frac{1}{3}$　　C. $\frac{1}{4}$

D. $\frac{1}{5}$　　E. 1

【解析】如图 3-5 所示，所求面积

$$S=\int_0^1(\sqrt{x}-x^2)\mathrm{d}x=\left(\frac{2}{3}x^{\frac{3}{2}}-\frac{1}{3}x^3\right)\bigg|_0^1=\frac{1}{3}.$$

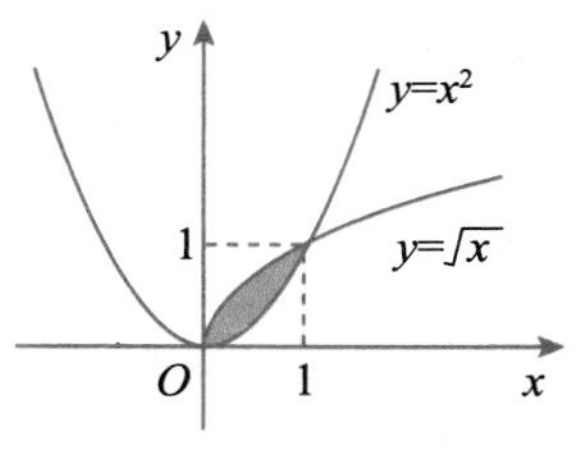

图 3-5

【答案】B

【点评】我们也可将纵坐标 y 看作积分变量，所求面积

$$S=\int_0^1(\sqrt{y}-y^2)\mathrm{d}y=\left(\frac{2}{3}y^{\frac{3}{2}}-\frac{1}{3}y^3\right)\bigg|_0^1=\frac{1}{3}.$$

例 55 由曲线 $y=\ln x$，$y=0$，$x=\frac{1}{2}$，$x=2$ 围成的区域面积为(　　).

A. $\frac{3}{2}\ln2$　　B. $\frac{1}{2}\ln2-\frac{1}{2}$　　C. $\frac{3}{2}\ln2+\frac{1}{2}$

D. $\frac{3}{2}\ln2-\frac{1}{2}$　　E. $\frac{5}{2}\ln2-\frac{3}{2}$

【解析】如图 3-6 所示，所求面积

$$\begin{aligned}S&=\int_{\frac{1}{2}}^2|\ln x|\mathrm{d}x=\int_{\frac{1}{2}}^1|\ln x|\mathrm{d}x+\int_1^2|\ln x|\mathrm{d}x\\&=\int_{\frac{1}{2}}^1(-\ln x)\mathrm{d}x+\int_1^2\ln x\mathrm{d}x\\&=-(x\ln x-x)\Big|_{\frac{1}{2}}^1+(x\ln x-x)\Big|_1^2\\&=\frac{3}{2}\ln2-\frac{1}{2}.\end{aligned}$$

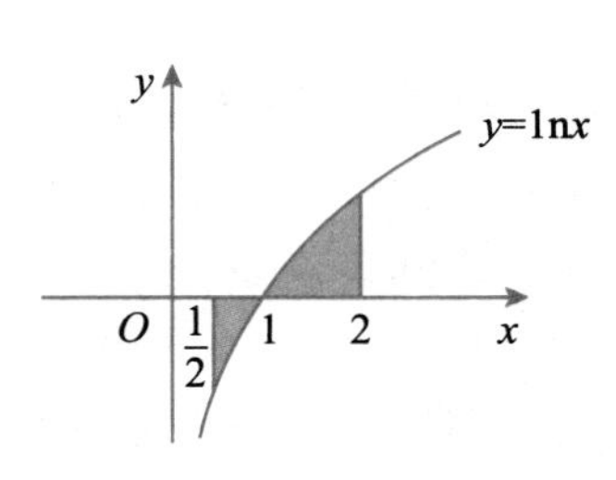

图 3-6

【答案】D

例 56 曲线 $y=-x^3+x^2+2x$ 与 x 轴所围成的图形的面积 $A=$(　　).

A. $\frac{1}{2}$　　B. $\frac{37}{2}$　　C. $\frac{37}{12}$

D. $\frac{7}{12}$　　E. $\frac{7}{2}$

【解析】令 $y=-x^3+x^2+2x=0$，即 $-x(x^2-x-2)=-x(x-2)(x+1)=0$ 得 $x=-1$ 或 $x=0$ 或 $x=2$. 当 $-1<x<0$ 时，$y<0$；当 $0<x<2$ 时，$y>0$. 所以

$$\begin{aligned}A&=\int_{-1}^2|y|\mathrm{d}x=-\int_{-1}^0y\mathrm{d}x+\int_0^2y\mathrm{d}x=\int_{-1}^0(x^3-x^2-2x)\mathrm{d}x+\int_0^2(-x^3+x^2+2x)\mathrm{d}x\\&=\left(\frac{1}{4}x^4-\frac{1}{3}x^3-x^2\right)\bigg|_{-1}^0+\left(-\frac{1}{4}x^4+\frac{1}{3}x^3+x^2\right)\bigg|_0^2=-\frac{1}{4}-\frac{1}{3}+1-4+\frac{8}{3}+4=\frac{37}{12}.\end{aligned}$$

【答案】C

题型16 定积分的经济应用

技巧总结

(1)设经济应用函数 $u(x)$ 的边际函数为 $u'(x)$，则有

$$u(x)=u(0)+\int_0^x u'(t)\mathrm{d}t.$$

(2)设总产量 $Q(t)$ 的变化率为 $Q'(t)$，则由 t_1 到 t_2 时间内生产的总产量为

$$Q=\int_{t_1}^{t_2} Q'(t)\mathrm{d}t.$$

例 57 已知边际成本为 $C'(x)=7+\frac{25}{\sqrt{x}}$，固定成本为 1 000，总成本函数为(　　).

A. $1\,000+7x-50\sqrt{x}$　　B. $1\,000-7x+50\sqrt{x}$　　C. $1\,000-7x-50\sqrt{x}$

D. $1\,000+7x+50\sqrt{x}$　　E. $1\,000+7x+25\sqrt{x}$

【解析】$C(0)$表示固定成本，根据求总成本函数的公式，有

$$C(x)=C(0)+\int_0^x C'(t)\mathrm{d}t=1\,000+\int_0^x\left(7+\frac{25}{\sqrt{t}}\right)\mathrm{d}t$$

$$=1\,000+(7t+50\sqrt{t})\Big|_0^x=1\,000+7x+50\sqrt{x}.$$

【答案】D

例 58 设某种商品每天生产 x 单位时，固定成本为 20 元，边际成本函数为 $C'(x)=0.4x+2$ (元/单位)，则总成本函数 $C(x)$ 为(　　).

A. $0.2x^2+x+20$　　B. $0.2x^2-x+20$　　C. $x^2+2x+20$

D. $0.2x^2-2x+20$　　E. $0.2x^2+2x+20$

【解析】根据公式，总成本函数为

$$C(x)=\int_0^x(0.4t+2)\mathrm{d}t+C(0)=(0.2t^2+2t)\Big|_0^x+20=0.2x^2+2x+20.$$

【答案】E

例 59 设某工厂生产某产品在时刻 t 总产量的变化率为 $x'(t)=100+12t$(单位/小时)，则 $t=2$ 到 $t=4$ 这两小时的总产量为(　　).

A. 260　　B. 262　　C. 272　　D. 280　　E. 283

【解析】由变化率求总产量的公式，可知

$$Q=\int_2^4 x'(t)\mathrm{d}t=\int_2^4(100+12t)\mathrm{d}t=(100t+6t^2)\Big|_2^4=272.$$

【答案】C

本章通关测试

1. 下列函数中，不是 $e^{2x}-e^{-2x}$ 的原函数的是(　　).

A. $\frac{1}{2}(e^{2x}+e^{-2x})$　　B. $\frac{1}{2}(e^{x}+e^{-x})^2$　　C. $\frac{1}{2}(e^{x}-e^{-x})^2$

D. $\frac{1}{2}(e^{2x}-e^{-2x})$　　E. $\frac{1}{2}(e^{2x}+e^{-2x}+1)$

2. 设 $\int F'(x)dx=\int G'(x)dx$，则下列结论中错误的是(　　).

A. $F(x)=G(x)$　　B. $F(x)=G(x)+C$　　C. $F'(x)=G'(x)$

D. $d\int F'(x)dx=d\int G'(x)dx$　　E. $F(x)+C_1=G(x)+C_2$

3. 设 $f(x)$ 的一个原函数是 $\sin x$，则 $\int xf'(x)dx=$(　　).

A. $x\sin x+\cos x+C$　　B. $-\sin x-\cos x+C$　　C. $x\cos x-\sin x+C$

D. $x\cos x+\sin x+C$　　E. $x\sin x-\cos x+C$

4. $\int f'\left(\frac{1}{x}\right)\frac{1}{x^2}dx$ 的结果是(　　).

A. $f\left(-\frac{1}{x}\right)+C$　　B. $-f\left(-\frac{1}{x}\right)+C$　　C. $f\left(\frac{1}{x}\right)+C$

D. $f\left(\frac{1}{x^2}\right)+C$　　E. $-f\left(\frac{1}{x}\right)+C$

5. 不定积分 $\int\sqrt{e^x-1}\,dx=$(　　).

A. $2\sqrt{e^x-1}-2\arctan\sqrt{e^x-1}+C$

B. $2\sqrt{e^x-1}-\arctan\sqrt{e^x-1}+C$

C. $\sqrt{e^x-1}-2\arctan\sqrt{e^x-1}+C$

D. $\sqrt{e^x-1}-\arctan\sqrt{e^x-1}+C$

E. $2\sqrt{e^x-1}+2\arctan\sqrt{e^x-1}+C$

6. $\int\frac{\ln x-1}{x^2}dx=$(　　).

A. $\frac{1}{x^2}\ln x+C$　　B. $-\frac{1}{x^2}\ln x+C$　　C. $\frac{1}{x}\ln x+C$

D. $-\frac{1}{x}\ln x+C$　　E. $-\frac{1}{x}\ln x+\frac{2}{x}+C$

7. 设 $\int xf(x)dx=\arctan x+C$，则 $\int\frac{1}{f(x)}dx=$(　　).

A. x^2+x^4+C　　B. $x+\frac{x^4}{4}+C$　　C. $\frac{x^2}{2}+\frac{x^3}{3}+C$

D. $\frac{x^2}{2}+\frac{x^4}{4}+C$　　E. $x+\frac{x^3}{3}+C$

8. 不定积分$\int \tan^3 x\sec x\mathrm{d}x=($　　$)$.

A. $\frac{1}{3}\sec^3 x-\sec x+C$　　B. $\sec^3 x-\sec x+C$　　C. $\frac{1}{3}\sec^3 x-x+C$

D. $\tan x-x+C$　　E. $\tan x-\sec x+C$

9. 不定积分$\int x\sqrt[3]{3-2x^2}\mathrm{d}x=($　　$)$.

A. $-\frac{3}{4}(3-2x^2)^{\frac{4}{3}}+C$　　B. $\frac{3}{16}(3-2x^2)^{\frac{4}{3}}+C$　　C. $-\frac{3}{16}(3-2x^2)^{\frac{4}{3}}+C$

D. $-\frac{1}{3}(3-2x^2)^{\frac{4}{3}}+C$　　E. $\frac{1}{3}(3-2x^2)^{\frac{4}{3}}+C$

10. 不定积分$\int \mathrm{e}^{2x}\cos\mathrm{e}^x\mathrm{d}x=($　　$)$.

A. $\sin\mathrm{e}^x+\cos\mathrm{e}^x+C$　　B. $\mathrm{e}^{2x}\sin\mathrm{e}^x+\cos\mathrm{e}^x+C$　　C. $\mathrm{e}^x\sin\mathrm{e}^x+\cos\mathrm{e}^x+C$

D. $(\mathrm{e}^x+1)\cos\mathrm{e}^x+C$　　E. $(\mathrm{e}^x+1)\sin\mathrm{e}^x+C$

11. 设$a>0$，则$\int\frac{1}{\sqrt{a^2-x^2}}\mathrm{d}x=($　　$)$.

A. $\arccos\frac{x}{a}+1$　　B. $-\arctan\frac{x}{a}+C$　　C. $\arctan\frac{x}{a}+C$

D. $\arcsin\frac{x}{a}+C$　　E. $-\arcsin\frac{x}{a}+1$

12. 下列等式中错误的是(　　).

A. $\int_a^b f(x)\mathrm{d}x+\int_b^a f(x)\mathrm{d}x=0$　　B. $\int_a^b f(x)\mathrm{d}x=\int_a^b f(t)\mathrm{d}t$

C. $\int_{-a}^a f(x)\mathrm{d}x=0$　　D. $\int_a^a f(x)\mathrm{d}x=0$

E. $\int_a^b f(x)\mathrm{d}x+\int_b^c f(x)\mathrm{d}x+\int_c^a f(x)\mathrm{d}x=0$

13. $\frac{\mathrm{d}}{\mathrm{d}x}\left(\int_1^{\mathrm{e}}\mathrm{e}^{-x^2}\mathrm{d}x\right)=($　　$)$.

A. e^{-x^2}　　B. $2x\mathrm{e}^{-x^2}$　　C. $-2x\mathrm{e}^{-x^2}$

D. 1　　E. 0

14. 设$I_1=\int_0^{\frac{\pi}{4}}x\mathrm{d}x$，$I_2=\int_0^{\frac{\pi}{4}}\sqrt{x}\mathrm{d}x$，$I_3=\int_0^{\frac{\pi}{4}}\sin x\mathrm{d}x$，则$I_1$，$I_2$，$I_3$的关系是(　　).

A. $I_1>I_2>I_3$　　B. $I_1>I_3>I_2$　　C. $I_3>I_1>I_2$

D. $I_2>I_1>I_3$　　E. $I_2>I_3>I_1$

15. 估计积分值$\int_0^2\mathrm{e}^{-x^2}\mathrm{d}x$有(　　).

A. $\frac{2}{\mathrm{e}^4}\leqslant\int_0^2\mathrm{e}^{-x^2}\mathrm{d}x\leqslant 2$　　B. $0\leqslant\int_0^2\mathrm{e}^{-x^2}\mathrm{d}x\leqslant 2$　　C. $2\leqslant\int_0^2\mathrm{e}^{-x^2}\mathrm{d}x\leqslant 2\mathrm{e}^4$

D. $0\leqslant\int_0^2 e^{-x^2}dx\leqslant\frac{2}{e^4}$　　E. $\frac{2}{e^4}\leqslant\int_0^2 e^{-x^2}dx\leqslant 2e^4$

16. 已知$\int_0^{\ln a} e^x\sqrt{3-2e^x}\,dx=\frac{1}{3}$，则$a=$(　　).

A. 2　　B. $\frac{3}{2}$　　C. e^2　　D. 2e　　E. e

17. 设$f(x)=\begin{cases}x^2, & x>0,\\ x, & x\leqslant 0,\end{cases}$则$\int_{-1}^1 f(x)dx=$(　　).

A. $2\int_{-1}^0 x\,dx$　　B. $2\int_0^1 x^2dx$　　C. $\int_0^1 x^2dx+\int_{-1}^0 x\,dx$

D. $\int_0^1 x\,dx+\int_{-1}^0 x^2dx$　　E. $\int_{-1}^1 (x^2+x)dx$

18. 若连续函数$f(x)$满足$\int_0^{x^3-1} f(t)dt=x$，则$f(7)=$(　　).

A. 1　　B. 2　　C. $\frac{1}{12}$　　D. $\frac{1}{2}$　　E. 0

19. 设$f(x)$是连续函数，则$\frac{d}{dx}\int_{2x}^{-1} f(t)dt=$(　　).

A. $f(2x)$　　B. $2f'(2x)$　　C. $-f(2x)$

D. $2f(2x)$　　E. $-2f(2x)$

20. $\frac{d}{dx}\left(x\int_0^x \cos t^4dt\right)=$(　　).

A. $\int_0^x \cos t^4dt$　　B. $-4x^4\int_0^x \sin t^4dt$　　C. $\int_0^x \cos t^4dt+x\sin x^4$

D. $x\cos x^4$　　E. $\int_0^x \cos t^4dt+x\cos x^4$

21. 设$f(x)=\begin{cases}x+1, & x\leqslant 1,\\ \frac{1}{2}x^2, & x>1,\end{cases}$则$\int_0^2 f(x)dx=$(　　).

A. $\frac{8}{3}$　　B. 4　　C. $\frac{4}{3}$　　D. $\frac{3}{2}$　　E. $\frac{7}{6}$

22. 定积分$\int_{-3}^4 \max\{1, x^2\}dx=$(　　).

A. 7　　B. $\frac{95}{3}$　　C. $\frac{37}{3}$　　D. $\frac{2}{3}$　　E. $\frac{7}{6}$

23. 若$\int_0^1 (2x+k)dx=2$，则$k=$(　　).

A. 0　　B. -1　　C. 1　　D. $\frac{1}{2}$　　E. $-\frac{1}{2}$

24. 积分$\int_1^e \frac{dx}{x\sqrt{1+\ln x}}=$(　　).

A. $2\sqrt{2}-1$　　B. $1-\sqrt{2}$　　C. $\sqrt{2}-1$

D. $2(1-\sqrt{2})$　　E. $2(\sqrt{2}-1)$

25. $\int_{-1}^{1}\frac{1+x^5\cos x^3}{1+x^2}\mathrm{d}x=($　　$)$.

A. 0　　B. -1　　C. 1　　D. $\frac{\pi}{2}$　　E. $-\frac{\pi}{2}$

26. 下列定积分为零的是(　　).

A. $\int_{-\frac{\pi}{4}}^{\frac{\pi}{4}}\frac{\arctan x}{1+x^2}\mathrm{d}x$　　B. $\int_{-\frac{\pi}{4}}^{\frac{\pi}{4}}x\arcsin x\mathrm{d}x$　　C. $\int_{-1}^{1}\frac{\mathrm{e}^x+\mathrm{e}^{-x}}{2}\mathrm{d}x$

D. $\int_{-1}^{1}(x^2+x)\sin x\mathrm{d}x$　　E. $\int_{-1}^{1}\sqrt{1-x^2}\mathrm{d}x$

27. $\int_{-2}^{2}(\sqrt{4-x^2}-x\cos^2 x)\mathrm{d}x=($　　$)$.

A. 0　　B. 1　　C. $\frac{\pi}{2}$　　D. π　　E. 2π

28. 设 $f(2x-1)=\frac{\ln x}{\sqrt{x}}$，则 $\int_{1}^{7}f(x)\mathrm{d}x=($　　$)$.

A. $8(\ln 2-1)$　　B. $4(\ln 4-1)$　　C. $4(\ln 2-1)$

D. $8(\ln 4-1)$　　E. $8\ln 4$

29. 设 $f(x)=\int_{\pi}^{x}\frac{\sin t}{t}\mathrm{d}t$，则 $\int_{0}^{\pi}f(x)\mathrm{d}x=($　　$)$.

A. -2　　B. 2　　C. 1　　D. -1　　E. 0

30. $\int_{0}^{4}\frac{x+2}{\sqrt{2x+1}}\mathrm{d}x=($　　$)$.

A. $\frac{11}{3}$　　B. $\frac{22}{3}$　　C. 11　　D. $-\frac{44}{3}$　　E. $\frac{55}{3}$

31. $\int_{\frac{1}{\mathrm{e}}}^{\mathrm{e}}|\ln x|\mathrm{d}x=($　　$)$.

A. $2-\frac{2}{\mathrm{e}}$　　B. $-\frac{2}{\mathrm{e}}$　　C. 2　　D. $2+\frac{2}{\mathrm{e}}$　　E. $\frac{2}{\mathrm{e}}$

32. 曲线 $y=x^2$ 与直线 $y=1$ 所围成的图形的面积为(　　).

A. $\frac{2}{3}$　　B. $\frac{3}{4}$　　C. $\frac{4}{3}$　　D. 1　　E. $\frac{3}{2}$

33. 抛物线 $y^2=2x$ 与直线 $y=x-4$ 所围成的图形的面积为(　　).

A. 8　　B. 10　　C. 12　　D. 16　　E. 18

34. 设某产品在时刻 t 总产量的变化率为 $f(t)=100+12t-0.6t^2$(单位/小时)，则从 $t=2$ 到 $t=4$ 这两小时的总产量为(　　)单位.

A. 260　　B. 260.2　　C. 260.8　　D. 283.2　　E. 283

35. 已知边际收益为 $R'(x)=78-2x$，设 $R(0)=0$，则总收益函数 $R(x)=($　　$)$.

A. $78x-2x^2$　　B. $78x-x^2$　　C. $78-x^2$

D. $78+2x^2$　　E. $78x+x^2$

答案速查

1～5 DACEA　6～10 DDACC　11～15 DCEDA
16～20 BCCEE　21～25 ABCED　26～30 AEDAB
31～35 ACECB

答案详解

1. D

【解析】因为$\left[\frac{1}{2}(e^{2x}-e^{-2x})\right]'=e^{2x}+e^{-2x}\neq e^{2x}-e^{-2x}$，故D项不是$e^{2x}-e^{-2x}$的原函数．

【点评】除了将各选项求导以外，本题还可以对$e^{2x}-e^{-2x}$求积分，得$\frac{1}{2}(e^{2x}+e^{-2x})+C$，通过观察5个选项，可知D项错误．

2. A

【解析】由不定积分的性质，可得$\int F'(x)dx=F(x)+C_1$，$\int G'(x)dx=G(x)+C_2$，其中C_1，C_2都是任意常数，所以有$F(x)+C_1=G(x)+C_2$，即$F(x)=G(x)+C(C=C_2-C_1)$，即B、E项正确；而C项：对B项中式子两边求导数可知C项正确；D项：对题干式子两边求导可知D项正确．所以错误的是A项．

3. C

【解析】由原函数的定义知$f(x)=(\sin x)'=\cos x$，根据分部积分公式和基本积分公式，可得

$$\int xf'(x)dx=\int xdf(x)=\int xd\cos x=x\cos x-\sin x+C.$$

4. E

【解析】根据不定积分的凑微分法可得$\int f'\left(\frac{1}{x}\right)\frac{1}{x^2}dx=-\int f'\left(\frac{1}{x}\right)d\left(\frac{1}{x}\right)=-f\left(\frac{1}{x}\right)+C.$

5. A

【解析】设$\sqrt{e^x-1}=t$，$x=\ln(t^2+1)$，$dx=\frac{2t}{t^2+1}dt$，则

$$\begin{aligned}\int\sqrt{e^x-1}\,dx&=\int\frac{2t^2}{t^2+1}dt=2\int\frac{t^2+1-1}{t^2+1}dt\\&=2\int\left(1-\frac{1}{t^2+1}\right)dt=2t-2\arctan t+C\\&=2\sqrt{e^x-1}-2\arctan\sqrt{e^x-1}+C.\end{aligned}$$

6. D

【解析】根据分部积分公式可得

$$\int\frac{\ln x-1}{x^2}dx=\int\frac{\ln x}{x^2}dx-\int\frac{1}{x^2}dx=-\int\ln x\,d\left(\frac{1}{x}\right)+\frac{1}{x}$$

$$=-\frac{1}{x}\ln x+\int\frac{1}{x}\cdot\frac{1}{x}dx+\frac{1}{x}=-\frac{1}{x}\ln x-\frac{1}{x}+\frac{1}{x}+C$$

$$=-\frac{1}{x}\ln x+C.$$

【点评】由于被积函数的分母为一项，分子为两项，应先考虑把被积函数分成两项，再使用分部积分法求积分．

7. D

【解析】在 $\int xf(x)dx=\arctan x+C$ 两边同时求导，得 $xf(x)=\frac{1}{1+x^2}$.

故 $f(x)=\frac{1}{(1+x^2)x}$，所以有 $\frac{1}{f(x)}=(1+x^2)x=x+x^3$，因此

$$\int\frac{1}{f(x)}dx=\int(x+x^3)dx=\frac{x^2}{2}+\frac{x^4}{4}+C.$$

8. A

【解析】$\int\tan^3x\sec x\,dx=\int\tan^2x(\sec x\tan x)dx=\int(\sec^2x-1)d\sec x=\frac{1}{3}\sec^3x-\sec x+C.$

【点评】本题我们也可采用“切割化弦”的方法进行计算，有

$$\int\tan^3x\sec x\,dx=\int\frac{\sin^3x}{\cos^4x}dx=-\int\frac{\sin^2x}{\cos^4x}d\cos x=-\int\frac{1-\cos^2x}{\cos^4x}d\cos x=\int\left(\frac{1}{\cos^2x}-\frac{1}{\cos^4x}\right)d\cos x$$

$$=\frac{1}{3}\cos^{-3}x-\cos^{-1}x+C=\frac{1}{3}\sec^3x-\sec x+C.$$

9. C

【解析】根据第一换元积分法，得

$$\int x\sqrt[3]{3-2x^2}\,dx=-\frac{1}{4}\int\sqrt[3]{3-2x^2}\,d(3-2x^2)\xlongequal{令\,u=3-2x^2}-\frac{1}{4}\int u^{\frac{1}{3}}du$$

$$=-\frac{1}{4}\times\frac{3}{4}u^{\frac{4}{3}}+C=-\frac{3}{16}(3-2x^2)^{\frac{4}{3}}+C.$$

10. C

【解析】先换元，然后再使用分部积分公式，令 $e^x=t$，则

$$\int e^{2x}\cos e^x\,dx=\int e^x\cos e^x\,de^x=\int t\cos t\,dt=\int t\,d\sin t=t\sin t-\int\sin t\,dt$$

$$=t\sin t+\cos t+C=e^x\sin e^x+\cos e^x+C.$$

11. D

【解析】利用第一换元积分法和基本积分公式计算不定积分，可得

$$\int\frac{1}{\sqrt{a^2-x^2}}dx=\frac{1}{a}\int\frac{1}{\sqrt{1-\left(\frac{x}{a}\right)^2}}dx=\int\frac{1}{\sqrt{1-\left(\frac{x}{a}\right)^2}}d\left(\frac{x}{a}\right)=\arcsin\frac{x}{a}+C.$$

12. C

【解析】只有 $f(x)$ 为奇函数时，$\int_{-a}^{a}f(x)dx=0$ 才成立．

13. E

【解析】定积分$\int_1^e e^{-x^2}dx$是个常数，对常数求导恒为零．

14. D

【解析】因为当$0<x<\frac{\pi}{4}$时，$\sqrt{x}>x>\sin x$，所以$\int_0^{\frac{\pi}{4}}\sqrt{x}dx>\int_0^{\frac{\pi}{4}}xdx>\int_0^{\frac{\pi}{4}}\sin xdx$，即

$$I_2>I_1>I_3.$$

【点评】对于相同积分区间的定积分比较大小，经常用到定积分的保号性，即比较在此积分区间内的被积函数的大小．

15. A

【解析】设$f(x)=e^{-x^2}$，其导数$f'(x)=-2xe^{-x^2}\leqslant 0\quad(x\geqslant 0)$.

所以$f(x)$在$[0,2]$上单调减少，故其最大、最小值分别为

$$M=f(0)=e^0=1,\ m=f(2)=e^{-2^2}=e^{-4},$$

可得$\int_0^2 e^{-4}dx\leqslant\int_0^2 e^{-x^2}dx\leqslant\int_0^2 1dx\Rightarrow\frac{2}{e^4}\leqslant\int_0^2 e^{-x^2}dx\leqslant 2$.

16. B

【解析】$\int_0^{\ln a}e^x\sqrt{3-2e^x}dx=-\frac{1}{2}\int_0^{\ln a}\sqrt{3-2e^x}d(3-2e^x)$. 令$3-2e^x=t$，所以

$$\int_0^{\ln a}e^x\sqrt{3-2e^x}dx=-\frac{1}{2}\int_1^{3-2a}\sqrt{t}dt=-\frac{1}{2}\cdot\frac{2}{3}t^{\frac{3}{2}}\Big|_1^{3-2a}=-\frac{1}{3}\cdot[\sqrt{(3-2a)^3}-1]=\frac{1}{3},$$

故$-\frac{1}{3}\cdot[\sqrt{(3-2a)^3}-1]=\frac{1}{3}$，即$\sqrt{(3-2a)^3}=0$，所以$a=\frac{3}{2}$.

17. C

【解析】因为$f(x)=\begin{cases}x^2, & x>0,\\ x, & x\leqslant 0,\end{cases}$则根据积分区间可加性，得$\int_{-1}^1 f(x)dx=\int_0^1 x^2dx+\int_{-1}^0 xdx$.

18. C

【解析】对方程两边同时求导，可得$\left(\int_0^{x^3-1}f(t)dt\right)'=x'$，即

$$\left(\int_0^{x^3-1}f(t)dt\right)'=f(x^3-1)(x^3-1)'=3x^2f(x^3-1)=1,$$

则$f(x^3-1)=\frac{1}{3x^2}$，令$x=2$，则$f(7)=\frac{1}{12}$.

【点评】解答本题时，我们不需要求解$f(x)$的表达式，只要通过积分上限函数求导定理可求出$f(x^3-1)=\frac{1}{3x^2}$，然后令$x^3-1=7$解出对应的x，就能求得$f(7)$.

19. E

【解析】根据变下限函数求导数公式可得$\frac{d}{dx}\int_{2x}^{-1}f(t)dt=\left[-\int_{-1}^{2x}f(t)dt\right]'=-2f(2x)$.

20. E

【解析】根据求导法则，可得$\frac{d}{dx}\left(x\int_0^x\cos t^4dt\right)=\int_0^x\cos t^4dt+x\cos x^4$.

【点评】积分上限函数 $f(x)=\int_0^x \cos t^4 \mathrm{d}t$ 是一个关于 x 的函数，所以本题实际上是求函数 $g(x)=xf(x)$ 的导数，即应用导数的乘法公式 $g'(x)=f(x)+xf'(x)$.

21. A

【解析】$\int_0^2 f(x)\mathrm{d}x=\int_0^1 (x+1)\mathrm{d}x+\frac{1}{2}\int_1^2 x^2\mathrm{d}x=\left(\frac{1}{2}x^2+x\right)\Big|_0^1+\frac{1}{6}x^3\Big|_1^2=\frac{3}{2}+\frac{1}{6}(8-1)=\frac{8}{3}.$

22. B

【解析】由 $x^2=1$ 得 $x=\pm1$，即 $\max\{1, x^2\}=\begin{cases}x^2, & x<-1,\\ 1, & -1\leqslant x<1,\\ x^2, & x\geqslant 1,\end{cases}$ 故

$$\int_{-3}^4 \max\{1, x^2\}\mathrm{d}x=\int_{-3}^{-1} x^2\mathrm{d}x+\int_{-1}^1 1\mathrm{d}x+\int_1^4 x^2\mathrm{d}x=\frac{1}{3}x^3\Big|_{-3}^{-1}+2+\frac{1}{3}x^3\Big|_1^4=\frac{95}{3}.$$

【点评】解答本题的关键，就是弄清楚函数 $y=\max\{1, x^2\}$，将其变为分段函数，再利用积分区间可加性进行求解.

23. C

【解析】因为 $\int_0^1 (2x+k)\mathrm{d}x=(x^2+kx)\Big|_0^1=1+k=2$，解得 $k=1$.

24. E

【解析】根据第一换元积分法和牛顿—莱布尼茨公式，可得

$$\int_1^e \frac{1}{x\sqrt{1+\ln x}}\mathrm{d}x=\int_1^e \frac{1}{\sqrt{1+\ln x}}\mathrm{d}(1+\ln x)=2\sqrt{1+\ln x}\Big|_1^e=2(\sqrt{2}-1).$$

【点评】被积函数若含有 $\ln x$，我们解题没有其他有效思路，可先设 $\ln x=t$，则 $x=\mathrm{e}^t$，$\mathrm{d}x=\mathrm{d}\mathrm{e}^t=\mathrm{e}^t\mathrm{d}t$. 比如本题计算过程可写成

$$\int_1^e \frac{\mathrm{d}x}{x\sqrt{1+\ln x}}=\int_0^1 \frac{\mathrm{e}^t\mathrm{d}t}{\mathrm{e}^t\sqrt{1+t}}=\int_0^1 \frac{\mathrm{d}t}{\sqrt{1+t}}=2\sqrt{1+t}\Big|_0^1=2(\sqrt{2}-1).$$

25. D

【解析】对 $\forall x\in\mathbf{R}$，函数 $\frac{1}{1+x^2}$ 为偶函数，函数 $\frac{x^5\cos x^3}{1+x^2}$ 为奇函数，并且以上两个函数在区间 $[-1, 1]$ 上都连续，故有

$$\int_{-1}^1 \frac{1+x^5\cos x^3}{1+x^2}\mathrm{d}x=\int_{-1}^1 \frac{1}{1+x^2}\mathrm{d}x+\int_{-1}^1 \frac{x^5\cos x^3}{1+x^2}\mathrm{d}x=2\int_0^1 \frac{1}{1+x^2}\mathrm{d}x$$

$$=2\arctan x\Big|_0^1=2\times\frac{\pi}{4}=\frac{\pi}{2}.$$

【点评】设 $f(x)$ 在闭区间 $[a, b]$ 上连续，若

(1) $f(x)$ 为偶函数，则 $\int_{-a}^a f(x)\mathrm{d}x=2\int_0^a f(x)\mathrm{d}x$；(2) $f(x)$ 为奇函数，则 $\int_{-a}^a f(x)\mathrm{d}x=0$.

利用以上结论我们常可以简化计算对称区间上奇、偶函数的定积分.

26. A

【解析】根据对称区间上函数的定积分公式

$$\int_{-a}^{a} f(x)\mathrm{d}x=\begin{cases}0, & f(x)\text{ 为奇函数},\\ 2\int_{0}^{a} f(x)\mathrm{d}x, & f(x)\text{ 为偶函数},\end{cases}$$

其中 $f(x)$ 在 $[-a, a]$ 上连续．观察选项，只有 A 项的被积函数 $\frac{\arctan x}{1+x^2}$ 为奇函数且在 $\left[-\frac{\pi}{4}, \frac{\pi}{4}\right]$ 上连续，故 $\int_{-\frac{\pi}{4}}^{\frac{\pi}{4}} \frac{\arctan x}{1+x^2}\mathrm{d}x=0$.

27. E

【解析】被积函数 $\sqrt{4-x^2}$ 是偶函数，$x\cos^2 x$ 是奇函数，所以根据对称区间上函数定积分的公式可得

$$\begin{aligned}\int_{-2}^{2}(\sqrt{4-x^2}-x\cos^2 x)\mathrm{d}x &= \int_{-2}^{2}\sqrt{4-x^2}\,\mathrm{d}x-\int_{-2}^{2}x\cos^2 x\,\mathrm{d}x\\ &=\int_{-2}^{2}\sqrt{4-x^2}\,\mathrm{d}x=2\int_{0}^{2}\sqrt{4-x^2}\,\mathrm{d}x=2\pi.\end{aligned}$$

28. D

【解析】令 $x=2t-1$，则 $\mathrm{d}x=2\mathrm{d}t$，故

$$\begin{aligned}\int_{1}^{7} f(x)\mathrm{d}x&=2\int_{1}^{4} f(2t-1)\mathrm{d}t=2\int_{1}^{4} f(2x-1)\mathrm{d}x=2\int_{1}^{4}\frac{\ln x}{\sqrt{x}}\mathrm{d}x=4\int_{1}^{4}\ln x\,\mathrm{d}(\sqrt{x})\\ &=4\left(\sqrt{x}\ln x\Big|_{1}^{4}-\int_{1}^{4}\frac{\sqrt{x}}{x}\mathrm{d}x\right)=8\left(\ln 4-\sqrt{x}\Big|_{1}^{4}\right)=8(\ln 4-1).\end{aligned}$$

29. A

【解析】$\int_{0}^{\pi} f(x)\mathrm{d}x=xf(x)\Big|_{0}^{\pi}-\int_{0}^{\pi} xf'(x)\mathrm{d}x$. 因为 $f(x)=\int_{\pi}^{x}\frac{\sin t}{t}\mathrm{d}t$，于是有 $f(\pi)=0$，$f'(x)=\frac{\sin x}{x}$，所以 $\int_{0}^{\pi} f(x)\mathrm{d}x=0-\int_{0}^{\pi}\sin x\,\mathrm{d}x=\cos x\Big|_{0}^{\pi}=-2$.

30. B

【解析】利用第二换元积分法和牛顿—莱布尼茨公式，可得

令 $\sqrt{2x+1}=t$，则 $x=\frac{t^2-1}{2}$，$\mathrm{d}x=t\mathrm{d}t$，当 $x=0$ 时，$t=1$；当 $x=4$ 时，$t=3$，则有

$$\int_{0}^{4}\frac{x+2}{\sqrt{2x+1}}\mathrm{d}x=\int_{1}^{3}\frac{\frac{t^2-1}{2}+2}{t}\cdot t\,\mathrm{d}t=\frac{1}{2}\int_{1}^{3}(t^2+3)\mathrm{d}t=\frac{1}{2}\left(\frac{t^3}{3}+3t\right)\Big|_{1}^{3}=\frac{22}{3}.$$

31. A

【解析】根据积分区间可加性和分部积分公式，可得

$$\begin{aligned}\int_{\frac{1}{e}}^{e}|\ln x|\,\mathrm{d}x&=\int_{\frac{1}{e}}^{1}(-\ln x)\mathrm{d}x+\int_{1}^{e}\ln x\,\mathrm{d}x\\ &=-\left(x\ln x\Big|_{\frac{1}{e}}^{1}-\int_{\frac{1}{e}}^{1}x\cdot\frac{1}{x}\mathrm{d}x\right)+\left(x\ln x\Big|_{1}^{e}-\int_{1}^{e}x\cdot\frac{1}{x}\mathrm{d}x\right)\\ &=-(x\ln x-x)\Big|_{\frac{1}{e}}^{1}+(x\ln x-x)\Big|_{1}^{e}\\ &=2-\frac{2}{e}.\end{aligned}$$

32. C

【解析】如图 3-7 所示，所围成图形的面积为 $S=\int_{-1}^{1}(1-x^2)\,dx=2\int_{0}^{1}(1-x^2)\,dx=2\left(x-\frac{1}{3}x^3\right)\Big|_0^1=\frac{4}{3}$.

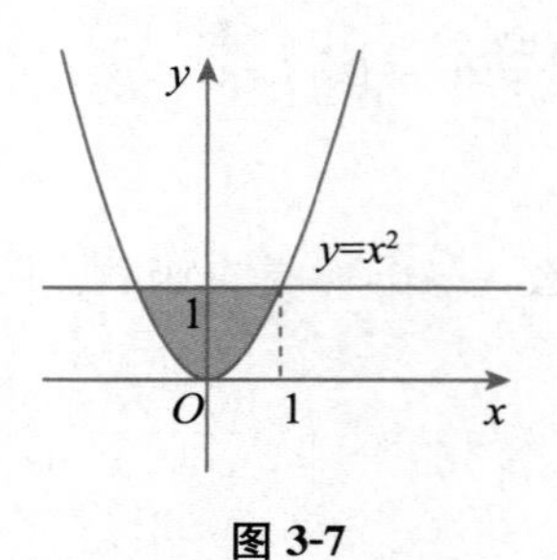

图 3-7

33. E

【解析】围成的图形如图 3-8 所示．联立方程组 $\begin{cases}y^2=2x,\\ y=x-4,\end{cases}$ 解得抛物线与直线的交点为(2，−2)和(8，4)．此时，选 y 为积分变量求解比较容易，则所围成的图形的面积为

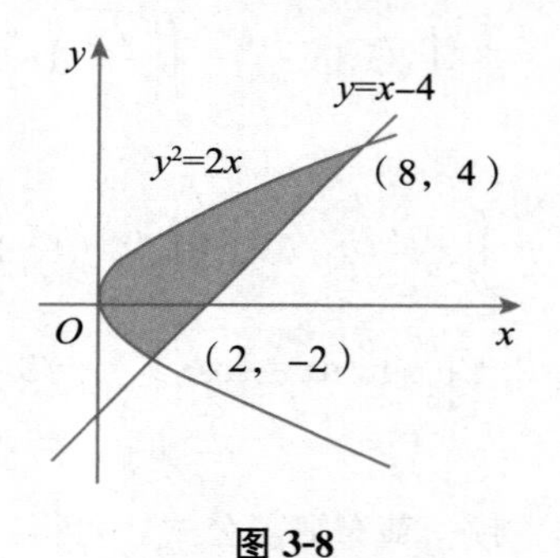

图 3-8

$$S=\int_{-2}^{4}\left[(y+4)-\frac{1}{2}y^2\right]dy=\left(\frac{y^2}{2}+4y-\frac{1}{6}y^3\right)\Big|_{-2}^{4}=18.$$

34. C

【解析】因为总产量 $P(t)$ 是它的变化率的原函数，所以从 $t=2$ 到 $t=4$ 这两小时的总产量为

$$P(t)=\int_2^4 f(t)\,dt=\int_2^4(100+12t-0.6t^2)\,dt=(100t+6t^2-0.2t^3)\Big|_2^4$$
$$=100(4-2)+6(4^2-2^2)-0.2(4^3-2^3)=260.8(\text{单位}).$$

35. B

【解析】利用边际收益求总收益，由公式，得 $R(x)=R(0)+\int_0^x(78-2t)\,dt=78x-x^2$.

第4章 多元函数微分学 >>>

本章知识梳理

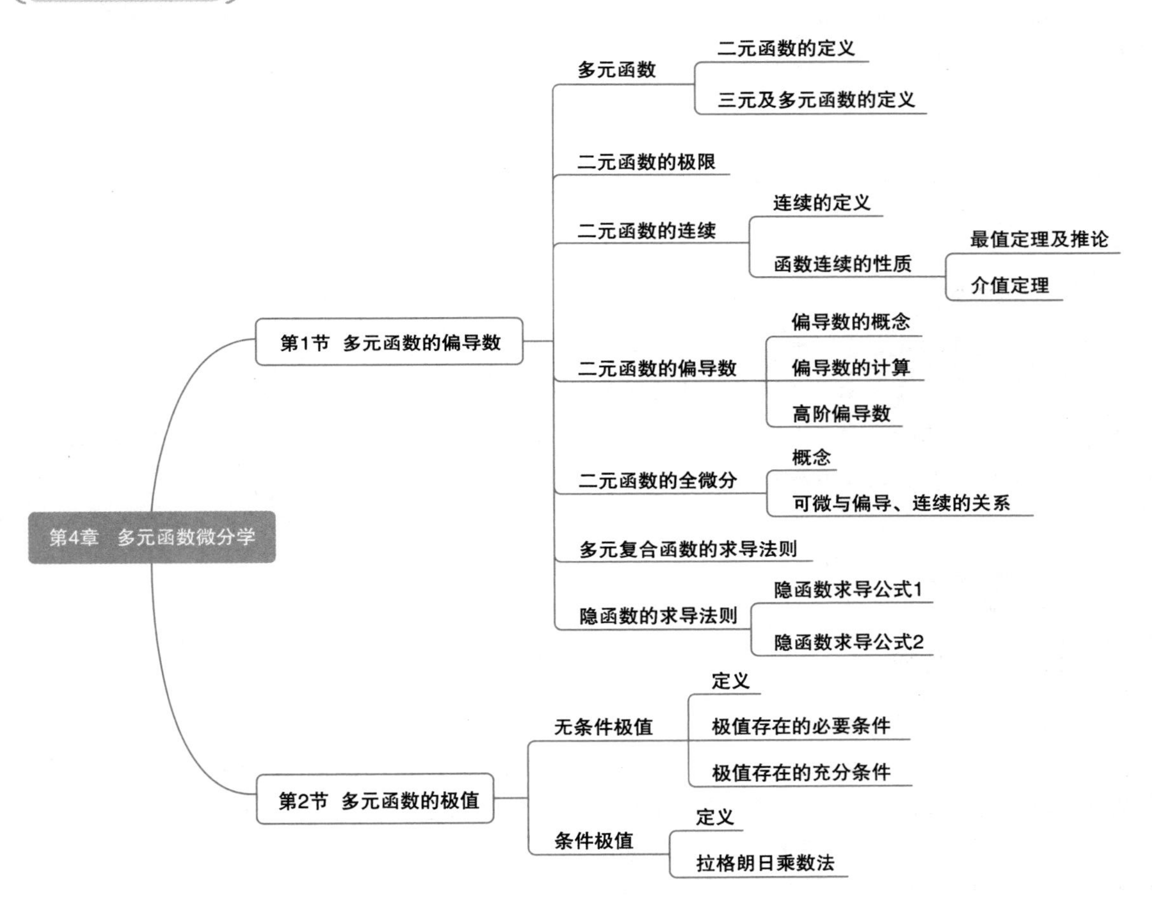

历年真题考点统计

考点	2011	2012	2013	2014	2015	2016	2017	2018	2019	2020	2021	合计
二元函数的概念					2			2				4 分
二元复合函数偏导数			5	5	7	5	7	7	5	5	4	50 分
二元隐函数偏导数	5	5									2	12 分
二元函数的极值									2		2	4 分

说明：由于很多真题都是综合题，不是考查1个知识点而是考查2个甚至3个知识点，所以，此考点统计表并不能做到100%准确，但基本准确.

考情分析

根据统计表分析可知，多元函数微分学的相关知识在这11年中考了70分，平均每年考查6.4分.

本章着重考查二元复合函数偏导数、二元隐函数偏导数以及无条件极值的求解，这些知识点难度不是很大，但需要考生熟练掌握求偏导数的公式．其中，二元复合函数偏导数是重中之重，基本是每年的必考题，考生除了会计算具体二元复合函数的偏导数之外，还要学会计算抽象二元复合函数的偏导数；本章考查次重点是二元隐函数偏导数的计算及具体二元函数极值的求解．因此，考生需加强对这三方面知识的复习．

根据新大纲，虽然题型全部变为选择题，但是根据2021年真题我们可以看出，本章考查的重点不变，仍然是二元复合函数偏导数、隐函数偏导数及二元函数的极值．

第1节　多元函数的偏导数

考纲解析

1. 了解多元函数的概念，知道二元函数的几何意义．

2. 了解二元函数的极限与连续的概念，了解有界闭区域上二元连续函数的性质．

3. 了解多元函数偏导数与全微分的概念，会求多元复合函数一阶、二阶偏导数，会求全微分，会求多元隐函数的偏导数．

知识精讲

1　多元函数

1.1　二元函数的定义

定义　设 D 是 $\mathbf{R}^2$ 中的一个平面点集，如果对于每个点 $P(x, y)\in D$，变量 z 按照一定对应法则 f 总有唯一确定的数值与之对应，则称 z 是 x，y 的**二元函数**，记作

$$z=f(x, y),\ (x, y)\in D,\ 或\ z=f(P),\ P\in D,$$

其中 x，y 为自变量，z 为因变量，点集 D 叫作函数的**定义域**．

取定 $(x, y)\in D$，对应的 $f(x, y)$ 叫作 (x, y) 所对应的函数值，全体函数值的集合，即

$$f(D)=\{z \mid z=f(x, y),\ (x, y)\in D\},$$

称为函数的**值域**，常记为 R 或 $f(D)$.

1.2　三元函数及多元函数的定义

类似地，可以定义三元以及三元以上的函数．把二元函数定义中的平面点集 D 换成 n 维空间内的点集 D，映射 $f: D\to R$ 就称为定义在 D 上的 n 元函数，通常记为 $u=f(x_1, x_2, \cdots, x_n)$ 或 $u=f(P)$，这里 $P(x_1, x_2, \cdots, x_n)\in D$.

当 $n=1$ 时，n 元函数就是一元函数；当 $n=2$ 时，n 元函数就是二元函数；当 $n=3$ 时，n 元函数就是三元函数．

二元及二元以上的函数统称为**多元函数**．多元函数的概念与一元函数一样，包含**对应法则**和**定义域**这两个要素．

2 二元函数的极限

设二元函数 $z=f(P)$的定义域是某平面区域 D，P_0 为 D 的一个聚点，当 D 中的点 P 以任何方式无限趋于 P_0 时，函数值 $f(P)$无限趋于某一常数 A，则称 A 是函数 $f(P)$当 P 趋于 P_0 时的(二重)极限，记为

$$\lim_{P\to P_0} f(P)=A \text{ 或 } f(P)\to A(P\to P_0),$$

此时也称当 $P\to P_0$ 时 $f(P)$的极限存在，否则称 $f(P)$的极限不存在．

若 P_0 点的坐标为(x_0, y_0)，P 点的坐标为(x, y)，则上式又可写为

$$\lim_{(x,y)\to(x_0,y_0)} f(x, y)=A \text{ 或} \lim_{\substack{x\to x_0\\ y\to y_0}} f(x, y)=A.$$

注 这里(x, y)趋于(x_0, y_0)是在平面范围内，可以按任何方式沿任意曲线趋于(x_0, y_0).

3 二元函数的连续

定义 设二元函数 $z=f(x, y)$在点 $P_0(x_0, y_0)$的某邻域内有定义，如果

$$\lim_{(x,y)\to(x_0,y_0)} f(x, y)=f(x_0, y_0),$$

则称函数 $f(x, y)$在点 $P_0(x_0, y_0)$处**连续**，$P_0(x_0, y_0)$称为 $f(x, y)$的**连续点**；否则称 $f(x, y)$在 $P_0(x_0, y_0)$处**间断**(不连续)，$P_0(x_0, y_0)$称为 $f(x, y)$的**间断点**．

与闭区间上一元连续函数的性质相类似，有界闭区域上的连续函数有如下性质：

性质1(最值定理) 若 $f(x, y)$在有界闭区域 D 上连续，则 $f(x, y)$在 D 上必取得最大值与最小值．

推论 若 $f(x, y)$在有界闭区域 D 上连续，则 $f(x, y)$在 D 上有界．

性质2(介值定理) 若 $f(x, y)$在有界闭区域 D 上连续，m 和 M 分别是 $f(x, y)$在 D 上的最小值与最大值，则对于介于 m 与 M 之间的任意一个数 c，必存在一点$(x_0, y_0)\in D$，使得 $f(x_0, y_0)=c$.

4 二元函数的偏导数

4.1 偏导数的相关概念

定义1 设函数 $z=f(x, y)$在点(x_0, y_0)的某邻域内有定义，当 y 固定在 y_0 而 x 在 x_0 处有增量 Δx 时，相应的函数有增量 $f(x_0+\Delta x, y_0)-f(x_0, y_0)$，如果极限

$$\lim_{\Delta x\to 0}\frac{f(x_0+\Delta x, y_0)-f(x_0, y_0)}{\Delta x}$$

存在，则称此极限为函数 $z=f(x, y)$在点(x_0, y_0)处对 x **的偏导数**，记作

$$\left.\frac{\partial z}{\partial x}\right|_{\substack{x=x_0\\ y=y_0}},\ \left.\frac{\partial f}{\partial x}\right|_{\substack{x=x_0\\ y=y_0}},\ z'_x(x_0, y_0) \text{或} f'_x(x_0, y_0),$$

即 $f'_x(x_0, y_0)=\lim\limits_{\Delta x\to 0}\dfrac{f(x_0+\Delta x, y_0)-f(x_0, y_0)}{\Delta x}$.

类似地，如果极限$\lim\limits_{\Delta y\to 0}\dfrac{f(x_0, y_0+\Delta y)-f(x_0, y_0)}{\Delta y}$存在，则称此极限为函数 $z=f(x, y)$在点 $P_0(x_0, y_0)$处对 y **的偏导数**，记作

$$\left.\frac{\partial z}{\partial y}\right|_{\substack{x=x_0\\y=y_0}}，\left.\frac{\partial f}{\partial y}\right|_{\substack{x=x_0\\y=y_0}}，z'_y(x_0，y_0)\text{或}f'_y(x_0，y_0).$$

注 二元函数 $z=f(x，y)$在点 $P_0(x_0，y_0)$处对 x(或对 y)的偏导数，就是一元函数 $z=f(x，y_0)$在点 x_0 处(或 $z=f(x_0，y)$在点 y_0 处)的导数.

定义 2 若函数 $z=f(x，y)$在区域 D 内每一点$(x，y)$处对 x 的偏导数存在，且这个偏导数是 x、y 的函数，则称它为函数 $z=f(x，y)$**对 x 的偏导函数**，记作

$$\frac{\partial z}{\partial x}，\frac{\partial f}{\partial x}，z'_x\text{或}f'_x(x，y).$$

类似地，可以定义函数 $z=f(x，y)$**对 y 的偏导函数**，记作

$$\frac{\partial z}{\partial y}，\frac{\partial f}{\partial y}，z'_y\text{或}f'_y(x，y).$$

4.2 偏导数的计算

由于偏导数是将二元函数中的一个自变量固定不变，只让另一个自变量变化，求$\frac{\partial f}{\partial x}$时，把 y 看作常量而对 x 求导；求$\frac{\partial f}{\partial y}$时，把 x 看作常量而对 y 求导.

因此，求偏导数问题仍然是求一元函数的导数问题.

4.3 高阶偏导数

定义 设函数 $z=f(x，y)$在区域 D 内具有偏导数$\frac{\partial z}{\partial x}=f'_x(x，y)$，$\frac{\partial z}{\partial y}=f'_y(x，y)$，那么在 D 内 $f'_x(x，y)$及 $f'_y(x，y)$都是 x，y 的二元函数. 如果这两个函数还存在偏导数，则称它们是函数 $z=f(x，y)$的**二阶偏导数**. 按照对变量求导次序的不同有下列四个二阶偏导数：

$$\frac{\partial}{\partial x}\left(\frac{\partial z}{\partial x}\right)=\frac{\partial^2 z}{\partial x^2}=f''_{xx}(x，y)，\frac{\partial}{\partial y}\left(\frac{\partial z}{\partial x}\right)=\frac{\partial^2 z}{\partial x\partial y}=f''_{xy}(x，y)，$$

$$\frac{\partial}{\partial x}\left(\frac{\partial z}{\partial y}\right)=\frac{\partial^2 z}{\partial y\partial x}=f''_{yx}(x，y)，\frac{\partial}{\partial y}\left(\frac{\partial z}{\partial y}\right)=\frac{\partial^2 z}{\partial y^2}=f''_{yy}(x，y)，$$

其中 f''_{xy}与 f''_{yx}称为 $f(x，y)$的**二阶混合偏导数**. 同样可定义三阶、四阶、……、n 阶偏导数.

二阶及二阶以上的偏导数统称为**高阶偏导数**.

5 二元函数的全微分

5.1 全微分的概念

定义 函数 $z=f(x，y)$在定义域 D 内任一点$(x，y)$处全增量为

$$\Delta z=f(x+\Delta x，y+\Delta y)-f(x，y)，$$

也可表示成

$$\Delta z=A\Delta x+B\Delta y+o(\rho)，$$

其中 $\rho=\sqrt{(\Delta x)^2+(\Delta y)^2}$，$A$，$B$ 是不依赖于 Δx，Δy，仅与 x，y 有关的常数，则称函数 $z=f(x，y)$在$(x，y)$处**可微**，$A\Delta x+B\Delta y$ 称为 $f(x，y)$在点$(x，y)$处的**全微分**，记作

$$\mathrm{d}z=\mathrm{d}f=A\Delta x+B\Delta y.$$

若 $z=f(x,y)$ 在区域 D 内处处可微，则称 $f(x,y)$ 在 D 内可微，也称 $f(x,y)$ 是 D 内的**可微函数**.

5.2 可微与偏导、连续的关系

(1)如果函数 $z=f(x,y)$ 在点 (x,y) 处可微，则函数在该点必连续.

(2)如果函数 $z=f(x,y)$ 在点 (x,y) 处可微，则 $z=f(x,y)$ 在该点的两个偏导数 $\frac{\partial z}{\partial x}$，$\frac{\partial z}{\partial y}$ 都存在，且有 $dz=\frac{\partial z}{\partial x}\Delta x+\frac{\partial z}{\partial y}\Delta y$.

(3)可微的充分条件

如果函数 $z=f(x,y)$ 在 (x,y) 处的偏导数 $\frac{\partial z}{\partial x}$，$\frac{\partial z}{\partial y}$ 存在且连续，则函数 $z=f(x,y)$ 在该点可微.

类似于一元函数微分的情形，规定自变量的微分等于自变量的改变量，即 $dx=\Delta x$，$dy=\Delta y$，于是 $f(x,y)$ 在点 (x,y) 处的全微分又可记为

$$dz=\frac{\partial z}{\partial x}dx+\frac{\partial z}{\partial y}dy.$$

6 多元复合函数的求导法则

定理 1 设函数 $z=f(u,v)$，其中 $u=\varphi(x)$，$v=\psi(x)$. 如果函数 $u=\varphi(x)$，$v=\psi(x)$ 都在 x 点可导，函数 $z=f(u,v)$ 在对应的点 $f(u,v)$ 处具有连续偏导数，则复合函数 $z=f(\varphi(x),\psi(x))$ 在 x 处可导，且

$$\frac{dz}{dx}=\frac{\partial z}{\partial u}\frac{du}{dx}+\frac{\partial z}{\partial v}\frac{dv}{dx}.$$

上述定理可借助复合关系图来理解和记忆，如图 4-1 所示.

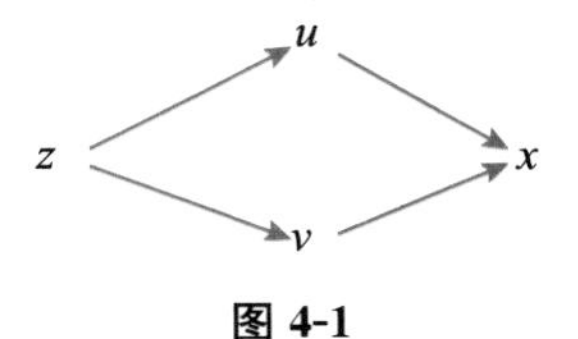

图 4-1

推广 若复合函数的中间变量多于两个，比如 $z=f(u,v,w)$，且 $u=\varphi(x)$，$v=\psi(x)$，$w=w(x)$，则

$$\frac{dz}{dx}=\frac{\partial z}{\partial u}\frac{du}{dx}+\frac{\partial z}{\partial v}\frac{dv}{dx}+\frac{\partial z}{\partial w}\frac{dw}{dx},$$

上式的导数称为**全导数**.

上述推论可借助复合关系图来理解和记忆，如图 4-2 所示.

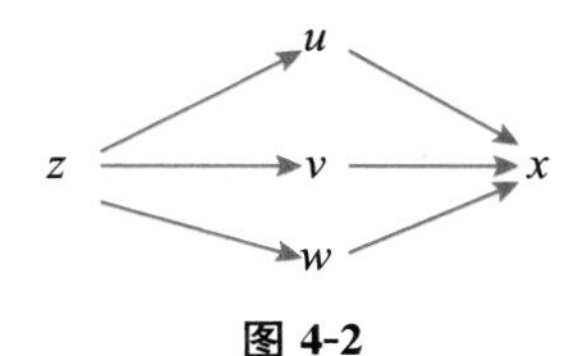

图 4-2

把定理中的这种复合关系称为多元复合函数求导的**链式法则**.

定理 2 设 $z=f(u, v)$ 在 (u, v) 处具有连续偏导数，函数 $u=u(x, y)$ 及 $v=v(x, y)$ 在点 (x, y) 的两个偏导数都存在，则复合函数 $z=f(u(x, y), v(x, y))$ 在 (x, y) 处的两个偏导数都存在，且有

$$\frac{\partial z}{\partial x}=\frac{\partial z}{\partial u}\frac{\partial u}{\partial x}+\frac{\partial z}{\partial v}\frac{\partial v}{\partial x}, \quad \frac{\partial z}{\partial y}=\frac{\partial z}{\partial u}\frac{\partial u}{\partial y}+\frac{\partial z}{\partial v}\frac{\partial v}{\partial y}.$$

可以这样来理解上式：

求 $\frac{\partial z}{\partial x}$ 时，将 y 看作常量，那么中间变量 u 和 v 是 x 的一元函数，应用定理 1 即可得 $\frac{\partial z}{\partial x}$. 但考虑到复合函数 $z=f(u(x, y), v(x, y))$ 以及 $u=u(x, y)$ 与 $v=v(x, y)$ 都是 x，y 的二元函数，所以应把全导数符号“d”改为偏导数符号“∂”. 定理 2 可借助图 4-3 理解 .

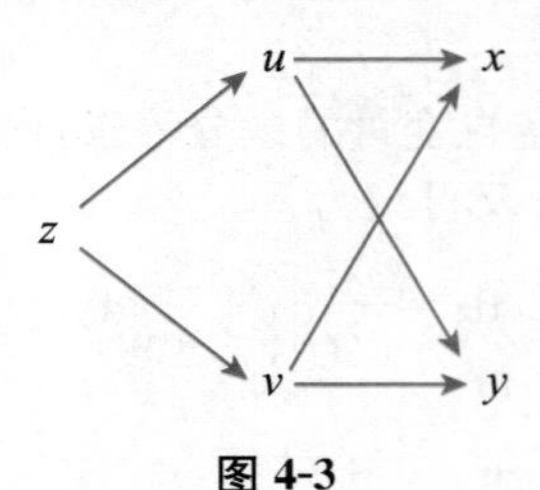

图 4-3

推广 若中间变量多于两个，比如 $u=u(x, y)$，$v=v(x, y)$，$w=w(x, y)$ 的偏导数都存在，函数 $z=f(u, v, w)$ 可微，则复合函数 $z=f(u(x, y), v(x, y), w(x, y))$ 对 x 和 y 的偏导数为

$$\frac{\partial z}{\partial x}=\frac{\partial z}{\partial u}\frac{\partial u}{\partial x}+\frac{\partial z}{\partial v}\frac{\partial v}{\partial x}+\frac{\partial z}{\partial w}\frac{\partial w}{\partial x}, \quad \frac{\partial z}{\partial y}=\frac{\partial z}{\partial u}\frac{\partial u}{\partial y}+\frac{\partial z}{\partial v}\frac{\partial v}{\partial y}+\frac{\partial z}{\partial w}\frac{\partial w}{\partial y}.$$

上述结论可借助图 4-4 理解 .

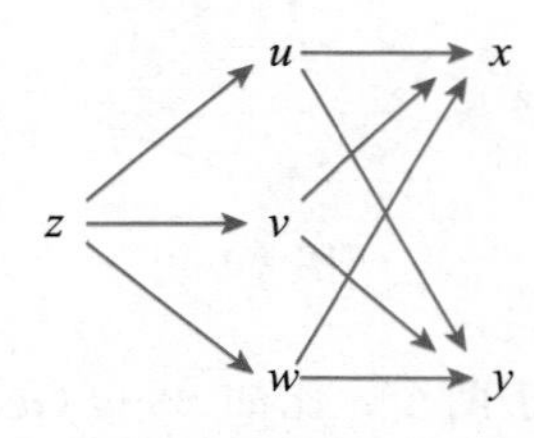

图 4-4

特别对于下述情形：$z=f(u, x, y)$ 可微，而 $u=u(x, y)$ 的偏导数存在，则复合函数

$$z=f(u(x, y), x, y)$$

对 x 及 y 的偏导数都存在，为了求出这两个偏导数，应将 f 中的三个变量看作中间变量：

$$u=u(x, y), \quad v=x, \quad w=y,$$

此时，

$$\frac{\partial v}{\partial x}=1, \quad \frac{\partial v}{\partial y}=0, \quad \frac{\partial w}{\partial x}=0, \quad \frac{\partial w}{\partial y}=1,$$

得

$$\frac{\partial z}{\partial x}=\frac{\partial f}{\partial x}+\frac{\partial f}{\partial u}\frac{\partial u}{\partial x}, \quad \frac{\partial z}{\partial y}=\frac{\partial f}{\partial y}+\frac{\partial f}{\partial u}\frac{\partial u}{\partial y}.$$

上述结论可借助图 4-5 理解．

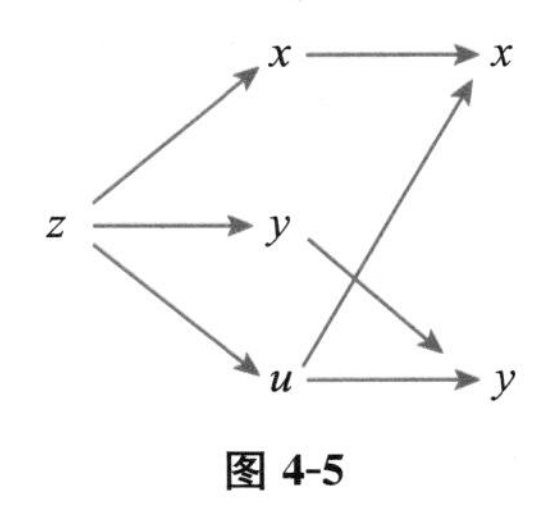

图 4-5

注 这里$\frac{\partial z}{\partial x}$与$\frac{\partial f}{\partial x}$的意义是不同的．$\frac{\partial f}{\partial x}$是把$f(u, x, y)$中的$u$与$y$都看作常量时对$x$的偏导数，而$\frac{\partial z}{\partial x}$却是把二元复合函数$f(\varphi(x, y), x, y)$中$y$看作常量对$x$的偏导数．

7 隐函数的求导法则

一元函数微分学中介绍了隐函数的求导方法：方程$F(x, y)=0$两边对x求导，可解出y'．现在介绍隐函数存在定理．

7.1 隐函数求导公式 1

设函数$F(x, y)$在点$P_0(x_0, y_0)$的某一邻域内有连续的偏导数且$F(x_0, y_0)=0$，$F'_y(x_0, y_0)\neq 0$，则方程$F(x, y)=0$在点$P_0(x_0, y_0)$的某邻域内唯一确定一个连续且具有连续导数的函数$y=f(x)$，它满足条件$y_0=f(x_0)$，并且有

$$\frac{\mathrm{d}y}{\mathrm{d}x}=-\frac{F'_x}{F'_y}.$$

7.2 隐函数求导公式 2

设函数$F(x, y, z)$在点$P_0(x_0, y_0, z_0)$的某邻域内具有连续的偏导数，且$F(x_0, y_0, z_0)=0$，$F'_z(x_0, y_0, z_0)\neq 0$，则方程$F(x, y, z)=0$在点$P_0(x_0, y_0, z_0)$的某一邻域内能唯一确定一个连续且具有偏导数的函数$z=f(x, y)$，它满足条件$z_0=f(x_0, y_0)$，并且有

$$\frac{\partial z}{\partial x}=-\frac{F'_x}{F'_z},\ \frac{\partial z}{\partial y}=-\frac{F'_y}{F'_z}.$$

题型精练

题型 1 求二元函数的定义域

技巧总结

求二元函数的定义域，就是求出使表达式有意义的点的全体，求解步骤为

(1)写出构成各部分的简单函数的定义域；

(2)对各部分的定义域求交集，联立不等式组求解，即得所求定义域．

例 1 函数 $z=\sqrt{y-x^2+1}$ 的定义域是(　　).

A. $\{(x, y) \mid y \geqslant x^2-1\}$　　B. $\{(x, y) \mid y > x^2-1\}$

C. $\{(x, y) \mid y \leqslant x^2-1\}$　　D. $\{(x, y) \mid y < x^2-1\}$

E. $\{(x, y) \mid y \geqslant 1-x^2\}$

【解析】要使函数有意义，须

$$y-x^2+1 \geqslant 0,$$

即定义域 $D=\{(x, y) \mid y \geqslant x^2-1\}$.

【答案】A

例 2 函数 $z=\ln(x^2+y^2-4)+\sqrt{9-x^2-y^2}$ 的定义域为(　　).

A. $\{(x, y) \mid 4 \leqslant x^2+y^2 < 9\}$　　B. $\{(x, y) \mid 4 \leqslant x^2+y^2 \leqslant 9\}$

C. $\{(x, y) \mid 4 < x^2+y^2 \leqslant 9\}$　　D. $\{(x, y) \mid 4 < x^2+y^2 < 9\}$

E. $\{(x, y) \mid 2 \leqslant x^2+y^2 < 3\}$

【解析】要使函数有意义，须

$$\begin{cases} x^2+y^2-4>0, \\ 9-x^2-y^2 \geqslant 0. \end{cases}$$

所以 $4 < x^2+y^2 \leqslant 9$.

【答案】C

例 3 函数 $z=\ln(2x-y^2)+\sqrt{y}\arccos\dfrac{\sqrt{2x-x^2}}{y}$ 的定义域为(　　).

A. $\{(x, y) \mid \sqrt{2x-x^2} \leqslant y < \sqrt{2x},\ 0 < x \leqslant 2\}$

B. $\{(x, y) \mid \sqrt{2x-x^2} \leqslant y < \sqrt{2x},\ 0 \leqslant x \leqslant 2\}$

C. $\{(x, y) \mid \sqrt{2x-x^2} \leqslant y < \sqrt{2x},\ 0 < x < 2\}$

D. $\{(x, y) \mid \sqrt{2x-x^2} \leqslant y \leqslant \sqrt{2x},\ 0 \leqslant x \leqslant 2\}$

E. $\{(x, y) \mid \sqrt{2x-x^2} \leqslant y \leqslant \sqrt{2x},\ 0 < x < 2\}$

【解析】要使函数有意义，须

$$\begin{cases} 2x-y^2>0, \\ -1 \leqslant \dfrac{\sqrt{2x-x^2}}{y} \leqslant 1, \\ y>0, \\ 2x-x^2 \geqslant 0, \end{cases} \text{即} \begin{cases} x>\dfrac{y^2}{2}>0, \\ (x-1)^2+y^2 \geqslant 1, \\ y>0, \\ 0 \leqslant x \leqslant 2. \end{cases}$$

如图 4-6 所示，定义域中的点应满足

$$\begin{cases} \sqrt{2x-x^2} \leqslant y < \sqrt{2x}, \\ 0 < x \leqslant 2. \end{cases}$$

【答案】A

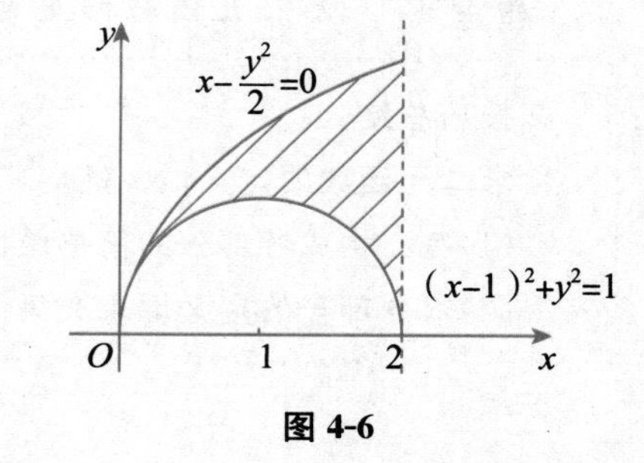

图 4-6

题型2 求二元函数表达式

技巧总结

求二元复合函数的表达式的方法与求一元函数表达式的方法是一样的，采取的都是变量代换的思想.

这类问题的关键在于分清楚复合函数的复合结构.

例4 设 $f(x, y)=\dfrac{xy}{x^2+y}$，则 $f\left(xy, \dfrac{x}{y}\right)=($　　$)$.

A. $\dfrac{xy}{x^2+y}$　　B. $\dfrac{y}{xy^3+1}$　　C. $\dfrac{xy}{xy^2+1}$　　D. $\dfrac{xy}{xy^3+1}$　　E. $\dfrac{y}{x^2+y}$

【解析】令 $u=xy$，$v=\dfrac{x}{y}$，则 $f\left(xy, \dfrac{x}{y}\right)=f(u, v)=\dfrac{uv}{u^2+v}=\dfrac{xy\cdot\dfrac{x}{y}}{(xy)^2+\dfrac{x}{y}}=\dfrac{xy}{xy^3+1}$.

【答案】D

例5 设 $z=\sqrt{y}+f(\sqrt{x}-1)$，且当 $y=1$ 时 $z=x$，则 $f(y)=($　　$)$.

A. $\sqrt{y}-1$　　B. y　　C. $y+2$　　D. $y(y+2)$　　E. $y(y^2+2)$

【解析】由 $y=1$ 时 $z=x$，得 $x=z=1+f(\sqrt{x}-1)$，即

$$f(\sqrt{x}-1)=x-1=(\sqrt{x}-1)^2+2(\sqrt{x}-1).$$

所以 $f(y)=y^2+2y=y(y+2)$.

【答案】D

例6 设 $f(x-y, \ln x)=\left(1-\dfrac{y}{x}\right)\dfrac{e^x}{e^y\ln x^x}$，则 $f(x, y)=($　　$)$.

A. $\dfrac{e^x}{ye^{2y}}$　　B. $\dfrac{xe^x}{e^{2y}}$　　C. $\dfrac{xe^x}{ye^{2y}}$　　D. $\dfrac{xe^x}{ye^y}$　　E. $\dfrac{xe^{2x}}{ye^y}$

【解析】令 $u=x-y$，$v=\ln x$，可知 $x=e^v$，则

$$f(u, v)=\frac{x-y}{x}\cdot\frac{e^{x-y}}{x\ln x}=\frac{u}{e^v}\cdot\frac{e^u}{e^v\cdot v}=\frac{ue^u}{ve^{2v}}.$$

所以 $f(x, y)=\dfrac{xe^x}{ye^{2y}}$.

【答案】C

题型3 求二元函数极限

技巧总结

对于二元函数极限，需要注意:

(1)可以类似于一元函数那样利用两个重要极限、四则运算法则、无穷小性质等方法求极限.

(2)二元函数的极限更注重对基础概念、极限存在性、定义法计算极限值的考查.

例 7 $\lim\limits_{(x,y)\to(0,0)}\dfrac{xy}{\sqrt{xy+4}-2}=$（　　）.

A. 4　　B. 3　　C. 2　　D. 1　　E. 0

【解析】 $\lim\limits_{(x,y)\to(0,0)}\dfrac{xy}{\sqrt{xy+4}-2}=\lim\limits_{(x,y)\to(0,0)}\dfrac{xy(\sqrt{xy+4}+2)}{xy+4-4}$

$=\lim\limits_{(x,y)\to(0,0)}(\sqrt{xy+4}+2)$

$=2+2=4.$

【答案】 A

例 8 极限$\lim\limits_{\substack{x\to0\\y\to0}}\dfrac{xy}{x^2+y^2}$（　　）.

A. 4　　B. 3　　C. 2　　D. 1　　E. 不存在

【解析】 设 $y=kx$，则$\lim\limits_{\substack{x\to0\\y=kx}}\dfrac{x\cdot kx}{x^2+k^2x^2}=\dfrac{k}{1+k^2}$，由于 k 的值不确定，则$\lim\limits_{\substack{x\to0\\y=kx}}\dfrac{x\cdot kx}{x^2+k^2x^2}=\dfrac{k}{1+k^2}$的极限值不确定，故不满足极限存在的唯一性，所以极限$\lim\limits_{\substack{x\to0\\y\to0}}\dfrac{xy}{x^2+y^2}$不存在.

【答案】 E

【点评】 这种计算方式只能用来证明极限不存在，不能计算极限值；因为这种计算方式只计算了一种趋近路径所得到的极限值，无法代表所有路径的结果．$\lim\limits_{(x,y)\to(x_0,y_0)}f(x,y)=A$ 是指(x,y)可以按任何方式沿任意曲线趋于(x_0,y_0)的结果.

题型 4　具体二元复合函数的一阶偏导数

技巧总结

(1)二元函数求偏导数时，可将二个变量中的一个看作常数，对另一个变量求导数，这时的二元函数实际上可视为一元函数，因此在求偏导数时可利用一元函数的求导公式、运算法则去求解.

(2)对二元函数求在一点(x_0,y_0)处的偏导数值，跟一元函数求导数值一样，先求导函数，再将 $x=x_0$，$y=y_0$ 代入求值.

例 9 若 $z=e^{xy}\sin(x+y)$，则$\dfrac{\partial z}{\partial x}=$（　　）.

A. $xe^{xy}\sin(x+y)+e^{xy}\cos(x+y)$.

B. $ye^{xy}\sin(x+y)+e^{xy}\cos(x+y)$.

C. $ye^{xy}\cos(x+y)+e^{xy}\sin(x+y)$.

D. $ye^{xy}\sin(x+y)+xe^{xy}\cos(x+y)$.

E. $e^{xy}\sin(x+y)+e^{xy}\cos(x+y)$.

【解析】 根据题意知$\dfrac{\partial z}{\partial x}=ye^{xy}\sin(x+y)+e^{xy}\cos(x+y)$.

【答案】 B

例10 设 $z=\frac{1}{x}f(xy)+y\varphi(x+y)$，其中 f，φ 都是可导函数，则 $\frac{\partial z}{\partial x}=$(　　).

A. $-\frac{1}{x^2}f(xy)+\frac{y}{x}f'(xy)+y\varphi'(x+y)$

B. $\frac{1}{x^2}f(xy)+\frac{y}{x}f'(xy)+y\varphi'(x+y)$

C. $-\frac{1}{x^2}f(xy)-\frac{y}{x}f'(xy)+y\varphi'(x+y)$

D. $\frac{y}{x}f'(xy)+y\varphi'(x+y)$

E. $-\frac{1}{x^2}f(xy)+y\varphi'(x+y)$

【解析】求 z 对 x 的偏导，则将 y 看作常数，利用求一元函数的导数公式，得

$$\frac{\partial z}{\partial x}=-\frac{1}{x^2}f(xy)+\frac{y}{x}f'(xy)+y\varphi'(x+y).$$

【答案】A

例11 设函数 $z=\ln(\sqrt{x}+\sqrt{y})$，则 $x\frac{\partial z}{\partial x}+y\frac{\partial z}{\partial y}=$(　　).

A. 1　　B. $\frac{1}{2}$　　C. $\frac{1}{3}$　　D. $-\frac{1}{2}$　　E. $-\frac{1}{3}$

【解析】因为 $\frac{\partial z}{\partial x}=\frac{\frac{1}{2\sqrt{x}}}{\sqrt{x}+\sqrt{y}}$，$\frac{\partial z}{\partial y}=\frac{\frac{1}{2\sqrt{y}}}{\sqrt{x}+\sqrt{y}}$，所以

$$x\frac{\partial z}{\partial x}+y\frac{\partial z}{\partial y}=\frac{\frac{\sqrt{x}}{2}}{\sqrt{x}+\sqrt{y}}+\frac{\frac{\sqrt{y}}{2}}{\sqrt{x}+\sqrt{y}}=\frac{1}{2}.$$

【答案】B

例12 设 $z=e^x\cos 2y$，则 $\left.\frac{\partial z}{\partial y}\right|_{\substack{x=1\\y=\frac{\pi}{4}}}=$(　　).

A. $-e$　　B. $-2e$　　C. e　　D. e^{-2}　　E. -2

【解析】因为 $\frac{\partial z}{\partial y}=-2e^x\sin 2y$，所以 $\left.\frac{\partial z}{\partial y}\right|_{\substack{x=1\\y=\frac{\pi}{4}}}=-2e\sin\frac{\pi}{2}=-2e$.

【答案】B

例13 已知 $f(x,y)=x+(y-1)\arcsin\sqrt{\frac{x}{y}}$，则 $f'_x(2,1)=$(　　).

A. 1　　B. -2　　C. 0　　D. -1　　E. 2

【解析】因为 $f(x,1)=x$，所以 $f'_x(x,1)=1$，$f'_x(2,1)=1$.

【答案】A

【点评】如果先求 $f'_x(x,y)$，运算会较为烦琐．由偏导数的定义，可以先将 y 固定在 $y=1$，

则有 $f(x, 1)=x$，进而对 $f(x, 1)=x$ 求导.

例 14 设 $z=1+xy-\sqrt{x^2+y^2}$，则 $\left.\frac{\partial z}{\partial x}\right|_{\substack{x=3\\y=4}}=(\quad)$.

A. $\frac{17}{5}$　　B. $\frac{11}{5}$　　C. $\frac{7}{5}$　　D. $\frac{1}{5}$　　E. $\frac{13}{5}$

【解析】因为 $\frac{\partial z}{\partial x}=y-\frac{x}{\sqrt{x^2+y^2}}$，所以 $\left.\frac{\partial z}{\partial x}\right|_{\substack{x=3\\y=4}}=4-\frac{3}{5}=\frac{17}{5}$.

【答案】A

题型 5　求二元函数的二阶偏导数

技巧总结

求二元函数的二阶偏导数，就是对一阶偏导数继续求导，求导时要注意看清楚求偏导数的次序.

例 15 若 $z=x^y$，则 $\frac{\partial^2 z}{\partial x\partial y}=(\quad)$.

A. $x^y(1+y\ln x)$　　B. $x^{y-1}(1+x\ln x)$　　C. $x^{y-1}(1+y\ln x)$

D. $x^{y-1}(1+\ln x)$　　E. $x^y(1+x\ln x)$

【解析】根据题意，先对 x 求偏导，再对 y 求偏导，可得 $\frac{\partial z}{\partial x}=yx^{y-1}$，于是

$$\frac{\partial^2 z}{\partial x\partial y}=\frac{\partial}{\partial y}\left(\frac{\partial z}{\partial x}\right)=x^{y-1}(1+y\ln x).$$

【答案】C

例 16 设 $u=e^{\frac{x}{y}}$，则 $\frac{\partial^2 u}{\partial x\partial y}=(\quad)$.

A. $\frac{1}{y^2}\left(\frac{x}{y}+1\right)e^{\frac{x}{y}}$　　B. $-\frac{1}{y}\left(\frac{x}{y}+1\right)e^{\frac{x}{y}}$　　C. $\frac{1}{y}\left(\frac{x}{y}+1\right)e^{\frac{x}{y}}$

D. $-\frac{1}{y^2}\left(\frac{x}{y}+1\right)e^{\frac{x}{y}}$　　E. $-\frac{x}{y^2}\left(\frac{1}{y}+1\right)e^{\frac{x}{y}}$

【解析】由题意知 $\frac{\partial u}{\partial x}=e^{\frac{x}{y}}\cdot\frac{1}{y}$，所以 $\frac{\partial^2 u}{\partial x\partial y}=\frac{\partial}{\partial y}\left(\frac{\partial u}{\partial x}\right)$，即

$$\frac{\partial^2 u}{\partial x\partial y}=e^{\frac{x}{y}}\cdot\left(-\frac{x}{y^2}\right)\cdot\frac{1}{y}+e^{\frac{x}{y}}\cdot\left(-\frac{1}{y^2}\right)=-\frac{1}{y^2}\left(\frac{x}{y}+1\right)e^{\frac{x}{y}}.$$

【答案】D

例 17 已知函数 $z=\ln\sqrt{x^2+y^2}$，则 $\frac{\partial^2 z}{\partial x^2}+\frac{\partial^2 z}{\partial y^2}=(\quad)$.

A. -1　　B. 0　　C. 1　　D. $-\frac{1}{2}$　　E. -2

【解析】因为 $\frac{\partial z}{\partial x}=\frac{1}{\sqrt{x^2+y^2}}\cdot\frac{1}{2\sqrt{x^2+y^2}}\cdot 2x=\frac{x}{x^2+y^2}$，所以

$$\frac{\partial^2 z}{\partial x^2}=\left(\frac{x}{x^2+y^2}\right)'_x=\frac{(x^2+y^2)-2x^2}{(x^2+y^2)^2}=\frac{y^2-x^2}{(x^2+y^2)^2}.$$

由于所给函数关于自变量 x，y 有对称性，所以 $\frac{\partial^2 z}{\partial y^2}=\frac{x^2-y^2}{(x^2+y^2)^2}$.

故 $\frac{\partial^2 z}{\partial x^2}+\frac{\partial^2 z}{\partial y^2}=0$.

【答案】B

【点评】自变量的对称性是指当函数表达式中任意两个自变量对调后，函数表达式的形式不变．这种情况下，可根据对称性由一个变量的导数得到另一个变量的导数．

题型6 计算多元函数的全微分

技巧总结

多元函数的全微分从计算角度来讲，本质上需计算偏导数，然后表示成全微分的形式：$\mathrm{d}f=\frac{\partial f}{\partial x}\mathrm{d}x+\frac{\partial f}{\partial y}\mathrm{d}y$.

例18 设二元函数 $z=\arctan\frac{y}{x}$，则全微分 $\mathrm{d}z\big|_{(1,1)}=$(　　).

A. $\frac{1}{2}\mathrm{d}x+\frac{1}{2}\mathrm{d}y$　　B. $\frac{1}{2}\mathrm{d}x-\frac{1}{2}\mathrm{d}y$　　C. $-\frac{1}{2}\mathrm{d}x+\frac{1}{2}\mathrm{d}y$

D. $-\frac{1}{2}\mathrm{d}x-\frac{1}{2}\mathrm{d}y$　　E. $-\frac{1}{2}\mathrm{d}x+\mathrm{d}y$

【解析】由题意知，$\frac{\partial z}{\partial x}=\frac{1}{1+\left(\frac{y}{x}\right)^2}\cdot\left(-\frac{y}{x^2}\right)=\frac{-y}{x^2+y^2}$，$\frac{\partial z}{\partial y}=\frac{1}{1+\left(\frac{y}{x}\right)^2}\cdot\frac{1}{x}=\frac{x}{x^2+y^2}$.

根据全微分公式，得 $\mathrm{d}z=\frac{\partial z}{\partial x}\mathrm{d}x+\frac{\partial z}{\partial y}\mathrm{d}y=\frac{-y}{x^2+y^2}\mathrm{d}x+\frac{x}{x^2+y^2}\mathrm{d}y$.

所以 $\mathrm{d}z\big|_{(1,1)}=-\frac{1}{2}\mathrm{d}x+\frac{1}{2}\mathrm{d}y$.

【答案】C

【点评】求多元函数在某点处的偏导数时，也可先将一个变量值代入，变为一元函数求导，然后再把另一个变量值代入即可，故本题又可解为

$$\left.\frac{\partial z}{\partial x}\right|_{(1,1)}=\left.\frac{\mathrm{d}\left(\arctan\frac{1}{x}\right)}{\mathrm{d}x}\right|_{x=1}=\left.\frac{1}{1+\frac{1}{x^2}}\cdot\left(-\frac{1}{x^2}\right)\right|_{x=1}=-\frac{1}{2},\quad \left.\frac{\partial z}{\partial y}\right|_{(1,1)}=\left.\frac{\mathrm{d}\arctan y}{\mathrm{d}y}\right|_{y=1}=\left.\frac{1}{1+y^2}\right|_{y=1}=\frac{1}{2}.$$

所以 $\mathrm{d}z\big|_{(1,1)}=-\frac{1}{2}\mathrm{d}x+\frac{1}{2}\mathrm{d}y$.

例 19 设函数 $f(u)$可微，且 $f'(0)=\dfrac{1}{2}$，则 $z=f(4x^2-y^2)$在点(1，2)处的全微分 $dz\big|_{(1,2)}=$(　　).

A. $dx-2dy$　　B. $4dx-2dy$　　C. $4dx+2dy$　　D. $4dx-dy$　　E. $2dx-dy$

【解析】因为 $\dfrac{\partial z}{\partial x}=f'(4x^2-y^2)\cdot 8x$，$\dfrac{\partial z}{\partial y}=f'(4x^2-y^2)\cdot(-2y)$，所以

$$dz\big|_{(1,2)}=\frac{\partial z}{\partial x}\bigg|_{(1,2)}dx+\frac{\partial z}{\partial y}\bigg|_{(1,2)}dy=f'(0)\cdot 8dx+f'(0)\cdot(-4)dy=4dx-2dy.$$

【答案】B

题型 7　判断二元函数的可微、连续及偏导数存在之间的关系

技巧总结

对于二元函数来说，可微、连续及偏导数之间存在的关系为

(1)偏导数存在与连续性没有必然的联系；

(2)可微一定偏导数存在，但偏导数存在不一定可微；

(3)可微一定连续；

(4)偏导数存在并且连续，则函数一定可微．

例 20 如果函数 $f(x,y)$在(0，0)处连续，那么下列命题正确的是(　　).

A. 若极限 $\lim\limits_{\substack{x\to 0\\ y\to 0}}\dfrac{f(x,y)}{|x|+|y|}$存在，则 $f(x,y)$在(0，0)处可微

B. 若极限 $\lim\limits_{\substack{x\to 0\\ y\to 0}}\dfrac{f(x,y)}{x^2+y^2}$存在，则 $f(x,y)$在(0，0)处存在偏导数

C. 若 $f(x,y)$在(0，0)处可微，则极限 $\lim\limits_{\substack{x\to 0\\ y\to 0}}\dfrac{f(x,y)}{|x|+|y|}$存在

D. 若 $f(x,y)$在(0，0)处可微，则极限 $\lim\limits_{\substack{x\to 0\\ y\to 0}}\dfrac{f(x,y)}{x^2+y^2}$存在

E. 函数 $f(x,y)$在(0，0)处的偏导数存在

【解析】排除法．取 $f(x,y)=|x|+|y|$，显然 $\lim\limits_{\substack{x\to 0\\ y\to 0}}\dfrac{f(x,y)}{|x|+|y|}$存在，但 $f(x,y)=|x|+|y|$在(0，0)处不可微．这是由于 $f(x,0)=|x|$在(0，0)处不可导，则 $f'_x(0,0)$不存在，从而 $f(x,y)$在(0，0)处不可微，排除 A 项和 E 项；

取 $f(x,y)\equiv 1$，显然 $f(x,y)$在(0，0)处可微，但 $\lim\limits_{\substack{x\to 0\\ y\to 0}}\dfrac{f(x,y)}{|x|+|y|}=\lim\limits_{\substack{x\to 0\\ y\to 0}}\dfrac{1}{|x|+|y|}=\infty$，$\lim\limits_{\substack{x\to 0\\ y\to 0}}\dfrac{f(x,y)}{x^2+y^2}=\lim\limits_{\substack{x\to 0\\ y\to 0}}\dfrac{1}{x^2+y^2}=\infty$，极限不存在，则排除 C 项和 D 项；

B 项：若极限 $\lim\limits_{\substack{x\to 0\\ y\to 0}}\dfrac{f(x,y)}{x^2+y^2}$存在，则有 $\lim\limits_{\substack{x\to 0\\ y\to 0}}f(x,y)=0$，又由 $f(x,y)$在(0，0)处连续，可知 $f(0,0)=0$. $f'_x(0,0)=\lim\limits_{x\to 0}\dfrac{f(x,0)-f(0,0)}{x}=\lim\limits_{x\to 0}\dfrac{f(x,0)}{x^2+0^2}\cdot x=0$.

同理

$$f_y'(0,0)=\lim_{y\to 0}\frac{f(0,y)-f(0,0)}{y}=\lim_{y\to 0}\frac{f(0,y)}{y^2+0^2}\cdot y=0.$$

综上所述，偏导数存在，故B项正确.

【答案】B

例 21 二元函数$f(x,y)$在点(x_0,y_0)处两个偏导数$f'_x(x_0,y_0)$，$f'_y(x_0,y_0)$存在是$f(x,y)$在该点处(   ).

A. 连续的充分条件　　B. 连续的必要条件　　C. 可微的必要条件

D. 可微的充分条件　　E. 极限存在的充分条件

【解析】A项不正确，例如函数$f(x,y)=\begin{cases}\dfrac{xy}{x^2+y^2}, & (x,y)\neq(0,0),\\ 0, & (x,y)=(0,0),\end{cases}$显然有$f'_x(0,0)=f'_y(0,0)=0$，但由例8知$\lim\limits_{\substack{x\to 0\\ y\to 0}}f(x,y)$不存在，故$f(x,y)$在点$(0,0)$处不连续；

B项不正确，例如函数$f(x,y)=|xy|$在点$(0,1)$处连续，但偏导数$f'_x(0,1)$不存在；

D项不正确，例如函数$f(x,y)=\begin{cases}\dfrac{xy}{\sqrt{x^2+y^2}}, & x^2+y^2\neq(0,0),\\ 0, & x^2+y^2=(0,0),\end{cases}$在点$(0,0)$处有$f'_x(0,0)=0$及$f'_y(0,0)=0$，但由于$f(x,y)$在点$(0,0)$不连续，故$f(x,y)$在点$(0,0)$处不可微；

显然E项不正确，极限存在和偏导数存在没有直接的关系；

C项：根据可微的必要条件：若函数$z=f(x,y)$在点(x,y)处可微，则函数$f(x,y)$在点(x,y)处的偏导数$\dfrac{\partial z}{\partial x}$，$\dfrac{\partial z}{\partial y}$必存在，且$\mathrm{d}z=\dfrac{\partial z}{\partial x}\mathrm{d}x+\dfrac{\partial z}{\partial y}\mathrm{d}y$. 故C项正确.

【答案】C

例 22 下列结论错误的是(   ).

A. 若$f(x)$在$x=x_0$处连续，则$\lim\limits_{x\to x_0}f(x)$一定存在

B. 若$f(x)$在$x=x_0$处可微，则$f(x)$在$x=x_0$处可导

C. 若$f(x)$在$x=x_0$处有极小值，则$f'(x_0)=0$或者$f'(x_0)$不存在

D. 若$f(x,y)$在(x_0,y_0)处可偏导，则$f(x,y)$在(x_0,y_0)处可微

E. 若$z=f(x,y)$在(x_0,y_0)处可微，则它在(x_0,y_0)处连续

【解析】D项中若$f(x,y)$在(x_0,y_0)处可求偏导并且偏导数连续的话，才能推出$f(x,y)$在(x_0,y_0)处可微，不加连续的条件不一定能推出可微.

【答案】D

题型8 多元复合函数求偏导

技巧总结

多元复合函数求偏导，需要根据链式法则："同链相乘，异链相加"，最好画出复合路径图，辅助理清变量之间的关系.

注 必须经过所有的中间变量再归结到自变量.

例 23 设 $z=u^2\ln v$，$u=\dfrac{x}{y}$，$v=3x-2y$，则 $\dfrac{\partial z}{\partial x}=$(　　).

A. $\dfrac{2x}{y^2}\ln(3x-2y)-\dfrac{3x^2}{y^2(3x-2y)}$

B. $\dfrac{2x}{y^2}\ln(3x-2y)+\dfrac{3x^2}{y^2(3x-2y)}$

C. $\dfrac{2x}{y^2}\ln(3x-2y)+\dfrac{x^2}{y^2(3x-2y)}$

D. $\dfrac{x}{y^2}\ln(3x-2y)+\dfrac{3x^2}{y^2(3x-2y)}$

E. $-\dfrac{2x}{y^2}\ln(3x-2y)+\dfrac{3x^2}{y^2(3x-2y)}$

【解析】如图 4-7 所示，画出复合函数路径图，由多元复合函数求导法则，得

$$\frac{\partial z}{\partial x}=\frac{\partial z}{\partial u}\cdot\frac{\partial u}{\partial x}+\frac{\partial z}{\partial v}\cdot\frac{\partial v}{\partial x}=2u\ln v\cdot\frac{1}{y}+\frac{u^2}{v}\cdot 3$$

$$=\frac{2x}{y^2}\ln(3x-2y)+\frac{3x^2}{y^2(3x-2y)}.$$

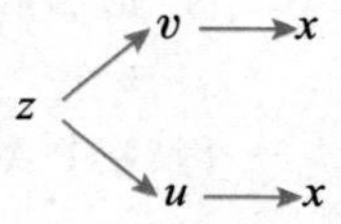

$z \to v \to x$，$z \to u \to x$

图 4-7

【答案】B

例 24 设 $z=u^2v$，$u=\cos x$，$v=\sin x$，则全导数 $\dfrac{\mathrm{d}z}{\mathrm{d}x}=$(　　).

A. $\sin 2x\sin x+\cos^3 x$　　B. $-\sin 2x\sin x-\cos^3 x$　　C. $-\sin 2x\sin x+\cos^3 x$

D. $-\sin 2x\sin x+\cos^2 x$　　E. $-\sin 2x+\cos^3 x$

【解析】由多元复合函数求导法则，得

$$\frac{\mathrm{d}z}{\mathrm{d}x}=\frac{\partial z}{\partial u}\cdot\frac{\mathrm{d}u}{\mathrm{d}x}+\frac{\partial z}{\partial v}\cdot\frac{\mathrm{d}v}{\mathrm{d}x}=2uv(-\sin x)+u^2\cos x=-\sin 2x\sin x+\cos^3 x.$$

【答案】C

例 25 设 $z=f\left(xy,\dfrac{x}{y}\right)+g\left(\dfrac{y}{x}\right)$，其中 f，g 均可微，则 $\dfrac{\partial z}{\partial x}=$(　　).

A. $yf_1'+\dfrac{1}{y}f_2'-\dfrac{y}{x^2}g'$　　B. $yf_1'+\dfrac{1}{y}f_2'+\dfrac{y}{x^2}g'$　　C. $yf_1'-\dfrac{1}{y}f_2'-\dfrac{y}{x^2}g'$

D. $yf_1'-\dfrac{1}{y}f_2'+\dfrac{y}{x^2}g'$　　E. $f_1'+\dfrac{1}{y}f_2'-\dfrac{y}{x^2}g'$

【解析】设 $u=xy$，$v=\dfrac{x}{y}$，则 $f\left(xy,\dfrac{x}{y}\right)$ 由 $u=xy$ 和 $v=\dfrac{x}{y}$ 复合而成.

由四则运算求导法则及多元复合函数的求导法则，得

$$\frac{\partial z}{\partial x}=\frac{\partial f}{\partial x}+\frac{\partial g}{\partial x}=\frac{\partial f}{\partial u}\cdot\frac{\partial u}{\partial x}+\frac{\partial f}{\partial v}\cdot\frac{\partial v}{\partial x}+\frac{\partial g}{\partial x}=f_u'\cdot y+f_v'\cdot\frac{1}{y}+g'\cdot\left(-\frac{y}{x^2}\right)=yf_u'+\frac{1}{y}f_v'-\frac{y}{x^2}g'.$$

有时，为表达简便，引入以下记号：

$$f_1'(u,v)=f_u'(u,v),\ f_2'(u,v)=f_v'(u,v),$$

这里，下标 1 表示对第一个变量 u 求偏导数，下标 2 表示对第二个变量 v 求偏导数. 利用这种记号，上面求得的结果可表示成

$$\frac{\partial z}{\partial x}=yf_1'+\frac{1}{y}f_2'-\frac{y}{x^2}g'.$$

【答案】A

【点评】本例中，u，v 是引入的中间变量，f 是 u、v 的抽象函数，所以解题中出现的 f'_1、f'_2 只能是抽象的形式，而无具体的表达式，他们分别表示的是 z 对中间变量 u、v 的偏导数．

例 26 设函数 $z=f\left(\frac{\sin x}{y}, \frac{y}{\ln x}\right)$，其中 $f(u, v)$是可微函数，则$\frac{\partial z}{\partial x}=$(　　).

A. $\frac{\cos x}{y}\cdot\frac{\partial f}{\partial u}+\frac{y}{x\ln^2 x}\cdot\frac{\partial f}{\partial v}$

B. $\frac{\cos x}{y}\cdot\frac{\partial f}{\partial x}-\frac{y}{x\ln^2 x}\cdot\frac{\partial f}{\partial y}$

C. $\frac{\cos x}{y}\cdot\frac{\partial f}{\partial u}-\frac{y}{x\ln^2 x}\cdot\frac{\partial f}{\partial v}$

D. $\frac{\cos x}{y}\cdot\frac{\partial f}{\partial x}+\frac{y}{x\ln^2 x}\cdot\frac{\partial f}{\partial y}$

E. $\frac{\sin x}{y}\cdot\frac{\partial f}{\partial u}-\frac{y}{x\ln^2 x}\cdot\frac{\partial f}{\partial v}$

【解析】令 $u=\frac{\sin x}{y}$，$v=\frac{y}{\ln x}$，则 $z=f(u, v)$，于是

$$\frac{\partial z}{\partial x}=\frac{\partial f}{\partial u}\cdot\frac{\partial u}{\partial x}+\frac{\partial f}{\partial v}\cdot\frac{\partial v}{\partial x}=\frac{\cos x}{y}\cdot\frac{\partial f}{\partial u}+\left(-\frac{y}{x\ln^2 x}\right)\cdot\frac{\partial f}{\partial v}.$$

【答案】C

【点评】抽象的多元复合函数虽然给出了中间变量对自变量的具体函数表达式，但没有给出原函数对中间变量的具体表达式，所以在解题时要对函数关系进行透彻的分析．

题型 9　求存在未知函数的多元函数的偏导数

技巧总结

先根据已知条件，求出未知函数表达式，再利用多元复合函数求导法则求偏导数．

例 27 设函数 $z=e^{-x}-f(x-2y)$，且当 $y=0$ 时，$z=x^2$，则一阶偏导数$\frac{\partial z}{\partial x}=$(　　).

A. $-e^{x}+e^{-(x-2y)}+2(x-2y)$　　B. $-e^{-x}+e^{-(x-2y)}+2(x-2y)$

C. $e^{-x}+e^{-(x-2y)}+2(x-2y)$　　D. $-e^{-x}-e^{-(x-2y)}+2(x-2y)$

E. $-e^{-x}+e^{-(x-2y)}-2(x-2y)$

【解析】当 $y=0$ 时，$z=x^2$，原式可化为 $x^2=e^{-x}-f(x)$，解得

$$f(x)=e^{-x}-x^2,$$

所以 $z=e^{-x}-e^{-(x-2y)}+(x-2y)^2$，故

$$\frac{\partial z}{\partial x}=-e^{-x}+e^{-(x-2y)}+2(x-2y).$$

【答案】B

例 28 设 $f(x+y, xy)=x^2+y^2$，则$\frac{\partial f(x, y)}{\partial x}+\frac{\partial f(x, y)}{\partial y}=$(　　).

A. $2x-2$　　B. $2x+2$　　C. $2x$　　D. $x-1$　　E. $x+1$

【解析】令 $u=x+y$，$v=xy$，则 $x^2+y^2=(x+y)^2-2xy=u^2-2v$，从而

$$f(u, v)=u^2-2v,$$

即 $f(x, y)=x^2-2y$，故 $\frac{\partial f(x, y)}{\partial x}+\frac{\partial f(x, y)}{\partial y}=2x-2$.

【答案】A

例 29 设 $u=f(x, y, z)=xy+xF(z)$，其中 F 为可微函数，且 $z=\frac{y}{x}$，则 $\frac{\partial u}{\partial x}=($　　$)$.

A. $y+F\left(\frac{y}{x}\right)-\frac{y}{x^2}F'\left(\frac{y}{x}\right)$　　B. $y+F\left(\frac{y}{x}\right)+\frac{y}{x}F'\left(\frac{y}{x}\right)$

C. $y+F\left(\frac{y}{x}\right)-\frac{y}{x}F'\left(\frac{y}{x}\right)$　　D. $x+F\left(\frac{y}{x}\right)-\frac{y}{x}F'\left(\frac{y}{x}\right)$

E. $x+F\left(\frac{y}{x}\right)-\frac{y}{x^2}F'\left(\frac{y}{x}\right)$

【解析】由已知可得 $u=xy+xF(z)=xy+xF\left(\frac{y}{x}\right)$，则

$$\frac{\partial u}{\partial x}=y+F\left(\frac{y}{x}\right)+xF'\left(\frac{y}{x}\right)\cdot\left(-\frac{y}{x^2}\right)=y+F\left(\frac{y}{x}\right)-\frac{y}{x}F'\left(\frac{y}{x}\right).$$

【答案】C

题型10　求多元隐函数的偏导数

技巧总结

二元隐函数求导的方法主要有

(1)根据隐函数求偏导数公式：需要构造三元函数 $F(x, y, z)$，则 $\frac{\partial z}{\partial x}=-\frac{F'_x}{F'_z}$，$\frac{\partial z}{\partial y}=-\frac{F'_y}{F'_z}$；

(2)采用直接求导法，注意分清楚自变量与因变量．对 x 求导时，x 为自变量，y 为常数，z 为中间变量，为 x 的函数；对 y 求导时，y 为自变量，x 为常数，z 为中间变量，为 y 的函数；求导时需要用复合函数求导法则．

例 30 设函数 $z=z(x, y)$ 由方程 $z^3-3xyz=a^3$ 确定，则 $dz=($　　$)$.

A. $\frac{y}{z^2-xy}dx+\frac{x}{z^2-xy}dy$　　B. $\frac{z}{z^2-xy}dx+\frac{z}{z^2-xy}dy$

C. $\frac{yz}{z^2-xy}dx-\frac{xz}{z^2-xy}dy$　　D. $\frac{y}{z^2-xy}dx-\frac{x}{z^2-xy}dy$

E. $\frac{yz}{z^2-xy}dx+\frac{xz}{z^2-xy}dy$

【解析】构造三元函数 $F(x, y, z)=z^3-3xyz-a^3$，则 $F'_x=-3yz$，$F'_y=-3xz$，$F'_z=3z^2-3xy$，则

$$\frac{\partial z}{\partial x}=-\frac{F'_x}{F'_z}=-\frac{-3yz}{3z^2-3xy}=\frac{yz}{z^2-xy},\quad \frac{\partial z}{\partial y}=-\frac{F'_y}{F'_z}=-\frac{-3xz}{3z^2-3xy}=\frac{xz}{z^2-xy}.$$

于是 $dz=\frac{\partial z}{\partial x}dx+\frac{\partial z}{\partial y}dy=\frac{yz}{z^2-xy}dx+\frac{xz}{z^2-xy}dy$.

【答案】E

例 31 设 $z=f(x, y)$ 是由方程 $\mathrm{e}^{-xy}-2z=\mathrm{e}^{z}$ 给出的隐函数，则在 $x=0$，$y=1$ 处的关于 x 的偏导数为(　　).

A. $\frac{1}{2}$　　B. $-\frac{1}{2}$　　C. $\frac{1}{3}$　　D. $-\frac{1}{3}$　　E. 1

【解析】设 $F(x, y, z)=\mathrm{e}^{-xy}-2z-\mathrm{e}^{z}$，则 $\frac{\partial z}{\partial x}=-\frac{F'_x}{F'_z}=\frac{-y\mathrm{e}^{-xy}}{\mathrm{e}^{z}+2}$，当 $x=0$，$y=1$ 时，$z=0$，代入偏导函数，得 $\left.\frac{\partial z}{\partial x}\right|_{\substack{x=0\\y=1}}=\left.\frac{-y\mathrm{e}^{-xy}}{\mathrm{e}^{z}+2}\right|_{\substack{x=0\\y=1}}=-\frac{1}{3}$.

【答案】D

例 32 由方程 $xyz=\arctan(x+y+z)$ 确定的隐函数 $z=z(x, y)$ 的 $\frac{\partial z}{\partial x}=$(　　).

A. $\frac{yz+yz(x+y+z)^2-1}{xy+xy(x+y+z)^2-1}$　　B. $-\frac{yz+yz(x+y+z)^2-1}{xy+xy(x+y+z)^2-1}$

C. $-\frac{yz+yz(x+y+z)^2+1}{xy+xy(x+y+z)^2+1}$　　D. $\frac{yz-yz(x+y+z)^2-1}{xy+xy(x+y+z)^2-1}$

E. $\frac{yz+yz(x+y+z)^2-1}{xy+xy(x+y+z)^2+1}$

【解析】设 $F(x, y, z)=xyz-\arctan(x+y+z)$，则求偏导，得 $F'_x=yz-\frac{1}{1+(x+y+z)^2}$，$F'_z=xy-\frac{1}{1+(x+y+z)^2}$，故 $\frac{\partial z}{\partial x}=-\frac{F'_x}{F'_z}=-\frac{yz+yz(x+y+z)^2-1}{xy+xy(x+y+z)^2-1}$.

【答案】B

例 33 设函数 $z(x, y)$ 由方程 $F\left(x+\frac{z}{y}, y+\frac{z}{x}\right)=0$ 给出，F，z 都是可微函数，则 $x\frac{\partial z}{\partial x}+y\frac{\partial z}{\partial y}=$(　　).

A. $zy-x$　　B. $z+xy$　　C. $z-xy$　　D. $y-xz$　　E. $y+xz$

【解析】直接求导法，方程 $F\left(x+\frac{z}{y}, y+\frac{z}{x}\right)=0$ 两端分别关于 x，y 求偏导数，得

$$\begin{cases}F'_1\left(1+y^{-1}\frac{\partial z}{\partial x}\right)+F'_2\left(x^{-1}\frac{\partial z}{\partial x}-x^{-2}z\right)=0,\\ F'_1\left(y^{-1}\frac{\partial z}{\partial y}-y^{-2}z\right)+F'_2\left(1+x^{-1}\frac{\partial z}{\partial y}\right)=0,\end{cases}$$

解得 $\frac{\partial z}{\partial x}=\frac{x^{-2}zF'_2-F'_1}{y^{-1}F'_1+x^{-1}F'_2}$，$\frac{\partial z}{\partial y}=\frac{y^{-2}zF'_1-F'_2}{y^{-1}F'_1+x^{-1}F'_2}$，故 $x\frac{\partial z}{\partial x}+y\frac{\partial z}{\partial y}=z-xy$.

【答案】C

【点评】本题可直接用隐函数求导公式：$\frac{\partial z}{\partial x}=-\frac{F'_x}{F'_z}$，$\frac{\partial z}{\partial y}=-\frac{F'_y}{F'_z}$，再将其代入 $x\frac{\partial z}{\partial x}+y\frac{\partial z}{\partial y}$ 中进行求解.

第 2 节　多元函数的极值

考纲解析

1. 了解二元函数无条件极值和条件极值的概念.
2. 掌握二元函数极值存在的必要条件.
3. 掌握二元函数极值存在的充分条件.
4. 会求二元函数的极值.
5. 会用拉格朗日乘数法求条件极值.

知识精讲

1　无条件极值

1.1　极值的定义

定义 设函数 $z=f(x, y)$ 的定义域为 $D\subset\mathbf{R}^2$，$P_0(x_0, y_0)$ 为 D 的内点. 若存在 $P_0(x_0, y_0)$ 的某个邻域 $U(P_0)\subset D$，对于该邻域内异于 $P_0(x_0, y_0)$ 的任意点 (x, y)，都有

$$f(x, y)<f(x_0, y_0)\text{（或 }f(x, y)>f(x_0, y_0)\text{）},$$

则称函数 $f(x, y)$ 在点 $P_0(x_0, y_0)$ 有**极大值**（或**极小值**）$f(x_0, y_0)$，点 $P_0(x_0, y_0)$ 称为函数 $f(x, y)$ 的**极大值点**（或**极小值点**）.

极大值与极小值统称为函数的**极值**，使函数取得极值的点称为函数的**极值点**.

1.2　极值存在的必要条件

设函数 $z=f(x, y)$ 在点 (x_0, y_0) 处的两个一阶偏导数都存在，若 (x_0, y_0) 是 $f(x, y)$ 的极值点，则有

$$f'_x(x_0, y_0)=0,\ f'_y(x_0, y_0)=0.$$

1.3　极值存在的充分条件

设函数 $z=f(x, y)$ 在点 (x_0, y_0) 处的某邻域内具有连续的二阶偏导数，且 $f'_x(x_0, y_0)=0$，$f'_y(x_0, y_0)=0$，记

$$A=f''_{xx}(x_0, y_0),\ B=f''_{xy}(x_0, y_0),\ C=f''_{yy}(x_0, y_0),$$

则有

(1) 如果 $AC-B^2>0$，则 $f(x, y)$ 在点 (x_0, y_0) 取得极值，且当 $A>0$ 时，$f(x_0, y_0)$ 为极小值，当 $A<0$ 时，$f(x_0, y_0)$ 为极大值.

(2) 如果 $AC-B^2<0$，则 $f(x, y)$ 在点 (x_0, y_0) 不取极值.

(3) 如果 $AC-B^2=0$，则 $f(x, y)$ 在点 (x_0, y_0) 可能取得极值，也可能不取极值.

2 条件极值

定义 以上讨论的极值问题，除了函数的自变量限制在函数的定义域内之外，没有其他约束条件，这种极值称为**无条件极值**．但在实际问题中，往往会遇到对函数的自变量还有附加条件限制的极值问题，这类极值称为**条件极值**．

对于条件极值问题，直接做法是消去约束条件，将条件代入函数表达式，将问题转化为无条件极值问题．但是很多情况下，要从附加条件中解出某个变量不易实现，这就迫使我们寻求一种求条件极值的直接方法．下面我们来介绍**拉格朗日乘数法**来求解条件极值问题．

拉格朗日乘数法：欲求函数 $z=f(x,y)$ 在满足条件 $\varphi(x,y)=0$ 下的极值，可按如下步骤进行：

(1)构造拉格朗日函数

$$L(x,y,\lambda)=f(x,y)+\lambda\varphi(x,y),$$

其中 λ 为待定参数，函数 $L(x,y,\lambda)$ 称为**拉格朗日函数**，参数 λ 称为拉格朗日乘子；

(2)将函数 $L(x,y,\lambda)$ 分别对 x，y，λ 求偏导数，并令它们都为0，组成方程组

$$\begin{cases}L'_x=f'_x(x,y)+\lambda\varphi'_x(x,y)=0,\\L'_y=f'_y(x,y)+\lambda\varphi'_y(x,y)=0,\\L'_\lambda=\varphi(x,y)=0,\end{cases}$$

得 x，y 值，则 (x,y) 就是所求的函数 $z=f(x,y)$ 在附加条件 $\varphi(x,y)=0$ 下的可能极值点．

(3)根据问题本身的性质来判断所求得的点是否为极值点，为极大值点还是极小值点．

题型精练

题型11 极值点的判定

技巧总结

判断极值的方法，有

(1)凡能使得一阶偏导数同时为零的点，均称为函数的驻点，驻点可能是函数的极值点，但可微函数 $f(x,y)$ 的极值点 (x_0,y_0) 一定是驻点．

(2)利用极值存在的充分条件(知识精讲1.3)，通过判断 $AC-B^2$ 的值来确定是否为极值，为极大值还是极小值．

例34 设可微函数 $f(x,y)$ 在点 (x_0,y_0) 取得极小值，则下列结论正确的是(　　)．

A. $f(x_0,y)$ 在 $y=y_0$ 处的导数大于零

B. $f(x_0,y)$ 在 $y=y_0$ 处的导数等于零

C. $f(x_0,y)$ 在 $y=y_0$ 处的导数小于零

D. $f(x_0,y)$ 在 $y=y_0$ 处的导数不存在

E. $f(x,y_0)$ 在 $y=y_0$ 处的导数大于零

【解析】有可微函数极值存在的必要条件知 $f'_x(x_0,y_0)=0$，$f'_y(x_0,y_0)=0$，即

$$\frac{\mathrm{d}}{\mathrm{d}x}[f(x,y_0)]\bigg|_{x=x_0}=0,\ \frac{\mathrm{d}}{\mathrm{d}y}[f(x_0,y)]\bigg|_{y=y_0}=0.$$

显然B项的说法正确．

【答案】B

例 35 设 $z=e^{2x}(x+y^2+2y)$，则点 $\left(\frac{1}{2}, -1\right)$ 是该函数的（　）.

A. 驻点，但不是极值点　　B. 驻点，且是极小值点

C. 驻点，且是极大值点　　D. 驻点，偏导数不存在的点

E. 不是驻点，但是极值点

【解析】对 x，y 分别求偏导，$\begin{cases}f'_x(x, y)=(2x+2y^2+4y+1)e^{2x}=0,\\ f'_y(x, y)=(2y+2)e^{2x}=0,\end{cases}$ 把 $\left(\frac{1}{2}, -1\right)$ 代入方程组，可知等式成立，故 $\left(\frac{1}{2}, -1\right)$ 是函数的驻点．$A=4(x+y^2+2y+1)e^{2x}\Big|_{\left(\frac{1}{2},-1\right)}=2e>0$，$B=(4y+4)e^{2x}\Big|_{\left(\frac{1}{2},-1\right)}=0$，$C=2e^{2x}\Big|_{\left(\frac{1}{2},-1\right)}=2e>0$. $AC-B^2>0$ 且 $A>0$，故根据极值存在的充分条件，该函数有极小值．

【答案】B

例 36 函数 $z=xy(1-x-y)$ 的极值点是（　）.

A. $\left(\frac{1}{2}, -1\right)$　B. $(0, 0)$　C. $(0, -1)$　D. $(0, 1)$　E. $\left(\frac{1}{3}, \frac{1}{3}\right)$

【解析】因为 $\frac{\partial z}{\partial x}=y(1-2x-y)$，$\frac{\partial z}{\partial y}=x(1-x-2y)$，令 $\begin{cases}y(1-2x-y)=0,\\ x(1-x-2y)=0,\end{cases}$ 解得

$$\begin{cases}x=0,\\ y=0\end{cases} \text{或} \begin{cases}x=0,\\ y=1\end{cases} \text{或} \begin{cases}x=1,\\ y=0\end{cases} \text{或} \begin{cases}x=\frac{1}{3},\\ y=\frac{1}{3}.\end{cases}$$

而 $\frac{\partial^2 z}{\partial x^2}=-2y$，$\frac{\partial^2 z}{\partial x\partial y}=1-2x-2y$，$\frac{\partial^2 z}{\partial y^2}=-2x$，当 $x=\frac{1}{3}$，$y=\frac{1}{3}$ 时，$A=-2y\Big|_{\left(\frac{1}{3},\frac{1}{3}\right)}=-\frac{2}{3}$，$B=(1-2x-2y)\Big|_{\left(\frac{1}{3},\frac{1}{3}\right)}=-\frac{1}{3}$，$C=-2x\Big|_{\left(\frac{1}{3},\frac{1}{3}\right)}=-\frac{2}{3}$.

$AC-B^2=\frac{1}{3}>0$，且 $A<0$，因此点 $\left(\frac{1}{3}, \frac{1}{3}\right)$ 是函数的极大值点．

同理，经过验证，点 $(0, 0)$，$(0, 1)$，$(1, 0)$ 都不是函数的极值点．

【答案】E

题型12　求二元函数的无条件极值

技巧总结

求函数 $z=f(x, y)$ 极值的步骤：

(1)解方程组 $f'_x(x, y)=0$，$f'_y(x, y)=0$，求出所有驻点；

(2)对于每一个驻点 (x_0, y_0)，求出二阶偏导数的值 A，B，C；

(3)确定 $AC-B^2$ 的符号，再判定是否是极值；

(4)考察函数 $z=f(x, y)$ 是否有导数不存在的点，若有加以判别是否为极值点．

例 37 已知 $f(x, y)=x^3-y^3+3x^2+3y^2-9x$，则 $f(x, y)$ 的极小值为（　　）.

A. $f(-3, 2)=31$　　B. $f(-3, 2)=-5$　　C. $f(1, 0)=-5$

D. $f(1, 0)=31$　　E. $f(1, 2)=-1$

【解析】由 $\begin{cases} \dfrac{\partial z}{\partial x}=3x^2+6x-9=0, \\ \dfrac{\partial z}{\partial y}=-3y^2+6y=0, \end{cases}$ 得驻点 $(1, 0)$，$(1, 2)$，$(-3, 0)$，$(-3, 2)$.

又 $\dfrac{\partial^2 z}{\partial x^2}=6x+6$，$\dfrac{\partial^2 z}{\partial x \partial y}=0$，$\dfrac{\partial^2 z}{\partial y^2}=-6y+6$，可得

在 $(1, 0)$ 点处，$A=12$，$B=0$，$C=6$，$AC-B^2>0$，$A>0$，故函数有极小值 $f(1, 0)=-5$；

在 $(1, 2)$ 点处，$A=12$，$B=0$，$C=-6$，$AC-B^2<0$，无极值；

在 $(-3, 0)$ 和 $(-3, 2)$ 处，$A=-12<0$，即便有极值，也是极大值，不满足题干要求.

【答案】C

【点评】通过 A 与 0 的大小关系，首先判断它是否可能是所求的极值点，若不是，则不用继续讨论.

例 38 函数 $z=e^{-x}(x-y^3+3y)$ 的极大值为（　　）.

A. $f(-1, 1)=e$　　B. $f(3, -1)=e$　　C. $f(-1, 1)=-e$

D. $f(3, -1)=-e$　　E. $f(3, -1)=e^{-3}$

【解析】由 $\begin{cases} \dfrac{\partial z}{\partial x}=e^{-x}(1-x+y^3-3y)=0, \\ \dfrac{\partial z}{\partial y}=-3e^{-x}(y^2-1)=0, \end{cases}$ 得驻点 $P_1(-1, 1)$，$P_2(3, -1)$，再求二阶偏导数，可得

$$\frac{\partial^2 z}{\partial x^2}=e^{-x}(x-y^3+3y-2), \quad \frac{\partial^2 z}{\partial x \partial y}=3e^{-x}(y^2-1), \quad \frac{\partial^2 z}{\partial y^2}=-6ye^{-x}.$$

$P_1(-1, 1)$ 点处：$A=-e$，$B=0$，$C=-6e$，$AC-B^2=6e^2>0$，$A<0$，于是 $f(-1, 1)=e$ 为极大值.

$P_2(3, -1)$ 点处：$A=-e^{-3}$，$B=0$，$C=6e^{-3}$，$AC-B^2=-6e^{-6}<0$，则 $f(x, y)$ 在点 $(3, -1)$ 处无极值.

【答案】A

【点评】对于一个二元函数来说，当 $P_0(x_0, y_0)$ 为驻点，判别式 $AC-B^2=0$ 时，极值存在的充分条件就无法用来判定极值的存在性了，可以根据 $P(x, y)$ 在 $P_0(x_0, y_0)$ 的某个邻域 $U(P_0)$ 内变化时，$\Delta f=f(x, y)-f(x_0, y_0)$ 是否保持定号来判断.

题型13 二元函数条件极值

技巧总结

二元函数条件极值的判定主要是根据拉格朗日乘数法．拉格朗日乘数法求条件极值的步骤为

(1) 构造拉格朗日函数

$$L(x, y, \lambda)=f(x, y)+\lambda g(x, y),$$

其中 λ 是常数.

(2)将函数 $L(x, y, \lambda)$ 分别对 x, y, λ 求偏导数，并令它们都为0，组成方程组

$$\begin{cases} L'_x = f'_x(x, y) + \lambda g'_x(x, y) = 0, \\ L'_y = f'_y(x, y) + \lambda g'_y(x, y) = 0, \\ L'_\lambda = g(x, y) = 0. \end{cases}$$

(3)求出方程组的解

$$\begin{cases} x = x_0, \\ y = y_0, \text{（解可能多于一组）} \\ \lambda = \lambda_0, \end{cases}$$

则点 (x_0, y_0) 就是使函数 $z = f(x, y)$ 可能取得极值且满足条件 $g(x_0, y_0) = 0$ 的极值点.

(4)确定所求得的点是不是极值点，需要在实际问题中根据问题本身的性质加以确定.

注 上述方法可以推广到自变量多于两个，或附加条件多于一个的情形.

例 39 函数 $z = x^2 + y^2$ 在条件 $\frac{x}{a} + \frac{y}{b} = 1$ 下的极小值是(　　).

A. $\frac{ab^2}{a^2+b^2}$　　B. $\frac{a^2b^2}{a^2+b^2}$　　C. $\frac{a^2b}{a^2+b^2}$

D. $\frac{ab}{a^2+b^2}$　　E. $\frac{b^2}{a^2+b^2}$

【解析】设 $L(x, y, \lambda) = x^2 + y^2 + \lambda\left(\frac{x}{a} + \frac{y}{b} - 1\right)$，由

$$\begin{cases} L'_x = 2x + \frac{\lambda}{a} = 0, \\ L'_y = 2y + \frac{\lambda}{b} = 0, \\ L'_\lambda = \frac{x}{a} + \frac{y}{b} - 1 = 0 \end{cases} \Rightarrow \begin{cases} x = \frac{ab^2}{a^2+b^2}, \\ y = \frac{a^2b}{a^2+b^2}, \end{cases}$$

于是函数 z 在条件 $\frac{x}{a} + \frac{y}{b} = 1$ 下的极小值为 $z = \frac{a^2b^2}{a^2+b^2}$.

【答案】B

本章通关测试

1. 极限$\lim\limits_{\substack{x\to 0\\ y\to 0}}\dfrac{2x^2y}{x^4+y^2}$(　　).

A. 不存在　　B. 等于 0　　C. 等于 1

D. 存在且等于 0 或 1　　E. 等于-1

2. 设 $z=x^2\sin 2y$，则$\dfrac{\partial z}{\partial x}=$(　　).

A. $2x\cos 2y$　　B. $x\sin 2y$　　C. $2x\sin 2y$　　D. $-x\sin 2y$　　E. $-2x\sin 2y$

3. 函数 $z=f(x,\ y)=\begin{cases}\dfrac{xy}{x^2+y^2}, & x^2+y^2\neq 0,\\ 0, & x^2+y^2=0\end{cases}$ 在$(0,\ 0)$点处(　　).

A. 连续但不存在偏导数　　B. 存在偏导数但不连续

C. 既不存在偏导数又不连续　　D. 既存在偏导数又连续

E. 有极限

4. 设 $u=\left(\dfrac{x}{y}\right)^z$，则$\dfrac{\partial u}{\partial z}=$(　　).

A. $\left(\dfrac{x}{y}\right)^z\ln\dfrac{x}{y}$　　B. $\left(\dfrac{x}{y}\right)^z\ln\dfrac{y}{x}$　　C. $z\left(\dfrac{x}{y}\right)^{z-1}$　　D. $\left(\dfrac{x}{y}\right)^{z-1}$　　E. $\left(\dfrac{x}{y}\right)^{z-1}\ln\dfrac{x}{y}$

5. 设函数 $z=\arcsin(\sqrt{x^2+2y^2})$，则$\left.\dfrac{\partial z}{\partial y}\right|_{\substack{x=0\\ y=\frac{1}{2}}}=$(　　).

A. 1　　B. $\dfrac{1}{2}$　　C. 0　　D. 2　　E. $-\dfrac{1}{2}$

6. 设 $z=xf\left(\dfrac{y}{x}\right)$，若 $f(u)$可微，则$\dfrac{\partial z}{\partial x}=$(　　).

A. $f\left(\dfrac{y}{x}\right)+\dfrac{y}{x}f'\left(\dfrac{y}{x}\right)$　　B. $f\left(\dfrac{y}{x}\right)-\dfrac{y}{x}f'\left(\dfrac{y}{x}\right)$　　C. $f\left(\dfrac{y}{x}\right)+\dfrac{y}{x^2}f'\left(\dfrac{y}{x}\right)$

D. $f\left(\dfrac{y}{x}\right)-\dfrac{y}{x^2}f'\left(\dfrac{y}{x}\right)$　　E. $f'\left(\dfrac{y}{x}\right)-\dfrac{y}{x}f'\left(\dfrac{y}{x}\right)$

7. 若 $z=\ln\sqrt{x^2+y^2}$，则 $x\dfrac{\partial z}{\partial x}+y\dfrac{\partial z}{\partial y}=$(　　).

A. -1　　B. e　　C. 1　　D. $\dfrac{y}{x^2+y^2}$　　E. $\dfrac{x^2-y^2}{x^2+y^2}$

8. 若 $z=x^3+6xy+y^3$，则$\left.\dfrac{\partial z}{\partial x}\right|_{\substack{x=1\\ y=2}}=$(　　).

A. 10　　B. 9　　C. 11　　D. 13　　E. 15

9. 设函数 $z=(x^2+y^2)\mathrm{e}^{-\arctan\frac{x}{y}}$，则$\dfrac{\partial^2 z}{\partial x\,\partial y}=$(　　).

A. $\dfrac{x^2-y^2}{x^2+y^2}e^{-\arctan\frac{x}{y}}$　　B. $\dfrac{x^2-xy-y^2}{x^2+y^2}e^{-\arctan\frac{x}{y}}$　　C. $\dfrac{x^2+xy-y^2}{x^2+y^2}e^{-\arctan\frac{x}{y}}$

D. $\dfrac{x^2-xy+y^2}{x^2+y^2}e^{-\arctan\frac{x}{y}}$　　E. $\dfrac{xy-y^2}{x^2+y^2}e^{-\arctan\frac{x}{y}}$

10. 设 $f(x, y)=e^{\arctan\frac{y}{x}}\cdot\ln(x^2+y^2)$，则 $f'_x(1, 0)=($　　$)$.

A. 1　　B. 2　　C. 3　　D. 4　　E. 5

11. 若 $z=(1+xy)^y$，则 $\left.\dfrac{\partial z}{\partial x}\right|_{(1,2)}=($　　$)$.

A. 9　　B. 10　　C. 11　　D. 12　　E. 13

12. $f(x, y)=e^{xy}+(y^2-1)\arctan(xy)$，则 $f'_x(x, 1)=($　　$)$.

A. e^x　　B. e　　C. e^y　　D. e^x+1　　E. e^x-1

13. 设 $z=z(x, y)$是由 $x^2z+2y^2z^2+y=0$ 确定的函数，则$\dfrac{\partial z}{\partial y}=($　　$)$.

A. $\dfrac{4yz^2+1}{x^2+4y^2z}$　　B. $\dfrac{4yz^2-1}{x^2+4y^2z}$　　C. $-\dfrac{4yz^2+1}{x^2-4y^2z}$

D. $-\dfrac{4yz^2+1}{x^2+4y^2z}$　　E. $\dfrac{4yz^2+1}{x^2-4y^2z}$

14. 已知函数 $z=\ln\sin(x-2y)$，则$\dfrac{\partial z}{\partial y}=($　　$)$.

A. $\dfrac{1}{\sin(x-2y)}$　　B. $-\dfrac{2}{\sin(x-2y)}$　　C. $-2\cot(x-2y)$

D. $-\cot(x-2y)$　　E. $\sec(x-2y)$

15. 已知函数 $f(x, y)=x+y-\sqrt{x^2+y^2}$，则 $f(x, y)$在$(3, 4)$处关于 x 的偏导数为(　　).

A. $\dfrac{1}{2}$　　B. $\dfrac{2}{5}$　　C. $\dfrac{1}{5}$　　D. 1　　E. $\dfrac{2}{3}$

16. $u=\ln(x^2+y)$，则$\dfrac{\partial^2 u}{\partial x\partial y}=($　　$)$.

A. $\dfrac{2x}{(x^2+y)^2}$　　B. $-\dfrac{2y}{(x^2+y)^2}$　　C. $\dfrac{2y}{(x^2+y)^2}$

D. $-\dfrac{2x}{(x^2+y)^2}$　　E. $-\dfrac{2}{(x^2+y)^2}$

17. 设二元函数 $z=e^{xy}+xy$，则$\left.\dfrac{\partial z}{\partial x}\right|_{(1,2)}=($　　$)$.

A. e^2+1　　B. $2e^2+2$　　C. $e+1$　　D. $2e+1$　　E. $2e^2$

18. 已知方程 $f\left(\dfrac{y}{x}, \dfrac{z}{x}\right)=0$ 确定了函数 $z=z(x, y)$，$f(x, y)$可微，则 $x\dfrac{\partial z}{\partial x}+y\dfrac{\partial z}{\partial y}=($　　$)$.

A. z　　B. $-z$　　C. y　　D. $-y$　　E. x

19. 设函数 $z=z(x, y)$由方程 $x^2+y^2+z^2=yf\left(\dfrac{z}{y}\right)$所确定，其中 $f(u)$可导，则$(x^2-y^2-z^2)\dfrac{\partial z}{\partial x}+2xy\dfrac{\partial z}{\partial y}=($　　$)$.

A. xz　　B. $2xy$　　C. $2xz$　　D. xy　　E. $2yz$

20. 设 $z=z(x, y)$是由 $F(x+mz, y+nz)=0$ 确定的函数，则$\frac{\partial z}{\partial y}=$(　　).

A. $\frac{F_v'}{mF_u'+nF_v'}$　　B. $-\frac{F_u'}{mF_u'+nF_v'}$　　C. $\frac{F_v'}{mF_u'-nF_v'}$

D. $\frac{F_u'}{mF_u'+nF_v'}$　　E. $-\frac{F_v'}{mF_u'+nF_v'}$

21. 若 $z=\ln(x^2+y^2)$，则全微分 $\mathrm{d}z=$(　　).

A. $\frac{2x}{x^2+y^2}\mathrm{d}x-\frac{2y}{x^2+y^2}\mathrm{d}y$　　B. $\frac{2x}{x^2+y^2}\mathrm{d}x+\frac{2y}{x^2+y^2}\mathrm{d}y$

C. $\frac{x}{x^2+y^2}\mathrm{d}x+\frac{2y}{x^2+y^2}\mathrm{d}y$　　D. $\frac{2x}{x^2+y^2}\mathrm{d}x+\frac{y}{x^2+y^2}\mathrm{d}y$

E. $\frac{x}{x^2+y^2}\mathrm{d}x-\frac{2y}{x^2+y^2}\mathrm{d}y$

22. 设 $f(x, y)$在点(x_0, y_0)处的两个偏导数 $f_x'(x_0, y_0)$，$f_y'(x_0, y_0)$都存在，则下列结论正确的是(　　).

A. $f(x, y)$在点(x_0, y_0)处连续　　B. $\lim\limits_{(x,y)\to(0,0)} f(x, y)$存在

C. $\lim\limits_{x\to x_0} f(x, y_0)=\lim\limits_{y\to y_0} f(x_0, y)=f(x_0, y_0)$　　D. $f(x, y)$在点(x_0, y_0)处可微

E. $f(x, y)$在点(x_0, y_0)处有极值

23. 设 $z=xyf\left(\frac{y}{x}\right)$，$f(u)$可导，则 z_x'，z_y'分别为(　　).

A. $z_x'=yf-\frac{y^2}{x}f'$，$z_y'=xf+yf'$　　B. $z_x'=xf+yf'$，$z_y'=yf-\frac{y^2}{x}f'$

C. $z_x'=yf+\frac{y^2}{x}f'$，$z_y'=xf+yf'$　　D. $z_x'=yf-\frac{y^2}{x}f'$，$z_y'=xf-yf'$

E. $z_x'=xf-\frac{y^2}{x}f'$，$z_y'=xf+yf'$

24. 设 $z=f(x^2-y^2, \mathrm{e}^{xy})$，其中 f 具有一阶连续偏导数，则$\frac{\partial z}{\partial y}=$(　　).

A. $-2yf_1'+x\mathrm{e}^{xy}f_2'$　　B. $-yf_1'+x\mathrm{e}^{xy}f_2'$　　C. $2yf_1'+x\mathrm{e}^{xy}f_2'$

D. $-2yf_1'-x\mathrm{e}^{xy}f_2'$　　E. $-yf_1'-x\mathrm{e}^{xy}f_2'$

25. 若 $z=x^2+y^2$，则全微分 $\mathrm{d}z=$(　　).

A. $2\mathrm{d}x+2y\mathrm{d}y$　　B. $2x\mathrm{d}x+2\mathrm{d}y$　　C. $x\mathrm{d}x+y\mathrm{d}y$

D. $2x\mathrm{d}x+2y\mathrm{d}y$　　E. $2x\mathrm{d}x-2y\mathrm{d}y$

26. 二元函数 $z=\mathrm{e}^{xy}$ 在(2，1)处的全微分 $\mathrm{d}z=$(　　).

A. $\mathrm{e}^2\mathrm{d}x+\mathrm{e}^2\mathrm{d}y$　　B. $2\mathrm{e}^2\mathrm{d}x+2\mathrm{e}^2\mathrm{d}y$　　C. $\mathrm{e}^2\mathrm{d}x+2\mathrm{d}y$

D. $\mathrm{e}^2\mathrm{d}x-2\mathrm{e}^2\mathrm{d}y$　　E. $\mathrm{e}^2\mathrm{d}x+2\mathrm{e}^2\mathrm{d}y$

27. 设 $u=\arcsin\frac{z}{x+y}$，则 $\mathrm{d}u=$(　　).

A. $\frac{1}{\sqrt{(x+y)^2+z^2}}\left[\frac{z}{x+y}(\mathrm{d}x+\mathrm{d}y)+\mathrm{d}z\right]$

B. $\frac{1}{\sqrt{(x+y)^2+z^2}}\left[\frac{-z}{x+y}(\mathrm{d}x+\mathrm{d}y)+\mathrm{d}z\right]$

C. $\frac{1}{\sqrt{(x+y)^2-z^2}}\left[\frac{z}{x+y}(\mathrm{d}x+\mathrm{d}y)+\mathrm{d}z\right]$

D. $\frac{1}{\sqrt{(x+y)^2-z^2}}\left[\frac{-z}{x+y}(\mathrm{d}x+\mathrm{d}y)+\mathrm{d}z\right]$

E. $\frac{1}{\sqrt{(x+y)^2-z^2}}\left[\frac{-z}{x+y}(\mathrm{d}x+\mathrm{d}y)-\mathrm{d}z\right]$

28. 函数 $z=x^2+y^2-x^2y^2$ 在点(1，1)处的全微分 $\mathrm{d}z\Big|_{(1,1)}=($　　).

A. 0　B. $\mathrm{d}x+\mathrm{d}y$　C. $2\mathrm{d}x+2\mathrm{d}y$　D. $2\mathrm{d}x-2\mathrm{d}y$　E. $\mathrm{d}x-\mathrm{d}y$

29. 若函数 $f(x,y)$在点(x_0,y_0)处存在偏导数 $f'_x(x_0,y_0)=f'_y(x_0,y_0)=0$，则 $f(x,y)$在点(x_0,y_0)处(　　).

A. 连续　B. 可微且有极值　C. 有极值

D. 可能有极值　E. 有极限

30. 二元函数 $z=f(x,y)$在点(x_0,y_0)处可导(偏导数存在)与可微的关系是(　　).

A. 可导必可微　B. 可导一定不可微　C. 可微必可导

D. 可微不一定可导　E. 没有关系

31. 函数 $z=x^3+y^3-3xy$，则(　　).

A. 点(1，1)是函数的极大值点　B. 点(1，1)是函数的极小值点

C. 点(0，0)是函数的极大值点　D. 点(0，0)是函数的极小值点

E. 点(0，1)是函数的极大值点

32. 内接于椭圆$\frac{x^2}{3}+\frac{y^2}{4}=1$的最大长方形的面积为(　　).

A. $\sqrt{3}$　B. $2\sqrt{3}$　C. $4\sqrt{3}$　D. $4\sqrt{5}$　E. $4\sqrt{2}$

33. 设 $z=\frac{x+y}{x-y}$，则 $\mathrm{d}z=($　　).

A. $\frac{2}{(x-y)^2}(x\mathrm{d}x-y\mathrm{d}y)$　B. $\frac{2}{(x-y)^2}(x\mathrm{d}x+y\mathrm{d}y)$

C. $-\frac{2}{(x-y)^2}(x\mathrm{d}x+y\mathrm{d}y)$　D. $\frac{2}{(x-y)^2}(x\mathrm{d}y-y\mathrm{d}x)$

E. $-\frac{2}{(x-y)^2}(x\mathrm{d}x-y\mathrm{d}y)$

34. 内接于半径为 R 的球体且有最大体积的长方体的边长为(　　).

A. $\frac{R}{\sqrt{3}}$，$\frac{2R}{\sqrt{3}}$，$\frac{R}{\sqrt{3}}$　B. $\frac{R}{\sqrt{3}}$，$\frac{2R}{\sqrt{3}}$，$\frac{2R}{\sqrt{3}}$　C. $\frac{2R}{\sqrt{3}}$，$\frac{2R}{\sqrt{3}}$，$\frac{2R}{\sqrt{3}}$

D. $\frac{R}{\sqrt{3}}$，$\frac{R}{\sqrt{3}}$，$\frac{R}{\sqrt{3}}$　E. $\frac{R}{3}$，$\frac{R}{3}$，$\frac{R}{3}$

35. 周长为 $2a$ 的矩形绕它的一边旋转可得到一个圆柱体．要使圆柱体体积最大，则矩形边长应为(　　).

A. $\frac{a}{3}$，$\frac{2a}{3}$　B. $\frac{a}{2}$，a　C. $\frac{2a}{3}$，$\frac{4a}{3}$　D. $\frac{a}{3}$，$\frac{a}{3}$　E. $\frac{a}{3}$，a

答案速查

1～5　ACBAD	6～10　BCEBB	11～15　DADCB
16～20　DBACE	21～25　BCAAD	26～30　EDADC
31～35　BCDCA		

答案详解

1. A

【解析】当(x, y)沿着$y=0$趋近$(0, 0)$时，$\lim\limits_{\substack{y=0\\x\to 0}}\dfrac{2x^2y}{x^4+y^2}=0$；

当(x, y)沿着$y=x^2$趋近$(0, 0)$时，$\lim\limits_{\substack{y=x^2\\x\to 0}}\dfrac{2x^2y}{x^4+y^2}=\lim\limits_{\substack{y=x^2\\x\to 0}}\dfrac{2x^2x^2}{x^4+(x^2)^2}=1$.

沿两条不同路径趋近$(0, 0)$时，极限不相等，所以$\lim\limits_{\substack{x\to 0\\y\to 0}}\dfrac{2x^2y}{x^4+y^2}$不存在．

2. C

【解析】对x求导数，则将y看作常数，利用求导公式，得$\dfrac{\partial z}{\partial x}=2x\sin 2y$.

3. B

【解析】因为$\lim\limits_{\substack{x\to 0\\y=kx}}f(x, y)=\lim\limits_{\substack{x\to 0\\y=kx}}\dfrac{xy}{x^2+y^2}=\lim\limits_{x\to 0}\dfrac{x\cdot kx}{x^2+(kx)^2}=\lim\limits_{x\to 0}\dfrac{kx^2}{(1+k^2)x^2}=\dfrac{k}{1+k^2}$，随着$k$取值的不同，$\dfrac{k}{1+k^2}$的值也不同，所以$\lim\limits_{\substack{x\to 0\\y\to 0}}f(x, y)$不存在，故$f(x, y)$在$(0, 0)$点处不连续；

又因为

$$f'_x(0, 0)=\lim_{\Delta x\to 0}\frac{f(0+\Delta x, 0)-f(0, 0)}{\Delta x}=\lim_{\Delta x\to 0}\frac{0-0}{\Delta x}=0,$$

$$f'_y(0, 0)=\lim_{\Delta y\to 0}\frac{f(0, 0+\Delta y)-f(0, 0)}{\Delta y}=\lim_{\Delta y\to 0}\frac{0-0}{\Delta y}=0,$$

所以$f(x, y)$在$(0, 0)$点处偏导数存在．

4. A

【解析】对z求导数，则将x，y看作常数，本题利用指数函数的求导公式：$(a^x)'=a^x\ln a$，则有$\dfrac{\partial u}{\partial z}=\left(\dfrac{x}{y}\right)^z\ln\dfrac{x}{y}$.

5. D

【解析】因为$\dfrac{\partial z}{\partial y}=\dfrac{1}{\sqrt{1-x^2-2y^2}}\cdot\dfrac{4y}{2\sqrt{x^2+2y^2}}=\dfrac{2y}{\sqrt{(1-x^2-2y^2)(x^2+2y^2)}}$，所以

$$\left.\frac{\partial z}{\partial y}\right|_{\substack{x=0\\y=\frac{1}{2}}}=\left.\frac{2y}{\sqrt{(1-x^2-2y^2)(x^2+2y^2)}}\right|_{\substack{x=0\\y=\frac{1}{2}}}=\frac{1}{\sqrt{\frac{1}{2}\cdot\frac{1}{2}}}=2.$$

6. B

【解析】因为 $z=xf\left(\frac{y}{x}\right)$，所以 $\frac{\partial z}{\partial x}=f\left(\frac{y}{x}\right)+xf'\left(\frac{y}{x}\right)\left(-\frac{y}{x^2}\right)=f\left(\frac{y}{x}\right)-\frac{y}{x}f'\left(\frac{y}{x}\right)$.

7. C

【解析】因为 $z=\ln\sqrt{x^2+y^2}$，所以

$$\frac{\partial z}{\partial x}=\frac{1}{\sqrt{x^2+y^2}}\cdot\frac{1}{2\sqrt{x^2+y^2}}\cdot 2x=\frac{x}{x^2+y^2},\ \frac{\partial z}{\partial y}=\frac{1}{\sqrt{x^2+y^2}}\cdot\frac{1}{2\sqrt{x^2+y^2}}\cdot 2y=\frac{y}{x^2+y^2}.$$

因此 $x\frac{\partial z}{\partial x}+y\frac{\partial z}{\partial y}=\frac{x^2}{x^2+y^2}+\frac{y^2}{x^2+y^2}=1$.

8. E

【解析】因为 $\frac{\partial z}{\partial x}=3x^2+6y$，所以 $\left.\frac{\partial z}{\partial x}\right|_{\substack{x=1\\y=2}}=3+6\times 2=15$.

9. B

【解析】

$$\begin{aligned}\frac{\partial z}{\partial x}&=2x\mathrm{e}^{-\arctan\frac{x}{y}}+(x^2+y^2)\mathrm{e}^{-\arctan\frac{x}{y}}\left[-\frac{\frac{1}{y}}{1+\left(\frac{x}{y}\right)^2}\right]\\&=2x\mathrm{e}^{-\arctan\frac{x}{y}}-y\mathrm{e}^{-\arctan\frac{x}{y}}=(2x-y)\mathrm{e}^{-\arctan\frac{x}{y}},\end{aligned}$$

故 $\frac{\partial^2 z}{\partial x\partial y}=-\mathrm{e}^{-\arctan\frac{x}{y}}+(2x-y)\mathrm{e}^{-\arctan\frac{x}{y}}\frac{\frac{x}{y^2}}{1+\left(\frac{x}{y}\right)^2}=\frac{x^2-xy-y^2}{x^2+y^2}\mathrm{e}^{-\arctan\frac{x}{y}}$.

10. B

【解析】因为 $f(x,0)=2\ln|x|$，所以 $f'_x(x,0)=\frac{2}{x}$，则 $f'_x(1,0)=2$.

【点评】若先求偏导函数 $f'_x(x,y)$，运算较为烦琐．由偏导数定义，可以先将 y 固定在 $y=0$.

11. D

【解析】因为 $z=(1+xy)^y$，对 x 求导数，将 y 看作常数，利用复合函数求导法则，外函数是幂函数，内函数为一次函数，所以 $\left.\frac{\partial z}{\partial x}\right|_{(1,2)}=y^2(1+xy)^{y-1}\Big|_{(1,2)}=12$.

【点评】本题也可先求 $z(x,2)=(1+2x)^2$，再求 $z(x)=(1+2x)^2$ 的导数，最后将 $x=1$ 代入即可．

12. A

【解析】因为 $f(x,1)=\mathrm{e}^x$，所以 $f'_x(x,1)=\mathrm{e}^x$.

13. D

【解析】令 $F(x,y,z)=x^2z+2y^2z^2+y$，则 $\frac{\partial z}{\partial y}=-\frac{F'_y}{F'_z}=-\frac{4yz^2+1}{x^2+4y^2z}$.

14. C

【解析】$\frac{\partial z}{\partial y}=\frac{1}{\sin(x-2y)}\cdot\cos(x-2y)\cdot(-2)=-2\cot(x-2y)$.

15. B

【解析】将 y 当作常数，对 x 求导，得

$$f'_x(x,\ y)=1-\frac{1}{2}(x^2+y^2)^{-\frac{1}{2}}\cdot 2x=1-\frac{x}{\sqrt{x^2+y^2}},\ f'_x(3,\ 4)=1-\frac{3}{\sqrt{3^2+4^2}}=1-\frac{3}{5}=\frac{2}{5}.$$

16. D

【解析】由 $u=\ln(x^2+y)$ 可得 $\frac{\partial u}{\partial x}=\frac{2x}{x^2+y}$，于是 $\frac{\partial^2 u}{\partial x\,\partial y}=\frac{\partial}{\partial y}\left(\frac{\partial u}{\partial x}\right)=\left(\frac{2x}{x^2+y}\right)'_y=-\frac{2x}{(x^2+y)^2}$.

17. B

【解析】因为 $z=\mathrm{e}^{xy}+xy$，所以 $\left.\frac{\partial z}{\partial x}\right|_{(1,2)}=(y\mathrm{e}^{xy}+y)\big|_{(1,2)}=2\mathrm{e}^2+2$.

18. A

【解析】$\frac{\partial z}{\partial x}=-\frac{f'_x}{f'_z}=-\frac{-\frac{y}{x^2}f'_1-\frac{z}{x^2}f'_2}{\frac{1}{x}f'_2}=\frac{\frac{y}{x}f'_1+\frac{z}{x}f'_2}{f'_2}$，$\frac{\partial z}{\partial y}=-\frac{f'_y}{f'_z}=-\frac{\frac{1}{x}f'_1}{\frac{1}{x}f'_2}=-\frac{f'_1}{f'_2}$，于是

$$x\frac{\partial z}{\partial x}+y\frac{\partial z}{\partial y}=\frac{yf'_1+zf'_2}{f'_2}-\frac{yf'_1}{f'_2}=z.$$

19. C

【解析】设 $F(x,\ y,\ z)=x^2+y^2+z^2-yf\left(\frac{z}{y}\right)$，由 $\frac{\partial z}{\partial x}=-\frac{F'_x}{F'_z}$，$\frac{\partial z}{\partial y}=-\frac{F'_y}{F'_z}$，可得

$$\frac{\partial z}{\partial x}=\frac{2x}{f'\left(\frac{z}{y}\right)-2z},\quad \frac{\partial z}{\partial y}=\frac{2y^2-yf\left(\frac{z}{y}\right)+zf'\left(\frac{z}{y}\right)}{y\left[f'\left(\frac{z}{y}\right)-2z\right]}=\frac{y^2-x^2-z^2+zf'\left(\frac{z}{y}\right)}{y\left[f'\left(\frac{z}{y}\right)-2z\right]},$$

于是

$$(x^2-y^2-z^2)\frac{\partial z}{\partial x}+2xy\frac{\partial z}{\partial y}=(x^2-y^2-z^2)\frac{2x}{f'\left(\frac{z}{y}\right)-2z}+2xy\frac{y^2-x^2-z^2+zf'\left(\frac{z}{y}\right)}{y\left[f'\left(\frac{z}{y}\right)-2z\right]}$$

$$=\frac{2xz}{f'\left(\frac{z}{y}\right)-2z}\left[f'\left(\frac{z}{y}\right)-2z\right]=2xz.$$

20. E

【解析】$F(u,\ v)=0$，$u=x+mz$，$v=y+nz$，则

$$\frac{\partial z}{\partial y}=-\frac{F'_y}{F'_z}=-\frac{F'_u u_y+F'_v v_y}{F'_u u_z+F'_v v_z}=-\frac{F'_v}{mF'_u+nF'_v}.$$

21. B

【解析】$\frac{\partial z}{\partial x}=\frac{2x}{x^2+y^2}$，$\frac{\partial z}{\partial y}=\frac{2y}{x^2+y^2}$，则 $\mathrm{d}z=\frac{2x}{x^2+y^2}\mathrm{d}x+\frac{2y}{x^2+y^2}\mathrm{d}y$.

22. C

【解析】由于偏导数 $f'_x(x_0, y_0)$ 就是一元函数 $f(x, y_0)$ 在 $x=x_0$ 处的导数，则由 $f'_x(x_0, y_0)$ 存在可知，一元函数 $f(x, y_0)$ 在 $x=x_0$ 处连续，因此 $\lim\limits_{x\to x_0} f(x, y_0)=f(x_0, y_0)$，同理，可得 $\lim\limits_{y\to y_0} f(x_0, y)=f(x_0, y_0)$.

23. A

【解析】设 $u=\dfrac{y}{x}$，$v=xy$，$z=vf(u)$，由链式法则，得

$$z_x=\frac{\partial z}{\partial u}\cdot\frac{\partial u}{\partial x}+\frac{\partial z}{\partial v}\cdot\frac{\partial v}{\partial x}=vf'(u)\cdot\left(-\frac{y}{x^2}\right)+f(u)\cdot y=yf+xyf'\cdot\left(-\frac{y}{x^2}\right)=yf-\frac{y^2}{x}f',$$

$$z_y=\frac{\partial z}{\partial u}\cdot\frac{\partial u}{\partial y}+\frac{\partial z}{\partial v}\cdot\frac{\partial v}{\partial y}=vf'(u)\cdot\left(\frac{1}{x}\right)+f(u)\cdot x=xy\cdot f'\cdot\frac{1}{x}+xf=xf+yf'.$$

24. A

【解析】设 $u=x^2-y^2$，$v=e^{xy}$，则 $z=f(x^2-y^2, e^{xy})$ 是由 $u=x^2-y^2$ 和 $v=e^{xy}$ 复合而成．由多元复合函数的求导法则得 $\dfrac{\partial z}{\partial y}=\dfrac{\partial z}{\partial u}\cdot\dfrac{\partial u}{\partial y}+\dfrac{\partial z}{\partial v}\cdot\dfrac{\partial v}{\partial y}=-2yf'_1+xe^{xy}f'_2$.

25. D

【解析】因为 $\dfrac{\partial z}{\partial x}=2x$，$\dfrac{\partial z}{\partial y}=2y$，所以 $dz=2xdx+2ydy$.

26. E

【解析】根据题意知，$z'_x=ye^{xy}$，故 $z'_x(2, 1)=e^2$；$z'_y=xe^{xy}$，故 $z'_y(2, 1)=2e^2$，于是 $dz|_{(2,1)}=e^2dx+2e^2dy$.

27. D

【解析】因为 $du=\dfrac{\partial u}{\partial x}dx+\dfrac{\partial u}{\partial y}dy+\dfrac{\partial u}{\partial z}dz$，分别将各个变量的偏导数求出，再代入式中，故

$$du=\frac{1}{\sqrt{1-\left(\frac{z}{x+y}\right)^2}}\cdot\frac{(x+y)dz-z(dx+dy)}{(x+y)^2}=\frac{1}{\sqrt{(x+y)^2-z^2}}\left[\frac{-z}{x+y}(dx+dy)+dz\right].$$

28. A

【解析】因为 $\dfrac{\partial z}{\partial x}=2x-2xy^2=2x(1-y^2)$，$\dfrac{\partial z}{\partial y}=2y-2x^2y=2y(1-x^2)$，所以

$$dz=\frac{\partial z}{\partial x}dx+\frac{\partial z}{\partial y}dy=2x(1-y^2)dx+2y(1-x^2)dy,$$

故 $dz|_{(1,1)}=2(1-1)dx+2(1-1)dy=0$.

29. D

【解析】二元函数在一点处有偏导不一定连续，也不一定可微，故排除A、B项；偏导数为零的点是函数的驻点，但驻点不一定是极值点，故排除C项．可导与极限的存在性无关，故排除E项．

30. C

【解析】二元函数可导是可微的必要条件而非充分条件，即可微必可导，可导不一定可微．

31. B

【解析】求函数对 x、y 的偏导数，并联立方程组，得 $\begin{cases}\dfrac{\partial z}{\partial x}=3x^2-3y=0,\\ \dfrac{\partial z}{\partial y}=3y^2-3x=0,\end{cases}$ 解得 $\begin{cases}x=0,\\ y=0\end{cases}$ 或

$\begin{cases}x=1,\\y=1,\end{cases}$故驻点为 $P(0, 0)$，$Q(1, 1)$. 又因为$\dfrac{\partial^2 z}{\partial x^2}=6x$，$\dfrac{\partial^2 z}{\partial x\partial y}=-3$，$\dfrac{\partial^2 z}{\partial y^2}=6y$，则有

在点 $P(0, 0)$处：$A=6x\big|_{(0,0)}=0$，$B=-3$，$C=6y\big|_{(0,0)}=0$，得 $AC-B^2=-9<0$，故点 $P(0, 0)$ 不是极值点；

在点 $Q(1, 1)$处：$A=6x\big|_{(1,1)}=6$，$B=-3$，$C=6y\big|_{(1,1)}=6$，得 $AC-B^2=27>0$，且 $A=6>0$，故点 $Q(1, 1)$是极小值点.

32. C

【解析】设(x, y)为椭圆内接长方形在第一象限内的一个顶点，则此长方形的面积 $S=4xy$.

作拉格朗日函数 $L=4xy+\lambda\left(\dfrac{x^2}{3}+\dfrac{y^2}{4}-1\right)$，令$\begin{cases}L'_x=4y+\dfrac{2\lambda x}{3}=0,\\L'_y=4x+\dfrac{\lambda y}{2}=0,\end{cases}$得 $y^2=\dfrac{4x^2}{3}$，代入$\dfrac{x^2}{3}+\dfrac{y^2}{4}=1$，

解得 $x=\sqrt{\dfrac{3}{2}}$，$y=\sqrt{2}$.

所以当内接长方形长、宽分别为 $2\sqrt{2}$ 和$\sqrt{6}$时面积最大，最大长方形的面积为 $4\sqrt{3}$.

33. D

【解析】因为$\dfrac{\partial z}{\partial x}=\dfrac{(x-y)-(x+y)}{(x-y)^2}=\dfrac{-2y}{(x-y)^2}$，$\dfrac{\partial z}{\partial y}=\dfrac{(x-y)+(x+y)}{(x-y)^2}=\dfrac{2x}{(x-y)^2}$，于是

$$\mathrm{d}z=\frac{\partial z}{\partial x}\mathrm{d}x+\frac{\partial z}{\partial y}\mathrm{d}y=\frac{-2y}{(x-y)^2}\mathrm{d}x+\frac{2x}{(x-y)^2}\mathrm{d}y=\frac{2}{(x-y)^2}(x\mathrm{d}y-y\mathrm{d}x).$$

34. C

【解析】设球面方程为 $x^2+y^2+z^2=R^2$，(x, y, z)是它的内接长方体在第一卦限内的一个顶点，则此长方体的体积为 $V=8xyz$.

作拉格朗日函数 $L=8xyz+\lambda(x^2+y^2+z^2-R^2)$，令$\begin{cases}L'_x=8yz+2\lambda x=0,\\L'_y=8xz+2\lambda y=0,\\L'_z=8xy+2\lambda z=0,\end{cases}$得 $x=y=z$，代入 $x^2+y^2+z^2=R^2$，得 $x=y=z=\dfrac{R}{\sqrt{3}}$，即长方体的长，宽，高分别为$\dfrac{2R}{\sqrt{3}}$，$\dfrac{2R}{\sqrt{3}}$，$\dfrac{2R}{\sqrt{3}}$时，体积最大.

35. A

【解析】设矩形边长为 x，y，则 $x+y=a$，$V=\pi y^2x$(绕长为 x 的边旋转). 构造拉格朗日函数 $L=\pi y^2x+\lambda(x+y-a)$，则有

$$\begin{cases}L'_x=\pi y^2+\lambda=0,\\L'_y=2\pi xy+\lambda=0,\\L'_\lambda=x+y-a=0,\end{cases}\text{即}\begin{cases}x=\dfrac{a}{3},\\y=\dfrac{2}{3}a.\end{cases}$$

故矩形的边长为$\dfrac{a}{3}$，$\dfrac{2}{3}a$.

第二部分

线性代数

第5章 行列式和矩阵

本章知识梳理

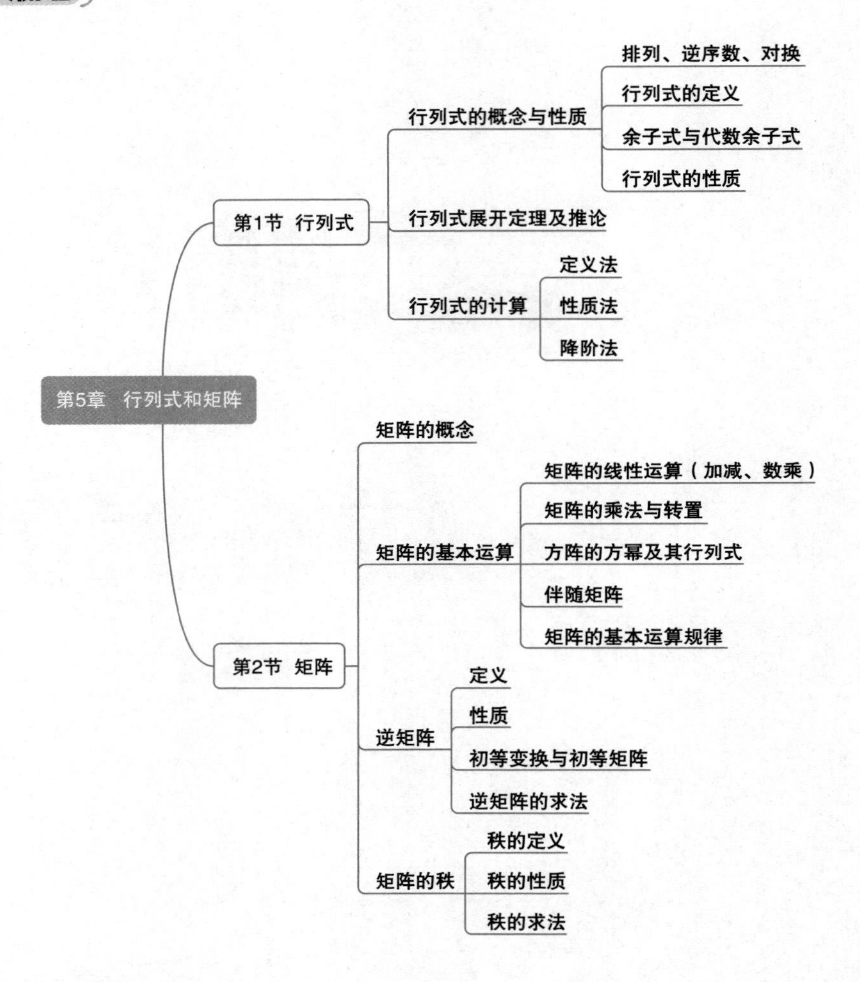

历年真题考点统计

考点	2011	2012	2013	2014	2015	2016	2017	2018	2019	2020	2021	合计
行列式及其计算						2			2		4	8分
矩阵及其运算	7	7	7	2	2	2	4	7	7	4	4	53分

说明：由于很多真题都是综合题，不是考查1个知识点而是考查2个甚至3个知识点，所以，此考点统计表并不能做到100%准确，但基本准确．

考情分析

根据历年真题统计表可知，行列式和矩阵的相关知识在这 11 年中考了 61 分，平均每年考查 5.5 分．

本章以矩阵及其运算考查次数最多，是每年的必考题，考生必须熟练运用矩阵的加减、乘积、幂、转置、求逆等运算及其运算法则，掌握矩阵的初等变换法；行列式的计算和矩阵的秩是本章的次重点，考生需灵活运用行列式的性质、展开式和矩阵秩的性质；伴随矩阵虽然仅在 2012 年考过一次，但是它的定义以及相关的性质经常应用于求逆矩阵的题上，是备考过程中不可忽视的内容．考生可通过知识精讲、题型精练，同时借助变形题目来提高对各个知识点的认识并掌握．

由于题型全部以选择题的形式考查，可见 396 考题会更加注重基础，考生需要强化对基础概念、性质、定理的理解和记忆．根据 2021 年真题可以看出，本章考查的侧重点没有改变，仍然是以矩阵的乘积、逆矩阵等运算和低阶行列式的计算为核心；另外今年真题出现代数余子式这一考点，考生需注意结合行列式展开定理求解此类问题，后期需对这一知识点稍加复习．

第 1 节　行列式

考纲解析

1. 了解行列式的概念，掌握行列式的性质．
2. 会应用行列式的性质和行列式按行(列)展开定理计算行列式．

知识精讲

1　行列式的概念与性质

1.1　排列、逆序数、对换

(1)排列

定义 由 n 个不同的数 1，2，…，n 组成的有序数组 i_1，i_2，…，i_n 称为一个 n 级**排列**．

【例】2431 是一个 4 级排列，45231 是一个 5 级排列，n 级排列的总数是 $n!$．显然 $12\cdots n$ 也是一个 n 级排列，它是按照递增顺序排列起来的，称为自然顺序(又叫标准排列)．

(2)逆序与逆序数

定义 在一个 n 级排列 i_1，i_2，…，i_n 中，如果有较大的数 i_t 排在较小的数 i_s 前面($i_s<i_t$)，则称 i_t 与 i_s 构成一个**逆序**，一个 n 级排列中逆序的总数，称为它的**逆序数**，记为 $\tau(i_1, i_2, \cdots, i_n)$，若逆序数为奇数，则称排列为奇排列；若逆序数为偶数，则称排列为偶排列．

(3)对换

定义 在排列中，将任意两个元素对调，其余不动，称为**对换**．对换改变排列的奇偶性，奇排列变成标准排列的对换次数为奇数，偶排列变成标准排列的对换次数为偶数．

1.2 行列式的定义

定义 由 n^2 个元素 a_{ij} 组成 n 阶行列式 $D=\begin{vmatrix} a_{11} & a_{12} & \cdots & a_{1n} \\ a_{21} & a_{22} & \cdots & a_{2n} \\ \vdots & \vdots & & \vdots \\ a_{n1} & a_{n2} & \cdots & a_{nn} \end{vmatrix}$，$D$ 是一个计算公式，其计算结果称为该行列式的值．该公式是 D 中所有取自不同行不同列的 n 个元素的乘积(这样的乘积有 n！项)的代数和，即 $D=\sum\limits_{i_1i_2\cdots i_n}(-1)^{\tau(i_1i_2\cdots i_n)}a_{1i_1}a_{2i_2}\cdots a_{ni_n}$，其中 $\tau(i_1i_2\cdots i_n)$为排列 $i_1i_2\cdots i_n$ 的逆序数．

行列式的行和列的元素个数一定相等，若行列式是由 n 行 n 列元素组成，则行列式的阶数为 n.

注 ①二阶行列式 $D=\begin{vmatrix} a & b \\ c & d \end{vmatrix}=ad-bc$；

②形如 $D=\begin{vmatrix} a_{11} & a_{12} & \cdots & a_{1n} \\ 0 & a_{22} & \cdots & a_{2n} \\ \vdots & \vdots & & \vdots \\ 0 & 0 & \cdots & a_{nn} \end{vmatrix}$的 n 阶行列式称为上三角行列式，且 $D=a_{11}a_{22}\cdots a_{nn}$；

类似的，下三角行列式 $\begin{vmatrix} a_{11} & 0 & \cdots & 0 \\ a_{21} & a_{22} & \cdots & 0 \\ \vdots & \vdots & & \vdots \\ a_{n1} & a_{n2} & \cdots & a_{nn} \end{vmatrix}=a_{11}a_{22}\cdots a_{nn}$.

1.3 余子式与代数余子式

定义 将 n 阶行列式 D 中元素 a_{ij} 所在的第 i 行和第 j 列划掉，我们可以得到一个 $n-1$ 阶行列式：

$$\begin{vmatrix} a_{11} & a_{12} & \cdots & a_{1(j-1)} & a_{1(j+1)} & \cdots & a_{1n} \\ a_{21} & a_{22} & \cdots & a_{2(j-1)} & a_{2(j+1)} & \cdots & a_{2n} \\ \vdots & \vdots & & \vdots & \vdots & & \vdots \\ a_{(i-1)1} & a_{(i-1)2} & \cdots & a_{(i-1)(j-1)} & a_{(i-1)(j+1)} & \cdots & a_{(i-1)n} \\ a_{(i+1)1} & a_{(i+1)2} & \cdots & a_{(i+1)(j-1)} & a_{(i+1)(j+1)} & \cdots & a_{(i+1)n} \\ \vdots & \vdots & & \vdots & \vdots & & \vdots \\ a_{n1} & a_{n2} & \cdots & a_{n(j-1)} & a_{n(j+1)} & \cdots & a_{nn} \end{vmatrix},$$

该行列式称为元素 a_{ij} 的**余子式**，记作 M_{ij}；加上符号的余子式$(-1)^{i+j}M_{ij}$称为元素 a_{ij} 的**代数余子式**，记作 $A_{ij}=(-1)^{i+j}M_{ij}$.

【例】在 3 阶行列式 $D=\begin{vmatrix} 1 & 2 & 4 \\ 5 & 1 & 2 \\ 3 & -1 & 1 \end{vmatrix}$ 中，元素 $a_{12}=2$ 的余子式为 $M_{12}=\begin{vmatrix} 5 & 2 \\ 3 & 1 \end{vmatrix}=-1$，代数

余子式为 $A_{12}=(-1)^{1+2}\begin{vmatrix}5 & 2\\3 & 1\end{vmatrix}=1$，特别注意代数余子式是带符号的．

1.4 行列式的性质

性质1 将行列式的行和列互换后，行列式的值不变，即 $D^{\mathrm{T}}=D$.

注 行列式中行与列是对等的，因此，后面所有的性质与推论对行成立的，对列也都成立．

性质2 将行列式的任意两行(或两列)互换位置后，行列式的值变号．

性质3 将行列式的某一行(或某一列)乘以一个常数 k 后，行列式的值变为原来的 k 倍，即

$$D_1=\begin{vmatrix}a_{11} & a_{12} & \cdots & a_{1n}\\ \vdots & \vdots & & \vdots\\ ka_{i1} & ka_{i2} & \cdots & ka_{in}\\ \vdots & \vdots & & \vdots\\ a_{n1} & a_{n2} & \cdots & a_{nn}\end{vmatrix}=k\begin{vmatrix}a_{11} & a_{12} & \cdots & a_{1n}\\ \vdots & \vdots & & \vdots\\ a_{i1} & a_{i2} & \cdots & a_{in}\\ \vdots & \vdots & & \vdots\\ a_{n1} & a_{n2} & \cdots & a_{nn}\end{vmatrix}=kD.$$

性质4 如果将行列式中的某行(列)元素的 k 倍加到另一行(列)对应元素上去，则行列式的值不变，即

$$D=\begin{vmatrix}a_{11} & a_{12} & \cdots & a_{1n}\\ \vdots & \vdots & & \vdots\\ a_{i1} & a_{i2} & \cdots & a_{in}\\ \vdots & \vdots & & \vdots\\ a_{s1} & a_{s2} & \cdots & a_{sn}\\ \vdots & \vdots & & \vdots\\ a_{n1} & a_{n2} & \cdots & a_{nn}\end{vmatrix}=\begin{vmatrix}a_{11} & a_{12} & \cdots & a_{1n}\\ \vdots & \vdots & & \vdots\\ a_{i1}+ka_{s1} & a_{i2}+ka_{s2} & \cdots & a_{in}+ka_{sn}\\ \vdots & \vdots & & \vdots\\ a_{s1} & a_{s2} & \cdots & a_{sn}\\ \vdots & \vdots & & \vdots\\ a_{n1} & a_{n2} & \cdots & a_{nn}\end{vmatrix}.$$

性质5 如果行列式某一行(或某一列)的所有元素都可以写成两个元素的和，则该行列式可以写成两个行列式的和，且这两个行列式的这一行(列)的元素分别对应前后两个加数，其他行(列)的元素与原行列式对应元素相同(此性质也可称为行列式的可拆项性质)，即

$$D=\begin{vmatrix}a_{11} & a_{12} & \cdots & a_{1n}\\ a_{21} & a_{22} & \cdots & a_{2n}\\ \vdots & \vdots & & \vdots\\ a_{i1}+b_{i1} & a_{i2}+b_{i2} & \cdots & a_{in}+b_{in}\\ \vdots & \vdots & & \vdots\\ a_{n1} & a_{n2} & \cdots & a_{nn}\end{vmatrix}=D_1+D_2=\begin{vmatrix}a_{11} & a_{12} & \cdots & a_{1n}\\ a_{21} & a_{22} & \cdots & a_{2n}\\ \vdots & \vdots & & \vdots\\ a_{i1} & a_{i2} & \cdots & a_{in}\\ \vdots & \vdots & & \vdots\\ a_{n1} & a_{n2} & \cdots & a_{nn}\end{vmatrix}+\begin{vmatrix}a_{11} & a_{12} & \cdots & a_{1n}\\ a_{21} & a_{22} & \cdots & a_{2n}\\ \vdots & \vdots & & \vdots\\ b_{i1} & b_{i2} & \cdots & b_{in}\\ \vdots & \vdots & & \vdots\\ a_{n1} & a_{n2} & \cdots & a_{nn}\end{vmatrix}.$$

推论

(1)如果行列式有两行(或两列)相同，则行列式的值为0.

(2)如果一个行列式的某一行(或某一列)全为0，则行列式的值等于0.

(3)如果一个行列式的某两行(或某两列)元素对应成比例，则行列式的值等于0.

(4)如果一个行列式的某一行(或某一列)的元素有公因子，则这个公因子可以提到行列式符号的外面．

【符号标注】

①$r_i \leftrightarrow r_j(c_i \leftrightarrow c_j)$：$r$ 表示行，c 表示列，即交换行列式第 i 行(列)与第 j 行(列)的对应元素.

②$kr_i(kc_i)$：第 i 行(列)的元素都乘上常数 k.

③$r_j+kr_i(c_j+kc_i)$：第 i 行(列)元素的 k 倍加到第 j 行(列)相应的元素上.

2 行列式按行(列)展开定理

2.1 展开定理

n 阶行列式 D 的值等于它任意一行(或列)的各元素 a_{ij} 与其对应的代数余子式 A_{ij} 的乘积之和，即

$$D=\sum_{j=1}^{n} a_{ij}A_{ij}=a_{i1}A_{i1}+a_{i2}A_{i2}+\cdots+a_{in}A_{in},$$

$$D=\sum_{i=1}^{n} a_{ij}A_{ij}=a_{1j}A_{1j}+a_{2j}A_{2j}+\cdots+a_{nj}A_{nj}.$$

【例】三阶行列式 $D=\begin{vmatrix}1 & 2 & 4\\5 & 1 & 2\\3 & -1 & 1\end{vmatrix}$ 按第 3 行展开，为

$$D=\begin{vmatrix}1 & 2 & 4\\5 & 1 & 2\\3 & -1 & 1\end{vmatrix}=3A_{31}+(-1)A_{32}+A_{33}$$

$$=3\cdot(-1)^{3+1}\begin{vmatrix}2 & 4\\1 & 2\end{vmatrix}+(-1)\cdot(-1)^{3+2}\begin{vmatrix}1 & 4\\5 & 2\end{vmatrix}+(-1)^{3+3}\begin{vmatrix}1 & 2\\5 & 1\end{vmatrix}=-27.$$

2.2 推论

n 阶行列式 D 中某一行(或列)所有元素与另一行(或列)对应元素的代数余子式的乘积之和为 0，即

$$a_{i1}A_{k1}+a_{i2}A_{k2}+\cdots+a_{in}A_{kn}=0,\ i\neq k,$$

$$a_{1j}A_{1k}+a_{2j}A_{2k}+\cdots+a_{nj}A_{nk}=0,\ j\neq k.$$

【例】对于三阶行列式 $D=\begin{vmatrix}1 & 2 & 4\\5 & 1 & 2\\3 & -1 & 1\end{vmatrix}$，则一定有 $A_{31}+2A_{32}+4A_{33}=0$. 因为这个式子是行列式 D 的第一行元素与第三行元素的代数余子式的乘积的和，从而一定为 0.

3 行列式的计算

3.1 定义法

利用行列式定义计算行列式比较麻烦，而且不易求出，因此一般不采用这种方法计算行列式，而是通过行列式的定义法来加深对概念的理解和掌握.

【例】计算 $D=\begin{vmatrix} x_1 & 0 & y_1 & 0 \\ 0 & x_2 & 0 & y_2 \\ y_3 & 0 & x_3 & 0 \\ 0 & y_4 & 0 & x_4 \end{vmatrix}$ 的行列式.

解 观察行列式中第1行非零元素为 $a_{11}=x_1$，$a_{13}=y_1$，所在列 $j_1=\{1, 3\}$；第2行非零元素为 $a_{22}=x_2$，$a_{24}=y_2$，所在列 $j_2=\{2, 4\}$；第3行非零元素为 $a_{31}=y_3$，$a_{33}=x_3$，所在列 $j_3=\{1, 3\}$；第4行非零元素为 $a_{42}=y_4$，$a_{44}=x_4$，所在列 $j_4=\{2, 4\}$. 因此由行列式的定义可知，按不同行不同列的取值，j_1，j_2，j_3，j_4 能组成4个4级排列：1234，1432，3214，3412，从而

$$D=x_1x_2x_3x_4-x_1y_2x_3y_4-y_1x_2y_3x_4+y_1y_2y_3y_4=(x_1x_3-y_1y_3)(x_2x_4-y_2y_4).$$

3.2 性质法

本方法就是灵活运用行列式的基本性质对行列式进行变形和化简，直接求值或者化为上(下)三角行列式求值.

【例】对于四阶行列式 $D=\begin{vmatrix} a & b & c & 1 \\ b & c & a & 1 \\ c & a & b & 1 \\ \frac{b+c}{2} & \frac{c+a}{2} & \frac{a+b}{2} & 1 \end{vmatrix}$，对行列式进行变形，$r_4+\left(-\frac{1}{2}\right)r_2+\left(-\frac{1}{2}\right)r_3$(利用性质4)，有

$$D=\begin{vmatrix} a & b & c & 1 \\ b & c & a & 1 \\ c & a & b & 1 \\ \frac{b+c}{2} & \frac{c+a}{2} & \frac{a+b}{2} & 1 \end{vmatrix}=\begin{vmatrix} a & b & c & 1 \\ b & c & a & 1 \\ c & a & b & 1 \\ 0 & 0 & 0 & 0 \end{vmatrix}=0.$$

除了利用性质4，还可以观察到行列式 D 的第4行每个元素都可以拆成两项之和(把1拆成 $\frac{1}{2}+\frac{1}{2}$)，因此可以利用性质5得到

$$D=\begin{vmatrix} a & b & c & 1 \\ b & c & a & 1 \\ c & a & b & 1 \\ \frac{b+c}{2} & \frac{c+a}{2} & \frac{a+b}{2} & 1 \end{vmatrix}=\begin{vmatrix} a & b & c & 1 \\ b & c & a & 1 \\ c & a & b & 1 \\ \frac{1}{2}b & \frac{1}{2}c & \frac{1}{2}a & \frac{1}{2} \end{vmatrix}+\begin{vmatrix} a & b & c & 1 \\ b & c & a & 1 \\ c & a & b & 1 \\ \frac{1}{2}c & \frac{1}{2}a & \frac{1}{2}b & \frac{1}{2} \end{vmatrix}.$$

根据行列式性质的推论(3)，注意到每个行列式均有两行对应成比例所以有 $D=0+0=0$.

3.3 降阶法

根据行列式的按行(列)展开定理，把行列式展开成低一阶的行列式计算. 一般来说，应当选择含0比较多的行(列)展开. 如果没有含0的行(列)，可以先利用行列式的性质将行列式化出含0的一行(列)，再展开.

【例】三阶行列式 $D=\begin{vmatrix} -3 & 0 & 4 \\ 5 & 0 & 3 \\ 2 & -2 & 1 \end{vmatrix}$ 中第二列仅有一个非零元素，从而选择按第二列展开，

得 $D=\begin{vmatrix} -3 & 0 & 4 \\ 5 & 0 & 3 \\ 2 & -2 & 1 \end{vmatrix}=-2\cdot(-1)^{3+2}\begin{vmatrix} -3 & 4 \\ 5 & 3 \end{vmatrix}=-58.$

再比如，三阶行列式 $D=\begin{vmatrix} 1 & 2 & 3 \\ 2 & 3 & 1 \\ 3 & 1 & 2 \end{vmatrix}$ 中没有含 0 的行，则可以先利用性质 4 把第一列的第二行元素 2 和第三行元素 3 全化为 0，再按第一列展开化为二阶行列式降阶计算，如下：

$$D=\begin{vmatrix} 1 & 2 & 3 \\ 2 & 3 & 1 \\ 3 & 1 & 2 \end{vmatrix}\xlongequal[-3\cdot r_1+r_3]{-2\cdot r_1+r_2}\begin{vmatrix} 1 & 2 & 3 \\ 0 & -1 & -5 \\ 0 & -5 & -7 \end{vmatrix}\xlongequal{\text{按第一列展开}}\begin{vmatrix} -1 & -5 \\ -5 & -7 \end{vmatrix}=-18.$$

行列式的计算主要有数值型行列式的计算和抽象型行列式的计算，且历年考试中涉及的都是低阶行列式计算.

对于数值型行列式来说，主要处理方法是：①找 1，化 0，展开，即首先找行列式中最简单的元素，然后利用行列式的性质将其所在列或者行其他元素均化为 0，再利用行列式的展开定理对目标行列式进行降阶求值；②三角化，所谓“三角化”就是利用行列式的性质将目标行列式化为上(下)三角行列式求值.

抽象型行列式的计算除了利用行列式的性质外，还需要结合矩阵的运算性质(参照第 2 节题型精练中题型 4).

题型精练

题型 1 利用行列式的性质求行列式

技巧总结

利用行列式的性质计算行列式是计算行列式最常用的一种方法.

行列式计算的口诀：“一看结构，二选性质，注意符号，细心计算”.

“看结构”指的是观察行列式的结构特征，是否有公因子，是否有成比例的行(列)，是否可以拆项，是否能化为上（下）三角行列式等特殊行列式.

“选性质”指的是根据所观察到的行列式的结构特征选择应用相应的性质进行计算(具体行列式的性质，详见知识精讲 1.4 行列式的性质).

“注意符号，细心计算”指的是利用性质时，要清楚哪些性质不变号，哪些性质要变号，一定要仔细区分，小心计算.

例1 若$\begin{vmatrix} a_{11} & a_{12} & a_{13} \\ a_{21} & a_{22} & a_{23} \\ a_{31} & a_{32} & a_{33} \end{vmatrix}=1$，则$\begin{vmatrix} a_{11} & a_{13}-3a_{12} & a_{13} \\ a_{21} & a_{23}-3a_{22} & a_{23} \\ a_{31} & a_{33}-3a_{32} & a_{33} \end{vmatrix}=($　　$)$.

A. -3　　B. -2　　C. -1　　D. 1　　E. 0

【解析】根据行列式的性质5，所求行列式可以拆成两个行列式之和，则有

$$原式=\begin{vmatrix} a_{11} & a_{13} & a_{13} \\ a_{21} & a_{23} & a_{23} \\ a_{31} & a_{33} & a_{33} \end{vmatrix}+\begin{vmatrix} a_{11} & -3a_{12} & a_{13} \\ a_{21} & -3a_{22} & a_{23} \\ a_{31} & -3a_{32} & a_{33} \end{vmatrix},$$

再由行列式的性质的推论(1)可知第一个行列式为0，由性质3可知第二个行列式可以提取公因子-3，从而有

$$原式=\begin{vmatrix} a_{11} & a_{13} & a_{13} \\ a_{21} & a_{23} & a_{23} \\ a_{31} & a_{33} & a_{33} \end{vmatrix}+\begin{vmatrix} a_{11} & -3a_{12} & a_{13} \\ a_{21} & -3a_{22} & a_{23} \\ a_{31} & -3a_{32} & a_{33} \end{vmatrix}=0+(-3)\times 1=-3.$$

【答案】A

例2 行列式$D=\begin{vmatrix} 0 & -1 & -1 & 2 \\ 1 & -1 & 0 & 2 \\ -1 & 2 & -1 & 0 \\ 2 & 1 & 1 & 0 \end{vmatrix}$，则$D=($　　$)$.

A. 1　　B. -2　　C. 2　　D. -4　　E. 4

【解析】利用行列式性质4，可以将行列式化为上三角行列式

$$D\xlongequal{r_1\leftrightarrow r_2}-\begin{vmatrix} 1 & -1 & 0 & 2 \\ 0 & -1 & -1 & 2 \\ -1 & 2 & -1 & 0 \\ 2 & 1 & 1 & 0 \end{vmatrix}\xlongequal[r_4-2r_1]{r_3+r_1}-\begin{vmatrix} 1 & -1 & 0 & 2 \\ 0 & -1 & -1 & 2 \\ 0 & 1 & -1 & 2 \\ 0 & 3 & 1 & -4 \end{vmatrix}$$

$$\xlongequal[r_4+3r_2]{r_3+r_2}-\begin{vmatrix} 1 & -1 & 0 & 2 \\ 0 & -1 & -1 & 2 \\ 0 & 0 & -2 & 4 \\ 0 & 0 & -2 & 2 \end{vmatrix}\xlongequal{r_4-r_3}-\begin{vmatrix} 1 & -1 & 0 & 2 \\ 0 & -1 & -1 & 2 \\ 0 & 0 & -2 & 4 \\ 0 & 0 & 0 & -2 \end{vmatrix}$$

$$=-1\times(-1)\times(-2)\times(-2)=4.$$

【答案】E

【点评】本题型考查利用行列式的性质计算行列式的值，一般来说难度不大，但在做题过程中，考生容易忘记或忽略“两行互换，行列式变号”这一性质，从而导致结果出错.

题型2　行列式展开定理的应用

技巧总结

对行列式的展开定理有两种考查形式.

(1)正向应用，直接应用展开定理计算行列式的值相当于降阶，注意代数余子式中正负号的差别；

(2)反向应用，利用已有行列式的值计算代数余子式的求和问题，相当于把代数余子式进行“升阶”，成为更高阶行列式，再通过计算行列式的值求解．

不论哪种问题，考生答题时要抓住“行列式的按行(列)展开定理”这个基本点，认清“行列式与代数余子式求和之间的关系”，写出“行列式的按行(列)展开式或者所求的代数余子式的和所表示的行列式”，从而实现把未知问题向已知条件的转化．

例 3　设 a，b 为实数，则当(　　)时，$\begin{vmatrix} a & b & 0 \\ -b & a & 0 \\ -1 & 0 & -1 \end{vmatrix}=0$.

A. $a=0$，$b=1$　　B. $a=1$，$b=0$

C. $a=0$，$b=0$　　D. $a=-1$，$b=0$

E. $a=0$，$b=-1$

【解析】注意到第三列只有一个元素非零，所以根据展开定理，按第三列展开，可得

$$\begin{vmatrix} a & b & 0 \\ -b & a & 0 \\ -1 & 0 & -1 \end{vmatrix}=-1\cdot\begin{vmatrix} a & b \\ -b & a \end{vmatrix}=-(a^2+b^2)=0,$$

所以 $a=b=0$.

【答案】C

例 4　$\begin{vmatrix} j & m & w \\ m & w & j \\ w & j & m \end{vmatrix}=$(　　).

A. $jmw-j^3-m^3-w^3$　　B. $j^3+m^3+w^3+jmw$

C. $3jmw-j^3-m^3-w^3$　　D. $j^3+m^3+w^3-3jmw$

E. $jmw-3j^3-3m^3-3w^3$

【解析】直接将三阶行列式按第一行展开可得

$$\begin{vmatrix} j & m & w \\ m & w & j \\ w & j & m \end{vmatrix}=j\begin{vmatrix} w & j \\ j & m \end{vmatrix}-m\begin{vmatrix} m & j \\ w & m \end{vmatrix}+w\begin{vmatrix} m & w \\ w & j \end{vmatrix}$$

$$=j(wm-j^2)-m(m^2-wj)+w(mj-w^2)=3jmw-j^3-m^3-w^3.$$

【答案】C

例 5　行列式 $D=\begin{vmatrix} a_{11} & a_{12} & a_{13} \\ a_{21} & a_{22} & a_{23} \\ a_{31} & a_{32} & a_{33} \end{vmatrix}$，$M_{ij}$ 为 a_{ij} 的余子式，A_{ij} 为 a_{ij} 的代数余子式，则满足 $M_{ij}=A_{ij}$ 的数对(M_{ij}，A_{ij})至少有(　　)组．

A. 1　　B. 2　　C. 3　　D. 4　　E. 5

【解析】由于 $A_{ij}=(-1)^{i+j}M_{ij}$，所以每一个元素 a_{ij} 的余子式与其代数余子式只有两种情况：要么相等，要么互为相反数．

因此除了余子式为0的元素之外，其他符合 $M_{ij}=A_{ij}$ 的元素的下标 (i, j) 必须满足 $i+j$ 是一个偶数．从而，满足条件的 (i, j) 至少有5组：(1, 1)、(1, 3)、(2, 2)、(3, 1)、(3, 3)．

【答案】E

例6 四阶行列式 $D=\begin{vmatrix}1 & 0 & 4 & 0\\ 2 & -1 & -1 & 2\\ 0 & -6 & 0 & 0\\ 2 & 4 & -1 & 2\end{vmatrix}$，则第四行各元素代数余子式之和，即 $A_{41}+A_{42}+A_{43}+A_{44}=($ $)$．

A. −18　　B. −9　　C. −6

D. −3　　E. 18

【解析】注意到所求式子恰好是把行列式 D 中第四行元素全换成1时所对应的行列式 D_1 按第四行展开的展开式，即

$$A_{41}+A_{42}+A_{43}+A_{44}=\begin{vmatrix}1 & 0 & 4 & 0\\ 2 & -1 & -1 & 2\\ 0 & -6 & 0 & 0\\ 1 & 1 & 1 & 1\end{vmatrix}=D_1.$$

注意到行列式 D_1 的第三行中仅有一个非零元素，从而把 D_1 按第三行展开可得

$$A_{41}+A_{42}+A_{43}+A_{44}=(-6)\cdot(-1)^{2+3}\begin{vmatrix}1 & 4 & 0\\ 2 & -1 & 2\\ 1 & 1 & 1\end{vmatrix}$$

$$=6\left(\begin{vmatrix}-1 & 2\\ 1 & 1\end{vmatrix}-4\begin{vmatrix}2 & 2\\ 1 & 1\end{vmatrix}\right)=6(-3-0)=-18.$$

【答案】A

例7 设 $D=\begin{vmatrix}1 & 2 & -1 & 2\\ 2 & 3 & 4 & 1\\ -1 & 2 & 3 & 2\\ 1 & 1 & 2 & 0\end{vmatrix}$，则 $2A_{11}+3A_{12}+4A_{13}+A_{14}=($ $)$．

A. 10　　B. −10　　C. 2　　D. −2　　E. 0

【解析】所求的式子是用行列式 D 的第二行元素乘以第一行对应元素的代数余子式的和．由行列式按行展开定理的推论可知，$2A_{11}+3A_{12}+4A_{13}+A_{14}=0$．

【答案】E

第2节 矩阵

考纲解析

1. 理解矩阵的概念，了解单位矩阵、数量矩阵、对角矩阵、三角矩阵的定义及性质．

2. 掌握矩阵的线性运算、乘法、转置以及它们的运算规律，了解方阵的幂与方阵乘积的行列式的性质．

3. 理解逆矩阵的概念，掌握逆矩阵的性质以及矩阵可逆的充分必要条件，理解伴随矩阵的概念，会用伴随矩阵求逆矩阵．

4. 了解矩阵的初等变换和初等矩阵及矩阵等价的概念，理解矩阵的秩的概念，掌握用初等变换法求逆矩阵和秩．

知识精讲

1 矩阵的概念

1.1 矩阵、方阵及方阵的行列式

定义 由 $m\times n$ 个数 $a_{ij}(i=1, 2, \cdots, m; j=1, 2, \cdots, n)$ 排列成的 m 行 n 列数表

$$\begin{pmatrix} a_{11} & a_{12} & \cdots & a_{1n} \\ a_{21} & a_{22} & \cdots & a_{2n} \\ \vdots & \vdots & & \vdots \\ a_{m1} & a_{m2} & \cdots & a_{mn} \end{pmatrix}$$

称为 $m\times n$ **矩阵**，简记为 $\boldsymbol{A}=(a_{ij})_{m\times n}$，当 $n=m$ 时，$\boldsymbol{A}$ 也被称为 n 阶**方阵**．

由 n 阶方阵 $\boldsymbol{A}$ 的元素所构成的行列式(各元素的位置不变)，称为方阵 $\boldsymbol{A}$ 的**行列式**，记作 $|\boldsymbol{A}|$ 或 $\det\boldsymbol{A}$.

1.2 矩阵相等及常见矩阵

两个矩阵 $\boldsymbol{A}=(a_{ij})_{m\times n}$，$\boldsymbol{B}=(b_{ij})_{s\times k}$，如果 $m=s$，$n=k$，则称它们为同型矩阵．

如果两个同型矩阵 $\boldsymbol{A}=(a_{ij})_{m\times n}$，$\boldsymbol{B}=(b_{ij})_{m\times n}$ 对应的元素相等，即 $a_{ij}=b_{ij}(i=1, \cdots, m; j=1, \cdots, n)$，则称矩阵 $\boldsymbol{A}$ 与矩阵 $\boldsymbol{B}$ 相等，记作 $\boldsymbol{A}=\boldsymbol{B}$.

常见的矩阵有：

(1)**行矩阵和列矩阵**

当 $m=1$ 时，矩阵只有一行，称为行矩阵，记为

$$\boldsymbol{A}=(a_{11}, a_{12}, \cdots, a_{1n}).$$

这样的矩阵也常称为 n 维行向量．

当 $n=1$ 时，矩阵只有一列，称为列矩阵，记为

$$A=\begin{pmatrix}a_{11}\\a_{21}\\\vdots\\a_{m1}\end{pmatrix}.$$

这样的矩阵也常称为 m 维列向量.

(2)**零矩阵**：所有元素均为0的矩阵称为零矩阵，记为 $\boldsymbol{O}$.

比如，$\begin{pmatrix}0&0&0\\0&0&0\end{pmatrix}$就是一个 2×3 阶零矩阵.

(3)**单位矩阵**：主对角线上的元素均为1，其余元素均为0的方阵称为单位矩阵，记作 $\boldsymbol{E}$.

比如，$\boldsymbol{E}=\begin{pmatrix}1&0&0\\0&1&0\\0&0&1\end{pmatrix}$是一个3阶单位矩阵.

(4)**数量矩阵**：主对角线上的元素均相同，其余元素均为0的方阵称为数量矩阵.

比如，$\begin{pmatrix}k&0&0\\0&k&0\\0&0&k\end{pmatrix}$是一个3阶数量矩阵.

(5)**对角矩阵**：主对角线以外的元素均为0的方阵称为对角矩阵.

比如，$\begin{pmatrix}1&0&0\\0&2&0\\0&0&3\end{pmatrix}$是一个3阶对角矩阵.

(6)**上(下)三角矩阵**：主对角线以下的元素全为0的方阵称为上三角矩阵，主对角线以上的元素全为0的矩阵称为下三角矩阵.

比如，$\begin{pmatrix}1&2&3\\0&2&1\\0&0&3\end{pmatrix}$是一个上三角矩阵，$\begin{pmatrix}1&0&0\\2&2&0\\3&1&3\end{pmatrix}$是一个下三角矩阵.

2 矩阵的基本运算

2.1 矩阵的线性运算

定义1 设 $\boldsymbol{A}=(a_{ij})$，$\boldsymbol{B}=(b_{ij})$是两个 $m\times n$ 矩阵，则定义矩阵 $\boldsymbol{C}=(c_{ij})=(a_{ij}+b_{ij})$为矩阵 $\boldsymbol{A}$ 与矩阵 $\boldsymbol{B}$ 的和，记作 $\boldsymbol{C}=\boldsymbol{A}+\boldsymbol{B}$.

注 两个相加的矩阵必须是同型的.

定义2 设 $\boldsymbol{A}=(a_{ij})$是一个 $m\times n$ 矩阵，k 为任意实数，则定义 $k\boldsymbol{A}=(ka_{ij})$为矩阵的**数乘**.

注 数量矩阵可以记为数 k 与单位矩阵的乘积，即

$$\begin{pmatrix}k&0&\cdots&0\\0&k&\cdots&0\\\vdots&\vdots&&\vdots\\0&0&\cdots&k\end{pmatrix}=k\boldsymbol{E}.$$

2.2 矩阵的乘法与转置

定义 1 设$\boldsymbol{A}=(a_{ij})_{m\times n}$，$\boldsymbol{B}=(b_{ij})_{n\times k}$（注意$\boldsymbol{A}$的列数和$\boldsymbol{B}$的行数相等），定义矩阵$\boldsymbol{C}=(c_{ij})_{m\times n}$，其中$c_{ij}=a_{i1}b_{1j}+a_{i2}b_{2j}+\cdots+a_{in}b_{nj}=\sum\limits_{k=1}^{n}a_{ik}b_{kj}$称为矩阵$\boldsymbol{A}$与矩阵$\boldsymbol{B}$的**乘积**，记作$\boldsymbol{C}=\boldsymbol{AB}$.

注 两个矩阵相乘的前提条件是前一个矩阵的列数必须等于后一个矩阵的行数，否则就不能作乘积.

定义 2 设$\boldsymbol{A}=(a_{ij})$是一个$m\times n$矩阵，把矩阵$\boldsymbol{A}$行列互换后所得到的矩阵称为$\boldsymbol{A}$的**转置矩阵**或矩阵$\boldsymbol{A}$的**转置**，记作$\boldsymbol{A}^{\mathrm{T}}$，即

$$\boldsymbol{A}^{\mathrm{T}}=\begin{pmatrix}a_{11}&a_{21}&\cdots&a_{m1}\\a_{12}&a_{22}&\cdots&a_{m2}\\\vdots&\vdots&&\vdots\\a_{1n}&a_{2n}&\cdots&a_{mn}\end{pmatrix}=(a_{ji})_{n\times m}.$$

【例】2×3阶矩阵$\boldsymbol{A}=\begin{pmatrix}1&2&3\\4&-1&-2\end{pmatrix}$的转置矩阵为$3\times2$阶矩阵，为

$$\boldsymbol{A}^{\mathrm{T}}=\begin{pmatrix}1&4\\2&-1\\3&-2\end{pmatrix}.$$

2.3 方阵的幂及其行列式

定义 如果矩阵$\boldsymbol{A}$为方阵，则定义$\boldsymbol{A}^n=\underbrace{\boldsymbol{A}\cdot\boldsymbol{A}\cdot\cdots\cdot\boldsymbol{A}}_{n\text{个}\boldsymbol{A}}$为矩阵$\boldsymbol{A}$的$n$次幂.

方阵的行列式有如下性质：

性质 1 设$\boldsymbol{A}$为n阶方阵，k为常数，则$|k\boldsymbol{A}|=k^n|\boldsymbol{A}|$.

性质 2 设$\boldsymbol{A}$，$\boldsymbol{B}$为n阶方阵，则$|\boldsymbol{AB}|=|\boldsymbol{A}||\boldsymbol{B}|$.

性质 3 设$\boldsymbol{A}$为n阶方阵，则$|\boldsymbol{A}^n|=|\boldsymbol{A}|^n$.

性质 4 设$\boldsymbol{A}$为n阶方阵，则$|\boldsymbol{A}^{\mathrm{T}}|=|\boldsymbol{A}|$.

注 方阵的行列式的这几条性质与第1节内容中行列式的计算密不可分，也是历年考题中重点考查的内容，要注意灵活运用(具体例子见本节题型精练中题型2的相关例题).

2.4 伴随矩阵

定义 设$\boldsymbol{A}$为n阶方阵，行列式$|\boldsymbol{A}|$的各个元素的代数余子式A_{ij}所构成的如下的矩阵

$$\boldsymbol{A}^*=\begin{pmatrix}A_{11}&A_{21}&\cdots&A_{n1}\\A_{12}&A_{22}&\cdots&A_{n2}\\\vdots&\vdots&&\vdots\\A_{1n}&A_{2n}&\cdots&A_{nn}\end{pmatrix},$$

称为矩阵$\boldsymbol{A}$的**伴随矩阵**，简称伴随阵.

注 ①构成伴随矩阵的各个元素的代数余子式的排列顺序恰好与该元素的位置(行列)相反，即伴随矩阵$\boldsymbol{A}^*$的第i行第j列元素恰好是$|\boldsymbol{A}|$的第j行第i列元素的代数余子式；

②代数余子式的符号不要漏掉.

定理 设$\boldsymbol{A}$为n阶方阵，$\boldsymbol{A}^*$是$\boldsymbol{A}$的伴随矩阵，则一定有

$$\boldsymbol{AA}^*=\boldsymbol{A}^*\boldsymbol{A}=|\boldsymbol{A}|\boldsymbol{E}.$$

性质 设$\boldsymbol{A}^*$为矩阵$\boldsymbol{A}$的伴随矩阵，则$|\boldsymbol{A}^*|=|\boldsymbol{A}|^{n-1}$.

2.5 矩阵的基本运算规律

(1)矩阵的运算法则

①加法与数乘满足如下性质：

交换律：$\boldsymbol{A}+\boldsymbol{B}=\boldsymbol{B}+\boldsymbol{A}$.

结合律：$(\boldsymbol{A}+\boldsymbol{B})+\boldsymbol{C}=\boldsymbol{A}+(\boldsymbol{B}+\boldsymbol{C})$，$k(l\boldsymbol{A})=(kl)\boldsymbol{A}$.

分配律：$k(\boldsymbol{A}+\boldsymbol{B})=k\boldsymbol{A}+k\boldsymbol{B}$，$(k+l)\boldsymbol{A}=k\boldsymbol{A}+l\boldsymbol{A}$.

②矩阵乘法满足如下公式：

结合律：$(\boldsymbol{AB})\boldsymbol{C}=\boldsymbol{A}(\boldsymbol{BC})$.

分配律：$\boldsymbol{C}(\boldsymbol{A}+\boldsymbol{B})=\boldsymbol{CA}+\boldsymbol{CB}$，$(\boldsymbol{A}+\boldsymbol{B})\boldsymbol{C}=\boldsymbol{AC}+\boldsymbol{BC}$.

数乘与乘法的结合律：$(k\boldsymbol{A})\boldsymbol{B}=\boldsymbol{A}(k\boldsymbol{B})=k(\boldsymbol{AB})$.

③矩阵的转置与矩阵的加法、数乘和乘法之间满足如下的关系式：

$$(\boldsymbol{A}+\boldsymbol{B})^{\mathrm{T}}=\boldsymbol{A}^{\mathrm{T}}+\boldsymbol{B}^{\mathrm{T}},\ (k\boldsymbol{A})^{\mathrm{T}}=k\boldsymbol{A}^{\mathrm{T}},\ (\boldsymbol{AB})^{\mathrm{T}}=\boldsymbol{B}^{\mathrm{T}}\boldsymbol{A}^{\mathrm{T}}.$$

(2)矩阵运算不满足的运算法则

①矩阵乘法一般来说不满足交换律．如令$\boldsymbol{A}=\begin{pmatrix}1&0\\0&2\end{pmatrix}$，$\boldsymbol{B}=\begin{pmatrix}1&1\\2&2\end{pmatrix}$，则有$\boldsymbol{AB}=\begin{pmatrix}1&1\\4&4\end{pmatrix}$，$\boldsymbol{BA}=\begin{pmatrix}1&2\\2&4\end{pmatrix}$，可见$\boldsymbol{AB}$与$\boldsymbol{BA}$不一定相等．

注 任意两个矩阵相乘一般来说是不满足统一的交换律的，但不是说任何矩阵都不满足．满足$\boldsymbol{AB}=\boldsymbol{BA}$的这种方阵称为可交换矩阵或者叫作$\boldsymbol{A}$与$\boldsymbol{B}$可交换，特别地，对于任意$n$阶方阵$\boldsymbol{A}$与$n$阶单位阵，一定有$\boldsymbol{AE}=\boldsymbol{EA}$，则任意方阵$\boldsymbol{A}$与同阶单位矩阵$\boldsymbol{E}$是可交换矩阵．

另外还有很多我们在数的运算中所熟知的公式在矩阵中也不再成立了，比如：

$(\boldsymbol{A}+\boldsymbol{B})^2=(\boldsymbol{A}+\boldsymbol{B})(\boldsymbol{A}+\boldsymbol{B})=\boldsymbol{A}(\boldsymbol{A}+\boldsymbol{B})+\boldsymbol{B}(\boldsymbol{A}+\boldsymbol{B})=\boldsymbol{A}^2+\boldsymbol{AB}+\boldsymbol{BA}+\boldsymbol{B}^2\neq\boldsymbol{A}^2+2\boldsymbol{AB}+\boldsymbol{B}^2$.
还有

$$(\boldsymbol{A}+\boldsymbol{B})(\boldsymbol{A}-\boldsymbol{B})\neq\boldsymbol{A}^2-\boldsymbol{B}^2,\ (\boldsymbol{A}+\boldsymbol{B})(\boldsymbol{A}^2-\boldsymbol{AB}+\boldsymbol{B}^2)\neq\boldsymbol{A}^3+\boldsymbol{B}^3,\ (\boldsymbol{A}+\boldsymbol{B})^n\neq\sum_{k=0}^{n}\mathrm{C}_n^k\boldsymbol{A}^{n-k}\boldsymbol{B}^k,$$

这些公式成立的条件都是$\boldsymbol{A}$与$\boldsymbol{B}$可交换．

②矩阵的运算一般来说也不满足消去律．如令$\boldsymbol{A}=\begin{pmatrix}1&0\\0&0\end{pmatrix}$，$\boldsymbol{B}=\begin{pmatrix}0&0\\2&2\end{pmatrix}$，则有$\boldsymbol{AB}=\begin{pmatrix}0&0\\0&0\end{pmatrix}=\boldsymbol{O}$. 但此时$\boldsymbol{A}\neq\boldsymbol{O}$且$\boldsymbol{B}\neq\boldsymbol{O}$，即由$\boldsymbol{AB}=\boldsymbol{O}$并不能得到$\boldsymbol{A}=\boldsymbol{O}$或$\boldsymbol{B}=\boldsymbol{O}$，这也是一个考生容易出错的地方．

与之类似地，由$\boldsymbol{AB}=\boldsymbol{AC}$，$\boldsymbol{A}\neq\boldsymbol{O}$也不一定能得到$\boldsymbol{B}=\boldsymbol{C}$. 这与前面实际上是一个道理，因为$\boldsymbol{AB}=\boldsymbol{AC}$等价于$\boldsymbol{A}(\boldsymbol{B}-\boldsymbol{C})=\boldsymbol{O}$，由$\boldsymbol{A}\neq\boldsymbol{O}$并不能得到$\boldsymbol{B}-\boldsymbol{C}=\boldsymbol{O}$.

3 逆矩阵

3.1 逆矩阵的定义

定义 对于一个 n 阶方阵 $\boldsymbol{A}$，如果存在一个 n 阶方阵 $\boldsymbol{B}$，使得 $\boldsymbol{AB}=\boldsymbol{BA}=\boldsymbol{E}$，则称矩阵 $\boldsymbol{A}$ 为**可逆矩阵**，并称矩阵 $\boldsymbol{B}$ 为矩阵 $\boldsymbol{A}$ 的**逆矩阵**，记为 $\boldsymbol{A}^{-1}$.

特别要注意的是，定义中 $\boldsymbol{A}$，$\boldsymbol{B}$ 必须都是方阵，换句话说，只有方阵才可以定义逆矩阵．如果仅有 $\boldsymbol{AB}=\boldsymbol{E}$，并不能得出 $\boldsymbol{B}$ 一定是 $\boldsymbol{A}$ 的逆矩阵．比如 $\boldsymbol{A}=\begin{pmatrix}0&1&0\\1&0&0\end{pmatrix}$，$\boldsymbol{B}=\begin{pmatrix}0&1\\1&0\\0&0\end{pmatrix}$，此时有 $\boldsymbol{AB}=\begin{pmatrix}1&0\\0&1\end{pmatrix}=\boldsymbol{E}$，但是显然矩阵 $\boldsymbol{B}$ 不是矩阵 $\boldsymbol{A}$ 的逆矩阵．

3.2 逆矩阵的性质

性质 1 矩阵 $\boldsymbol{A}$ 是可逆矩阵的充要条件是 $|\boldsymbol{A}|\neq 0$，且 $\boldsymbol{A}^{-1}=\dfrac{1}{|\boldsymbol{A}|}\boldsymbol{A}^*$.

注 当 $|\boldsymbol{A}|=0$ 时，方阵 $\boldsymbol{A}$ 称为奇异矩阵，当 $|\boldsymbol{A}|\neq 0$，方阵 $\boldsymbol{A}$ 称为非奇异矩阵，非奇异矩阵就是可逆矩阵．

性质 2 若 n 阶方阵 $\boldsymbol{A}$，$\boldsymbol{B}$ 满足 $\boldsymbol{AB}=\boldsymbol{E}$(或 $\boldsymbol{BA}=\boldsymbol{E}$)，则 $\boldsymbol{A}$ 与 $\boldsymbol{B}$ 一定可逆且 $\boldsymbol{A}^{-1}=\boldsymbol{B}$，$\boldsymbol{B}^{-1}=\boldsymbol{A}$.

性质 3 若 $\boldsymbol{A}$ 可逆，则 $\boldsymbol{A}^{-1}$ 唯一．

性质 4 若 $\boldsymbol{A}$ 可逆，则 $\boldsymbol{A}^{-1}$，$\boldsymbol{A}^{\mathrm{T}}$ 均可逆，且 $(\boldsymbol{A}^{-1})^{-1}=\boldsymbol{A}$，$(\boldsymbol{A}^{\mathrm{T}})^{-1}=(\boldsymbol{A}^{-1})^{\mathrm{T}}$.

性质 5 若 $\boldsymbol{A}$，$\boldsymbol{B}$ 为同阶可逆矩阵，则 $\boldsymbol{AB}$ 可逆，且 $(\boldsymbol{AB})^{-1}=\boldsymbol{B}^{-1}\boldsymbol{A}^{-1}$.

性质 6 若方阵 $\boldsymbol{A}$，$\boldsymbol{A}_1$，…，$\boldsymbol{A}_m$ 均可逆，则

$$(\boldsymbol{A}_1\boldsymbol{A}_2\cdots\boldsymbol{A}_m)^{-1}=\boldsymbol{A}_m^{-1}\boldsymbol{A}_{m-1}^{-1}\cdots\boldsymbol{A}_1^{-1},\ (\boldsymbol{A}^n)^{-1}=(\boldsymbol{A}^{-1})^n.$$

性质 7 若 $\boldsymbol{A}$ 可逆，且 $k\neq 0$，则 $k\boldsymbol{A}$ 可逆，且 $(k\boldsymbol{A})^{-1}=\dfrac{1}{k}\boldsymbol{A}^{-1}$.

性质 8 若 $\boldsymbol{A}$ 可逆，则 $|\boldsymbol{A}|\,|\boldsymbol{A}^{-1}|=1$，即有 $|\boldsymbol{A}^{-1}|=\dfrac{1}{|\boldsymbol{A}|}$.

3.3 初等变换与初等矩阵

定义 1 我们对矩阵可以作如下三种**初等行(列)变换**：

a. 交换矩阵的两行(列)；

b. 将一个非零数 k 乘到矩阵的某一行(列)；

c. 将矩阵的某一行(列)的 k 倍加到另一行(例)上．

注 初等变换都是可逆的，即矩阵 $\boldsymbol{A}$ 经过初等变换得到的矩阵还可以经过初等变换还原到 $\boldsymbol{A}$.

定义 2 对单位矩阵实施一次初等变换得到的矩阵称之为**初等矩阵**．由于初等变换有三种，初等矩阵也就有三种：

a. 交换单位矩阵的第 i 行和第 j 行得到的初等矩阵记作 $\boldsymbol{E}_{ij}$，该矩阵也可以看作交换单位矩阵的第 i 列和第 j 列得到的．

b. 将一个非零数 k 乘到单位矩阵的第 i 行得到的初等矩阵记作 $\boldsymbol{E}_i(k)$，该矩阵也可以看作将单位矩阵第 i 列乘以非零数 k 得到的．

c. 将单位矩阵的第 i 行的 k 倍加到第 j 行上得到的初等矩阵记作 $\boldsymbol{E}_{ij}(k)$，该矩阵也可以看作单位矩阵的第 j 列的 k 倍加到第 i 列上得到的.

定理 1 对矩阵 $\boldsymbol{A}$ 左乘一个初等矩阵，等于对 $\boldsymbol{A}$ 作相应的行变换；对矩阵 $\boldsymbol{A}$ 右乘一个初等矩阵，等于对 $\boldsymbol{A}$ 作相应的列变换.

注 该定理也可以总结为“左行右列”法则.

定理 2 所有初等矩阵都是可逆的，并且它们的逆矩阵均为同类的初等矩阵，分别为

$$\boldsymbol{E}_{ij}^{-1}=\boldsymbol{E}_{ij},\ [\boldsymbol{E}_i(k)]^{-1}=\boldsymbol{E}_i\left(\frac{1}{k}\right),\ [\boldsymbol{E}_{ij}(k)]^{-1}=\boldsymbol{E}_{ij}(-k).$$

定理 3 矩阵 $\boldsymbol{A}$ 可逆的充要条件是它能表示成有限个初等矩阵的乘积，即 $\boldsymbol{A}=\boldsymbol{P}_1\boldsymbol{P}_2\cdots\boldsymbol{P}_m$，其中 $\boldsymbol{P}_1$，$\boldsymbol{P}_2$，…，$\boldsymbol{P}_m$ 均为初等矩阵.

定义 3 如果矩阵 $\boldsymbol{A}$ 经过有限次的初等行(列)变换变成矩阵 $\boldsymbol{B}$，则称矩阵 $\boldsymbol{A}$ 与 $\boldsymbol{B}$ 等价，记作 $\boldsymbol{A}\sim\boldsymbol{B}$.

定理 4 矩阵 $\boldsymbol{A}$ 与 $\boldsymbol{B}$ 等价的充要条件是存在可逆矩阵 $\boldsymbol{P}$，$\boldsymbol{Q}$ 使得 $\boldsymbol{PAQ}=\boldsymbol{B}$.

定理 5 可逆矩阵总可以经过一系列初等行变换化成单位矩阵.

3.4 逆矩阵的求法

方法 1 利用定义，找到方阵 $\boldsymbol{B}$ 使得 $\boldsymbol{AB}=\boldsymbol{E}$，则 $\boldsymbol{A}^{-1}=\boldsymbol{B}$，$\boldsymbol{B}^{-1}=\boldsymbol{A}$.

注 这种方法一般用于已知条件是关于矩阵 $\boldsymbol{A}$、$\boldsymbol{B}$ 的等式，通过矩阵运算变形化简求得逆矩阵.

方法 2 利用伴随矩阵，先由 $|\boldsymbol{A}|\neq 0$ 判断 $\boldsymbol{A}$ 可逆，然后求伴随矩阵 $\boldsymbol{A}^*$，从而 $\boldsymbol{A}^{-1}=\dfrac{1}{|\boldsymbol{A}|}\boldsymbol{A}^*$.

注 这种方法一般用于 $|\boldsymbol{A}|$ 和 $\boldsymbol{A}^*$ 容易求出的情况下.

方法 3 利用矩阵的初等变换求逆矩阵.

把 n 阶方阵 $\boldsymbol{A}$ 与 n 阶单位矩阵 $\boldsymbol{E}$ 左右并排放在一个矩阵中，并在 $\boldsymbol{A}$ 与 $\boldsymbol{E}$ 中间隔一条竖线，组成一个新的 $n\times 2n$ 阶矩阵，记为

$$(\boldsymbol{A}\,\vdots\,\boldsymbol{E})=\left(\begin{array}{cccc:cccc} a_{11} & a_{12} & \cdots & a_{1n} & 1 & 0 & \cdots & 0 \\ a_{21} & a_{22} & \cdots & a_{2n} & 0 & 1 & \cdots & 0 \\ \vdots & \vdots & & \vdots & \vdots & \vdots & & \vdots \\ a_{n1} & a_{n2} & \cdots & a_{nn} & 0 & 0 & \cdots & 1 \end{array}\right).$$

然后对这个新的 $n\times 2n$ 阶矩阵 $(\boldsymbol{A}\,\vdots\,\boldsymbol{E})$ 进行初等行变换直至将 $\boldsymbol{A}$ 化为单位矩阵 $\boldsymbol{E}$，此时右端单位矩阵 $\boldsymbol{E}$ 所变换得到的矩阵就是 $\boldsymbol{A}^{-1}$，即

$$(\boldsymbol{A}\,\vdots\,\boldsymbol{E})\xrightarrow{\text{初等行变换}}(\boldsymbol{E}\,\vdots\,\boldsymbol{A}^{-1}).$$

注 初等变换法是求逆矩阵最常用的一种方法，要特别注意的是上面表述的这种初等变换法在求解过程中只能进行初等行变换.

事实上，还有一种初等列变换的方式与上面方法是等效的. 可以先把 n 阶方阵 $\boldsymbol{A}$ 与 n 阶单位矩阵 $\boldsymbol{E}$ 上下并排放在一个矩阵中，并在 $\boldsymbol{A}$ 与 $\boldsymbol{E}$ 中间隔一条横线，组成一个新的 $2n\times n$ 阶矩阵，记为

$$\begin{pmatrix} A \\ \hdashline E \end{pmatrix}=\begin{pmatrix} a_{11} & a_{12} & \cdots & a_{1n} \\ a_{21} & a_{22} & \cdots & a_{2n} \\ \vdots & \vdots & & \vdots \\ a_{n1} & a_{n2} & \cdots & a_{nn} \\ \hdashline 1 & 0 & \cdots & 0 \\ 0 & 1 & \cdots & 0 \\ \vdots & \vdots & & \vdots \\ 0 & 0 & \cdots & 1 \end{pmatrix}.$$

然后对这个新的 $2n\times n$ 阶矩阵 $\begin{pmatrix} A \\ \hdashline E \end{pmatrix}$ 进行初等列变换直至将 A 化为单位矩阵 E，此时下端单位矩阵 E 所变换得到的矩阵就是 A^{-1}，即 $\begin{pmatrix} A \\ \hdashline E \end{pmatrix}\xrightarrow{\text{初等列变换}}\begin{pmatrix} E \\ \hdashline A^{-1} \end{pmatrix}$，也可以求得逆矩阵，一般来说，我们还是首选第一种初等行变换法求逆矩阵.

4 矩阵的秩

4.1 矩阵秩的定义

定义 1 任选矩阵 A 的 k 行 k 列元素所形成的 k 阶行列式称为矩阵 A 的一个 **k 阶子式**，如对矩阵 $A=\begin{pmatrix} 1 & 2 & 3 \\ 4 & 5 & 6 \\ 7 & 8 & 9 \end{pmatrix}$，选取第 1，2 行，第 2，3 列得到的一个二阶行列式 $\begin{vmatrix} 2 & 3 \\ 5 & 6 \end{vmatrix}$ 就是矩阵 A 的一个二阶子式.

定义 2 矩阵 A 最高阶非零子式的阶数称为矩阵 A 的**秩**，记为 $r(A)$，并规定零矩阵的秩为 0.

如对上述矩阵 $A=\begin{pmatrix} 1 & 2 & 3 \\ 4 & 5 & 6 \\ 7 & 8 & 9 \end{pmatrix}$，由于它有一个非零的二阶子式 $\begin{vmatrix} 2 & 3 \\ 5 & 6 \end{vmatrix}=-3$，它的三阶子式只有一个 $\begin{vmatrix} 1 & 2 & 3 \\ 4 & 5 & 6 \\ 7 & 8 & 9 \end{vmatrix}=0$. 可知矩阵 A 最高阶非零子式的阶数为 2，故有 $r(A)=2$.

注 ①秩是线性代数中最核心的概念之一，考生需要重点把握其概念.

②对于最高阶非零子式的阶数这个概念要正确理解，如果我们说一个矩阵 A 的秩为 k，那么这就意味着矩阵 A 至少存在一个非零的 k 阶子式，同时矩阵 A 没有 $k+1$ 阶子式，或者矩阵 A 的所有 $k+1$ 阶子式全为零.

定义 3 若 A 是 n 阶方阵且 $r(A)=n$，则称矩阵 A 为满秩矩阵.

注 由于 n 阶可逆矩阵的行列式一定非零，也就是其 n 阶子式一定不等于零，从而秩一定为 n. 所以可逆矩阵一定是满秩矩阵.

4.2 矩阵秩的性质

性质 1 若 A 为 $m\times n$ 阶矩阵，则 $0\leqslant r(A)\leqslant \min\{m, n\}$.

性质 2 $r(A)=r(A^{\mathrm{T}})$.

性质3 若矩阵 $\boldsymbol{A}$ 与 $\boldsymbol{B}$ 等价，则 $r(\boldsymbol{A})=r(\boldsymbol{B})$.

性质4 若 $\boldsymbol{P}$，$\boldsymbol{Q}$ 为可逆矩阵，则 $r(\boldsymbol{PAQ})=r(\boldsymbol{A})$.

性质5 $\max\{r(\boldsymbol{A}), r(\boldsymbol{B})\}\leqslant r(\boldsymbol{A}, \boldsymbol{B})\leqslant r(\boldsymbol{A})+r(\boldsymbol{B})$.

性质6 $r(\boldsymbol{A}+\boldsymbol{B})\leqslant r(\boldsymbol{A})+r(\boldsymbol{B})$.

性质7 $r(\boldsymbol{AB})\leqslant\min\{r(\boldsymbol{A}), r(\boldsymbol{B})\}$.

性质8 若 $\boldsymbol{AB}=\boldsymbol{O}$，则 $r(\boldsymbol{A})+r(\boldsymbol{B})$ 一定不超过矩阵 $\boldsymbol{A}$ 的列数(或者 $\boldsymbol{B}$ 的行数).

性质9 (1)矩阵 $\boldsymbol{A}$ 存在非零的 k 阶子式 $\Leftrightarrow r(\boldsymbol{A})\geqslant k$.

(2)矩阵 $\boldsymbol{A}$ 中不存在 k 阶子式或任意 k 阶子式均为零 $\Leftrightarrow r(\boldsymbol{A})<k$.

(3) $\boldsymbol{A}\neq\boldsymbol{O}\Leftrightarrow r(\boldsymbol{A})\geqslant 1$.

(4)非零矩阵 $\boldsymbol{A}$ 的各行及各列元素成比例 $\Leftrightarrow r(\boldsymbol{A})=1$.

(5) n 阶方阵 $\boldsymbol{A}$ 可逆 $\Leftrightarrow r(\boldsymbol{A})=n$.

4.3 矩阵秩的求法

(1)利用定义和性质法计算抽象矩阵的秩一般通过夹逼的方法，即同时证明 $r(\boldsymbol{A})\geqslant k$ 与 $r(\boldsymbol{A})\leqslant k$.

(2)利用初等变换法求给定具体矩阵 $\boldsymbol{A}$ 的秩.

首先把矩阵 $\boldsymbol{A}$ 通过初等行变换化为行阶梯形矩阵，由于初等变换不改变矩阵的秩，则行阶梯形矩阵的秩即为矩阵 $\boldsymbol{A}$ 的秩. 初等变换法是求矩阵秩和通过矩阵的秩确定矩阵中未知元素最常用的方法.

(3)特别地，如果矩阵 $\boldsymbol{A}$ 是方阵，则直接利用 $r(\boldsymbol{A})<n\Leftrightarrow\boldsymbol{A}$ 不可逆 $\Leftrightarrow|\boldsymbol{A}|=0$ 确定矩阵中某个参数的值是最便捷的方法.

题型精练

题型3 矩阵的基本运算问题

技巧总结

矩阵的基本运算主要包括：矩阵的加减、数乘、乘法和转置运算，考生在答题时要注意以下几点：

(1)行数与列数都相等的矩阵，即同型矩阵，才可以相加减；

(2)常数 k 与矩阵 $\boldsymbol{A}$ 的数乘运算是矩阵 $\boldsymbol{A}$ 的每个元素都要乘以常数 k；

(3)两个矩阵的乘积必须遵循“前列等于后行”的原则，即前一个矩阵的列数必须等于后一个矩阵的行数才能相乘；

(4)零矩阵与任意矩阵的乘积均为零矩阵，两个非零矩阵相乘也可能等于零矩阵，即 $\boldsymbol{AB}=\boldsymbol{O}$ 不能得出 $\boldsymbol{A}=\boldsymbol{O}$ 或 $\boldsymbol{B}=\boldsymbol{O}$；

(5)矩阵乘积满足结合律和对加法的分配律，但是一般不满足乘法交换律和消去律；

(6)对于只有一行或一列的特殊矩阵(行向量或列向量)作乘积时，要认清乘积的结果是矩阵还是一个数：任何一个 n 维行向量与其自身转置的乘积一定是一个数，并且这个数恰好是这个行向量每个元素的平方和；而任何一个 n 维列向量与其自身转置的乘积一定是一个 n 阶方阵.

例 8 设 $\boldsymbol{A}$，$\boldsymbol{B}$ 均为 n 阶矩阵，$\boldsymbol{A}\neq\boldsymbol{O}$ 且 $\boldsymbol{AB}=\boldsymbol{O}$，则下述结论必成立的是(　　).

A. $\boldsymbol{BA}=\boldsymbol{O}$　　B. $\boldsymbol{B}=\boldsymbol{O}$

C. $(\boldsymbol{A}+\boldsymbol{B})(\boldsymbol{A}-\boldsymbol{B})=\boldsymbol{A}^2-\boldsymbol{B}^2$　　D. $(\boldsymbol{A}-\boldsymbol{B})^2=\boldsymbol{A}^2-\boldsymbol{BA}+\boldsymbol{B}^2$

E. $\boldsymbol{ABA}\neq\boldsymbol{O}$

【解析】A 项和 B 项：由 $\boldsymbol{AB}=\boldsymbol{O}$ 推不出 $\boldsymbol{A}=\boldsymbol{O}$ 或者 $\boldsymbol{B}=\boldsymbol{O}$ 或者 $\boldsymbol{BA}=\boldsymbol{O}$，故 A、B 项错误；

C 项：$(\boldsymbol{A}+\boldsymbol{B})(\boldsymbol{A}-\boldsymbol{B})=\boldsymbol{A}^2-\boldsymbol{AB}+\boldsymbol{BA}-\boldsymbol{B}^2=\boldsymbol{A}^2+\boldsymbol{BA}-\boldsymbol{B}^2$，故 C 项错误；

D 项：$(\boldsymbol{A}-\boldsymbol{B})^2=(\boldsymbol{A}-\boldsymbol{B})(\boldsymbol{A}-\boldsymbol{B})=\boldsymbol{A}^2-\boldsymbol{AB}-\boldsymbol{BA}+\boldsymbol{B}^2=\boldsymbol{A}^2-\boldsymbol{BA}+\boldsymbol{B}^2$，故 D 项正确；

E 项：由 $\boldsymbol{AB}=\boldsymbol{O}$ 和矩阵的乘法结合律可得 $\boldsymbol{ABA}=(\boldsymbol{AB})\boldsymbol{A}=\boldsymbol{OA}=\boldsymbol{O}$，所以 E 项错误.

【答案】D

例 9 设 $\boldsymbol{A}=\begin{pmatrix}0&1&0\\0&0&1\\0&0&0\end{pmatrix}$，则 $\boldsymbol{A}^4=$(　　).

A. $\begin{pmatrix}0&1&0\\0&0&1\\0&0&0\end{pmatrix}$　　B. $\begin{pmatrix}0&0&1\\0&0&0\\0&0&0\end{pmatrix}$　　C. $\begin{pmatrix}0&1&1\\0&0&1\\0&0&0\end{pmatrix}$

D. $\begin{pmatrix}0&0&0\\0&0&2\\0&0&0\end{pmatrix}$　　E. $\begin{pmatrix}0&0&0\\0&0&0\\0&0&0\end{pmatrix}$

【解析】本题考查的是矩阵的高次幂的计算.

$$\boldsymbol{A}^2=\begin{pmatrix}0&1&0\\0&0&1\\0&0&0\end{pmatrix}\cdot\begin{pmatrix}0&1&0\\0&0&1\\0&0&0\end{pmatrix}=\begin{pmatrix}0&0&1\\0&0&0\\0&0&0\end{pmatrix}，\boldsymbol{A}^3=\begin{pmatrix}0&0&1\\0&0&0\\0&0&0\end{pmatrix}\cdot\begin{pmatrix}0&1&0\\0&0&1\\0&0&0\end{pmatrix}=\begin{pmatrix}0&0&0\\0&0&0\\0&0&0\end{pmatrix}.$$

以此类推，当 $n>3$ 时，$\boldsymbol{A}^n=\begin{pmatrix}0&0&0\\0&0&0\\0&0&0\end{pmatrix}$. 因此，$\boldsymbol{A}^4=\begin{pmatrix}0&0&0\\0&0&0\\0&0&0\end{pmatrix}$.

【答案】E

例 10 设 $\boldsymbol{\alpha}$ 为 3×1 阶矩阵(也称为三维列向量)，且 $\boldsymbol{\alpha\alpha}^{\mathrm{T}}=\begin{pmatrix}1&-1&1\\-1&1&-1\\1&-1&1\end{pmatrix}$，则 $\boldsymbol{\alpha}^{\mathrm{T}}\boldsymbol{\alpha}=$(　　).

A. 0　　B. 1　　C. 2　　D. 3　　E. 4

【解析】本题考查的是一种特殊矩阵(向量)的运算.

设 $\boldsymbol{\alpha}=(x, y, z)^{\mathrm{T}}$，可得

$$\boldsymbol{\alpha\alpha}^{\mathrm{T}}=\begin{pmatrix}x^2&xy&xz\\yx&y^2&yz\\zx&zy&z^2\end{pmatrix}，\boldsymbol{\alpha}^{\mathrm{T}}\boldsymbol{\alpha}=x^2+y^2+z^2,$$

对比可知 $\boldsymbol{\alpha}^{\mathrm{T}}\boldsymbol{\alpha}=3$.

【答案】D

题型4 方阵的行列式计算问题

技巧总结

本题型主要是将方阵的基本运算与行列式的性质与计算相结合考查的一类问题，需要考生熟练掌握矩阵的运算法则和行列式的性质．

(1)常数 k 乘 n 阶矩阵的行列式：$|k\boldsymbol{A}|=k^n|\boldsymbol{A}|$．一定要认清 n 是多少，这是最常考也是最易出错的．

(2)转置矩阵的行列式：$|\boldsymbol{A}^{\mathrm{T}}|=|\boldsymbol{A}|$．

(3)方阵乘积的行列式等于行列式的乘积：$|\boldsymbol{AB}|=|\boldsymbol{A}||\boldsymbol{B}|$，且 $|\boldsymbol{A}^n|=|\boldsymbol{A}|^n$．

(4)方阵之和的行列式不等于方阵行列式的和，即 $|\boldsymbol{A}+\boldsymbol{B}|\neq|\boldsymbol{A}|+|\boldsymbol{B}|$．

(5)可逆矩阵 $\boldsymbol{A}$ 的逆矩阵的行列式 $|\boldsymbol{A}^{-1}|=\dfrac{1}{|\boldsymbol{A}|}=|\boldsymbol{A}|^{-1}$．

(6)n 阶方阵 $\boldsymbol{A}$ 的伴随矩阵 $\boldsymbol{A}^*$ 的行列式 $|\boldsymbol{A}^*|=|\boldsymbol{A}|^{n-1}$．

例11 已知 $\boldsymbol{A}$ 是三阶矩阵，且 $|\boldsymbol{A}|=-3$，$\boldsymbol{A}^{\mathrm{T}}$ 是 $\boldsymbol{A}$ 的转置矩阵，则 $\left|\dfrac{1}{2}\boldsymbol{A}^{\mathrm{T}}\right|=$(　　)．

A. $\dfrac{3}{2}$　　B. $-\dfrac{3}{2}$　　C. $\dfrac{3}{8}$　　D. $-\dfrac{3}{8}$　　E. $-\dfrac{1}{6}$

【解析】根据方阵的行列式的性质可得

$$\left|\frac{1}{2}\boldsymbol{A}^{\mathrm{T}}\right|=\left(\frac{1}{2}\right)^3|\boldsymbol{A}^{\mathrm{T}}|=\left(\frac{1}{2}\right)^3|\boldsymbol{A}|=-\frac{3}{8}.$$

【答案】D

例12 已知四阶方阵 $\boldsymbol{A}$ 与 $\boldsymbol{B}$ 的第二、三、四列元素都相同，且 $|\boldsymbol{A}|=4$，$|\boldsymbol{B}|=1$，则 $|\boldsymbol{A}+\boldsymbol{B}|=$(　　)．

A. 5　　B. 10　　C. 20　　D. 40　　E. 50

【解析】设矩阵 $\boldsymbol{A}$ 和 $\boldsymbol{B}$ 的第一列分别为列向量 $\boldsymbol{\alpha}$ 和 $\boldsymbol{\beta}$，第二、三、四列都是列向量 $\boldsymbol{\gamma}_2$，$\boldsymbol{\gamma}_3$，$\boldsymbol{\gamma}_4$，则四阶方阵 $\boldsymbol{A}$ 可表示为 $\boldsymbol{A}=(\boldsymbol{\alpha},\boldsymbol{\gamma}_2,\boldsymbol{\gamma}_3,\boldsymbol{\gamma}_4)$，$\boldsymbol{B}$ 可表示为 $\boldsymbol{B}=(\boldsymbol{\beta},\boldsymbol{\gamma}_2,\boldsymbol{\gamma}_3,\boldsymbol{\gamma}_4)$．

根据矩阵加法的运算法则，可得 $\boldsymbol{A}+\boldsymbol{B}=(\boldsymbol{\alpha}+\boldsymbol{\beta},2\boldsymbol{\gamma}_2,2\boldsymbol{\gamma}_3,2\boldsymbol{\gamma}_4)$，则

$$|\boldsymbol{A}+\boldsymbol{B}|=|\boldsymbol{\alpha}+\boldsymbol{\beta},2\boldsymbol{\gamma}_2,2\boldsymbol{\gamma}_3,2\boldsymbol{\gamma}_4|.$$

该行列式的第二、三、四列都有公因子2，提公因子，得

$$|\boldsymbol{A}+\boldsymbol{B}|=|\boldsymbol{\alpha}+\boldsymbol{\beta},2\boldsymbol{\gamma}_2,2\boldsymbol{\gamma}_3,2\boldsymbol{\gamma}_4|=8|\boldsymbol{\alpha}+\boldsymbol{\beta},\boldsymbol{\gamma}_2,\boldsymbol{\gamma}_3,\boldsymbol{\gamma}_4|.$$

再根据行列式的拆项性质，按第一列拆开成两个行列式的和，可得

$$\begin{aligned}|\boldsymbol{A}+\boldsymbol{B}|&=|\boldsymbol{\alpha}+\boldsymbol{\beta},2\boldsymbol{\gamma}_2,2\boldsymbol{\gamma}_3,2\boldsymbol{\gamma}_4|\\&=8|\boldsymbol{\alpha}+\boldsymbol{\beta},\boldsymbol{\gamma}_2,\boldsymbol{\gamma}_3,\boldsymbol{\gamma}_4|\\&=8(|\boldsymbol{\alpha},\boldsymbol{\gamma}_2,\boldsymbol{\gamma}_3,\boldsymbol{\gamma}_4|+|\boldsymbol{\beta},\boldsymbol{\gamma}_2,\boldsymbol{\gamma}_3,\boldsymbol{\gamma}_4|)\\&=8(|\boldsymbol{A}|+|\boldsymbol{B}|)=40.\end{aligned}$$

【答案】D

例13 已知 $\boldsymbol{A}$，$\boldsymbol{B}$ 为三阶方阵，且 $|\boldsymbol{A}|=-1$，$|\boldsymbol{B}|=2$，求 $|2(\boldsymbol{A}^{\mathrm{T}}\boldsymbol{B}^{-1})^2|=$(　　)．

A. -1　　B. 1　　C. -2　　D. 2　　E. $\dfrac{1}{2}$

【解析】根据矩阵的运算和行列式的性质，可得

$$\begin{aligned}&|2(\boldsymbol{A}^{\mathrm{T}}\boldsymbol{B}^{-1})^2|=2^3|\boldsymbol{A}^{\mathrm{T}}|^2|\boldsymbol{B}^{-1}|^2\\&=8|\boldsymbol{A}|^2\cdot|\boldsymbol{B}|^{-2}\\&=8\cdot1\cdot\frac{1}{4}=2.\end{aligned}$$

【答案】D

题型5 伴随矩阵的计算问题

技巧总结

看到伴随矩阵 $\boldsymbol{A}^*$ 的计算问题，考生考虑从以下几个方面入手：

(1)利用伴随矩阵 $\boldsymbol{A}^*$ 的定义求解简单直接，但是运算量偏大，适用于矩阵阶数不高且代数余子式容易计算的问题；

(2)伴随矩阵 $\boldsymbol{A}^*$ 与矩阵 $\boldsymbol{A}$ 的关系定理：$\boldsymbol{A}\boldsymbol{A}^*=\boldsymbol{A}^*\boldsymbol{A}=|\boldsymbol{A}|\boldsymbol{E}$；

(3)利用伴随矩阵 $\boldsymbol{A}^*$ 与逆矩阵 $\boldsymbol{A}^{-1}$ 的关系定理（必须确定 $\boldsymbol{A}$ 是可逆的）：

$$\boldsymbol{A}^*=|\boldsymbol{A}|\boldsymbol{A}^{-1}\text{或}(\boldsymbol{A}^*)^{-1}=(\boldsymbol{A}^{-1})^*=\frac{1}{|\boldsymbol{A}|}\boldsymbol{A};$$

(4)$(\boldsymbol{A}\boldsymbol{B})^*=\boldsymbol{B}^*\boldsymbol{A}^*$.

例14 矩阵 $\boldsymbol{A}=\begin{pmatrix}1&2&0\\3&4&0\\0&0&5\end{pmatrix}$ 的伴随矩阵 $\boldsymbol{A}^*=$（　　）.

A. $\begin{pmatrix}20&15&0\\10&5&0\\0&0&-2\end{pmatrix}$　　B. $\begin{pmatrix}20&10&0\\15&5&0\\0&0&-2\end{pmatrix}$　　C. $\begin{pmatrix}20&10&0\\-15&5&0\\0&0&-2\end{pmatrix}$

D. $\begin{pmatrix}20&-10&0\\-15&5&0\\0&0&-2\end{pmatrix}$　　E. $\begin{pmatrix}20&-15&0\\-10&5&0\\0&0&-2\end{pmatrix}$

【解析】方法一：直接计算.

$A_{11}=(-1)^{1+1}\begin{vmatrix}4&0\\0&5\end{vmatrix}=20$，$A_{12}=(-1)^{1+2}\begin{vmatrix}3&0\\0&5\end{vmatrix}=-15$，$A_{13}=(-1)^{1+3}\begin{vmatrix}3&4\\0&0\end{vmatrix}=0$；

$A_{21}=(-1)^{2+1}\begin{vmatrix}2&0\\0&5\end{vmatrix}=-10$，$A_{22}=(-1)^{2+2}\begin{vmatrix}1&0\\0&5\end{vmatrix}=5$，$A_{23}=(-1)^{2+3}\begin{vmatrix}1&2\\0&0\end{vmatrix}=0$；

$A_{31}=(-1)^{3+1}\begin{vmatrix}2&0\\4&0\end{vmatrix}=0$，$A_{32}=(-1)^{3+2}\begin{vmatrix}1&0\\3&0\end{vmatrix}=0$，$A_{33}=(-1)^{3+3}\begin{vmatrix}1&2\\3&4\end{vmatrix}=-2$.

则 $\boldsymbol{A}^*=\begin{pmatrix}A_{11}&A_{21}&A_{31}\\A_{12}&A_{22}&A_{32}\\A_{13}&A_{23}&A_{33}\end{pmatrix}=\begin{pmatrix}20&-10&0\\-15&5&0\\0&0&-2\end{pmatrix}$.

方法二：先计算 $|\boldsymbol{A}|=-10$，再对 $(\boldsymbol{A}\mid\boldsymbol{E})$ 作初等行变换可得

$$\left(\begin{array}{ccc:ccc}1&2&0&1&0&0\\3&4&0&0&1&0\\0&0&5&0&0&1\end{array}\right)\to\left(\begin{array}{ccc:ccc}1&2&0&1&0&0\\0&-2&0&-3&1&0\\0&0&5&0&0&1\end{array}\right)\to\left(\begin{array}{ccc:ccc}1&0&0&-2&1&0\\0&-2&0&-3&1&0\\0&0&5&0&0&1\end{array}\right)$$

$$\to\left(\begin{array}{ccc:ccc}1&0&0&-2&1&0\\0&1&0&\frac{3}{2}&-\frac{1}{2}&0\\0&0&1&0&0&\frac{1}{5}\end{array}\right).$$

故 $\boldsymbol{A}^{-1}=\begin{pmatrix}-2&1&0\\\frac{3}{2}&-\frac{1}{2}&0\\0&0&\frac{1}{5}\end{pmatrix}$. 根据求伴随矩阵的公式 $\boldsymbol{A}^{*}=|\boldsymbol{A}|\boldsymbol{A}^{-1}$，可知选 D.

【答案】D

例 15 设 $\boldsymbol{A}$ 为 n 阶方阵，它的伴随矩阵为 $\boldsymbol{A}^{*}$，则 $k\boldsymbol{A}$ 的伴随矩阵为(　　).

A. $k\boldsymbol{A}^{*}$　　B. $\frac{1}{k}\boldsymbol{A}^{*}$　　C. $k^{n-1}\boldsymbol{A}^{*}$　　D. $k^{n}\boldsymbol{A}^{*}$　　E. $k^{-n}\boldsymbol{A}^{*}$

【解析】本题考查的是数乘矩阵的伴随矩阵．由于没有说明 $\boldsymbol{A}$ 是否可逆，从而只能根据伴随矩阵的定义计算．

若 $\boldsymbol{A}=(a_{ij})$，则有 $k\boldsymbol{A}=(ka_{ij})$，矩阵 $k\boldsymbol{A}$ 的 i 行 j 列元素的代数余子式为

$$(-1)^{i+j}\begin{vmatrix}ka_{11}&\cdots&ka_{1(j-1)}&ka_{1(j+1)}&\cdots&ka_{1n}\\\vdots&&\vdots&\vdots&&\vdots\\ka_{(i-1)1}&\cdots&ka_{(i-1)(j-1)}&ka_{(i-1)(j+1)}&\cdots&ka_{(i-1)n}\\ka_{(i+1)1}&\cdots&ka_{(i+1)(j-1)}&ka_{(i+1)(j+1)}&\cdots&ka_{(i+1)n}\\\vdots&&\vdots&\vdots&&\vdots\\ka_{n1}&\cdots&ka_{n(j-1)}&ka_{n(j+1)}&\cdots&ka_{nn}\end{vmatrix}$$

$$=(-1)^{i+j}k^{n-1}\begin{vmatrix}a_{11}&\cdots&a_{1(j-1)}&a_{1(j+1)}&\cdots&a_{1n}\\\vdots&&\vdots&\vdots&&\vdots\\a_{(i-1)1}&\cdots&a_{(i-1)(j-1)}&a_{(i-1)(j+1)}&\cdots&a_{(i-1)n}\\a_{(i+1)1}&\cdots&a_{(i+1)(j-1)}&a_{(i+1)(j+1)}&\cdots&a_{(i+1)n}\\\vdots&&\vdots&\vdots&&\vdots\\a_{n1}&\cdots&a_{n(j-1)}&a_{n(j+1)}&\cdots&a_{nn}\end{vmatrix}.$$

所以 $k\boldsymbol{A}$ 中的元素的代数余子式恰是 $\boldsymbol{A}$ 中相应元素的代数余子式的 k^{n-1} 倍，从而由伴随矩阵的定义可知 $(k\boldsymbol{A})^{*}$ 中元素是 $\boldsymbol{A}^{*}$ 相应元素的 k^{n-1} 倍，即 $(k\boldsymbol{A})^{*}=k^{n-1}\boldsymbol{A}^{*}$.

若 $\boldsymbol{A}$ 可逆且 $k\neq0$，其计算过程如下：

$$(k\boldsymbol{A})^{*}=|k\boldsymbol{A}|(k\boldsymbol{A})^{-1}=k^{n}|\boldsymbol{A}|k^{-1}\boldsymbol{A}^{-1}=k^{n-1}|\boldsymbol{A}|\boldsymbol{A}^{-1}=k^{n-1}\boldsymbol{A}^{*}.$$

【答案】C

题型6 判定矩阵可逆及求逆矩阵问题

技巧总结

(1)判定一个 n 阶方阵可逆的方法主要有定义法和行列式不为零的性质法. 首选方法还是利用行列式不为零来判定矩阵可逆，当行列式值不能确定时再考虑用定义法判定.

(2)逆矩阵的求法有：

①利用定义求逆矩阵；

②利用伴随矩阵求逆矩阵；

③对于具体的数字矩阵首选的求逆矩阵的方法是初等变换法，运算量小，较简单；

④对于抽象矩阵，一般已知条件都会给出矩阵所满足的等式关系，可以通过对等式进行变形化简，利用矩阵的性质及运算法则求其逆矩阵.

例16 已知 $\boldsymbol{A}$，$\boldsymbol{B}$ 均为 n 阶非零矩阵，且 $\boldsymbol{AB}=\boldsymbol{O}$，则(　　).

A. 矩阵 $\boldsymbol{A}$，$\boldsymbol{B}$ 中必有一个可逆矩阵

B. 矩阵 $\boldsymbol{A}$，$\boldsymbol{B}$ 都是可逆矩阵

C. 矩阵 $\boldsymbol{A}$，$\boldsymbol{B}$ 都不是可逆矩阵

D. $|\boldsymbol{A}|\neq 0$ 或 $|\boldsymbol{B}|\neq 0$

E. 以上选项均不正确

【解析】由 $\boldsymbol{AB}=\boldsymbol{O}$，可得 $|\boldsymbol{AB}|=|\boldsymbol{A}|\,|\boldsymbol{B}|=0$，从而有 $|\boldsymbol{A}|=0$ 或 $|\boldsymbol{B}|=0$，排除B项和D项.

假设 $\boldsymbol{A}$ 可逆，等式 $\boldsymbol{AB}=\boldsymbol{O}$ 两端同时左乘 $\boldsymbol{A}^{-1}$ 则有 $\boldsymbol{B}=\boldsymbol{A}^{-1}\boldsymbol{O}$ 是零矩阵，与题干 $\boldsymbol{B}$ 不是零矩阵矛盾，所以矩阵 $\boldsymbol{A}$ 一定不可逆. 同理，假设 $\boldsymbol{B}$ 可逆，则必有 $\boldsymbol{A}$ 是零矩阵，与题干矛盾，从而矩阵 $\boldsymbol{B}$ 也不可逆. 故选C.

【答案】C

例17 设 $\boldsymbol{A}=\begin{pmatrix}0&1&0\\0&0&1\\0&0&0\end{pmatrix}$，则 $\boldsymbol{E}-\boldsymbol{A}$ 的逆矩阵为(　　).

A. $\begin{pmatrix}1&-1&1\\0&1&1\\0&0&1\end{pmatrix}$　B. $\begin{pmatrix}1&0&0\\-1&1&0\\1&1&1\end{pmatrix}$　C. $\begin{pmatrix}1&1&1\\0&1&1\\-1&0&1\end{pmatrix}$

D. $\begin{pmatrix}1&0&-1\\1&1&0\\-1&0&1\end{pmatrix}$　E. $\begin{pmatrix}1&1&1\\0&1&1\\0&0&1\end{pmatrix}$

【解析】方法一：初等变换法求逆矩阵.

$$\boldsymbol{E}-\boldsymbol{A}=\begin{pmatrix}1&-1&0\\0&1&-1\\0&0&1\end{pmatrix},$$

则 $|\boldsymbol{E}-\boldsymbol{A}|=1$，即矩阵 $\boldsymbol{E}-\boldsymbol{A}$ 可逆，且有

$$(\boldsymbol{E}-\boldsymbol{A} \mid \boldsymbol{E})=\left(\begin{array}{ccc:ccc}1 & -1 & 0 & 1 & 0 & 0\\0 & 1 & -1 & 0 & 1 & 0\\0 & 0 & 1 & 0 & 0 & 1\end{array}\right)\xrightarrow{r_2+r_3}\left(\begin{array}{ccc:ccc}1 & -1 & 0 & 1 & 0 & 0\\0 & 1 & 0 & 0 & 1 & 1\\0 & 0 & 1 & 0 & 0 & 1\end{array}\right)$$

$$\xrightarrow{r_1+r_2}\left(\begin{array}{ccc:ccc}1 & 0 & 0 & 1 & 1 & 1\\0 & 1 & 0 & 0 & 1 & 1\\0 & 0 & 1 & 0 & 0 & 1\end{array}\right),$$

所以，$(\boldsymbol{E}-\boldsymbol{A})^{-1}=\begin{pmatrix}1 & 1 & 1\\0 & 1 & 1\\0 & 0 & 1\end{pmatrix}$.

方法二：伴随矩阵法求逆矩阵.

$$\boldsymbol{E}-\boldsymbol{A}=\begin{pmatrix}1 & -1 & 0\\0 & 1 & -1\\0 & 0 & 1\end{pmatrix},$$

则 $|\boldsymbol{E}-\boldsymbol{A}|=1$，即矩阵 $\boldsymbol{E}-\boldsymbol{A}$ 可逆，且各元素的代数余子式为

$$A_{11}=\begin{vmatrix}1 & -1\\0 & 1\end{vmatrix}=1,\ A_{12}=-\begin{vmatrix}0 & -1\\0 & 1\end{vmatrix}=0,\ A_{13}=\begin{vmatrix}0 & 1\\0 & 0\end{vmatrix}=0,$$

$$A_{21}=-\begin{vmatrix}-1 & 0\\0 & 1\end{vmatrix}=1,\ A_{22}=\begin{vmatrix}1 & 0\\0 & 1\end{vmatrix}=1,\ A_{23}=-\begin{vmatrix}1 & -1\\0 & 0\end{vmatrix}=0,$$

$$A_{31}=\begin{vmatrix}-1 & 0\\1 & -1\end{vmatrix}=1,\ A_{32}=-\begin{vmatrix}1 & 0\\0 & -1\end{vmatrix}=1,\ A_{33}=\begin{vmatrix}1 & -1\\0 & 1\end{vmatrix}=1,$$

从而 $\boldsymbol{E}-\boldsymbol{A}$ 的伴随矩阵为

$$(\boldsymbol{E}-\boldsymbol{A})^*=\begin{pmatrix}A_{11} & A_{21} & A_{31}\\A_{12} & A_{22} & A_{32}\\A_{13} & A_{23} & A_{33}\end{pmatrix}=\begin{pmatrix}1 & 1 & 1\\0 & 1 & 1\\0 & 0 & 1\end{pmatrix}.$$

根据公式 $(\boldsymbol{E}-\boldsymbol{A})^{-1}=\dfrac{(\boldsymbol{E}-\boldsymbol{A})^*}{|\boldsymbol{E}-\boldsymbol{A}|}=(\boldsymbol{E}-\boldsymbol{A})^*=\begin{pmatrix}1 & 1 & 1\\0 & 1 & 1\\0 & 0 & 1\end{pmatrix}$.

【答案】E

【点评】对于这种具体的数字矩阵求逆矩阵，可以选择直接利用伴随矩阵求其逆矩阵，也可以采用初等变换法．可以看出，对于这种数字矩阵，初等变换法相对来说运算量较小，较简单．

例 18　设 $\boldsymbol{A}=\begin{pmatrix}1 & 0 & 0\\2 & 2 & 0\\3 & 4 & 5\end{pmatrix}$，$\boldsymbol{A}^*$ 是 $\boldsymbol{A}$ 的伴随矩阵，则 $(\boldsymbol{A}^*)^{-1}=(\quad)$.

A. $\begin{pmatrix}1 & 0 & 0\\2 & 2 & 0\\3 & 2 & 1\end{pmatrix}$　　B. $\begin{pmatrix}1 & 2 & 3\\0 & 2 & 2\\0 & 0 & 1\end{pmatrix}$　　C. $\begin{pmatrix}\frac{1}{10} & \frac{1}{5} & \frac{3}{10}\\0 & \frac{1}{5} & \frac{2}{5}\\0 & 0 & \frac{1}{2}\end{pmatrix}$

D. $\begin{pmatrix} \frac{1}{10} & 0 & 0 \\ \frac{1}{5} & \frac{1}{5} & 0 \\ \frac{3}{10} & \frac{2}{5} & \frac{1}{2} \end{pmatrix}$　　E. $\begin{pmatrix} \frac{1}{10} & -\frac{1}{5} & \frac{3}{10} \\ 0 & \frac{1}{5} & -\frac{2}{5} \\ 0 & 0 & \frac{1}{2} \end{pmatrix}$

【解析】由 $\boldsymbol{A}\boldsymbol{A}^{*}=|\boldsymbol{A}|\boldsymbol{E}$，可得

$$(\boldsymbol{A}^{*})^{-1}=\frac{1}{|\boldsymbol{A}|}\boldsymbol{A}=\frac{1}{10}\boldsymbol{A}=\begin{pmatrix} \frac{1}{10} & 0 & 0 \\ \frac{1}{5} & \frac{1}{5} & 0 \\ \frac{3}{10} & \frac{2}{5} & \frac{1}{2} \end{pmatrix}.$$

【答案】D

【点评】本题考查的是伴随矩阵的逆矩阵的求法．先不要急于求伴随矩阵 $\boldsymbol{A}^{*}$，注意到 $\boldsymbol{A}$ 是可逆矩阵，从而可以利用伴随矩阵和逆矩阵的关系式 $(\boldsymbol{A}^{*})^{-1}=\frac{1}{|\boldsymbol{A}|}\boldsymbol{A}$ 直接求解．

例 19　设 n 维列向量 $\boldsymbol{\alpha}=(a,0,\cdots,0,a)^{\mathrm{T}}$，$a<0$，$\boldsymbol{E}$ 为 n 阶单位矩阵，矩阵 $\boldsymbol{A}=\boldsymbol{E}-\boldsymbol{\alpha}\boldsymbol{\alpha}^{\mathrm{T}}$，$\boldsymbol{B}=\boldsymbol{E}+\frac{1}{a}\boldsymbol{\alpha}\boldsymbol{\alpha}^{\mathrm{T}}$，其中 $\boldsymbol{A}$ 的逆矩阵为 $\boldsymbol{B}$，则 $a=$(　　).

A. -1　　B. $-\frac{1}{2}$　　C. $\frac{1}{2}$　　D. $\frac{1}{2}$ 或 -1　　E. $-\frac{1}{2}$ 或 -1

【解析】由逆矩阵的定义，可知

$$\begin{aligned}\boldsymbol{AB}&=(\boldsymbol{E}-\boldsymbol{\alpha}\boldsymbol{\alpha}^{\mathrm{T}})\left(\boldsymbol{E}+\frac{1}{a}\boldsymbol{\alpha}\boldsymbol{\alpha}^{\mathrm{T}}\right)=\boldsymbol{E}-\boldsymbol{\alpha}\boldsymbol{\alpha}^{\mathrm{T}}+\frac{1}{a}\boldsymbol{\alpha}\boldsymbol{\alpha}^{\mathrm{T}}-\frac{1}{a}\boldsymbol{\alpha}\boldsymbol{\alpha}^{\mathrm{T}}\boldsymbol{\alpha}\boldsymbol{\alpha}^{\mathrm{T}}\\&=\boldsymbol{E}+\left(\frac{1}{a}-1\right)\boldsymbol{\alpha}\boldsymbol{\alpha}^{\mathrm{T}}-\frac{1}{a}\boldsymbol{\alpha}(\boldsymbol{\alpha}^{\mathrm{T}}\boldsymbol{\alpha})\boldsymbol{\alpha}^{\mathrm{T}}=\boldsymbol{E}+\left(\frac{1}{a}-1\right)\boldsymbol{\alpha}\boldsymbol{\alpha}^{\mathrm{T}}-2a\boldsymbol{\alpha}\boldsymbol{\alpha}^{\mathrm{T}}\\&=\boldsymbol{E}+\left(\frac{1}{a}-1-2a\right)\boldsymbol{\alpha}\boldsymbol{\alpha}^{\mathrm{T}}=\boldsymbol{E}.\end{aligned}$$

故 $\left(\frac{1}{a}-1-2a\right)\boldsymbol{\alpha}\boldsymbol{\alpha}^{\mathrm{T}}=\boldsymbol{O}$，又因为 $\boldsymbol{\alpha}\boldsymbol{\alpha}^{\mathrm{T}}\neq\boldsymbol{O}$，于是有 $\frac{1}{a}-1-2a=0$，解得 $a=\frac{1}{2}$ 或 -1.
由于 $a<0$，故 $a=-1$.

【答案】A

【点评】本题应注意到，当 $\boldsymbol{\alpha}\boldsymbol{\alpha}^{\mathrm{T}}$ 为一个矩阵时，$\boldsymbol{\alpha}^{\mathrm{T}}\boldsymbol{\alpha}$ 应为一个数.

例 20　已知 n 阶矩阵 $\boldsymbol{A}$ 满足 $2\boldsymbol{A}(\boldsymbol{A}-\boldsymbol{E})=\boldsymbol{A}^{3}$，则 $(\boldsymbol{E}-\boldsymbol{A})^{-1}=$(　　).

A. $\boldsymbol{A}^{2}-\boldsymbol{A}$　　B. $\boldsymbol{A}^{2}-\boldsymbol{A}+\boldsymbol{E}$　　C. $\boldsymbol{A}(\boldsymbol{A}+\boldsymbol{E})$

D. $\boldsymbol{A}(\boldsymbol{A}+\boldsymbol{E})^{-1}$　　E. 以上选项均不正确

【解析】由 $2\boldsymbol{A}(\boldsymbol{A}-\boldsymbol{E})=\boldsymbol{A}^{3}$，可得 $\boldsymbol{A}^{3}-2\boldsymbol{A}^{2}+2\boldsymbol{A}=\boldsymbol{O}\Rightarrow-(\boldsymbol{A}^{3}-2\boldsymbol{A}^{2}+2\boldsymbol{A}-\boldsymbol{E})=\boldsymbol{E}$，即

$$(\boldsymbol{E}-\boldsymbol{A})(\boldsymbol{A}^{2}-\boldsymbol{A}+\boldsymbol{E})=\boldsymbol{E}.$$

所以 $(\boldsymbol{E}-\boldsymbol{A})^{-1}=\boldsymbol{A}^{2}-\boldsymbol{A}+\boldsymbol{E}$.

【答案】B

题型7 矩阵方程求解未知量问题

技巧总结

一般来说，矩阵方程所求的未知量都是矩阵，通过对给定的等式进行化简和变形，把求未知矩阵的问题转化为矩阵的基本运算问题和求逆矩阵问题．在求解矩阵方程中常用的方法有：

(1)"一看，二化简，用已知表示未知"：先看所求的未知矩阵和已知矩阵所满足的等式，化简等式，将未知矩阵用已知矩阵表示．

(2)看到可逆矩阵，考虑等式两端可以左乘或右乘逆矩阵进行化简．

(3)如果等式中有单位矩阵$\boldsymbol{E}$，可考虑利用单位矩阵的特殊性质，比如$\boldsymbol{AE}=\boldsymbol{EA}$及$\boldsymbol{A}^2-\boldsymbol{E}=(\boldsymbol{A}-\boldsymbol{E})(\boldsymbol{A}+\boldsymbol{E})$．再比如，等式如果可以化简为$\boldsymbol{AB}=\boldsymbol{E}$或者$\boldsymbol{AB}=k\boldsymbol{E}$的形式，则可得出矩阵$\boldsymbol{A}$和矩阵$\boldsymbol{B}$的可逆性及逆矩阵．

例21 设矩阵$\boldsymbol{A}=\begin{pmatrix}2 & 1\\ -1 & 2\end{pmatrix}$，$\boldsymbol{E}$为单位矩阵，$\boldsymbol{BA}=\boldsymbol{B}+2\boldsymbol{E}$，则$\boldsymbol{B}=$(　　).

A. $\begin{pmatrix}-1 & 1\\ 1 & 1\end{pmatrix}$　B. $\begin{pmatrix}1 & -1\\ 1 & 1\end{pmatrix}$　C. $\begin{pmatrix}1 & 1\\ -1 & 1\end{pmatrix}$　D. $\begin{pmatrix}1 & 1\\ 1 & 1\end{pmatrix}$　E. $\begin{pmatrix}-1 & -1\\ -1 & -1\end{pmatrix}$

【解析】由$\boldsymbol{BA}=\boldsymbol{B}+2\boldsymbol{E}$，可得$\boldsymbol{B}(\boldsymbol{A}-\boldsymbol{E})=2\boldsymbol{E}$.

又由于$\boldsymbol{A}-\boldsymbol{E}=\begin{pmatrix}1 & 1\\ -1 & 1\end{pmatrix}$，故$|\boldsymbol{A}-\boldsymbol{E}|=2\neq0$，所以$\boldsymbol{A}-\boldsymbol{E}$可逆，则等式两端同时右乘矩阵$(\boldsymbol{A}-\boldsymbol{E})^{-1}$，可得$\boldsymbol{B}=2(\boldsymbol{A}-\boldsymbol{E})^{-1}$．而$(\boldsymbol{A}-\boldsymbol{E})^{-1}=\dfrac{1}{|\boldsymbol{A}-\boldsymbol{E}|}(\boldsymbol{A}-\boldsymbol{E})^*=\dfrac{1}{2}\begin{pmatrix}1 & -1\\ 1 & 1\end{pmatrix}$.

所以$\boldsymbol{B}=2(\boldsymbol{A}-\boldsymbol{E})^{-1}=\begin{pmatrix}1 & -1\\ 1 & 1\end{pmatrix}$.

【答案】B

例22 设矩阵$\boldsymbol{A}=\begin{pmatrix}1 & 0 & 1\\ 0 & 2 & 0\\ 1 & 0 & 1\end{pmatrix}$，且矩阵$\boldsymbol{X}$满足$\boldsymbol{AX}+\boldsymbol{E}=\boldsymbol{A}^2+\boldsymbol{X}$，则矩阵$\boldsymbol{X}=$(　　).

A. $\begin{pmatrix}2 & 0 & -1\\ 0 & 3 & 0\\ 1 & 0 & 2\end{pmatrix}$　B. $\begin{pmatrix}2 & 0 & -1\\ 0 & 3 & 0\\ -1 & 0 & 2\end{pmatrix}$　C. $\begin{pmatrix}2 & 0 & 1\\ 0 & 3 & 0\\ 1 & 0 & 2\end{pmatrix}$

D. $\begin{pmatrix}0 & 0 & 1\\ 0 & 1 & 0\\ 1 & 0 & 0\end{pmatrix}$　E. $\begin{pmatrix}0 & 0 & -1\\ 0 & 1 & 0\\ -1 & 0 & 0\end{pmatrix}$

【解析】由$\boldsymbol{AX}+\boldsymbol{E}=\boldsymbol{A}^2+\boldsymbol{X}$可得，$\boldsymbol{AX}-\boldsymbol{X}=\boldsymbol{A}^2-\boldsymbol{E}$，变形可得$(\boldsymbol{A}-\boldsymbol{E})\boldsymbol{X}=(\boldsymbol{A}-\boldsymbol{E})(\boldsymbol{A}+\boldsymbol{E})$.

因为$\boldsymbol{A}-\boldsymbol{E}=\begin{pmatrix}0 & 0 & 1\\ 0 & 1 & 0\\ 1 & 0 & 0\end{pmatrix}$，故$\boldsymbol{A}-\boldsymbol{E}$可逆，则

$$X=(A-E)^{-1}(A-E)(A+E)=A+E=\begin{pmatrix}2&0&1\\0&3&0\\1&0&2\end{pmatrix}.$$

【答案】C

例 23 设矩阵 $A=\begin{pmatrix}1&1&-1\\0&1&1\\0&0&-1\end{pmatrix}$，且三阶矩阵 B 满足 $A^2-AB=E$，其中 E 为三阶单位矩阵，则矩阵 $B=($ $)$.

A. $\begin{pmatrix}0&0&-3\\0&0&1\\0&0&-2\end{pmatrix}$ B. $\begin{pmatrix}0&1&1\\1&0&1\\2&1&0\end{pmatrix}$ C. $\begin{pmatrix}0&2&0\\0&0&1\\0&0&-1\end{pmatrix}$

D. $\begin{pmatrix}0&1&-1\\1&0&1\\2&1&0\end{pmatrix}$ E. $\begin{pmatrix}0&2&1\\0&0&0\\0&0&0\end{pmatrix}$

【解析】由已知可得 $|A|\neq0$，A 可逆，所以 $A^2-AB=E\Rightarrow AB=A^2-E\Rightarrow B=A-A^{-1}$.
由初等行变换法求逆矩阵，可得

$$(A\mid E)=\left(\begin{array}{ccc:ccc}1&1&-1&1&0&0\\0&1&1&0&1&0\\0&0&-1&0&0&1\end{array}\right)\to\left(\begin{array}{ccc:ccc}1&0&0&1&-1&-2\\0&1&0&0&1&1\\0&0&1&0&0&-1\end{array}\right)=(E\mid A^{-1}).$$

所以

$$B=A-A^{-1}=\begin{pmatrix}1&1&-1\\0&1&1\\0&0&-1\end{pmatrix}-\begin{pmatrix}1&-1&-2\\0&1&1\\0&0&-1\end{pmatrix}=\begin{pmatrix}0&2&1\\0&0&0\\0&0&0\end{pmatrix}.$$

【答案】E

题型 8 矩阵秩的求解问题

技巧总结

看到求秩的题，可能有两种考法：

(1)求抽象矩阵的秩，这种题一般需要按照定义，根据给定条件，找到矩阵的最高阶的非零子式，这个非零子式的阶就是矩阵的秩；

(2)求具体矩阵的秩，通过对矩阵作初等行变换化为行阶梯形矩阵，非零行的个数就是矩阵的秩；

(3)给出矩阵的秩，求矩阵中参数的问题：

如果矩阵是方阵，先看矩阵是不是满秩的，是满秩的，则令行列式的值不为 0，可解得参数的范围；如果不是满秩的，则行列式的值为 0，再通过求行列式的值求解出参数．

如果矩阵不是方阵，则需要对矩阵进行初等行变换化为行阶梯形矩阵，令非零行个数等于矩阵的秩，从而确定出参数的值．

例 24 设$\boldsymbol{A}=\begin{pmatrix}1&1&1\\2&2&t\\3&4&5\end{pmatrix}$且$\boldsymbol{A}$的秩为2，则$t=$(　　).

A. 2　　B. 1　　C. 0　　D. -1　　E. -2

【解析】矩阵$\boldsymbol{A}$是一个含参数的3阶方阵，且秩为2，所以$|\boldsymbol{A}|=0$.

把行列式$|\boldsymbol{A}|$按照第二行展开，

$$|\boldsymbol{A}|=\begin{vmatrix}1&1&1\\2&2&t\\3&4&5\end{vmatrix}=-2\begin{vmatrix}1&1\\4&5\end{vmatrix}+2\begin{vmatrix}1&1\\3&5\end{vmatrix}-t\begin{vmatrix}1&1\\3&4\end{vmatrix}=2-t=0,$$

解得$t=2$.

【答案】A

例 25 已知矩阵$\boldsymbol{A}=\begin{pmatrix}1&1&2&k&3\\2&3&5&5&4\\2&2&3&1&4\\1&0&1&1&5\end{pmatrix}$，且$r(\boldsymbol{A})=3$，则常数$k=$(　　).

A. 2　　B. -2　　C. 1　　D. -1　　E. 0

【解析】方法一：注意到矩阵$\boldsymbol{A}$是一个含参数的4×5阶矩阵，且秩为3，因此根据秩的定义可得，任意一个4阶子式都为0.

从而，令$\boldsymbol{B}=\begin{pmatrix}1&1&2&k\\2&3&5&5\\2&2&3&1\\1&0&1&1\end{pmatrix}$，由于$r(\boldsymbol{A})=3$，所以$|\boldsymbol{B}|=0$，即$\begin{vmatrix}1&1&2&k\\2&3&5&5\\2&2&3&1\\1&0&1&1\end{vmatrix}=0$.

为了把这个行列式用参数k表示，根据行列式性质4把第一列的前三个元素都化为0，可得

$\begin{vmatrix}0&1&1&k-1\\0&3&3&3\\0&2&1&-1\\1&0&1&1\end{vmatrix}=0$，按第一列展开可得$-\begin{vmatrix}1&1&k-1\\3&3&3\\2&1&-1\end{vmatrix}=0$，解得$k=2$.

方法二：本题还可以直接采用初等行变换的方法进行变形求秩，最终求得关于参数k的方程．

$$\text{因为}\boldsymbol{A}=\begin{pmatrix}1&1&2&k&3\\2&3&5&5&4\\2&2&3&1&4\\1&0&1&1&5\end{pmatrix}\xrightarrow[r_4-r_1]{\substack{r_2-2r_1\\r_3-2r_1}}\begin{pmatrix}1&1&2&k&3\\0&1&1&5-2k&-2\\0&0&-1&1-2k&-2\\0&-1&-1&1-k&2\end{pmatrix}\xrightarrow{r_4+r_2}\begin{pmatrix}1&1&2&k&3\\0&1&1&5-2k&-2\\0&0&-1&1-2k&-2\\0&0&0&6-3k&0\end{pmatrix},$$

且$r(\boldsymbol{A})=3$，所以$6-3k=0$，故$k=2$.

【答案】A

例 26 设n阶矩阵$\boldsymbol{A}$与$\boldsymbol{B}$的秩相同，则必有(　　).

A. 当$|\boldsymbol{A}|=a(a\neq0)$时，$|\boldsymbol{B}|=a$

B. 当$|\boldsymbol{A}|=a(a\neq0)$时，$|\boldsymbol{B}|=-a$

C. 当$|\boldsymbol{A}|\neq0$时，$|\boldsymbol{B}|=0$

D. 当 $|\boldsymbol{A}|=0$ 时，$|\boldsymbol{B}|=0$

E. $|\boldsymbol{A}|=|\boldsymbol{B}|$

【解析】因为矩阵 $\boldsymbol{A}$ 与 $\boldsymbol{B}$ 的秩相同，当 $|\boldsymbol{A}|=0$ 时，$r(\boldsymbol{A})<n$，故 $r(\boldsymbol{B})<n$，即 $|\boldsymbol{B}|=0$.

【答案】D

例 27　已知 $\boldsymbol{A}$ 是 $m\times n$ 的实矩阵，其秩 $r<\min\{m, n\}$，则该矩阵（　　）.

A. 没有等于零的 $r-1$ 阶子式，至少有一个不为零的 r 阶子式

B. 有不等于零的 r 阶子式，所有 $r+1$ 阶子式全为零

C. 有等于零的 r 阶子式，没有不等于零的 $r+1$ 阶子式

D. 所有 r 阶子式不等于零，所有 $r+1$ 阶子式全为零

E. 所有 $r-1$ 阶子式都等于零，至少有一个 r 阶子式不等于零

【解析】根据矩阵秩的定义可知，矩阵 $\boldsymbol{A}$ 至少存在一个不等于零的 r 阶子式，并且所有的 $r+1$ 阶子式全为零.

【答案】B

例 28　$\boldsymbol{A}$ 为 4 阶非零矩阵，其伴随矩阵 $\boldsymbol{A}^*$ 的秩 $r(\boldsymbol{A}^*)=0$，则 $r(\boldsymbol{A})=$（　　）.

A. 1 或 2　　B. 1 或 3　　C. 1 或 4　　D. 2 或 3　　E. 3 或 4

【解析】4 阶矩阵 $r(\boldsymbol{A}^*)=0$，则 $\boldsymbol{A}^*$ 是零矩阵. 根据伴随矩阵的定义，矩阵 $\boldsymbol{A}$ 的所有元素的代数余子式均为 0，从而矩阵 $\boldsymbol{A}$ 的所有 3 阶子式都为 0，则矩阵 $\boldsymbol{A}$ 的秩一定小于 3. 又因为 $\boldsymbol{A}$ 是非零矩阵，则 $r(\boldsymbol{A})=1$ 或 2.

【答案】A

【点评】关于矩阵与其伴随矩阵的秩的关系，一定有下列结论成立：

若 $\boldsymbol{A}$ 是 n 阶非零矩阵，则一定有

$$r(\boldsymbol{A}^*)=\begin{cases}n, & r(\boldsymbol{A})=n,\\ 1, & r(\boldsymbol{A})=n-1,\\ 0, & r(\boldsymbol{A})\leqslant n-2.\end{cases}$$

本章通关测试

1. 若二阶行列式 $D=\begin{vmatrix} a_{11} & a_{12} \\ a_{21} & a_{22} \end{vmatrix}$，则元素 a_{12} 的代数余子式 $A_{12}=$(　　).

A. $-a_{21}$　　B. a_{21}　　C. a_{22}　　D. $-a_{12}$　　E. a_{12}

2. 若三阶行列式 $\begin{vmatrix} a_{11} & a_{12} & a_{13} \\ a_{21} & a_{22} & a_{23} \\ a_{31} & a_{32} & a_{33} \end{vmatrix}=1$，则三阶行列式 $\begin{vmatrix} 4a_{11} & 5a_{11}+3a_{12} & a_{13} \\ 4a_{21} & 5a_{21}+3a_{22} & a_{23} \\ 4a_{31} & 5a_{31}+3a_{32} & a_{33} \end{vmatrix}=$(　　).

A. 12　　B. 15　　C. 20　　D. 60　　E. 75

3. 设 $\boldsymbol{A}$，$\boldsymbol{B}$ 是四阶方阵，且 $|\boldsymbol{A}|=1$，$|\boldsymbol{B}|=2$，则 $\left|\frac{1}{2}\boldsymbol{A}\boldsymbol{B}^{\mathrm{T}}\right|=$(　　).

A. 1　　B. $\frac{1}{4}$　　C. $\frac{1}{8}$　　D. $\frac{1}{16}$　　E. $\frac{1}{32}$

4. 三阶可逆矩阵 $\boldsymbol{A}$，$\boldsymbol{B}$，则 $(\boldsymbol{A}^{-1}\boldsymbol{B}^{-1}\boldsymbol{A})^{-1}=$(　　).

A. $\boldsymbol{A}^{-1}\boldsymbol{B}\boldsymbol{A}^{-1}$　　B. $\boldsymbol{A}^{-1}\boldsymbol{B}^{-1}\boldsymbol{A}^{-1}$　　C. $\boldsymbol{A}\boldsymbol{B}^{-1}\boldsymbol{A}^{-1}$　　D. $\boldsymbol{A}^{-1}\boldsymbol{B}\boldsymbol{A}$　　E. $\boldsymbol{A}\boldsymbol{B}\boldsymbol{A}^{-1}$

5. 设 $\boldsymbol{A}=\begin{pmatrix} 2 & -3 & 1 \\ 1 & a & 1 \\ 5 & 0 & 3 \end{pmatrix}$，若 $r(\boldsymbol{A})=2$，则 a 的值为(　　).

A. $a=-6$　　B. $a=6$　　C. $a=0$　　D. $a=1$　　E. $a=-1$

6. 若四阶行列式 D 中第四行的元素自左向右依次为 1，2，0，0，余子式 $M_{41}=2$，$M_{42}=3$，则四阶行列式 $D=$(　　).

A. -8　　B. 8　　C. -4　　D. 4　　E. 无法确定

7. 设 $\boldsymbol{A}$，$\boldsymbol{B}$ 是 n 阶矩阵，则(　　).

A. $|\boldsymbol{A}+\boldsymbol{B}|=|\boldsymbol{A}|+|\boldsymbol{B}|$　　B. $\boldsymbol{A}\boldsymbol{B}=\boldsymbol{B}\boldsymbol{A}$

C. $|\boldsymbol{A}\boldsymbol{B}|=|\boldsymbol{B}\boldsymbol{A}|$　　D. $(\boldsymbol{A}+\boldsymbol{B})^{-1}=\boldsymbol{A}^{-1}+\boldsymbol{B}^{-1}$

E. 若 $\boldsymbol{A}\boldsymbol{B}=\boldsymbol{A}\boldsymbol{C}$，则 $\boldsymbol{B}=\boldsymbol{C}$，其中 $\boldsymbol{C}$ 为 n 阶矩阵

8. 行列式 $\begin{vmatrix} 0 & a & 0 \\ b & 0 & c \\ 0 & d & 0 \end{vmatrix}=$(　　).

A. acd　　B. abd　　C. $-abcd$　　D. $abcd$　　E. 0

9. 矩阵 $\boldsymbol{A}=\begin{pmatrix} 1 & -1 \\ 2 & 3 \end{pmatrix}$，$\boldsymbol{E}$ 为单位矩阵，则 $\boldsymbol{A}^2-4\boldsymbol{A}+3\boldsymbol{E}=$(　　).

A. $\begin{pmatrix} 0 & 2 \\ 2 & 0 \end{pmatrix}$　　B. $\begin{pmatrix} 0 & -2 \\ -2 & 0 \end{pmatrix}$　　C. $\begin{pmatrix} 2 & 0 \\ 0 & 2 \end{pmatrix}$

D. $\begin{pmatrix} -2 & 0 \\ 0 & -2 \end{pmatrix}$　　E. $\begin{pmatrix} -2 & 0 \\ 0 & 2 \end{pmatrix}$

10. 设 $\boldsymbol{A}$，$\boldsymbol{B}$ 都是 n 阶非零矩阵，且 $\boldsymbol{AB}=\boldsymbol{O}$，则 $\boldsymbol{A}$ 和 $\boldsymbol{B}$ 的秩为（　　）.

A. 必有一个等于零　　B. 都小于 n

C. 一个小于 n，一个等于 n　　D. 都等于 n

E. 都等于零

11. 设有四阶行列式 $D=\begin{vmatrix}3&7&9&7\\1&1&1&1\\3&0&4&9\\1&4&7&2\end{vmatrix}$，记 $a=A_{41}+A_{42}+A_{43}+A_{44}$，则 a 的值为（　　）.

A. -2　　B. -1　　C. 0　　D. 1　　E. 2

12. 设 $\boldsymbol{A}$ 是 n 阶可逆矩阵，则（　　）.

A. $(2\boldsymbol{A})^{-1}=2\boldsymbol{A}^{-1}$　　B. $\boldsymbol{AA}^{*}\neq 0$

C. $(\boldsymbol{A}^{*})^{-1}=|\boldsymbol{A}|^{-1}\boldsymbol{A}^{-1}$　　D. $[(\boldsymbol{A}^{-1})^{\mathrm{T}}]^{-1}=[(\boldsymbol{A}^{\mathrm{T}})^{-1}]^{\mathrm{T}}$

E. $|2\boldsymbol{A}^{-1}|=2|\boldsymbol{A}^{-1}|$

13. 设四阶矩阵 $\boldsymbol{A}=(\boldsymbol{\alpha}_1,\boldsymbol{\alpha}_2,\boldsymbol{\alpha}_3,\boldsymbol{\alpha}_4)$，$\boldsymbol{B}=(\boldsymbol{\beta}_1,\boldsymbol{\alpha}_2,\boldsymbol{\alpha}_3,\boldsymbol{\alpha}_4)$. 如果 $|\boldsymbol{A}|=1$，$|\boldsymbol{B}|=2$，那么 $|\boldsymbol{A}+\boldsymbol{B}|$ 的值为（　　）.

A. 3　　B. 6　　C. 12　　D. 24　　E. 36

14. 设矩阵 $\boldsymbol{A}=\begin{pmatrix}0&1&0&0\\0&0&1&0\\0&0&0&1\\0&0&0&0\end{pmatrix}$，则 $\boldsymbol{A}^3$ 的秩为（　　）.

A. 0　　B. 1　　C. 2　　D. 3　　E. 4

15. 设 $\boldsymbol{A}=\begin{pmatrix}3&0&0\\1&4&0\\0&0&3\end{pmatrix}$，则 $(\boldsymbol{A}-2\boldsymbol{E})^{-1}=$（　　）.

A. $\begin{pmatrix}1&0&0\\-\frac{1}{2}&\frac{1}{2}&0\\0&0&1\end{pmatrix}$　　B. $\begin{pmatrix}1&0&0\\1&2&0\\0&0&1\end{pmatrix}$　　C. $\begin{pmatrix}1&0&0\\-1&1&0\\0&0&1\end{pmatrix}$

D. $\begin{pmatrix}1&0&0\\1&-1&0\\0&0&1\end{pmatrix}$　　E. $\begin{pmatrix}1&0&0\\1&-2&0\\0&0&1\end{pmatrix}$

16. 设矩阵 $\boldsymbol{A}=\begin{pmatrix}2&1\\-1&2\end{pmatrix}$，$\boldsymbol{E}$ 为二阶单位矩阵，矩阵 $\boldsymbol{B}$ 满足 $\boldsymbol{BA}=\boldsymbol{B}+2\boldsymbol{E}$，则 $|\boldsymbol{B}|=$（　　）.

A. 0　　B. 1　　C. -1　　D. 2　　E. -2

17. 设 $\boldsymbol{A}$，$\boldsymbol{B}$，$\boldsymbol{A}+\boldsymbol{B}$，$\boldsymbol{A}^{-1}+\boldsymbol{B}^{-1}$ 均可逆，则 $(\boldsymbol{A}^{-1}+\boldsymbol{B}^{-1})^{-1}=$（　　）.

A. $\boldsymbol{A}^{-1}+\boldsymbol{B}^{-1}$　　B. $\boldsymbol{A}+\boldsymbol{B}$　　C. $\boldsymbol{A}(\boldsymbol{A}+\boldsymbol{B})^{-1}\boldsymbol{B}$

D. $(\boldsymbol{A}+\boldsymbol{B})^{-1}$　　E. $\boldsymbol{B}^{-1}(\boldsymbol{A}+\boldsymbol{B})^{-1}\boldsymbol{A}$

18. 设 $\boldsymbol{A}$，$\boldsymbol{B}$ 为 n 阶方阵（$n>1$），则下列结论中正确的是（　　）.

A. $(\boldsymbol{AB})^k=\boldsymbol{A}^k\boldsymbol{B}^k$　　B. $|\boldsymbol{A}-\boldsymbol{B}|=|\boldsymbol{A}|-|\boldsymbol{B}|$

C. $||\boldsymbol{A}|\boldsymbol{B}|=|\boldsymbol{A}||\boldsymbol{B}|$　　D. $(\boldsymbol{AB})^{\mathrm{T}}=\boldsymbol{A}^{\mathrm{T}}\boldsymbol{B}^{\mathrm{T}}$

E. 若$\boldsymbol{A}$可逆，则$r(\boldsymbol{AB})=r(\boldsymbol{B})$

19. 设3阶方阵$\boldsymbol{A}$，$\boldsymbol{B}$满足关系式$\boldsymbol{A}^{-1}\boldsymbol{BA}=6\boldsymbol{A}+\boldsymbol{BA}$，且$\boldsymbol{A}=\begin{pmatrix}\frac{1}{3}&0&0\\0&\frac{1}{4}&0\\0&0&\frac{1}{7}\end{pmatrix}$，则$\boldsymbol{B}=$(　　).

A. $\begin{pmatrix}12&0&0\\0&18&0\\0&0&36\end{pmatrix}$　B. $\begin{pmatrix}3&0&0\\0&2&0\\0&0&1\end{pmatrix}$　C. $\begin{pmatrix}2&0&0\\0&3&0\\0&0&6\end{pmatrix}$　D. $\begin{pmatrix}1&0&0\\0&\frac{3}{2}&0\\0&0&2\end{pmatrix}$　E. $\begin{pmatrix}1&0&0\\0&2&0\\0&0&3\end{pmatrix}$

20. 设$\boldsymbol{A}$为3阶方阵，$\boldsymbol{A}^*$为$\boldsymbol{A}$的伴随矩阵，且$|\boldsymbol{A}|=\frac{1}{2}$，则$|(3\boldsymbol{A})^{-1}-2\boldsymbol{A}^*|$的值为(　　).

A. 4　B. $\frac{4}{3}$　C. $-\frac{4}{3}$　D. $\frac{16}{27}$　E. $-\frac{16}{27}$

21. 设$\boldsymbol{A}$，$\boldsymbol{B}$都是n阶可逆阵，且$(\boldsymbol{AB})^2=\boldsymbol{E}$，则下列说法错误的是(　　).

A. $\boldsymbol{B}^{-1}=\boldsymbol{A}$　B. $\boldsymbol{B}^{-1}\boldsymbol{A}^{-1}=\boldsymbol{AB}$　C. $(\boldsymbol{BA})^2=\boldsymbol{E}$

D. $\boldsymbol{A}^{-1}=\boldsymbol{BAB}$　E. $\boldsymbol{B}^{-1}=\boldsymbol{ABA}$

22. 已知n阶矩阵$\boldsymbol{A}$满足$\boldsymbol{A}^2-\boldsymbol{A}-5\boldsymbol{E}=\boldsymbol{O}$，则$(\boldsymbol{A}-3\boldsymbol{E})^{-1}=$(　　).

A. $\boldsymbol{A}-2\boldsymbol{E}$　B. $\boldsymbol{A}+2\boldsymbol{E}$　C. $-\boldsymbol{A}-2\boldsymbol{E}$　D. $-\boldsymbol{A}+2\boldsymbol{E}$　E. $\boldsymbol{A}-\boldsymbol{E}$

23. 设$\boldsymbol{A}=\begin{pmatrix}a_{11}&a_{12}&a_{13}\\a_{21}&a_{22}&a_{23}\\a_{31}&a_{32}&a_{33}\end{pmatrix}$，$\boldsymbol{B}=\begin{pmatrix}a_{21}&a_{22}&a_{23}\\a_{11}&a_{12}&a_{13}\\a_{31}+a_{11}&a_{32}+a_{12}&a_{33}+a_{13}\end{pmatrix}$，$\boldsymbol{P}_1=\begin{pmatrix}0&1&0\\1&0&0\\0&0&1\end{pmatrix}$，$\boldsymbol{P}_2=\begin{pmatrix}1&0&0\\0&1&0\\1&0&1\end{pmatrix}$，则必有(　　).

A. $\boldsymbol{AP}_1\boldsymbol{P}_2=\boldsymbol{B}$　B. $\boldsymbol{AP}_2\boldsymbol{P}_1=\boldsymbol{B}$　C. $\boldsymbol{P}_1\boldsymbol{P}_2\boldsymbol{A}=\boldsymbol{B}$

D. $\boldsymbol{P}_2\boldsymbol{P}_1\boldsymbol{A}=\boldsymbol{B}$　E. $\boldsymbol{P}_1\boldsymbol{AP}_2=\boldsymbol{B}$

24. 设$\boldsymbol{A}$，$\boldsymbol{B}$为3阶矩阵，满足$|\boldsymbol{A}|=3$，$|\boldsymbol{B}|=2$，$|\boldsymbol{A}^{-1}+\boldsymbol{B}|=2$，则$|\boldsymbol{A}+\boldsymbol{B}^{-1}|=$(　　).

A. 12　B. -8　C. 8　D. -3　E. 3

25. 设n阶矩阵$\boldsymbol{A}$非奇异($n\geqslant 2$)，$\boldsymbol{A}^*$是$\boldsymbol{A}$的伴随矩阵，则(　　).

A. $(\boldsymbol{A}^*)^*=|\boldsymbol{A}|^{n-1}\boldsymbol{A}$　B. $(\boldsymbol{A}^*)^*=|\boldsymbol{A}|^{n+1}\boldsymbol{A}$

C. $(\boldsymbol{A}^*)^*=|\boldsymbol{A}|^{n-2}\boldsymbol{A}$　D. $(\boldsymbol{A}^*)^*=|\boldsymbol{A}|^{n+2}\boldsymbol{A}$

E. $(\boldsymbol{A}^*)^*=|\boldsymbol{A}|^{n}\boldsymbol{A}$

26. 设$\boldsymbol{A}$为n阶非零矩阵，$\boldsymbol{E}$为n阶单位矩阵，若$\boldsymbol{A}^3=\boldsymbol{O}$，则(　　).

A. $\boldsymbol{E}-\boldsymbol{A}$不可逆，$\boldsymbol{E}+\boldsymbol{A}$不可逆

B. $\boldsymbol{E}-\boldsymbol{A}$不可逆，$\boldsymbol{E}+\boldsymbol{A}$可逆

C. $\boldsymbol{E}-\boldsymbol{A}$可逆，$\boldsymbol{E}+\boldsymbol{A}$可逆

D. $\boldsymbol{E}-\boldsymbol{A}$可逆，$\boldsymbol{E}+\boldsymbol{A}$不可逆

E. 无法确定 $\boldsymbol{E}-\boldsymbol{A}$ 和 $\boldsymbol{E}+\boldsymbol{A}$ 是否可逆

27. 设 $\boldsymbol{A}^{-1}=\begin{pmatrix}1&1&1\\1&2&1\\1&1&3\end{pmatrix}$，则 $(\boldsymbol{A}^*)^{-1}=($ $)$.

A. $\begin{pmatrix}\frac{5}{2}&-1&-\frac{1}{2}\\-1&1&0\\-\frac{1}{2}&0&\frac{1}{2}\end{pmatrix}$　　B. $\begin{pmatrix}\frac{5}{2}&1&-\frac{1}{2}\\-1&1&0\\-\frac{1}{2}&0&\frac{1}{2}\end{pmatrix}$　　C. $\begin{pmatrix}5&2&-1\\-2&2&0\\-1&0&1\end{pmatrix}$

D. $\begin{pmatrix}5&-2&1\\-2&2&0\\-1&0&1\end{pmatrix}$　　E. $\begin{pmatrix}5&-2&-1\\-2&2&0\\-1&0&1\end{pmatrix}$

28. 设矩阵 $\boldsymbol{A}=\begin{pmatrix}2&1&0\\1&2&0\\0&0&1\end{pmatrix}$，矩阵 $\boldsymbol{B}$ 满足 $\boldsymbol{ABA}^*=2\boldsymbol{BA}^*+\boldsymbol{E}$，其中 $\boldsymbol{A}^*$ 为 $\boldsymbol{A}$ 的伴随矩阵，$\boldsymbol{E}$ 为单位矩阵，则 $|\boldsymbol{B}|=($ $)$.

A. $\frac{1}{9}$　　B. $\frac{1}{3}$　　C. 3　　D. 6　　E. 9

29. 设 $\boldsymbol{A}$ 是三阶方阵，将 $\boldsymbol{A}$ 的第一列与第二列交换得到 $\boldsymbol{B}$，再把 $\boldsymbol{B}$ 的第二列加到第三列得 $\boldsymbol{C}$，则满足 $\boldsymbol{AQ}=\boldsymbol{C}$ 的可逆矩阵 $\boldsymbol{Q}$ 为( ).

A. $\begin{pmatrix}0&1&0\\1&0&0\\1&0&1\end{pmatrix}$　　B. $\begin{pmatrix}0&1&0\\1&0&1\\0&0&1\end{pmatrix}$　　C. $\begin{pmatrix}0&1&0\\1&0&0\\0&1&1\end{pmatrix}$　　D. $\begin{pmatrix}0&1&1\\1&0&0\\0&0&1\end{pmatrix}$　　E. $\begin{pmatrix}0&0&1\\0&1&0\\1&0&0\end{pmatrix}$

30. 设 $\boldsymbol{A}$，$\boldsymbol{B}$ 满足 $\boldsymbol{A}^*\boldsymbol{BA}=2\boldsymbol{BA}-8\boldsymbol{E}$，其中 $\boldsymbol{A}=\begin{pmatrix}1&2&-2\\0&-2&4\\0&0&1\end{pmatrix}$，则矩阵 $\boldsymbol{B}=($ $)$.

A. $\begin{pmatrix}-2&-4&6\\0&4&-8\\0&0&2\end{pmatrix}$　　B. $\begin{pmatrix}2&4&-6\\0&-4&8\\0&0&2\end{pmatrix}$

C. $\begin{pmatrix}\frac{1}{2}&1&-\frac{3}{2}\\0&-1&2\\0&0&\frac{1}{2}\end{pmatrix}$　　D. $\begin{pmatrix}-1&-2&3\\0&2&-4\\0&0&-1\end{pmatrix}$

E. $\begin{pmatrix}1&2&-3\\0&-2&4\\0&0&1\end{pmatrix}$

31. 设三阶方阵 $\boldsymbol{A}$，$\boldsymbol{B}$ 满足 $\boldsymbol{A}^2\boldsymbol{B}-\boldsymbol{A}-\boldsymbol{B}=\boldsymbol{E}$，其中 $\boldsymbol{E}$ 为三阶单位矩阵，若 $\boldsymbol{A}=\begin{pmatrix}1&0&1\\0&2&0\\-2&0&1\end{pmatrix}$，则

$|\boldsymbol{B}|=$(　　).

A. 1　　B. 2　　C. -2　　D. $\frac{1}{2}$　　E. $-\frac{1}{2}$

32. 设$\boldsymbol{A}$为三阶矩阵，$\boldsymbol{B}$为二阶矩阵，且有$|\boldsymbol{A}|=4$，$|\boldsymbol{B}|=-1$，则$||\boldsymbol{B}|(\boldsymbol{A}^*)^2|=$(　　).

A. -256　　B. 256　　C. -16　　D. 16　　E. 64

33. 设$\boldsymbol{A}=\begin{pmatrix}1 & 2 & -2\\ 4 & t & 3\\ 3 & -1 & 1\end{pmatrix}$，假设$\boldsymbol{A}$不可逆，则$t=$(　　).

A. 0　　B. 2　　C. -2　　D. 3　　E. -3

34. 设矩阵$\boldsymbol{A}$满足$\boldsymbol{A}^2+\boldsymbol{A}-4\boldsymbol{E}=\boldsymbol{O}$，其中$\boldsymbol{E}$为单位矩阵，$\boldsymbol{O}$为零矩阵，则$(\boldsymbol{A}-\boldsymbol{E})^{-1}=$(　　).

A. $\boldsymbol{A}+2\boldsymbol{E}$　　B. $\boldsymbol{A}-2\boldsymbol{E}$　　C. $\frac{1}{2}(\boldsymbol{A}+2\boldsymbol{E})$

D. $\frac{1}{2}(\boldsymbol{A}-2\boldsymbol{E})$　　E. $(-\boldsymbol{A}^2+3\boldsymbol{E})$

35. 设矩阵$\boldsymbol{A}=\begin{pmatrix}k & 1 & 1 & 1\\ 1 & k & 1 & 1\\ 1 & 1 & k & 1\\ 1 & 1 & 1 & k\end{pmatrix}$，且$r(\boldsymbol{A})=3$，则$k=$(　　).

A. 1　　B. -1　　C. 2　　D. 3　　E. -3

答案速查

1～5 AACDB　　6～10 DCEDB　　11～15 CBDBA

16～20 DCEBE　　21～25 ACCEC　　26～30 CEADB

31～35 DAECE

答案详解

1. A

【解析】根据代数余子式的定义可得，$A_{12}=(-1)^{1+2}\cdot a_{21}=-a_{21}$.

2. A

【解析】根据行列式的性质可得

$$\begin{vmatrix} 4a_{11} & 5a_{11}+3a_{12} & a_{13} \\ 4a_{21} & 5a_{21}+3a_{22} & a_{23} \\ 4a_{31} & 5a_{31}+3a_{32} & a_{33} \end{vmatrix}=\begin{vmatrix} 4a_{11} & 3a_{12} & a_{13} \\ 4a_{21} & 3a_{22} & a_{23} \\ 4a_{31} & 3a_{32} & a_{33} \end{vmatrix}=4\times3\times\begin{vmatrix} a_{11} & a_{12} & a_{13} \\ a_{21} & a_{22} & a_{23} \\ a_{31} & a_{32} & a_{33} \end{vmatrix}=12.$$

【点评】利用行列式的性质5，所求行列式可以拆分成2个行列式的和，即

$$\begin{vmatrix} 4a_{11} & 5a_{11}+3a_{12} & a_{13} \\ 4a_{21} & 5a_{21}+3a_{22} & a_{23} \\ 4a_{31} & 5a_{31}+3a_{32} & a_{33} \end{vmatrix}=\begin{vmatrix} 4a_{11} & 5a_{11} & a_{13} \\ 4a_{21} & 5a_{21} & a_{23} \\ 4a_{31} & 5a_{31} & a_{33} \end{vmatrix}+\begin{vmatrix} 4a_{11} & 3a_{12} & a_{13} \\ 4a_{21} & 3a_{22} & a_{23} \\ 4a_{31} & 3a_{32} & a_{33} \end{vmatrix},$$

拆分后的第一个行列式的第一列和第二列对应成比例，故行列式的值为0.

3. C

【解析】根据矩阵的运算和行列式的性质，可得

$$\begin{aligned}\left|\frac{1}{2}\boldsymbol{A}\boldsymbol{B}^{\mathrm{T}}\right|&=\left(\frac{1}{2}\right)^4|\boldsymbol{A}||\boldsymbol{B}^{\mathrm{T}}|\\&=\left(\frac{1}{2}\right)^4|\boldsymbol{A}||\boldsymbol{B}|\\&=\left(\frac{1}{2}\right)^4\times1\times2=\frac{1}{8}.\end{aligned}$$

4. D

【解析】根据矩阵乘积和矩阵的逆的运算法则，可得

$$(\boldsymbol{A}^{-1}\boldsymbol{B}^{-1}\boldsymbol{A})^{-1}=\boldsymbol{A}^{-1}(\boldsymbol{B}^{-1})^{-1}(\boldsymbol{A}^{-1})^{-1}=\boldsymbol{A}^{-1}\boldsymbol{B}\boldsymbol{A}.$$

5. B

【解析】由$r(\boldsymbol{A})=2<3$，则3阶矩阵$\boldsymbol{A}$不是满秩矩阵，从而$|\boldsymbol{A}|=0$，则有

$$|\boldsymbol{A}|=\begin{vmatrix}2&-3&1\\1&a&1\\5&0&3\end{vmatrix}=\begin{vmatrix}1&2&-3\\1&1&a\\3&5&0\end{vmatrix}=\begin{vmatrix}1&2&-3\\0&-1&a+3\\0&-1&9\end{vmatrix}=\begin{vmatrix}1&2&-3\\0&-1&a+3\\0&0&6-a\end{vmatrix}$$

$$=-(6-a)=a-6=0\Rightarrow a=6.$$

6. D

【解析】根据行列式的按行展开定理，把行列式 D 按第四行展开可得

$$\begin{aligned}D&=a_{41}\cdot A_{41}+a_{42}\cdot A_{42}+a_{43}\cdot A_{43}+a_{44}\cdot A_{44}\\&=1\cdot(-1)^{4+1}\cdot M_{41}+2\cdot(-1)^{4+2}\cdot M_{42}+0\cdot A_{43}+0\cdot A_{44}\\&=-2+2\cdot 3=4.\end{aligned}$$

7. C

【解析】本题考查的是矩阵的基本运算规律.

A 项：显然不成立，对于矩阵的乘积满足 $|\boldsymbol{AB}|=|\boldsymbol{A}||\boldsymbol{B}|$，但是矩阵的加法不满足这种性质；

B 项：不成立，因为任意两个矩阵的乘法不一定满足交换律；

C 项：由方阵乘积的行列式性质，可得 $|\boldsymbol{AB}|=|\boldsymbol{BA}|=|\boldsymbol{A}||\boldsymbol{B}|$，C 项正确；

D 项：不成立，对于矩阵乘积的逆矩阵有如下性质：$(\boldsymbol{AB})^{-1}=\boldsymbol{B}^{-1}\boldsymbol{A}^{-1}$，但是矩阵加法没有这种性质；

E 项：不成立，因为任意两个矩阵的乘法不满足消去律.

8. E

【解析】直接将三阶行列式按第一行展开可得

$$\begin{vmatrix}0&a&0\\b&0&c\\0&d&0\end{vmatrix}=0-a\begin{vmatrix}b&c\\0&0\end{vmatrix}+0=0.$$

9. D

【解析】方法一：直接计算 $\boldsymbol{A}^2=\begin{pmatrix}1&-1\\2&3\end{pmatrix}\begin{pmatrix}1&-1\\2&3\end{pmatrix}=\begin{pmatrix}-1&-4\\8&7\end{pmatrix}$，则

$$\boldsymbol{A}^2-4\boldsymbol{A}+3\boldsymbol{E}=\begin{pmatrix}-1&-4\\8&7\end{pmatrix}-4\begin{pmatrix}1&-1\\2&3\end{pmatrix}+3\begin{pmatrix}1&0\\0&1\end{pmatrix}=\begin{pmatrix}-2&0\\0&-2\end{pmatrix}.$$

方法二：

$$\boldsymbol{A}^2-4\boldsymbol{A}+3\boldsymbol{E}=(\boldsymbol{A}-\boldsymbol{E})(\boldsymbol{A}-3\boldsymbol{E})=\begin{pmatrix}0&-1\\2&2\end{pmatrix}\begin{pmatrix}-2&-1\\2&0\end{pmatrix}=\begin{pmatrix}-2&0\\0&-2\end{pmatrix}.$$

【点评】本题考查的是矩阵的加减、数乘和乘法的运算. 注意到矩阵 $\boldsymbol{A}$ 的阶数不高(二阶)，按照第一种方法直接计算应该是比较容易想到的. 但是当矩阵 $\boldsymbol{A}$ 阶数较高或者 $\boldsymbol{A}$ 的幂较高时，采用第二种方法可以简化计算，大大减少计算量，因此，考生要注意选择合适的方法.

10. B

【解析】首先排除 A 项，因为题干说明 $\boldsymbol{A}$，$\boldsymbol{B}$ 均为非零矩阵，即 $\boldsymbol{A}\neq\boldsymbol{O}$，$\boldsymbol{B}\neq\boldsymbol{O}$，则有 $r(\boldsymbol{A})\geqslant 1$ 且 $r(\boldsymbol{B})\geqslant 1$.

下面再用反证法．假设 $r(\boldsymbol{A})=n$，则有 $\boldsymbol{A}$ 可逆，从而由 $\boldsymbol{AB}=\boldsymbol{O}$ 可得 $\boldsymbol{B}=\boldsymbol{O}$，与题干矛盾；同理，假设 $r(\boldsymbol{B})=n$，则一定有 $\boldsymbol{A}=\boldsymbol{O}$，与题干矛盾．

所以，$r(\boldsymbol{A})<n$ 且 $r(\boldsymbol{B})<n$.

【点评】本题还可以利用线性方程组有非零解的条件直接证明(见第 7 章线性方程组相关题型).

11. C

【解析】根据行列式的按行展开定理，所求值 a 恰好是将行列式 D 中第四行元素全变为 1 时所得行列式的展开式，从而有

$$a=A_{41}+A_{42}+A_{43}+A_{44}=\begin{vmatrix}3&7&9&7\\1&1&1&1\\3&0&4&9\\1&1&1&1\end{vmatrix}=0.$$

12. B

【解析】A 项：不成立，因为 $(2\boldsymbol{A})^{-1}=\dfrac{1}{2}\boldsymbol{A}^{-1}$；

B 项：正确，因为 $\boldsymbol{AA}^*=|\boldsymbol{A}|\boldsymbol{E}$，而 $\boldsymbol{A}$ 又是可逆矩阵，则 $|\boldsymbol{A}|\neq 0$，从而一定有 $\boldsymbol{AA}^*\neq 0$；

C 项：不成立，由 $\boldsymbol{AA}^*=|\boldsymbol{A}|\boldsymbol{E}$，可得 $(\boldsymbol{A}^*)^{-1}=|\boldsymbol{A}|^{-1}\boldsymbol{A}$；

D 项：不成立，因为 $[(\boldsymbol{A}^{-1})^{\mathrm{T}}]^{-1}=[(\boldsymbol{A}^{-1})^{-1}]^{\mathrm{T}}=\boldsymbol{A}^{\mathrm{T}}$；

E 项：不成立，因为 $|2\boldsymbol{A}^{-1}|=2^n|\boldsymbol{A}^{-1}|$.

13. D

【解析】根据矩阵的运算性质和行列式的性质，可得

$$\begin{aligned}|\boldsymbol{A}+\boldsymbol{B}|&=|\boldsymbol{\alpha}_1+\boldsymbol{\beta}_1,2\boldsymbol{\alpha}_2,2\boldsymbol{\alpha}_3,2\boldsymbol{\alpha}_4|\\&=2^3|\boldsymbol{\alpha}_1+\boldsymbol{\beta}_1,\boldsymbol{\alpha}_2,\boldsymbol{\alpha}_3,\boldsymbol{\alpha}_4|\\&=8(|\boldsymbol{\alpha}_1,\boldsymbol{\alpha}_2,\boldsymbol{\alpha}_3,\boldsymbol{\alpha}_4|+|\boldsymbol{\beta}_1,\boldsymbol{\alpha}_2,\boldsymbol{\alpha}_3,\boldsymbol{\alpha}_4|)\\&=8(|\boldsymbol{A}|+|\boldsymbol{B}|)\\&=8\times(1+2)\\&=24.\end{aligned}$$

14. B

【解析】先将 $\boldsymbol{A}^3$ 求出，然后利用定义判断其秩．

$$\boldsymbol{A}=\begin{pmatrix}0&1&0&0\\0&0&1&0\\0&0&0&1\\0&0&0&0\end{pmatrix}\Rightarrow\boldsymbol{A}^3=\begin{pmatrix}0&0&0&1\\0&0&0&0\\0&0&0&0\\0&0&0&0\end{pmatrix}\Rightarrow r(\boldsymbol{A}^3)=1.$$

15. A

【解析】由题意知 $\boldsymbol{A}-2\boldsymbol{E}=\begin{pmatrix}1&0&0\\1&2&0\\0&0&1\end{pmatrix}$．对 $(\boldsymbol{A}-2\boldsymbol{E}\,\vdots\,\boldsymbol{E})$ 作初等行变换可得

$$\begin{pmatrix}1&0&0&\vdots&1&0&0\\1&2&0&\vdots&0&1&0\\0&0&1&\vdots&0&0&1\end{pmatrix}\to\begin{pmatrix}1&0&0&\vdots&1&0&0\\0&2&0&\vdots&-1&1&0\\0&0&1&\vdots&0&0&1\end{pmatrix}\to\begin{pmatrix}1&0&0&\vdots&1&0&0\\0&1&0&\vdots&-\frac{1}{2}&\frac{1}{2}&0\\0&0&1&\vdots&0&0&1\end{pmatrix}.$$

所以，$(\boldsymbol{A}-2\boldsymbol{E})^{-1}=\begin{pmatrix}1&0&0\\-\frac{1}{2}&\frac{1}{2}&0\\0&0&1\end{pmatrix}$.

【点评】本题考查的是对于具体矩阵直接求逆矩阵的方法，相比较而言，利用初等变换求逆矩阵比较便捷．

16. D

【解析】由已知条件可得$\boldsymbol{BA}-\boldsymbol{B}=2\boldsymbol{E}\Rightarrow\boldsymbol{B}(\boldsymbol{A}-\boldsymbol{E})=2\boldsymbol{E}$，两端取行列式得$|\boldsymbol{B}|\ |\boldsymbol{A}-\boldsymbol{E}|=|2\boldsymbol{E}|$.

因$|\boldsymbol{A}-\boldsymbol{E}|=\begin{vmatrix}1&1\\-1&1\end{vmatrix}=2$，$|2\boldsymbol{E}|=4$，所以有$2|\boldsymbol{B}|=4$，从而可得$|\boldsymbol{B}|=2$.

17. C

【解析】对于本题，只能利用定义检验各选项矩阵与$\boldsymbol{A}^{-1}+\boldsymbol{B}^{-1}$的乘积是否等于$\boldsymbol{E}$.

利用定义检验，有

$$\begin{aligned}(\boldsymbol{A}^{-1}+\boldsymbol{B}^{-1})\boldsymbol{A}(\boldsymbol{A}+\boldsymbol{B})^{-1}\boldsymbol{B}&=\boldsymbol{A}^{-1}\boldsymbol{A}(\boldsymbol{A}+\boldsymbol{B})^{-1}\boldsymbol{B}+\boldsymbol{B}^{-1}\boldsymbol{A}(\boldsymbol{A}+\boldsymbol{B})^{-1}\boldsymbol{B}\\&=(\boldsymbol{A}+\boldsymbol{B})^{-1}\boldsymbol{B}+\boldsymbol{B}^{-1}\boldsymbol{A}(\boldsymbol{A}+\boldsymbol{B})^{-1}\boldsymbol{B}\\&=\boldsymbol{B}^{-1}\boldsymbol{B}(\boldsymbol{A}+\boldsymbol{B})^{-1}\boldsymbol{B}+\boldsymbol{B}^{-1}\boldsymbol{A}(\boldsymbol{A}+\boldsymbol{B})^{-1}\boldsymbol{B}\\&=\boldsymbol{B}^{-1}(\boldsymbol{A}+\boldsymbol{B})(\boldsymbol{A}+\boldsymbol{B})^{-1}\boldsymbol{B}\\&=\boldsymbol{B}^{-1}\boldsymbol{B}\\&=\boldsymbol{E}.\end{aligned}$$

显然有$(\boldsymbol{A}^{-1}+\boldsymbol{B}^{-1})^{-1}=\boldsymbol{A}(\boldsymbol{A}+\boldsymbol{B})^{-1}\boldsymbol{B}$. 其他选项经验证与$\boldsymbol{A}^{-1}+\boldsymbol{B}^{-1}$的乘积均不为$\boldsymbol{E}$，故选C.

18. E

【解析】本题考查的是矩阵的基本运算性质．

A项：不成立，因为矩阵乘法不满足交换律，$(\boldsymbol{AB})^k=\boldsymbol{ABAB}\cdots\boldsymbol{AB}$不一定等于$\boldsymbol{A}^k\boldsymbol{B}^k$；

B项：显然不成立，因为矩阵加减法的行列式不满足这个性质；

C项：错误，因为$||\boldsymbol{A}|\boldsymbol{B}|=|\boldsymbol{A}|^n|\boldsymbol{B}|$；

D项：错误，因为$(\boldsymbol{AB})^{\mathrm{T}}=\boldsymbol{B}^{\mathrm{T}}\boldsymbol{A}^{\mathrm{T}}$；

E项：正确，这是矩阵的秩的性质，一个矩阵乘可逆矩阵不改变这个矩阵的秩．

19. B

【解析】显然矩阵$\boldsymbol{A}$可逆，在$\boldsymbol{A}^{-1}\boldsymbol{BA}=6\boldsymbol{A}+\boldsymbol{BA}$两边右乘$\boldsymbol{A}^{-1}$，得$\boldsymbol{A}^{-1}\boldsymbol{B}=6\boldsymbol{E}+\boldsymbol{B}$，于是

$$\boldsymbol{B}=6(\boldsymbol{A}^{-1}-\boldsymbol{E})^{-1}=6\begin{pmatrix}2&0&0\\0&3&0\\0&0&6\end{pmatrix}^{-1}=\begin{pmatrix}3&0&0\\0&2&0\\0&0&1\end{pmatrix}.$$

20. E

【解析】根据伴随矩阵和逆矩阵的关系以及行列式的性质，可得

$|(3\boldsymbol{A})^{-1}-2\boldsymbol{A}^*|=\left|\frac{1}{3}\boldsymbol{A}^{-1}-2\boldsymbol{A}^*\right|=\left|\frac{1}{3}\boldsymbol{A}^{-1}-2|\boldsymbol{A}|\boldsymbol{A}^{-1}\right|=\left|\left(\frac{1}{3}-2|\boldsymbol{A}|\right)\boldsymbol{A}^{-1}\right|=$
$\left|\left(\frac{1}{3}-2\times\frac{1}{2}\right)\boldsymbol{A}^{-1}\right|=\left|-\frac{2}{3}\boldsymbol{A}^{-1}\right|=\left(-\frac{2}{3}\right)^3\cdot|\boldsymbol{A}^{-1}|=-\frac{8}{27}\cdot\frac{1}{|\boldsymbol{A}|}=-\frac{8}{27}\cdot 2=-\frac{16}{27}.$

【点评】本题考查的是伴随矩阵、逆矩阵和方阵的行列式的计算，利用伴随矩阵的性质 $\boldsymbol{A}\boldsymbol{A}^*=\boldsymbol{A}^*\boldsymbol{A}=|\boldsymbol{A}|\boldsymbol{E}$，可以进行可逆矩阵与伴随矩阵之间的相互表示．特别注意的是，在计算数乘 n 阶矩阵 $\boldsymbol{A}$ 的行列式时，$|k\boldsymbol{A}|=k^n|\boldsymbol{A}|$．

21. A

【解析】$(\boldsymbol{AB})^2=\boldsymbol{E}\Rightarrow\boldsymbol{AB}\cdot\boldsymbol{AB}=\boldsymbol{E}\xrightarrow{\text{同时左乘}\boldsymbol{A}^{-1}}\boldsymbol{BAB}=\boldsymbol{A}^{-1}$，故 D 项正确；

$\boldsymbol{BAB}=\boldsymbol{A}^{-1}\xrightarrow{\text{右乘}\boldsymbol{A}}\boldsymbol{BA}\cdot\boldsymbol{BA}=(\boldsymbol{BA})^2=\boldsymbol{E}$，故 C 项正确；

$\boldsymbol{BA}\cdot\boldsymbol{BA}=\boldsymbol{E}\xrightarrow{\text{左乘}\boldsymbol{B}^{-1}}\boldsymbol{ABA}=\boldsymbol{B}^{-1}$，故 E 项正确；

$(\boldsymbol{AB})^2=\boldsymbol{E}\Rightarrow\boldsymbol{AB}\cdot\boldsymbol{AB}=\boldsymbol{E}\Rightarrow(\boldsymbol{AB})^{-1}=\boldsymbol{AB}$，即 $\boldsymbol{B}^{-1}\boldsymbol{A}^{-1}=\boldsymbol{AB}$，故 B 项正确；

而对于 A 项，并不能由矩阵 $(\boldsymbol{AB})^2=\boldsymbol{E}$，就推出 $\boldsymbol{AB}=\boldsymbol{E}$. 比如，当 $\boldsymbol{AB}=-\boldsymbol{E}$ 时，也有 $(\boldsymbol{AB})^2=\boldsymbol{E}$. 因此 A 项错误．

22. C

【解析】要设法分解出因子 $\boldsymbol{A}-3\boldsymbol{E}$. 由 $\boldsymbol{A}^2-\boldsymbol{A}-5\boldsymbol{E}=\boldsymbol{O}$，有

$$(\boldsymbol{A}-3\boldsymbol{E})(\boldsymbol{A}+2\boldsymbol{E})=\boldsymbol{A}^2-\boldsymbol{A}-5\boldsymbol{E}-\boldsymbol{E}=-\boldsymbol{E},$$

得到 $(\boldsymbol{A}-3\boldsymbol{E})^{-1}=-\boldsymbol{A}-2\boldsymbol{E}$.

23. C

【解析】$\boldsymbol{P}_1$ 是交换单位矩阵的第一、二行所得的初等矩阵，$\boldsymbol{P}_2$ 是将单位矩阵的第一行加到第三行所得的初等矩阵．观察矩阵 $\boldsymbol{A}$ 和 $\boldsymbol{B}$，矩阵 $\boldsymbol{B}$ 是由矩阵 $\boldsymbol{A}$ 先将第一行加到第三行，然后再交换第一、二行这两次初等变换得到的，因此 $\boldsymbol{P}_1\boldsymbol{P}_2\boldsymbol{A}=\boldsymbol{B}$.

【点评】本题考查的是初等变换与初等矩阵的关系．先找出矩阵 $\boldsymbol{B}$ 是由矩阵 $\boldsymbol{A}$ 通过哪些初等变换得到的，再利用“左行右列”的法则将该初等变换表示成矩阵的乘法．

24. E

【解析】方法一：$\boldsymbol{A}+\boldsymbol{B}^{-1}=\boldsymbol{EA}+\boldsymbol{B}^{-1}=\boldsymbol{B}^{-1}\boldsymbol{BA}+\boldsymbol{B}^{-1}=\boldsymbol{B}^{-1}(\boldsymbol{BA}+\boldsymbol{E})=\boldsymbol{B}^{-1}(\boldsymbol{BA}+\boldsymbol{A}^{-1}\boldsymbol{A})=\boldsymbol{B}^{-1}(\boldsymbol{B}+\boldsymbol{A}^{-1})\boldsymbol{A}$，因此，$|\boldsymbol{A}+\boldsymbol{B}^{-1}|=|\boldsymbol{B}^{-1}||\boldsymbol{B}+\boldsymbol{A}^{-1}||\boldsymbol{A}|=3$.

方法二：观察所求问题与已知条件间的结构特征，利用矩阵的乘积运算和行列式的性质建立联系．矩阵 $\boldsymbol{A}+\boldsymbol{B}^{-1}$ 左乘 $\boldsymbol{A}^{-1}$ 且右乘 $\boldsymbol{B}$ 就得到已知条件中的矩阵 $\boldsymbol{A}^{-1}+\boldsymbol{B}$，即

$$\boldsymbol{A}^{-1}(\boldsymbol{A}+\boldsymbol{B}^{-1})\boldsymbol{B}=\boldsymbol{B}+\boldsymbol{A}^{-1}=\boldsymbol{A}^{-1}+\boldsymbol{B},$$

两端取行列式可得

$$|\boldsymbol{A}|^{-1}|\boldsymbol{A}+\boldsymbol{B}^{-1}||\boldsymbol{B}|=|\boldsymbol{A}^{-1}+\boldsymbol{B}|,$$

则 $|\boldsymbol{A}+\boldsymbol{B}^{-1}|=\frac{|\boldsymbol{A}|}{|\boldsymbol{B}|}|\boldsymbol{A}^{-1}+\boldsymbol{B}|=\frac{3}{2}\times 2=3$.

【点评】注意到矩阵 $\boldsymbol{A}$，$\boldsymbol{B}$ 均可逆，故可以利用 $\boldsymbol{E}=\boldsymbol{A}^{-1}\boldsymbol{A}=\boldsymbol{BB}^{-1}$ 对等式进行变形．

本题所用到的单位矩阵变形是矩阵中一个重要的运算技巧，它利用了单位矩阵的特殊性：假设矩阵 $\boldsymbol{B}$ 为 n 阶方阵，$\boldsymbol{E}$ 为同阶单位矩阵，则有 $\boldsymbol{B}=\boldsymbol{EB}=\boldsymbol{BE}$；如果已知矩阵 $\boldsymbol{A}$ 为 n 阶可逆矩

阵，那么上式中的单位矩阵又可写为 AA^{-1} 与 $A^{-1}A$ 两种写法．

25. C

【解析】由于 A 是可逆的，可知 A^* 也可逆，故 $(A^*)^*=|A^*|(A^*)^{-1}$．由 $A^*=|A|A^{-1}$ 可知 $(A^*)^*=||A|A^{-1}|(|A|A^{-1})^{-1}$．

$||A|A^{-1}|=|A|^n|A^{-1}|=|A|^{n-1}$，$(|A|A^{-1})^{-1}=|A|^{-1}(A^{-1})^{-1}=|A|^{-1}A$，因此，$(A^*)^*=|A|^{n-1}|A|^{-1}A=|A|^{n-2}A$．

26. C

【解析】在等式两边同时加上或减去 E，再利用矩阵乘法的运算法则分解因式即可得到结论．

$(E-A)(E+A+A^2)=E-A^3=E$，$(E+A)(E-A+A^2)=E+A^3=E$．所以 $E-A$，$E+A$ 均可逆．

【点评】检验矩阵可逆性或计算逆矩阵最本质的方法就是证明 $AB=E$ 或 $BA=E$．在定义中，这两个等式需要同时成立才能说明 A，B 互为逆矩阵．但实质上，只要 A，B 均为方阵，那么这两个等式中只要有一个成立就可得到该结论．

27. E

【解析】由于 A 是可逆矩阵，则由 $AA^*=|A|E$ 知 $A^*=|A|A^{-1}$，所以

$$(A^*)^{-1}=(|A|A^{-1})^{-1}=|A|^{-1}A=|A^{-1}|A.$$

由 $A^{-1}=\begin{pmatrix}1&1&1\\1&2&1\\1&1&3\end{pmatrix}$，则 $A=(A^{-1})^{-1}$，利用求逆矩阵的初等变换法，可得

$$(A^{-1}\mid E)=\left(\begin{array}{ccc:ccc}1&1&1&1&0&0\\1&2&1&0&1&0\\1&1&3&0&0&1\end{array}\right)\xrightarrow[r_3-r_1]{r_2-r_1}\left(\begin{array}{ccc:ccc}1&1&1&1&0&0\\0&1&0&-1&1&0\\0&0&2&-1&0&1\end{array}\right)$$

$$\xrightarrow[\frac{1}{2}r_3]{r_1-r_2}\left(\begin{array}{ccc:ccc}1&0&1&2&-1&0\\0&1&0&-1&1&0\\0&0&1&-\frac{1}{2}&0&\frac{1}{2}\end{array}\right)\xrightarrow{r_1-r_3}\left(\begin{array}{ccc:ccc}1&0&0&\frac{5}{2}&-1&-\frac{1}{2}\\0&1&0&-1&1&0\\0&0&1&-\frac{1}{2}&0&\frac{1}{2}\end{array}\right)$$

$$=(E\mid A),$$

则 $A=\begin{pmatrix}\frac{5}{2}&-1&-\frac{1}{2}\\-1&1&0\\-\frac{1}{2}&0&\frac{1}{2}\end{pmatrix}$，因此

$$(A^*)^{-1}=\begin{vmatrix}1&1&1\\1&2&1\\1&1&3\end{vmatrix}\begin{pmatrix}\frac{5}{2}&-1&-\frac{1}{2}\\-1&1&0\\-\frac{1}{2}&0&\frac{1}{2}\end{pmatrix}=2\begin{pmatrix}\frac{5}{2}&-1&-\frac{1}{2}\\-1&1&0\\-\frac{1}{2}&0&\frac{1}{2}\end{pmatrix}=\begin{pmatrix}5&-2&-1\\-2&2&0\\-1&0&1\end{pmatrix}.$$

【点评】本题考查的是伴随矩阵的逆矩阵求法，利用伴随矩阵与逆矩阵的等式关系以及逆矩阵

的运算法则，可以避免先求出伴随矩阵再求其逆矩阵的复杂运算．

28. A

【解析】方法一：在已知等式两边同时右乘矩阵 $\boldsymbol{A}$，得 $\boldsymbol{ABA}^*\boldsymbol{A}=2\boldsymbol{BA}^*\boldsymbol{A}+\boldsymbol{A}$.

$|\boldsymbol{A}|=3$，且 $\boldsymbol{A}^*\boldsymbol{A}=|\boldsymbol{A}|\boldsymbol{E}$，代入上式，有 $3\boldsymbol{AB}=6\boldsymbol{B}+\boldsymbol{A}$，即 $(3\boldsymbol{A}-6\boldsymbol{E})\boldsymbol{B}=\boldsymbol{A}$，两边取行列式得 $|3\boldsymbol{A}-6\boldsymbol{E}||\boldsymbol{B}|=|\boldsymbol{A}|=3$，而 $|3\boldsymbol{A}-6\boldsymbol{E}|=27$，故所求行列式 $|\boldsymbol{B}|=\dfrac{1}{9}$.

方法二：计算可得 $|\boldsymbol{A}|=3$，$|\boldsymbol{A}^*|=|\boldsymbol{A}|^{3-1}=9$，由 $\boldsymbol{ABA}^*=2\boldsymbol{BA}^*+\boldsymbol{E}$，可得 $(\boldsymbol{A}-2\boldsymbol{E})\boldsymbol{BA}^*=\boldsymbol{E}$，故 $|\boldsymbol{A}-2\boldsymbol{E}|\cdot|\boldsymbol{B}|\cdot|\boldsymbol{A}^*|=|\boldsymbol{E}|$，代入数值，可得 $1\cdot|\boldsymbol{B}|\cdot 9=1\Rightarrow|\boldsymbol{B}|=\dfrac{1}{9}$.

29. D

【解析】对矩阵作初等变换相当于给矩阵乘以相应的初等矩阵(左行右列)，故由题干可知

$$\boldsymbol{A}\begin{pmatrix}0&1&0\\1&0&0\\0&0&1\end{pmatrix}=\boldsymbol{B},\ \boldsymbol{B}\begin{pmatrix}1&0&0\\0&1&1\\0&0&1\end{pmatrix}=\boldsymbol{C},$$

于是 $\boldsymbol{A}\begin{pmatrix}0&1&0\\1&0&0\\0&0&1\end{pmatrix}\begin{pmatrix}1&0&0\\0&1&1\\0&0&1\end{pmatrix}=\boldsymbol{A}\begin{pmatrix}0&1&1\\1&0&0\\0&0&1\end{pmatrix}=\boldsymbol{C}$，于是满足 $\boldsymbol{AQ}=\boldsymbol{C}$ 的 $\boldsymbol{Q}$ 为 $\begin{pmatrix}0&1&1\\1&0&0\\0&0&1\end{pmatrix}$.

【点评】本题考查的是初等变换与初等矩阵的关系．对矩阵实施初等行(列)变换，变换前后的矩阵本来是不等关系，但是通过初等矩阵却可以建立变换前后矩阵的等量关系，即对矩阵 $\boldsymbol{A}$ 每施行一次初等行(列)变换后的矩阵恰好等于矩阵 $\boldsymbol{A}$ 左乘(右乘)一个相应的初等矩阵．

30. B

【解析】在方程两边同时左乘矩阵 $\boldsymbol{A}$，可得 $|\boldsymbol{A}|\boldsymbol{BA}=2\boldsymbol{ABA}-8\boldsymbol{A}$，根据题干易知 $|\boldsymbol{A}|=-2$，则有 $-\boldsymbol{BA}=\boldsymbol{ABA}-4\boldsymbol{A}$. 此时在该等式两边同时右乘矩阵 $\boldsymbol{A}^{-1}$，可得 $-\boldsymbol{B}=\boldsymbol{AB}-4\boldsymbol{E}$，整理得 $(\boldsymbol{A}+\boldsymbol{E})\boldsymbol{B}=4\boldsymbol{E}$.

这样 $\boldsymbol{B}=4(\boldsymbol{A}+\boldsymbol{E})^{-1}$，下面只需求出 $(\boldsymbol{A}+\boldsymbol{E})^{-1}$ 即可．

由于 $\boldsymbol{A}+\boldsymbol{E}=\begin{pmatrix}2&2&-2\\0&-1&4\\0&0&2\end{pmatrix}$，注意到求这个矩阵的代数余子式比较简单，从而可以利用伴随矩阵求其逆矩阵．$(\boldsymbol{A}+\boldsymbol{E})^*=\begin{pmatrix}-2&-4&6\\0&4&-8\\0&0&-2\end{pmatrix}$，则有

$$(\boldsymbol{A}+\boldsymbol{E})^{-1}=\frac{1}{|\boldsymbol{A}+\boldsymbol{E}|}(\boldsymbol{A}+\boldsymbol{E})^*=-\frac{1}{4}\begin{pmatrix}-2&-4&6\\0&4&-8\\0&0&-2\end{pmatrix},$$

从而 $\boldsymbol{B}=4(\boldsymbol{A}+\boldsymbol{E})^{-1}=\begin{pmatrix}2&4&-6\\0&-4&8\\0&0&2\end{pmatrix}$.

【点评】由于方程中有 $\boldsymbol{A}^*$，故可以考虑利用伴随矩阵的性质，乘以矩阵 $\boldsymbol{A}$ 进行化简．关于伴

随矩阵的问题，除了掌握伴随矩阵的定义之外，另一个重要关系式就是 $\boldsymbol{A}\boldsymbol{A}^*=|\boldsymbol{A}|\boldsymbol{E}$.

本题中逆矩阵 $(\boldsymbol{A}+\boldsymbol{E})^{-1}$ 的求解还可以利用初等变换法，考生可自行求解．

31. D

【解析】由 $\boldsymbol{A}^2\boldsymbol{B}-\boldsymbol{A}-\boldsymbol{B}=\boldsymbol{E}$ 知 $(\boldsymbol{A}^2-\boldsymbol{E})\boldsymbol{B}=\boldsymbol{A}+\boldsymbol{E}$，即 $(\boldsymbol{A}+\boldsymbol{E})(\boldsymbol{A}-\boldsymbol{E})\boldsymbol{B}=\boldsymbol{A}+\boldsymbol{E}$. 两边取行列式得 $|(\boldsymbol{A}+\boldsymbol{E})(\boldsymbol{A}-\boldsymbol{E})\boldsymbol{B}|=|\boldsymbol{A}+\boldsymbol{E}|$，即 $|\boldsymbol{A}+\boldsymbol{E}|\ |\boldsymbol{A}-\boldsymbol{E}|\ |\boldsymbol{B}|=|\boldsymbol{A}+\boldsymbol{E}|$．由题干易知 $|\boldsymbol{A}+\boldsymbol{E}|\neq0$，于是有 $|\boldsymbol{A}-\boldsymbol{E}|\ |\boldsymbol{B}|=1$. 因为 $|\boldsymbol{A}-\boldsymbol{E}|=\begin{vmatrix}0&0&1\\0&1&0\\-2&0&0\end{vmatrix}=2$，所以 $|\boldsymbol{B}|=\dfrac{1}{2}$.

32. A

【解析】已知 $|\boldsymbol{B}|=-1$，$|\boldsymbol{A}|=4$，由 $|\boldsymbol{A}^*|=|\boldsymbol{A}|^{n-1}$ 可得

$||\boldsymbol{B}|(\boldsymbol{A}^*)^2|=|-(\boldsymbol{A}^*)^2|=(-1)^3|(\boldsymbol{A}^*)^2|=-|\boldsymbol{A}^*|^2=-(|\boldsymbol{A}|^{3-1})^2=-4^4=-256.$

【点评】注意 $|\boldsymbol{B}|$ 是一个数字，数乘矩阵相当于数乘矩阵的每个元素，从而对于行列式来说，相当于每一行(列)都乘了一个常数因子，这是易错点．

33. E

【解析】由 $\boldsymbol{A}$ 不可逆一定可得，$|\boldsymbol{A}|=7t+21=0$，由此解得 $t=-3$.

【点评】此类含有参数的矩阵问题，基本思路就是利用矩阵的性质和行列式的值得到关于参数的等式，从而求得参数的值．在本题中，矩阵 $\boldsymbol{A}$ 不可逆当且仅当 $|\boldsymbol{A}|=0$.

34. C

【解析】由题 $\boldsymbol{A}^2+\boldsymbol{A}-4\boldsymbol{E}=\boldsymbol{O}$，可知 $\boldsymbol{A}^2+\boldsymbol{A}-2\boldsymbol{E}=2\boldsymbol{E}$，所以

$$(\boldsymbol{A}-\boldsymbol{E})(\boldsymbol{A}+2\boldsymbol{E})=2\boldsymbol{E}\Rightarrow(\boldsymbol{A}-\boldsymbol{E})\cdot\frac{1}{2}\cdot(\boldsymbol{A}+2\boldsymbol{E})=\boldsymbol{E}\text{，即}(\boldsymbol{A}-\boldsymbol{E})^{-1}=\frac{1}{2}(\boldsymbol{A}+2\boldsymbol{E}).$$

【点评】此类题型属于矩阵方程的问题，一般的思路是利用矩阵运算的性质，从等式 $\boldsymbol{A}^2+\boldsymbol{A}-4\boldsymbol{E}=\boldsymbol{O}$ 中凑出 $\boldsymbol{A}-\boldsymbol{E}$ 的逆矩阵．一般地，若方阵 $\boldsymbol{A}$ 满足 $\boldsymbol{A}^2+l\boldsymbol{A}+m\boldsymbol{E}=\boldsymbol{O}$，则对任何常数 n，总可凑出分解式 $(\boldsymbol{A}+n\boldsymbol{E})[\boldsymbol{A}+(l-n)\boldsymbol{E}]=[n(l-n)-m]\boldsymbol{E}$.

这里，若常数 $n(l-n)-m\neq0$，则 $\boldsymbol{A}+n\boldsymbol{E}$ 可逆，且有 $(\boldsymbol{A}+n\boldsymbol{E})^{-1}=\dfrac{1}{n(l-n)-m}[\boldsymbol{A}+(l-n)\boldsymbol{E}]$.

35. E

【解析】由于 $r(\boldsymbol{A})=3<4$，可知 $|\boldsymbol{A}|=0$，故有

$$|\boldsymbol{A}|=\begin{vmatrix}k&1&1&1\\1&k&1&1\\1&1&k&1\\1&1&1&k\end{vmatrix}=\begin{vmatrix}k+3&k+3&k+3&k+3\\1&k&1&1\\1&1&k&1\\1&1&1&k\end{vmatrix}=(k+3)\begin{vmatrix}1&1&1&1\\1&k&1&1\\1&1&k&1\\1&1&1&k\end{vmatrix}$$

$$=(k+3)\begin{vmatrix}1&1&1&1\\0&k-1&0&0\\0&0&k-1&0\\0&0&0&k-1\end{vmatrix}=(k+3)(k-1)^3=0.$$

解得 $k=-3$ 或 $k=1$. 但当 $k=1$ 时，$r(\boldsymbol{A})=1$，不符合 $r(\boldsymbol{A})=3$ 的条件，故必有 $k=-3$.

【点评】此类题型一般的解题思路就是由秩得出行列式的值为零或非零，然后通过计算行列式得到关于参数的等式或不等式，从而确定出参数值或范围，最后再代入矩阵中进行验证．

第6章 向量组的线性相关和线性无关

本章知识梳理

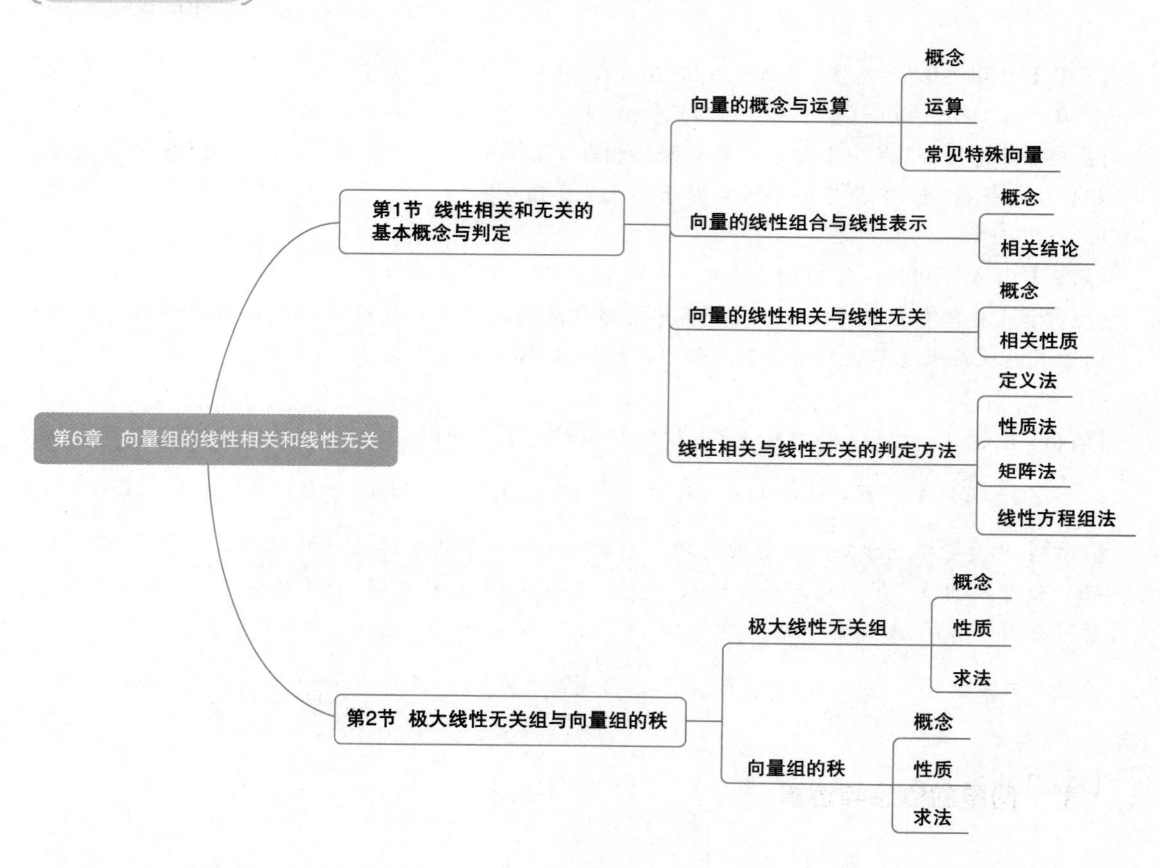

历年真题考点统计

考点	2011	2012	2013	2014	2015	2016	2017	2018	2019	2020	2021	合计
线性表示、线性相关与无关	2	2	5	5	5	5	5	2		5	2	38
极大无关组与向量组的秩											2	2

说明：由于很多真题都是综合题，不是考查1个知识点而是考查2个甚至3个知识点，所以，此考点统计表并不能做到100%准确，但基本准确．

考情分析

从历年真题统计表可以看出，向量组的线性相关与无关的相关知识在近 11 年中考了 40 分，平均每年考查约 3.6 分．

本章的考查内容涉及向量的线性表示、向量组的线性相关与线性无关的判定及向量组的极大线性无关组和向量组的秩，其中向量组的线性表示、线性相关与线性无关的考查次数最多，基本是每年的必考题，考查方向有判定抽象向量组的线性相关性、根据具体向量组的线性相关性求解向量中的参数，因此考生需对此类题目多加练习．向量组的秩及极大线性无关组虽然单独出题比较少，但是经常用向量组的秩来判定向量组的线性相关性；在线性方程组中，解集的极大线性无关组就是线性方程组的基础解系，故在线性方程组题目中，出现极大线性无关组，要想到方程组的基础解系．

根据 2021 年真题我们可以看出，本章重点仍是对向量组的线性表示及线性相关和线性无关的考查，因此考生必须掌握线性表示及线性相关性的性质．同时，2021 年真题出现了极大线性无关组与线性方程组的综合题，考生应注意进行结合复习．

第 1 节　线性相关和无关的基本概念与判定

考纲解析

1. 了解向量的概念，掌握向量的加法和数乘等运算法则．
2. 理解向量的线性组合与线性表示、向量组线性相关、线性无关等概念．
3. 掌握向量组线性相关、线性无关的有关性质及判别法．

知识精讲

1　向量的概念与运算

1.1　向量的概念

定义　由 n 个实数 a_1，a_2，…，a_n 组成的 n 元有序实数组 $(a_1, a_2, \cdots, a_n)$ 称为 n **维行向量**；如果该实数组是纵向排列的，如 $\begin{pmatrix} a_1 \\ a_2 \\ \vdots \\ a_n \end{pmatrix}$，则称其为 n **维列向量**．以上向量中的 $a_i(i=1, \cdots, n)$ 称为向量的分量，分量对应都相等，则两个向量相等．

由多个同型向量(维数相同且都为行向量或列向量)组成的集合称为**向量组**．

注　n 维行向量即为 $1\times n$ 阶矩阵，而 n 维列向量即为 $n\times 1$ 阶矩阵．

1.2 向量的基本运算及运算律

(1)向量的和

向量$\boldsymbol{\gamma}=(a_1+b_1, a_2+b_2, \cdots, a_n+b_n)$，称为$\boldsymbol{\alpha}=(a_1, a_2, \cdots, a_n)$，$\boldsymbol{\beta}=(b_1, b_2, \cdots, b_n)$的和，记为$\boldsymbol{\gamma}=\boldsymbol{\alpha}+\boldsymbol{\beta}$；

向量的和满足的运算律：

交换律：$\boldsymbol{\alpha}+\boldsymbol{\beta}=\boldsymbol{\beta}+\boldsymbol{\alpha}$.

结合律：$\boldsymbol{\alpha}+(\boldsymbol{\beta}+\boldsymbol{\gamma})=(\boldsymbol{\alpha}+\boldsymbol{\beta})+\boldsymbol{\gamma}$.

注 $\boldsymbol{\alpha}-\boldsymbol{\beta}=\boldsymbol{\alpha}+(-\boldsymbol{\beta})$.

(2)向量的数量乘积

向量$(ka_1, ka_2, \cdots, ka_n)(k\in\mathbf{R})$称为向量$\boldsymbol{\alpha}=(a_1, a_2, \cdots, a_n)$与数$k$的**数量乘积(数乘)**，记为$k\boldsymbol{\alpha}$.

向量数乘满足的运算律：

①$k(\boldsymbol{\alpha}+\boldsymbol{\beta})=k\boldsymbol{\alpha}+k\boldsymbol{\beta}$；②$(k+l)\boldsymbol{\alpha}=k\boldsymbol{\alpha}+l\boldsymbol{\alpha}$；③$(kl)\boldsymbol{\alpha}=k(l\boldsymbol{\alpha})$；④$1\cdot\boldsymbol{\alpha}=\boldsymbol{\alpha}$.

1.3 常见特殊向量

零向量：所有分量均为0的向量称为零向量，记作$\mathbf{0}$.

基本单位向量：向量$\boldsymbol{e}_i=(0, 0, \cdots, 0, 1, 0, \cdots, 0)$(第$i$个分量为1，其余分量为0)称为$n$维基本单位向量，易知$n$维基本单位向量有$n$个.

负向量：n维向量$\boldsymbol{\alpha}$的各分量的相反数组成的n维向量称为$\boldsymbol{\alpha}$的负向量，记为$-\boldsymbol{\alpha}$，即$-\boldsymbol{\alpha}=(-a_1, -a_2, \cdots, -a_n)$.

2 向量的线性组合与线性表示

2.1 线性组合与线性表示的概念

定义1 设$\boldsymbol{\alpha}_1, \boldsymbol{\alpha}_2, \cdots, \boldsymbol{\alpha}_m$是$m$个$n$维向量，$k_1, k_2, \cdots, k_m$是$m$个常数，则$k_1\boldsymbol{\alpha}_1+k_2\boldsymbol{\alpha}_2+\cdots+k_m\boldsymbol{\alpha}_m$为$\boldsymbol{\alpha}_1, \boldsymbol{\alpha}_2, \cdots, \boldsymbol{\alpha}_m$的一个**线性组合**.

注 一般来说，在多个向量之间，才可以定义向量的线性组合，向量组的线性组合有无穷多个；零向量是任一向量组的线性组合.

定义2 设$\boldsymbol{\alpha}_1, \boldsymbol{\alpha}_2, \cdots, \boldsymbol{\alpha}_m$是$m$个$n$维向量，$\boldsymbol{\beta}$是一个$n$维向量，如果$\boldsymbol{\beta}$为向量组$\boldsymbol{\alpha}_1, \boldsymbol{\alpha}_2, \cdots, \boldsymbol{\alpha}_m$的一个线性组合，则称向量$\boldsymbol{\beta}$可以由向量组$\boldsymbol{\alpha}_1, \boldsymbol{\alpha}_2, \cdots, \boldsymbol{\alpha}_m$**线性表出(或线性表示)**.

该定义也可以等价地描述为：存在实数$k_1, k_2, \cdots, k_m$，使得$\boldsymbol{\beta}=k_1\boldsymbol{\alpha}_1+k_2\boldsymbol{\alpha}_2+\cdots+k_m\boldsymbol{\alpha}_m$.

2.2 线性表出的相关结论

(1)零向量可以由任何向量组线性表出.

(2)$\boldsymbol{\alpha}_i(i=1, \cdots, m)$一定可以由向量组$\boldsymbol{\alpha}_1, \boldsymbol{\alpha}_2, \cdots, \boldsymbol{\alpha}_m$线性表出.

(3)任何n维向量都可以由n维基本单位向量组$\boldsymbol{e}_1, \boldsymbol{e}_2, \cdots, \boldsymbol{e}_m$线性表出.

3 向量的线性相关与线性无关

3.1 线性相关与线性无关的概念

定义1 设$\boldsymbol{\alpha}_1, \boldsymbol{\alpha}_2, \cdots, \boldsymbol{\alpha}_m$是$m$个$n$维向量，如果存在不全为零的实数$k_1, k_2, \cdots, k_m$，使得$k_1\boldsymbol{\alpha}_1+k_2\boldsymbol{\alpha}_2+\cdots+k_m\boldsymbol{\alpha}_m=\mathbf{0}$，则称向量组$\boldsymbol{\alpha}_1, \boldsymbol{\alpha}_2, \cdots, \boldsymbol{\alpha}_m$线性相关.

定义 2 如果向量组$\boldsymbol{\alpha}_1$，$\boldsymbol{\alpha}_2$，…，$\boldsymbol{\alpha}_m$不是线性相关的，即没有不全为零的一组实数k_1，k_2，…，k_m使$k_1\boldsymbol{\alpha}_1+k_2\boldsymbol{\alpha}_2+\cdots+k_m\boldsymbol{\alpha}_m=\boldsymbol{0}$，则称向量组$\boldsymbol{\alpha}_1$，$\boldsymbol{\alpha}_2$，…，$\boldsymbol{\alpha}_m$ **线性无关**．

注 向量组$\boldsymbol{\alpha}_1$，$\boldsymbol{\alpha}_2$，…，$\boldsymbol{\alpha}_m$线性无关等价于

①当且仅当$k_1=k_2=\cdots=k_m=0$，才有$k_1\boldsymbol{\alpha}_1+k_2\boldsymbol{\alpha}_2+\cdots+k_m\boldsymbol{\alpha}_m=\boldsymbol{0}$；

②由$k_1\boldsymbol{\alpha}_1+k_2\boldsymbol{\alpha}_2+\cdots+k_m\boldsymbol{\alpha}_m=\boldsymbol{0}$可以推出$k_1=k_2=\cdots=k_m=0$；

③$r(\boldsymbol{\alpha}_1, \boldsymbol{\alpha}_2, \cdots, \boldsymbol{\alpha}_m)=m$.

3.2 线性相关与线性无关的相关性质

(1)任何含零向量的向量组必线性相关．

(2)单个非零向量线性无关(单个向量线性相关当且仅当它是$\boldsymbol{0}$).

(3)两个向量线性相关的充要条件是它们对应的分量成比例．

(4)已知向量组$\boldsymbol{\alpha}_1$，$\boldsymbol{\alpha}_2$，…，$\boldsymbol{\alpha}_m$线性无关，则向量组$\boldsymbol{\alpha}_1$，$\boldsymbol{\alpha}_2$，…，$\boldsymbol{\alpha}_m$，$\boldsymbol{\beta}$线性相关当且仅当$\boldsymbol{\beta}$可以由向量组$\boldsymbol{\alpha}_1$，$\boldsymbol{\alpha}_2$，…，$\boldsymbol{\alpha}_m$线性表出且表示法唯一．

(5)向量组$\boldsymbol{\alpha}_1$，$\boldsymbol{\alpha}_2$，…，$\boldsymbol{\alpha}_m$线性相关的充分必要条件是$r(\boldsymbol{\alpha}_1, \boldsymbol{\alpha}_2, \cdots, \boldsymbol{\alpha}_m)<m$.

(6)向量组$\boldsymbol{\alpha}_1$，$\boldsymbol{\alpha}_2$，…，$\boldsymbol{\alpha}_m$线性相关当且仅当$\boldsymbol{\alpha}_1$，$\boldsymbol{\alpha}_2$，…，$\boldsymbol{\alpha}_m$中至少有一个是其余$m-1$个向量的线性组合．

(7)若向量组$\boldsymbol{\alpha}_1$，$\boldsymbol{\alpha}_2$，…，$\boldsymbol{\alpha}_m$线性相关，则向量组$\boldsymbol{\alpha}_1$，$\boldsymbol{\alpha}_2$，…，$\boldsymbol{\alpha}_m$，$\boldsymbol{\alpha}_{m+1}$，…，$\boldsymbol{\alpha}_n$也线性相关；若向量组$\boldsymbol{\alpha}_1$，$\boldsymbol{\alpha}_2$，…，$\boldsymbol{\alpha}_m$，$\boldsymbol{\alpha}_{m+1}$，…，$\boldsymbol{\alpha}_n$线性无关，则向量组$\boldsymbol{\alpha}_1$，$\boldsymbol{\alpha}_2$，…，$\boldsymbol{\alpha}_m$也线性无关.

注 本性质也可以概括为“部分相关⇒整体相关”或“整体无关⇒部分无关”.

(8)若向量组$\boldsymbol{\alpha}_1$，$\boldsymbol{\alpha}_2$，…，$\boldsymbol{\alpha}_m$线性无关，则向量组$\boldsymbol{\alpha}_1$，$\boldsymbol{\alpha}_2$，…，$\boldsymbol{\alpha}_m$的延伸组$\begin{pmatrix}\boldsymbol{\alpha}_1\\\boldsymbol{\beta}_1\end{pmatrix}$，$\begin{pmatrix}\boldsymbol{\alpha}_2\\\boldsymbol{\beta}_2\end{pmatrix}$，…，$\begin{pmatrix}\boldsymbol{\alpha}_m\\\boldsymbol{\beta}_m\end{pmatrix}$也线性无关．

(9)阶梯形向量组线性无关．

注 把形如$\boldsymbol{\alpha}_1=(a_{11}, 0, \cdots, 0)$，$\boldsymbol{\alpha}_2=(a_{21}, a_{22}, 0, \cdots, 0)$，…，$\boldsymbol{\alpha}_s=(a_{s1}, \cdots, a_{ss}, 0, \cdots, 0)$且$a_{ii}\neq0(i=1, \cdots, s)$组成的向量组$\boldsymbol{\alpha}_1$，$\boldsymbol{\alpha}_2$，…，$\boldsymbol{\alpha}_s$称为阶梯形向量组．

(10)若向量组$\boldsymbol{\alpha}_1$，$\boldsymbol{\alpha}_2$，…，$\boldsymbol{\alpha}_s$可以由向量组$\boldsymbol{\beta}_1$，$\boldsymbol{\beta}_2$，…，$\boldsymbol{\beta}_t$线性表出，且$\boldsymbol{\alpha}_1$，$\boldsymbol{\alpha}_2$，…，$\boldsymbol{\alpha}_s$线性无关，则有$s\leqslant t$.

注 该性质可简记为“无关被表出，则无关一定不多”.

(11)$n+1$个n维向量必线性相关．

推论 多于n个的n维向量必定线性相关．

4 线性相关与线性无关的判定方法

4.1 定义法

利用定义法判定向量组的线性相关与线性无关是最基本的判定方法，它既适用于分量给出的具体向量组，又适用于分量未给出的抽象向量组．

用定义判定向量组的相关性，即判断是否有不全为0的常数k_1，k_2，…，k_m，使$k_1\boldsymbol{\alpha}_1+k_2\boldsymbol{\alpha}_2+\cdots+k_m\boldsymbol{\alpha}_m=\boldsymbol{0}$成立．

【例】已知$\boldsymbol{\alpha}_1$，$\boldsymbol{\alpha}_2$线性无关，那么$\boldsymbol{\alpha}_1+\boldsymbol{\alpha}_2$与$\boldsymbol{\alpha}_1-\boldsymbol{\alpha}_2$的线性无关性就可以用定义法．

解 设$k_1(\boldsymbol{\alpha}_1+\boldsymbol{\alpha}_2)+k_2(\boldsymbol{\alpha}_1-\boldsymbol{\alpha}_2)=\mathbf{0}$，即

$$(k_1+k_2)\boldsymbol{\alpha}_1+(k_1-k_2)\boldsymbol{\alpha}_2=\mathbf{0},$$

又因为$\boldsymbol{\alpha}_1$，$\boldsymbol{\alpha}_2$线性无关，根据线性无关的定义，则必有$k_1+k_2=0$且$k_1-k_2=0$，解得$k_1=k_2=0$，即$\boldsymbol{\alpha}_1+\boldsymbol{\alpha}_2$与$\boldsymbol{\alpha}_1-\boldsymbol{\alpha}_2$线性无关．

4.2 性质法

利用向量组线性相关和线性无关的性质可以直接判定向量组的相关性，这是判定向量组相关与无关的常用方法之一，因此学生对于3.2中的相关性质一定要熟练掌握并能灵活运用．

4.3 矩阵法

对于各个分量都已知的向量组，可以把向量组写成矩阵的形式，然后通过矩阵的秩、矩阵的行列式等判定向量组的线性相关与线性无关，判定方法为

(1)若向量组排成的矩阵$r(\boldsymbol{A})=m$（m为向量组中向量的个数），则向量组线性无关；$r(\boldsymbol{A})<m$，则向量组线性相关．

(2)若向量组排成的矩阵为方阵$\boldsymbol{A}$，则有$|\boldsymbol{A}|=0\Leftrightarrow$向量组线性相关；$|\boldsymbol{A}|\neq 0\Leftrightarrow$向量组线性无关．

【例】已知$\boldsymbol{\alpha}_1=(1,2,5)^{\mathrm{T}}$，$\boldsymbol{\alpha}_2=(3,5,2)^{\mathrm{T}}$，$\boldsymbol{\alpha}_3=(1,6,3)^{\mathrm{T}}$，判断$\boldsymbol{\alpha}_1$，$\boldsymbol{\alpha}_2$，$\boldsymbol{\alpha}_3$的线性相关性．

解 方法一：以$\boldsymbol{\alpha}_1$，$\boldsymbol{\alpha}_2$，$\boldsymbol{\alpha}_3$为列向量排成矩阵$\boldsymbol{A}$的形式，有$\boldsymbol{A}=\begin{pmatrix}1&3&1\\2&5&6\\5&2&3\end{pmatrix}$，对矩阵$\boldsymbol{A}$进行初等行变换，求得矩阵的秩为3，即秩等于向量的个数，所以$\boldsymbol{\alpha}_1$，$\boldsymbol{\alpha}_2$，$\boldsymbol{\alpha}_3$线性无关．

方法二：观察矩阵$\boldsymbol{A}$为方阵，所以可通过求行列式的值，求解可知$|\boldsymbol{A}|\neq 0$，故$\boldsymbol{\alpha}_1$，$\boldsymbol{\alpha}_2$，$\boldsymbol{\alpha}_3$线性无关．

4.4 线性方程组法

在第7章中，我们会讲线性方程组的相关知识，利用线性方程组的知识也可以判定向量的线性表出、线性相关与线性无关．它们之间有如下等价关系：

(1)向量$\boldsymbol{\beta}$可以由向量组$\boldsymbol{\alpha}_1,\boldsymbol{\alpha}_2,\cdots,\boldsymbol{\alpha}_n$线性表出$\Leftrightarrow$非齐次线性方程组$(\boldsymbol{\alpha}_1,\boldsymbol{\alpha}_2,\cdots,\boldsymbol{\alpha}_n)\begin{pmatrix}x_1\\x_2\\\vdots\\x_n\end{pmatrix}=\boldsymbol{\beta}$有解$\Leftrightarrow r(\boldsymbol{\alpha}_1,\boldsymbol{\alpha}_2,\cdots,\boldsymbol{\alpha}_n,\boldsymbol{\beta})=r(\boldsymbol{\alpha}_1,\boldsymbol{\alpha}_2,\cdots,\boldsymbol{\alpha}_n)$.

(2)向量组$\boldsymbol{\alpha}_1,\boldsymbol{\alpha}_2,\cdots,\boldsymbol{\alpha}_n$线性相关$\Leftrightarrow$齐次线性方程组$(\boldsymbol{\alpha}_1,\boldsymbol{\alpha}_2,\cdots,\boldsymbol{\alpha}_n)\begin{pmatrix}x_1\\x_2\\\vdots\\x_n\end{pmatrix}=\mathbf{0}$有非零解$\Leftrightarrow r(\boldsymbol{\alpha}_1,\boldsymbol{\alpha}_2,\cdots,\boldsymbol{\alpha}_n)<n$.

(3)向量组$\boldsymbol{\alpha}_1,\boldsymbol{\alpha}_2,\cdots,\boldsymbol{\alpha}_n$线性无关$\Leftrightarrow$齐次线性方程组$(\boldsymbol{\alpha}_1,\boldsymbol{\alpha}_2,\cdots,\boldsymbol{\alpha}_n)\begin{pmatrix}x_1\\x_2\\\vdots\\x_n\end{pmatrix}=\mathbf{0}$只有零解$\Leftrightarrow r(\boldsymbol{\alpha}_1,\boldsymbol{\alpha}_2,\cdots,\boldsymbol{\alpha}_n)=n$.

题型精练

题型1　具体向量组的线性相关性

技巧总结

已知含参向量组的线性相关性（或线性表示），确定未知参数值是本节考查的一个重点内容．主要思路就是利用矩阵的初等变换、矩阵的行列式及向量组相关性的定义进行求解．

(1)具体向量的线性表示问题需要根据线性表示的定义转化为线性方程组有无解的问题进行求解(在后面章节会讲到线性方程组的知识)：

向量$\boldsymbol{\beta}$可以由向量组$\boldsymbol{\alpha}_1$，$\boldsymbol{\alpha}_2$，…，$\boldsymbol{\alpha}_n$线性表出$\Leftrightarrow$非齐次线性方程组$(\boldsymbol{\alpha}_1,\boldsymbol{\alpha}_2,\cdots,\boldsymbol{\alpha}_n)\begin{pmatrix}x_1\\x_2\\\vdots\\x_n\end{pmatrix}=\boldsymbol{\beta}$有解$\Leftrightarrow r(\boldsymbol{\alpha}_1,\boldsymbol{\alpha}_2,\cdots,\boldsymbol{\alpha}_n,\boldsymbol{\beta})=r(\boldsymbol{\alpha}_1,\boldsymbol{\alpha}_2,\cdots,\boldsymbol{\alpha}_n)$．若$r(\boldsymbol{\alpha}_1,\boldsymbol{\alpha}_2,\cdots,\boldsymbol{\alpha}_n,\boldsymbol{\beta})=r(\boldsymbol{\alpha}_1,\boldsymbol{\alpha}_2,\cdots,\boldsymbol{\alpha}_n)=n$，则表示法唯一；若$r(\boldsymbol{\alpha}_1,\boldsymbol{\alpha}_2,\cdots,\boldsymbol{\alpha}_n,\boldsymbol{\beta})=r(\boldsymbol{\alpha}_1,\boldsymbol{\alpha}_2,\cdots,\boldsymbol{\alpha}_n)<n$，则表示法不唯一．

(2)根据具体向量组的相关性求参数，首选矩阵法、性质法判定，其次是定义法．而选用矩阵法时，要注意观察：

①若向量组所含向量的个数m不等于每个向量分量的个数，则利用矩阵的秩判定相关性：若$r(\mathbf{A})=m$，则向量组线性无关；$r(\mathbf{A})<m$，向量组线性相关．

②若向量组所含向量的个数与每个向量分量的个数相同，则利用行列式讨论：向量组排成的矩阵为方阵$\mathbf{A}$，则有$|\mathbf{A}|=0\Leftrightarrow$向量组线性相关；$|\mathbf{A}|\neq0\Leftrightarrow$向量组线性无关．

例1　设k为实数，向量$\boldsymbol{\alpha}_1=(2,1,1)^{\mathrm{T}}$，$\boldsymbol{\alpha}_2=(4,k,2)^{\mathrm{T}}$，$\boldsymbol{\alpha}_3=(6,3,k)^{\mathrm{T}}$，$\boldsymbol{\beta}=(2k,2,0)^{\mathrm{T}}$，若向量$\boldsymbol{\beta}$不能由$\boldsymbol{\alpha}_1$，$\boldsymbol{\alpha}_2$，$\boldsymbol{\alpha}_3$线性表示，则$k=$(　　)．

A. -2　　B. -1　　C. 0　　D. 2　　E. 3

【解析】向量$\boldsymbol{\beta}$不能由$\boldsymbol{\alpha}_1$，$\boldsymbol{\alpha}_2$，$\boldsymbol{\alpha}_3$线性表示，则由技巧总结易知$r(\boldsymbol{\alpha}_1,\boldsymbol{\alpha}_2,\boldsymbol{\alpha}_3,\boldsymbol{\beta})\neq r(\boldsymbol{\alpha}_1,\boldsymbol{\alpha}_2,\boldsymbol{\alpha}_3)$,对矩阵$(\boldsymbol{\alpha}_1,\boldsymbol{\alpha}_2,\boldsymbol{\alpha}_3,\boldsymbol{\beta})$进行初等行变换，有

$$(\boldsymbol{\alpha}_1,\boldsymbol{\alpha}_2,\boldsymbol{\alpha}_3,\boldsymbol{\beta})=\begin{pmatrix}2&4&6&2k\\1&k&3&2\\1&2&k&0\end{pmatrix}\to\begin{pmatrix}1&2&3&k\\0&k-2&0&2-k\\0&0&k-3&-k\end{pmatrix},$$

当$k-3=0$且$k\neq0$时，$r(\boldsymbol{\alpha}_1,\boldsymbol{\alpha}_2,\boldsymbol{\alpha}_3,\boldsymbol{\beta})\neq r(\boldsymbol{\alpha}_1,\boldsymbol{\alpha}_2,\boldsymbol{\alpha}_3)$，解得$k=3$.

【答案】E

例2　设$\boldsymbol{\alpha}_1=(1,2,0)^{\mathrm{T}}$，$\boldsymbol{\alpha}_2=(1,a+2,-3a)^{\mathrm{T}}$，$\boldsymbol{\alpha}_3=(-1,0,a-4)^{\mathrm{T}}$，$\boldsymbol{\beta}=(1,3,-3)^{\mathrm{T}}$，若向量$\boldsymbol{\beta}$可由$\boldsymbol{\alpha}_1$，$\boldsymbol{\alpha}_2$，$\boldsymbol{\alpha}_3$线性表示，但是表示方法不唯一，则$a=$(　　)．

A. 2　　B. -2　　C. 0　　D. 3　　E. -3

【解析】由于向量$\boldsymbol{\beta}$可由$\boldsymbol{\alpha}_1$，$\boldsymbol{\alpha}_2$，$\boldsymbol{\alpha}_3$线性表示，但是表示方法不唯一，则由技巧总结知一定有$r(\boldsymbol{\alpha}_1,\boldsymbol{\alpha}_2,\boldsymbol{\alpha}_3,\boldsymbol{\beta})=r(\boldsymbol{\alpha}_1,\boldsymbol{\alpha}_2,\boldsymbol{\alpha}_3)<3$，且

$$(\boldsymbol{\alpha}_1, \boldsymbol{\alpha}_2, \boldsymbol{\alpha}_3, \boldsymbol{\beta})=\begin{pmatrix}1 & 1 & -1 & 1\\2 & a+2 & 0 & 3\\0 & -3a & a-4 & -3\end{pmatrix},$$

对上面矩阵作初等行变换，有

$$\begin{pmatrix}1 & 1 & -1 & 1\\2 & a+2 & 0 & 3\\0 & -3a & a-4 & -3\end{pmatrix}\to\begin{pmatrix}1 & 1 & -1 & 1\\0 & a & 2 & 1\\0 & -3a & a-4 & -3\end{pmatrix}\to\begin{pmatrix}1 & 1 & -1 & 1\\0 & a & 2 & 1\\0 & 0 & a+2 & 0\end{pmatrix},$$

可以看出若使 $r(\boldsymbol{\alpha}_1, \boldsymbol{\alpha}_2, \boldsymbol{\alpha}_3, \boldsymbol{\beta})=r(\boldsymbol{\alpha}_1, \boldsymbol{\alpha}_2, \boldsymbol{\alpha}_3)<3$，则必有 $a+2=0$，解得 $a=-2$.

【答案】B

例 3　设三阶矩阵 $\boldsymbol{A}=\begin{pmatrix}1 & 2 & -2\\2 & 1 & 2\\3 & 0 & 4\end{pmatrix}$，三维向量 $\boldsymbol{\alpha}=(a, 1, 1)^{\mathrm{T}}$，已知 $\boldsymbol{A\alpha}$ 与 $\boldsymbol{\alpha}$ 线性相关，则 $a=($　　$)$.

A. 1　　B. -1　　C. 0　　D. 2　　E. -2

【解析】由两个向量线性相关的性质：对应分量成比例，可得必存在非零常数 k，从而使得 $\boldsymbol{A\alpha}=k\boldsymbol{\alpha}$，即 $\begin{pmatrix}1 & 2 & -2\\2 & 1 & 2\\3 & 0 & 4\end{pmatrix}\begin{pmatrix}a\\1\\1\end{pmatrix}=k\begin{pmatrix}a\\1\\1\end{pmatrix}$，有 $\begin{cases}a+2-2=ka,\\2a+1+2=k,\\3a+4=k,\end{cases}$ 解得 $a=-1$，$k=1$.

【答案】B

【点评】若向量 $\boldsymbol{A\alpha}$ 与 $\boldsymbol{\alpha}$ 线性相关，则由 $k_1\boldsymbol{A\alpha}+k_2\boldsymbol{\alpha}=\boldsymbol{0}(k_1, k_2\neq 0)$，可推出 $\boldsymbol{A\alpha}=k\boldsymbol{\alpha}(k\neq 0)$.

例 4　设 $\boldsymbol{\alpha}_1=(1, k, 5)^{\mathrm{T}}$，$\boldsymbol{\alpha}_2=(1, -3, 2)^{\mathrm{T}}$，$\boldsymbol{\alpha}_3=(2, -1, 1)^{\mathrm{T}}$，向量组 $\boldsymbol{\alpha}_1, \boldsymbol{\alpha}_2, \boldsymbol{\alpha}_3$ 线性相关，则 $k=($　　$)$.

A. 2　　B. -2　　C. 0　　D. 8　　E. -8

【解析】以 $\boldsymbol{\alpha}_1, \boldsymbol{\alpha}_2, \boldsymbol{\alpha}_3$ 为列向量构成三阶方阵 $\boldsymbol{A}$，$\boldsymbol{A}=\begin{pmatrix}1 & 1 & 2\\k & -3 & -1\\5 & 2 & 1\end{pmatrix}$，由向量组 $\boldsymbol{\alpha}_1, \boldsymbol{\alpha}_2, \boldsymbol{\alpha}_3$ 线性相关，根据技巧总结的结论，知一定有 $|\boldsymbol{A}|=0$，即

$$\begin{vmatrix}1 & 1 & 2\\k & -3 & -1\\5 & 2 & 1\end{vmatrix}=\begin{vmatrix}1 & 1 & 2\\0 & -3-k & -1-2k\\0 & -3 & -9\end{vmatrix}=24+3k=0，即 k=-8.$$

【答案】E

例 5　向量组 $\boldsymbol{\alpha}_1=(a, 2, 1)^{\mathrm{T}}$，$\boldsymbol{\alpha}_2=(2, a, 0)^{\mathrm{T}}$，$\boldsymbol{\alpha}_3=(1, -1, 1)^{\mathrm{T}}$ 且向量组 $\boldsymbol{\alpha}_1, \boldsymbol{\alpha}_2, \boldsymbol{\alpha}_3$ 线性相关，则 $a=($　　$)$.

A. 3 或 -2　　B. -3 或 2　　C. 0　　D. -3 或 -2　　E. 3 或 2

【解析】以 $\boldsymbol{\alpha}_1, \boldsymbol{\alpha}_2, \boldsymbol{\alpha}_3$ 为列向量构成三阶方阵 $\boldsymbol{A}$，$\boldsymbol{A}=\begin{pmatrix}a & 2 & 1\\2 & a & -1\\1 & 0 & 1\end{pmatrix}$.

对矩阵 $\boldsymbol{A}$ 进行初等行变换化为阶梯形矩阵，有

$$\begin{pmatrix} a & 2 & 1 \\ 2 & a & -1 \\ 1 & 0 & 1 \end{pmatrix} \to \begin{pmatrix} 1 & 0 & 1 \\ a & 2 & 1 \\ 2 & a & -1 \end{pmatrix} \to \begin{pmatrix} 1 & 0 & 1 \\ 0 & 2 & 1-a \\ 0 & a & -3 \end{pmatrix} \to \begin{pmatrix} 1 & 0 & 1 \\ 0 & 1 & \frac{1}{2}(1-a) \\ 0 & 0 & (a-3)(a+2) \end{pmatrix},$$

若 $\boldsymbol{\alpha}_1$，$\boldsymbol{\alpha}_2$，$\boldsymbol{\alpha}_3$ 线性相关，则有 $r(\boldsymbol{\alpha}_1, \boldsymbol{\alpha}_2, \boldsymbol{\alpha}_3)<3$(向量个数)，可得 $(a-3)(a+2)=0$，得 $a=3$ 或 $a=-2$.

【答案】A

【点评】本题还可以利用例 4 中的方法，令矩阵 $\boldsymbol{A}$ 的行列式等于 0，求出 a 的值.

例 6　已知向量组 $\boldsymbol{\alpha}_1=(1, -1, 2, 4)^{\mathrm{T}}$，$\boldsymbol{\alpha}_2=(0, 3, 1, k)^{\mathrm{T}}$，$\boldsymbol{\alpha}_3=(3, 0, 7, 14)^{\mathrm{T}}$ 线性相关，则 $k=$(　　).

A. 1　　B. -1　　C. 0　　D. 2　　E. -2

【解析】以 $\boldsymbol{\alpha}_1$，$\boldsymbol{\alpha}_2$，$\boldsymbol{\alpha}_3$ 为列向量构成 4×3 阶矩阵 $\boldsymbol{A}$，即

$$\boldsymbol{A}=(\boldsymbol{\alpha}_1, \boldsymbol{\alpha}_2, \boldsymbol{\alpha}_3)=\begin{pmatrix} 1 & 0 & 3 \\ -1 & 3 & 0 \\ 2 & 1 & 7 \\ 4 & k & 14 \end{pmatrix},$$

对其作初等行变换，有

$$\begin{pmatrix} 1 & 0 & 3 \\ -1 & 3 & 0 \\ 2 & 1 & 7 \\ 4 & k & 14 \end{pmatrix} \to \begin{pmatrix} 1 & 0 & 3 \\ 0 & 3 & 3 \\ 0 & 1 & 1 \\ 0 & k & 2 \end{pmatrix} \to \begin{pmatrix} 1 & 0 & 3 \\ 0 & 1 & 1 \\ 0 & 0 & 0 \\ 0 & 0 & 2-k \end{pmatrix} \to \begin{pmatrix} 1 & 0 & 3 \\ 0 & 1 & 1 \\ 0 & 0 & 2-k \\ 0 & 0 & 0 \end{pmatrix},$$

由于 $\boldsymbol{\alpha}_1$，$\boldsymbol{\alpha}_2$，$\boldsymbol{\alpha}_3$ 线性相关，则 $r(\boldsymbol{\alpha}_1, \boldsymbol{\alpha}_2, \boldsymbol{\alpha}_3)<3$(向量个数)，即 $2-k=0$，解得 $k=2$.

【答案】D

【点评】本题型例 4—例 6 题的解题思路就是把向量组的相关性转化为矩阵来求解. 如果构成的矩阵恰好是方阵，则既可以像例 4 利用行列式的值来确定参数值，又可以像例 5 对矩阵进行初等行变换，通过矩阵的秩来确定参数的值；但是如果向量组构成的矩阵不是方阵，那就只能通过初等行变换，利用矩阵的秩来确定参数的值，比如例 6.

题型 2　抽象向量组的线性相关性

技巧总结

抽象向量组的线性表示与相关性问题一般就是利用定义和性质进行分析求解.

(1)利用知识精讲 3.2 中列出的相关性性质以及如下重要结论判定:

①性质(10)推论：若向量组 $\boldsymbol{\alpha}_1$，$\boldsymbol{\alpha}_2$，…，$\boldsymbol{\alpha}_s$ 可以由向量组 $\boldsymbol{\beta}_1$，$\boldsymbol{\beta}_2$，…，$\boldsymbol{\beta}_t$ 线性表出，且 $s>t$，则一定有 $\boldsymbol{\alpha}_1$，$\boldsymbol{\alpha}_2$，…，$\boldsymbol{\alpha}_s$ 线性相关，可以记为“多被表出多相关”；

②若向量组 $\boldsymbol{\alpha}_1$，$\boldsymbol{\alpha}_2$，…，$\boldsymbol{\alpha}_n$ 线性无关，且向量 $\boldsymbol{\beta}$ 不能由 $\boldsymbol{\alpha}_1$，$\boldsymbol{\alpha}_2$，…，$\boldsymbol{\alpha}_n$ 线性表出，则新的向量组 $\boldsymbol{\alpha}_1$，$\boldsymbol{\alpha}_2$，…，$\boldsymbol{\alpha}_n$，$\boldsymbol{\beta}$ 一定也线性无关．

(2)下面结论均以向量组 $\boldsymbol{\alpha}_1$，$\boldsymbol{\alpha}_2$，…，$\boldsymbol{\alpha}_n$($\boldsymbol{\alpha}_i$ 均为 n 维列向量)线性无关为前提，利用矩阵的秩、行列式的值判断另一向量组的相关性：

①$\boldsymbol{\beta}_i$ 均为 n 维列向量，若$(\boldsymbol{\beta}_1, \boldsymbol{\beta}_2, \cdots, \boldsymbol{\beta}_m)=(\boldsymbol{\alpha}_1, \boldsymbol{\alpha}_2, \cdots, \boldsymbol{\alpha}_n)\boldsymbol{B}$，则 $r(\boldsymbol{\beta}_1, \boldsymbol{\beta}_2, \cdots, \boldsymbol{\beta}_m)=r(\boldsymbol{B})$. 向量组 $\boldsymbol{\beta}_1$，$\boldsymbol{\beta}_2$，…，$\boldsymbol{\beta}_m$ 线性相关$\Leftrightarrow r(\boldsymbol{B})<m$，向量组 $\boldsymbol{\beta}_1$，$\boldsymbol{\beta}_2$，…，$\boldsymbol{\beta}_m$ 线性无关$\Leftrightarrow r(\boldsymbol{B})=m$；

②$\boldsymbol{\beta}_i$ 均为 n 维列向量，若$(\boldsymbol{\beta}_1, \boldsymbol{\beta}_2, \cdots, \boldsymbol{\beta}_n)=(\boldsymbol{\alpha}_1, \boldsymbol{\alpha}_2, \cdots, \boldsymbol{\alpha}_n)\boldsymbol{C}$，则向量组 $\boldsymbol{\beta}_1$，$\boldsymbol{\beta}_2$，…，$\boldsymbol{\beta}_n$ 线性相关$\Leftrightarrow |\boldsymbol{C}|=0$；

③$(\boldsymbol{A}\boldsymbol{\alpha}_1, \boldsymbol{A}\boldsymbol{\alpha}_2, \cdots, \boldsymbol{A}\boldsymbol{\alpha}_n)=\boldsymbol{A}(\boldsymbol{\alpha}_1, \boldsymbol{\alpha}_2, \cdots, \boldsymbol{\alpha}_n)$，则向量组 $\boldsymbol{A}\boldsymbol{\alpha}_1$，$\boldsymbol{A}\boldsymbol{\alpha}_2$，…，$\boldsymbol{A}\boldsymbol{\alpha}_n$ 线性相关$\Leftrightarrow |\boldsymbol{A}|=0$.

(3)快速解题技巧：①由于向量组的线性相关与线性无关是相互对立的两个概念，因此在判定相关性时，反证法有时也不失为一个重要方法；

②由于考题都是选择题，故也可以利用代入特殊值构造反例的方法来排除错误选项．

例 7 若向量组 $\boldsymbol{\alpha}$，$\boldsymbol{\beta}$，$\boldsymbol{\gamma}$ 线性无关，$\boldsymbol{\alpha}$，$\boldsymbol{\beta}$，$\boldsymbol{\delta}$ 线性相关，则(　　).

A. $\boldsymbol{\alpha}$ 必可由 $\boldsymbol{\beta}$，$\boldsymbol{\gamma}$，$\boldsymbol{\delta}$ 线性表示　　B. $\boldsymbol{\beta}$ 必不可由 $\boldsymbol{\alpha}$，$\boldsymbol{\gamma}$，$\boldsymbol{\delta}$ 线性表示

C. $\boldsymbol{\delta}$ 必可由 $\boldsymbol{\alpha}$，$\boldsymbol{\beta}$，$\boldsymbol{\gamma}$ 线性表示　　D. $\boldsymbol{\delta}$ 必不可由 $\boldsymbol{\alpha}$，$\boldsymbol{\beta}$，$\boldsymbol{\gamma}$ 线性表示

E. 以上选项均不正确

【解析】根据 $\boldsymbol{\alpha}$，$\boldsymbol{\beta}$，$\boldsymbol{\gamma}$ 线性无关可得向量组 $\boldsymbol{\alpha}$，$\boldsymbol{\beta}$ 一定无关，又因为 $\boldsymbol{\alpha}$，$\boldsymbol{\beta}$，$\boldsymbol{\delta}$ 线性相关，可得向量 $\boldsymbol{\delta}$ 一定可以由 $\boldsymbol{\alpha}$，$\boldsymbol{\beta}$ 线性表示，从而 $\boldsymbol{\delta}$ 一定可由 $\boldsymbol{\alpha}$，$\boldsymbol{\beta}$，$\boldsymbol{\gamma}$ 线性表示，故选 C.

【答案】C

例 8 设 $\boldsymbol{A}=\begin{pmatrix}-2 & 1 & 3\\ 1 & 1 & 0\\ -4 & 1 & t\end{pmatrix}$，且三维向量 $\boldsymbol{\alpha}_1$，$\boldsymbol{\alpha}_2$ 线性无关，若使 $\boldsymbol{A}\boldsymbol{\alpha}_1$，$\boldsymbol{A}\boldsymbol{\alpha}_2$ 线性相关，则 $t=$(　　).

A. 3　　B. -3　　C. 0　　D. 5　　E. -5

【解析】由于$(\boldsymbol{A}\boldsymbol{\alpha}_1, \boldsymbol{A}\boldsymbol{\alpha}_2)=\boldsymbol{A}(\boldsymbol{\alpha}_1, \boldsymbol{\alpha}_2)$且 $\boldsymbol{\alpha}_1$，$\boldsymbol{\alpha}_2$ 线性无关，则由技巧总结知 $\boldsymbol{A}\boldsymbol{\alpha}_1$，$\boldsymbol{A}\boldsymbol{\alpha}_2$ 线性相关一定有 $|\boldsymbol{A}|=0$，即

$$|\boldsymbol{A}|=\begin{vmatrix}-2 & 1 & 3\\ 1 & 1 & 0\\ -4 & 1 & t\end{vmatrix}=15-3t=0,$$

解得 $t=5$.

【答案】D

例 9 若向量组 $\boldsymbol{\alpha}_1$，$\boldsymbol{\alpha}_2$，$\boldsymbol{\alpha}_3$ 与向量组 $\boldsymbol{\beta}_1$，$\boldsymbol{\beta}_2$ 有这样的关系$\begin{cases}\boldsymbol{\alpha}_1=\boldsymbol{\beta}_1-\boldsymbol{\beta}_2,\\ \boldsymbol{\alpha}_2=\boldsymbol{\beta}_1+2\boldsymbol{\beta}_2,\\ \boldsymbol{\alpha}_3=5\boldsymbol{\beta}_1-2\boldsymbol{\beta}_2,\end{cases}$则有(　　).

A. 向量组 $\boldsymbol{\alpha}_1$，$\boldsymbol{\alpha}_2$，$\boldsymbol{\alpha}_3$ 一定线性无关

B. 向量组 $\boldsymbol{\alpha}_1$，$\boldsymbol{\alpha}_2$，$\boldsymbol{\alpha}_3$ 一定线性相关

C. 向量组 $\boldsymbol{\alpha}_1$，$\boldsymbol{\alpha}_2$，$\boldsymbol{\alpha}_3$ 可能线性相关，也可能线性无关

D. 向量组 $\boldsymbol{\beta}_1$，$\boldsymbol{\beta}_2$ 一定线性无关

E. 向量组 $\boldsymbol{\beta}_1$，$\boldsymbol{\beta}_2$ 一定线性相关

【解析】根据已知条件，向量组 $\boldsymbol{\alpha}_1$，$\boldsymbol{\alpha}_2$，$\boldsymbol{\alpha}_3$ 可由向量组 $\boldsymbol{\beta}_1$，$\boldsymbol{\beta}_2$ 线性表出且向量个数 $3>2$，由技巧总结中性质(10)的推论“多被表出多相关”，可知向量组 $\boldsymbol{\alpha}_1$，$\boldsymbol{\alpha}_2$，$\boldsymbol{\alpha}_3$ 一定线性相关．而对于向量个数少的向量组 $\boldsymbol{\beta}_1$，$\boldsymbol{\beta}_2$，无法确定其相关性．

【答案】B

例 10　设 $\boldsymbol{\alpha}_1$，$\boldsymbol{\alpha}_2$，$\boldsymbol{\alpha}_3$，$\boldsymbol{\alpha}_4$ 线性无关，则一定有(　　)．

A. $\boldsymbol{\alpha}_1+\boldsymbol{\alpha}_2$，$\boldsymbol{\alpha}_2+\boldsymbol{\alpha}_3$，$\boldsymbol{\alpha}_3+\boldsymbol{\alpha}_4$ 线性相关

B. $\boldsymbol{\alpha}_1-\boldsymbol{\alpha}_2$，$\boldsymbol{\alpha}_2-\boldsymbol{\alpha}_3$，$\boldsymbol{\alpha}_3-\boldsymbol{\alpha}_4$ 线性相关

C. $\boldsymbol{\alpha}_1+\boldsymbol{\alpha}_2+\boldsymbol{\alpha}_3$，$\boldsymbol{\alpha}_2+\boldsymbol{\alpha}_3+\boldsymbol{\alpha}_4$，$\boldsymbol{\alpha}_1+\boldsymbol{\alpha}_3+\boldsymbol{\alpha}_4$ 线性相关

D. $\boldsymbol{\alpha}_1-\boldsymbol{\alpha}_2-\boldsymbol{\alpha}_3$，$\boldsymbol{\alpha}_2-\boldsymbol{\alpha}_3-\boldsymbol{\alpha}_4$，$\boldsymbol{\alpha}_1-\boldsymbol{\alpha}_3-\boldsymbol{\alpha}_4$ 线性相关

E. 以上选项均不正确

【解析】把各选项中的向量组分别表示成已知向量组 $\boldsymbol{\alpha}_1$，$\boldsymbol{\alpha}_2$，$\boldsymbol{\alpha}_3$，$\boldsymbol{\alpha}_4$ 与矩阵的乘积．

A 项：$(\boldsymbol{\alpha}_1+\boldsymbol{\alpha}_2,\ \boldsymbol{\alpha}_2+\boldsymbol{\alpha}_3,\ \boldsymbol{\alpha}_3+\boldsymbol{\alpha}_4)=(\boldsymbol{\alpha}_1,\ \boldsymbol{\alpha}_2,\ \boldsymbol{\alpha}_3,\ \boldsymbol{\alpha}_4)\begin{pmatrix}1&0&0\\1&1&0\\0&1&1\\0&0&1\end{pmatrix}=(\boldsymbol{\alpha}_1,\ \boldsymbol{\alpha}_2,\ \boldsymbol{\alpha}_3,\ \boldsymbol{\alpha}_4)\boldsymbol{A}$，

且 $r(\boldsymbol{A})=3$，恰好为向量组 $\boldsymbol{\alpha}_1+\boldsymbol{\alpha}_2$，$\boldsymbol{\alpha}_2+\boldsymbol{\alpha}_3$，$\boldsymbol{\alpha}_3+\boldsymbol{\alpha}_4$ 中向量的个数，则向量组线性无关．

同理，可验证 B、C、D 项，求出相对应的矩阵 $\boldsymbol{A}$ 的秩，与向量的个数作比较，$r(\boldsymbol{A})=$向量的个数，则无关，$r(\boldsymbol{A})<$向量的个数，则相关．经判断，B、C、D 项中的向量组均为线性无关，从而选 E.

【答案】E

例 11　若向量组 $\boldsymbol{\alpha}_1$，$\boldsymbol{\alpha}_2$，$\boldsymbol{\alpha}_3$，$\boldsymbol{\alpha}_4$ 线性无关，$\boldsymbol{\alpha}_1$，$\boldsymbol{\alpha}_2$，$\boldsymbol{\alpha}_3$，$\boldsymbol{\alpha}_5$ 线性相关，则有(　　)．

A. $\boldsymbol{\alpha}_1$ 必可由 $\boldsymbol{\alpha}_2$，$\boldsymbol{\alpha}_3$，$\boldsymbol{\alpha}_4$，$\boldsymbol{\alpha}_5$ 线性表示

B. $\boldsymbol{\alpha}_2$ 必可由 $\boldsymbol{\alpha}_1$，$\boldsymbol{\alpha}_3$，$\boldsymbol{\alpha}_4$，$\boldsymbol{\alpha}_5$ 线性表示

C. $\boldsymbol{\alpha}_3$ 必可由 $\boldsymbol{\alpha}_1$，$\boldsymbol{\alpha}_2$，$\boldsymbol{\alpha}_4$，$\boldsymbol{\alpha}_5$ 线性表示

D. $\boldsymbol{\alpha}_4$ 必可由 $\boldsymbol{\alpha}_1$，$\boldsymbol{\alpha}_2$，$\boldsymbol{\alpha}_3$，$\boldsymbol{\alpha}_5$ 线性表示

E. $\boldsymbol{\alpha}_5$ 必可由 $\boldsymbol{\alpha}_1$，$\boldsymbol{\alpha}_2$，$\boldsymbol{\alpha}_3$，$\boldsymbol{\alpha}_4$ 线性表示

【解析】由 $\boldsymbol{\alpha}_1$，$\boldsymbol{\alpha}_2$，$\boldsymbol{\alpha}_3$，$\boldsymbol{\alpha}_4$ 线性无关，根据性质“整体无关则必有部分无关”，可知 $\boldsymbol{\alpha}_1$，$\boldsymbol{\alpha}_2$，$\boldsymbol{\alpha}_3$ 必线性无关，又因 $\boldsymbol{\alpha}_1$，$\boldsymbol{\alpha}_2$，$\boldsymbol{\alpha}_3$，$\boldsymbol{\alpha}_5$ 线性相关，故 $\boldsymbol{\alpha}_5$ 必可由 $\boldsymbol{\alpha}_1$，$\boldsymbol{\alpha}_2$，$\boldsymbol{\alpha}_3$ 线性表示，因而必可由 $\boldsymbol{\alpha}_1$，$\boldsymbol{\alpha}_2$，$\boldsymbol{\alpha}_3$，$\boldsymbol{\alpha}_4$ 线性表示．

【答案】E

【点评】本题考查的是向量组线性表示以及线性相关性的性质，也是历年考查的重点，必须熟练掌握线性相关与无关的定义及性质．

例 12　设向量组 $\boldsymbol{\alpha}_1$，$\boldsymbol{\alpha}_2$，$\boldsymbol{\alpha}_3$ 线性无关，向量 $\boldsymbol{\beta}_1$ 可由 $\boldsymbol{\alpha}_1$，$\boldsymbol{\alpha}_2$，$\boldsymbol{\alpha}_3$ 线性表示，而 $\boldsymbol{\beta}_2$ 不能由 $\boldsymbol{\alpha}_1$，$\boldsymbol{\alpha}_2$，$\boldsymbol{\alpha}_3$ 线性表示，则必有(　　).

A. $\boldsymbol{\alpha}_1$，$\boldsymbol{\alpha}_2$，$\boldsymbol{\beta}_1$ 线性无关　　B. $\boldsymbol{\alpha}_1$，$\boldsymbol{\alpha}_2$，$\boldsymbol{\beta}_2$ 线性无关

C. $\boldsymbol{\alpha}_2$，$\boldsymbol{\alpha}_3$，$\boldsymbol{\beta}_1$，$\boldsymbol{\beta}_2$ 线性相关　　D. $\boldsymbol{\alpha}_1$，$\boldsymbol{\alpha}_2$，$\boldsymbol{\alpha}_3$，$\boldsymbol{\beta}_1+\boldsymbol{\beta}_2$ 线性相关

E. $\boldsymbol{\alpha}_1$，$\boldsymbol{\alpha}_2$，$\boldsymbol{\alpha}_3$，$\boldsymbol{\beta}_2$ 线性相关

【解析】由于 $\boldsymbol{\alpha}_1$，$\boldsymbol{\alpha}_2$，$\boldsymbol{\alpha}_3$ 线性无关，$\boldsymbol{\beta}_2$ 不能由 $\boldsymbol{\alpha}_1$，$\boldsymbol{\alpha}_2$，$\boldsymbol{\alpha}_3$ 线性表示，可知 $\boldsymbol{\alpha}_1$，$\boldsymbol{\alpha}_2$，$\boldsymbol{\alpha}_3$，$\boldsymbol{\beta}_2$ 线性无关，从而部分组 $\boldsymbol{\alpha}_1$，$\boldsymbol{\alpha}_2$，$\boldsymbol{\beta}_2$ 线性无关，因此 B 项正确，E 项错误.

取特殊值，令 $\boldsymbol{\alpha}_1=(1,0,0,0)^{\mathrm{T}}$，$\boldsymbol{\alpha}_2=(0,1,0,0)^{\mathrm{T}}$，$\boldsymbol{\alpha}_3=(0,0,1,0)^{\mathrm{T}}$，$\boldsymbol{\beta}_2=(0,0,0,1)^{\mathrm{T}}$，$\boldsymbol{\beta}_1=\boldsymbol{\alpha}_1$，此时 $\boldsymbol{\alpha}_1$，$\boldsymbol{\alpha}_2$，$\boldsymbol{\beta}_1$ 线性相关，$\boldsymbol{\alpha}_2$，$\boldsymbol{\alpha}_3$，$\boldsymbol{\beta}_1$，$\boldsymbol{\beta}_2$ 是线性无关的，故 A、C 项错误.

D 项：由于 $\boldsymbol{\alpha}_1$，$\boldsymbol{\alpha}_2$，$\boldsymbol{\alpha}_3$ 线性无关，采用反证法，假设 $\boldsymbol{\alpha}_1$，$\boldsymbol{\alpha}_2$，$\boldsymbol{\alpha}_3$，$\boldsymbol{\beta}_1+\boldsymbol{\beta}_2$ 线性相关，则 $\boldsymbol{\beta}_1+\boldsymbol{\beta}_2$ 可由 $\boldsymbol{\alpha}_1$，$\boldsymbol{\alpha}_2$，$\boldsymbol{\alpha}_3$ 线性表示，又因为 $\boldsymbol{\beta}_1$ 可由 $\boldsymbol{\alpha}_1$，$\boldsymbol{\alpha}_2$，$\boldsymbol{\alpha}_3$ 线性表示，可推出 $\boldsymbol{\beta}_2$ 也可由 $\boldsymbol{\alpha}_1$，$\boldsymbol{\alpha}_2$，$\boldsymbol{\alpha}_3$ 线性表示，与题干矛盾，故 D 项错误.

【答案】B

【点评】仅通过 $\boldsymbol{\beta}$ 不能由 $\boldsymbol{\alpha}_1$，$\boldsymbol{\alpha}_2$，$\boldsymbol{\alpha}_3$ 线性表示是不能推导出 $\boldsymbol{\alpha}_1$，$\boldsymbol{\alpha}_2$，$\boldsymbol{\alpha}_3$，$\boldsymbol{\beta}$ 线性无关的．必须有一个前提条件，即 $\boldsymbol{\alpha}_1$，$\boldsymbol{\alpha}_2$，$\boldsymbol{\alpha}_3$ 是线性无关的．如果不满足这个条件，比如：$\boldsymbol{\alpha}_1=(1,0,0)^{\mathrm{T}}$，$\boldsymbol{\alpha}_2=(2,0,0)^{\mathrm{T}}$，$\boldsymbol{\alpha}_3=(3,0,0)^{\mathrm{T}}$，$\boldsymbol{\beta}=(0,1,0)^{\mathrm{T}}$，显然 $\boldsymbol{\beta}$ 不能由 $\boldsymbol{\alpha}_1$，$\boldsymbol{\alpha}_2$，$\boldsymbol{\alpha}_3$ 线性表示，但 $\boldsymbol{\alpha}_1$，$\boldsymbol{\alpha}_2$，$\boldsymbol{\alpha}_3$，$\boldsymbol{\beta}$ 线性相关.

第 2 节　极大线性无关组与向量组的秩

考纲解析

1. 理解向量组的极大线性无关组的概念，会求向量组的极大线性无关组及秩.
2. 理解向量组等价的概念，理解矩阵的秩与其行(列)向量组的秩之间的关系.

知识精讲

1　极大线性无关组

1.1　基本概念

定义 1　设有向量组(Ⅰ)$\boldsymbol{\alpha}_1$，$\boldsymbol{\alpha}_2$，…，$\boldsymbol{\alpha}_m$ 与向量组(Ⅱ)$\boldsymbol{\beta}_1$，$\boldsymbol{\beta}_2$，…，$\boldsymbol{\beta}_t$，如果向量组(Ⅰ)中的每一个向量都能由向量组(Ⅱ)线性表示，同时向量组(Ⅱ)中的每一个向量也都能由向量组(Ⅰ)线性表示，则称向量组(Ⅰ)与向量组(Ⅱ)等价.

推论　两个线性无关的等价的向量组，所含的向量个数必相同，即 $m=t$.

定义 2　设 $\boldsymbol{\alpha}_1$，$\boldsymbol{\alpha}_2$，…，$\boldsymbol{\alpha}_m$ 为一个向量组，$\boldsymbol{\alpha}_{i_1}$，$\boldsymbol{\alpha}_{i_2}$，…，$\boldsymbol{\alpha}_{i_t}$ 为其中线性无关的 t 个向量，如果再加上 $\boldsymbol{\alpha}_1$，$\boldsymbol{\alpha}_2$，…，$\boldsymbol{\alpha}_m$ 中的任何一个向量 $\boldsymbol{\alpha}_j$，新的向量组 $\boldsymbol{\alpha}_{i_1}$，$\boldsymbol{\alpha}_{i_2}$，…，$\boldsymbol{\alpha}_{i_t}$，$\boldsymbol{\alpha}_j$ 就线性相

关，则称$\boldsymbol{\alpha}_{i_1}$，$\boldsymbol{\alpha}_{i_2}$，…，$\boldsymbol{\alpha}_{i_r}$为向量组$\boldsymbol{\alpha}_1$，$\boldsymbol{\alpha}_2$，…，$\boldsymbol{\alpha}_m$的**极大线性无关组**.

注 ①极大线性无关组不唯一，但是极大线性无关组中所含向量的个数是唯一的，例如：

对于向量组$\boldsymbol{\alpha}_1=\begin{pmatrix}1\\2\\3\end{pmatrix}$，$\boldsymbol{\alpha}_2=\begin{pmatrix}1\\1\\1\end{pmatrix}$，$\boldsymbol{\alpha}_3=\begin{pmatrix}0\\1\\2\end{pmatrix}$来说，由于$\boldsymbol{\alpha}_3=\boldsymbol{\alpha}_1-\boldsymbol{\alpha}_2$，可知$\boldsymbol{\alpha}_1$，$\boldsymbol{\alpha}_2$，$\boldsymbol{\alpha}_3$线性相关，又由于$\boldsymbol{\alpha}_1$，$\boldsymbol{\alpha}_2$线性无关，可知$\boldsymbol{\alpha}_1$，$\boldsymbol{\alpha}_2$为$\boldsymbol{\alpha}_1$，$\boldsymbol{\alpha}_2$，$\boldsymbol{\alpha}_3$的极大线性无关组；类似地，由于$\boldsymbol{\alpha}_2$，$\boldsymbol{\alpha}_3$和$\boldsymbol{\alpha}_1$，$\boldsymbol{\alpha}_3$也都线性无关，因此$\boldsymbol{\alpha}_2$，$\boldsymbol{\alpha}_3$和$\boldsymbol{\alpha}_1$，$\boldsymbol{\alpha}_3$也都是$\boldsymbol{\alpha}_1$，$\boldsymbol{\alpha}_2$，$\boldsymbol{\alpha}_3$的极大线性无关组.

②由极大线性无关组的定义可知，向量组$\boldsymbol{\alpha}_1$，$\boldsymbol{\alpha}_2$，…，$\boldsymbol{\alpha}_m$线性无关的充要条件是极大线性无关组为其本身.

1.2 极大线性无关组的性质

性质1 任一向量组和自己的极大线性无关组等价.

注 极大线性无关组最重要的性质：与原向量组等价.

性质2 向量组的任意两个极大线性无关组等价.

性质3 向量组的任意两个极大线性无关组所含的向量的个数相等.

性质4 等价的向量组的极大线性无关组等价.

1.3 极大线性无关组的求法

对于具体的向量组的极大线性无关组的基本求解步骤如下：

(1)以向量组为列，构成矩阵$\boldsymbol{A}$(如果是行向量，则取转置后再计算)；

(2)对矩阵$\boldsymbol{A}$作初等行变换，化为阶梯形矩阵，阶梯形矩阵中非零行的个数即为向量组的秩；

(3)在阶梯形矩阵中标出每个非零行的主元(第一个非零元)，与主元所在列的列标相对应的向量构成的向量组即为原向量组的一个极大线性无关组.

注 ①必须以向量作为矩阵的列向量，构造矩阵；

②对矩阵进行初等变换过程中，只能进行初等行变换.

2 向量组的秩

2.1 向量组的秩的概念

定义 向量$\boldsymbol{\alpha}_1$，$\boldsymbol{\alpha}_2$，…，$\boldsymbol{\alpha}_m$的极大线性无关组中所含向量的个数称为该向量组的**秩**，记作$r(\boldsymbol{\alpha}_1,\boldsymbol{\alpha}_2,\cdots,\boldsymbol{\alpha}_m)$.

【例】前面的例子中极大线性无关组的个数可以用向量组的秩来表述：向量组$\boldsymbol{\alpha}_1=\begin{pmatrix}1\\2\\3\end{pmatrix}$，$\boldsymbol{\alpha}_2=\begin{pmatrix}1\\1\\1\end{pmatrix}$，$\boldsymbol{\alpha}_3=\begin{pmatrix}0\\1\\2\end{pmatrix}$的秩为2.

同样的，关于向量线性无关的充要条件就可以表述为向量组的秩恰好等于向量的个数，即向量组$\boldsymbol{\alpha}_1$，$\boldsymbol{\alpha}_2$，…，$\boldsymbol{\alpha}_m$线性无关的充要条件是$r(\boldsymbol{\alpha}_1,\boldsymbol{\alpha}_2,\cdots,\boldsymbol{\alpha}_m)=m$.

2.2 向量组的秩的基本性质

性质1 如果向量组 $\boldsymbol{\alpha}_1, \boldsymbol{\alpha}_2, \cdots, \boldsymbol{\alpha}_s$ 可以由向量组 $\boldsymbol{\beta}_1, \boldsymbol{\beta}_2, \cdots, \boldsymbol{\beta}_t$ 线性表示，则

$$r(\boldsymbol{\alpha}_1, \boldsymbol{\alpha}_2, \cdots, \boldsymbol{\alpha}_s) \leqslant r(\boldsymbol{\beta}_1, \boldsymbol{\beta}_2, \cdots, \boldsymbol{\beta}_t).$$

性质2 任意两个等价的向量组的秩相等.

注 秩相同的向量组不一定等价. 例如：假设两个向量组分别由单个向量 $\boldsymbol{\alpha}=\begin{pmatrix}1\\1\end{pmatrix}$ 与 $\boldsymbol{\beta}=\begin{pmatrix}1\\0\end{pmatrix}$ 构成，显然这两个向量组的秩均为1，但它们不能相互线性表出，因此不等价.

性质3 矩阵的秩等于它的列向量组的秩(列秩)，也等于它的行向量组的秩(行秩).

注 这个定理是利用矩阵法判定向量组相关性的原理，即对矩阵进行初等变换后的秩就是原向量组的秩.

2.3 向量组的秩的求法

求向量组的秩就是求向量组的极大线性无关组的步骤中的前2步，即

(1)以向量组为列，构成矩阵 $\mathbf{A}$(如果是行向量，则取转置后再计算)；

(2)对矩阵 $\mathbf{A}$ 作初等行变换，化为阶梯形矩阵，阶梯形矩阵中非零行的个数即为向量组的秩.

题型精练

题型3 求向量组的极大线性无关组和向量组的秩

技巧总结

本题型是这部分内容考查的重点内容，需要熟练掌握.

(1)对于具体的向量组的秩和极大线性无关组的求解有如下方法：

①初等行变换法：求解步骤详见知识精讲1.3，2.3；

②矩阵的定义法：矩阵的秩为其非零子式的最高阶数.

(2)对于抽象向量组的秩的问题，可以利用线性无关和相关的定义和性质，结合题干条件来进行判定.

①如果判定向量组是线性无关的，则可直接求出其秩为向量组中向量的个数；

②如果向量组是线性相关的，则可得出秩一定小于向量个数，再结合其他条件进行求解. 参见本章第1节3.2中的性质以及本章题型1和题型2技巧总结中的重要结论.

(3)通过向量组的秩求向量中的参数，有如下方法：

①初等行变换法：根据求解向量组秩的步骤，已知向量组的秩，则确定阶梯形矩阵的非零行的个数，其余行均为0，可知参数的值；

②矩阵的定义法：若向量组的秩为 r，则由向量组构成的矩阵中任意 $r+1$ 阶子式为0，通过计算行列式的值，确定参数值.

例 13 设 $\boldsymbol{\beta}_1=\begin{pmatrix}1\\3\\2\\0\end{pmatrix}$，$\boldsymbol{\beta}_2=\begin{pmatrix}7\\0\\14\\3\end{pmatrix}$，$\boldsymbol{\beta}_3=\begin{pmatrix}2\\-1\\0\\1\end{pmatrix}$，$\boldsymbol{\beta}_4=\begin{pmatrix}5\\1\\6\\2\end{pmatrix}$，$\boldsymbol{\beta}_5=\begin{pmatrix}2\\-1\\4\\1\end{pmatrix}$，则向量组 $\boldsymbol{\beta}_1$，$\boldsymbol{\beta}_2$，$\boldsymbol{\beta}_3$，$\boldsymbol{\beta}_4$，$\boldsymbol{\beta}_5$ 的秩为（　　）.

A. 1　　B. 2　　C. 3　　D. 4　　E. 5

【解析】根据求向量组的秩的步骤求解.

首先，以 $\boldsymbol{\beta}_1$，$\boldsymbol{\beta}_2$，$\boldsymbol{\beta}_3$，$\boldsymbol{\beta}_4$，$\boldsymbol{\beta}_5$ 为列，构成矩阵 $\boldsymbol{A}=(\boldsymbol{\beta}_1,\boldsymbol{\beta}_2,\boldsymbol{\beta}_3,\boldsymbol{\beta}_4,\boldsymbol{\beta}_5)$；

然后对矩阵 $\boldsymbol{A}$ 作初等行变换（且只作初等行变换）将矩阵 $\boldsymbol{A}$ 化为阶梯形，可得

$$\boldsymbol{A}=\begin{pmatrix}1&7&2&5&2\\3&0&-1&1&-1\\2&14&0&6&4\\0&3&1&2&1\end{pmatrix}\to\begin{pmatrix}1&7&2&5&2\\0&-21&-7&-14&-7\\0&0&-4&-4&0\\0&3&1&2&1\end{pmatrix}\to\begin{pmatrix}1&7&2&5&2\\0&3&1&2&1\\0&0&1&1&0\\0&0&0&0&0\end{pmatrix}.$$

观察阶梯形矩阵中非零行的个数为3，故 $\boldsymbol{\beta}_1$，$\boldsymbol{\beta}_2$，$\boldsymbol{\beta}_3$，$\boldsymbol{\beta}_4$，$\boldsymbol{\beta}_5$ 的秩为3.

【答案】C

例 14 设有向量组 $\boldsymbol{\alpha}_1=(1,-1,2,4)^{\mathrm{T}}$，$\boldsymbol{\alpha}_2=(0,3,1,2)^{\mathrm{T}}$，$\boldsymbol{\alpha}_3=(3,0,7,14)^{\mathrm{T}}$，$\boldsymbol{\alpha}_4=(1,-2,2,0)^{\mathrm{T}}$，$\boldsymbol{\alpha}_5=(2,1,5,10)^{\mathrm{T}}$，则该向量组的极大线性无关组是（　　）.

A. $\boldsymbol{\alpha}_1$，$\boldsymbol{\alpha}_2$，$\boldsymbol{\alpha}_3$　　B. $\boldsymbol{\alpha}_1$，$\boldsymbol{\alpha}_2$，$\boldsymbol{\alpha}_4$　　C. $\boldsymbol{\alpha}_1$，$\boldsymbol{\alpha}_2$，$\boldsymbol{\alpha}_5$

D. $\boldsymbol{\alpha}_1$，$\boldsymbol{\alpha}_3$，$\boldsymbol{\alpha}_5$　　E. $\boldsymbol{\alpha}_1$，$\boldsymbol{\alpha}_2$，$\boldsymbol{\alpha}_4$，$\boldsymbol{\alpha}_5$

【解析】以向量组为列，构成矩阵，并进行初等行变换，可得

$$\begin{matrix}\boldsymbol{\alpha}_1&\boldsymbol{\alpha}_2&\boldsymbol{\alpha}_3&\boldsymbol{\alpha}_4&\boldsymbol{\alpha}_5\end{matrix}$$
$$\begin{pmatrix}1&0&3&1&2\\-1&3&0&-2&1\\2&1&7&2&5\\4&2&14&0&10\end{pmatrix}\to\begin{pmatrix}1&0&3&1&2\\0&3&3&-1&3\\0&1&1&0&1\\0&2&2&-4&2\end{pmatrix}\to\begin{pmatrix}1&0&3&1&2\\0&1&1&0&1\\0&0&0&-1&0\\0&0&0&-4&0\end{pmatrix}\to\begin{pmatrix}1&0&3&1&2\\0&1&1&0&1\\0&0&0&1&0\\0&0&0&0&0\end{pmatrix}.$$

观察初等行变换后的矩阵，极大线性无关组有 $\boldsymbol{\alpha}_1$，$\boldsymbol{\alpha}_2$，$\boldsymbol{\alpha}_4$、$\boldsymbol{\alpha}_1$，$\boldsymbol{\alpha}_3$，$\boldsymbol{\alpha}_4$、$\boldsymbol{\alpha}_1$，$\boldsymbol{\alpha}_4$，$\boldsymbol{\alpha}_5$，故选择B项.

【答案】B

例 15 设向量组 $\boldsymbol{\alpha}_1$，$\boldsymbol{\alpha}_2$，$\boldsymbol{\alpha}_3$，$\boldsymbol{\alpha}_4$ 线性无关，则向量组 $\boldsymbol{\alpha}_1+\boldsymbol{\alpha}_2+\boldsymbol{\alpha}_3$，$\boldsymbol{\alpha}_1+\boldsymbol{\alpha}_2+\boldsymbol{\alpha}_4$，$\boldsymbol{\alpha}_1+\boldsymbol{\alpha}_3+\boldsymbol{\alpha}_4$，$\boldsymbol{\alpha}_2+\boldsymbol{\alpha}_3+\boldsymbol{\alpha}_4$ 的秩为（　　）.

A. 0　　B. 1　　C. 2　　D. 3　　E. 4

【解析】方法一：把向量组 $\boldsymbol{\alpha}_1+\boldsymbol{\alpha}_2+\boldsymbol{\alpha}_3$，$\boldsymbol{\alpha}_1+\boldsymbol{\alpha}_2+\boldsymbol{\alpha}_4$，$\boldsymbol{\alpha}_1+\boldsymbol{\alpha}_3+\boldsymbol{\alpha}_4$，$\boldsymbol{\alpha}_2+\boldsymbol{\alpha}_3+\boldsymbol{\alpha}_4$ 表示成已知向量组 $\boldsymbol{\alpha}_1$，$\boldsymbol{\alpha}_2$，$\boldsymbol{\alpha}_3$，$\boldsymbol{\alpha}_4$ 与矩阵的乘积形式，即

$$(\boldsymbol{\alpha}_1+\boldsymbol{\alpha}_2+\boldsymbol{\alpha}_3,\boldsymbol{\alpha}_1+\boldsymbol{\alpha}_2+\boldsymbol{\alpha}_4,\boldsymbol{\alpha}_1+\boldsymbol{\alpha}_3+\boldsymbol{\alpha}_4,\boldsymbol{\alpha}_2+\boldsymbol{\alpha}_3+\boldsymbol{\alpha}_4)=(\boldsymbol{\alpha}_1,\boldsymbol{\alpha}_2,\boldsymbol{\alpha}_3,\boldsymbol{\alpha}_4)\boldsymbol{A},$$

其中 $\boldsymbol{A}=\begin{pmatrix}1&1&1&0\\1&1&0&1\\1&0&1&1\\0&1&1&1\end{pmatrix}$ 且 $\begin{vmatrix}1&1&1&0\\1&1&0&1\\1&0&1&1\\0&1&1&1\end{vmatrix}=-3\neq0$，所以由题型2技巧总结可知，此时向量组 $\boldsymbol{\alpha}_1+\boldsymbol{\alpha}_2+\boldsymbol{\alpha}_3$，$\boldsymbol{\alpha}_1+\boldsymbol{\alpha}_2+\boldsymbol{\alpha}_4$，$\boldsymbol{\alpha}_1+\boldsymbol{\alpha}_3+\boldsymbol{\alpha}_4$，$\boldsymbol{\alpha}_2+\boldsymbol{\alpha}_3+\boldsymbol{\alpha}_4$ 线性无关，因此

$$r(\boldsymbol{\alpha}_1+\boldsymbol{\alpha}_2+\boldsymbol{\alpha}_3,\ \boldsymbol{\alpha}_1+\boldsymbol{\alpha}_2+\boldsymbol{\alpha}_4,\ \boldsymbol{\alpha}_1+\boldsymbol{\alpha}_3+\boldsymbol{\alpha}_4,\ \boldsymbol{\alpha}_2+\boldsymbol{\alpha}_3+\boldsymbol{\alpha}_4)=4.$$

方法二：定义法．设存在实数 k_1，k_2，k_3，k_4，使得

$$k_1(\boldsymbol{\alpha}_1+\boldsymbol{\alpha}_2+\boldsymbol{\alpha}_3)+k_2(\boldsymbol{\alpha}_1+\boldsymbol{\alpha}_2+\boldsymbol{\alpha}_4)+k_3(\boldsymbol{\alpha}_1+\boldsymbol{\alpha}_3+\boldsymbol{\alpha}_4)+k_4(\boldsymbol{\alpha}_2+\boldsymbol{\alpha}_3+\boldsymbol{\alpha}_4)=\mathbf{0},$$

整理得

$$(k_1+k_2+k_3)\boldsymbol{\alpha}_1+(k_1+k_2+k_4)\boldsymbol{\alpha}_2+(k_1+k_3+k_4)\boldsymbol{\alpha}_3+(k_2+k_3+k_4)\boldsymbol{\alpha}_4=\mathbf{0},$$

因为向量组 $\boldsymbol{\alpha}_1$，$\boldsymbol{\alpha}_2$，$\boldsymbol{\alpha}_3$，$\boldsymbol{\alpha}_4$ 线性无关，则必有

$$\begin{cases}k_1+k_2+k_3=0,\\k_1+k_2+k_4=0,\\k_1+k_3+k_4=0,\\k_2+k_3+k_4=0,\end{cases}$$

求解方程组得 $k_1=k_2=k_3=k_4=0$.

所以向量组 $\boldsymbol{\alpha}_1+\boldsymbol{\alpha}_2+\boldsymbol{\alpha}_3$，$\boldsymbol{\alpha}_1+\boldsymbol{\alpha}_2+\boldsymbol{\alpha}_4$，$\boldsymbol{\alpha}_1+\boldsymbol{\alpha}_3+\boldsymbol{\alpha}_4$，$\boldsymbol{\alpha}_2+\boldsymbol{\alpha}_3+\boldsymbol{\alpha}_4$ 线性无关，故秩为 4.

【答案】E

【点评】本题是抽象向量组的秩的求解问题，方法一是先转化为方阵形式，再通过行列式的值判定向量组的线性相关性进而确定向量组的秩；方法二是利用线性相关性的定义，求向量组的系数是否全为 0 来判断其是否为线性无关的，进而确定向量组的秩．在后面学了线性方程组的知识后，经常用解方程组的方法来求向量组的系数．

例 16　已知向量组 $\boldsymbol{\alpha}_1=(1,\ 2,\ -1,\ 1)^{\mathrm{T}}$，$\boldsymbol{\alpha}_2=(2,\ 0,\ t,\ 0)^{\mathrm{T}}$，$\boldsymbol{\alpha}_3=(0,\ -4,\ 5,\ -2)^{\mathrm{T}}$ 的秩为 2，则 $t=$(　　).

A. 1　　B. -1　　C. 0　　D. 3　　E. -3

【解析】方法一：矩阵的秩的定义法．

由于 $r(\boldsymbol{\alpha}_1,\ \boldsymbol{\alpha}_2,\ \boldsymbol{\alpha}_3)=2$，则以向量组为列向量，构成矩阵 $\begin{pmatrix}1&2&0\\2&0&-4\\-1&t&5\\1&0&-2\end{pmatrix}$，它的任一个三阶子式均为零，即 $\begin{vmatrix}1&2&0\\2&0&-4\\-1&t&5\end{vmatrix}=0$，通过求解行列式，可得 $t=3$.

方法二：初等行变换法．

以向量组为列向量，构成矩阵 $\begin{pmatrix}1&2&0\\2&0&-4\\-1&t&5\\1&0&-2\end{pmatrix}$，对其进行初等行变换，有

$$\begin{pmatrix}1&2&0\\2&0&-4\\-1&t&5\\1&0&-2\end{pmatrix}\to\begin{pmatrix}1&2&0\\0&-4&-4\\0&t+2&5\\0&-2&-2\end{pmatrix}\to\begin{pmatrix}1&2&0\\0&1&1\\0&0&3-t\\0&0&0\end{pmatrix},$$

由 $r(\boldsymbol{\alpha}_1,\ \boldsymbol{\alpha}_2,\ \boldsymbol{\alpha}_3)=2$，故只有 2 行非零元素，故 $3-t=0$，即 $t=3$.

【答案】D

本章通关测试

1. 设向量组(Ⅰ)：$\boldsymbol{\alpha}_1$，$\boldsymbol{\alpha}_2$，…，$\boldsymbol{\alpha}_s$；向量组(Ⅱ)：$\boldsymbol{\alpha}_1$，$\boldsymbol{\alpha}_2$，…，$\boldsymbol{\alpha}_s$，$\boldsymbol{\alpha}_{s+1}$，…，$\boldsymbol{\alpha}_{s+t}$，则正确的命题是(　　).

   A. (Ⅰ)无关⇒(Ⅱ)无关　　B. (Ⅰ)无关⇒(Ⅱ)相关
   C. (Ⅱ)相关⇒(Ⅰ)相关　　D. (Ⅱ)无关⇒(Ⅰ)无关
   E. (Ⅱ)无关⇒(Ⅰ)相关

2. 已知向量组 $\boldsymbol{\alpha}_1=(1, 2, 3)^{\mathrm{T}}$，$\boldsymbol{\alpha}_2=(3, -1, 2)^{\mathrm{T}}$，$\boldsymbol{\alpha}_3=(2, 3, t)^{\mathrm{T}}$ 线性相关，则 $t=$(　　).

   A. 3　　B. -3　　C. 2　　D. 5　　E. -5

3. 已知向量组 $\boldsymbol{\alpha}_1=(1, 1, 1, k)^{\mathrm{T}}$，$\boldsymbol{\alpha}_2=(1, 1, k, 1)^{\mathrm{T}}$，$\boldsymbol{\alpha}_3=(1, 2, 1, 1)^{\mathrm{T}}$ 的秩为 2，则 $k=$(　　).

   A. -1　　B. 1　　C. 0　　D. -2　　E. 2

4. 向量组 $\boldsymbol{\alpha}_1=(1, 3, 5, -1)^{\mathrm{T}}$，$\boldsymbol{\alpha}_2=(2, -1, -3, 4)^{\mathrm{T}}$，$\boldsymbol{\alpha}_3=(6, 4, 4, 6)^{\mathrm{T}}$，$\boldsymbol{\alpha}_4=(7, 7, 9, 1)^{\mathrm{T}}$，$\boldsymbol{\alpha}_5=(3, 2, 2, 3)^{\mathrm{T}}$ 的极大线性无关组是(　　).

   A. $\boldsymbol{\alpha}_1$，$\boldsymbol{\alpha}_2$，$\boldsymbol{\alpha}_5$　　B. $\boldsymbol{\alpha}_1$，$\boldsymbol{\alpha}_3$，$\boldsymbol{\alpha}_5$　　C. $\boldsymbol{\alpha}_2$，$\boldsymbol{\alpha}_3$，$\boldsymbol{\alpha}_4$
   D. $\boldsymbol{\alpha}_3$，$\boldsymbol{\alpha}_4$，$\boldsymbol{\alpha}_5$　　E. $\boldsymbol{\alpha}_2$，$\boldsymbol{\alpha}_4$，$\boldsymbol{\alpha}_5$

5. 已知四维向量组 $\boldsymbol{\alpha}_1$，$\boldsymbol{\alpha}_2$，$\boldsymbol{\alpha}_3$，$\boldsymbol{\alpha}_4$ 线性无关，且向量 $\boldsymbol{\beta}_1=\boldsymbol{\alpha}_1+\boldsymbol{\alpha}_2+\boldsymbol{\alpha}_3$，$\boldsymbol{\beta}_2=\boldsymbol{\alpha}_2-\boldsymbol{\alpha}_4$，$\boldsymbol{\beta}_3=\boldsymbol{\alpha}_3+\boldsymbol{\alpha}_4$，$\boldsymbol{\beta}_4=\boldsymbol{\alpha}_2+\boldsymbol{\alpha}_3$，$\boldsymbol{\beta}_5=2\boldsymbol{\alpha}_1+\boldsymbol{\alpha}_2+\boldsymbol{\alpha}_3$，则 $r(\boldsymbol{\beta}_1, \boldsymbol{\beta}_2, \boldsymbol{\beta}_3, \boldsymbol{\beta}_4, \boldsymbol{\beta}_5)=$(　　).

   A. 0　　B. 1　　C. 2　　D. 3　　E. 4

6. 如果向量组 $\boldsymbol{\alpha}_1$，$\boldsymbol{\alpha}_2$，…，$\boldsymbol{\alpha}_s$ 的秩为 r，则下列命题中正确的是(　　).

   A. 向量组中任意 $r-1$ 个向量都线性无关
   B. 向量组中任意 r 个向量都线性无关
   C. 向量组中任意 $r-1$ 个向量都线性相关
   D. 向量组中任意 $r+1$ 个向量都线性相关
   E. 向量组中任意 $r+1$ 个向量都线性无关

7. 已知向量组 $\boldsymbol{\alpha}_1=(1, 2, 1, 3)^{\mathrm{T}}$，$\boldsymbol{\alpha}_2=(-1, -1, t, -2)^{\mathrm{T}}$，$\boldsymbol{\alpha}_3=(1, 5, 7, 6)^{\mathrm{T}}$ 线性相关，则 $t=$(　　).

   A. 1　　B. -1　　C. 0　　D. 3　　E. -3

8. 设 $\boldsymbol{A}$ 为 3 阶矩阵，$\boldsymbol{\alpha}_1$，$\boldsymbol{\alpha}_2$，$\boldsymbol{\alpha}_3$ 是线性无关的向量组，若 $\boldsymbol{A}(\boldsymbol{\alpha}_1, \boldsymbol{\alpha}_2, \boldsymbol{\alpha}_3)=(\boldsymbol{\alpha}_1, \boldsymbol{\alpha}_2, \boldsymbol{\alpha}_3)\begin{pmatrix}1&0&1\\1&1&0\\0&1&1\end{pmatrix}$，则 $|\boldsymbol{A}|=$(　　).

   A. 1　　B. -1　　C. 0　　D. 2　　E. -2

9. 已知 $\boldsymbol{\alpha}_1=(1, -1, 1)^{\mathrm{T}}$，$\boldsymbol{\alpha}_2=(1, t, -1)^{\mathrm{T}}$，$\boldsymbol{\alpha}_3=(t, 1, 2)^{\mathrm{T}}$，$\boldsymbol{\beta}=(4, t^2, -4)^{\mathrm{T}}$，若 $\boldsymbol{\beta}$ 不能由 $\boldsymbol{\alpha}_1$，$\boldsymbol{\alpha}_2$，$\boldsymbol{\alpha}_3$ 线性表示，则 $t=$(　　).

   A. 1　　B. -1　　C. 0　　D. 3　　E. -3

10. 设向量$\boldsymbol{\beta}$可由向量组$\boldsymbol{\alpha}_1$，$\boldsymbol{\alpha}_2$，…，$\boldsymbol{\alpha}_m$线性表示，但不能由向量组(Ⅰ)$\boldsymbol{\alpha}_1$，$\boldsymbol{\alpha}_2$，…，$\boldsymbol{\alpha}_{m-1}$线性表示，记向量组(Ⅱ)$\boldsymbol{\alpha}_1$，$\boldsymbol{\alpha}_2$，…，$\boldsymbol{\alpha}_{m-1}$，$\boldsymbol{\beta}$，则(　　).

A. $\boldsymbol{\alpha}_m$不能由(Ⅰ)线性表示，也不能由(Ⅱ)线性表示

B. $\boldsymbol{\alpha}_m$不能由(Ⅰ)线性表示，但可由(Ⅱ)线性表示

C. $\boldsymbol{\alpha}_m$可由(Ⅰ)线性表示，也可由(Ⅱ)线性表示

D. $\boldsymbol{\alpha}_m$可由(Ⅰ)线性表示，但不能由(Ⅱ)线性表示

E. 以上选项均不正确

11. 已知$\boldsymbol{\alpha}_1$，$\boldsymbol{\alpha}_2$，$\boldsymbol{\alpha}_3$线性无关，若$\boldsymbol{\alpha}_1+2\boldsymbol{\alpha}_2+\boldsymbol{\alpha}_3$，$\boldsymbol{\alpha}_1+a\boldsymbol{\alpha}_2$，$3\boldsymbol{\alpha}_2+\boldsymbol{\alpha}_3$线性相关，则$a=$(　　).

A. 0　　B. -1　　C. 2　　D. 3　　E. -2

12. 设$\boldsymbol{\alpha}_1=(1,4,3,-1)^{\mathrm{T}}$，$\boldsymbol{\alpha}_2=(2,t,-1,-1)^{\mathrm{T}}$，$\boldsymbol{\alpha}_3=(-2,3,1,t+1)^{\mathrm{T}}$，则(　　).

A. 对任意的t，$\boldsymbol{\alpha}_1$，$\boldsymbol{\alpha}_2$，$\boldsymbol{\alpha}_3$必线性无关

B. 仅当$t=-3$时，$\boldsymbol{\alpha}_1$，$\boldsymbol{\alpha}_2$，$\boldsymbol{\alpha}_3$线性无关

C. 若$t=0$，则$\boldsymbol{\alpha}_1$，$\boldsymbol{\alpha}_2$，$\boldsymbol{\alpha}_3$线性相关

D. $t\neq 0$且$t\neq -3\Leftrightarrow\boldsymbol{\alpha}_1$，$\boldsymbol{\alpha}_2$，$\boldsymbol{\alpha}_3$线性无关

E. $t\neq 0$时，$\boldsymbol{\alpha}_1$，$\boldsymbol{\alpha}_2$，$\boldsymbol{\alpha}_3$必定线性相关

13. 已知$\boldsymbol{\beta}_1=(4,-2,a)^{\mathrm{T}}$，$\boldsymbol{\beta}_2=(7,b,4)^{\mathrm{T}}$可由$\boldsymbol{\alpha}_1=(1,2,3)^{\mathrm{T}}$，$\boldsymbol{\alpha}_2=(-2,1,-1)^{\mathrm{T}}$线性表示，则(　　).

A. $a=2$，$b=-3$　　B. $a=-2$，$b=3$　　C. $a=2$，$b=3$

D. $a=-2$，$b=-3$　　E. $a=2$，$b=2$

14. 向量组$\boldsymbol{\alpha}_1$，$\boldsymbol{\alpha}_2$，…，$\boldsymbol{\alpha}_s$线性无关的充分必要条件是(　　).

A. $\boldsymbol{\alpha}_1$，$\boldsymbol{\alpha}_2$，…，$\boldsymbol{\alpha}_s$均不是零向量

B. $\boldsymbol{\alpha}_1$，$\boldsymbol{\alpha}_2$，…，$\boldsymbol{\alpha}_s$中任意$s-1$个向量都线性无关

C. 向量组$\boldsymbol{\alpha}_1$，$\boldsymbol{\alpha}_2$，…，$\boldsymbol{\alpha}_s$，$\boldsymbol{\alpha}_{s+1}$，…，$\boldsymbol{\alpha}_m$线性无关

D. $\boldsymbol{\alpha}_1$，$\boldsymbol{\alpha}_2$，…，$\boldsymbol{\alpha}_s$中每一个向量都不能由其余$s-1$个向量线性表出

E. 向量组中有一个零向量

15. 已知向量组$\boldsymbol{\alpha}_1$，$\boldsymbol{\alpha}_2$，$\boldsymbol{\alpha}_3$，$\boldsymbol{\alpha}_4$线性无关，则向量组(　　).

A. $\boldsymbol{\alpha}_1+\boldsymbol{\alpha}_2$，$\boldsymbol{\alpha}_2+\boldsymbol{\alpha}_3$，$\boldsymbol{\alpha}_3+\boldsymbol{\alpha}_4$，$\boldsymbol{\alpha}_4+\boldsymbol{\alpha}_1$线性无关

B. $\boldsymbol{\alpha}_1-\boldsymbol{\alpha}_2$，$\boldsymbol{\alpha}_2-\boldsymbol{\alpha}_3$，$\boldsymbol{\alpha}_3-\boldsymbol{\alpha}_4$，$\boldsymbol{\alpha}_4-\boldsymbol{\alpha}_1$线性无关

C. $\boldsymbol{\alpha}_1+\boldsymbol{\alpha}_2$，$\boldsymbol{\alpha}_2+\boldsymbol{\alpha}_3$，$\boldsymbol{\alpha}_3+\boldsymbol{\alpha}_4$，$\boldsymbol{\alpha}_4-\boldsymbol{\alpha}_1$线性无关

D. $\boldsymbol{\alpha}_1+\boldsymbol{\alpha}_2$，$\boldsymbol{\alpha}_2+\boldsymbol{\alpha}_3$，$\boldsymbol{\alpha}_3-\boldsymbol{\alpha}_4$，$\boldsymbol{\alpha}_4-\boldsymbol{\alpha}_1$线性无关

E. 以上选项均不正确

16. 设$\boldsymbol{\alpha}_1$，$\boldsymbol{\alpha}_2$，$\boldsymbol{\alpha}_3$均为三维向量，则对任意常数k，l，向量组$\boldsymbol{\alpha}_1+k\boldsymbol{\alpha}_3$，$\boldsymbol{\alpha}_2+l\boldsymbol{\alpha}_3$线性无关是向量组$\boldsymbol{\alpha}_1$，$\boldsymbol{\alpha}_2$，$\boldsymbol{\alpha}_3$线性无关的(　　).

A. 必要非充分条件　　B. 充分非必要条件

C. 充分必要条件　　D. 既非充分也非必要条件

E. 以上选项均不正确

17. 设$\boldsymbol{\alpha}_1=\begin{pmatrix}0\\0\\c_1\end{pmatrix}$，$\boldsymbol{\alpha}_2=\begin{pmatrix}0\\1\\c_2\end{pmatrix}$，$\boldsymbol{\alpha}_3=\begin{pmatrix}1\\-1\\c_3\end{pmatrix}$，$\boldsymbol{\alpha}_4=\begin{pmatrix}-1\\1\\c_4\end{pmatrix}$，其中$c_1$，$c_2$，$c_3$，$c_4$为互不相等的非零常数，则下列向量组线性相关的是(　　).

A. $\boldsymbol{\alpha}_1$，$\boldsymbol{\alpha}_2$，$\boldsymbol{\alpha}_3$　　B. $\boldsymbol{\alpha}_1$，$\boldsymbol{\alpha}_2$，$\boldsymbol{\alpha}_4$　　C. $\boldsymbol{\alpha}_1$，$\boldsymbol{\alpha}_3$，$\boldsymbol{\alpha}_4$

D. $\boldsymbol{\alpha}_2$，$\boldsymbol{\alpha}_3$，$\boldsymbol{\alpha}_4$　　E. $\boldsymbol{\alpha}_1$，$\boldsymbol{\alpha}_3$

18. 向量组$\boldsymbol{\alpha}_1=(1,-1,2,4)^{\mathrm{T}}$，$\boldsymbol{\alpha}_2=(0,3,1,2)^{\mathrm{T}}$，$\boldsymbol{\alpha}_3=(3,0,7,14)^{\mathrm{T}}$，$\boldsymbol{\alpha}_4=(1,-2,2,0)^{\mathrm{T}}$，$\boldsymbol{\alpha}_5=(2,1,5,10)^{\mathrm{T}}$的秩为(　　).

A. 0　　B. 1　　C. 2　　D. 3　　E. 4

19. 设向量组$\boldsymbol{\alpha}_1$，$\boldsymbol{\alpha}_2$，$\boldsymbol{\alpha}_3$线性无关，向量$\boldsymbol{\beta}_1$可由$\boldsymbol{\alpha}_1$，$\boldsymbol{\alpha}_2$，$\boldsymbol{\alpha}_3$线性表示，而向量$\boldsymbol{\beta}_2$不能由$\boldsymbol{\alpha}_1$，$\boldsymbol{\alpha}_2$，$\boldsymbol{\alpha}_3$线性表示，则对于任意常数k，必有(　　).

A. $\boldsymbol{\alpha}_1$，$\boldsymbol{\alpha}_2$，$\boldsymbol{\alpha}_3$，$k\boldsymbol{\beta}_1+\boldsymbol{\beta}_2$线性无关

B. $\boldsymbol{\alpha}_1$，$\boldsymbol{\alpha}_2$，$\boldsymbol{\alpha}_3$，$k\boldsymbol{\beta}_1+\boldsymbol{\beta}_2$线性相关

C. $\boldsymbol{\alpha}_1$，$\boldsymbol{\alpha}_2$，$\boldsymbol{\alpha}_3$，$\boldsymbol{\beta}_1+k\boldsymbol{\beta}_2$线性无关

D. $\boldsymbol{\alpha}_1$，$\boldsymbol{\alpha}_2$，$\boldsymbol{\alpha}_3$，$\boldsymbol{\beta}_1+k\boldsymbol{\beta}_2$线性相关

E. 以上选项均不正确

20. 设$\boldsymbol{\alpha}_1$，$\boldsymbol{\alpha}_2$，$\boldsymbol{\alpha}_3$均为三维列向量，记矩阵$\boldsymbol{A}=(\boldsymbol{\alpha}_1,\boldsymbol{\alpha}_2,\boldsymbol{\alpha}_3)$，$\boldsymbol{B}=(\boldsymbol{\alpha}_1+\boldsymbol{\alpha}_2+\boldsymbol{\alpha}_3,\boldsymbol{\alpha}_1+2\boldsymbol{\alpha}_2+4\boldsymbol{\alpha}_3,\boldsymbol{\alpha}_1+3\boldsymbol{\alpha}_2+9\boldsymbol{\alpha}_3)$，如果$|\boldsymbol{A}|=1$，那么$|\boldsymbol{B}|=$(　　).

A. -1　　B. 1　　C. 0　　D. -2　　E. 2

21. 已知$\boldsymbol{A}=(\boldsymbol{\alpha}_1,\boldsymbol{\alpha}_2,\boldsymbol{\alpha}_3)$是三阶矩阵，$\boldsymbol{\alpha}_1$，$\boldsymbol{\alpha}_2$，$\boldsymbol{\alpha}_3$，$\boldsymbol{\alpha}_4$是三维列向量，其中$\boldsymbol{\alpha}_1$，$\boldsymbol{\alpha}_2$中分量不成比例，$\boldsymbol{\alpha}_4$不能由$\boldsymbol{\alpha}_1$，$\boldsymbol{\alpha}_2$，$\boldsymbol{\alpha}_3$线性表出，则$r(\boldsymbol{A})=$(　　).

A. 0　　B. 1　　C. 2　　D. 3　　E. 4

22. 设矩阵$\boldsymbol{A}$，$\boldsymbol{B}$，$\boldsymbol{C}$均为n阶矩阵，若$\boldsymbol{AB}=\boldsymbol{C}$，且$\boldsymbol{B}$可逆，则(　　).

A. 矩阵$\boldsymbol{C}$的行向量组与矩阵$\boldsymbol{A}$的行向量组等价

B. 矩阵$\boldsymbol{C}$的列向量组与矩阵$\boldsymbol{A}$的列向量组等价

C. 矩阵$\boldsymbol{C}$的行向量组与矩阵$\boldsymbol{B}$的行向量组等价

D. 矩阵$\boldsymbol{C}$的列向量组与矩阵$\boldsymbol{B}$的列向量组等价

E. 以上选项均不正确

23. 设$\boldsymbol{\alpha}_1$，$\boldsymbol{\alpha}_2$，…，$\boldsymbol{\alpha}_s$均为n维列向量，$\boldsymbol{A}$是$m\times n$矩阵，下列选项正确的是(　　).

A. 若$\boldsymbol{\alpha}_1$，$\boldsymbol{\alpha}_2$，…，$\boldsymbol{\alpha}_s$线性相关，则$\boldsymbol{A\alpha}_1$，$\boldsymbol{A\alpha}_2$，…，$\boldsymbol{A\alpha}_s$线性相关

B. 若$\boldsymbol{\alpha}_1$，$\boldsymbol{\alpha}_2$，…，$\boldsymbol{\alpha}_s$线性相关，则$\boldsymbol{A\alpha}_1$，$\boldsymbol{A\alpha}_2$，…，$\boldsymbol{A\alpha}_s$线性无关

C. 若$\boldsymbol{\alpha}_1$，$\boldsymbol{\alpha}_2$，…，$\boldsymbol{\alpha}_s$线性无关，则$\boldsymbol{A\alpha}_1$，$\boldsymbol{A\alpha}_2$，…，$\boldsymbol{A\alpha}_s$线性相关

D. 若$\boldsymbol{\alpha}_1$，$\boldsymbol{\alpha}_2$，…，$\boldsymbol{\alpha}_s$线性无关，则$\boldsymbol{A\alpha}_1$，$\boldsymbol{A\alpha}_2$，…，$\boldsymbol{A\alpha}_s$线性无关

E. 以上选项均不正确

24. 已知向量组$\boldsymbol{\alpha}_1=(1,2,-1,1)^{\mathrm{T}}$，$\boldsymbol{\alpha}_2=(2,0,t,0)^{\mathrm{T}}$，$\boldsymbol{\alpha}_3=(0,-4,5,t)^{\mathrm{T}}$线性无关，那么$t$的取值为(　　).

A. 任意实数　　B. $t<0$　　C. $t=0$　　D. $t>0$　　E. $t\neq 0$

25. 已知三维列向量组 $\boldsymbol{\alpha}_1$，$\boldsymbol{\alpha}_2$，$\boldsymbol{\alpha}_3$ 线性无关，矩阵 $\boldsymbol{P}=(\boldsymbol{\alpha}_1, \boldsymbol{\alpha}_2, \boldsymbol{\alpha}_3)$，$\boldsymbol{A}$ 为 3 阶矩阵且 $\boldsymbol{AP}=(\boldsymbol{\alpha}_1, \boldsymbol{\alpha}_2, 2\boldsymbol{\alpha}_3)$，$\boldsymbol{Q}=(\boldsymbol{\alpha}_1+\boldsymbol{\alpha}_2, \boldsymbol{\alpha}_2, \boldsymbol{\alpha}_3)$，则 $\boldsymbol{Q}^{-1}\boldsymbol{AQ}=$(　　).

A. $\begin{pmatrix}1&0&0\\0&2&0\\0&0&1\end{pmatrix}$　　B. $\begin{pmatrix}1&0&0\\0&1&0\\0&0&2\end{pmatrix}$　　C. $\begin{pmatrix}2&0&0\\0&1&0\\0&0&2\end{pmatrix}$

D. $\begin{pmatrix}2&0&0\\0&2&0\\0&0&2\end{pmatrix}$　　E. $\begin{pmatrix}2&0&0\\0&1&0\\0&0&1\end{pmatrix}$

26. 设 $\boldsymbol{A}=(\boldsymbol{\alpha}_1, \boldsymbol{\alpha}_2, \cdots, \boldsymbol{\alpha}_n)$，$\boldsymbol{B}=(\boldsymbol{\beta}_1, \boldsymbol{\beta}_2, \cdots, \boldsymbol{\beta}_n)$，$\boldsymbol{AB}=(\boldsymbol{\gamma}_1, \boldsymbol{\gamma}_2, \cdots, \boldsymbol{\gamma}_n)$ 都是 n 阶矩阵，记向量组(Ⅰ)$\boldsymbol{\alpha}_1, \boldsymbol{\alpha}_2, \cdots, \boldsymbol{\alpha}_n$；(Ⅱ)$\boldsymbol{\beta}_1, \boldsymbol{\beta}_2, \cdots, \boldsymbol{\beta}_n$；(Ⅲ)$\boldsymbol{\gamma}_1, \boldsymbol{\gamma}_2, \cdots, \boldsymbol{\gamma}_n$，若向量组(Ⅲ)线性相关，则(　　).

A.(Ⅰ)、(Ⅱ)均线性相关　　B.(Ⅰ)或(Ⅱ)中至少有一个线性相关

C.(Ⅰ)一定线性相关　　D.(Ⅱ)一定线性相关

E. 以上选项均不正确

27. 已知向量组 $\boldsymbol{\alpha}_1=(a, a, 1)^{\mathrm{T}}$，$\boldsymbol{\alpha}_2=(a, 1, a)^{\mathrm{T}}$，$\boldsymbol{\alpha}_3=(1, a, a)^{\mathrm{T}}$ 的秩是 2，则 $a=$(　　).

A. 1　　B. -1　　C. 0　　D. $\frac{1}{2}$　　E. $-\frac{1}{2}$

28. 设矩阵 $\boldsymbol{A}=\begin{pmatrix}1&0&1\\1&1&2\\0&1&1\end{pmatrix}$，$\boldsymbol{\alpha}_1$，$\boldsymbol{\alpha}_2$，$\boldsymbol{\alpha}_3$ 为线性无关的三维列向量组，则向量组 $\boldsymbol{A\alpha}_1$，$\boldsymbol{A\alpha}_2$，$\boldsymbol{A\alpha}_3$ 的秩为(　　).

A. 0　　B. 1　　C. 2　　D. 3　　E. 无法确定

29. 已知 $\boldsymbol{\alpha}_1$，$\boldsymbol{\alpha}_2$ 是向量组 $\boldsymbol{\alpha}_1=(1, 4, 3)^{\mathrm{T}}$，$\boldsymbol{\alpha}_2=(2, a, -1)^{\mathrm{T}}$，$\boldsymbol{\alpha}_3=(a+1, 3, 1)^{\mathrm{T}}$ 的一个极大线性无关组，则 $a=$(　　).

A. 1 或 -3　　B. -1 或 3　　C. ± 3　　D. ± 1　　E. 5

30. 已知 $\boldsymbol{\alpha}_1$，$\boldsymbol{\alpha}_2$，$\boldsymbol{\alpha}_3$ 线性无关，若 $\boldsymbol{\alpha}_1-3\boldsymbol{\alpha}_3$，$a\boldsymbol{\alpha}_1+\boldsymbol{\alpha}_2+2\boldsymbol{\alpha}_3$，$2\boldsymbol{\alpha}_1+3\boldsymbol{\alpha}_2+\boldsymbol{\alpha}_3$ 亦线性无关，则 a 的取值为(　　).

A. $a=1$　　B. $a\neq 0$　　C. $a=0$　　D. $a=\frac{1}{9}$　　E. $a\neq \frac{1}{9}$

31. 设四维向量组 $\boldsymbol{\alpha}_1=(1+a, 1, 1, 1)^{\mathrm{T}}$，$\boldsymbol{\alpha}_2=(2, 2+a, 2, 2)^{\mathrm{T}}$，$\boldsymbol{\alpha}_3=(3, 3, 3+a, 3)^{\mathrm{T}}$，$\boldsymbol{\alpha}_4=(4, 4, 4, 4+a)^{\mathrm{T}}$，且 $\boldsymbol{\alpha}_1$，$\boldsymbol{\alpha}_2$，$\boldsymbol{\alpha}_3$，$\boldsymbol{\alpha}_4$ 线性相关，则 $a=$(　　).

A. 0　　B. 10　　C. -10　　D. 0 或 10　　E. 0 或 -10

32. 设向量组 $\boldsymbol{\alpha}_1=\begin{pmatrix}1\\t+2\\3\end{pmatrix}$，$\boldsymbol{\alpha}_2=\begin{pmatrix}2\\-1\\1\end{pmatrix}$，$\boldsymbol{\alpha}_3=\begin{pmatrix}t-1\\1\\-1\end{pmatrix}$ 线性相关，但任意两个向量组线性无关，则 $t=$(　　).

A. -5 或 -1　　B. -5　　C. -1　　D. 0　　E. 1

33. 设向量组 $\boldsymbol{\alpha}_1$，$\boldsymbol{\alpha}_2$，$\boldsymbol{\alpha}_3$ 线性无关，若 $\boldsymbol{\beta}_1=\boldsymbol{\alpha}_1+2\boldsymbol{\alpha}_2$，$\boldsymbol{\beta}_2=2\boldsymbol{\alpha}_2+k\boldsymbol{\alpha}_3$，$\boldsymbol{\beta}_3=3\boldsymbol{\alpha}_3+2\boldsymbol{\alpha}_1$ 线性相关，

则 $k=$(　　).

A. $\frac{1}{2}$　　B. $-\frac{1}{2}$　　C. 1　　D. $\frac{3}{2}$　　E. $-\frac{3}{2}$

34. 设 $\boldsymbol{\alpha}_1=(1,2,0)^T$，$\boldsymbol{\alpha}_2=(1,a+2,-3a)^T$，$\boldsymbol{\alpha}_3=(-1,-b-2,a+2b)^T$，$\boldsymbol{\beta}=(1,3,-3)^T$，且 $\boldsymbol{\beta}$ 不能由 $\boldsymbol{\alpha}_1$，$\boldsymbol{\alpha}_2$，$\boldsymbol{\alpha}_3$ 线性表示，则 a，b 的值分别为(　　).

A. $a=b=1$　　B. $a=b=0$　　C. $a=1$，$b=0$

D. $a=0$，$b=1$　　E. $a=0$，b 为任意值

35. 已知向量组 $\boldsymbol{\beta}_1=\begin{pmatrix}0\\1\\-1\end{pmatrix}$，$\boldsymbol{\beta}_2=\begin{pmatrix}a\\2\\1\end{pmatrix}$，$\boldsymbol{\beta}_3=\begin{pmatrix}b\\1\\0\end{pmatrix}$ 与向量组 $\boldsymbol{\alpha}_1=\begin{pmatrix}1\\2\\-3\end{pmatrix}$，$\boldsymbol{\alpha}_2=\begin{pmatrix}3\\0\\1\end{pmatrix}$，$\boldsymbol{\alpha}_3=\begin{pmatrix}9\\6\\-7\end{pmatrix}$ 具有相同的秩，且 $\boldsymbol{\beta}_3$ 可由 $\boldsymbol{\alpha}_1$，$\boldsymbol{\alpha}_2$，$\boldsymbol{\alpha}_3$ 线性表示，则 a，b 的值分别为(　　).

A. $a=15$，$b=5$　　B. $a=b=15$　　C. $a=5$，$b=15$

D. $a=b=5$　　E. 以上选项均不正确

答案速查

1～5 DDBCD　6～10 DADBB　11～15 BAADC
16～20 ACDAE　21～25 CBAAB　26～30 BECAE
31～35 EBEEA

答案详解

1. D

【解析】若有向量组(Ⅰ)：$\boldsymbol{\alpha}_1=(1, 0, 0)^T$，$\boldsymbol{\alpha}_2=(0, 1, 0)^T$，显然$\boldsymbol{\alpha}_1$，$\boldsymbol{\alpha}_2$线性无关．又有向量组(Ⅱ)：$\boldsymbol{\alpha}_1$，$\boldsymbol{\alpha}_2$，$\boldsymbol{\alpha}_3$．当$\boldsymbol{\alpha}_3=(1, 1, 0)^T$时，$\boldsymbol{\alpha}_1$，$\boldsymbol{\alpha}_2$，$\boldsymbol{\alpha}_3$线性相关；当$\boldsymbol{\alpha}_3=(0, 0, 1)^T$时，$\boldsymbol{\alpha}_1$，$\boldsymbol{\alpha}_2$，$\boldsymbol{\alpha}_3$线性无关．由此可见，当向量组(Ⅰ)无关，(Ⅱ)可能线性无关也可能线性相关,因此A、B项错误；
D项：由于向量组(Ⅰ)是向量组(Ⅱ)的部分组，根据整体无关⇒部分无关的结论，若(Ⅱ)无关，则(Ⅰ)必无关，D项正确，E项错误；C项是A项的逆否命题，和A项等价，错误．

2. D

【解析】方法一：行列式法．

以$\boldsymbol{\alpha}_1$，$\boldsymbol{\alpha}_2$，$\boldsymbol{\alpha}_3$为列向量，构成3阶方阵$\boldsymbol{A}$，$\boldsymbol{A}=\begin{pmatrix}1&3&2\\2&-1&3\\3&2&t\end{pmatrix}$，由于$\boldsymbol{\alpha}_1$，$\boldsymbol{\alpha}_2$，$\boldsymbol{\alpha}_3$线性相关，则一定有$|\boldsymbol{A}|=0$，即$|\boldsymbol{A}|=\begin{vmatrix}1&3&2\\2&-1&3\\3&2&t\end{vmatrix}=-7(t-5)=0$，则$t=5$.

方法二：初等变换法．
以$\boldsymbol{\alpha}_1$，$\boldsymbol{\alpha}_2$，$\boldsymbol{\alpha}_3$为列向量，构成3阶矩阵$\boldsymbol{A}$，并进行初等行变换，可得

$$\boldsymbol{A}=\begin{pmatrix}1&3&2\\2&-1&3\\3&2&t\end{pmatrix}\to\begin{pmatrix}1&3&2\\0&-7&-1\\0&-7&t-6\end{pmatrix}\to\begin{pmatrix}1&3&2\\0&-7&-1\\0&0&t-5\end{pmatrix},$$

由于$\boldsymbol{\alpha}_1$，$\boldsymbol{\alpha}_2$，$\boldsymbol{\alpha}_3$线性相关，则一定有$r(\boldsymbol{A})<3$，从而$t-5=0$，即$t=5$.

3. B

【解析】本题为已知向量组的秩求向量中参数的题，可以通过初等行变换的方法求解．
以$\boldsymbol{\alpha}_1$，$\boldsymbol{\alpha}_2$，$\boldsymbol{\alpha}_3$为列向量构成矩阵$\boldsymbol{A}$，并进行初等行变换，可得

$$A=\begin{pmatrix}1&1&1\\1&1&2\\1&k&1\\k&1&1\end{pmatrix}\to\begin{pmatrix}1&1&1\\0&k-1&0\\0&0&1\\0&0&0\end{pmatrix},$$

由于向量组 $\boldsymbol{\alpha}_1$，$\boldsymbol{\alpha}_2$，$\boldsymbol{\alpha}_3$ 的秩为 2，则初等行变换后的阶梯形矩阵只有两个非零行，故 $k-1=0$，即 $k=1$.

4. C

【解析】向量组作为列向量，构成矩阵，再进行初等行变换，有

$$(\boldsymbol{\alpha}_1,\boldsymbol{\alpha}_2,\boldsymbol{\alpha}_3,\boldsymbol{\alpha}_4,\boldsymbol{\alpha}_5)=\begin{pmatrix}1&2&6&7&3\\3&-1&4&7&2\\5&-3&4&9&2\\-1&4&6&1&3\end{pmatrix}\to\begin{pmatrix}1&2&6&7&3\\0&-7&-14&-14&-7\\0&-13&-26&-26&-13\\0&6&12&8&6\end{pmatrix}\to\begin{pmatrix}1&2&6&7&3\\0&1&2&2&1\\0&0&0&1&0\\0&0&0&0&0\end{pmatrix},$$

可见 $r(\boldsymbol{\alpha}_1,\boldsymbol{\alpha}_2,\boldsymbol{\alpha}_3,\boldsymbol{\alpha}_4,\boldsymbol{\alpha}_5)=3$.

因为三阶子式 $\begin{vmatrix}2&6&7\\1&2&2\\0&0&1\end{vmatrix}\neq0$，所以 $\boldsymbol{\alpha}_2$，$\boldsymbol{\alpha}_3$，$\boldsymbol{\alpha}_4$ 是向量组的极大线性无关组.

5. D

【解析】由题干得，可将线性表示关系合并成矩阵形式，有

$$(\boldsymbol{\beta}_1,\boldsymbol{\beta}_2,\boldsymbol{\beta}_3,\boldsymbol{\beta}_4,\boldsymbol{\beta}_5)=(\boldsymbol{\alpha}_1,\boldsymbol{\alpha}_2,\boldsymbol{\alpha}_3,\boldsymbol{\alpha}_4)\begin{pmatrix}1&0&0&0&2\\1&1&0&1&1\\1&0&1&1&1\\0&-1&1&0&0\end{pmatrix}=(\boldsymbol{\alpha}_1,\boldsymbol{\alpha}_2,\boldsymbol{\alpha}_3,\boldsymbol{\alpha}_4)\boldsymbol{C}=\boldsymbol{AC}.$$

由于向量组 $\boldsymbol{\alpha}_1$，$\boldsymbol{\alpha}_2$，$\boldsymbol{\alpha}_3$，$\boldsymbol{\alpha}_4$ 线性无关，故 $|\boldsymbol{A}|=|\boldsymbol{\alpha}_1,\boldsymbol{\alpha}_2,\boldsymbol{\alpha}_3,\boldsymbol{\alpha}_4|\neq0$，则 $\boldsymbol{A}$ 是可逆矩阵，故 $r(\boldsymbol{C})=r(\boldsymbol{AC})=r(\boldsymbol{\beta}_1,\boldsymbol{\beta}_2,\boldsymbol{\beta}_3,\boldsymbol{\beta}_4,\boldsymbol{\beta}_5)$，对矩阵 $\boldsymbol{C}$ 作初等行变换，化为阶梯形矩阵，有

$$\boldsymbol{C}=\begin{pmatrix}1&0&0&0&2\\1&1&0&1&1\\1&0&1&1&1\\0&-1&1&0&0\end{pmatrix}\to\begin{pmatrix}1&0&0&0&2\\0&1&0&1&-1\\0&0&1&1&-1\\0&-1&1&0&0\end{pmatrix}\to\begin{pmatrix}1&0&0&0&2\\0&1&0&1&-1\\0&0&1&1&-1\\0&0&1&1&-1\end{pmatrix}\to\begin{pmatrix}1&0&0&0&2\\0&1&0&1&-1\\0&0&1&1&-1\\0&0&0&0&0\end{pmatrix},$$

易知 $r(\boldsymbol{C})=3$，故 $r(\boldsymbol{\beta}_1,\boldsymbol{\beta}_2,\boldsymbol{\beta}_3,\boldsymbol{\beta}_4,\boldsymbol{\beta}_5)=3$.

6. D

【解析】按向量组秩的定义 $r(\boldsymbol{\alpha}_1,\boldsymbol{\alpha}_2,\cdots,\boldsymbol{\alpha}_s)=r\Leftrightarrow\boldsymbol{\alpha}_1,\boldsymbol{\alpha}_2,\cdots,\boldsymbol{\alpha}_s$ 的极大线性无关组有 r 个向量 $\Leftrightarrow\boldsymbol{\alpha}_1,\boldsymbol{\alpha}_2,\cdots,\boldsymbol{\alpha}_s$ 中存在 r 个向量线性无关而任意 $r+1$ 个向量必线性相关.

7. A

【解析】以 $\boldsymbol{\alpha}_1$，$\boldsymbol{\alpha}_2$，$\boldsymbol{\alpha}_3$ 为列向量，构成矩阵 $\boldsymbol{A}$，并进行初等行变换，可得

$$\boldsymbol{A}=(\boldsymbol{\alpha}_1,\boldsymbol{\alpha}_2,\boldsymbol{\alpha}_3)=\begin{pmatrix}1&-1&1\\2&-1&5\\1&t&7\\3&-2&6\end{pmatrix}\to\begin{pmatrix}1&-1&1\\0&1&3\\0&t+1&6\\0&1&3\end{pmatrix}\to\begin{pmatrix}1&-1&1\\0&1&3\\0&0&3-3t\\0&0&0\end{pmatrix},$$

由于向量组 $\boldsymbol{\alpha}_1$，$\boldsymbol{\alpha}_2$，$\boldsymbol{\alpha}_3$ 线性相关，可知 $r(\boldsymbol{\alpha}_1, \boldsymbol{\alpha}_2, \boldsymbol{\alpha}_3)\leqslant 2$，因此初等行变换后的阶梯形矩阵最多只能有两个非零行，故 $3-3t=0$，即 $t=1$.

【点评】本题中向量组构成的矩阵不是方阵，因此只能选择对矩阵进行初等变换的方法转化为判断矩阵的秩求解，考生要根据具体题目判断选择合适的求解方法.

8. D

【解析】等式两端取行列式，可得 $|\boldsymbol{A}(\boldsymbol{\alpha}_1, \boldsymbol{\alpha}_2, \boldsymbol{\alpha}_3)|=\left|(\boldsymbol{\alpha}_1, \boldsymbol{\alpha}_2, \boldsymbol{\alpha}_3)\begin{pmatrix}1&0&1\\1&1&0\\0&1&1\end{pmatrix}\right|$，即

$$|\boldsymbol{A}|\,|\boldsymbol{\alpha}_1, \boldsymbol{\alpha}_2, \boldsymbol{\alpha}_3|=|\boldsymbol{\alpha}_1, \boldsymbol{\alpha}_2, \boldsymbol{\alpha}_3|\begin{vmatrix}1&0&1\\1&1&0\\0&1&1\end{vmatrix},$$

由于 $\boldsymbol{\alpha}_1$，$\boldsymbol{\alpha}_2$，$\boldsymbol{\alpha}_3$ 是线性无关的向量组，则行列式 $|\boldsymbol{\alpha}_1, \boldsymbol{\alpha}_2, \boldsymbol{\alpha}_3|\neq 0$，从而有

$$|\boldsymbol{A}|=\begin{vmatrix}1&0&1\\1&1&0\\0&1&1\end{vmatrix}=2.$$

9. B

【解析】根据向量组线性表示的等价关系，若向量 $\boldsymbol{\beta}$ 不能由 $\boldsymbol{\alpha}_1$，$\boldsymbol{\alpha}_2$，$\boldsymbol{\alpha}_3$ 线性表示，则一定有 $r(\boldsymbol{\alpha}_1, \boldsymbol{\alpha}_2, \boldsymbol{\alpha}_3, \boldsymbol{\beta})\neq r(\boldsymbol{\alpha}_1, \boldsymbol{\alpha}_2, \boldsymbol{\alpha}_3)$，对$(\boldsymbol{\alpha}_1, \boldsymbol{\alpha}_2, \boldsymbol{\alpha}_3, \boldsymbol{\beta})$进行初等行变换，可得

$$(\boldsymbol{\alpha}_1, \boldsymbol{\alpha}_2, \boldsymbol{\alpha}_3, \boldsymbol{\beta})=\begin{pmatrix}1&1&t&4\\-1&t&1&t^2\\1&-1&2&-4\end{pmatrix}\to\begin{pmatrix}1&-1&2&-4\\0&2&t-2&8\\0&0&(t+1)(4-t)&2t(t-4)\end{pmatrix},$$

可以看出，要使 $r(\boldsymbol{\alpha}_1, \boldsymbol{\alpha}_2, \boldsymbol{\alpha}_3, \boldsymbol{\beta})\neq r(\boldsymbol{\alpha}_1, \boldsymbol{\alpha}_2, \boldsymbol{\alpha}_3)$，则$(t+1)(4-t)=0$ 且 $2t(t-4)\neq 0$，解得 $t=-1$.

10. B

【解析】因为 $\boldsymbol{\beta}$ 可由向量组 $\boldsymbol{\alpha}_1$，$\boldsymbol{\alpha}_2$，…，$\boldsymbol{\alpha}_m$ 线性表示，从而存在 k_1，k_2，…，k_m，使得 $\boldsymbol{\beta}=\sum\limits_{i=1}^{m}k_i\boldsymbol{\alpha}_i$，显然有 $k_m\neq 0$，否则有 $\boldsymbol{\beta}=\sum\limits_{i=1}^{m-1}k_i\boldsymbol{\alpha}_i$，那么 $\boldsymbol{\beta}$ 可由向量组 $\boldsymbol{\alpha}_1$，$\boldsymbol{\alpha}_2$，…，$\boldsymbol{\alpha}_{m-1}$ 线性表示，与题干矛盾.

由于 $k_m\neq 0$，所以 $\boldsymbol{\alpha}_m=\dfrac{1}{k_m}\left(\boldsymbol{\beta}-\sum\limits_{i=1}^{m-1}k_i\boldsymbol{\alpha}_i\right)=\dfrac{1}{k_m}\boldsymbol{\beta}-\dfrac{k_1}{k_m}\boldsymbol{\alpha}_1-\cdots-\dfrac{k_{m-1}}{k_m}\boldsymbol{\alpha}_{m-1}$，即 $\boldsymbol{\alpha}_m$ 可由向量组 $\boldsymbol{\alpha}_1$，$\boldsymbol{\alpha}_2$，…，$\boldsymbol{\alpha}_{m-1}$，$\boldsymbol{\beta}$ 线性表示，所以 A、D 项不正确.

若 $\boldsymbol{\alpha}_m$ 可由(Ⅰ)线性表示，则 $\boldsymbol{\alpha}_m=\sum\limits_{i=1}^{m-1}c_i\boldsymbol{\alpha}_i$，那么有

$$\boldsymbol{\beta}=\sum_{i=1}^{m}k_i\boldsymbol{\alpha}_i=\sum_{i=1}^{m-1}k_i\boldsymbol{\alpha}_i+k_m\boldsymbol{\alpha}_m=\sum_{i=1}^{m-1}k_i\boldsymbol{\alpha}_i+k_m\sum_{i=1}^{m-1}c_i\boldsymbol{\alpha}_i=\sum_{i=1}^{m-1}(k_i+k_mc_i)\boldsymbol{\alpha}_i,$$

可见 $\boldsymbol{\beta}$ 可由向量组 $\boldsymbol{\alpha}_1$，$\boldsymbol{\alpha}_2$，…，$\boldsymbol{\alpha}_{m-1}$ 线性表示，与题干矛盾，故 $\boldsymbol{\alpha}_m$ 不能由(Ⅰ)线性表示.

11. B

【解析】$(\boldsymbol{\alpha}_1+2\boldsymbol{\alpha}_2+\boldsymbol{\alpha}_3, \boldsymbol{\alpha}_1+a\boldsymbol{\alpha}_2, 3\boldsymbol{\alpha}_2+\boldsymbol{\alpha}_3)=(\boldsymbol{\alpha}_1, \boldsymbol{\alpha}_2, \boldsymbol{\alpha}_3)\begin{pmatrix}1&1&0\\2&a&3\\1&0&1\end{pmatrix}$，由于 $\boldsymbol{\alpha}_1$，$\boldsymbol{\alpha}_2$，$\boldsymbol{\alpha}_3$ 线

性无关，则 $\boldsymbol{\alpha}_1+2\boldsymbol{\alpha}_2+\boldsymbol{\alpha}_3$，$\boldsymbol{\alpha}_1+a\boldsymbol{\alpha}_2$，$3\boldsymbol{\alpha}_2+\boldsymbol{\alpha}_3$ 线性相关等价于 $\begin{vmatrix}1&1&0\\2&a&3\\1&0&1\end{vmatrix}=0$，即

$$\begin{vmatrix}1&1&0\\2&a&3\\1&0&1\end{vmatrix}=\begin{vmatrix}1&1&0\\0&a-2&3\\0&-1&1\end{vmatrix}=a+1=0,$$

解得 $a=-1$.

12. A

【解析】以 $\boldsymbol{\alpha}_1$，$\boldsymbol{\alpha}_2$，$\boldsymbol{\alpha}_3$ 为列向量，构成矩阵，并进行初等行变换，有

$$\begin{pmatrix}1&2&-2\\4&t&3\\3&-1&1\\-1&-1&t+1\end{pmatrix}\to\begin{pmatrix}1&2&-2\\0&t-8&11\\0&-7&7\\0&1&t-1\end{pmatrix}\to\begin{pmatrix}1&2&-2\\0&-7&7\\0&1&t-1\\0&t-8&11\end{pmatrix}\to\begin{pmatrix}1&2&-2\\0&-1&1\\0&0&t\\0&0&t+3\end{pmatrix}\to\begin{pmatrix}1&2&-2\\0&-1&1\\0&0&3\\0&0&t\end{pmatrix},$$

因此对任意的 t，向量组的秩都为 3，为向量组中向量的个数，因此 $\boldsymbol{\alpha}_1$，$\boldsymbol{\alpha}_2$，$\boldsymbol{\alpha}_3$ 必定线性无关.

13. A

【解析】由题干可知，$\boldsymbol{\beta}_1$ 可以由 $\boldsymbol{\alpha}_1$，$\boldsymbol{\alpha}_2$ 线性表示，则一定有 $r(\overline{\mathbf{A}})=r(\mathbf{A})$，其中矩阵 $\mathbf{A}$ 是由 $\boldsymbol{\alpha}_1$，$\boldsymbol{\alpha}_2$ 为列构成的矩阵，$\overline{\mathbf{A}}$是由 $\boldsymbol{\alpha}_1$，$\boldsymbol{\alpha}_2$，$\boldsymbol{\beta}_1$ 为列构成的矩阵，即

$$\overline{\mathbf{A}}=(\boldsymbol{\alpha}_1,\boldsymbol{\alpha}_2,\boldsymbol{\beta}_1)=\begin{pmatrix}1&-2&4\\2&1&-2\\3&-1&a\end{pmatrix},$$

对$\overline{\mathbf{A}}$作初等行变换，化为阶梯形矩阵，可得

$$\overline{\mathbf{A}}=\begin{pmatrix}1&-2&4\\2&1&-2\\3&-1&a\end{pmatrix}\to\begin{pmatrix}1&-2&4\\0&5&-10\\0&5&a-12\end{pmatrix}\to\begin{pmatrix}1&-2&4\\0&5&-10\\0&0&a-2\end{pmatrix},$$

由 $r(\overline{\mathbf{A}})=r(\mathbf{A})$可得 $a-2=0$，即 $a=2$.

同理，$\boldsymbol{\beta}_2$ 可以由 $\boldsymbol{\alpha}_1$，$\boldsymbol{\alpha}_2$ 线性表示，则一定有 $r(\overline{\mathbf{A}})=r(\mathbf{A})$，其中矩阵 $\mathbf{A}$ 是由 $\boldsymbol{\alpha}_1$，$\boldsymbol{\alpha}_2$ 为列构成的矩阵，$\overline{\mathbf{A}}$是由 $\boldsymbol{\alpha}_1$，$\boldsymbol{\alpha}_2$，$\boldsymbol{\beta}_2$ 为列构成的矩阵，即

$$\overline{\mathbf{A}}=(\boldsymbol{\alpha}_1,\boldsymbol{\alpha}_2,\boldsymbol{\beta}_2)=\begin{pmatrix}1&-2&7\\2&1&b\\3&-1&4\end{pmatrix},$$

对$\overline{\mathbf{A}}$作初等行变换，化为阶梯形矩阵，可得

$$\overline{\mathbf{A}}=\begin{pmatrix}1&-2&7\\2&1&b\\3&-1&4\end{pmatrix}\to\begin{pmatrix}1&-2&7\\0&5&b-14\\0&5&-17\end{pmatrix}\to\begin{pmatrix}1&-2&4\\0&5&-17\\0&0&b+3\end{pmatrix},$$

再由 $r(\overline{\mathbf{A}})=r(\mathbf{A})$可得 $b+3=0$，即 $b=-3$.

14. D

【解析】A 项：由 $\boldsymbol{\alpha}_1$，$\boldsymbol{\alpha}_2$，…，$\boldsymbol{\alpha}_s$ 线性无关则一定有 $\boldsymbol{\alpha}_1$，$\boldsymbol{\alpha}_2$，…，$\boldsymbol{\alpha}_s$ 均不是零向量；但是反

过来，都不是零向量的向量组不一定线性无关，比如(1，1)和(2，2)都是非零向量，但线性相关．所以选项 A 是必要非充分条件．

B 项：由 $\boldsymbol{\alpha}_1$，$\boldsymbol{\alpha}_2$，…，$\boldsymbol{\alpha}_s$ 线性无关则一定有 $\boldsymbol{\alpha}_1$，$\boldsymbol{\alpha}_2$，…，$\boldsymbol{\alpha}_s$ 中任意 $s-1$ 个向量都线性无关(整体无关则部分无关)，但是反过来不成立，因为部分向量组无关不能推出整体无关，所以选项 B 也是必要非充分条件．

C 项：类似于 B 项，整体无关则部分无关但是部分无关整体不一定无关，所以选项 C 是充分非必要条件．

D 项：它是充分必要条件，这个结论可以作为定理记住．下面利用反证法证明：

必要性：反证法．如果 $\boldsymbol{\alpha}_i=k_1\boldsymbol{\alpha}_1+\cdots+k_{i-1}\boldsymbol{\alpha}_{i-1}+k_{i+1}\boldsymbol{\alpha}_{i+1}+\cdots+k_s\boldsymbol{\alpha}_s$，则

$$k_1\boldsymbol{\alpha}_1+\cdots+k_{i-1}\boldsymbol{\alpha}_{i-1}-\boldsymbol{\alpha}_i+k_{i+1}\boldsymbol{\alpha}_{i+1}+\cdots+k_s\boldsymbol{\alpha}_s=\mathbf{0},$$

因为 k_1，…，k_{i-1}，-1，k_{i+1}，…，k_s 不全为 0，于是 $\boldsymbol{\alpha}_1$，$\boldsymbol{\alpha}_2$，…，$\boldsymbol{\alpha}_s$ 线性相关，与题干矛盾．所以 $\boldsymbol{\alpha}_1$，$\boldsymbol{\alpha}_2$，…，$\boldsymbol{\alpha}_s$ 中每一个向量都不能由其余 $s-1$ 个向量线性表出．

充分性：反证法．如果 $\boldsymbol{\alpha}_1$，$\boldsymbol{\alpha}_2$，…，$\boldsymbol{\alpha}_s$ 线性相关，则有不全为 0 的 k_1，k_2，…，k_s，使 $k_1\boldsymbol{\alpha}_1+k_2\boldsymbol{\alpha}_2+\cdots+k_s\boldsymbol{\alpha}_s=\mathbf{0}$，不妨设 $k_s\neq0$，则有 $\boldsymbol{\alpha}_s=-\dfrac{1}{k_s}(k_1\boldsymbol{\alpha}_1+k_2\boldsymbol{\alpha}_2+\cdots+k_{s-1}\boldsymbol{\alpha}_{s-1})$，即 $\boldsymbol{\alpha}_s$ 可由其余 $s-1$ 个向量线性表出，与选项 D 矛盾．所以 $\boldsymbol{\alpha}_1$，$\boldsymbol{\alpha}_2$，…，$\boldsymbol{\alpha}_s$ 线性无关．

综上，D 项是正确的．

E 项：向量组中只要有一个零向量，那么整个向量组线性相关，故 E 项错误．

15. C

【解析】把各选项中的向量组分别表示成已知向量组 $\boldsymbol{\alpha}_1$，$\boldsymbol{\alpha}_2$，$\boldsymbol{\alpha}_3$，$\boldsymbol{\alpha}_4$ 与矩阵的乘积．

A 项：$(\boldsymbol{\alpha}_1+\boldsymbol{\alpha}_2,\ \boldsymbol{\alpha}_2+\boldsymbol{\alpha}_3,\ \boldsymbol{\alpha}_3+\boldsymbol{\alpha}_4,\ \boldsymbol{\alpha}_4+\boldsymbol{\alpha}_1)=(\boldsymbol{\alpha}_1,\ \boldsymbol{\alpha}_2,\ \boldsymbol{\alpha}_3,\ \boldsymbol{\alpha}_4)\begin{pmatrix}1&0&0&1\\1&1&0&0\\0&1&1&0\\0&0&1&1\end{pmatrix}$，且

$\begin{vmatrix}1&0&0&1\\1&1&0&0\\0&1&1&0\\0&0&1&1\end{vmatrix}=0$，所以 $\boldsymbol{\alpha}_1+\boldsymbol{\alpha}_2$，$\boldsymbol{\alpha}_2+\boldsymbol{\alpha}_3$，$\boldsymbol{\alpha}_3+\boldsymbol{\alpha}_4$，$\boldsymbol{\alpha}_4+\boldsymbol{\alpha}_1$ 线性相关；

同理，可以验证 B、D 项都线性相关；

C 项：$(\boldsymbol{\alpha}_1+\boldsymbol{\alpha}_2,\ \boldsymbol{\alpha}_2+\boldsymbol{\alpha}_3,\ \boldsymbol{\alpha}_3+\boldsymbol{\alpha}_4,\ \boldsymbol{\alpha}_4-\boldsymbol{\alpha}_1)=(\boldsymbol{\alpha}_1,\ \boldsymbol{\alpha}_2,\ \boldsymbol{\alpha}_3,\ \boldsymbol{\alpha}_4)\begin{pmatrix}1&0&0&-1\\1&1&0&0\\0&1&1&0\\0&0&1&1\end{pmatrix}$，且

$\begin{vmatrix}1&0&0&-1\\1&1&0&0\\0&1&1&0\\0&0&1&1\end{vmatrix}=2\neq0$，所以 $\boldsymbol{\alpha}_1+\boldsymbol{\alpha}_2$，$\boldsymbol{\alpha}_2+\boldsymbol{\alpha}_3$，$\boldsymbol{\alpha}_3+\boldsymbol{\alpha}_4$，$\boldsymbol{\alpha}_4-\boldsymbol{\alpha}_1$ 线性无关．

16. A

【解析】$(\boldsymbol{\alpha}_1+k\boldsymbol{\alpha}_3,\ \boldsymbol{\alpha}_2+l\boldsymbol{\alpha}_3)=(\boldsymbol{\alpha}_1,\ \boldsymbol{\alpha}_2,\ \boldsymbol{\alpha}_3)\begin{pmatrix}1&0\\0&1\\k&l\end{pmatrix}$.

必要性：记 $\boldsymbol{A}=(\boldsymbol{\alpha}_1+k\boldsymbol{\alpha}_3,\ \boldsymbol{\alpha}_2+l\boldsymbol{\alpha}_3)$，$\boldsymbol{B}=(\boldsymbol{\alpha}_1,\ \boldsymbol{\alpha}_2,\ \boldsymbol{\alpha}_3)$，$\boldsymbol{C}=\begin{pmatrix}1&0\\0&1\\k&l\end{pmatrix}$，若 $\boldsymbol{\alpha}_1$，$\boldsymbol{\alpha}_2$，$\boldsymbol{\alpha}_3$ 线性无关，则 $r(\boldsymbol{A})=r(\boldsymbol{BC})=r(\boldsymbol{C})=2$，故 $\boldsymbol{\alpha}_1+k\boldsymbol{\alpha}_3$，$\boldsymbol{\alpha}_2+l\boldsymbol{\alpha}_3$ 线性无关．

充分性：举反例．令 $\boldsymbol{\alpha}_3=\boldsymbol{0}$，且 $\boldsymbol{\alpha}_1$，$\boldsymbol{\alpha}_2$ 线性无关，但此时 $\boldsymbol{\alpha}_1$，$\boldsymbol{\alpha}_2$，$\boldsymbol{\alpha}_3$ 线性相关．

综上所述，对任意常数 k，l，向量组 $\boldsymbol{\alpha}_1+k\boldsymbol{\alpha}_3$，$\boldsymbol{\alpha}_2+l\boldsymbol{\alpha}_3$ 线性无关是向量组 $\boldsymbol{\alpha}_1$，$\boldsymbol{\alpha}_2$，$\boldsymbol{\alpha}_3$ 线性无关的必要非充分条件．

17. C

【解析】逐个选项进行验证．

对于 A、B、C、D 项，分别以所给向量组为列向量构成三阶矩阵，通过求其行列式是否为零判定线性相关还是无关．可以验证 A、B、D 项所构成的矩阵的行列式均不为零，从而向量组线性无关；

C 项：由于 $|\boldsymbol{\alpha}_1,\ \boldsymbol{\alpha}_3,\ \boldsymbol{\alpha}_4|=\begin{vmatrix}0&1&-1\\0&-1&1\\c_1&c_3&c_4\end{vmatrix}=c_1\begin{vmatrix}1&-1\\-1&1\end{vmatrix}=0$，可知 $\boldsymbol{\alpha}_1$，$\boldsymbol{\alpha}_3$，$\boldsymbol{\alpha}_4$ 线性相关；

E 项：两个向量线性相关还是无关可以直接利用性质，对应分量是否一定成比例判定．观察 $\boldsymbol{\alpha}_1$，$\boldsymbol{\alpha}_3$ 的对应分量一定不成比例，则 $\boldsymbol{\alpha}_1$，$\boldsymbol{\alpha}_3$ 一定线性无关．

18. D

【解析】以 $\boldsymbol{\alpha}_1$，$\boldsymbol{\alpha}_2$，$\boldsymbol{\alpha}_3$，$\boldsymbol{\alpha}_4$，$\boldsymbol{\alpha}_5$ 为列向量，构成矩阵 $\boldsymbol{A}$，并进行初等行变换，为

$$\boldsymbol{A}=\begin{pmatrix}1&0&3&1&2\\-1&3&0&-2&1\\2&1&7&2&5\\4&2&14&0&10\end{pmatrix}\to\begin{pmatrix}1&0&3&1&2\\0&3&3&-1&3\\0&1&1&0&1\\0&2&2&-4&2\end{pmatrix}\to\begin{pmatrix}1&0&3&1&2\\0&1&1&0&1\\0&0&0&-1&0\\0&0&0&-4&0\end{pmatrix}\to\begin{pmatrix}1&0&3&1&2\\0&1&1&0&1\\0&0&0&1&0\\0&0&0&0&0\end{pmatrix}.$$

观察经过初等行变换后的矩阵的非零行有 3 个，所以向量组的秩为 3.

19. A

【解析】方法一：$\boldsymbol{\beta}_1$ 可由 $\boldsymbol{\alpha}_1$，$\boldsymbol{\alpha}_2$，$\boldsymbol{\alpha}_3$ 线性表示，故存在 k_1，k_2，k_3，使 $\boldsymbol{\beta}_1=k_1\boldsymbol{\alpha}_1+k_2\boldsymbol{\alpha}_2+k_3\boldsymbol{\alpha}_3$，

对矩阵 $\begin{pmatrix}\boldsymbol{\alpha}_1\\\boldsymbol{\alpha}_2\\\boldsymbol{\alpha}_3\\k\boldsymbol{\beta}_1+\boldsymbol{\beta}_2\end{pmatrix}$ 进行初等行变换，第一行乘以 $-kk_1$ 加到第四行、第二行乘以 $-kk_2$ 加到第四行、第三行乘以 $-kk_3$ 加到第四行，有

$$\begin{pmatrix} \boldsymbol{\alpha}_1 \\ \boldsymbol{\alpha}_2 \\ \boldsymbol{\alpha}_3 \\ k\boldsymbol{\beta}_1+\boldsymbol{\beta}_2 \end{pmatrix} \to \begin{pmatrix} \boldsymbol{\alpha}_1 \\ \boldsymbol{\alpha}_2 \\ \boldsymbol{\alpha}_3 \\ \boldsymbol{\beta}_2 \end{pmatrix},$$

又因为 $\boldsymbol{\beta}_2$ 不能由 $\boldsymbol{\alpha}_1$，$\boldsymbol{\alpha}_2$，$\boldsymbol{\alpha}_3$ 线性表示，知 $\boldsymbol{\alpha}_1$，$\boldsymbol{\alpha}_2$，$\boldsymbol{\alpha}_3$，$\boldsymbol{\beta}_2$ 线性无关且初等变换不改变向量组的相关性，所以 $\boldsymbol{\alpha}_1$，$\boldsymbol{\alpha}_2$，$\boldsymbol{\alpha}_3$，$k\boldsymbol{\beta}_1+\boldsymbol{\beta}_2$ 也线性无关．

方法二：$\boldsymbol{\beta}_1$ 可由 $\boldsymbol{\alpha}_1$，$\boldsymbol{\alpha}_2$，$\boldsymbol{\alpha}_3$ 线性表示，不论 k 取何值 $k\boldsymbol{\beta}_1$ 也总能由 $\boldsymbol{\alpha}_1$，$\boldsymbol{\alpha}_2$，$\boldsymbol{\alpha}_3$ 线性表示，而 $\boldsymbol{\beta}_2$ 不能由 $\boldsymbol{\alpha}_1$，$\boldsymbol{\alpha}_2$，$\boldsymbol{\alpha}_3$ 线性表示，故 $k\boldsymbol{\beta}_1+\boldsymbol{\beta}_2$ 不能由 $\boldsymbol{\alpha}_1$，$\boldsymbol{\alpha}_2$，$\boldsymbol{\alpha}_3$ 线性表示．又由于 $\boldsymbol{\alpha}_1$，$\boldsymbol{\alpha}_2$，$\boldsymbol{\alpha}_3$ 线性无关，因此 $\boldsymbol{\alpha}_1$，$\boldsymbol{\alpha}_2$，$\boldsymbol{\alpha}_3$，$k\boldsymbol{\beta}_1+\boldsymbol{\beta}_2$ 是线性无关的．

方法三：排除法．

根据题干条件知，$\boldsymbol{\beta}_1$ 可由 $\boldsymbol{\alpha}_1$，$\boldsymbol{\alpha}_2$，$\boldsymbol{\alpha}_3$ 线性表示，而 $\boldsymbol{\beta}_2$ 不能由 $\boldsymbol{\alpha}_1$，$\boldsymbol{\alpha}_2$，$\boldsymbol{\alpha}_3$ 线性表示，对 k 取特殊值．

当 $k=0$ 时，$\boldsymbol{\alpha}_1$，$\boldsymbol{\alpha}_2$，$\boldsymbol{\alpha}_3$，$k\boldsymbol{\beta}_1+\boldsymbol{\beta}_2$ 为 $\boldsymbol{\alpha}_1$，$\boldsymbol{\alpha}_2$，$\boldsymbol{\alpha}_3$，$\boldsymbol{\beta}_2$，线性无关，故排除 B 项；

当 $k=0$ 时，$\boldsymbol{\alpha}_1$，$\boldsymbol{\alpha}_2$，$\boldsymbol{\alpha}_3$，$\boldsymbol{\beta}_1+k\boldsymbol{\beta}_2$ 为 $\boldsymbol{\alpha}_1$，$\boldsymbol{\alpha}_2$，$\boldsymbol{\alpha}_3$，$\boldsymbol{\beta}_1$ 线性相关，排除 C 项；

当 $k=1$ 时，$\boldsymbol{\alpha}_1$，$\boldsymbol{\alpha}_2$，$\boldsymbol{\alpha}_3$，$\boldsymbol{\beta}_1+k\boldsymbol{\beta}_2$ 为 $\boldsymbol{\alpha}_1$，$\boldsymbol{\alpha}_2$，$\boldsymbol{\alpha}_3$，$\boldsymbol{\beta}_1+\boldsymbol{\beta}_2$ 线性无关，排除 D 项．

【点评】由于 $\boldsymbol{\alpha}_1$，$\boldsymbol{\alpha}_2$，$\boldsymbol{\alpha}_3$ 线性无关，因此新的向量组是否线性相关就看新加进来的向量是否能由 $\boldsymbol{\alpha}_1$，$\boldsymbol{\alpha}_2$，$\boldsymbol{\alpha}_3$ 线性表示．

20. E

【解析】由题设，有

$$\boldsymbol{B}=(\boldsymbol{\alpha}_1+\boldsymbol{\alpha}_2+\boldsymbol{\alpha}_3,\ \boldsymbol{\alpha}_1+2\boldsymbol{\alpha}_2+4\boldsymbol{\alpha}_3,\ \boldsymbol{\alpha}_1+3\boldsymbol{\alpha}_2+9\boldsymbol{\alpha}_3)=(\boldsymbol{\alpha}_1,\ \boldsymbol{\alpha}_2,\ \boldsymbol{\alpha}_3)\begin{pmatrix} 1 & 1 & 1 \\ 1 & 2 & 3 \\ 1 & 4 & 9 \end{pmatrix},$$

于是有 $|\boldsymbol{B}|=|\boldsymbol{A}|\begin{vmatrix} 1 & 1 & 1 \\ 1 & 2 & 3 \\ 1 & 4 & 9 \end{vmatrix}=1\times 2=2.$

21. C

【解析】$\boldsymbol{\alpha}_1$，$\boldsymbol{\alpha}_2$ 中分量不成比例，知 $\boldsymbol{\alpha}_1$，$\boldsymbol{\alpha}_2$ 线性无关，于是 $r(\boldsymbol{\alpha}_1,\ \boldsymbol{\alpha}_2,\ \boldsymbol{\alpha}_3)\geqslant 2$；

又因为三维列向量 $\boldsymbol{\alpha}_4$ 不能由 $\boldsymbol{\alpha}_1$，$\boldsymbol{\alpha}_2$，$\boldsymbol{\alpha}_3$ 线性表出，必有 $\boldsymbol{\alpha}_1$，$\boldsymbol{\alpha}_2$，$\boldsymbol{\alpha}_3$ 线性相关(事实上，若 $\boldsymbol{\alpha}_1$，$\boldsymbol{\alpha}_2$，$\boldsymbol{\alpha}_3$ 线性无关，又因为 $\boldsymbol{\alpha}_1$，$\boldsymbol{\alpha}_2$，$\boldsymbol{\alpha}_3$，$\boldsymbol{\alpha}_4$ 都是三维列向量，则 $\boldsymbol{\alpha}_1$，$\boldsymbol{\alpha}_2$，$\boldsymbol{\alpha}_3$ 为 $\boldsymbol{\alpha}_1$，$\boldsymbol{\alpha}_2$，$\boldsymbol{\alpha}_3$，$\boldsymbol{\alpha}_4$ 的一个极大线性无关组，那么 $\boldsymbol{\alpha}_4$ 能由 $\boldsymbol{\alpha}_1$，$\boldsymbol{\alpha}_2$，$\boldsymbol{\alpha}_3$ 线性表出，矛盾)，有 $r(\boldsymbol{\alpha}_1,\ \boldsymbol{\alpha}_2,\ \boldsymbol{\alpha}_3)<3$.

综上，$r(\boldsymbol{A})=r(\boldsymbol{\alpha}_1,\ \boldsymbol{\alpha}_2,\ \boldsymbol{\alpha}_3)=2$.

22. B

【解析】由 $\boldsymbol{AB}=\boldsymbol{C}$ 可知 $\boldsymbol{C}$ 的列向量组可以由 $\boldsymbol{A}$ 的列向量组线性表示，又 $\boldsymbol{B}$ 可逆，故有 $\boldsymbol{A}=\boldsymbol{CB}^{-1}$，可知 $\boldsymbol{A}$ 的列向量组也可以由 $\boldsymbol{C}$ 的列向量组线性表示，根据向量组等价的定义可知，$\boldsymbol{A}$ 的列向量组与 $\boldsymbol{C}$ 的列向量组等价，正确选项为 B.

23. A

【解析】利用向量组线性相关性与矩阵秩的关系：

①$\boldsymbol{\alpha}_1$，$\boldsymbol{\alpha}_2$，…，$\boldsymbol{\alpha}_s$ 线性无关$\Leftrightarrow r(\boldsymbol{\alpha}_1,\boldsymbol{\alpha}_2,\cdots,\boldsymbol{\alpha}_s)=s$；

②$\boldsymbol{\alpha}_1$，$\boldsymbol{\alpha}_2$，…，$\boldsymbol{\alpha}_s$ 线性相关$\Leftrightarrow r(\boldsymbol{\alpha}_1,\boldsymbol{\alpha}_2,\cdots,\boldsymbol{\alpha}_s)<s$；

③$r(\boldsymbol{AB})\leqslant r(\boldsymbol{B})$.

矩阵$(\boldsymbol{A\alpha}_1,\boldsymbol{A\alpha}_2,\cdots,\boldsymbol{A\alpha}_s)=\boldsymbol{A}(\boldsymbol{\alpha}_1,\boldsymbol{\alpha}_2,\cdots,\boldsymbol{\alpha}_s)$，由③知

$$r(\boldsymbol{A\alpha}_1,\boldsymbol{A\alpha}_2,\cdots,\boldsymbol{A\alpha}_s)\leqslant r(\boldsymbol{\alpha}_1,\boldsymbol{\alpha}_2,\cdots,\boldsymbol{\alpha}_s).$$

因此当$\boldsymbol{\alpha}_1$，$\boldsymbol{\alpha}_2$，…，$\boldsymbol{\alpha}_s$ 线性无关时，$r(\boldsymbol{\alpha}_1,\boldsymbol{\alpha}_2,\cdots,\boldsymbol{\alpha}_s)=s$，则 $r(\boldsymbol{A\alpha}_1,\boldsymbol{A\alpha}_2,\cdots,\boldsymbol{A\alpha}_s)\leqslant s$，那 $\boldsymbol{A\alpha}_1$，$\boldsymbol{A\alpha}_2$，…，$\boldsymbol{A\alpha}_s$ 可能相关，也可能无关；

而当$\boldsymbol{\alpha}_1$，$\boldsymbol{\alpha}_2$，…，$\boldsymbol{\alpha}_s$ 线性相关时，$r(\boldsymbol{\alpha}_1,\boldsymbol{\alpha}_2,\cdots,\boldsymbol{\alpha}_s)<s$，则 $r(\boldsymbol{A\alpha}_1,\boldsymbol{A\alpha}_2,\cdots,\boldsymbol{A\alpha}_s)<s$，所以 $\boldsymbol{A\alpha}_1$，$\boldsymbol{A\alpha}_2$，…，$\boldsymbol{A\alpha}_s$ 是线性相关的，故选 A 项 .

24. A

【解析】已知 $\boldsymbol{\alpha}_1$，$\boldsymbol{\alpha}_2$，$\boldsymbol{\alpha}_3$ 线性无关，则 $r(\boldsymbol{\alpha}_1,\boldsymbol{\alpha}_2,\boldsymbol{\alpha}_3)=3$，以 $\boldsymbol{\alpha}_1$，$\boldsymbol{\alpha}_2$，$\boldsymbol{\alpha}_3$ 为列向量，构成矩阵 $\boldsymbol{A}$，对 $\boldsymbol{A}$ 进行初等行变换，有

$$\boldsymbol{A}=(\boldsymbol{\alpha}_1,\boldsymbol{\alpha}_2,\boldsymbol{\alpha}_3)=\begin{pmatrix}1&2&0\\2&0&-4\\-1&t&5\\1&0&t\end{pmatrix}\to\begin{pmatrix}1&2&0\\0&-4&-4\\0&t+2&5\\0&-2&t\end{pmatrix}\to\begin{pmatrix}1&2&0\\0&1&1\\0&0&3-t\\0&0&t+2\end{pmatrix},$$

$t+2$，$3-t$ 不可能同时为 0，故对任意 t 均有 $r(\boldsymbol{A})=3$，故选 A.

25. B

【解析】由于 $\boldsymbol{\alpha}_1$，$\boldsymbol{\alpha}_2$，$\boldsymbol{\alpha}_3$ 线性无关，则 $|\boldsymbol{P}|=|\boldsymbol{\alpha}_1,\boldsymbol{\alpha}_2,\boldsymbol{\alpha}_3|\neq0$，从而 $\boldsymbol{P}$ 可逆 .

$$\boldsymbol{Q}=(\boldsymbol{\alpha}_1+\boldsymbol{\alpha}_2,\boldsymbol{\alpha}_2,\boldsymbol{\alpha}_3)=(\boldsymbol{\alpha}_1,\boldsymbol{\alpha}_2,\boldsymbol{\alpha}_3)\begin{pmatrix}1&0&0\\1&1&0\\0&0&1\end{pmatrix}=\boldsymbol{P}\begin{pmatrix}1&0&0\\1&1&0\\0&0&1\end{pmatrix},$$

则

$$\boldsymbol{Q}^{-1}=\begin{pmatrix}1&0&0\\1&1&0\\0&0&1\end{pmatrix}^{-1}\boldsymbol{P}^{-1}=\begin{pmatrix}1&0&0\\-1&1&0\\0&0&1\end{pmatrix}\boldsymbol{P}^{-1},$$

从而

$$\boldsymbol{Q}^{-1}\boldsymbol{AQ}=\begin{pmatrix}1&0&0\\-1&1&0\\0&0&1\end{pmatrix}\boldsymbol{P}^{-1}\boldsymbol{AP}\begin{pmatrix}1&0&0\\1&1&0\\0&0&1\end{pmatrix},$$

又因为 $\boldsymbol{AP}=(\boldsymbol{\alpha}_1,\boldsymbol{\alpha}_2,2\boldsymbol{\alpha}_3)=(\boldsymbol{\alpha}_1,\boldsymbol{\alpha}_2,\boldsymbol{\alpha}_3)\begin{pmatrix}1&0&0\\0&1&0\\0&0&2\end{pmatrix}=\boldsymbol{P}\begin{pmatrix}1&0&0\\0&1&0\\0&0&2\end{pmatrix}$，则

$$\boldsymbol{P}^{-1}\boldsymbol{AP}=\boldsymbol{P}^{-1}\boldsymbol{P}\begin{pmatrix}1&0&0\\0&1&0\\0&0&2\end{pmatrix}=\begin{pmatrix}1&0&0\\0&1&0\\0&0&2\end{pmatrix},$$

所以

$$Q^{-1}AQ=\begin{pmatrix}1&0&0\\-1&1&0\\0&0&1\end{pmatrix}P^{-1}AP\begin{pmatrix}1&0&0\\1&1&0\\0&0&1\end{pmatrix}$$

$$=\begin{pmatrix}1&0&0\\-1&1&0\\0&0&1\end{pmatrix}\begin{pmatrix}1&0&0\\0&1&0\\0&0&2\end{pmatrix}\begin{pmatrix}1&0&0\\1&1&0\\0&0&1\end{pmatrix}=\begin{pmatrix}1&0&0\\0&1&0\\0&0&2\end{pmatrix}.$$

26. B

【解析】向量组(Ⅲ)线性相关，则 $|\boldsymbol{AB}|=0$，即 $|\boldsymbol{A}|=0$ 或 $|\boldsymbol{B}|=0$，即(Ⅰ)或(Ⅱ)中至少有一个线性相关．

27. E

【解析】以 $\boldsymbol{\alpha}_1$，$\boldsymbol{\alpha}_2$，$\boldsymbol{\alpha}_3$ 为列向量，构成矩阵 $\boldsymbol{A}$，并进行初等行变换，有

$$\boldsymbol{A}=\begin{pmatrix}a&a&1\\a&1&a\\1&a&a\end{pmatrix}\to\begin{pmatrix}1&a&a\\0&a-a^2&1-a^2\\0&1-a^2&a-a^2\end{pmatrix},$$

由于向量组的秩为 2，则一定有 $a\neq1$ 且 $a\neq0$，继续对 $\boldsymbol{A}$ 进行初等行变换，可得

$$\boldsymbol{A}\to\begin{pmatrix}1&a&a\\0&a-a^2&1-a^2\\0&1-a^2&a-a^2\end{pmatrix}\to\begin{pmatrix}1&a&a\\0&a&1+a\\0&0&\dfrac{-2a-1}{a}\end{pmatrix},$$

由于秩为 2，从而 $-2a-1=0$，即 $a=-\dfrac{1}{2}$.

28. C

【解析】$\boldsymbol{A\alpha}_1$，$\boldsymbol{A\alpha}_2$，$\boldsymbol{A\alpha}_3=\boldsymbol{A}(\boldsymbol{\alpha}_1,\boldsymbol{\alpha}_2,\boldsymbol{\alpha}_3)$，又 $\boldsymbol{\alpha}_1$，$\boldsymbol{\alpha}_2$，$\boldsymbol{\alpha}_3$ 是线性无关的向量组，则行列式 $|\boldsymbol{\alpha}_1,\boldsymbol{\alpha}_2,\boldsymbol{\alpha}_3|\neq0$,即可逆，所以 $r(\boldsymbol{A\alpha}_1,\boldsymbol{A\alpha}_2,\boldsymbol{A\alpha}_3)=r(\boldsymbol{A})$，对矩阵 $\boldsymbol{A}$ 进行初等行变换，有

$$\boldsymbol{A}=\begin{pmatrix}1&0&1\\1&1&2\\0&1&1\end{pmatrix}\to\begin{pmatrix}1&0&1\\0&1&1\\0&1&1\end{pmatrix}\to\begin{pmatrix}1&0&1\\0&1&1\\0&0&0\end{pmatrix},$$

显然 $r(\boldsymbol{A})=2$，故 $r(\boldsymbol{A\alpha}_1,\boldsymbol{A\alpha}_2,\boldsymbol{A\alpha}_3)=2$.

29. A

【解析】$\boldsymbol{\alpha}_1$，$\boldsymbol{\alpha}_2$ 是向量组 $\boldsymbol{\alpha}_1$，$\boldsymbol{\alpha}_2$，$\boldsymbol{\alpha}_3$ 的极大线性无关组，则 $r(\boldsymbol{\alpha}_1,\boldsymbol{\alpha}_2,\boldsymbol{\alpha}_3)=2$，并且 $\boldsymbol{\alpha}_3$ 可以由 $\boldsymbol{\alpha}_1$，$\boldsymbol{\alpha}_2$ 线性表示，则可设 $\boldsymbol{\alpha}_3=k_1\boldsymbol{\alpha}_1+k_2\boldsymbol{\alpha}_2$，则有

$$\begin{cases}a+1=k_1+2k_2,\\3=4k_1+ak_2,\\1=3k_1-k_2,\end{cases}$$

解方程组得 $a=-3$ 或 1.

30. E

【解析】由于$(\boldsymbol{\alpha}_1-3\boldsymbol{\alpha}_3, a\boldsymbol{\alpha}_1+\boldsymbol{\alpha}_2+2\boldsymbol{\alpha}_3, 2\boldsymbol{\alpha}_1+3\boldsymbol{\alpha}_2+\boldsymbol{\alpha}_3)=(\boldsymbol{\alpha}_1, \boldsymbol{\alpha}_2, \boldsymbol{\alpha}_3)\begin{pmatrix}1 & a & 2\\0 & 1 & 3\\-3 & 2 & 1\end{pmatrix}$，且

$\boldsymbol{\alpha}_1-3\boldsymbol{\alpha}_3, a\boldsymbol{\alpha}_1+\boldsymbol{\alpha}_2+2\boldsymbol{\alpha}_3, 2\boldsymbol{\alpha}_1+3\boldsymbol{\alpha}_2+\boldsymbol{\alpha}_3$ 线性无关，故 $r(\boldsymbol{\alpha}_1-3\boldsymbol{\alpha}_3, a\boldsymbol{\alpha}_1+\boldsymbol{\alpha}_2+2\boldsymbol{\alpha}_3, 2\boldsymbol{\alpha}_1+3\boldsymbol{\alpha}_2+\boldsymbol{\alpha}_3)=3$，又因为 $\boldsymbol{\alpha}_1, \boldsymbol{\alpha}_2, \boldsymbol{\alpha}_3$ 线性无关，则 $r(\boldsymbol{\alpha}_1, \boldsymbol{\alpha}_2, \boldsymbol{\alpha}_3)=3$，已知矩阵乘以一个可逆矩阵，不改变矩阵的秩，知$\begin{pmatrix}1 & a & 2\\0 & 1 & 3\\-3 & 2 & 1\end{pmatrix}$可逆，$\begin{vmatrix}1 & a & 2\\0 & 1 & 3\\-3 & 2 & 1\end{vmatrix}=1-9a\neq 0$，因此 $a\neq\frac{1}{9}$.

31. E

【解析】因为向量组中的向量个数和向量的维数相同，因此以向量为列向量构成的矩阵 $\boldsymbol{A}$ 为方阵，由 $\boldsymbol{\alpha}_1, \boldsymbol{\alpha}_2, \boldsymbol{\alpha}_3, \boldsymbol{\alpha}_4$ 线性相关，可知 $\boldsymbol{A}$ 的行列式的值为零，即

$$|\boldsymbol{A}|=\begin{vmatrix}1+a & 2 & 3 & 4\\1 & 2+a & 3 & 4\\1 & 2 & 3+a & 4\\1 & 2 & 3 & 4+a\end{vmatrix}=(10+a)a^3=0,$$

解得 $a=0$ 或 -10.

32. B

【解析】向量组线性相关的充分必要条件是 $|\boldsymbol{\alpha}_1, \boldsymbol{\alpha}_2, \boldsymbol{\alpha}_3|=0$，即

$$|\boldsymbol{\alpha}_1, \boldsymbol{\alpha}_2, \boldsymbol{\alpha}_3|=\begin{vmatrix}1 & 2 & t-1\\t+2 & -1 & 1\\3 & 1 & -1\end{vmatrix}=(t+1)(t+5)=0,$$

解得 $t=-1$ 或者 $t=-5$.

而当 $t=-1$ 时，后两列对应成比例，从而 $\boldsymbol{\alpha}_2, \boldsymbol{\alpha}_3$ 线性相关，不符合题意，因此 $t=-5$.

33. E

【解析】由于向量组 $\boldsymbol{\alpha}_1, \boldsymbol{\alpha}_2, \boldsymbol{\alpha}_3$ 线性无关，且$(\boldsymbol{\beta}_1, \boldsymbol{\beta}_2, \boldsymbol{\beta}_3)=(\boldsymbol{\alpha}_1, \boldsymbol{\alpha}_2, \boldsymbol{\alpha}_3)\begin{pmatrix}1 & 0 & 2\\2 & 2 & 0\\0 & k & 3\end{pmatrix}$线性相关，则一定有$\begin{vmatrix}1 & 0 & 2\\2 & 2 & 0\\0 & k & 3\end{vmatrix}=0$，即 $6+4k=0$，解得 $k=-\frac{3}{2}$.

【点评】本题型把线性相关或无关的问题转化为矩阵的秩或行列式值是否为零进行判定，这是对于抽象的向量组最常用的一种方法．

34. E

【解析】$\boldsymbol{\beta}$ 不能由 $\boldsymbol{\alpha}_1, \boldsymbol{\alpha}_2, \boldsymbol{\alpha}_3$ 线性表示等价于对应的非齐次线性方程组$(\boldsymbol{\alpha}_1, \boldsymbol{\alpha}_2, \boldsymbol{\alpha}_3)\begin{pmatrix}x_1\\x_2\\x_3\end{pmatrix}=\boldsymbol{\beta}$

无解，记$\boldsymbol{A}=(\boldsymbol{\alpha}_1,\boldsymbol{\alpha}_2,\boldsymbol{\alpha}_3)$，$\overline{\boldsymbol{A}}=(\boldsymbol{\alpha}_1,\boldsymbol{\alpha}_2,\boldsymbol{\alpha}_3,\boldsymbol{\beta})$，对$\overline{\boldsymbol{A}}$进行初等行变换，可得

$$\overline{\boldsymbol{A}}=\begin{pmatrix}1 & 1 & -1 & 1\\ 2 & a+2 & -b-2 & 3\\ 0 & -3a & a+2b & -3\end{pmatrix}\to\begin{pmatrix}1 & 1 & -1 & 1\\ 0 & a & -b & 1\\ 0 & 0 & a-b & 0\end{pmatrix},$$

若方程组无解，秩$\boldsymbol{A}$与秩$\overline{\boldsymbol{A}}$不相同，则当$a=0$，$b$为任意常数时，可知$\overline{\boldsymbol{A}}\to\begin{pmatrix}1 & 1 & -1 & 1\\ 0 & 0 & -b & 1\\ 0 & 0 & 0 & -1\end{pmatrix}$，此时秩$\boldsymbol{A}$与秩$\overline{\boldsymbol{A}}$不可能相同，故选E项.

35. A

【解析】先求向量组$\boldsymbol{\alpha}_1,\boldsymbol{\alpha}_2,\boldsymbol{\alpha}_3$的秩，以$\boldsymbol{\alpha}_1,\boldsymbol{\alpha}_2,\boldsymbol{\alpha}_3$为列，构成矩阵并对其进行初等行变换，可得

$$(\boldsymbol{\alpha}_1,\boldsymbol{\alpha}_2,\boldsymbol{\alpha}_3)=\begin{pmatrix}1 & 3 & 9\\ 2 & 0 & 6\\ -3 & 1 & -7\end{pmatrix}\to\begin{pmatrix}1 & 3 & 9\\ 0 & -6 & -12\\ 0 & 10 & 20\end{pmatrix}\to\begin{pmatrix}1 & 3 & 9\\ 0 & 1 & 2\\ 0 & 0 & 0\end{pmatrix},$$

则$r(\boldsymbol{\alpha}_1,\boldsymbol{\alpha}_2,\boldsymbol{\alpha}_3)=2$，且$\boldsymbol{\alpha}_1,\boldsymbol{\alpha}_2$是一个极大线性无关组，从而$r(\boldsymbol{\beta}_1,\boldsymbol{\beta}_2,\boldsymbol{\beta}_3)=2<3$，则有

$$|\boldsymbol{\beta}_1,\boldsymbol{\beta}_2,\boldsymbol{\beta}_3|=\begin{vmatrix}0 & a & b\\ 1 & 2 & 1\\ -1 & 1 & 0\end{vmatrix}=0，解得 a=3b.$$

又$\boldsymbol{\beta}_3$可由$\boldsymbol{\alpha}_1,\boldsymbol{\alpha}_2,\boldsymbol{\alpha}_3$线性表示，而$\boldsymbol{\alpha}_1,\boldsymbol{\alpha}_2$是$\boldsymbol{\alpha}_1,\boldsymbol{\alpha}_2,\boldsymbol{\alpha}_3$的极大线性无关组，则$\boldsymbol{\beta}_3$一定可由$\boldsymbol{\alpha}_1,\boldsymbol{\alpha}_2$线性表示，则$\boldsymbol{\alpha}_1,\boldsymbol{\alpha}_2,\boldsymbol{\beta}_3$线性相关，可得

$$|\boldsymbol{\alpha}_1,\boldsymbol{\alpha}_2,\boldsymbol{\beta}_3|=\begin{vmatrix}1 & 3 & b\\ 2 & 0 & 1\\ -3 & 1 & 0\end{vmatrix}=0,$$

解得$2b-10=0$，即$b=5$，$a=3b=15$.

第7章 线性方程组

本章知识梳理

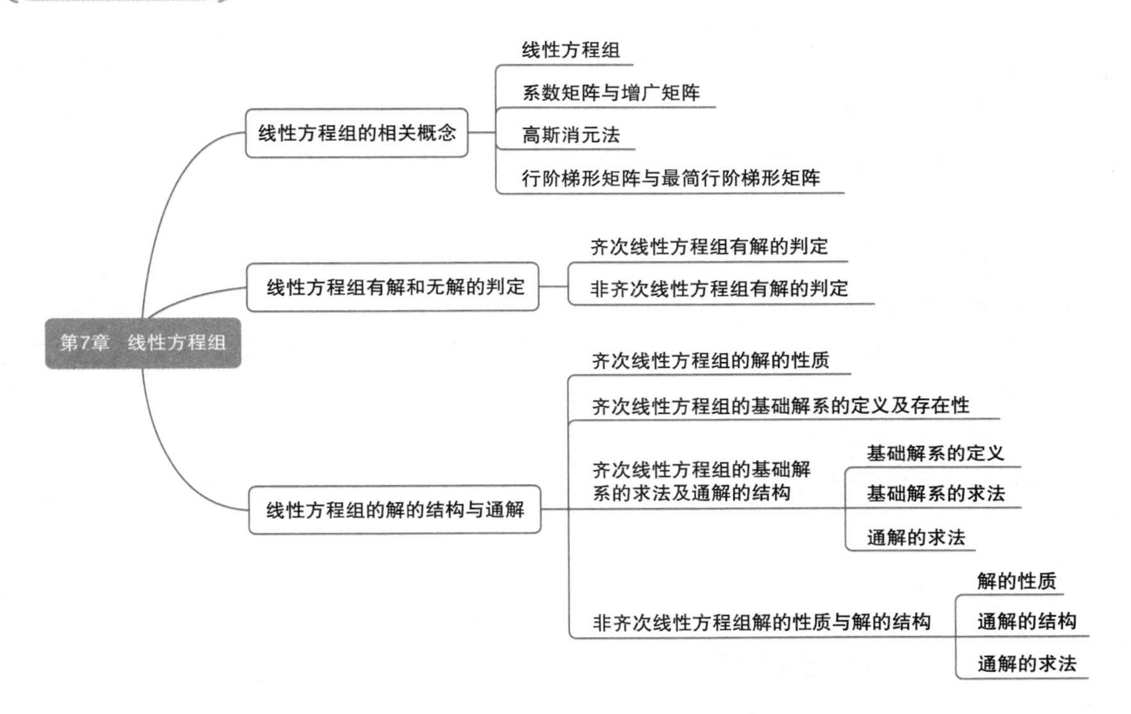

历年真题考点统计

考点	2011	2012	2013	2014	2015	2016	2017	2018	2019	2020	2021	合计
线性方程组有无解的判定	2			2	2		5	5	5	5	2	28分
基础解系和通解结构	5	5	2	5	5	5					2	29分

说明：由于很多真题都是综合题，不是考查1个知识点而是考查2个甚至3个知识点，所以，此考点统计表并不能做到100%准确，但基本准确．

考情分析

从历年真题统计来看，线性方程组的知识在这 11 年中考了 57 分，平均每年考查约 5.2 分，约占线性代数部分的 29%，可见本章知识的重要性．

本章中线性方程组有无解的判定基本是近 5 年的必考题，考生必须熟练掌握线性方程组有无解的判定定理和方法；齐次线性方程组的基础解系及非齐次线性方程组的通解前几年考查较少，但 2021 年又出现这类题目，故考生仍需要理解并掌握齐次线性方程组的基础解系的定义、自由未知量的选取以及初等变换法求基础解系的步骤，理解并记忆非齐次线性方程组通解的结构表达式．另外，线性方程组常用来求解向量组线性相关性问题，两者可结合复习．

由于 2021 的考试形式发生了变化，都变为单项选择题，因此考生更加需要强化对基础概念、定理和方法的理解、记忆和应用．根据 2021 年真题我们可以看出，本章还是线性代数考查的重点，必须学会判断线性方程组解的情况和求解线性方程组的通解．

考纲解析

1. 掌握线性方程组有解和无解的判定方法．
2. 理解齐次线性方程组的基础解系的概念，掌握齐次线性方程组的基础解系和通解的求法．
3. 理解非齐次线性方程组解的结构及通解的求法．
4. 掌握用初等行变换法求解线性方程组的步骤．

知识精讲

1 线性方程组的相关概念

1.1 线性方程组

定义 方程组

$$\begin{cases} a_{11}x_1+a_{12}x_2+\cdots+a_{1n}x_n=b_1, \\ a_{21}x_1+a_{22}x_2+\cdots+a_{2n}x_n=b_2, \\ \qquad\vdots \\ a_{m1}x_1+a_{m2}x_2+\cdots+a_{mn}x_n=b_m, \end{cases} \quad (*)$$

称为 m 个方程，n 个未知量的**线性方程组**，其中 x_1，x_2，…，x_n 为未知数，m 为方程的个数，$a_{ij}(i=1, 2, \cdots, m; j=1, 2, \cdots, n)$为方程组的系数，$b_i(i=1, 2, \cdots, m)$为常数项.

把方程组(*)的这种形式称为线性方程组的一般形式．

如果常数项 $b_1=b_2=\cdots=b_m=0$，则称该方程组为**齐次线性方程组**．

如果b_1，b_2，…，b_m 不全为零，则称该方程组为**非齐次线性方程组**．将任一非齐次线性方程组的常数项改为零所得到的齐次线性方程组称为该非齐次线性方程组的**导出组**．

1.2 系数矩阵与增广矩阵

定义 由线性方程组(*)的系数构成的 $m\times n$ 阶矩阵称为该线性方程组的**系数矩阵**，记作

$$\boldsymbol{A}=\begin{pmatrix} a_{11} & a_{12} & \cdots & a_{1n} \\ a_{21} & a_{22} & \cdots & a_{2n} \\ \vdots & \vdots & & \vdots \\ a_{m1} & a_{m2} & \cdots & a_{mn} \end{pmatrix}.$$

由线性方程组的系数矩阵和常数项构成的 $m\times(n+1)$ 阶矩阵称为该线性方程组的**增广矩阵**，记作

$$\overline{\boldsymbol{A}}=\begin{pmatrix} a_{11} & a_{12} & \cdots & a_{1n} & b_1 \\ a_{21} & a_{22} & \cdots & a_{2n} & b_2 \\ \vdots & \vdots & & \vdots & \vdots \\ a_{m1} & a_{m2} & \cdots & a_{mn} & b_m \end{pmatrix}.$$

如果 $\boldsymbol{A}=(\boldsymbol{\alpha}_1, \boldsymbol{\alpha}_2, \cdots, \boldsymbol{\alpha}_n)$，$\boldsymbol{x}=(x_1, x_2, \cdots, x_n)^{\mathrm{T}}$，$\boldsymbol{b}=(b_1, b_2, \cdots, b_m)^{\mathrm{T}}$，利用矩阵的乘法，我们可以将一般形式的线性方程组(*)简写为线性方程组的矩阵形式 $\boldsymbol{Ax}=\boldsymbol{b}$ 或者向量形式 $\boldsymbol{\alpha}_1x_1+\boldsymbol{\alpha}_2x_2+\cdots+\boldsymbol{\alpha}_nx_n=\boldsymbol{b}$.

注 非齐次线性方程组是由其增广矩阵唯一确定的，而齐次线性方程组则是由其系数矩阵唯一确定的.

1.3 高斯消元法

(1)线性方程组的初等变换

定义 线性方程组的三种**初等变换**：

ⅰ. 将一个非零常数 k 乘到方程的两端；

ⅱ. 将一个方程的若干倍加到另一个方程上；

ⅲ. 交换两个方程的位置.

对方程组作以上三种初等变换得到的新的线性方程组与原来的线性方程组是同解的.

(2)高斯消元法

对线性方程组作初等变换，简化方程. 例如：方程组

$$(\mathrm{I})\begin{cases} 2x_1+x_2+2x_3=1, \\ 4x_1+x_2+2x_3=4, \\ 6x_1+2x_2+4x_3=5, \end{cases}$$

第一个方程的 -2 倍加到第二个方程，第一个方程的 -3 倍加到第三个方程，可得(Ⅰ)的同解方程组

$$\begin{cases} 2x_1+x_2+2x_3=1, \\ -x_2-2x_3=2, \\ -x_2-2x_3=2, \end{cases}$$

第二个方程的 -1 倍加到第三个方程可得(Ⅰ)的同解方程组

$$(\mathrm{II})\begin{cases} 2x_1+x_2+2x_3=1, \\ -x_2-2x_3=2, \\ 0=0, \end{cases}$$

可见(Ⅱ)为最简方程组，不能继续进行初等变换了．我们称形如

$$\begin{cases}a_{11}x_1+a_{12}x_2+a_{13}x_3+\cdots+a_{1n}x_n=b_1,\\ a_{22}x_2+a_{23}x_3+\cdots+a_{2n}x_n=b_2,\\ a_{33}x_3+\cdots+a_{3n}x_n=b_3,\\ \vdots\\ a_{kk}x_k+\cdots+a_{kn}x_n=b_k,\\ 0,\\ \vdots\\ 0,\end{cases}$$

的方程组为**阶梯形方程组**，即下一个方程都至少比上一个方程少一个未知量；并将线性方程组通过初等变换化为同解的阶梯形方程组的过程称为**高斯消元法**．

在阶梯形方程组中，每一行的第一个未知量称为**主元**，例如：(Ⅱ)中第一行的第一个未知量 x_1 和第二行的第一个未知量 x_2 都是主元；主元外的其余未知量为**自由未知量**，例如：(Ⅱ)中 x_3 即为自由未知量．

(3)最简行阶梯形矩阵

显然，将前面的方程组(Ⅰ)用初等行变换化为阶梯形方程组就相当于用初等行变换将(Ⅰ)的增广矩阵化为行阶梯形矩阵，即

$$\overline{\boldsymbol{A}}=\begin{pmatrix}2&1&2&1\\4&1&2&4\\6&2&4&5\end{pmatrix}\to\begin{pmatrix}2&1&2&1\\0&-1&-2&2\\0&-1&-2&2\end{pmatrix}\to\begin{pmatrix}2&1&2&1\\0&-1&-2&2\\0&0&0&0\end{pmatrix},$$

将这个阶梯形矩阵继续化简，使得每行首个非零元素都为 1，且这些元素所在列的其余元素都为 0，即 $\overline{\boldsymbol{A}}\to\begin{pmatrix}2&1&2&1\\0&-1&-2&2\\0&0&0&0\end{pmatrix}\to\begin{pmatrix}1&0&0&\frac{3}{2}\\0&1&2&-2\\0&0&0&0\end{pmatrix}$，我们称这样的行阶梯形矩阵为**最简(行)阶梯形矩阵**．

注 ①任何非零矩阵都可以通过矩阵的初等行变换，化为行阶梯形矩阵，进而化为最简行阶梯形矩阵．

②对非齐次线性方程组作初等变换等价于对其增广矩阵作相应的初等变换；对齐次线性方程组作初等变换等价于对其系数矩阵作相应的初等变换．

③增广矩阵(系数矩阵)化为最简行阶梯形矩阵后，可确定出自由未知量以及根据自由未知量的取值快速求得方程组的解．

2 线性方程组有解和无解的判定

2.1 齐次线性方程组有解的判定

对于任意一个齐次线性方程组，至少有一个解是零解，因此，解的存在性是不用讨论的，只需讨论解的唯一性．其中，解的唯一性的问题又称为是否有非零解的问题(解唯一对应没有非零

解，只有零解；解不唯一对应有非零解）.

齐次线性方程组解的唯一性判定性质

(1)n 元齐次线性方程组 $\boldsymbol{Ax}=\boldsymbol{0}$ 仅有唯一零解的充要条件为 $r(\boldsymbol{A})=n$.

(2)n 元齐次线性方程组 $\boldsymbol{Ax}=\boldsymbol{0}$ 有非零解的充要条件为 $r(\boldsymbol{A})<n$.

(3)$\boldsymbol{A}$ 是 $m\times n$ 矩阵且 $m<n$，则齐次线性方程组 $\boldsymbol{Ax}=\boldsymbol{0}$ 必有非零解.

注 n 元齐次线性方程组 $\boldsymbol{Ax}=\boldsymbol{0}$ 有非零解$\Leftrightarrow\boldsymbol{A}$ 的列向量组 $\boldsymbol{\alpha}_1$，$\boldsymbol{\alpha}_2$，…，$\boldsymbol{\alpha}_n$ 线性相关$\Leftrightarrow$系数矩阵的行列式 $|\boldsymbol{A}|=0$.

2.2 非齐次线性方程组有解的判定

对于任意一个非齐次线性方程组，首先需要讨论方程组有没有解，然后讨论解是否唯一.

非齐次线性方程组解的判定性质

(1)n 元非齐次线性方程组 $\boldsymbol{Ax}=\boldsymbol{b}$ 有解的充要条件为 $r(\boldsymbol{A})=r(\overline{\boldsymbol{A}})$，等价于 $\boldsymbol{b}$ 可被系数矩阵的列向量 $\boldsymbol{\alpha}_1$，$\boldsymbol{\alpha}_2$，…，$\boldsymbol{\alpha}_n$ 线性表示.

(2)n 元非齐次线性方程组 $\boldsymbol{Ax}=\boldsymbol{b}$ 无解的充要条件为 $r(\boldsymbol{A})\neq r(\overline{\boldsymbol{A}})$.

(3)n 元非齐次线性方程组 $\boldsymbol{Ax}=\boldsymbol{b}$ 有唯一解的充要条件为 $r(\boldsymbol{A})=r(\overline{\boldsymbol{A}})=n$，等价于其导出组只有零解.

(4)n 元非齐次线性方程组 $\boldsymbol{Ax}=\boldsymbol{b}$ 有无穷多个解的充要条件为 $r(\boldsymbol{A})=r(\overline{\boldsymbol{A}})<n$，等价于其导出组有非零解.

(5)设 $\boldsymbol{A}$ 为 n 阶方阵，则非齐次线性方程组 $\boldsymbol{Ax}=\boldsymbol{b}$ 有唯一解$\Leftrightarrow|\boldsymbol{A}|\neq 0$(**克莱姆法则**).

3 线性方程组的解的结构与通解

3.1 齐次线性方程组的解的性质

性质 1 如果 $\boldsymbol{\eta}_1$，$\boldsymbol{\eta}_2$ 为齐次线性方程组 $\boldsymbol{Ax}=\boldsymbol{0}$ 的两个解，则 $\boldsymbol{\eta}_1+\boldsymbol{\eta}_2$ 仍为 $\boldsymbol{Ax}=\boldsymbol{0}$ 的解.

性质 2 如果 $\boldsymbol{\eta}$ 为齐次线性方程组 $\boldsymbol{Ax}=\boldsymbol{0}$ 的解，则对任意实数 k，$k\boldsymbol{\eta}$ 仍为 $\boldsymbol{Ax}=\boldsymbol{0}$ 的解.

注 ①综合以上两点，$\boldsymbol{\eta}_1$，$\boldsymbol{\eta}_2$ 的任意线性组合仍为 $\boldsymbol{Ax}=\boldsymbol{0}$ 的解.

②推广到多个向量的情况：假设 $\boldsymbol{\eta}_1$，$\boldsymbol{\eta}_2$，…，$\boldsymbol{\eta}_k$ 是 $\boldsymbol{Ax}=\boldsymbol{0}$ 的解，则 $\boldsymbol{\eta}_1$，$\boldsymbol{\eta}_2$，…，$\boldsymbol{\eta}_k$ 的任意线性组合仍为 $\boldsymbol{Ax}=\boldsymbol{0}$ 的解.

3.2 齐次线性方程组的基础解系的定义及存在性

定义 假设齐次线性方程组 $\boldsymbol{Ax}=\boldsymbol{0}$ 有非零解. 向量组 $\boldsymbol{\xi}_1$，$\boldsymbol{\xi}_2$，…，$\boldsymbol{\xi}_s$ 称为齐次线性方程组 $\boldsymbol{Ax}=\boldsymbol{0}$ 的**基础解系**，如果它们满足如下三个条件：

ⅰ. $\boldsymbol{\xi}_1$，$\boldsymbol{\xi}_2$，…，$\boldsymbol{\xi}_s$ 都是 $\boldsymbol{Ax}=\boldsymbol{0}$ 的解；

ⅱ. $\boldsymbol{\xi}_1$，$\boldsymbol{\xi}_2$，…，$\boldsymbol{\xi}_s$ 线性无关；

ⅲ. $\boldsymbol{Ax}=\boldsymbol{0}$ 的任意解都可以由 $\boldsymbol{\xi}_1$，$\boldsymbol{\xi}_2$，…，$\boldsymbol{\xi}_s$ 线性表示.

如果 $\boldsymbol{\xi}_1$，$\boldsymbol{\xi}_2$，…，$\boldsymbol{\xi}_s$ 为 $\boldsymbol{Ax}=\boldsymbol{0}$ 的基础解系，则 $\boldsymbol{Ax}=\boldsymbol{0}$ 的通解可以表示为 $k_1\boldsymbol{\xi}_1+k_2\boldsymbol{\xi}_2+\cdots+k_s\boldsymbol{\xi}_s(k_1, k_2, \cdots, k_s\in\mathbf{R})$.

注 由定义可知，求解齐次线性方程组的关键是求其基础解系.

定理 齐次线性方程组的基础解系的存在性：

在齐次线性方程组有非零解的情况下，存在基础解系且任一个基础解系中含有 $n-r(\mathbf{A})$ 个解向量($n-r(\mathbf{A})$ 也就是自由未知量的个数).

注 ①齐次线性方程组 $\mathbf{Ax}=\mathbf{0}$ 的基础解系实质上就是其所有解向量构成的向量组的一个极大线性无关组，而 $n-r(\mathbf{A})$ 恰好是所有解向量构成的向量组的秩.

②假设齐次线性方程组 $\mathbf{Ax}=\mathbf{0}$ 有非零解，并假设矩阵 $\mathbf{A}$ 的秩为 r，则 $\mathbf{Ax}=\mathbf{0}$ 的任意 $n-r$ 个线性无关的解都为基础解系；反之，如果知道 $\mathbf{Ax}=\mathbf{0}$ 存在 k 个线性无关的解，那么 $\mathbf{Ax}=\mathbf{0}$ 的基础解系中至少含 k 个解向量，即有 $n-r\geqslant k$.

3.3 齐次线性方程组的基础解系的求法及通解的结构

求解齐次线性方程组基础解系的步骤可总结如下：

(1)找主元：设 $r(\mathbf{A})=r<n$，则对 $\mathbf{A}$ 实施初等行变换将 $\mathbf{A}$ 化为行阶梯形矩阵，并进一步化为如下的最简行阶梯形矩阵

$$\begin{pmatrix} 1 & 0 & \cdots & 0 & \overline{a}_{1(r+1)} & \cdots & \overline{a}_{1n} \\ 0 & 1 & \cdots & 0 & \overline{a}_{2(r+1)} & \cdots & \overline{a}_{2n} \\ \vdots & \vdots & & \vdots & \vdots & & \vdots \\ 0 & 0 & \cdots & 1 & \overline{a}_{r(r+1)} & \cdots & \overline{a}_{rn} \\ 0 & 0 & \cdots & 0 & 0 & \cdots & 0 \\ 0 & 0 & \cdots & 0 & 0 & \cdots & 0 \\ 0 & 0 & \cdots & 0 & 0 & \cdots & 0 \end{pmatrix};$$

(2)对应的齐次线性方程组可化为如下形式

$$\begin{cases} x_1+\overline{a}_{1(r+1)}x_{r+1}+\cdots+\overline{a}_{1n}x_n=0, \\ x_2+\overline{a}_{2(r+1)}x_{r+1}+\cdots+\overline{a}_{2n}x_n=0, \\ \vdots \\ x_r+\overline{a}_{r(r+1)}x_{r+1}+\cdots+\overline{a}_{rn}x_n=0; \end{cases}$$

(3)在上述方程中，分别用 $n-r$ 组数

$$(1,\ 0,\ \cdots,\ 0),\ (0,\ 1,\ \cdots,\ 0),\ \cdots,\ (0,\ 0,\ \cdots,\ 1)$$

来代自由未知量(x_{r+1}，x_{r+2}，$\cdots$，x_n)，就得到 $n-r$ 个线性无关的解向量

$$\boldsymbol{\eta}_1=\begin{pmatrix} -\overline{a}_{1(r+1)} \\ -\overline{a}_{2(r+1)} \\ \vdots \\ -\overline{a}_{r(r+1)} \\ 1 \\ 0 \\ \vdots \\ 0 \end{pmatrix},\ \boldsymbol{\eta}_2=\begin{pmatrix} -\overline{a}_{1(r+2)} \\ -\overline{a}_{2(r+2)} \\ \vdots \\ -\overline{a}_{r(r+2)} \\ 0 \\ 1 \\ \vdots \\ 0 \end{pmatrix},\ \cdots,\ \boldsymbol{\eta}_{n-r}=\begin{pmatrix} -\overline{a}_{1n} \\ -\overline{a}_{2n} \\ \vdots \\ -\overline{a}_{rn} \\ 0 \\ 0 \\ \vdots \\ 1 \end{pmatrix},$$

它们就是齐次线性方程组 $\boldsymbol{A}\boldsymbol{x}=\boldsymbol{0}$ 的基础解系．则 $\boldsymbol{A}\boldsymbol{x}=\boldsymbol{0}$ 的通解可以表示为 $k_1\boldsymbol{\eta}_1+k_2\boldsymbol{\eta}_2+\cdots+k_{n-r}\boldsymbol{\eta}_{n-r}$ $(k_1, k_2, \cdots, k_{n-r}\in\mathbf{R})$.

注 线性方程组中任何一个线性无关的与某一个基础解系等价的向量组都是其基础解系．

3.4 非齐次线性方程组解的性质与解的结构

(1)非齐次线性方程组解的性质

性质1 如果 $\boldsymbol{\eta}_1$，$\boldsymbol{\eta}_2$ 为非齐次线性方程组 $\boldsymbol{A}\boldsymbol{x}=\boldsymbol{b}$ 的两个解，则 $\boldsymbol{\eta}_1-\boldsymbol{\eta}_2$ 为 $\boldsymbol{A}\boldsymbol{x}=\boldsymbol{0}$ 的解．

性质2 如果 $\boldsymbol{\eta}_1$ 为非齐次线性方程组 $\boldsymbol{A}\boldsymbol{x}=\boldsymbol{b}$ 的解，$\boldsymbol{\eta}_2$ 为齐次线性方程组 $\boldsymbol{A}\boldsymbol{x}=\boldsymbol{0}$ 的解，则 $\boldsymbol{\eta}_1+\boldsymbol{\eta}_2$ 为非齐次线性方程组 $\boldsymbol{A}\boldsymbol{x}=\boldsymbol{b}$ 的解．

(2)非齐次线性方程组解的结构

设 $\boldsymbol{\eta}_1$，$\boldsymbol{\eta}_2$，…，$\boldsymbol{\eta}_{n-r}$ 为齐次线性方程组 $\boldsymbol{A}\boldsymbol{x}=\boldsymbol{0}$ 的基础解系，$\boldsymbol{\eta}_0$ 为非齐次线性方程组 $\boldsymbol{A}\boldsymbol{x}=\boldsymbol{b}$ 的任意一个解，则非齐次线性方程组 $\boldsymbol{A}\boldsymbol{x}=\boldsymbol{b}$ 的通解可以表示为 $k_1\boldsymbol{\eta}_1+k_2\boldsymbol{\eta}_2+\cdots+k_{n-r}\boldsymbol{\eta}_{n-r}+\boldsymbol{\eta}_0(k_1, k_2, \cdots, k_{n-r}\in\mathbf{R})$.

注 ①非齐次线性方程组的通解为其导出组的通解加上它任意一个特解；

②求解非齐次线性方程组的关键是求其导出组的基础解系，然后再找到一个特解即可．

题型精练

题型1 线性方程组的有解和无解的判定

技巧总结

线性方程组有解和无解的判定是针对非齐次线性方程组来讲的．对于 n 元非齐次线性方程组 $\boldsymbol{A}\boldsymbol{x}=\boldsymbol{b}$，首先把该方程组的增广矩阵 $\overline{\boldsymbol{A}}$ 通过初等行变换化为行阶梯形矩阵，比较增广矩阵的秩 $\overline{\boldsymbol{A}}$ 与系数矩阵 $\boldsymbol{A}$ 的秩的大小关系，然后分以下三种情况进行判定:

(1)方程组有唯一解 $\Leftrightarrow r(\boldsymbol{A})=r(\overline{\boldsymbol{A}})=n\Leftrightarrow\boldsymbol{b}$ 可由 $\boldsymbol{A}$ 的列向量组线性表示且表示法唯一．

(2)方程组有无穷多个解 $\Leftrightarrow r(\boldsymbol{A})=r(\overline{\boldsymbol{A}})<n\Leftrightarrow\boldsymbol{b}$ 可由 $\boldsymbol{A}$ 的列向量组线性表示且表示法不唯一．

(3)方程组无解 $\Leftrightarrow r(\boldsymbol{A})\neq r(\overline{\boldsymbol{A}})\Leftrightarrow\boldsymbol{b}$ 不能由 $\boldsymbol{A}$ 的列向量组线性表示．

特别地，如果线性方程组的系数矩阵是 n 阶方阵，也可以根据克莱姆法则来判断解的情况．

(1)若 $|\boldsymbol{A}|=0$，则齐次线性方程组有无穷多解，即非零解；若 $|\boldsymbol{A}|\neq0$，则齐次线性方程组有唯一解，即零解．

(2)若 $|\boldsymbol{A}|\neq0$，则非齐次线性方程组有唯一解；若 $|\boldsymbol{A}|=0$，则非齐次方程组可能有无穷多解，也可能无解，因此并不能作为有无解的判断依据．

例1 已知齐次线性方程组 $\begin{cases}3x_1+(a+2)x_2+4x_3=0,\\5x_1+ax_2+(a+5)x_3=0,\\x_1-x_2+2x_3=0\end{cases}$ 有非零解，则 $a=$(　　).

A. -5 或 3　　B. 5 或 -3　　C. -5　　D. -3　　E. 5

【解析】由于齐次线性方程组的系数矩阵为方阵，根据克莱姆法则，齐次线性方程组有非零解，则其系数矩阵行列式为0，即

$$\begin{vmatrix}3 & a+2 & 4\\5 & a & a+5\\1 & -1 & 2\end{vmatrix}=\begin{vmatrix}3 & a+5 & -2\\5 & a+5 & a-5\\1 & 0 & 0\end{vmatrix}=\begin{vmatrix}a+5 & -2\\a+5 & a-5\end{vmatrix}=(a+5)(a-3)=0,$$

解得 $a=-5$ 或 $a=3$.

【答案】A

例 2　若线性方程组 $\begin{cases}x_1+x_2+x_3+x_4=0,\\x_2+2x_3+2x_4=1,\\-x_2+(a-3)x_3-2x_4=b,\\3x_1+2x_2+x_3+ax_4=-1\end{cases}$ 有唯一解，则 a，b 的取值为(　　).

A. $a=1$，$b\neq-1$　　B. $a\neq1$，$b=-1$

C. $a=1$，b 为任意值　　D. $a\neq1$，b 为任意值

E. a 为任意值，$b\neq-1$

【解析】方法一：初等变换法.

对增广矩阵进行初等行变换，化为阶梯形，可得

$$\overline{\boldsymbol{A}}=\begin{pmatrix}1 & 1 & 1 & 1 & 0\\0 & 1 & 2 & 2 & 1\\0 & -1 & a-3 & -2 & b\\3 & 2 & 1 & a & -1\end{pmatrix}\rightarrow\begin{pmatrix}1 & 0 & -1 & -1 & -1\\0 & 1 & 2 & 2 & 1\\0 & 0 & a-1 & 0 & b+1\\0 & 0 & 0 & a-1 & 0\end{pmatrix}.$$

根据线性方程组有唯一解的充要条件：系数矩阵 $\boldsymbol{A}$ 的秩和增广矩阵 $\overline{\boldsymbol{A}}$ 的秩都等于未知量的个数，可得，当 $a\neq1$ 时，不论 b 取何值，始终有 $r(\boldsymbol{A})=r(\overline{\boldsymbol{A}})=4$，从而方程组有唯一解.

方法二：克莱姆法则.

由于系数矩阵 $\boldsymbol{A}$ 为方阵，则非齐次线性方程组有唯一解 $\Leftrightarrow|\boldsymbol{A}|\neq0$，即

$$|\boldsymbol{A}|=\begin{vmatrix}1 & 1 & 1 & 1\\0 & 1 & 2 & 2\\0 & -1 & a-3 & -2\\3 & 2 & 1 & a\end{vmatrix}=\begin{vmatrix}1 & 1 & 1 & 1\\0 & 1 & 2 & 2\\0 & 0 & a-1 & 0\\0 & 0 & 0 & a-1\end{vmatrix}=(a-1)^2\neq0,$$

从而只需 $a\neq1$ 即可，b 可以为任意值.

【答案】D

【点评】对于系数矩阵是方阵的线性方程组判定是否有唯一解时，可以采用两种方法：初等变换法和克莱姆法则，相比较而言，克莱姆法则更简单一些.

例 3　已知矩阵 $\boldsymbol{A}=\begin{pmatrix}1 & 0 & -1\\1 & 1 & -1\\0 & 1 & a^2-1\end{pmatrix}$，$\boldsymbol{b}=\begin{pmatrix}0\\1\\a\end{pmatrix}$，若线性方程组 $\boldsymbol{Ax}=\boldsymbol{b}$ 无解，则 a 的取值为(　　).

A. $a=1$　　B. $a=-1$　　C. $a=\pm1$　　D. $a\neq1$　　E. $a\neq-1$

【解析】对增广矩阵进行初等行变换，化为阶梯形，可得

$$\overline{A}=\begin{pmatrix}1&0&-1&0\\1&1&-1&1\\0&1&a^2-1&a\end{pmatrix}\to\begin{pmatrix}1&0&-1&0\\0&1&0&1\\0&1&a^2-1&a\end{pmatrix}\to\begin{pmatrix}1&0&-1&0\\0&1&0&1\\0&0&a^2-1&a-1\end{pmatrix}.$$

根据线性方程组无解的充要条件：$r(\overline{\boldsymbol{A}})\neq r(\boldsymbol{A})$，因此当 $a^2-1=0$ 且 $a-1\neq0$ 时，$r(\boldsymbol{A})=2$，$r(\overline{\boldsymbol{A}})=3$，原方程组无解．因此解得 $a=-1$．

【答案】B

例 4 方程组$\begin{cases}x_1+x_2+x_3=1,\\3x_1+3x_2+4x_3=2,\\2x_1+2x_2+2x_3=2\end{cases}$的解的情况为（　　）．

A. 有唯一解　B. 有限个解　C. 无穷个解　D. 无解　E. 不确定

【解析】对增广矩阵进行初等行变换$\overline{\boldsymbol{A}}=\begin{pmatrix}1&1&1&1\\3&3&4&2\\2&2&2&2\end{pmatrix}\to\begin{pmatrix}1&1&1&1\\0&0&1&-1\\0&0&0&0\end{pmatrix}$，可知 $r(\boldsymbol{A})=r(\overline{\boldsymbol{A}})=2<3$，故方程组有解且有无穷个解．

【答案】C

题型 2　求解齐次线性方程组的基础解系和通解

技巧总结

本题型主要就是利用初等变换法求解线性方程组的解，步骤如下:

(1)对系数矩阵进行初等行变换化为最简行阶梯形矩阵;

(2)根据系数矩阵的秩 r 和未知量的个数获取自由未知量的个数 $n-r$，把其余未知量用自由未知量表示，得到原方程组的同解方程组;

(3)然后对 $n-r$ 个自由未知量赋值，用 $n-r$ 组数$(1, 0, \cdots, 0)$, $(0, 1, \cdots, 0)$, $\cdots$, $(0, 0, \cdots, 1)$, 依次代入同解方程组，从而求出原方程组线性无关的 $n-r$ 个解，即齐次线性方程组的基础解系 $\boldsymbol{\eta}_1,\boldsymbol{\eta}_2,\cdots,\boldsymbol{\eta}_{n-r}$;

(4)基础解系的线性组合就是通解，为 $k_1\boldsymbol{\eta}_1+k_2\boldsymbol{\eta}_2+\cdots+k_{n-r}\boldsymbol{\eta}_{n-r}$.

例 5 $\boldsymbol{A}=\begin{pmatrix}1&2&1&2\\0&1&1&1\\1&1&0&1\end{pmatrix}$，则齐次线性方程组 $\boldsymbol{Ax}=\boldsymbol{0}$ 的基础解系为（　　）．

A. $\boldsymbol{\eta}_1=(1,\ -1,\ 1,\ 0)^{\mathrm{T}}$，$\boldsymbol{\eta}_2=(0,\ -1,\ 0,\ 1)^{\mathrm{T}}$

B. $\boldsymbol{\eta}_1=(-1,\ 1,\ 1,\ 0)^{\mathrm{T}}$，$\boldsymbol{\eta}_2=(0,\ 1,\ 0,\ 1)^{\mathrm{T}}$

C. $\boldsymbol{\eta}_1=(1,\ 0,\ -1,\ 0)^{\mathrm{T}}$，$\boldsymbol{\eta}_2=(0,\ 1,\ 1,\ 1)^{\mathrm{T}}$

D. $\boldsymbol{\eta}_1=(1,\ 0,\ 0,\ 0)^{\mathrm{T}}$，$\boldsymbol{\eta}_2=(0,\ 1,\ 0,\ 0)^{\mathrm{T}}$

E. $\boldsymbol{\eta}_1=(1,\ -1,\ -1,\ 0)^{\mathrm{T}}$，$\boldsymbol{\eta}_2=(-1,\ 1,\ 1,\ 1)^{\mathrm{T}}$

【解析】对系数矩阵 $\boldsymbol{A}$ 进行初等行变换化为最简行阶梯形，可得

$$A=\begin{pmatrix}1&2&1&2\\0&1&1&1\\1&1&0&1\end{pmatrix}\to\begin{pmatrix}1&0&-1&0\\0&1&1&1\\0&0&0&0\end{pmatrix},$$

故 $r(\boldsymbol{A})=2$，从而自由未知量为 x_3，x_4，原方程组等价于 $\begin{cases}x_1=x_3,\\x_2=-x_3-x_4.\end{cases}$

可以取 $(x_3,\ x_4)=(1,\ 0)$ 和 $(x_3,\ x_4)=(0,\ 1)$，可得基础解系 $\boldsymbol{\eta}_1=(1,\ -1,\ 1,\ 0)^{\mathrm{T}}$，$\boldsymbol{\eta}_2=(0,\ -1,\ 0,\ 1)^{\mathrm{T}}$.

【答案】A

例 6 齐次线性方程组 $\begin{cases}x_1+2x_2+x_3-x_4=0,\\3x_1+6x_2-x_3-3x_4=0,\\5x_1+10x_2+x_3-5x_4=0\end{cases}$ 的基础解系为(　　).

A. $\boldsymbol{\eta}_1=(2,\ 1,\ 0,\ 0)^{\mathrm{T}}$，$\boldsymbol{\eta}_2=(1,\ 0,\ 0,\ 1)^{\mathrm{T}}$

B. $\boldsymbol{\eta}_1=(-2,\ 1,\ 0,\ 0)^{\mathrm{T}}$，$\boldsymbol{\eta}_2=(1,\ 0,\ 0,\ 1)^{\mathrm{T}}$

C. $\boldsymbol{\eta}_1=(2,\ 1,\ 0,\ 0)^{\mathrm{T}}$，$\boldsymbol{\eta}_2=(-1,\ 0,\ 0,\ 1)^{\mathrm{T}}$

D. $\boldsymbol{\eta}_1=(-2,\ 1,\ 0,\ 0)^{\mathrm{T}}$，$\boldsymbol{\eta}_2=(-1,\ 0,\ 0,\ 1)^{\mathrm{T}}$

E. $\boldsymbol{\eta}_1=(1,\ 2,\ 0,\ 1)^{\mathrm{T}}$，$\boldsymbol{\eta}_2=(0,\ 0,\ 1,\ 0)^{\mathrm{T}}$

【解析】该齐次线性方程组的系数矩阵为 $\boldsymbol{A}=\begin{pmatrix}1&2&1&-1\\3&6&-1&-3\\5&10&1&-5\end{pmatrix}$，对其进行初等行变换，可得

$$\begin{pmatrix}1&2&1&-1\\3&6&-1&-3\\5&10&1&-5\end{pmatrix}\to\begin{pmatrix}1&2&1&-1\\0&0&-4&0\\0&0&-4&0\end{pmatrix}\to\begin{pmatrix}1&2&1&-1\\0&0&1&0\\0&0&0&0\end{pmatrix}\to\begin{pmatrix}1&2&0&-1\\0&0&1&0\\0&0&0&0\end{pmatrix},$$

可得 $r(\boldsymbol{A})=2$，从而自由未知量为 x_2，x_4，原方程组等价于 $\begin{cases}x_1=-2x_2+x_4,\\x_3=0.\end{cases}$

可以取 $(x_2,\ x_4)=(1,\ 0)$ 和 $(x_2,\ x_4)=(0,\ 1)$，得基础解系：$\boldsymbol{\eta}_1=(-2,\ 1,\ 0,\ 0)^{\mathrm{T}}$，$\boldsymbol{\eta}_2=(1,\ 0,\ 0,\ 1)^{\mathrm{T}}$.

【答案】B

例 7 设有齐次线性方程组 $\boldsymbol{Ax}=\boldsymbol{0}$ 和 $\boldsymbol{Bx}=\boldsymbol{0}$，其中 $\boldsymbol{A}$、$\boldsymbol{B}$ 均为 $m\times n$ 矩阵，则方程组 $\boldsymbol{Ax}=\boldsymbol{0}$ 和 $\boldsymbol{Bx}=\boldsymbol{0}$ 同解的充要条件为(　　).

A. $r(\boldsymbol{A})=r(\boldsymbol{B})$　　B. $r(\boldsymbol{A})=n-r(\boldsymbol{B})$

C. $r(\boldsymbol{A})=m-r(\boldsymbol{B})$　　D. 矩阵 $\boldsymbol{A}$ 和 $\boldsymbol{B}$ 的行向量组等价

E. 矩阵 $\boldsymbol{A}$ 和 $\boldsymbol{B}$ 的列向量组等价

【解析】若 $\boldsymbol{Ax}=\boldsymbol{0}$ 和 $\boldsymbol{Bx}=\boldsymbol{0}$ 同解，则基础解系必相同，从而 $n-r(\boldsymbol{A})=n-r(\boldsymbol{B})$，即 $r(\boldsymbol{A})=r(\boldsymbol{B})$.

反过来，仅由秩相等只能保证基础解系中解向量的个数相同，而线性无关的解向量则不一定相同，从而不能推出同解．比如，$\boldsymbol{A}=\begin{pmatrix}1&0\\0&0\end{pmatrix}$，$\boldsymbol{B}=\begin{pmatrix}0&0\\0&1\end{pmatrix}$，$r(\boldsymbol{A})=r(\boldsymbol{B})$，但 $\boldsymbol{Ax}=\boldsymbol{0}$ 和 $\boldsymbol{Bx}=\boldsymbol{0}$ 不同解所以 A 项是必要非充分条件，排除．显然 B，C 也不正确，排除．

D 项：矩阵 $\boldsymbol{A}$ 和 $\boldsymbol{B}$ 的行向量组等价 $\Leftrightarrow$ 矩阵 $\boldsymbol{A}$ 可通过初等行变换化为矩阵 $\boldsymbol{B}\Leftrightarrow$ 方程组 $\boldsymbol{Ax}=\boldsymbol{0}$ 和 $\boldsymbol{Bx}=\boldsymbol{0}$ 同解，故选项 D 正确．

E项：根据矩阵乘法的运算法可知方程组解的情况与 $\boldsymbol{A}$ 和 $\boldsymbol{B}$ 的列向量组没有关系．

【答案】D

【点评】本题结论可当作定理来记忆，有助于做选择题时快速排除错误选项．

①$r(\boldsymbol{A})=r(\boldsymbol{B})$ 是方程组 $\boldsymbol{Ax}=\boldsymbol{0}$ 和 $\boldsymbol{Bx}=\boldsymbol{0}$ 同解的必要非充分条件；

②矩阵 $\boldsymbol{A}$ 和 $\boldsymbol{B}$ 的行向量组等价是方程组 $\boldsymbol{Ax}=\boldsymbol{0}$ 和 $\boldsymbol{Bx}=\boldsymbol{0}$ 同解的充要条件．

题型3 非齐次线性方程组通解的结构

技巧总结

任意非齐次线性方程组的通解都可以表示成其导出组(齐次线性方程组)的通解与该非齐次线性方程组的一个特解的和．

首先利用初等行变换把增广矩阵化为最简行阶梯形矩阵，求出其导出组(齐次线性方程组)的基础解系 $\boldsymbol{\eta}_1,\boldsymbol{\eta}_2,\cdots,\boldsymbol{\eta}_{n-r}$，得到其导出组的通解 $k_1\boldsymbol{\eta}_1+k_2\boldsymbol{\eta}_2+\cdots+k_{n-r}\boldsymbol{\eta}_{n-r}$；

然后根据初等行变换后的同解方程组，赋一个特殊值求出非齐次线性方程组的一个特解 $\boldsymbol{\xi}^*$，则原非齐次线性方程组的通解可表示为 $k_1\boldsymbol{\eta}_1+k_2\boldsymbol{\eta}_2+\cdots+k_{n-r}\boldsymbol{\eta}_{n-r}+\boldsymbol{\xi}^*$．

例8 设 $\boldsymbol{r}_1$，$\boldsymbol{r}_2$ 是线性方程组 $\boldsymbol{Ax}=\boldsymbol{\beta}$ 的两个不同的解，$\boldsymbol{\eta}_1$，$\boldsymbol{\eta}_2$ 是其导出组 $\boldsymbol{Ax}=\boldsymbol{0}$ 的一个基础解系，C_1，C_2 是两个任意常数，则 $\boldsymbol{Ax}=\boldsymbol{\beta}$ 的通解是(　　)．

A. $C_1\boldsymbol{\eta}_1+C_2(\boldsymbol{\eta}_1-\boldsymbol{\eta}_2)+\dfrac{\boldsymbol{r}_1-\boldsymbol{r}_2}{2}$

B. $C_1\boldsymbol{\eta}_1+C_2(\boldsymbol{\eta}_1-\boldsymbol{\eta}_2)+\dfrac{\boldsymbol{r}_1+\boldsymbol{r}_2}{2}$

C. $C_1\boldsymbol{\eta}_1+C_2(\boldsymbol{r}_1-\boldsymbol{r}_2)+\dfrac{\boldsymbol{r}_1-\boldsymbol{r}_2}{2}$

D. $C_1\boldsymbol{\eta}_1+C_2(\boldsymbol{r}_1-\boldsymbol{r}_2)+\dfrac{\boldsymbol{r}_1+\boldsymbol{r}_2}{2}$

E. $C_1\boldsymbol{\eta}_1+C_2\boldsymbol{\eta}_2+\dfrac{\boldsymbol{r}_1-\boldsymbol{r}_2}{2}$

【解析】根据非齐次线性方程组通解的结构，非齐次线性方程组的通解等于其导出组的通解与非齐次线性方程组的一个特解之和．

A项：$\boldsymbol{\eta}_1$，$\boldsymbol{\eta}_1-\boldsymbol{\eta}_2$，$\dfrac{\boldsymbol{r}_1-\boldsymbol{r}_2}{2}$ 都是其导出组的解，而没有非齐次线性方程组的特解，所以A不正确；

C项：$\boldsymbol{\eta}_1$ 和 $\boldsymbol{r}_1-\boldsymbol{r}_2$ 虽然都是导出组的解，但是不一定线性无关，从而不一定是导出组的基础解系，则 $C_1\boldsymbol{\eta}_1+C_2(\boldsymbol{r}_1-\boldsymbol{r}_2)$ 不一定是导出组的通解，并且 $\dfrac{\boldsymbol{r}_1-\boldsymbol{r}_2}{2}$ 也不是非齐次线性方程组的特解，所以C不正确；

D项：同选项C，$\boldsymbol{\eta}_1$ 和 $\boldsymbol{r}_1-\boldsymbol{r}_2$ 虽然都是导出组的解，但是不一定线性无关，从而不一定是导出组的基础解系，则 $C_1\boldsymbol{\eta}_1+C_2(\boldsymbol{r}_1-\boldsymbol{r}_2)$ 不一定是导出组的通解，所以D也不正确；

E项：同选项A，$\dfrac{\boldsymbol{r}_1-\boldsymbol{r}_2}{2}$ 是其导出组的解，而不是非齐次线性方程组的特解，所以E也不正确；

B项：$\boldsymbol{\eta}_1$，$\boldsymbol{\eta}_1-\boldsymbol{\eta}_2$ 都是导出组的解，由非齐次线性方程组的解的和仍为非齐次线性方程组的解，知 $\dfrac{\boldsymbol{r}_1+\boldsymbol{r}_2}{2}$ 为非齐次线性方程组的特解，所以B正确．

【答案】B

本章通关测试

1. 齐次线性方程组 $\boldsymbol{Ax}=\boldsymbol{0}$ 只有零解的充分必要条件是(　　).

A. $\boldsymbol{A}$ 是 n 阶可逆矩阵　　B. 非齐次线性方程组 $\boldsymbol{Ax}=\boldsymbol{b}$ 无解

C. $\boldsymbol{A}$ 的列向量组线性无关　　D. $\boldsymbol{A}$ 的行向量组线性无关

E. 以上选项均不正确

2. 若齐次线性方程组 $\begin{cases}kx_1+x_2+x_3=0,\\x_1+kx_2+x_3=0,\\x_1+x_2+kx_3=0\end{cases}$ 有非零解，则 $k=$(　　).

A. -2　　B. 1　　C. -2 或 1　　D. 2　　E. 2 或 1

3. 线性方程组 $\begin{cases}x_1+x_2+4x_3=0,\\x_1-x_2+2x_3=0,\\-x_1+4x_2+x_3=0\end{cases}$ 的基础解系为(　　).

A. $\boldsymbol{\eta}_1=(3,1,0)^{\mathrm{T}}$　　B. $\boldsymbol{\eta}_1=(-3,1,1)^{\mathrm{T}}$　　C. $\boldsymbol{\eta}_1=(3,-1,1)^{\mathrm{T}}$

D. $\boldsymbol{\eta}_1=(3,1,1)^{\mathrm{T}}$　　E. $\boldsymbol{\eta}_1=(-3,-1,1)^{\mathrm{T}}$

4. 设 $\boldsymbol{A}$ 为 $m\times n$ 阶矩阵，则方程组 $\boldsymbol{Ax}=\boldsymbol{b}$ 有唯一解的充分必要条件是(　　).

A. $r(\boldsymbol{A})=m$　　B. $r(\boldsymbol{A})=n$

C. $\boldsymbol{A}$ 为可逆矩阵　　D. $r(\boldsymbol{A})=n$ 且 $\boldsymbol{b}$ 可由 $\boldsymbol{A}$ 的列向量组线性表示

E. $r(\overline{\boldsymbol{A}})>n$

5. 线性方程组 $\begin{cases}x_1+x_2+x_3=2,\\2x_1+3x_2+4x_3=2,\\2x_1+4x_2+4x_3=2\end{cases}$ 的解的情况为(　　).

A. 有唯一解　　B. 有限个解　　C. 无穷个解　　D. 无解　　E. 不确定

6. 已知 $\boldsymbol{\alpha}_1$，$\boldsymbol{\alpha}_2$ 是非齐次线性方程组 $\boldsymbol{Ax}=\boldsymbol{b}$ 的两个不同的解，那么①$\boldsymbol{\alpha}_1-\boldsymbol{\alpha}_2$；②$3\boldsymbol{\alpha}_1-2\boldsymbol{\alpha}_2$；③$\frac{1}{3}(\boldsymbol{\alpha}_1+2\boldsymbol{\alpha}_2)$；④$\frac{1}{2}(\boldsymbol{\alpha}_1+\boldsymbol{\alpha}_2)$中，仍是线性方程组 $\boldsymbol{Ax}=\boldsymbol{b}$ 的解的共有(　　).

A. 4 个　　B. 3 个　　C. 2 个　　D. 1 个　　E. 0 个

7. 已知齐次线性方程组 $\boldsymbol{Ax}=\boldsymbol{0}$ 有无穷多解，其中 $\boldsymbol{A}=\begin{pmatrix}1&2&-2\\2&-1&a\\3&1&-1\end{pmatrix}$，则 $a=$(　　).

A. 0　　B. -1　　C. 1　　D. 2　　E. -2

8. 设方程组 $\begin{pmatrix}1&2&1\\2&3&a+2\\1&a&-2\end{pmatrix}\begin{pmatrix}x_1\\x_2\\x_3\end{pmatrix}=\begin{pmatrix}1\\3\\0\end{pmatrix}$ 无解，则 $a=$(　　).

A. 0　　B. 1　　C. 2　　D. -1　　E. 4

9. 设 $\boldsymbol{A}$ 是 $m\times n$ 阶矩阵，下列命题正确的是(　　).

A. 若方程组 $\boldsymbol{Ax}=\boldsymbol{0}$ 只有零解，则方程组 $\boldsymbol{Ax}=\boldsymbol{b}$ 有唯一解

B. 若方程组 $\boldsymbol{Ax}=\boldsymbol{0}$ 有非零解，则方程组 $\boldsymbol{Ax}=\boldsymbol{b}$ 有无穷多个解

C. 若方程组 $\boldsymbol{Ax}=\boldsymbol{b}$ 无解，则方程组 $\boldsymbol{Ax}=\boldsymbol{0}$ 一定有非零解

D. 若方程组 $\boldsymbol{Ax}=\boldsymbol{b}$ 无解，则方程组 $\boldsymbol{Ax}=\boldsymbol{0}$ 一定无解

E. 若方程组 $\boldsymbol{Ax}=\boldsymbol{b}$ 有无穷多个解，则方程组 $\boldsymbol{Ax}=\boldsymbol{0}$ 一定有非零解

10. 已知 $\boldsymbol{\alpha}_1=(1,\ 1,\ -1)^{\mathrm{T}}$，$\boldsymbol{\alpha}_2=(1,\ 2,\ 0)^{\mathrm{T}}$ 是齐次线性方程组 $\boldsymbol{Ax}=\boldsymbol{0}$ 的基础解系，那么下列向量中 $\boldsymbol{Ax}=\boldsymbol{0}$ 的解向量是(　　).

A. $(1,\ -1,\ 3)^{\mathrm{T}}$　　B. $(2,\ 1,\ -3)^{\mathrm{T}}$　　C. $(2,\ 2,\ -5)^{\mathrm{T}}$

D. $(2,\ -2,\ 6)^{\mathrm{T}}$　　E. $(2,\ 2,\ 6)^{\mathrm{T}}$

11. 线性方程组 $\begin{cases}x_1+x_2+kx_3=4,\\-x_1+kx_2+x_3=k^2,\\x_1-x_2+2x_3=-4\end{cases}$ 有唯一解，则 k 的取值为(　　).

A. $k=-1$　　B. $k=4$　　C. $k=2$

D. $k=-1$ 或 $k=4$　　E. $k\neq-1$ 且 $k\neq4$

12. 已知 $\boldsymbol{\alpha}_1=(2,\ 1,\ 1)^{\mathrm{T}}$，$\boldsymbol{\alpha}_2=(1,\ -2,\ -1)^{\mathrm{T}}$ 都是三元齐次线性方程组 $\boldsymbol{Ax}=\boldsymbol{0}$ 的解，只要系数矩阵 $\boldsymbol{A}$ 为(　　).

A. $\begin{pmatrix}2&1&1\\1&-2&-1\end{pmatrix}$　　B. $\begin{pmatrix}1&3&-5\\-1&-3&5\end{pmatrix}$　　C. $\begin{pmatrix}1&-4&2\\1&2&-1\end{pmatrix}$

D. $\begin{pmatrix}1&-3&1\\2&-6&2\end{pmatrix}$　　E. $\begin{pmatrix}1&2&-4\\2&6&-2\end{pmatrix}$

13. 设 $\boldsymbol{A}$ 是 4 阶矩阵，$\boldsymbol{A}^*$ 为 $\boldsymbol{A}$ 的伴随矩阵，若线性方程组 $\boldsymbol{Ax}=\boldsymbol{0}$ 的基础解系中只有 2 个向量，则 $r(\boldsymbol{A}^*)=$(　　).

A. 0　　B. 1　　C. 2　　D. 3　　E. 无法确定

14. 设方程组 $\begin{cases}x_1+x_2=-a_1,\\x_2+x_3=a_2,\\x_3+x_4=-a_3,\\x_1+x_4=a_4\end{cases}$ 有解，则 a_1，a_2，a_3，a_4 满足的条件是(　　).

A. $a_1+a_2+a_3+a_4=0$　　B. $a_1+a_2+a_3+a_4=1$

C. a_1，a_2，a_3，a_4 不全为 0　　D. a_1，a_2，a_3，a_4 都大于 0

E. a_1，a_2，a_3，a_4 都小于 0

15. 设 $\boldsymbol{A}$ 为 n 阶矩阵，则方程组 $\boldsymbol{Ax}=\boldsymbol{b}$ 无解的充分必要条件是(　　).

A. $r(\boldsymbol{A})<n$　　B. $|\boldsymbol{A}|=0$　　C. $r(\overline{\boldsymbol{A}})<n$

D. $r(\boldsymbol{A})=n$　　E. $r(\boldsymbol{A})<r(\overline{\boldsymbol{A}})$

16. 设矩阵 $\boldsymbol{B}$ 为 3 阶非零方阵，且矩阵 $\boldsymbol{B}$ 的每个列向量均为方程组 $\begin{cases}x_1+2x_2-2x_3=0,\\3x_1-x_2+kx_3=0,\\3x_1+x_2-x_3=0\end{cases}$ 的解，则

$k=($　　$)$.

A. 1　　B. -1　　C. 2　　D. -2　　E. 0

17. 已知线性方程组$\begin{cases}ax_1+(a+3)x_2+x_3=-2,\\x_1+ax_2+x_3=a,\\x_1+x_2+ax_3=a^2\end{cases}$有无数个解，则$a=($　　$)$.

A. -2或1　　B. -1　　C. 2或-1　　D. 1　　E. 2

18. 方程组$\begin{cases}x_1+x_2=0,\\x_2-x_4=0\end{cases}$的基础解系为(　　).

A. $(0,0,1,0)^T$和$(-1,1,0,1)^T$　　B. $(1,1,0,0)^T$和$(0,1,0,1)^T$

C. $(1,0,1,0)^T$和$(1,0,0,1)^T$　　D. $(0,1,1,0)^T$和$(0,-1,0,1)^T$

E. $(0,0,1,0)^T$和$(1,-1,0,1)^T$

19. 设$\boldsymbol{A}$，$\boldsymbol{B}$为满足$\boldsymbol{AB}=\boldsymbol{O}$的任意两个非零矩阵，则必有(　　).

A. $\boldsymbol{A}$的列向量组线性相关，$\boldsymbol{B}$的行向量组线性相关

B. $\boldsymbol{A}$的列向量组线性相关，$\boldsymbol{B}$的列向量组线性相关

C. $\boldsymbol{A}$的行向量组线性相关，$\boldsymbol{B}$的行向量组线性相关

D. $\boldsymbol{A}$的行向量组线性相关，$\boldsymbol{B}$的列向量组线性相关

E. 以上选项均不正确

20. 设矩阵$\boldsymbol{A}=\begin{pmatrix}1&1&1-a\\1&0&a\\a+1&1&a+1\end{pmatrix}$，$\boldsymbol{\beta}=\begin{pmatrix}0\\1\\2a-2\end{pmatrix}$，且方程组$\boldsymbol{Ax}=\boldsymbol{\beta}$无解，则$a=($　　$)$.

A. 1　　B. 1或-1　　C. 0　　D. 2　　E. 0或2

21. 设向量组$\boldsymbol{\alpha}_1$，$\boldsymbol{\alpha}_2$，$\boldsymbol{\alpha}_3$为方程组$\boldsymbol{Ax}=\boldsymbol{0}$的一个基础解系，则$\boldsymbol{Ax}=\boldsymbol{0}$的基础解系还可以是(　　).

A. 与$\boldsymbol{\alpha}_1$，$\boldsymbol{\alpha}_2$，$\boldsymbol{\alpha}_3$等价的向量组

B. $\boldsymbol{\alpha}_1-\boldsymbol{\alpha}_2$，$\boldsymbol{\alpha}_2-\boldsymbol{\alpha}_3$，$\boldsymbol{\alpha}_3-\boldsymbol{\alpha}_1$

C. 与$\boldsymbol{\alpha}_1$，$\boldsymbol{\alpha}_2$，$\boldsymbol{\alpha}_3$等秩的向量组

D. $\boldsymbol{\alpha}_1$，$\boldsymbol{\alpha}_1+\boldsymbol{\alpha}_2$，$\boldsymbol{\alpha}_1+\boldsymbol{\alpha}_2+\boldsymbol{\alpha}_3$

E. $\boldsymbol{\alpha}_1$，$2\boldsymbol{\alpha}_1+\boldsymbol{\alpha}_3$，$\boldsymbol{\alpha}_3$

22. 设$\boldsymbol{A}=\begin{pmatrix}3&a+2&4\\5&a&a+5\\1&-1&2\end{pmatrix}$，若齐次线性方程组$\boldsymbol{Ax}=\boldsymbol{0}$的任一非零解均可以用$\boldsymbol{\alpha}=(1,1,0)^T$线性表出，那么必有$a=($　　$)$.

A. 3　　B. -5　　C. 3或-5　　D. 5或-3　　E. -3或-5

23. 设线性方程组$\begin{cases}x_1+x_2+x_3=0,\\x_1+2x_2+ax_3=0,\\x_1+4x_2+a^2x_3=0\end{cases}$与方程$x_1+2x_2+x_3=a-1$仅有一个公共的解，则$a$的取值为(　　).

A. $a=1$　　B. $a=2$　　C. $a=1$或2　　D. $a\neq1$　　E. $a\neq2$

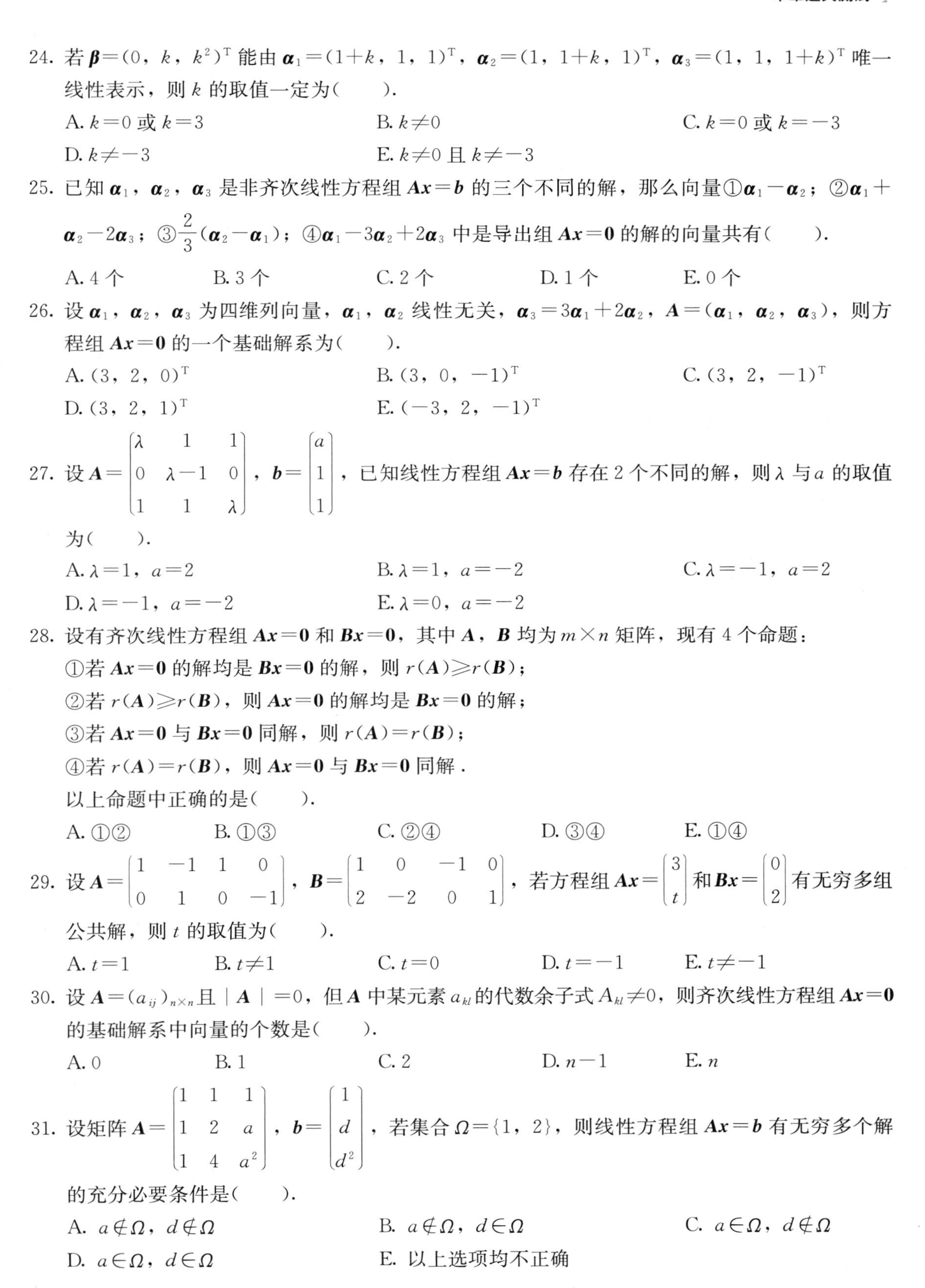

24. 若$\boldsymbol{\beta}=(0, k, k^2)^{\mathrm{T}}$能由$\boldsymbol{\alpha}_1=(1+k, 1, 1)^{\mathrm{T}}$，$\boldsymbol{\alpha}_2=(1, 1+k, 1)^{\mathrm{T}}$，$\boldsymbol{\alpha}_3=(1, 1, 1+k)^{\mathrm{T}}$唯一线性表示，则$k$的取值一定为(　　).

A. $k=0$或$k=3$　　B. $k\neq 0$　　C. $k=0$或$k=-3$

D. $k\neq -3$　　E. $k\neq 0$且$k\neq -3$

25. 已知$\boldsymbol{\alpha}_1$，$\boldsymbol{\alpha}_2$，$\boldsymbol{\alpha}_3$是非齐次线性方程组$\boldsymbol{Ax}=\boldsymbol{b}$的三个不同的解，那么向量①$\boldsymbol{\alpha}_1-\boldsymbol{\alpha}_2$；②$\boldsymbol{\alpha}_1+\boldsymbol{\alpha}_2-2\boldsymbol{\alpha}_3$；③$\frac{2}{3}(\boldsymbol{\alpha}_2-\boldsymbol{\alpha}_1)$；④$\boldsymbol{\alpha}_1-3\boldsymbol{\alpha}_2+2\boldsymbol{\alpha}_3$中是导出组$\boldsymbol{Ax}=\boldsymbol{0}$的解的向量共有(　　).

A. 4个　　B. 3个　　C. 2个　　D. 1个　　E. 0个

26. 设$\boldsymbol{\alpha}_1$，$\boldsymbol{\alpha}_2$，$\boldsymbol{\alpha}_3$为四维列向量，$\boldsymbol{\alpha}_1$，$\boldsymbol{\alpha}_2$线性无关，$\boldsymbol{\alpha}_3=3\boldsymbol{\alpha}_1+2\boldsymbol{\alpha}_2$，$\boldsymbol{A}=(\boldsymbol{\alpha}_1, \boldsymbol{\alpha}_2, \boldsymbol{\alpha}_3)$，则方程组$\boldsymbol{Ax}=\boldsymbol{0}$的一个基础解系为(　　).

A. $(3, 2, 0)^{\mathrm{T}}$　　B. $(3, 0, -1)^{\mathrm{T}}$　　C. $(3, 2, -1)^{\mathrm{T}}$

D. $(3, 2, 1)^{\mathrm{T}}$　　E. $(-3, 2, -1)^{\mathrm{T}}$

27. 设$\boldsymbol{A}=\begin{pmatrix}\lambda & 1 & 1\\ 0 & \lambda-1 & 0\\ 1 & 1 & \lambda\end{pmatrix}$，$\boldsymbol{b}=\begin{pmatrix}a\\ 1\\ 1\end{pmatrix}$，已知线性方程组$\boldsymbol{Ax}=\boldsymbol{b}$存在2个不同的解，则$\lambda$与$a$的取值为(　　).

A. $\lambda=1$，$a=2$　　B. $\lambda=1$，$a=-2$　　C. $\lambda=-1$，$a=2$

D. $\lambda=-1$，$a=-2$　　E. $\lambda=0$，$a=-2$

28. 设有齐次线性方程组$\boldsymbol{Ax}=\boldsymbol{0}$和$\boldsymbol{Bx}=\boldsymbol{0}$，其中$\boldsymbol{A}$，$\boldsymbol{B}$均为$m\times n$矩阵，现有4个命题：

①若$\boldsymbol{Ax}=\boldsymbol{0}$的解均是$\boldsymbol{Bx}=\boldsymbol{0}$的解，则$r(\boldsymbol{A})\geqslant r(\boldsymbol{B})$；

②若$r(\boldsymbol{A})\geqslant r(\boldsymbol{B})$，则$\boldsymbol{Ax}=\boldsymbol{0}$的解均是$\boldsymbol{Bx}=\boldsymbol{0}$的解；

③若$\boldsymbol{Ax}=\boldsymbol{0}$与$\boldsymbol{Bx}=\boldsymbol{0}$同解，则$r(\boldsymbol{A})=r(\boldsymbol{B})$；

④若$r(\boldsymbol{A})=r(\boldsymbol{B})$，则$\boldsymbol{Ax}=\boldsymbol{0}$与$\boldsymbol{Bx}=\boldsymbol{0}$同解.

以上命题中正确的是(　　).

A. ①②　　B. ①③　　C. ②④　　D. ③④　　E. ①④

29. 设$\boldsymbol{A}=\begin{pmatrix}1 & -1 & 1 & 0\\ 0 & 1 & 0 & -1\end{pmatrix}$，$\boldsymbol{B}=\begin{pmatrix}1 & 0 & -1 & 0\\ 2 & -2 & 0 & 1\end{pmatrix}$，若方程组$\boldsymbol{Ax}=\begin{pmatrix}3\\ t\end{pmatrix}$和$\boldsymbol{Bx}=\begin{pmatrix}0\\ 2\end{pmatrix}$有无穷多组公共解，则$t$的取值为(　　).

A. $t=1$　　B. $t\neq 1$　　C. $t=0$　　D. $t=-1$　　E. $t\neq -1$

30. 设$\boldsymbol{A}=(a_{ij})_{n\times n}$且$|\boldsymbol{A}|=0$，但$\boldsymbol{A}$中某元素$a_{kl}$的代数余子式$A_{kl}\neq 0$，则齐次线性方程组$\boldsymbol{Ax}=\boldsymbol{0}$的基础解系中向量的个数是(　　).

A. 0　　B. 1　　C. 2　　D. $n-1$　　E. n

31. 设矩阵$\boldsymbol{A}=\begin{pmatrix}1 & 1 & 1\\ 1 & 2 & a\\ 1 & 4 & a^2\end{pmatrix}$，$\boldsymbol{b}=\begin{pmatrix}1\\ d\\ d^2\end{pmatrix}$，若集合$\Omega=\{1, 2\}$，则线性方程组$\boldsymbol{Ax}=\boldsymbol{b}$有无穷多个解的充分必要条件是(　　).

A. $a\notin\Omega$，$d\notin\Omega$　　B. $a\notin\Omega$，$d\in\Omega$　　C. $a\in\Omega$，$d\notin\Omega$

D. $a\in\Omega$，$d\in\Omega$　　E. 以上选项均不正确

32. 设$\boldsymbol{\alpha}_1$，$\boldsymbol{\alpha}_2$，$\boldsymbol{\alpha}_3$，$\boldsymbol{\alpha}_4$为四维非零列向量，令$\boldsymbol{A}=(\boldsymbol{\alpha}_1,\boldsymbol{\alpha}_2,\boldsymbol{\alpha}_3,\boldsymbol{\alpha}_4)$，$\boldsymbol{Ax}=\boldsymbol{0}$的通解为$\boldsymbol{x}=k(0,-1,3,0)^{\mathrm{T}}$，则$\boldsymbol{A}^*\boldsymbol{x}=\boldsymbol{0}$的基础解系为(　　).

A. $\boldsymbol{\alpha}_1$，$\boldsymbol{\alpha}_3$　　B. $\boldsymbol{\alpha}_2$，$\boldsymbol{\alpha}_3$，$\boldsymbol{\alpha}_4$　　C. $\boldsymbol{\alpha}_1$，$\boldsymbol{\alpha}_2$，$\boldsymbol{\alpha}_4$

D. $\boldsymbol{\alpha}_3$，$\boldsymbol{\alpha}_4$　　E. $\boldsymbol{\alpha}_1$，$\boldsymbol{\alpha}_4$

33. 已知$\boldsymbol{\alpha}_1=(1,0,2,3)^{\mathrm{T}}$，$\boldsymbol{\alpha}_2=(1,1,3,5)^{\mathrm{T}}$，$\boldsymbol{\alpha}_3=(1,-1,a+2,1)^{\mathrm{T}}$，$\boldsymbol{\alpha}_4=(1,2,4,a+8)^{\mathrm{T}}$及$\boldsymbol{\beta}=(1,1,b+3,5)^{\mathrm{T}}$，若$\boldsymbol{\beta}$不能表示成$\boldsymbol{\alpha}_1$，$\boldsymbol{\alpha}_2$，$\boldsymbol{\alpha}_3$，$\boldsymbol{\alpha}_4$的线性组合，则$a$，$b$的取值为(　　).

A. $a=-1$　　B. $a\neq-1$　　C. $a=-1$且$b=0$

D. $a=-1$且$b\neq0$　　E. $a\neq-1$且$b=0$

34. 设$\boldsymbol{A}=(\boldsymbol{\alpha}_1,\boldsymbol{\alpha}_2,\boldsymbol{\alpha}_3)$为三阶矩阵，若$\boldsymbol{\alpha}_1$，$\boldsymbol{\alpha}_2$线性无关且$\boldsymbol{\alpha}_3=-\boldsymbol{\alpha}_1+2\boldsymbol{\alpha}_2$，则线性方程组$\boldsymbol{Ax}=\boldsymbol{0}$和$\boldsymbol{A}^*\boldsymbol{x}=\boldsymbol{0}$的解集的极大线性无关组包含的向量的个数分别为(　　).

A. 1，1　　B. 1，2　　C. 2，1　　D. 0，1　　E. 1，0

35. 设四阶矩阵$\boldsymbol{A}=(a_{ij})$不可逆，a_{12}的代数余子式$A_{12}\neq0$，$\boldsymbol{\alpha}_1$，$\boldsymbol{\alpha}_2$，$\boldsymbol{\alpha}_3$，$\boldsymbol{\alpha}_4$为矩阵$\boldsymbol{A}$的列向量组，$\boldsymbol{A}^*$为$\boldsymbol{A}$的伴随矩阵，则方程组$\boldsymbol{A}^*\boldsymbol{x}=\boldsymbol{0}$的通解为(　　).

A. $\boldsymbol{x}=k_1\boldsymbol{\alpha}_1+k_2\boldsymbol{\alpha}_2+k_3\boldsymbol{\alpha}_3$，其中$k_1$，$k_2$，$k_3$为任意常数

B. $\boldsymbol{x}=k_1\boldsymbol{\alpha}_1+k_2\boldsymbol{\alpha}_2+k_3\boldsymbol{\alpha}_4$，其中$k_1$，$k_2$，$k_3$为任意常数

C. $\boldsymbol{x}=k_1\boldsymbol{\alpha}_1+k_2\boldsymbol{\alpha}_3+k_3\boldsymbol{\alpha}_4$，其中$k_1$，$k_2$，$k_3$为任意常数

D. $\boldsymbol{x}=k_1\boldsymbol{\alpha}_2+k_2\boldsymbol{\alpha}_3+k_3\boldsymbol{\alpha}_4$，其中$k_1$，$k_2$，$k_3$为任意常数

E. 以上选项均不正确

答案速查

1～5　CCEDA　　6～10　BCDEB　　11～15　EBAAE

16～20　AAAAC　　21～25　DBBEA　　26～30　CDBAB

31～35　DCDBC

答案详解

1. C

【解析】设 $\boldsymbol{A}$ 是 $m\times n$ 矩阵，则齐次线性方程组 $\boldsymbol{Ax}=\boldsymbol{0}$ 只有零解$\Leftrightarrow\boldsymbol{A}$ 的列向量组线性无关，故选项 C 正确．

【点评】(1)方程组不一定是 n 个方程 n 个未知数，所以 A 项是充分不必要条件．

(2)非齐次线性方程组 $\boldsymbol{Ax}=\boldsymbol{b}$ 无解$\Leftrightarrow r(\mathbf{A})\neq r(\overline{\mathbf{A}})$，此时 $r(\mathbf{A})$ 可以等于 n 也可以不等于 n.

例如非齐次线性方程组$\begin{cases}x+y=0,\\x+y=1,\\x-y=2\end{cases}$和$\begin{cases}x+y=1,\\x+y=2\end{cases}$都是无解的，但其对应的齐次线性方程组分别为$\begin{cases}x+y=0,\\x+y=0,\\x-y=0\end{cases}$和$\begin{cases}x+y=0,\\x+y=0,\end{cases}$前者只有零解后者有非零解；

当 $\boldsymbol{Ax}=\boldsymbol{0}$ 只有零解时，此时，可能有 $r(\mathbf{A})=r(\overline{\mathbf{A}})$，即非齐次线性方程组有解．所以 B 项既不充分也不必要．

2. C

【解析】观察题干可知，齐次线性方程组的系数矩阵 $\boldsymbol{A}$ 为方阵，根据克莱姆法则，齐次线性方程组有非零解，则 $|\boldsymbol{A}|=0$，即 $\boldsymbol{A}=\begin{vmatrix}k&1&1\\1&k&1\\1&1&k\end{vmatrix}=(2+k)(k-1)^2=0$，所以 $k=-2$ 或 1.

3. E

【解析】对系数矩阵进行初等行变换化为最简行阶梯形，为

$$\begin{pmatrix}1&1&4\\1&-1&2\\-1&4&1\end{pmatrix}\to\begin{pmatrix}1&1&4\\0&-2&-2\\0&5&5\end{pmatrix}\to\begin{pmatrix}1&0&3\\0&1&1\\0&0&0\end{pmatrix},$$

易知自由未知量为 x_3，原方程组等价于$\begin{cases}x_1=-3x_3,\\x_2=-x_3,\end{cases}$可以取 $x_3=1$，因此可得该齐次线性方程组的基础解系为 $\boldsymbol{\eta}_1=(-3,\ -1,\ 1)^{\mathrm{T}}$.

4. D

【解析】方程组 $\boldsymbol{A}\boldsymbol{x}=\boldsymbol{b}$ 有唯一解的充要条件为 $r(\boldsymbol{A})=r(\overline{\boldsymbol{A}})=n$，从而选项 A、B、E 都不正确．因为矩阵 $\boldsymbol{A}$ 不一定是方阵，所以 C 项不正确．

D 项：由方程组 $\boldsymbol{A}\boldsymbol{x}=\boldsymbol{b}$ 有解的充分必要条件是 $\boldsymbol{b}$ 可由矩阵 $\boldsymbol{A}$ 的列向量组线性表示，在方程组 $\boldsymbol{A}\boldsymbol{x}=\boldsymbol{b}$ 有解的情况下，其有唯一解的充分必要条件是 $r(\boldsymbol{A})=n$，故 D 项正确．

5. A

【解析】对增广矩阵 $\overline{\boldsymbol{A}}$ 施行初等行变换化为阶梯形，即

$$\overline{\boldsymbol{A}}=\begin{pmatrix}1&1&1&2\\2&3&4&2\\2&4&4&2\end{pmatrix}\to\begin{pmatrix}1&1&1&2\\2&3&4&2\\0&1&0&0\end{pmatrix}\to\begin{pmatrix}1&1&1&2\\0&1&2&-2\\0&1&0&0\end{pmatrix}\to\begin{pmatrix}1&1&1&2\\0&1&0&0\\0&0&2&-2\end{pmatrix},$$

可以看出，$r(\boldsymbol{A})=r(\overline{\boldsymbol{A}})=3$，所以方程组有唯一解．

6. B

【解析】由于 $\boldsymbol{\alpha}_1$，$\boldsymbol{\alpha}_2$ 是非齐次线性方程组 $\boldsymbol{A}\boldsymbol{x}=\boldsymbol{b}$ 的两个不同的解，故 $\boldsymbol{A}\boldsymbol{\alpha}_1=\boldsymbol{b}$，$\boldsymbol{A}\boldsymbol{\alpha}_2=\boldsymbol{b}$，那么

$$\boldsymbol{A}(3\boldsymbol{\alpha}_1-2\boldsymbol{\alpha}_2)=3\boldsymbol{A}\boldsymbol{\alpha}_1-2\boldsymbol{A}\boldsymbol{\alpha}_2=3\boldsymbol{b}-2\boldsymbol{b}=\boldsymbol{b};$$

$$\boldsymbol{A}\left[\frac{1}{3}(\boldsymbol{\alpha}_1+2\boldsymbol{\alpha}_2)\right]=\frac{1}{3}\boldsymbol{A}\boldsymbol{\alpha}_1+\frac{2}{3}\boldsymbol{A}\boldsymbol{\alpha}_2=\frac{1}{3}\boldsymbol{b}+\frac{2}{3}\boldsymbol{b}=\boldsymbol{b};$$

$$\boldsymbol{A}\left[\frac{1}{2}(\boldsymbol{\alpha}_1+\boldsymbol{\alpha}_2)\right]=\frac{1}{2}\boldsymbol{A}\boldsymbol{\alpha}_1+\frac{1}{2}\boldsymbol{A}\boldsymbol{\alpha}_2=\frac{1}{2}\boldsymbol{b}+\frac{1}{2}\boldsymbol{b}=\boldsymbol{b};$$

可知 $3\boldsymbol{\alpha}_1-2\boldsymbol{\alpha}_2$，$\frac{1}{3}(\boldsymbol{\alpha}_1+2\boldsymbol{\alpha}_2)$，$\frac{1}{2}(\boldsymbol{\alpha}_1+\boldsymbol{\alpha}_2)$ 均是 $\boldsymbol{A}\boldsymbol{x}=\boldsymbol{b}$ 的解．

由 $\boldsymbol{A}(\boldsymbol{\alpha}_1-\boldsymbol{\alpha}_2)=\boldsymbol{A}\boldsymbol{\alpha}_1-\boldsymbol{A}\boldsymbol{\alpha}_2=\boldsymbol{b}-\boldsymbol{b}=\boldsymbol{0}$，可得 $\boldsymbol{\alpha}_1-\boldsymbol{\alpha}_2$ 是 $\boldsymbol{A}\boldsymbol{x}=\boldsymbol{0}$ 的解，不是 $\boldsymbol{A}\boldsymbol{x}=\boldsymbol{b}$ 的解．故共有 3 个解．

【点评】若 $\boldsymbol{\alpha}_1$，$\boldsymbol{\alpha}_2$，…，$\boldsymbol{\alpha}_s$ 是 $\boldsymbol{A}\boldsymbol{x}=\boldsymbol{b}$ 的解，$k_1+k_2+\cdots+k_s=1$，则 $k_1\boldsymbol{\alpha}_1+k_2\boldsymbol{\alpha}_2+\cdots+k_s\boldsymbol{\alpha}_s$ 仍是 $\boldsymbol{A}\boldsymbol{x}=\boldsymbol{b}$ 的解，知道这一点，$3\boldsymbol{\alpha}_1-2\boldsymbol{\alpha}_2$，$\frac{1}{3}(\boldsymbol{\alpha}_1+2\boldsymbol{\alpha}_2)$，$\frac{1}{2}(\boldsymbol{\alpha}_1+\boldsymbol{\alpha}_2)$ 是 $\boldsymbol{A}\boldsymbol{x}=\boldsymbol{b}$ 的解也就一目了然了．

7. C

【解析】方法一：对系数矩阵 $\boldsymbol{A}$ 进行初等行变换化为阶梯形矩阵，为

$$\boldsymbol{A}=\begin{pmatrix}1&2&-2\\2&-1&a\\3&1&-1\end{pmatrix}\to\begin{pmatrix}1&2&-2\\0&-5&a+4\\0&-5&5\end{pmatrix}\to\begin{pmatrix}1&2&-2\\0&-5&a+4\\0&0&1-a\end{pmatrix},$$

齐次线性方程组有无穷多个解的充要条件为 $r(\boldsymbol{A})<3$，从而有 $a=1$，故选 C.

方法二：注意到齐次线性方程组的系数矩阵 $\boldsymbol{A}$ 是方阵，从而可以用克莱姆法则进行判断．$\boldsymbol{A}\boldsymbol{x}=\boldsymbol{0}$ 有无穷多解，即 $\boldsymbol{A}\boldsymbol{x}=\boldsymbol{0}$ 有非零解 $\Leftrightarrow|\boldsymbol{A}|=0$，则有

$$|\boldsymbol{A}|=\begin{vmatrix}1&2&-2\\2&-1&a\\3&1&-1\end{vmatrix}=\begin{vmatrix}1&2&0\\2&-1&a-1\\3&1&0\end{vmatrix}=5(a-1)=0,$$

解得 $a=1$.

8. D

【解析】对增广矩阵作初等行变换化为阶梯形，为

$$\overline{\mathbf{A}}=\begin{pmatrix}1&2&1&1\\2&3&a+2&3\\1&a&-2&0\end{pmatrix}\to\begin{pmatrix}1&2&1&1\\0&-1&a&1\\0&a-2&-3&-1\end{pmatrix}\to\begin{pmatrix}1&2&1&1\\0&-1&a&1\\0&0&a^2-2a-3&a-3\end{pmatrix},$$

若使方程组无解，则必有 $r(\mathbf{A})\neq r(\overline{\mathbf{A}})$，从而有 $a^2-2a-3=0$ 且 $a-3\neq 0$，解得 $a=-1$.

9. E

【解析】A 项：方程组 $\mathbf{Ax}=\mathbf{0}$ 只有零解 $\Leftrightarrow r(\mathbf{A})=n$，而方程组 $\mathbf{Ax}=\mathbf{b}$ 有唯一解 $\Leftrightarrow r(\mathbf{A})=r(\overline{\mathbf{A}})=n$. 显然由 $r(\mathbf{A})=n$ 不一定能推出 $r(\mathbf{A})=r(\overline{\mathbf{A}})=n$，故 A 项错误；

B 项：方程组 $\mathbf{Ax}=\mathbf{0}$ 有非零解 $\Leftrightarrow r(\mathbf{A})<n$，而方程组 $\mathbf{Ax}=\mathbf{b}$ 有无穷多个解 $\Leftrightarrow r(\mathbf{A})=r(\overline{\mathbf{A}})<n$，仅由 $r(\mathbf{A})<n$ 不一定能推出 $r(\mathbf{A})=r(\overline{\mathbf{A}})<n$，此时方程组 $\mathbf{Ax}=\mathbf{b}$ 甚至可能无解，故 B 项错误；

C 项：方程组 $\mathbf{Ax}=\mathbf{b}$ 无解 $\Leftrightarrow r(\mathbf{A})\neq r(\overline{\mathbf{A}})$，此时 $r(\mathbf{A})$ 可能等于 n，也可能小于 n，从而方程组 $\mathbf{Ax}=\mathbf{0}$ 可能只有零解，也可能有非零解，故 C 项错误；

D 项：齐次线性方程组 $\mathbf{Ax}=\mathbf{0}$ 不可能无解，因为它至少有零解，故 D 项错误；

E 项：若方程组 $\mathbf{Ax}=\mathbf{b}$ 有无穷多个解，则 $r(\mathbf{A})=r(\overline{\mathbf{A}})<n$，从而 $r(\mathbf{A})<n$，故 $\mathbf{Ax}=\mathbf{0}$ 一定有非零解，故 E 项正确.

10. B

【解析】观察选项，D 项与 A 项对应分量成比例，若 A 项为方程组 $\mathbf{Ax}=\mathbf{0}$ 的解，则 D 项一定也为 $\mathbf{Ax}=\mathbf{0}$ 的解，故先排除 A、D；

由于 $\boldsymbol{\alpha}_1$，$\boldsymbol{\alpha}_2$ 是齐次线性方程组 $\mathbf{Ax}=\mathbf{0}$ 的基础解系，那么 $\boldsymbol{\alpha}_1$，$\boldsymbol{\alpha}_2$ 可表示 $\mathbf{Ax}=\mathbf{0}$ 的任何一个解 $\boldsymbol{\eta}$，即方程 $x_1\boldsymbol{\alpha}_1+x_2\boldsymbol{\alpha}_2=\boldsymbol{\eta}$ 必有解.

将选项 B、C、E 依次排在 $\boldsymbol{\alpha}_1$，$\boldsymbol{\alpha}_2$ 后面，由于 $\begin{pmatrix}1&1&2&2&2\\1&2&1&2&2\\-1&0&-3&-5&6\end{pmatrix}\to\begin{pmatrix}1&1&2&2&2\\0&1&-1&0&0\\0&0&0&-3&8\end{pmatrix}$，

可知，当 $\boldsymbol{\eta}$ 为 C 项和 E 项中的向量时，$x_1\boldsymbol{\alpha}_1+x_2\boldsymbol{\alpha}_2=\boldsymbol{\eta}$ 无解，因此 C 项、E 项不正确，故选 B.

11. E

【解析】方法一：对增广矩阵进行初等行变换化为阶梯形矩阵，有

$$\overline{\mathbf{A}}=\begin{pmatrix}1&1&k&4\\-1&k&1&k^2\\1&-1&2&-4\end{pmatrix}\to\begin{pmatrix}1&1&k&4\\0&-1&\frac{2-k}{2}&-4\\0&0&\frac{(k+1)(4-k)}{2}&k(k-4)\end{pmatrix}.$$

根据线性方程组有唯一解的充要条件是系数矩阵 $\mathbf{A}$ 的秩和增广矩阵 $\overline{\mathbf{A}}$ 的秩都等于未知量的个数，即 $r(\mathbf{A})=r(\overline{\mathbf{A}})=3$，此时需要满足 $k\neq 4$ 且 $k\neq -1$.

方法二：观察方程组的系数矩阵为方阵，故考虑使用克莱姆法则.

非齐次线性方程组有唯一解 $\Leftrightarrow$ 其导出组只有零解 $\Leftrightarrow$ 系数矩阵的行列式 $|\mathbf{A}|\neq 0$，即

$$|\mathbf{A}|=\begin{vmatrix}1&1&k\\-1&k&1\\1&-1&2\end{vmatrix}=(k+1)(4-k)\neq 0,$$

解得 $k\neq 4$ 且 $k\neq -1$.

12. B

【解析】由于$\boldsymbol{\alpha}_1=(2,1,1)^T$，$\boldsymbol{\alpha}_2=(1,-2,-1)^T$线性无关，从而方程组的基础解系中向量的个数$\geqslant 2$，由于方程组的基础解系的个数为$n-r(\boldsymbol{A})$，从而系数矩阵的秩$r(\boldsymbol{A})\leqslant 3-2=1$. 对于这五个选项中的矩阵，首先排除两行不成比例的矩阵：选项A、C、E；对于选项B、D中的矩阵秩都为1，再代入方程组$\boldsymbol{Ax}=\boldsymbol{0}$验证矩阵是否满足$\boldsymbol{A\alpha}_1=\boldsymbol{A\alpha}_2=\boldsymbol{0}$，可以排除选项D，故选B.

13. A

【解析】方程组$\boldsymbol{Ax}=\boldsymbol{0}$的基础解系中只有2个向量，则$4-r(\boldsymbol{A})=2$，解得$r(\boldsymbol{A})=2<4-1$，则$r(\boldsymbol{A}^*)=0$.

【点评】基础解系中解向量的个数与系数矩阵秩的关系：解向量的个数$=n-r(\boldsymbol{A})$.

矩阵$\boldsymbol{A}$及其伴随矩阵$\boldsymbol{A}^*$的秩的关系：$r(\boldsymbol{A}^*)=\begin{cases}n, & r(\boldsymbol{A})=n,\\ 1, & r(\boldsymbol{A})=n-1,\\ 0, & r(\boldsymbol{A})<n-1.\end{cases}$

14. A

【解析】对增广矩阵作初等行变换化为阶梯形，如下

$$\overline{\boldsymbol{A}}=\begin{pmatrix}1&1&0&0&-a_1\\0&1&1&0&a_2\\0&0&1&1&-a_3\\1&0&0&1&a_4\end{pmatrix}\to\begin{pmatrix}1&1&0&0&-a_1\\0&1&1&0&a_2\\0&0&1&1&-a_3\\0&-1&0&1&a_1+a_4\end{pmatrix}\to\begin{pmatrix}1&1&0&0&-a_1\\0&1&1&0&a_2\\0&0&1&1&-a_3\\0&0&0&0&a_1+a_2+a_3+a_4\end{pmatrix},$$

因为原方程组有解，所以$r(\boldsymbol{A})=r(\overline{\boldsymbol{A}})$，所以$a_1+a_2+a_3+a_4=0$.

15. E

【解析】方程组$\boldsymbol{Ax}=\boldsymbol{b}$无解的充要条件为$r(\boldsymbol{A})\neq r(\overline{\boldsymbol{A}})\Leftrightarrow r(\boldsymbol{A})<r(\overline{\boldsymbol{A}})$. 从而选项E正确，选项A、C、D均不正确，因为没有表述$r(\boldsymbol{A})$与$r(\overline{\boldsymbol{A}})$的关系. 对于选项B，$|\boldsymbol{A}|=0$仅仅是方程组$\boldsymbol{Ax}=\boldsymbol{b}$无解的必要条件，而不是充分条件.

16. A

【解析】令$\boldsymbol{A}=\begin{pmatrix}1&2&-2\\3&-1&k\\3&1&-1\end{pmatrix}$，因为$\boldsymbol{B}$的每个列向量均为方程组的解所以$\boldsymbol{AB}=\boldsymbol{O}$，且$\boldsymbol{B}\neq\boldsymbol{O}$，

即方程组$\boldsymbol{Ax}=\boldsymbol{0}$有非零解，由克莱姆法则，$|\boldsymbol{A}|=0$，解得$k=1$.

17. A

【解析】对增广矩阵作初等行变换化为阶梯形，可得

$$\overline{\boldsymbol{A}}=\begin{pmatrix}a&a+3&1&-2\\1&a&1&a\\1&1&a&a^2\end{pmatrix}\to\begin{pmatrix}1&a&1&a\\a-1&3&0&-2-a\\0&1-a&a-1&a(a-1)\end{pmatrix},$$

所以化为阶梯形矩阵需要讨论$a-1$是否为零.

①当$a=1$时，则$\overline{\boldsymbol{A}}\to\begin{pmatrix}1&1&1&1\\0&3&0&-3\\0&0&0&0\end{pmatrix}$，此时$r(\boldsymbol{A})=r(\overline{\boldsymbol{A}})=2<3$，所以方程组一定有无穷多

组解，符合题意．

②当 $a\neq 1$ 时，有

$$\overline{\boldsymbol{A}}\to\begin{pmatrix}1&a&1&a\\a-1&3&0&-2-a\\0&1&-1&-a\end{pmatrix}\to\begin{pmatrix}1&a+1&0&0\\a-1&2&1&-2\\0&1&-1&-a\end{pmatrix}\to\begin{pmatrix}1&a+1&0&0\\0&1&-1&-a\\0&0&4-a^2&-2+3a-a^3\end{pmatrix},$$

要使方程组有无穷多组解，则必有 $r(\boldsymbol{A})=r(\overline{\boldsymbol{A}})<3$，即 $r(\boldsymbol{A})=r(\overline{\boldsymbol{A}})=2$，从而有 $4-a^2=(-2)+3a-a^3=0$，解得 $a=-2$.

综上，方程组若有无穷多个解，a 的取值为 1 或 -2.

18. A

【解析】对方程组的系数矩阵 $\boldsymbol{A}$ 进行初等行变换化为最简行阶梯形矩阵，为

$$\boldsymbol{A}=\begin{pmatrix}1&1&0&0\\0&1&0&-1\end{pmatrix}\to\begin{pmatrix}1&0&0&1\\0&1&0&-1\end{pmatrix},$$

可知自由未知量为 x_3，x_4，则原方程组等价于 $\begin{cases}x_1=-x_4,\\x_2=x_4,\end{cases}$ 分别取 $(x_3,\ x_4)=(1,\ 0)$ 和 $(x_3,\ x_4)=(0,\ 1)$，得方程组的基础解系为 $\boldsymbol{\xi}_1=(0,\ 0,\ 1,\ 0)^{\mathrm{T}}$，$\boldsymbol{\xi}_2=(-1,\ 1,\ 0,\ 1)^{\mathrm{T}}$.

19. A

【解析】方法一：设 $\boldsymbol{A}$ 为 $m\times n$ 矩阵，$\boldsymbol{B}$ 为 $n\times s$ 矩阵，则由 $\boldsymbol{AB}=\boldsymbol{O}$，知 $r(\boldsymbol{A})+r(\boldsymbol{B})\leqslant n$. 又因为 $\boldsymbol{A}$，$\boldsymbol{B}$ 为非零矩阵，必有 $r(\boldsymbol{A})>0$，$r(\boldsymbol{B})>0$，可见 $r(\boldsymbol{A})<n$，$r(\boldsymbol{B})<n$，即 $\boldsymbol{A}$ 的列向量组线性相关，$\boldsymbol{B}$ 的行向量组线性相关．

方法二：由 $\boldsymbol{AB}=\boldsymbol{O}$ 知，$\boldsymbol{B}$ 的每一列均为 $\boldsymbol{Ax}=\boldsymbol{0}$ 的解，而 $\boldsymbol{B}$ 为非零矩阵，即 $\boldsymbol{Ax}=\boldsymbol{0}$ 存在非零解，可见 $\boldsymbol{A}$ 的列向量组线性相关；

同理由 $\boldsymbol{AB}=\boldsymbol{O}$ 知 $\boldsymbol{B}^{\mathrm{T}}\boldsymbol{A}^{\mathrm{T}}=\boldsymbol{O}$，则 $\boldsymbol{B}^{\mathrm{T}}$ 的列向量组线性相关，即 $\boldsymbol{B}$ 的行向量组线性相关，故选 A.

【点评】矩阵方程 $\boldsymbol{AB}=\boldsymbol{O}$ 与线性方程组的解关系密切，因此关于 $\boldsymbol{AB}=\boldsymbol{O}$ 的结论应当熟记：①$\boldsymbol{AB}=\boldsymbol{O}\Rightarrow r(\boldsymbol{A})+r(\boldsymbol{B})\leqslant n$；②$\boldsymbol{AB}=\boldsymbol{O}\Rightarrow\boldsymbol{B}$ 的每列均为 $\boldsymbol{Ax}=\boldsymbol{0}$ 的解．

20. C

【解析】方法一：行列式法．

由方程组 $\boldsymbol{Ax}=\boldsymbol{\beta}$ 无解，可知 $r(\boldsymbol{A})\neq r(\overline{\boldsymbol{A}})$，$r(\boldsymbol{A})<r(\overline{\boldsymbol{A}})\leqslant 3$，从而必有 $|\boldsymbol{A}|=0$.

$|\boldsymbol{A}|=\begin{vmatrix}1&1&1-a\\1&0&a\\a+1&1&a+1\end{vmatrix}=0\Rightarrow a=0$ 或 $a=2$，将 a 的值分别代入增广矩阵检验，知当 $a=2$ 时，$r(\boldsymbol{A})=r(\overline{\boldsymbol{A}})$；而当 $a=0$ 时，$r(\boldsymbol{A})\neq r(\overline{\boldsymbol{A}})$，故 $a=0$.

方法二：初等变换法．

对增广矩阵进行初等变换，即

$$\overline{\boldsymbol{A}}=\begin{pmatrix}1&1&1-a&0\\1&0&a&1\\a+1&1&a+1&2a-2\end{pmatrix}\to\begin{pmatrix}1&1&1-a&0\\0&-1&2a-1&1\\0&-a&a+a^2&2a-2\end{pmatrix}\to\begin{pmatrix}1&1&1-a&0\\0&-1&2a-1&1\\0&0&2a-a^2&a-2\end{pmatrix}.$$

由方程组 $\boldsymbol{A}\boldsymbol{x}=\boldsymbol{\beta}$ 无解，可知 $r(\boldsymbol{A})\neq r(\overline{\boldsymbol{A}})$，则一定有 $2a-a^2=0$ 且 $a-2\neq 0$，解得 $a=0$.

【点评】切记本题用方法一的行列式法进行求解时，一定要将结果代入求系数矩阵和增广矩阵的秩验证是否存在不正确的解．而方法二初等变换法则相对来说不容易出错．因此在判定无解或无穷多个解的情形下，建议考生选择初等变换法进行判定．

21. D

【解析】由已知条件知 $\boldsymbol{A}\boldsymbol{x}=\boldsymbol{0}$ 的基础解系是 $\boldsymbol{A}\boldsymbol{x}=\boldsymbol{0}$ 的 3 个线性无关的解向量所构成．

现在 $\boldsymbol{\alpha}_1$，$\boldsymbol{\alpha}_1+\boldsymbol{\alpha}_2$，$\boldsymbol{\alpha}_1+\boldsymbol{\alpha}_2+\boldsymbol{\alpha}_3$ 都是 $\boldsymbol{A}\boldsymbol{x}=\boldsymbol{0}$ 的解，且

$$(\boldsymbol{\alpha}_1,\ \boldsymbol{\alpha}_1+\boldsymbol{\alpha}_2,\ \boldsymbol{\alpha}_1+\boldsymbol{\alpha}_2+\boldsymbol{\alpha}_3)=(\boldsymbol{\alpha}_1,\ \boldsymbol{\alpha}_2,\ \boldsymbol{\alpha}_3)\begin{pmatrix}1&1&1\\0&1&1\\0&0&1\end{pmatrix}=(\boldsymbol{\alpha}_1,\ \boldsymbol{\alpha}_2,\ \boldsymbol{\alpha}_3)\boldsymbol{B},$$

因为 $\boldsymbol{B}$ 可逆，知 $r(\boldsymbol{\alpha}_1,\ \boldsymbol{\alpha}_1+\boldsymbol{\alpha}_2,\ \boldsymbol{\alpha}_1+\boldsymbol{\alpha}_2+\boldsymbol{\alpha}_3)=r(\boldsymbol{\alpha}_1,\ \boldsymbol{\alpha}_2,\ \boldsymbol{\alpha}_3)=3$，即 $\boldsymbol{\alpha}_1$，$\boldsymbol{\alpha}_1+\boldsymbol{\alpha}_2$，$\boldsymbol{\alpha}_1+\boldsymbol{\alpha}_2+\boldsymbol{\alpha}_3$ 线性无关，故 $\boldsymbol{\alpha}_1$，$\boldsymbol{\alpha}_1+\boldsymbol{\alpha}_2$，$\boldsymbol{\alpha}_1+\boldsymbol{\alpha}_2+\boldsymbol{\alpha}_3$ 是 $\boldsymbol{A}\boldsymbol{x}=\boldsymbol{0}$ 的 3 个线性无关的解向量，因此也是 $\boldsymbol{A}\boldsymbol{x}=\boldsymbol{0}$ 的一个基础解系．

A 项中等价向量组的向量个数不一定是 3，例如 $\boldsymbol{\alpha}_1$，$\boldsymbol{\alpha}_2$，$\boldsymbol{\alpha}_3$，$\boldsymbol{\alpha}_1+\boldsymbol{\alpha}_2+\boldsymbol{\alpha}_3$ 就是 $\boldsymbol{\alpha}_1$，$\boldsymbol{\alpha}_2$，$\boldsymbol{\alpha}_3$ 等价的向量组，但不是基础解系．

B项：$(\boldsymbol{\alpha}_1-\boldsymbol{\alpha}_2,\ \boldsymbol{\alpha}_2-\boldsymbol{\alpha}_3,\ \boldsymbol{\alpha}_3-\boldsymbol{\alpha}_1)=(\boldsymbol{\alpha}_1,\ \boldsymbol{\alpha}_2,\ \boldsymbol{\alpha}_3)\begin{pmatrix}1&0&-1\\-1&1&0\\0&-1&1\end{pmatrix}$，由于 $\begin{vmatrix}1&0&-1\\-1&1&0\\0&-1&1\end{vmatrix}=0$，所以 $\boldsymbol{\alpha}_1-\boldsymbol{\alpha}_2$，$\boldsymbol{\alpha}_2-\boldsymbol{\alpha}_3$，$\boldsymbol{\alpha}_3-\boldsymbol{\alpha}_1$ 线性相关，不能是基础解系．同理选项 E 中三个解向量线性相关，不可能是基础解系．

C 项：与 $\boldsymbol{\alpha}_1$，$\boldsymbol{\alpha}_2$，$\boldsymbol{\alpha}_3$ 等秩的向量组不一定是 $\boldsymbol{A}\boldsymbol{x}=\boldsymbol{0}$ 的解．

22. B

【解析】方法一：将 $\boldsymbol{\alpha}=(1,\ 1,\ 0)^{\mathrm{T}}$ 代入方程组 $\begin{pmatrix}3&a+2&4\\5&a&a+5\\1&-1&2\end{pmatrix}\begin{pmatrix}x_1\\x_2\\x_3\end{pmatrix}=0$，解得 $a=-5$，此时 $r(\boldsymbol{A})=2<3$，即 $\boldsymbol{A}\boldsymbol{x}=\boldsymbol{0}$ 基础解系的个数为 $3-2=1$，$\boldsymbol{\alpha}$ 是 $\boldsymbol{A}\boldsymbol{x}=\boldsymbol{0}$ 的基础解系，符合题干，故选 B.

方法二：因为齐次线性方程组 $\boldsymbol{A}\boldsymbol{x}=\boldsymbol{0}$ 有非零解且其任一非零解均可以由 $\boldsymbol{\alpha}$ 线性表示，说明 $\boldsymbol{A}\boldsymbol{x}=\boldsymbol{0}$ 的基础解系只有一个向量，因此 $r(\boldsymbol{A})=3-1=2$. 对矩阵 $\boldsymbol{A}$ 作初等行变换，有

$$\boldsymbol{A}=\begin{pmatrix}3&a+2&4\\5&a&a+5\\1&-1&2\end{pmatrix}\to\begin{pmatrix}1&-1&2\\3&a+2&4\\5&a&a+5\end{pmatrix}\to\begin{pmatrix}1&-1&2\\0&a+5&-2\\0&a+5&a-5\end{pmatrix}\to\begin{pmatrix}1&-1&2\\0&a+5&-2\\0&0&a-3\end{pmatrix},$$

因为 $r(\boldsymbol{A})=2$，所以有 $a=-5$ 或 $a=3$.

当 $a=3$ 时，$r(\boldsymbol{A})=2$，但代入求解方程组 $\boldsymbol{A}\boldsymbol{x}=\boldsymbol{0}$ 的基础解系为 $(-7,\ 1,\ 4)^{\mathrm{T}}$，不符合题意；

当 $a=-5$ 时，有 $r(\boldsymbol{A})=2$，代入求解方程组 $\boldsymbol{A}\boldsymbol{x}=\boldsymbol{0}$ 的基础解系为 $\boldsymbol{\alpha}=(1,\ 1,\ 0)^{\mathrm{T}}$，故应选 B.

23. B

【解析】由于两个方程组仅有一个公共解，也就是这两个方程组联立之后仅有唯一解，即非齐

次线性方程组$\begin{cases}x_1+x_2+x_3=0,\\x_1+2x_2+ax_3=0,\\x_1+4x_2+a^2x_3=0,\\x_1+2x_2+x_3=a-1\end{cases}$有唯一解．

对增广矩阵$\overline{A}$作初等行变换，得

$$\overline{A}=\begin{pmatrix}1&1&1&0\\1&2&a&0\\1&4&a^2&0\\1&2&1&a-1\end{pmatrix}\to\begin{pmatrix}1&1&1&0\\0&1&a-1&0\\0&0&(a-2)(a-1)&0\\0&0&1-a&a-1\end{pmatrix},$$

方程组有唯一解$\Leftrightarrow r(\boldsymbol{A})=r(\overline{\boldsymbol{A}})=3\Leftrightarrow a=2$.

24. E

【解析】$\boldsymbol{\beta}$能由$\boldsymbol{\alpha}_1$，$\boldsymbol{\alpha}_2$，$\boldsymbol{\alpha}_3$唯一线性表示的充要条件为线性方程组$(\boldsymbol{\alpha}_1,\ \boldsymbol{\alpha}_2,\ \boldsymbol{\alpha}_3)\boldsymbol{x}=\boldsymbol{\beta}$有唯一解．从而系数矩阵的行列式

$$|\boldsymbol{\alpha}_1,\ \boldsymbol{\alpha}_2,\ \boldsymbol{\alpha}_3|=\begin{vmatrix}1+k&1&1\\1&1+k&1\\1&1&1+k\end{vmatrix}=k^2(3+k)\neq0,$$

解得$k\neq0$且$k\neq-3$.

25. A

【解析】由于$\boldsymbol{A\alpha}_i=\boldsymbol{b}(i=1,\ 2,\ 3)$，故有

$$\boldsymbol{A}(\boldsymbol{\alpha}_1-\boldsymbol{\alpha}_2)=\boldsymbol{A\alpha}_1-\boldsymbol{A\alpha}_2=\boldsymbol{b}-\boldsymbol{b}=\boldsymbol{0};$$

$$\boldsymbol{A}(\boldsymbol{\alpha}_1+\boldsymbol{\alpha}_2-2\boldsymbol{\alpha}_3)=\boldsymbol{A\alpha}_1+\boldsymbol{A\alpha}_2-2\boldsymbol{A\alpha}_3=\boldsymbol{b}+\boldsymbol{b}-2\boldsymbol{b}=\boldsymbol{0};$$

$$\boldsymbol{A}\left[\frac{2}{3}(\boldsymbol{\alpha}_2-\boldsymbol{\alpha}_1)\right]=\frac{2}{3}\boldsymbol{A\alpha}_2-\frac{2}{3}\boldsymbol{A\alpha}_1=\frac{2}{3}\boldsymbol{b}-\frac{2}{3}\boldsymbol{b}=\boldsymbol{0};$$

$$\boldsymbol{A}(\boldsymbol{\alpha}_1-3\boldsymbol{\alpha}_2+2\boldsymbol{\alpha}_3)=\boldsymbol{A\alpha}_1-3\boldsymbol{A\alpha}_2+2\boldsymbol{A\alpha}_3=\boldsymbol{b}-3\boldsymbol{b}+2\boldsymbol{b}=\boldsymbol{0};$$

所以$\boldsymbol{\alpha}_1-\boldsymbol{\alpha}_2$，$\boldsymbol{\alpha}_1+\boldsymbol{\alpha}_2-2\boldsymbol{\alpha}_3$，$\frac{2}{3}(\boldsymbol{\alpha}_2-\boldsymbol{\alpha}_1)$，$\boldsymbol{\alpha}_1-3\boldsymbol{\alpha}_2+2\boldsymbol{\alpha}_3$均是齐次线性方程组$\boldsymbol{Ax}=\boldsymbol{0}$的解．

【点评】若$\boldsymbol{\alpha}_1$，$\boldsymbol{\alpha}_2$，…，$\boldsymbol{\alpha}_s$是非齐次线性方程组$\boldsymbol{Ax}=\boldsymbol{b}$的解，有$k_1+k_2+\cdots+k_s=0$，则$k_1\boldsymbol{\alpha}_1+k_2\boldsymbol{\alpha}_2+\cdots+k_s\boldsymbol{\alpha}_s$是其导出组$\boldsymbol{Ax}=\boldsymbol{0}$的解，知道这一点，本题显而易见．

26. C

【解析】方法一：$\boldsymbol{Ax}=\boldsymbol{0}\Leftrightarrow x_1\boldsymbol{\alpha}_1+x_2\boldsymbol{\alpha}_2+x_3\boldsymbol{\alpha}_3=\boldsymbol{0}$，由$\boldsymbol{\alpha}_3=3\boldsymbol{\alpha}_1+2\boldsymbol{\alpha}_2$，可得$(x_1+3x_3)\boldsymbol{\alpha}_1+(x_2+2x_3)\boldsymbol{\alpha}_2=\boldsymbol{0}$，因为$\boldsymbol{\alpha}_1$，$\boldsymbol{\alpha}_2$线性无关，因此$\begin{cases}x_1+3x_3=0,\\x_2+2x_3=0,\end{cases}$令$x_3=1$，得$\boldsymbol{Ax}=\boldsymbol{0}$的一个基础解系为$(-3,\ -2,\ 1)^{\mathrm{T}}$，从而向量$\boldsymbol{\eta}=(3,\ 2,\ -1)^{\mathrm{T}}$也是基础解系．

方法二：由于$\boldsymbol{\alpha}_1$，$\boldsymbol{\alpha}_2$线性无关，故$r(\boldsymbol{A})=2$，可知$\boldsymbol{Ax}=\boldsymbol{0}$的基础解系只含一个线性无关的解向量，由$\boldsymbol{\alpha}_3=3\boldsymbol{\alpha}_1+2\boldsymbol{\alpha}_2$，得$3\boldsymbol{\alpha}_1+2\boldsymbol{\alpha}_2-\boldsymbol{\alpha}_3=0$，因此$\boldsymbol{\xi}=(3,\ 2,\ -1)^{\mathrm{T}}$为$\boldsymbol{Ax}=\boldsymbol{0}$的一个基础解系．

27. D

【解析】线性方程组$\boldsymbol{Ax}=\boldsymbol{b}$存在2个不同的解，即$\boldsymbol{Ax}=\boldsymbol{b}$有无穷多解，则

$$\overline{A}=\begin{pmatrix}\lambda & 1 & 1 & a\\ 0 & \lambda-1 & 0 & 1\\ 1 & 1 & \lambda & 1\end{pmatrix}\to\begin{pmatrix}1 & 1 & \lambda & 1\\ 0 & \lambda-1 & 0 & 1\\ 0 & 0 & 1-\lambda^2 & a-\lambda+1\end{pmatrix},$$

要使方程组有无穷多组解，必有 $r(\boldsymbol{A})=r(\overline{\boldsymbol{A}})<3$，观察阶梯形矩阵，存在 2 阶不为 0 的子式，所以定有 $r(\boldsymbol{A})=r(\overline{\boldsymbol{A}})=2$，故 $\lambda-1\neq0$ 且 $1-\lambda^2=0$，$a-\lambda+1=0$，解得 $\lambda=-1$，$a=-2$.

【点评】注意到系数矩阵是方阵，本题还可以利用行列式判定．但是求解过程中要特别注意的是 $|\boldsymbol{A}|=0$ 是方程组 $\boldsymbol{Ax}=\boldsymbol{b}$ 有无穷多个解的必要条件而不是充分条件．故通过行列式 $|\boldsymbol{A}|=0$ 求出参数 λ 的值后，要把 λ 代入增广矩阵验证是否保证方程组有无穷多个解．

28. B

【解析】方法一：排除法(推荐使用).

根据题型精练中例 7 的结论可知命题③是正确的，从而排除 A、C、E；而 $r(\boldsymbol{A})=r(\boldsymbol{B})$，只能说明 $\boldsymbol{Ax}=\boldsymbol{0}$ 与 $\boldsymbol{Bx}=\boldsymbol{0}$ 的解向量的个数相同，不一定同解，从而排除 D，故选 B.

方法二：对于命题①，若 $\boldsymbol{Ax}=\boldsymbol{0}$ 的解均是 $\boldsymbol{Bx}=\boldsymbol{0}$ 的解，则方程组 $\boldsymbol{Bx}=\boldsymbol{0}$ 的基础解系一定包含 $\boldsymbol{Ax}=\boldsymbol{0}$ 的基础解系，从而 $n-r(\boldsymbol{A})\leqslant n-r(\boldsymbol{B})$，即 $r(\boldsymbol{A})\geqslant r(\boldsymbol{B})$，故命题①正确；

对于命题②，由 $r(\boldsymbol{A})\geqslant r(\boldsymbol{B})$ 仅能得出方程组 $\boldsymbol{Bx}=\boldsymbol{0}$ 的基础解系中解向量的个数一定比 $\boldsymbol{Ax}=\boldsymbol{0}$ 的基础解系中解向量的个数多，而不能得出 $\boldsymbol{Ax}=\boldsymbol{0}$ 的解均是 $\boldsymbol{Bx}=\boldsymbol{0}$ 的解，如

$$\boldsymbol{Ax}=\begin{pmatrix}1&0&0&0\\0&1&0&0\\1&1&0&0\end{pmatrix}\boldsymbol{x}=\boldsymbol{0},\ \boldsymbol{Bx}=\begin{pmatrix}0&0&0&0\\0&0&0&0\\0&0&0&1\end{pmatrix}\boldsymbol{x}=\boldsymbol{0},$$

$r(\boldsymbol{A})=2\geqslant r(\boldsymbol{B})=1$，但是 $(0,0,0,1)^{\mathrm{T}}$ 是 $\boldsymbol{Ax}=\boldsymbol{0}$ 的解，却不是 $\boldsymbol{Bx}=\boldsymbol{0}$ 的解，故命题②错误．

命题③和④即为题型精练中例 7 的结论，可知命题③正确，命题④错误．

29. A

【解析】方程组 $\boldsymbol{Ax}=\begin{pmatrix}3\\t\end{pmatrix}$ 和 $\boldsymbol{Bx}=\begin{pmatrix}0\\2\end{pmatrix}$ 有无穷多组公共解，也就是这两个方程组联立之后的新方程组有无穷多组解，对其增广矩阵进行初等变换，有

$$\begin{pmatrix}\overline{\boldsymbol{A}}\\ \overline{\boldsymbol{B}}\end{pmatrix}=\begin{pmatrix}1&-1&1&0&3\\0&1&0&-1&t\\1&0&-1&0&0\\2&-2&0&1&2\end{pmatrix}\to\begin{pmatrix}1&-1&1&0&3\\0&1&0&-1&t\\0&1&-2&0&-3\\0&0&-2&1&-4\end{pmatrix}\to\begin{pmatrix}1&-1&1&0&3\\0&1&0&-1&t\\0&0&-2&1&-3-t\\0&0&0&0&t-1\end{pmatrix},$$

由于新方程组有无穷多组解 $\Leftrightarrow r\begin{pmatrix}\boldsymbol{A}\\ \boldsymbol{B}\end{pmatrix}=r\begin{pmatrix}\overline{\boldsymbol{A}}\\ \overline{\boldsymbol{B}}\end{pmatrix}<4$，从而一定有 $t-1=0$，解得 $t=1$.

30. B

【解析】因为 $|\boldsymbol{A}|=0$，而且 $A_{kl}\neq0$，所以 $\boldsymbol{A}$ 存在非零的 $n-1$ 阶子式，从而可知 $r(\boldsymbol{A})=n-1$，故 $\boldsymbol{Ax}=\boldsymbol{0}$ 的基础解系中所含向量的个数为 $n-r(\boldsymbol{A})=n-(n-1)=1$.

31. D

【解析】$\overline{\boldsymbol{A}}=\begin{pmatrix}1&1&1&1\\1&2&a&d\\1&4&a^2&d^2\end{pmatrix}\to\begin{pmatrix}1&1&1&1\\0&1&a-1&d-1\\0&0&(a-1)(a-2)&(d-1)(d-2)\end{pmatrix}$，因为 $\boldsymbol{Ax}=\boldsymbol{b}$ 有无穷

多个解，故 $r(\boldsymbol{A})=r(\overline{\boldsymbol{A}})<3$，所以 $(a-1)(a-2)=0$ 且 $(d-1)(d-2)=0$，解得 $a=1$ 或 2，$d=1$ 或 2，所以 $a\in\Omega$，$d\in\Omega$.

32. C

【解析】由题干可知 $\boldsymbol{Ax}=\boldsymbol{0}$ 的基础解系只含一个线性无关的解向量，所以 $r(\boldsymbol{A})=3$，于是 $r(\boldsymbol{A}^*)=1$. 所以 $\boldsymbol{A}^*\boldsymbol{x}=\boldsymbol{0}$ 的基础解系中有 3 个线性无关的解向量.

因为 $\boldsymbol{Ax}=\boldsymbol{0}$ 有非零解，所以 $|\boldsymbol{A}|=0$，那么 $\boldsymbol{A}^*\boldsymbol{A}=|\boldsymbol{A}|\boldsymbol{E}=\boldsymbol{O}$，又因为 $\boldsymbol{A}=(\boldsymbol{\alpha}_1,\boldsymbol{\alpha}_2,\boldsymbol{\alpha}_3,\boldsymbol{\alpha}_4)$，所以有 $\boldsymbol{\alpha}_1$，$\boldsymbol{\alpha}_2$，$\boldsymbol{\alpha}_3$，$\boldsymbol{\alpha}_4$ 为 $\boldsymbol{A}^*\boldsymbol{x}=\boldsymbol{0}$ 的一组解.

由题干易知 $-\boldsymbol{\alpha}_2+3\boldsymbol{\alpha}_3=\boldsymbol{0}$，所以 $\boldsymbol{\alpha}_2$，$\boldsymbol{\alpha}_3$ 线性相关，因此 C 项 $\boldsymbol{\alpha}_1$，$\boldsymbol{\alpha}_2$，$\boldsymbol{\alpha}_4$ 是线性无关的，即 $\boldsymbol{\alpha}_1$，$\boldsymbol{\alpha}_2$，$\boldsymbol{\alpha}_4$ 为 $\boldsymbol{A}^*\boldsymbol{x}=\boldsymbol{0}$ 的一个基础解系.

33. D

【解析】设 $\boldsymbol{\beta}=k_1\boldsymbol{\alpha}_1+k_2\boldsymbol{\alpha}_2+k_3\boldsymbol{\alpha}_3+k_4\boldsymbol{\alpha}_4$，则

$$\begin{cases}k_1+k_2+k_3+k_4=1,\\k_2-k_3+2k_4=1,\\2k_1+3k_2+(a+2)k_3+4k_4=b+3,\\3k_1+5k_2+k_3+(a+8)k_4=5,\end{cases}$$

由 $\boldsymbol{\beta}$ 不能表示成 $\boldsymbol{\alpha}_1$，$\boldsymbol{\alpha}_2$，$\boldsymbol{\alpha}_3$，$\boldsymbol{\alpha}_4$ 的线性组合，故上述线性方程组无解，即 $r(\boldsymbol{A})<r(\overline{\boldsymbol{A}})$.

对其增广矩阵进行初等变换，可得

$$\overline{\boldsymbol{A}}=\begin{pmatrix}1&1&1&1&1\\0&1&-1&2&1\\2&3&a+2&4&b+3\\3&5&1&a+8&5\end{pmatrix}\to\begin{pmatrix}1&1&1&1&1\\0&1&-1&2&1\\0&1&a&2&b+1\\0&2&-2&a+5&2\end{pmatrix}\to\begin{pmatrix}1&1&1&1&1\\0&1&-1&2&1\\0&0&a+1&0&b\\0&0&0&a+1&0\end{pmatrix}.$$

要使 $r(\boldsymbol{A})<r(\overline{\boldsymbol{A}})$，则 $a+1=0$ 且 $b\neq0$，解得 $a=-1$ 且 $b\neq0$.

34. B

【解析】由于 $\boldsymbol{\alpha}_1$，$\boldsymbol{\alpha}_2$ 线性无关且 $\boldsymbol{\alpha}_3=-\boldsymbol{\alpha}_1+2\boldsymbol{\alpha}_2$，因此 $r(\boldsymbol{A})=2$，所以 $\boldsymbol{Ax}=\boldsymbol{0}$ 的基础解系中含有 1 个向量，即极大无关组所包含的向量的个数为 1；

由于 $r(\boldsymbol{A})=2=3-1$，则 $r(\boldsymbol{A}^*)=1$，因此 $\boldsymbol{A}^*\boldsymbol{x}=\boldsymbol{0}$ 的基础解系中含有 2 个向量，即极大无关组所包含的向量的个数为 2.

35. C

【解析】由于 $\boldsymbol{A}$ 不可逆，所以 $|\boldsymbol{A}|=0$，且有一个三阶子式 $A_{12}\neq0$，则 $r(\boldsymbol{A})=3=4-1$，从而 $r(\boldsymbol{A}^*)=1$，所以方程组 $\boldsymbol{A}^*\boldsymbol{x}=\boldsymbol{0}$ 的基础解系中一定含有 3 个解向量.

先找 $\boldsymbol{A}^*\boldsymbol{x}=\boldsymbol{0}$ 的解向量，由于 $\boldsymbol{A}^*\boldsymbol{A}=|\boldsymbol{A}|\boldsymbol{E}=\boldsymbol{0}$，从而 $\boldsymbol{A}$ 的 4 个列向量 $\boldsymbol{\alpha}_1$，$\boldsymbol{\alpha}_2$，$\boldsymbol{\alpha}_3$，$\boldsymbol{\alpha}_4$ 都是方程组 $\boldsymbol{A}^*\boldsymbol{x}=\boldsymbol{0}$ 的解向量；接下来就找向量组 $\boldsymbol{\alpha}_1$，$\boldsymbol{\alpha}_2$，$\boldsymbol{\alpha}_3$，$\boldsymbol{\alpha}_4$ 的极大线性无关组，由于 $\boldsymbol{A}^*\boldsymbol{A}=\boldsymbol{AA}^*=\boldsymbol{O}$，则矩阵 $\boldsymbol{A}$ 与 $\boldsymbol{A}^*$ 的第一列的乘积一定为零向量，即

$$\boldsymbol{A}\begin{pmatrix}A_{11}\\A_{12}\\A_{13}\\A_{14}\end{pmatrix}=(\boldsymbol{\alpha}_1,\boldsymbol{\alpha}_2,\boldsymbol{\alpha}_3,\boldsymbol{\alpha}_4)\begin{pmatrix}A_{11}\\A_{12}\\A_{13}\\A_{14}\end{pmatrix}=\begin{pmatrix}0\\0\\0\\0\end{pmatrix},$$

从而有 $\boldsymbol{\alpha}_1A_{11}+\boldsymbol{\alpha}_2A_{12}+\boldsymbol{\alpha}_3A_{13}+\boldsymbol{\alpha}_4A_{14}=\mathbf{0}$，又因为 $A_{12}\neq0$，则向量 $\boldsymbol{\alpha}_2$ 一定可以由向量 $\boldsymbol{\alpha}_1$，$\boldsymbol{\alpha}_3$，$\boldsymbol{\alpha}_4$ 线性表示，由于 $r(\boldsymbol{A})=3$，所以 $\boldsymbol{\alpha}_1$，$\boldsymbol{\alpha}_3$，$\boldsymbol{\alpha}_4$ 一定是极大线性无关组，即方程组的三个线性无关的解向量，从而是基础解系，则通解为选项 C.

【点评】求通解①要先知道 $\boldsymbol{A}^*\boldsymbol{x}=\mathbf{0}$ 的解向量的个数，即 $\boldsymbol{A}^*$ 的秩，伴随矩阵 $\boldsymbol{A}^*$ 的秩由 $\boldsymbol{A}$ 的秩决定，得先求 $r(\boldsymbol{A})$. ②知道解向量，需要考虑 $\boldsymbol{A}^*$ 与谁的乘积会等于 0，很容易想到了 $\boldsymbol{A}^*\boldsymbol{A}=|\boldsymbol{A}|\boldsymbol{E}=\boldsymbol{O}$，那就是得到矩阵 $\boldsymbol{A}$ 的列向量就是解向量了. ③最后就是判定这几个解向量的极大线性无关组.

第三部分

概率论

第8章 随机事件和概率

本章知识梳理

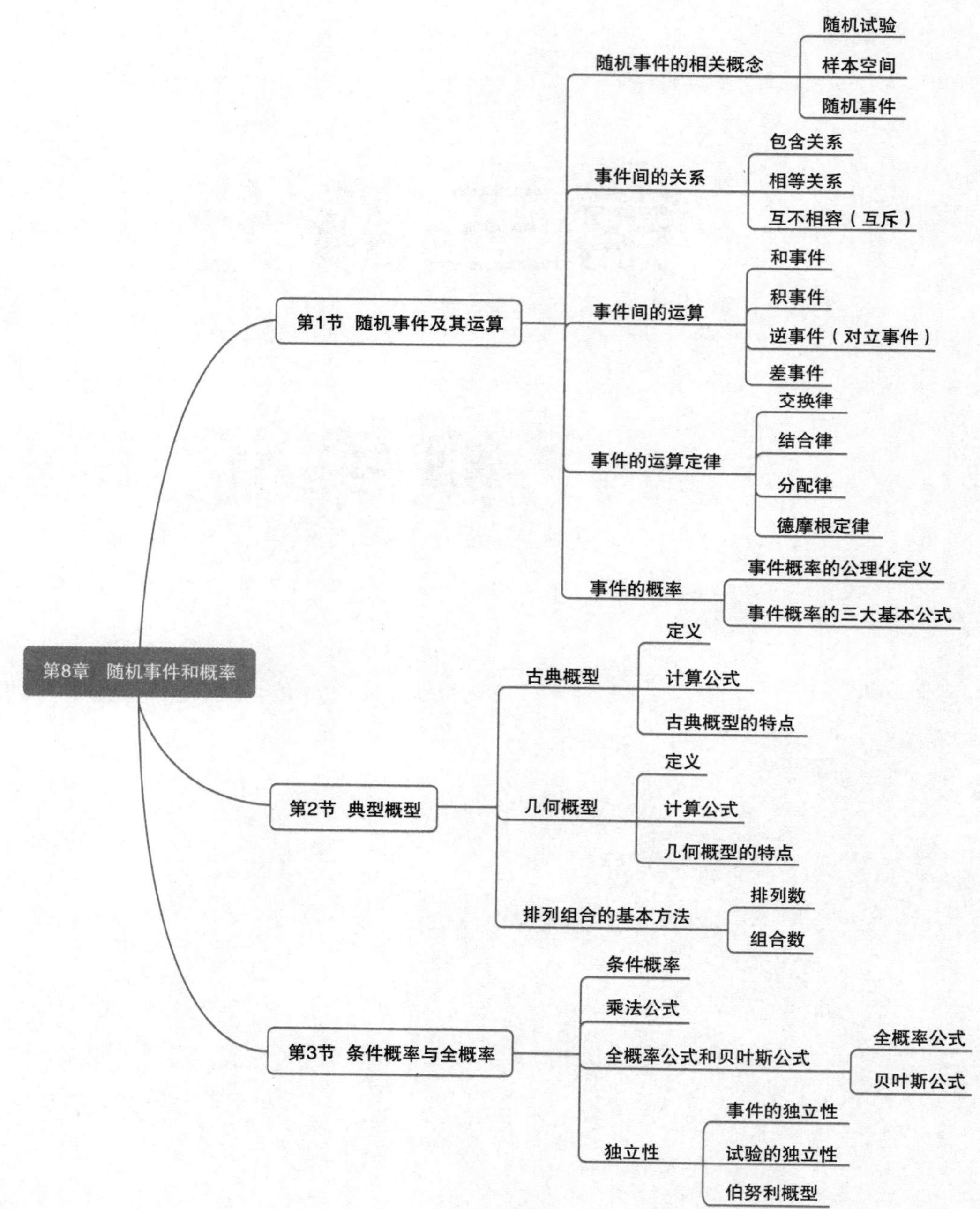
第8章 随机事件和概率
第1节 随机事件及其运算
随机事件的相关概念
随机试验
样本空间
随机事件
事件间的关系
包含关系
相等关系
互不相容（互斥）
事件间的运算
和事件
积事件
逆事件（对立事件）
差事件
事件的运算定律
交换律
结合律
分配律
德摩根定律
事件的概率
事件概率的公理化定义
事件概率的三大基本公式
第2节 典型概型
古典概型
定义
计算公式
古典概型的特点
几何概型
定义
计算公式
几何概型的特点
排列组合的基本方法
排列数
组合数
第3节 条件概率与全概率
条件概率
乘法公式
全概率公式和贝叶斯公式
全概率公式
贝叶斯公式
独立性
事件的独立性
试验的独立性
伯努利概型

历年真题考点统计

考点	2011	2012	2013	2014	2015	2016	2017	2018	2019	2020	2021	合计
随机事件及其概率运算									2		2	4分
古典概型		5				2						7分
条件概率与全概率									2			2分

说明：由于很多真题都是综合题，不是考查1个知识点而是考查2个甚至3个知识点，所以，此考点统计表并不能做到100%准确，但基本准确．

考情分析

根据统计表分析可知，随机事件和概率的相关知识在这11年中考了13分，平均每年考查1.2分．

本章涉及概率论的基本概念和概率的简单计算，是学习概率论的基础．本章考查的重点是随机事件的运算和条件概率、全概率公式相互结合形成的综合题，以及古典概型的相关知识．其中，古典概型中利用排列组合计算概率的方法虽然本章考的题量较少，但却是后面章节中求解离散型随机变量分布律的基础，所以学习过程中请给予重视．

由于题型发生变化，根据2021年真题我们可以看出，本章考查分值占概率论部分的比为2/12，考查的重点仍是利用事件间的关系和运算律计算事件发生的概率．

第1节　随机事件及其运算

考纲解析

1. 了解随机试验、样本空间、样本点和随机事件的基本概念．

2. 了解事件发生、基本事件、必然事件和不可能事件的基本概念．

3. 掌握事件相等、和事件、积事件、差事件．

4. 理解互斥事件(互不相容事件)与对立事件(逆事件)的区别与联系．

5. 掌握事件间的运算律：交换律、结合律、分配律、重点掌握德摩根定律．

6. 重点掌握计算概率的三大基本公式：加法公式、减法公式、逆事件的概率公式，并灵活运用．

知识精讲

1 随机事件的相关概念

1.1 随机试验

定义 我们将具有下述三个特点的试验称为**随机试验**：

(1)可以在相同的条件下重复地进行；

(2)每次试验的可能结果不止一个，并且能事先明确试验的所有可能结果；

(3)进行一次试验之前不能确定哪一个结果会出现．

1.2 样本空间

定义 随机试验的所有可能结果组成的集合称为**样本空间**，记为$\Omega=\{\omega\}$，其中ω表示基本结果，又称**样本点**．

1.3 随机事件

定义 随机试验的每一种可能的结果称为**随机事件**，简称事件，常用大写字母A，B，C，…表示，其中事件A是相应样本空间Ω的一个子集．

(1)事件发生：在每次试验中，当且仅当子集A中的某个样本点出现时，称事件A发生．

(2)基本事件：由样本空间Ω中的一个样本点组成的子集称为基本事件．

(3)必然事件：样本空间Ω的最大子集(即Ω本身)称为必然事件．

(4)不可能事件：样本空间Ω的最小子集(即空集$\varnothing$)称为不可能事件．

2 事件间的关系

2.1 包含关系

若$A\subset B$，称事件B包含事件A，即事件A发生必然导致事件B发生．

2.2 相等关系

若$A\subset B$且$B\subset A$，则称事件A与事件B相等，记为$A=B$.

2.3 互不相容(互斥)

若$A\cap B=\varnothing$，则称事件A与事件B是互不相容的或互斥的，即事件A与事件B不能同时发生，基本事件是两两互不相容的．

3 事件间的运算

3.1 和事件

事件$A\cup B=\{x\mid x\in A$或$x\in B\}$称为事件A与事件B的和事件，也称作事件A与事件B的并，$A\cup B$可简记为$A+B$. 当且仅当A，B中至少有一个发生时，事件$A\cup B$发生．

类似地，称$\bigcup\limits_{k=1}^{n}A_k$为$n$个事件$A_1$，$A_2$，…，$A_n$的和事件．

3.2 积事件

事件$A\cap B=\{x\mid x\in A$且$x\in B\}$称为事件A与事件B的积事件，也称作事件A与事件B

的交，$A\cap B$ 也可简记为 AB. 当且仅当 A，B 同时发生时，事件 $A\cap B$ 发生.

类似地，称 $\bigcap\limits_{k=1}^{n}A_k$ 为 n 个事件 A_1，A_2，…，A_n 的积事件.

3.3 逆事件(对立事件)

若 $A\cup B=\Omega$，且 $A\cap B=\varnothing$，则称事件 A 与事件 B 互为对立事件(逆事件). 事件 A 的对立事件(逆事件)记为 $\overline{A}$，$\overline{A}=\Omega-A$.

注 对立事件一定是互斥事件，但互斥事件不一定是对立事件.

3.4 差事件

事件 $A-B=\{x\mid x\in A \text{ 且 } x\notin B\}$ 称为事件 A 与事件 B 的差事件，$A-B$ 也可简记为 $A\overline{B}$，即 $A-B=A\overline{B}$，当且仅当 A 发生，B 不发生时，事件 $A-B$ 发生.

4 事件的运算定律

(1)交换律

$$A\cup B=B\cup A,\quad AB=BA.$$

(2)结合律

$$(A\cup B)\cup C=A\cup(B\cup C),\quad (AB)C=A(BC).$$

(3)分配律

$$(A\cup B)\cap C=AC\cup BC,\quad A\cup(B\cap C)=(A\cup B)\cap(A\cup C).$$

(4)德摩根定律

事件并的对立等于对立的交：$\overline{A\cup B}=\overline{A}\cap\overline{B}$；

事件交的对立等于对立的并：$\overline{A\cap B}=\overline{A}\cup\overline{B}$.

5 事件的概率

5.1 事件概率的公理化定义

设 Ω 是一个样本空间，如果对任一事件 A，赋予一个实数，记为 $P(A)$，称为事件 A 的概率，其中 $P(A)$ 满足下列性质：

(1)非负性：对每一个事件 A，有 $P(A)\geqslant 0$；

(2)正则性：$P(\Omega)=1$；

(3)可列可加性：若 A_1，A_2，…，A_n，…两两互不相容，则有

$$P(A_1\cup A_2\cup\cdots\cup A_n\cup\cdots)=P(A_1)+P(A_2)+\cdots+P(A_n)+\cdots.$$

5.2 事件概率的三大基本公式

(1)加法公式：对于任意两事件 A，B，有 $P(A\cup B)=P(A)+P(B)-P(AB)$；

加法公式可推广到多个事件的情况，例如

$$P(A\cup B\cup C)=P(A)+P(B)+P(C)-P(AB)-P(AC)-P(BC)+P(ABC).$$

(2)减法公式：

①若 $A\subset B$，则有 $P(B)\geqslant P(A)$，$P(B-A)=P(B)-P(A)$；

②对任意两个事件 A，B，有 $P(B-A)=P(B)-P(AB)$.

(3)逆事件(对立事件)的概率公式：$P(\overline{A})=1-P(A)$.

题型精练

题型1 事件的表达

技巧总结

此题型不会在考试中单独考查，但它是求随机事件概率的第一步，要求将事件A的文字化描述和公式化表述进行灵活转换，由此判定事件之间的关系(包含、相等、互不相容、对立).

确定事件表达式的方法:

(1)常见的关系运算(简单的文字化和公式化表述对照)

设A，B，C是三个随机事件，则有

①A，B，C全发生$\Leftrightarrow ABC$；

②A，B，C不全发生$\Leftrightarrow \overline{ABC}$；

③A，B，C全不发生$\Leftrightarrow \overline{A}\,\overline{B}\,\overline{C}$；

④A，B，C至少有一个发生$\Leftrightarrow A\cup B\cup C$；

⑤A，B，C至少有两个发生$\Leftrightarrow AB\cup BC\cup AC$；

⑥A，B，C至多有一个发生$\Leftrightarrow \overline{AB\cup BC\cup AC}$；

⑦A，B，C恰有一个事件发生$\Leftrightarrow A\overline{B}\,\overline{C}\cup\overline{A}B\overline{C}\cup\overline{A}\,\overline{B}C$；

⑧A，B，C恰有两个事件发生$\Leftrightarrow AB\overline{C}\cup\overline{A}BC\cup A\overline{B}C$.

(2)简单事件直接求，复杂事件求对立，即先求出其对立事件再求原事件.

例1 在电路上安装了4个温控器，其显示温度的误差是随机的．在使用过程中，只要有两个温控器显示的温度不低于临界温度t_0，电炉就断电．以E表示事件“电炉断电”，而$T_{(1)}\leqslant T_{(2)}\leqslant T_{(3)}\leqslant T_{(4)}$为4个温控器显示的按递增顺序排列的温度值，则事件$E$等于(　　).

A. $\{T_{(1)}\geqslant t_0\}$　　B. $\{T_{(2)}\geqslant t_0\}$　　C. $\{T_{(3)}\geqslant t_0\}$

D. $\{T_{(4)}\geqslant t_0\}$　　E. 以上选项均不正确

【解析】事件E表示“电炉断电”，即至少有2个温控器显示的温度不低于临界温度t_0，结合$T_{(1)}\leqslant T_{(2)}\leqslant T_{(3)}\leqslant T_{(4)}$可知

$\{T_{(1)}\geqslant t_0\}$表示4个温控器显示的温度均不低于t_0；

$\{T_{(2)}\geqslant t_0\}$表示至少有3个温控器显示的温度不低于t_0；

$\{T_{(3)}\geqslant t_0\}$表示至少有2个温控器显示的温度不低于t_0；

$\{T_{(4)}\geqslant t_0\}$表示至少有1个温控器显示的温度不低于t_0.

由此可知，事件E与$\{T_{(3)}\geqslant t_0\}$表示的是同一事件.

【答案】C

例2 设A，B，C为随机事件，可用(　　)来表示三个事件中至少有一个出现.

A. $A\cup B\cup C$　　B. ABC　　C. $AB\cup BC\cup AC$

D. $\overline{A}BC\cup\overline{AB}C\cup\overline{ABC}$　　E. $\overline{AB\cup BC\cup AC}$

【解析】根据和事件的定义，$A\cup B$表示事件A，B中至少有一个发生，则三个事件A，B，C中至少有一个出现可用$A\cup B\cup C$表示.

【答案】A

例3 设A，B，C为随机事件，可用(　　)来表示三个事件中不多于一个事件出现．

A. $A\cup B\cup C$

B. ABC

C. $AB\cup BC\cup AC$

D. $\overline{A}BC\cup\overline{AB}C\cup\overline{ABC}$

E. $\overline{AB\cup BC\cup AC}$

【解析】先求对立事件，即三个事件中至少有两个事件出现，可表示为$AB\cup BC\cup AC$，则原事件为其对立事件，即$\overline{AB\cup BC\cup AC}$.

【答案】E

题型2　利用事件间的关系求概率

技巧总结

本题型考查的形式有两种，一是在已知某些事件概率的情况下，求解其他事件的概率；二是判断各事件概率之间的大小或关系．

解决此类问题需要：灵活运用减法公式和加法公式的变形进行计算；通过已知的事件关系，推导出更多的等价关系，总结如下：

(1)若已知事件A与B为包含关系，则有

①$A\cup B=B\Leftrightarrow A\subset B\Leftrightarrow\overline{B}\subset\overline{A}\Leftrightarrow\overline{B}\cup\overline{A}=\overline{AB}=\overline{A}\Leftrightarrow A\overline{B}=\varnothing$;

②$B-A$与A互不相容，对应概率有$0\leqslant P(A)\leqslant P(B)\leqslant 1$.

(2)若已知事件A与B互不相容，则有

①A与B互斥$\Leftrightarrow AB=\varnothing$;

②$A=(A-B)\cup(AB)$且$(A-B)\cap(AB)=\varnothing$;

③$P(AB)=0$，此时加法公式可简化为$P(A\cup B)=P(A)+P(B)$.

(3)若已知事件A与B对立，则有

①A与B对立$\Leftrightarrow AB=\varnothing$且$A\cup B=\Omega$;

②A与B对立$\Rightarrow A$与B互斥(小推大)，但A与B互斥$\nRightarrow A$与B对立．

注 可以通过画韦恩图对上面的结论进行辅助理解，在做题过程中，如果理不清事件之间的关系，那么画韦恩图也是一种直观简便的方法．

例4 设当事件A与B同时发生时，事件C必发生，则(　　).

A. $P(C)\leqslant P(A)+P(B)-1$

B. $P(C)\geqslant P(A)+P(B)-1$

C. $P(C)=P(AB)$

D. $P(C)=P(A\cup B)$

E. $P(C)=P(A)+P(B)-1$

【解析】由题意"当A，B同时发生时，C必发生"可知$AB\subset C$，利用技巧总结(1)的公式：若$AB\subset C$，则$C-AB$与AB互不相容，所以$0\leqslant P(AB)\leqslant P(C)$，由加法公式变形可知$P(AB)=P(A)+P(B)-P(A\cup B)$，那么

$$P(C)\geqslant P(AB)=P(A)+P(B)-P(A\cup B)\geqslant P(A)+P(B)-1.$$

【答案】B

例5 设A，B为随机事件，$P(A)=0.7$，$P(A-B)=0.3$，则$P(\overline{AB})=($　　$)$.

A. 0.3　　B. 0.4　　C. 0.5　　D. 0.6　　E. 0.7

【解析】间接求法．已知$P(A-B)=P(A-AB)=P(A)-P(AB)=0.3$，则

$$P(AB)=P(A)-0.3=0.7-0.3=0.4.$$

那么$P(\overline{AB})=1-P(AB)=1-0.4=0.6$.

【答案】D

例6 设随机事件A，B及其和事件$A\cup B$的概率分别是0.4，0.3，0.6．那么积事件$A\overline{B}$的概率$P(A\overline{B})=($　　$)$.

A. 0.4　　B. 0.5　　C. 0.3　　D. 0.2　　E. 0.6

【解析】因为$A\overline{B}=A-B=A-AB$，所以利用减法公式和加法公式可得

$$\begin{aligned}P(A\overline{B})&=P(A)-P(AB)\\&=[P(A)+P(B)-P(AB)]-P(B)\\&=P(A\cup B)-P(B)=0.3.\end{aligned}$$

【答案】C

例7 某学生接连参加同一课程的两次考试．已知第一次及格的概率为p，若第一次及格则第二次及格的概率也为p，若第一次不及格则第二次及格的概率为$\frac{p}{2}$．若至少有一次及格他才能取得某种资格，则他取得该资格的概率为(　　).

A. p　　B. $\frac{3p}{2}$　　C. $\frac{p^2}{2}$

D. $\frac{3p}{2}-\frac{p^2}{2}$　　E. $\frac{3p}{2}+\frac{p^2}{2}$

【解析】设事件$A_i(i=1,2)$表示“第i次及格”，事件B表示“取得该资格”，已知$B=A_1A_2\cup A_1\overline{A_2}\cup\overline{A_1}A_2$，则利用$A_1A_2\cup A_1\overline{A_2}=A_1$，$A_1\cap\overline{A_1}A_2=\varnothing$，可求得

$$P(B)=P(A_1A_2\cup A_1\overline{A_2}\cup\overline{A_1}A_2)=P(A_1\cup\overline{A_1}A_2)=p+(1-p)\frac{p}{2}=\frac{3p}{2}-\frac{p^2}{2}.$$

【答案】D

例8 设A，B为随机事件，则$P(A)=P(B)$的充分必要条件为(　　).

A. $P(A\cup B)=P(A)+P(B)$　　B. $P(AB)=P(A)P(B)$

C. $P(A\overline{B})=P(B\overline{A})$　　D. $P(AB)=P(\overline{A}\,\overline{B})$

E. $P(AC)=P(BC)$

【解析】由减法公式可知$P(A\overline{B})=P(A)-P(AB)$，$P(B\overline{A})=P(B)-P(AB)$．所以$P(A\overline{B})=P(B\overline{A})\Leftrightarrow P(A)=P(B)$，即$P(A)=P(B)$的充分必要条件为$P(A\overline{B})=P(B\overline{A})$.

选项A能推断出$P(AB)=0$，选项B能推断出事件A与B相互独立，选项D与E显然也无法推断出所需结论．

【答案】C

例9 设 A 和 B 是任意两个随机事件，则与 $A\cup B=B$ 不等价的是(　　).

A. $A\subset B$　　B. $\overline{B}\subset\overline{A}$　　C. $A\overline{B}=\varnothing$　　D. $\overline{A}B=\varnothing$　　E. $\overline{B}\cup\overline{A}=\overline{A}$

【解析】从已知条件 $A\cup B=B$ 可知 $A\subset B$，如图 8-1 可知，$\overline{B}\subset\overline{A}$，$A\overline{B}=\varnothing$，$\overline{A}B=B-A$. 现将关系总结如下

$$A\cup B=B\Leftrightarrow A\subset B\Leftrightarrow\overline{B}\subset\overline{A}\Leftrightarrow\overline{B}\cup\overline{A}=\overline{A}\Leftrightarrow A\overline{B}=\varnothing.$$

全集

A

B

图 8-1

【答案】D

例10 设 A 和 B 是任意两个概率不为零的不相容事件，则下列结论中肯定正确的是(　　).

A. $\overline{A}$ 与 $\overline{B}$ 不相容　　B. $\overline{A}$ 与 $\overline{B}$ 相容　　C. $P(AB)=P(A)P(B)$

D. $P(A-B)=P(A)$　　E. 以上选项均不正确

【解析】方法一：已知 $AB=\varnothing$，则 $P(AB)=0$，$A=(A-B)\cup(AB)$ 且 $(A-B)\cap(AB)=\varnothing$，故 $P(A)=P(A-B)+P(AB)=P(A-B)$，D 项正确.

C 项：$P(AB)=P(A)P(B)$ 表示事件 A 和 B 独立，并不能证明两者互不相容.

A 项：若 $AB=\varnothing$，$A\cup B\neq\Omega$，则 A 项不成立.

B 项：若 $AB=\varnothing$，$A\cup B=\Omega$，则 B 项不成立.

方法二：画韦恩图，如图 8-2 所示. 由图易知，D 项正确.

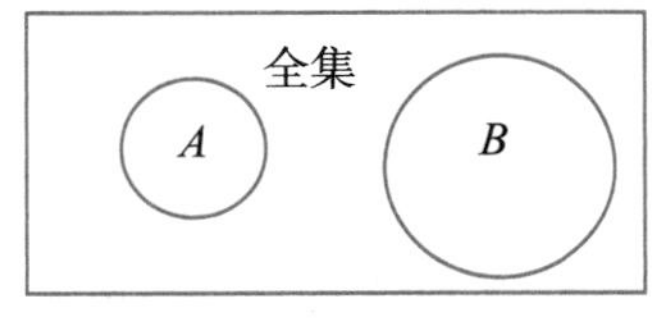

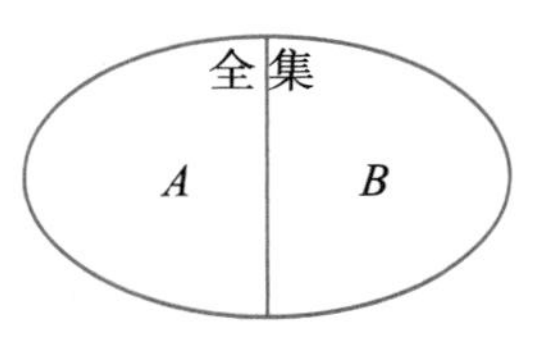

图 8-2

【答案】D

第 2 节　典型概型

考纲解析

1. 掌握古典概型的概念.
2. 掌握古典概型的计算公式.
3. 理解几何概型.

知识精讲

1 古典概型

定义 若试验的样本空间只包含有限个元素，试验中每个基本事件发生的可能性相同，这种试验称为等可能概型，也称为**古典概型**.

古典概型中事件 A 的概率为

$$P(A)=\frac{\text{事件} A \text{包含的基本事件数}}{\text{样本空间} \Omega \text{中基本事件的总数}}=\frac{k}{n}.$$

古典概型的特点：(1)试验中所有可能出现的基本事件只有有限个；(2)每个基本事件出现的可能性相等.

2 几何概型

定义 向某一可度量的有界区域(如坐标轴上的区间，平面区域或空间中的区域等)D 内随机地投掷一点，如果该点必落在 D 内，且落在 D 内任何两个度量(如长度、面积或体积等)相等的子区域内的可能性相等，则随机投掷一点落在 D 的子区域 A 内的概率为

$$P(A)=\frac{A \text{的度量大小} S_A}{D \text{的度量大小} S_\Omega}.$$

几何概型的特点：(1)试验中所有可能出现的基本事件有无限个；(2)每个基本事件出现的可能性相等.

3 排列组合的基本方法

3.1 排列数

定义 从 n 个不同元素中取出 $m(m\leqslant n)$ 个元素的所有排列的个数，叫作从 n 个不同元素中取出 m 个元素的**排列数**，用符号 A_n^m 表示，$\mathrm{A}_n^m=n(n-1)(n-2)\cdots(n-m+1)=\dfrac{n!}{(n-m)!}$.

3.2 组合数

定义 从 n 个不同元素中取出 $m(m\leqslant n)$ 个元素的所有组合的个数，叫作从 n 个不同元素中取出 m 个元素的**组合数**，用符号 C_n^m 表示，$\mathrm{C}_n^m=\dfrac{\mathrm{A}_n^m}{m!}=\dfrac{n!}{m!\,(n-m)!}$.

题型精练

题型3 不放回抽样

技巧总结

(1)不放回抽样是在逐个抽取个体时，每次被抽到的个体不放回总体中参加下一次抽取的方法.

(2)采用不放回抽样方法时，总体单位数在抽样过程中逐渐减小，总体中各单位被抽中的概率先后不同，在用排列组合公式计算古典概率时，必须注意不要重复计数，也不要遗漏.

(3)抽签模型.

设口袋中有 a 个白球，b 个黑球，逐一取出若干个球，看后不再放回袋中，则第 k 次取到白球的概率为 $P=\dfrac{a}{a+b}$，与 k 无关.

例11　设某袋中共有9个球，其中有4个白球，5个黑球，现从袋中任取2个，则这2个均为白球的概率为(　　).

A. $\frac{1}{9}$　　B. $\frac{1}{4}$　　C. $\frac{1}{5}$　　D. $\frac{1}{6}$　　E. $\frac{1}{3}$

【解析】随机试验与选球的先后次序无关，易知基本事件总数为C_9^2，且每个基本事件等可能地发生．若从袋中任取2个球为白球，则所包含的事件数为C_4^2，根据古典概型可知，从袋中任取2个球，这2个球均为白球的概率为$P=\frac{C_4^2}{C_9^2}=\frac{1}{6}$.

【答案】D

例12　口袋中有6个同样大小的黑球，编号为1，2，3，4，5，6，现从中随机取出3个球，用X表示取出的最大号码，则$P\{X=6\}=$(　　).

A. $\frac{1}{2}$　　B. $\frac{1}{3}$　　C. $\frac{1}{4}$　　D. $\frac{1}{5}$　　E. $\frac{1}{6}$

【解析】从6个球中随机取出3个球，事件总数为$C_6^3=20$；随机取3个球，最大号码为6的情况有$\{X=6\}=\{126, 136, 146, 156, 236, 246, 256, 346, 356, 456\}$，事件$\{X=6\}$一共有10个基本事件，根据古典概型计算公式可知

$$P\{X=6\}=\frac{\text{事件包含的基本事件数}}{\text{样本空间}\Omega\text{中基本事件的总数}}=\frac{10}{20}=\frac{1}{2},$$

即$P\{X=6\}=\frac{1}{2}$.

【答案】A

例13　设一袋中装有5个球，编号为1，2，3，4，5，在袋中同时取3个球，用X表示取出的3个球中的最大号码数，则$P\{3\leqslant X<5\}=$(　　).

A. $\frac{1}{2}$　　B. $\frac{1}{3}$　　C. $\frac{2}{3}$　　D. $\frac{2}{5}$　　E. $\frac{4}{5}$

【解析】因为$3\leqslant X<5$，所以X的可能取值为3，4．可求出

$$P\{X=3\}=\frac{C_2^2}{C_5^3}=\frac{1}{10},\ P\{X=4\}=\frac{C_3^2}{C_5^3}=\frac{3}{10}.$$

所以$P\{3\leqslant X<5\}=P\{X=3\}+P\{X=4\}=\frac{2}{5}$.

【答案】D

例14　一批产品中有13个正品和2个次品，从中任意取3个，X表示抽得的次品数，则$P\left\{\frac{1}{2}<X\leqslant\frac{5}{2}\right\}=$(　　).

A. $\frac{11}{35}$　　B. $\frac{13}{35}$　　C. $\frac{17}{35}$　　D. $\frac{23}{35}$　　E. $\frac{27}{35}$

【解析】根据题意，X的所有可能取值为0，1，2；任取三个，所有可能的情况有C_{15}^3种，由不放回抽样的概率计算，可知

$$P\{X=0\}=\frac{C_{13}^3}{C_{15}^3}=\frac{22}{35},\ P\{X=1\}=\frac{C_2^1C_{13}^2}{C_{15}^3}=\frac{12}{35},\ P\{X=2\}=\frac{C_2^2C_{13}^1}{C_{15}^3}=\frac{1}{35}.$$

故 $P\left\{\frac{1}{2}<X\leqslant\frac{5}{2}\right\}=P\{X=1\}+P\{X=2\}=\frac{12}{35}+\frac{1}{35}=\frac{13}{35}.$

【答案】B

例 15　设有 10 个灯泡，其中有 3 个灯泡不亮．若从中不放回地随机抽取 5 个灯泡，其中恰好含有 2 个不亮灯泡的概率为(　　).

A. $\frac{1}{12}$　　B. $\frac{5}{12}$　　C. $\frac{7}{12}$　　D. $\frac{1}{6}$　　E. $\frac{1}{4}$

【解析】按照古典概型概率计算公式可得 $P(A)=\frac{C_3^2C_7^3}{C_{10}^5}=\frac{5}{12}.$

【答案】B

例 16　袋中装着标有数字 1，2，3，4，5 的小球各 2 个，从袋中任取 3 个小球，每个小球被取出的可能性都相等，则取出的 3 个小球上的数字互不相同的概率为(　　).

A. $\frac{1}{3}$　　B. $\frac{1}{2}$　　C. $\frac{2}{3}$　　D. $\frac{3}{4}$　　E. $\frac{4}{5}$

【解析】"取出的 3 个小球上的数字互不相同"的事件记为 A，为使取出的 3 个小球上的数字互不相同，可以先在 5 个数中选出 3 个数，然后从每个数对应的小球中任选一个，故

$$P(A)=\frac{C_5^3C_2^1C_2^1C_2^1}{C_{10}^3}=\frac{2}{3}.$$

【答案】C

题型 4　有放回抽样

技巧总结

有放回抽样是每次被抽到的个体放回总体中后，再进行下次抽取的抽样方法，放回抽样的每次抽样过程中，每个个体被抽到的概率是相等的．

计算事件 A 包含的基本事件的个数和基本事件的总数时常用排列组合法，注意要做到不重不漏．

例 17　一个口袋装有 6 只球，其中 4 只白球，2 只红球，从袋中取球两次，每次随机抽取 1 只，第一次取出 1 只球，观测其颜色后放回袋中，搅匀后再取 1 只球，则两次取到相同颜色球的概率为(　　).

A. $\frac{1}{9}$　　B. $\frac{5}{9}$　　C. $\frac{4}{9}$　　D. $\frac{8}{9}$　　E. $\frac{7}{9}$

【解析】设事件 $A=\{$两次都取到白球$\}$，$B=\{$两次都取到红球$\}$，则$\{$取到两只颜色相同的球$\}=A\cup B$，且 $A\cap B=\varnothing$.

有放回抽样时，第一次从袋中取球有 6 只球可供抽取，第二次也有 6 只球可供抽取，由乘法原理，共有 6×6 种取法，即样本空间中元素总数为 36；对事件 A 而言，第一次有 4 只白球可供

抽取，第二次也有4只白球可供抽取，所以共有4×4种取法，即事件A中包含4×4个元素，同理可知事件B中包含2×2个元素，则

$$P(A)=\frac{4\times4}{6\times6}=\frac{4}{9}，P(B)=\frac{2\times2}{6\times6}=\frac{1}{9}，P(A\cup B)=P(A)+P(B)=\frac{5}{9}.$$

【答案】B

题型5 几何概型求概率

技巧总结

对于具有几何意义的随机事件，一般都有几何概型的特性．几何概型主要用于解决长度、面积、体积有关的题目，在解题过程中需要注意分析：

(1)本试验的所有基本事件构成的区域在哪，是多少；

(2)事件A包含的基本事件构成的区域在哪，是多少；

(3)利用几何概型的计算公式：$P=\frac{\text{事件}A\text{构成的区域大小}}{\text{所有基本事件构成的区域大小}}$，即可求解．

例18 在区间[0，10]中任意取一个数，则它与4之和大于10的概率是(　　)．

A. $\frac{1}{5}$　　B. $\frac{2}{5}$　　C. $\frac{3}{5}$　　D. $\frac{2}{7}$　　E. $\frac{4}{11}$

【解析】将区间表示在数轴上，可表示长度，[0，10]的长度为10．任取一个数，它与4之和大于10，则它比6大，故任取的数要在区间[6，10]上取，[6，10]的长度为4，因此任意取一个数，则它与4之和大于10的概率是$P=\frac{4}{10}=\frac{2}{5}$.

【答案】B

例19 如图8-3所示，有一圆盘，其中的阴影部分的圆心角为45°，若向圆内投镖，如果某人每次都投入圆内，那么他投中阴影部分的概率为(　　)．

A. $\frac{1}{8}$　　B. $\frac{1}{4}$　　C. $\frac{1}{2}$

D. $\frac{3}{4}$　　E. $\frac{2}{5}$

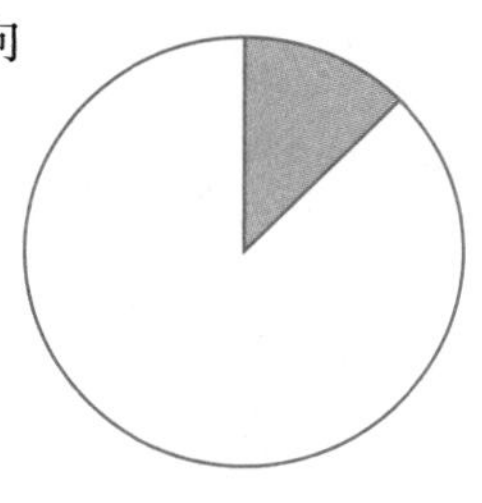

图8-3

【解析】

方法一：设圆的半径为r，故圆的面积为πr^2.

阴影部分的面积为$\frac{1}{8}\pi r^2$.

所以某人投中阴影部分的概率为$P=\frac{\frac{1}{8}\pi r^2}{\pi r^2}=\frac{1}{8}$.

方法二：直接求阴影部分圆心角所占比重，即$\frac{45^\circ}{360^\circ}=\frac{1}{8}$.

【答案】A

第3节 条件概率与全概率

考纲解析

1. 掌握条件概率的概念与乘法公式.
2. 掌握全概率公式与贝叶斯公式.
3. 掌握事件的相互独立性.

知识精讲

1 条件概率

定义 设 A，B 是两个事件，且 $P(A)>0$，则称 $P(B \mid A)=\dfrac{P(AB)}{P(A)}$ 为在事件 A 发生的条件下事件 B 发生的**条件概率**.

条件概率 $P(\cdot \mid A)$ 符合概率定义中的三个条件：

(1)非负性：对每一个事件 B，有 $P(B \mid A) \geqslant 0$.

(2)规范性：对于必然事件 Ω，有 $P(\Omega \mid A)=1$.

(3) 可列可加性：设 B_1，B_2，… 是两两互不相容的事件，有 $P(\bigcup\limits_{i=1}^{\infty} B_i \mid A)=\sum\limits_{i=1}^{\infty} P(B_i \mid A)$.

2 乘法公式

定义 设 $P(A)>0$，则有 $P(AB)=P(B \mid A)P(A)$，称为**乘法公式**.

推广 三个事件的积事件：

设 A，B，C 为事件，且 $P(AB)>0$，则有 $P(ABC)=P(C \mid AB)P(B \mid A)P(A)$.

3 全概率公式和贝叶斯公式

3.1 全概率公式

设随机试验的样本空间为 Ω，若满足

(1) B_1，B_2，…，B_n 互不相容且 $P(B_i)>0$，$(i=1, 2, \cdots, n)$，

(2) $A \subset \bigcup\limits_{i=1}^{n} B_i=\Omega$，

则有 $P(A)=P(A \mid B_1)P(B_1)+P(A \mid B_2)P(B_2)+\cdots+P(A \mid B_n)P(B_n)$.

3.2 贝叶斯公式

设随机试验的样本空间为 Ω，若满足

(1) B_1，B_2，…，B_n 互不相容且 $P(A)>0$，$P(B_i)>0$，$(i=1, 2, \cdots, n)$，

(2) $A \subset \bigcup\limits_{i=1}^{n} B_i=\Omega$，

则 $P(B_i \mid A)=\dfrac{P(A \mid B_i)P(B_i)}{\sum\limits_{j=1}^{n} P(A \mid B_j)P(B_j)}$，$i=1, 2, \cdots, n$.

4 独立性

4.1 事件的独立性

定义 设A，B是两个事件，如果满足$P(AB)=P(A)P(B)$，则称事件A，B相互独立，简称A，B独立.

性质

(1)设A，B是两个事件，且$P(A)>0$，若A，B相互独立，则$P(B\mid A)=P(B)$，反之亦然.

(2)若事件A与B相互独立，则下列各对事件也相互独立：A与$\overline{B}$，$\overline{A}$与B，$\overline{A}$与$\overline{B}$.

推广 设A，B，C是三个事件，如果满足$P(AB)=P(A)P(B)$，$P(BC)=P(B)P(C)$，$P(AC)=P(A)P(C)$，$P(ABC)=P(A)P(B)P(C)$，则称事件A，B，C相互独立.

若只满足前3个等式，则称事件A，B，C两两独立.

(3)概率为0或1的事件与任何事件独立.

4.2 试验的独立性

利用事件的独立性可以定义两个或多个试验的独立性.

定义 设有两个试验E_1和E_2，假如试验E_1的任一结果(事件)与试验E_2的任一结果(事件)都是相互独立的事件，则称这两个**试验相互独立**.

n **重伯努利试验**：只有两个可能结果的独立随机试验称为**伯努利试验**，将其独立重复地进行n次，称这种重复的独立试验为n **重伯努利试验**，简称**伯努利概型**.

伯努利概型的计算公式：$P\{x=k\}=C_n^k p^k(1-p)^{n-k}$.

题型精练

题型6 求解条件概率

技巧总结

(1)条件概率是概率的一种，所有概率的性质都适合于条件概率，例如

$$P(\Omega|B)=1,\ P(\overline{B}|A)=1-P(B|A).$$

(2)条件概率的核心是由于条件的附加使得样本空间范围缩小，从而所求事件概率发生变化. 做纯计算的选择题时，需熟练运用条件概率公式，但如果是有实际背景的选择题，可以先将题干进行简化，缩小样本空间，快速求解.

例20 甲、乙两班共70名同学，其中女同学40名，甲班有30名同学，女生15名，则在碰到甲班同学时，正好碰到一名女同学的概率为(　　).

A. $\frac{3}{7}$　　B. $\frac{3}{14}$　　C. $\frac{1}{2}$　　D. $\frac{3}{5}$　　E. $\frac{4}{7}$

【解析】方法一：设事件$A=\{$碰到甲班同学$\}$，事件$B=\{$碰到女同学$\}$，事件$AB=\{$碰到甲班的女同学$\}$，则$P(A)=\frac{30}{70}$；$P(AB)=\frac{15}{70}$，根据条件概率公式可得

$$P(B \mid A)=\frac{P(AB)}{P(A)}=\frac{15}{30}=\frac{1}{2}.$$

方法二：简化题干．已知甲班有30名同学，其中女生有15名，故遇到甲班女生的概率为$\frac{1}{2}$.

【答案】C

例21 某厂的产品中有4%的废品，已知在100件合格品中有75件一等品，则在该厂中任取一件产品是一等品的概率为（　　）.

A. 0.24　　B. 0.36　　C. 0.72　　D. 0.81　　E. 0.96

【解析】设事件$A=\{$任取一件产品是合格品$\}$，事件$B=\{$任取一件产品是一等品$\}$，显然$B\subset A$，则有

$$P(A)=1-P(\overline{A})=96\%，P(B \mid A)=75\%,$$

根据乘法公式得

$$P(B)=P(AB)=P(A)P(B \mid A)=0.96\times 0.75=0.72.$$

【答案】C

例22 某人忘记了银行卡密码的最后一位数字，因而他随机按号，则他按号不超过三次而选正确密码的概率为（　　）.

A. $\frac{1}{10}$　　B. $\frac{3}{10}$　　C. $\frac{3}{5}$　　D. $\frac{7}{10}$　　E. $\frac{2}{5}$

【解析】方法一：设$A_i=\{$第i次按号按对密码$\}$，$i=1,2,3$，$A=\{$不超过3次按对密码$\}$，则$A=A_1+\overline{A}_1A_2+\overline{A}_1\overline{A}_2A_3$，故有

$$\begin{aligned}P(A)&=P(A_1)+P(\overline{A}_1)P(A_2 \mid \overline{A}_1)+P(\overline{A}_1)P(\overline{A}_2 \mid \overline{A}_1)P(A_3 \mid \overline{A}_1\overline{A}_2)\\&=\frac{1}{10}+\frac{9}{10}\times\frac{1}{9}+\frac{9}{10}\times\frac{8}{9}\times\frac{1}{8}=\frac{3}{10}.\end{aligned}$$

方法二：设$\overline{A}=\{$按号3次都不对$\}$，则

$$P(A)=1-P(\overline{A})=1-P(\overline{A}_1\overline{A}_2\overline{A}_3)=1-P(\overline{A}_1)P(\overline{A}_2 \mid \overline{A}_1)P(\overline{A}_3 \mid \overline{A}_1\overline{A}_2).$$

故有$P(A)=1-\frac{9}{10}\times\frac{8}{9}\times\frac{7}{8}=\frac{3}{10}$.

方法三：本题可看作三次抽签模型，每次按到正确密码的概率为$\frac{1}{10}$，三次按到正确密码的概率为$\frac{3}{10}$.

【答案】B

【点评】解决问题的前提是找准所求概率的事件，方法一是将随机事件表示为一些互斥事件的和；方法二是先求其对立事件的概率，再确定所求的概率，这是一种重要的解题技巧，这种方法解题过程表达清晰，还能有效地优化解题思路；方法三则是将复杂问题模型化，利用已知模型，快速求解．

题型7 全概率公式及贝叶斯公式的应用

技巧总结

(1)已知条件求结果用全概率公式(由因寻果).

全概率公式是将复杂事件的概率求解问题转化为在不同情况下发生的简单事件的概率的求和，即多个原因导致同一个结果,求结果发生的概率,就用全概率公式.

(2)已知结果求条件用贝叶斯公式(由果溯因).

贝叶斯公式就是当已知结果,反求导致这个结果的某个原因的可能性是多少，在已知条件概率和全概率的基础上，贝叶斯公式很容易计算.

例23 从数1，2，3，4中任取一个数，记为X，再从1，…，X中任取一个数，记为Y，则$P\{Y=2\}=$(　　).

A. $\frac{1}{2}$　　B. $\frac{17}{48}$　　C. $\frac{13}{48}$　　D. $\frac{23}{48}$　　E. $\frac{3}{4}$

【解析】$\{Y=2\}$是事件的结果，根据条件求结果用全概率公式.

令$A_i=\{X=i\}$，$i=1,2,3,4$，则A_1，A_2，A_3，A_4构成一个完备事件组，且$P(A_i)=\frac{1}{4}$，

根据题意，有$P\{Y=2\mid A_1\}=0$，$P\{Y=2\mid A_i\}=\frac{1}{i}$，$i=2,3,4$.

由全概率公式得，$P\{Y=2\}=\sum_{i=1}^{4}P(A_i)P\{Y=2\mid A_i\}=\frac{1}{4}\left(0+\frac{1}{2}+\frac{1}{3}+\frac{1}{4}\right)=\frac{13}{48}$.

【答案】C

例24 设工厂甲和乙的产品的次品率分别为1%和2%．现从60%的甲厂产品和40%的乙厂产品中随机地抽取一件，若为次品，则该次品属于甲厂的概率为(　　).

A. 0.02　　B. 0.014　　C. $\frac{2}{7}$　　D. 0.06　　E. $\frac{3}{7}$

【解析】"次品"为结果，属于厂A为原因，由果溯因用贝叶斯公式.

设事件A表示"产品来自甲厂"，事件B表示"产品来自乙厂"，事件C表示"产品是次品"，则

$$P(A)=0.6,\ P(B)=0.4,\ P(C\mid A)=0.01,\ P(C\mid B)=0.02.$$

由全概率公式得

$$P(C)=P(A)P(C\mid A)+P(B)P(C\mid B)=0.6\times0.01+0.4\times0.02=0.014.$$

由贝叶斯公式得

$$P(A\mid C)=\frac{P(AC)}{P(C)}=\frac{P(A)P(C\mid A)}{P(C)}=\frac{0.6\times0.01}{0.014}=\frac{3}{7}.$$

例25 盒中有12个乒乓球，其中9个是新的，第一次比赛时从盒中任取3个，用后仍放回盒中，第二次比赛时再从盒中任取3个，若已知第二次取出的球都是新球，则第一次取到的球都是新球的概率为(　　).

A. 0.234　　B. 0.235　　C. 0.236　　D. 0.237　　E. 0.238

【解析】设$A_i=\{$第一次取出i个新球$\}$，$i=0,1,2,3$.

$B_j=\{$第二次取出 j 个新球$\}$，$i=0$，1，2，3.

由于 A_0，A_1，A_2，A_3 构成一个完备事件组，且

$$P(A_i)=\frac{C_9^iC_3^{3-i}}{C_{12}^3}，P(B_3\mid A_i)=\frac{C_{9-i}^3}{C_{12}^3}(i=0，1，2，3).$$

由全概率公式可得

$$P(B_3)=\sum_{i=0}^{3}P(A_i)P(B_3\mid A_i)=\sum_{i=0}^{3}\left(\frac{C_9^iC_3^{3-i}}{C_{12}^3}\times\frac{C_{9-i}^3}{C_{12}^3}\right)=\frac{441}{3025}.$$

由贝叶斯公式可得

$$P(A_3\mid B_3)=\frac{P(A_3)P(B_3\mid A_3)}{P(B_3)}=0.238.$$

【答案】E

例 26 某学生接连参加同一课程的两次考试．已知第一次及格的概率为 p；第一次及格则第二次及格的概率也为 p；第一次不及格则第二次及格的概率为 $\frac{p}{2}$，已知他第二次已经及格，则他第一次及格的概率为(　　).

A. p^2　　B. $p+1$　　C. $\frac{p^2}{p+1}$　　D. $\frac{2p}{p+1}$　　E. $\frac{p^2}{2}$

【解析】设 $A_i(i=1，2)$表示“第 i 次及格”，若他第二次已经及格，则他第一次及格的概率是条件概率 $P(A_1\mid A_2)=\frac{P(A_1A_2)}{P(A_2)}$.

已知第二次及格可分为两种情况，即

$$\begin{aligned}P(A_2)&=P(A_1)P(A_2|A_1)+P(\overline{A_1})P(A_2|\overline{A_1})\\&=p^2+(1-p)\frac{p}{2},\end{aligned}$$

则可求得 $P(A_1\mid A_2)=\frac{P(A_1A_2)}{P(A_2)}=\frac{P(A_1)P(A_2\mid A_1)}{P(A_2)}=\frac{p^2}{p^2+(1-p)\frac{p}{2}}=\frac{2p}{p+1}$.

【答案】D

题型 8　利用独立性求概率

技巧总结

(1)两事件 A，B 相互独立，意味着事件 B(或 A)发生，并不影响事件 A(或 B)发生的概率，用 $P(AB)=P(A)P(B)$表示事件独立．

(2)当事件相互独立时，可简化加法公式和乘法公式的计算．

(3)辨析互斥(互不相容)和相互独立．

①互斥和独立是两个不同的概念，前者与概率无关，后者与概率相关；

②当 $P(A)>0$，$P(B)>0$ 时，A 与 B 独立，则不互斥，A 与 B 互斥，则不独立；

③若 A 与 B 既独立又互斥，则 $P(A)=0$ 或 $P(B)=0$.

例 27 将一枚硬币独立地掷两次，设事件 $A_1=\{$掷第一次出现正面$\}$，$A_2=\{$掷第二次出现正面$\}$，$A_3=\{$正、反面各出现一次$\}$，$A_4=\{$正面出现两次$\}$，则事件（ ）.

A. A_1，A_2，A_3 相互独立

B. A_2，A_3，A_4 相互独立

C. A_1，A_2，A_3 两两独立

D. A_2，A_3，A_4 两两独立

E. 以上选项均不正确

【解析】方法一：先检查两两独立，若成立，再检查是否相互独立．

由题意可知，$P(A_1)=\frac{1}{2}$，$P(A_2)=\frac{1}{2}$，$P(A_3)=\frac{1}{2}$，$P(A_4)=\frac{1}{4}$.

又因为 $P(A_1A_2)=\frac{1}{4}$，$P(A_1A_3)=\frac{1}{4}$，$P(A_2A_3)=\frac{1}{4}$，$P(A_2A_4)=\frac{1}{4}$，$P(A_1A_2A_3)=0$.

由上可知，$P(A_1A_2)=P(A_1)P(A_2)$，$P(A_1A_3)=P(A_1)P(A_3)$，$P(A_2A_3)=P(A_2)P(A_3)$，$P(A_1A_2A_3)\neq P(A_1)P(A_2)P(A_3)$，$P(A_2A_4)\neq P(A_2)P(A_4)$.

故 A_1，A_2，A_3 两两独立但不相互独立；A_2，A_3，A_4 不两两独立更不相互独立．

方法二：排除法．因为 $P(A_3)>0$，$P(A_4)>0$，且 A_3，A_4 互斥，故 A_3，A_4 不相互独立，从而排除 B、D 项．如果 A 项正确，则 C 项也正确，作为单项选择题，必选 C 项．

【答案】C

例 28 在三重伯努利试验中，事件 A 在每次试验中发生的概率均为 p，已知 A 至少发生一次的概率为$\frac{19}{27}$，则 $p=$（ ）.

A. 1　　B. $\frac{1}{2}$　　C. $\frac{1}{3}$　　D. $\frac{1}{4}$　　E. $\frac{1}{5}$

【解析】已知事件 A 至少发生一次的概率为$\frac{19}{27}$，则 A 一次都没有发生的概率为 $P(\overline{A})=\frac{8}{27}$.

所以由试验独立性可得 $P(\overline{A})=(1-p)^3=\frac{8}{27}$，解得 $1-p=\frac{2}{3}$，所以 $p=\frac{1}{3}$.

【答案】C

例 29 甲、乙两名篮球队员轮流投篮直至某人投中为止，设甲每次投篮命中的概率为 0.4，乙命中的概率为 0.6，而且甲乙每次投篮为独立事件．设投篮的轮数为 X，若甲先投，则 $P\{X=k\}=$（ ）.

A. $0.6^{k-1}\times 0.4$

B. $0.24^{k-1}\times 0.76$

C. $0.4^{k-1}\times 0.6$

D. $0.76^{k-1}\times 0.24$

E. $0.81^{k-1}\times 0.48$

【解析】已知甲每次投篮命中的概率为 0.4，不中的概率为 0.6；乙每次投篮命中的概率为 0.6，不中的概率为 0.4，两人的投篮结果相互独立，则在一轮投篮中两人均未中的概率为 $0.6\times 0.4=0.24$，至少有一人投中的概率为 $1-0.24=0.76$.

$P\{X=k\}$是指前 $k-1$ 轮两人均未投中，第 k 轮时至少有一人投中的概率，则有

$$P\{X=k\}=0.24^{k-1}\times 0.76.$$

【答案】B

本章通关测试

1. 已知$P(A)=P(B)=P(C)=\frac{1}{4}$，$P(AB)=0$，$P(AC)=P(BC)=\frac{1}{6}$，则事件$A$，$B$，$C$全不发生的概率为(　　).

A. $\frac{1}{6}$　　B. $\frac{1}{4}$　　C. $\frac{1}{2}$　　D. $\frac{7}{12}$　　E. $\frac{3}{4}$

2. 设A，B，C是三个随机事件，且$P(A)=P(B)=P(C)=\frac{1}{4}$，$P(AB)=P(BC)=0$，$P(AC)=\frac{1}{8}$，则$A$，$B$，$C$至少有一个发生的概率为(　　).

A. $\frac{1}{2}$　　B. $\frac{2}{3}$　　C. $\frac{3}{8}$　　D. $\frac{5}{8}$　　E. $\frac{3}{4}$

3. 设A，B是任意两个随机事件，则$P\{(\overline{A}+B)(A+B)(\overline{A}+\overline{B})(A+\overline{B})\}=$(　　).

A. 1　　B. 0　　C. $P(AB)$　　D. $P(A)$　　E. $P(B)$

4. 设$P(A)=a$，$P(B)=0.3$，$P(\overline{A}\cup B)=0.7$，若事件$A$与$B$互不相容，则$a=$(　　).

A. 0.2　　B. 0.3　　C. 0.4　　D. 0.5　　E. 0.6

5. 设$P(A)=a$，$P(B)=0.3$，$P(\overline{A}\cup B)=0.7$，若事件$A$与$B$相互独立，则$a=$(　　).

A. $\frac{1}{7}$　　B. $\frac{2}{7}$　　C. $\frac{3}{7}$　　D. $\frac{4}{7}$　　E. $\frac{5}{7}$

6. 设$P(A)=p$，$P(B)=q$，$P(A\cup B)=r$，则$P(A\overline{B})=$(　　).

A. $p+q$　　B. $p+q-r$　　C. $r+q$　　D. $r-q$　　E. $p+q+r$

7. 三人独立地去破译一份密码，已知每人能译出的概率分别为$\frac{1}{5}$，$\frac{1}{3}$，$\frac{1}{4}$，则三人中至少有一个能将此密码破译出的概率是(　　).

A. 0.2　　B. 0.3　　C. 0.4　　D. 0.5　　E. 0.6

8. 设某批电子手表正品率为$\frac{3}{4}$，次品率为$\frac{1}{4}$，现对该批电子手表进行测试，设X为首次测到正品的次数，则$P\{X=3\}=$(　　).

A. $C_3^2\left(\frac{1}{4}\right)^2\times\frac{3}{4}$　　B. $C_3^2\left(\frac{3}{4}\right)^2\times\frac{1}{4}$　　C. $\left(\frac{1}{4}\right)^2\times\frac{3}{4}$

D. $\left(\frac{3}{4}\right)^2\times\frac{1}{4}$　　E. $\left(\frac{1}{2}\right)^2\times\frac{1}{4}$

9. 已知在8只晶体管中有2只次品，从中任取三次，取后不放回，则取出三只都是正品的概率为(　　).

A. $\frac{5}{14}$　　B. $\frac{15}{28}$　　C. $\frac{1}{2}$　　D. $\frac{3}{14}$　　E. $\frac{33}{56}$

10. 一射手命中10环的概率为0.7，命中9环的概率为0.3，该射手3发子弹得分不少于29环的概率为(　　).

A. 0.82　　B. 0.94　　C. 0.784　　D. 0.68　　E. 0.592

11. 设某袋中共有 9 个球，其中有 4 个白球，5 个黑球，现从袋中任取 2 个，则至少有一个是黑球的概率为(　　).

A. $\frac{5}{9}$　　B. $\frac{4}{9}$　　C. $\frac{5}{6}$　　D. $\frac{4}{5}$　　E. $\frac{4}{6}$

12. 把 10 本书随意放在书架上，其中指定的 5 本书放在一起的概率为(　　).

A. $\frac{5!}{10!}$　　B. $\frac{6!}{10!}$　　C. $\frac{5}{42}$　　D. $\frac{6}{42}$　　E. $\frac{1}{42}$

13. 考虑一元二次方程 $x^2+Bx+C=0$，其中 B，C 分别是将一枚色子接连掷两次先后出现的点数，则该方程有实根的概率 p 和有重根的概率 q 为(　　).

A. $\frac{15}{36}$，$\frac{1}{18}$　　B. $\frac{19}{36}$，$\frac{1}{36}$　　C. $\frac{7}{36}$，$\frac{1}{18}$　　D. $\frac{19}{36}$，$\frac{1}{18}$　　E. $\frac{7}{36}$，$\frac{1}{36}$

14. 从区间(0，1)内任取两个数，则这两个数的积小于$\frac{1}{4}$的概率为(　　).

A. $\ln2+\frac{1}{4}$　　B. $\frac{1}{2}\ln2+\frac{1}{4}$　　C. $\ln2+\frac{1}{2}$

D. $\frac{1}{2}\ln2+\frac{1}{2}$　　E. $\ln2$

15. 在 100 件圆柱形零件中有 95 件长度合格，有 93 件直径合格，有 90 件两个指标都合格，从中任取一件(这就是条件 S)，讨论在长度合格的前提下，直径也合格的概率为(　　).

A. $\frac{20}{95}$　　B. $\frac{35}{95}$　　C. $\frac{55}{95}$　　D. $\frac{65}{95}$　　E. $\frac{90}{95}$

16. 设随机事件 B 是 A 的子事件，已知 $P(A)=\frac{1}{4}$，$P(B)=\frac{1}{6}$，则 $P(B\mid A)=$(　　).

A. $\frac{1}{2}$　　B. $\frac{1}{3}$　　C. $\frac{2}{3}$　　D. $\frac{1}{4}$　　E. $\frac{3}{4}$

17. 已知 $P(A)=0.4$，$P(B\mid A)=0.5$，$P(A\mid B)=0.25$，则 $P(B)=$(　　).

A. 0.2　　B. 0.8　　C. 0.25　　D. 0.4　　E. 0.6

18. 设 A，B，C 为随机事件，$P(ABC)=0$，且 $0<P(C)<1$，则一定有(　　).

A. $P(ABC)=P(A)P(B)P(C)$

B. $P(A\cup B\mid C)=P(A\mid C)+P(B\mid C)$

C. $P(A\cup B\cup C)=P(A)+P(B)+P(C)$

D. $P(A\cup B\mid \overline{C})=P(A\mid \overline{C})+P(B\mid \overline{C})$

E. $P(A\cup B\mid C)P(C)=P(ABC)$

19. 设 A，B 为随机事件，且 $P(B)>0$，$P(A\mid B)=1$，则必有(　　).

A. $P(A\cup B)>P(A)$　　B. $P(A\cup B)>P(B)$　　C. $P(A\cup B)=P(A)$

D. $P(A\cup B)=P(B)$　　E. $P(A\cup B)=P(AB)$

20. 箱子里有 10 个白球，5 个黄球，10 个黑球，从中随机抽取一个，已知它不是黑球，则它是黄球的概率为(　　).

A. $\frac{3}{5}$　　B. $\frac{1}{5}$　　C. $\frac{1}{2}$　　D. $\frac{2}{3}$　　E. $\frac{1}{3}$

21. 设某种动物由出生算起活 20 年以上的概率为 0.8，活 25 年以上的概率为 0.4. 如果现在有一只 20 岁的这种动物，则它能活到 25 岁以上的概率是(　　).

A. 0.2　　B. 0.3　　C. 0.4　　D. 0.5　　E. 0.6

22. 某人有 5 把钥匙，其中 2 把能打开房门，从中随机取出 1 把试开房门，则第 3 次才打开房门的概率为(　　).

A. $\frac{3}{5}$　　B. $\frac{1}{2}$　　C. $\frac{2}{3}$　　D. $\frac{1}{5}$　　E. $\frac{1}{4}$

23. 设 10 件产品中有 4 件不合格品，从中任取两件，已知所取的两件产品中有一件是不合格品，则另一件也是不合格品的概率为(　　).

A. $\frac{1}{2}$　　B. $\frac{1}{3}$　　C. $\frac{1}{4}$　　D. $\frac{1}{5}$　　E. $\frac{1}{6}$

24. 某人忘记了银行卡密码的最后一位数字，因而他随机按号，若已知最后一个是偶数，那么他按号不超过三次而选正确密码的概率为(　　).

A. $\frac{1}{10}$　　B. $\frac{3}{10}$　　C. $\frac{3}{5}$　　D. $\frac{7}{10}$　　E. $\frac{2}{5}$

25. 甲、乙两车间加工同一种产品，已知甲、乙两车间出现废品的概率分别为 3%，2%，加工的产品放在一起，且已知甲车间加工的产品数量是乙车间的两倍，则任取一个产品是废品的概率为(　　).

A. $\frac{2}{3}$　　B. $\frac{1}{3}$　　C. $\frac{2}{75}$　　D. $\frac{1}{75}$　　E. $\frac{3}{75}$

26. 甲袋中有 3 个红球和 1 个白球，乙袋中有 4 个红球和 2 个白球，从甲袋中任取一个球(不看颜色)放到乙袋中后，再从乙袋中任取一个球，则最后取得红球的概率为(　　).

A. $\frac{3}{4}$　　B. $\frac{1}{4}$　　C. $\frac{4}{7}$　　D. $\frac{19}{28}$　　E. $\frac{5}{7}$

27. 甲、乙两家企业生产同一种产品．已知甲企业生产的 60 件产品中有 12 件是次品，乙企业生产的 50 件产品中有 10 件次品．两家企业生产的产品混合在一起存放，现从中任取 1 件进行检验，则取出的产品为次品的概率为(　　).

A. $\frac{6}{11}$　　B. $\frac{5}{11}$　　C. $\frac{1}{5}$　　D. $\frac{1}{11}$　　E. $\frac{3}{5}$

28. 甲、乙两人独立射击同一目标，他们击中目标的概率分别为 0.9 和 0.8，则在一次射击中目标被击中的概率为(　　).

A. 0.9　　B. 0.8　　C. 0.95　　D. 0.72　　E. 0.98

29. 设 $0<P(A)<1$，$0<P(B)<1$，$P(A\mid B)+P(\overline{A}\mid\overline{B})=1$，那么下列选项正确的是(　　).

A. A 与 B 相互独立

B. A 与 B 相互对立

C. A 与 B 互不相容

D. A 与 B 互不独立

E. 以上选项均不正确

30. 如图 8-4 所示，电路由元件 a 与两个并联的元件 b 及 c 串联而成，且它们工作状态是相互独立的，设元件 a、b、c 损坏的概率分别为 0.3，0.2，0.2，则电路发生断路的概率为(　　).

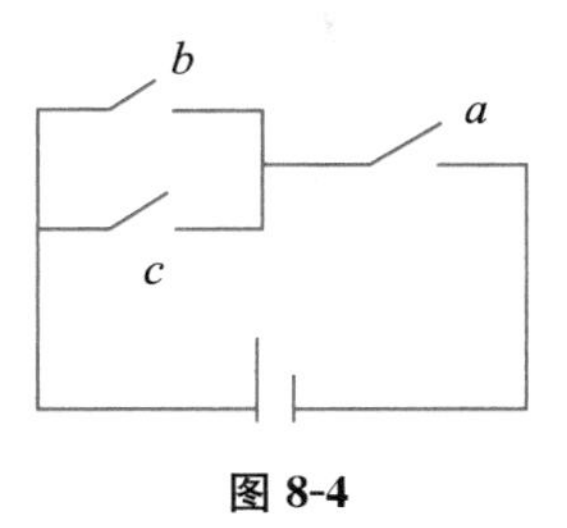

图 8-4

A. 0.672　　B. 0.328　　C. 0.56　　D. 0.64　　E. 0.412

31. 假设一批产品中一、二、三等品各占 60%，30%，10%，从中随意抽取出一件，结果不是三等品，则取到的一等品的概率为(　　).

A. $\frac{1}{2}$　　B. $\frac{2}{3}$　　C. $\frac{1}{3}$　　D. $\frac{3}{4}$　　E. $\frac{1}{4}$

32. 甲、乙、丙 3 人同向一架飞机射击，假设击中飞机的概率分别为 0.4，0.5，0.7. 如果只有一人击中飞机，飞机被击落的概率是 0.2；如果有两人击中飞机，飞机被击落的概率是 0.6；如果三人都击中飞机，飞机一定被击落，则飞机被击落的概率为(　　).

A. 0.458　　B. 0.36　　C. 0.41　　D. 0.14　　E. 0.2

33. 设盒子中有 10 张彩票，其中有两个大奖，甲、乙二人先后随机地从中摸出一张，不放回，已知乙摸到的是大奖，则甲也摸到大奖的概率为(　　).

A. $\frac{1}{5}$　　B. $\frac{1}{9}$　　C. $\frac{4}{5}$　　D. $\frac{2}{9}$　　E. $\frac{3}{5}$

34. 数据分析表明，当机器调整到良好时，产品的合格率为 0.9，否则，产品的合格率为 0.3，每天早上机器开动前调整到良好的概率为 0.75. 若某日早上第一件产品是合格品，则其调整到良好的概率为(　　).

A. 0.25　　B. 0.3　　C. 0.9　　D. 0.75　　E. 0.1

35. 将两信息分别编码为 a 和 b 传递出去，接收站接到时，a 被误收作 b 的概率为 0.02，而 b 被误收作 a 的概率为 0.01，信息 a 与信息 b 传递的频繁程度为 2∶1，若接收站收到的消息是 a，则原发消息是 a 的概率为(　　).

A. $\frac{194}{197}$　　B. $\frac{193}{197}$　　C. $\frac{196}{197}$　　D. $\frac{195}{197}$　　E. $\frac{192}{197}$

答案速查

1～5 DDBBC　　6～10 DECAC　　11～15 CEDBE

16～20 CBBCE　　21～25 DDDCC　　26～30 DCEAB

31～35 BABCC

答案详解

1. D

【解析】已知 $P(AB)=0$，由 $ABC\subset AB$，可得 $0\leqslant P(ABC)\leqslant P(AB)=0$，得 $P(ABC)=0$. 由德摩根公式可知

$$\begin{aligned}P(\overline{A}\,\overline{B}\,\overline{C})&=P(\overline{A\cup B\cup C})=1-P(A\cup B\cup C)\\&=1-[P(A)+P(B)+P(C)-P(AB)-P(AC)-P(BC)+P(ABC)]\\&=1-\left(\frac{1}{4}+\frac{1}{4}+\frac{1}{4}-0-\frac{1}{6}-\frac{1}{6}+0\right)=\frac{7}{12}.\end{aligned}$$

2. D

【解析】因为 $P(AB)=0$，所以 $P(ABC)=0$. 故 A，B，C 至少发生一个的概率为

$$\begin{aligned}P(A\cup B\cup C)&=P(A)+P(B)+P(C)-P(AB)-P(BC)-P(AC)+P(ABC)\\&=\frac{1}{4}+\frac{1}{4}+\frac{1}{4}-0-0-\frac{1}{8}+0=\frac{5}{8}.\end{aligned}$$

3. B

【解析】根据随机事件的运算法则可知

$$(A+B)(\overline{A}+\overline{B})=A(\overline{A}+\overline{B})+B(\overline{A}+\overline{B})=A\overline{B}+\overline{A}B,$$
$$(\overline{A}+B)(A+\overline{B})=\overline{A}(A+\overline{B})+B(A+\overline{B})=\overline{A}\,\overline{B}+AB,$$

则 $(\overline{A}+B)(A+B)(\overline{A}+\overline{B})(A+\overline{B})=(A\overline{B}+\overline{A}B)(\overline{A}\,\overline{B}+AB)=\varnothing$.

故 $P\{(\overline{A}+B)(A+B)(\overline{A}+\overline{B})(A+\overline{B})\}=P\{\varnothing\}=0$.

【点评】在有关事件运算或者化简的问题中，要学会熟练应用事件的运算法则，尤其是关系式

$$A=AB+A\overline{B},\ A\overline{A}=\varnothing.$$

4. B

【解析】已知事件 A 与 B 互不相容，则 $P(AB)=0$，应用加法公式可得

$$\begin{aligned}P(\overline{A}\cup B)&=P(\overline{A})+P(B)-P(\overline{A}B)\\&=P(\overline{A})+P(B)-[P(B)-P(AB)]\\&=1-P(A)+P(AB).\end{aligned}$$

结合题干，可知 $0.7=1-a+0\Rightarrow a=0.3$.

5. C

【解析】若事件 A 与 B 相互独立，则 $P(AB)=P(A)P(B)=0.3a$，由加法公式可知

$$
\begin{aligned}
P(\overline{A}\cup B)&=P(\overline{A})+P(B)-P(\overline{A}B)\\
&=P(\overline{A})+P(B)-[P(B)-P(AB)]\\
&=1-P(A)+P(AB).
\end{aligned}
$$

结合题干，可知 $0.7=1-a+0.3a\Rightarrow a=\dfrac{3}{7}$.

6. D

【解析】根据减法公式可得，$P(A\overline{B})=P(A-B)=P(A)-P(AB)$；

将加法公式变形可得，$P(AB)=P(A)+P(B)-P(A\cup B)=p+q-r$；

所以 $P(A\overline{B})=P(A)-P(AB)=p-(p+q-r)=r-q$.

7. E

【解析】方法一：设事件 A，B，C 分别为三人各自能够译出密码，根据题意，A，B，C 相互独立，且 $P(A)=\dfrac{1}{5}$，$P(B)=\dfrac{1}{3}$，$P(C)=\dfrac{1}{4}$，则至少一人能将此密码译出的概率为

$$
\begin{aligned}
&P(A\cup B\cup C)\\
=&P(A)+P(B)+P(C)-P(AB)-P(AC)-P(BC)+P(ABC)\\
=&P(A)+P(B)+P(C)-P(A)P(B)-P(A)P(C)-P(B)P(C)+P(A)P(B)P(C)\\
=&\frac{1}{5}+\frac{1}{3}+\frac{1}{4}-\frac{1}{5}\times\frac{1}{3}-\frac{1}{5}\times\frac{1}{4}-\frac{1}{3}\times\frac{1}{4}+\frac{1}{5}\times\frac{1}{3}\times\frac{1}{4}=0.6.
\end{aligned}
$$

方法二：利用德摩根定律．A，B，C 相互独立，则 $\overline{A}$，$\overline{B}$，$\overline{C}$ 也相互独立，故有

$$
\begin{aligned}
P(A\cup B\cup C)&=1-P(\overline{A\cup B\cup C})=1-P(\overline{A}\,\overline{B}\,\overline{C})\\
&=1-P(\overline{A})P(\overline{B})P(\overline{C})=1-\frac{4}{5}\times\frac{2}{3}\times\frac{3}{4}=0.6.
\end{aligned}
$$

8. C

【解析】前两次未抽到正品，第三次才抽到正品的概率为 $P\{X=3\}=\left(\dfrac{1}{4}\right)^2\times\dfrac{3}{4}$.

9. A

【解析】从 8 只晶体管中任取三次，不放回抽取，可得基本事件总数 $n=C_8^3=56$.

设事件 $A=\{$任取三次，三只都是正品$\}$，则 A 包含基本事件数 $m=C_6^3=20$，根据古典概型计算公式可得 $P(A)=\dfrac{m}{n}=\dfrac{20}{56}=\dfrac{5}{14}$.

10. C

【解析】伯努利概型．

设事件 $A_1=\{$命中 10 环$\}$，事件 $A_2=\{$命中 9 环$\}$，A_1，A_2 为互斥事件，则 $A_1A_2=\varnothing$，$A_1\cup A_2=\Omega$；设事件 $B=\{$3 发子弹得分不少于 29 环$\}=\{$3 发子弹都命中 10 环$\}+\{$有 2 发子弹命中 10 环$\}$；$P_3(k)=C_3^k(0.7)^k(0.3)^{3-k}$ 表示三次射击中射中有 k 次命中 10 环的概率，故有

$$P(B)=P_3(3)+P_3(2)=C_3^3\times(0.7)^3\times(0.3)^0+C_3^2\times(0.7)^2\times0.3=0.784.$$

11. C

【解析】方法一：间接求法．设事件 $A=\{$取出的两个均为白球$\}$，事件 $C=\{$至少有一个黑球$\}$，

可知 C 的对立事件为 A，即 $\overline{C}=A$，由古典概型可知 $P(A)=\frac{1}{6}$，则 $P(C)=\frac{5}{6}$.

方法二：已知基本事件总数为 C_9^2；若至少有一个是黑球，则可能的情况有①取出的两个球都是黑球，②取出的两个球一黑一白，其包含的事件数为 $C_5^2+C_5^1C_4^1$，根据古典概型可知，至少有一个是黑球的概率为 $P=\frac{C_5^2+C_5^1C_4^1}{C_9^2}=\frac{5}{6}$.

12. E

【解析】总事件是10本书的全排列，故基本事件总数为 $n=10!$.

将指定的5本书放在一起，即先将这5本书进行内部排序，为5!；再将这5本书当作一个元素，与其余(非指定的)5本书进行全排列，为6!，则符合条件的基本事件个数为 $m=6!\,5!$.

根据古典概型可知

$$P=\frac{m}{n}=\frac{6!\,5!}{10!}=\frac{1}{42}.$$

13. D

【解析】一枚色子掷两次，其基本事件总数 $n=6^2=36$.

方程有实根的充要条件 $B^2-4C\geqslant 0\Rightarrow C\leqslant\frac{B^2}{4}$，方程有重根的充要条件 $C=\frac{B^2}{4}$，易得出表8-1：

表 8-1

B	1	2	3	4	5	6
使 $C\leqslant\frac{B^2}{4}$ 的基本事件数	0	1	2	4	6	6
使 $C=\frac{B^2}{4}$ 的基本事件数	0	1	0	1	0	0

由表可知，方程有实根的概率为 $p=\frac{1+2+4+6+6}{36}=\frac{19}{36}$；方程有重根的概率为 $q=\frac{1+1}{36}=\frac{1}{18}$.

14. B

【解析】以 x，y 表示从(0，1)内任取的两个数，在平面上建立直角坐标系，(x,y) 所有可能的取值在 $S=\{(x,y)\mid 0<x<1,\ 0<y<1\}$ 内，S 是边长为1的正方形，其面积为1；

事件 $A=\{$这两个数的积小于$\frac{1}{4}\}$相当于 $G=\{(x,y)\mid xy<\frac{1}{4},\ 0<x<1,\ 0<y<1\}$，即图8-5中阴影部分，区域 G 的面积为

$$S_G=\int_{\frac{1}{4}}^{1}\frac{1}{4x}\mathrm{d}x+\frac{1}{4}=\frac{1}{2}\ln 2+\frac{1}{4}.$$

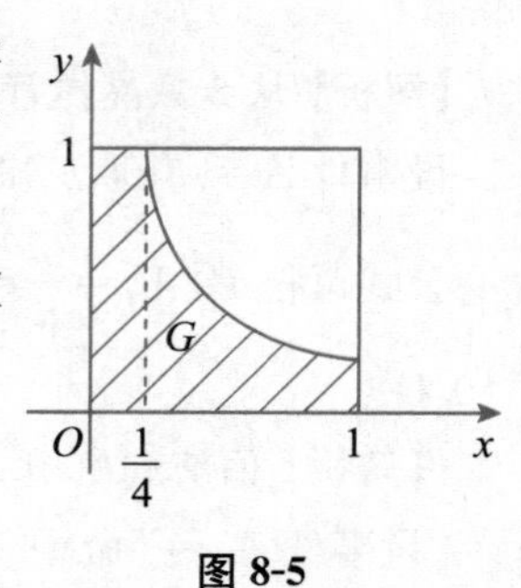

图 8-5

根据几何概率可知

$$P(A)=\frac{S_G}{S_{正方形}}=\frac{1}{2}\ln 2+\frac{1}{4}.$$

15. E

【解析】化简题干．本题可简化为共有95件长度合格的圆柱形零件，其中直径也合格的有90件，故这些零件中，直径合格的零件的概率为 $\frac{90}{95}$.

16. C

【解析】因为 $B\subset A$，所以 $P(AB)=P(B)$，因此利用条件概率计算公式可得

$$P(B\mid A)=\frac{P(AB)}{P(A)}=\frac{P(B)}{P(A)}=\frac{2}{3}.$$

17. B

【解析】由 $0.5=P(B\mid A)=\frac{P(AB)}{P(A)}=\frac{P(AB)}{0.4}$，解得 $P(AB)=0.2$.

又因为 $0.25=P(A\mid B)=\frac{P(AB)}{P(B)}=\frac{0.2}{P(B)}$，故 $P(B)=0.8$.

18. B

【解析】本题应用条件概率、交集、并集的综合计算公式进行推导，其中

A 项：不成立，缺乏随机事件相互独立的条件；

C 项：缺少 $P(AB)=P(BC)=P(AC)=0$ 的条件；

E 项：$P(A\cup B\mid C)P(C)=P((A\cup B)C)=P(AC)+P(BC)-P(ABC)=P(AC)+P(BC)$.

B 项：利用条件概率公式可得

$$P(A\cup B\mid C)=\frac{P((A\cup B)C)}{P(C)}=\frac{P(AC)+P(BC)}{P(C)}=P(A\mid C)+P(B\mid C).$$

D 项：同选项 B，$P(A\cup B\mid \overline{C})=\frac{P((A\cup B)\overline{C})}{P(\overline{C})}=\frac{P(A\overline{C})+P(B\overline{C})-P(AB\overline{C})}{P(\overline{C})}$，但 $P(AB\overline{C})\neq 0$，

故 $P(A\cup B\mid \overline{C})\neq P(A\mid \overline{C})+P(B\mid \overline{C})$.

综上所述，选项 B 正确 .

19. C

【解析】因为 $P(A\mid B)=1$，故有 $\frac{P(AB)}{P(B)}=1$，即 $P(AB)=P(B)$. 结合加法公式可知

$$P(A\cup B)=P(A)+P(B)-P(AB)=P(A).$$

20. E

【解析】已知取出的球不是黑球，则从除黑球外的 15 个球里抽取，抽到黄球的概率为 $P=\frac{5}{15}=\frac{1}{3}$.

21. D

【解析】设事件 A=“能活 25 年以上”，事件 B=“能活 20 年以上”，所以一只 20 岁的动物能活到 25 岁以上的概率为 $P(A\mid B)$.

根据题意可得，$P(B)=0.8$，由于 $A\subset B$，因此 $P(AB)=P(A)=0.4$.

由条件概率公式，得 $P(A\mid B)=\frac{P(AB)}{P(B)}=\frac{0.4}{0.8}=0.5$.

22. D

【解析】设事件 A_i={第 i 次能打开房门}，$i=1,2,3$；事件 $\overline{A}_1\overline{A}_2A_3$={第 3 次才打开房门}，本题属于不放回抽样模型，每次抽中正确钥匙的概率都会变化，由乘法公式可得

$$P(\overline{A}_1\overline{A}_2A_3)=P(A_3\mid \overline{A}_1\overline{A}_2)\cdot P(\overline{A}_1\overline{A}_2)=P(A_3\mid \overline{A}_1\overline{A}_2)\cdot P(\overline{A}_2\mid \overline{A}_1)\cdot P(\overline{A}_1)=\frac{2}{3}\times\frac{2}{4}\times\frac{3}{5}=\frac{1}{5}.$$

23. D

【解析】设事件 A=\{所取两件产品中至少有一件是不合格品\}，事件 B=\{另一件是不合格品\}，事件 AB=\{所取两件产品都是不合格品\}，则有

$$P(A)=\frac{C_4^1C_6^1+C_4^2}{C_{10}^2}=\frac{2}{3}，P(AB)=\frac{C_4^2}{C_{10}^2}=\frac{2}{15},$$

故所求概率为 $P(B\mid A)=\frac{P(AB)}{P(A)}=\frac{1}{5}$.

24. C

【解析】抽签模型：按号不超过三次选到正确密码可看作三次抽签模型，每次最后一位数抽到正确密码的概率为$\frac{1}{5}$，故不超过三次选到正确密码的概率为$\frac{1}{5}\times3=\frac{3}{5}$.

【点评】本题给出的解法是最简便的，此题还有其他解法，可参考例 22.

25. C

【解析】设事件 A=\{任取一个为甲生产的产品\}，事件 B=\{任取一个产品为废品\}，根据题意，有

$$P(A)=\frac{2}{3}，P(\overline{A})=\frac{1}{3}，P(B\mid A)=3\%，P(B\mid \overline{A})=2\%；$$

由全概率公式可得

$$P(B)=P(A)P(B\mid A)+P(\overline{A})P(B\mid \overline{A})=\frac{2}{3}\times\frac{3}{100}+\frac{1}{3}\times\frac{2}{100}=\frac{2}{75}.$$

26. D

【解析】设事件 A=\{从甲袋中任取一个球为红球\}，事件 B=\{最后从乙袋中任取一个球为红球\}，则

$$P(A)=\frac{3}{4}，P(\overline{A})=\frac{1}{4}，P(B\mid A)=\frac{5}{7}，P(B\mid \overline{A})=\frac{4}{7}.$$

由全概率公式可得，$P(B)=P(A)P(B\mid A)+P(\overline{A})P(B\mid \overline{A})=\frac{3}{4}\times\frac{5}{7}+\frac{1}{4}\times\frac{4}{7}=\frac{19}{28}$.

27. C

【解析】设 $A_1(A_2)$表示“取出的产品为甲(乙)企业生产的”，B 表示“取出的产品为次品”，则

$$P(A_1)=\frac{60}{110}=\frac{6}{11}，P(A_2)=\frac{50}{110}=\frac{5}{11},$$

$$P(B\mid A_1)=\frac{12}{60}=\frac{1}{5}，P(B\mid A_2)=\frac{10}{50}=\frac{1}{5},$$

由全概率公式得 $P(B)=P(A_1)P(B\mid A_1)+P(A_2)P(B\mid A_2)=\frac{6}{11}\times\frac{1}{5}+\frac{5}{11}\times\frac{1}{5}=\frac{1}{5}$.

28. E

【解析】设事件 A=\{甲击中目标\}，事件 B=\{乙击中目标\}，事件 $A\cup B$=\{目标被击中\}，事件 A，B 相互独立，则有 $P(A)=0.9$，$P(B)=0.8$，$P(AB)=0.72$，根据加法公式可得

$$P(A\cup B)=P(A)+P(B)-P(AB)=0.9+0.8-0.72=0.98.$$

29. A

【解析】因为 $P(A\mid B)=\dfrac{P(AB)}{P(B)}$，$P(\overline{A}\mid\overline{B})=\dfrac{P(\overline{A}\,\overline{B})}{P(\overline{B})}=\dfrac{1-P(A\cup B)}{1-P(B)}$，所以

$$1=\frac{P(AB)}{P(B)}+\frac{1-P(A\cup B)}{1-P(B)},$$

整理得 $P(AB)[1-P(B)]=P(B)[P(A\cup B)-P(B)]=P(B)[P(A)-P(AB)]$，整理，得 $P(AB)=P(B)P(A)$，所以 A 与 B 相互独立．

【点评】从本题中可得出一个结论：当 $0<P(A)<1$，$0<P(B)<1$ 时，事件 A 与 B 相互独立$\Leftrightarrow$ $P(A\mid B)+P(\overline{A}\mid\overline{B})=1\Leftrightarrow P(A\mid B)=P(A\mid\overline{B})$.

30. B

【解析】已知事件 A，B，C 表示元件 a、b、c 损坏，事件 $D=\{$电路正常$\}$，根据串联、并联关系，有

$$D=\overline{A}(\overline{B}\cup\overline{C})=\overline{A}\,\overline{B}\cup\overline{A}\,\overline{C},$$

A，B，C 相互独立，则他们的对立事件也相互独立且 $P(\overline{A})=1-P(A)=1-0.3=0.7$，$P(\overline{B})=1-P(B)=1-0.2=0.8$，$P(\overline{C})=1-P(C)=1-0.2=0.8$，根据加法公式，可得

$$\begin{aligned}P(D)&=P(\overline{A}\,\overline{B})+P(\overline{A}\,\overline{C})-P(\overline{A}\,\overline{B}\,\overline{C})\\&=P(\overline{A})P(\overline{B})+P(\overline{A})P(\overline{C})-P(\overline{A})P(\overline{B})P(\overline{C})\\&=0.7\times0.8+0.7\times0.8-0.7\times0.8\times0.8\\&=0.672.\end{aligned}$$

所以电路发生断路的概率为 $P(\overline{D})=1-P(D)=1-0.672=0.328$.

31. B

【解析】设事件 $A_i=\{$取到 i 等品$\}$，$i=1$，2，3，根据题意，可知

$$P(A_1)=0.6,\ P(A_2)=0.3,\ P(A_3)=0.1.$$

因为 $A_1\subset\overline{A}_3$，故 $A_1\cap\overline{A}_3=A_1$，$P(A_1\overline{A}_3)=P(A_1)$.

由条件概率公式可得，$P(A_1\mid\overline{A}_3)=\dfrac{P(A_1\overline{A}_3)}{P(\overline{A}_3)}=\dfrac{P(A_1)}{1-P(A_3)}=\dfrac{0.6}{0.9}=\dfrac{2}{3}$.

32. A

【解析】设事件 $A_j=\{j$ 击中飞机$\}$，$j=$甲，乙，丙，则有 $P(A_{甲})=0.4$，$P(A_{乙})=0.5$，$P(A_{丙})=0.7$，且相互独立，他们的对立事件也相互独立；

设事件 $B_i=\{i$ 人击中飞机$\}$，$i=0$，1，2，3，且 B_1，B_2，B_3 互不相容，构成完备事件组，故

$$P(B_1)=P(A_{甲}\overline{A}_{乙}\overline{A}_{丙})+P(\overline{A}_{甲}A_{乙}\overline{A}_{丙})+P(\overline{A}_{甲}\overline{A}_{乙}A_{丙})=0.36,$$

$$P(B_2)=P(A_{甲}A_{乙}\overline{A}_{丙})+P(A_{甲}\overline{A}_{乙}A_{丙})+P(\overline{A}_{甲}A_{乙}A_{丙})=0.41,$$

$$P(B_3)=P(A_{甲}A_{乙}A_{丙})=0.14.$$

设事件 $C=\{$飞机被击落$\}$，根据题意，有 $P(C\mid B_1)=0.2$，$P(C\mid B_2)=0.6$，$P(C\mid B_3)=1$.

根据全概率公式可得，该飞机被击落的概率为

$$P(C)=P(B_1)P(C\mid B_1)+P(B_2)P(C\mid B_2)+P(B_3)P(C\mid B_3)=0.458.$$

33. B

【解析】设事件 A="甲摸到大奖"，B="乙摸到大奖"，则

$$P(A)=\frac{2}{10}=\frac{1}{5},\ P(\overline{A})=\frac{4}{5},\ P(B\mid A)=\frac{1}{9},\ P(B\mid \overline{A})=\frac{2}{9}.$$

由全概率公式，得 $P(B)=P(A)P(B\mid A)+P(\overline{A})P(B\mid \overline{A})=\frac{1}{5}\times\frac{1}{9}+\frac{4}{5}\times\frac{2}{9}=\frac{1}{5}$.

由贝叶斯公式，得 $P(A\mid B)=\frac{P(AB)}{P(B)}=\frac{P(A)P(B\mid A)}{P(B)}=\frac{1}{9}$.

34. C

【解析】设事件 B="产品合格"，A="机器调整到良好"，由贝叶斯公式知

$$P(A\mid B)=\frac{P(A)P(B\mid A)}{P(A)P(B\mid A)+P(\overline{A})P(B\mid \overline{A})},$$

由题设条件得 $P(A)=0.75$，$P(\overline{A})=0.25$，$P(B\mid A)=0.9$，$P(B\mid \overline{A})=0.3$，所以

$$P(A\mid B)=\frac{0.75\times 0.9}{0.75\times 0.9+0.25\times 0.3}=0.9.$$

35. C

【解析】设 B_a，B_b 表示发出信号"a"及"b"；A_a，A_b 表示接收站收到信号"a"及"b"，则有

$$P(B_a)=\frac{2}{3},\ P(B_b)=\frac{1}{3},$$

$$P(A_a\mid B_a)=0.98,\ P(A_b\mid B_a)=0.02,$$

$$P(A_a\mid B_b)=0.01,\ P(A_b\mid B_b)=0.99,$$

由贝叶斯公式，有

$$P(B_a\mid A_a)=\frac{P(B_a)P(A_a\mid B_a)}{P(B_a)P(A_a\mid B_a)+P(B_b)P(A_a\mid B_b)}=\frac{\frac{2}{3}\times 0.98}{\frac{2}{3}\times 0.98+\frac{1}{3}\times 0.01}=\frac{196}{197}.$$

第9章 随机变量及其分布

本章知识梳理

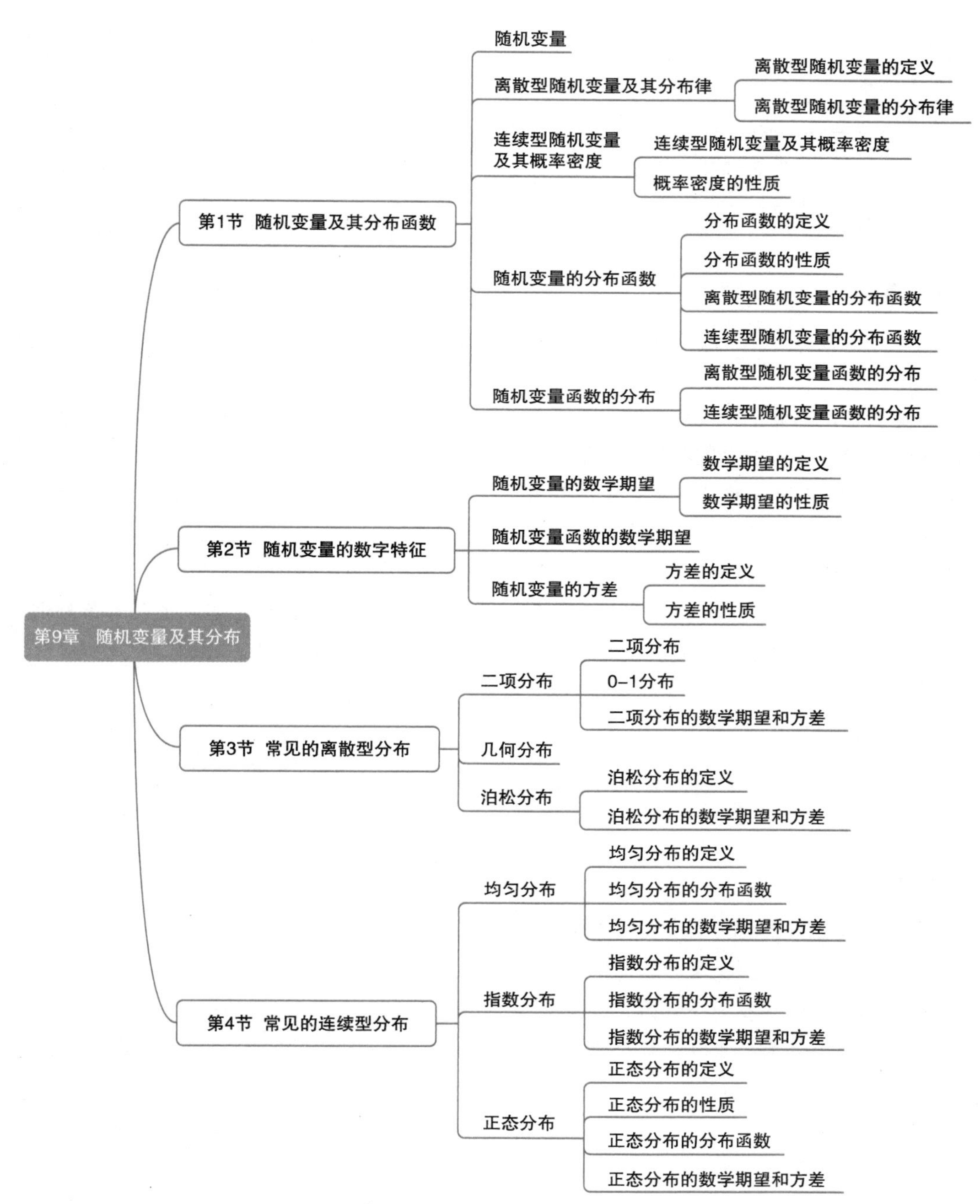

历年真题考点统计

考点	2011	2012	2013	2014	2015	2016	2017	2018	2019	2020	2021	合计
随机变量及其分布函数	7	5	7	7	5	5	9	7		2	4	58 分
随机变量的数字特征	7	2	2	4	4	7	5	5	7	2	4	49 分
常见的离散型分布	5	2	2	3		5					2	19 分
常见的连续型分布	2	2	5		5	2	2	2	2		4	26 分

说明：由于很多真题都是综合题，不是考查1个知识点而是考查2个甚至3个知识点，所以，此考点统计表并不能做到100%准确，但基本准确．

考情分析

根据统计表分析可知，随机变量及其分布的相关知识在这11年中考了152分，平均每年考查13.8分．

本章在概率论部分中所占比重较大，考查的重点为随机变量及其分布函数，包括离散型和连续型随机变量，重点考查离散型随机变量的分布律和连续型随机变量的概率密度函数，其中，利用对应分布函数求解相关概率是重点中的常考点；次重点是随机变量的数字特征．常见分布一般结合概率计算和数字特征出一些综合型考题．

由于题型发生变化，根据2021年真题我们可以看出，本章内容考查分数占比10/12，其中随机变量及其分布函数仍然是考查重点，常见分布结合数字特征出综合型考题，正态分布侧重考查标准化变换，总体来说本章是概率论非常重要的内容，考生要着重复习．

第1节　随机变量及其分布函数

考纲解析

1. 掌握离散型随机变量及其分布律．
2. 掌握连续型随机变量及其概率密度．
3. 掌握随机变量的分布函数．
4. 重点掌握随机变量函数的分布．

知识精讲

1 随机变量

定义 设随机试验的样本空间为$\Omega=\{w\}$，$X=X(w)$是定义在样本空间Ω上的实值函数，称$X=X(w)$为**随机变量**.

一般地，以大写字母如X，Y，Z，W，…表示随机变量，而以小写字母x，y，z，w，…表示其对应的取值.

2 离散型随机变量及其分布律

2.1 离散型随机变量

定义 若随机变量X的全部可能取值为有限个或可列个，则称这种随机变量为**离散型随机变量**.

要掌握一个离散型随机变量X的分布规律，必须且只需知道X的所有可能取值及取每一个可能值的概率.

2.2 离散型随机变量的分布律

定义 设离散型随机变量X的所有可能取值为$x_k(k=1, 2, \cdots, n)$，X取各个可能值的概率，即事件$\{X=x_k\}$的概率为

$$P\{X=x_k\}=p_k(k=1, 2, \cdots),$$

我们称$P\{X=x_k\}=p_k$，$k=1, 2, \cdots$为**离散型随机变量X的分布律**.

性质：①非负性：$p_k\geqslant 0$，$k=1, 2, \cdots$，②正则性：$\sum\limits_{k=1}^{\infty} p_k=1$.

离散型随机变量的分布律可以用列表的形式给出：

X	x_1	x_2	$\cdots$	x_k	$\cdots$
P	p_1	p_2	$\cdots$	p_k	$\cdots$

离散型随机变量的分布律也可以用矩阵的形式来表示：

$$\begin{pmatrix} x_1 & x_2 & \cdots & x_k & \cdots \\ p_1 & p_2 & \cdots & p_k & \cdots \end{pmatrix}$$

3 连续型随机变量及其概率密度

3.1 连续型随机变量及其概率密度

对于随机变量X，如果存在非负可积函数$f(x)(-\infty<x<+\infty)$，使得X于任意区间(a, b)取值的概率为$P\{a<X<b\}=\int_a^b f(x)\mathrm{d}x$，则称$X$为**连续型随机变量**，其中$f(x)$为连续型随机变量$X$的概率密度函数，简称**概率密度**.

3.2 概率密度的性质

(1)**非负性**：$f(x)\geqslant 0$，$-\infty<x<+\infty$；

(2)**正则性**：$\int_{-\infty}^{+\infty}f(x)\mathrm{d}x=P\{-\infty<X<+\infty\}=P(\Omega)=1$.

(3)对任意的实数 c，$P(X=c)=0$. 由此可知，不可能事件的概率为 0，但概率为 0 的事件不一定是不可能事件.

(4)对于任意实数 x_1，$x_2(x_1\leqslant x_2)$，有

$$P\{x_1\leqslant X\leqslant x_2\}=P\{x_1<X\leqslant x_2\}=P\{x_1\leqslant X<x_2\}=P\{x_1<X<x_2\}=\int_{x_1}^{x_2}f(x)\mathrm{d}x.$$

4 随机变量的分布函数

4.1 分布函数的定义

设 X 是一个随机变量，x 是任意实数，函数 $F(x)=P\{X\leqslant x\}$，$-\infty<x<+\infty$ 称为随机变量 X 的**分布函数**.

对任意实数 x_1，$x_2(x_1<x_2)$，有

$$P\{x_1<X\leqslant x_2\}=P\{X\leqslant x_2\}-P\{X\leqslant x_1\}=F(x_2)-F(x_1).$$

上式说明，若已知 X 的分布函数，我们就知道 X 落在区间$(x_1，x_2]$上的概率.

4.2 分布函数的性质

(1)$F(x)$是一个不减函数，对于任意实数 x_1，$x_2(x_1<x_2)$，有

$$F(x_2)-F(x_1)=P\{x_1<X\leqslant x_2\}\geqslant 0.$$

(2)$0\leqslant F(x)\leqslant 1$，且 $\lim\limits_{x\to+\infty}F(x)=1$，$\lim\limits_{x\to-\infty}F(x)=0$.

(3)$F(x+0)=F(x)$，即 $F(x)$是右连续的.

4.3 离散型随机变量的分布函数

设离散型随机变量 X 的分布律为 $P\{X=x_k\}=p_k$，$k=1，2，\cdots$，由概率的可列可加性得，离散型随机变量 X 的分布函数为

$$F(x)=P\{X\leqslant x\}=\sum_{x_k\leqslant x}P\{X=x_k\},$$

即 $F(x)=\sum\limits_{x_k\leqslant x}p_k$，当 X 的取值为 $x_1<x_2<\cdots<x_n$ 时，其分布函数可以写成分段函数形式

$$F(x)=\begin{cases}0, & x<x_1,\\ p_1, & x_1\leqslant x<x_2,\\ p_1+p_2, & x_2\leqslant x<x_3,\\ \vdots & \\ 1, & x\geqslant x_n.\end{cases}$$

分布函数 $F(x)$在 $x=x_k(k=1，2，\cdots)$处有跳跃间断点.

4.4 连续型随机变量的分布函数

设连续型随机变量 X 的概率密度函数为 $f(x)$，则连续型随机变量 X 的分布函数为

$$F(x)=P\{X\leqslant x\}=\int_{-\infty}^{x}f(t)\mathrm{d}t.$$

注 对于任意实数 x_1，$x_2(x_1<x_2)$，$P\{x_1<X\leqslant x_2\}=F(x_2)-F(x_1)=\int_{x_1}^{x_2}f(x)\mathrm{d}x$，若 $f(x)$ 在点 x 处连续，则有 $F'(x)=f(x)$.

5 随机变量函数的分布

设 $y=g(x)$是定义在直线上的一个函数，X 是一个随机变量，$Y=g(X)$作为 X 的函数，也是一个随机变量.

5.1 离散型随机变量函数的分布

当 X 是离散型随机变量时，根据 $Y=g(X)$，可判断 Y 也是离散型随机变量，已知 X 的分布律为

X	x_1	x_2	…	x_k	…
P	p_1	p_2	…	p_k	…

根据 X 的所有可能取值确定 Y 的所有可能取值，对应求出 Y 的分布律，为

Y	y_1	y_2	…	y_k	…
P	p_1	p_2	…	p_k	…

对应分布函数为 $F(y)=P\{Y\leqslant y\}=\sum\limits_{y_k\leqslant y}P\{Y=y_k\}$.

注 当 $g(x_1)$，$g(x_2)$，…，$g(x_n)$，…中有某些值相等时，则把这些相等的值合并，并把对应的概率相加即可.

5.2 连续型随机变量函数的分布

(1)连续型随机变量函数的分布函数

当 X 是连续型随机变量时，根据 $Y=g(X)$，可判断 Y 也是连续型随机变量，设 $Y=g(X)$存在反函数，则 Y 的分布函数为

$$F_Y(y)=P\{Y\leqslant y\}=P\{g(X)\leqslant y\}=P\{X\leqslant g^{-1}(y)\}=F_X[g^{-1}(y)].$$

(2)连续型随机变量函数的概率密度函数

对 $F_Y(y)$关于 y 求导，即可得 Y 的概率密度函数.

设随机变量 X 具有概率密度 $f_X(x)$，$-\infty<x<+\infty$，又设函数 $g(x)$处处可导且恒有 $g'(x)>0$(或恒有 $g'(x)<0$)，则 $Y=g(X)$的概率密度为

$$f_Y(y)=\begin{cases}f_X[g^{-1}(y)]\,|\,[g^{-1}(y)]'\,|, & \alpha<y<\beta,\\ 0, & \text{其他}.\end{cases}$$

其中 $\alpha=\min\{g(-\infty),\ g(+\infty)\}$，$\beta=\max\{g(-\infty),\ g(+\infty)\}$，$g^{-1}(x)$是 $g(x)$的反函数.

若 $f_X(x)$在有限区间$[a,\ b]$以外等于零，此时 $\alpha=\min\{g(a),\ g(b)\}$，$\beta=\max\{g(a),\ g(b)\}$.

题型精练

题型1 离散型随机变量的分布律

技巧总结

离散型随机变量分布律的考查方式如下:

(1)利用事件的概率求离散型随机变量的分布律;

(2)利用分布律的性质,所有概率之和等于1,求解未知参数;

(3)利用概率的可列可加性求离散型随机变量对应取值的概率.

例1 设某批电子元件的正品率为$\frac{4}{5}$,次品率为$\frac{1}{5}$,现对这批元件进行测试,只要测得一个正品就停止工作,则测试次数的分布律是( ).

A. $P\{X=k\}=\left(\frac{4}{5}\right)^{k-1}\left(\frac{1}{5}\right)$

B. $P\{X=k\}=\left(\frac{1}{5}\right)^{k-1}\left(\frac{4}{5}\right)$

C. $P\{X=k\}=\left(\frac{1}{5}\right)^{k-2}\left(\frac{4}{5}\right)$

D. $P\{X=k\}=\left(\frac{4}{5}\right)^{k-2}\left(\frac{1}{5}\right)$

E. $P\{X=k\}=\left(\frac{1}{5}\right)^{k}\left(\frac{4}{5}\right)$

【解析】设随机变量X是测试次数,则X的可能取值为1,2,3,….当$X=k$时,相当于"前$k-1$次测到的都是次品,而第k次测到的是正品",而由题干可知,取到正品的概率为$\frac{4}{5}$,取到次品的概率为$\frac{1}{5}$,所以第k次停止测试的概率是$\left(\frac{1}{5}\right)^{k-1}\left(\frac{4}{5}\right)$,即测试次数的分布律是

$$P\{X=k\}=\left(\frac{1}{5}\right)^{k-1}\left(\frac{4}{5}\right).$$

【答案】B

例2 设随机变量X的分布律为

X	-1	0	1
P	$a=\frac{1}{6}$	b	c

其中a,b,c由小到大成等差数列,则$P\{|X|=1\}=$( ).

A. $\frac{1}{2}$ B. $\frac{1}{3}$ C. $\frac{2}{3}$ D. $\frac{5}{6}$ E. $\frac{1}{6}$

【解析】由分布律中所有概率之和为1,可得$b+c=\frac{5}{6}$.

又因为a,b,c成等差数列,所以有$b-\frac{1}{6}=c-b$,结合上式,解得$b=\frac{1}{3}$,$c=\frac{1}{2}$.

当$|X|=1$时,对应$X=\pm1$,所以$P\{|X|=1\}=P\{X=1\}+P\{X=-1\}=c+a=\frac{2}{3}$.

【答案】C

例 3　设随机变量 X 的分布律为 $P\{X=i\}=a\cdot\left(\frac{2}{3}\right)^i$，$i=1,2,3$，则 $a=$(　　).

A. $\frac{1}{2}$　　B. $\frac{1}{3}$　　C. $\frac{27}{38}$　　D. $\frac{23}{38}$　　E. $\frac{29}{38}$

【解析】该随机变量 X 的取值是有限个，可知其为离散型随机变量．由随机变量分布律的性质可得 $P(\Omega)=P\{X=1\}+P\{X=2\}+P\{X=3\}=1$，即

$$\frac{2}{3}a+\left(\frac{2}{3}\right)^2a+\left(\frac{2}{3}\right)^3a=1,$$

解得 $a=\frac{27}{38}$.

【答案】C

题型 2　连续型随机变量的概率密度

技巧总结

连续型随机变量关于概率密度的考查方式如下:

(1)已知概率密度，求对应区间上概率密度函数的积分即为区间上的概率(求积分时注意结合定积分的计算方法，常用的积分公式为 $\int_0^{+\infty}e^{-t^2}dt=\frac{\sqrt{\pi}}{2}$).

(2) 利用概率密度的正则性 $\int_{-\infty}^{+\infty}f(x)dx=1$，求解未知参数．

(3)若已知分布函数，对分布函数求导，得概率密度．

例 4　设随机变量 X 的概率密度函数为

$$f(x)=\begin{cases}Cx, & 0\leqslant x<1,\\ 0, & \text{其他}.\end{cases}$$

则 $P\{0.3\leqslant X\leqslant 0.7\}=$(　　).

A. 0.2　　B. 0.3　　C. 0.4　　D. 0.5　　E. 0.6

【解析】根据 $f(x)$ 的正则性，有

$$1=\int_{-\infty}^{+\infty}f(x)dx=\int_0^1 Cx\,dx+0=C\cdot\frac{x^2}{2}\Big|_0^1=\frac{1}{2}C,$$

解得 $C=2$，故有

$$P\{0.3\leqslant X\leqslant 0.7\}=\int_{0.3}^{0.7}2x\,dx=x^2\Big|_{0.3}^{0.7}=0.4.$$

【答案】C

例 5　$f(x)=ce^{-x^2+x}$ 是随机变量 X 的密度函数，则 $c=$(　　).

A. $\frac{1}{\sqrt{\pi}}e^{-\frac{1}{2}}$　　B. $\frac{1}{\sqrt{\pi}}e^{-\frac{1}{3}}$　　C. $\frac{1}{\sqrt{\pi}}e^{-\frac{1}{4}}$

D. $\frac{1}{\sqrt{2\pi}}e^{-\frac{1}{2}}$　　E. $\frac{1}{\sqrt{2\pi}}e^{-\frac{1}{4}}$

【解析】由概率密度的正则性，可得

$$\int_{-\infty}^{+\infty} f(x)\mathrm{d}x=\int_{-\infty}^{+\infty} c\mathrm{e}^{-x^2+x}\mathrm{d}x=\int_{-\infty}^{+\infty} c\mathrm{e}^{-\left(x-\frac{1}{2}\right)^2+\frac{1}{4}}\mathrm{d}x=c\mathrm{e}^{\frac{1}{4}}\int_{-\infty}^{+\infty}\mathrm{e}^{-\left(x-\frac{1}{2}\right)^2}\mathrm{d}\left(x-\frac{1}{2}\right)$$

$$=2c\mathrm{e}^{\frac{1}{4}}\int_{0}^{+\infty}\mathrm{e}^{-t^2}\mathrm{d}t=2c\mathrm{e}^{\frac{1}{4}}\cdot\frac{\sqrt{\pi}}{2}=1.$$

故 $c=\frac{1}{\sqrt{\pi}}\mathrm{e}^{-\frac{1}{4}}$.

【答案】C

例6　设随机变量 X 的概率密度为 $f(x)=\begin{cases}ax+b, & 0<x<1,\\ 0, & \text{其他},\end{cases}$ 且 $P\left\{X>\frac{1}{2}\right\}=\frac{5}{8}$，则 a，b 的值为(　　).

A. $1，\frac{1}{2}$　　B. $\frac{1}{2}，1$　　C. $1，\frac{1}{4}$　　D. $\frac{1}{4}，1$　　E. $\frac{1}{4}，\frac{1}{2}$

【解析】由概率密度的正则性，得 $\int_0^1(ax+b)\mathrm{d}x=1$，即 $\frac{a}{2}+b=1$，又已知 $P\left\{X>\frac{1}{2}\right\}=\frac{5}{8}$，得 $\int_{\frac{1}{2}}^1(ax+b)\mathrm{d}x=\frac{5}{8}$，即 $\frac{3}{8}a+\frac{1}{2}b=\frac{5}{8}$，建立方程组 $\begin{cases}\frac{a}{2}+b=1,\\ \frac{3}{8}a+\frac{1}{2}b=\frac{5}{8},\end{cases}$ 解得 $a=1$，$b=\frac{1}{2}$.

【答案】A

题型3　随机变量的分布函数

技巧总结

随机变量分布函数的考查形式:

(1)已知分布函数求解概率，须要熟记重要公式 $P\{x_1<X<x_2\}=F(x_2)-F(x_1)$.

(2)利用分布函数的右连续性质：$\lim\limits_{x\to x_0^+}F(x)=F(x_0)$ 或者有界性：$F(-\infty)=\lim\limits_{x\to-\infty}F(x)=0$，$F(+\infty)=\lim\limits_{x\to+\infty}F(x)=1$，求解未知参数.

(3)已知离散型随机变量的分布律，通过求和的方法计算分布函数.

(4)已知连续型随机变量的概率密度，通过求积分的方法计算分布函数.

例7　设连续型随机变量 X 的分布函数为

$$F(x)=\begin{cases}0, & x<0,\\ Ax^2, & 0\leqslant x\leqslant 1,\\ 1, & x>1.\end{cases}$$

则 $P\left\{\frac{1}{3}<X<2\right\}=$(　　).

A. $\frac{1}{3}$　　B. $\frac{2}{3}$　　C. $\frac{5}{9}$　　D. $\frac{7}{9}$　　E. $\frac{8}{9}$

【解析】由于$F(x)$的右连续性，有$\lim\limits_{x\to 1^+}F(x)=F(1)$，即$1=A$，于是

$$F(x)=\begin{cases}0, & x<0,\\ x^2, & 0\leqslant x\leqslant 1,\\ 1, & x>1.\end{cases}$$

故$P\left\{\frac{1}{3}<X<2\right\}=F(2)-F\left(\frac{1}{3}\right)=1-\left(\frac{1}{3}\right)^2=\frac{8}{9}$.

【答案】E

例8 设连续型随机变量X的分布函数为

$$F(x)=\begin{cases}1+Be^{-x}, & x>0,\\ 0, & x\leqslant 0,\end{cases}$$

则$P\{-2<X<1\}=(\quad)$.

A. e^{-1}　　B. e^{-2}　　C. $1-e^{-1}$

D. $2-e^{-1}$　　E. $1-e^{-2}$

【解析】由于$F(x)$的右连续性，有$\lim\limits_{x\to 0^+}F(x)=F(0)$，得$1+B=0$，$B=-1$，所以

$$F(x)=\begin{cases}1-e^{-x}, & x>0,\\ 0, & x\leqslant 0.\end{cases}$$

故$P\{-2<X<1\}=F(1)-F(-2)=(1-e^{-1})-0=1-e^{-1}$.

【答案】C

例9 设连续型随机变量X的分布函数

$$F(x)=\begin{cases}A+Be^{-\frac{x^2}{2}}, & x>0,\\ 0, & x\leqslant 0,\end{cases}$$

则A和B的值分别为(　　).

A. 1，-1　　B. -1，1　　C. 2，-2　　D. -2，2　　E. 1，1

【解析】由$\lim\limits_{x\to+\infty}F(x)=1$，知$\lim\limits_{x\to+\infty}(A+Be^{-\frac{x^2}{2}})=A=1$，再由$F(x)$在$x=0$处右连续，知

$$F(0)=0=\lim_{x\to 0^+}F(x)=\lim_{x\to 0^+}(A+Be^{\frac{-x^2}{2}})=A+B.$$

故$B=-A=-1$.

【答案】A

例10 设随机变量X的分布律为

X	-1	2	3
P	$\frac{1}{4}$	$\frac{1}{2}$	$\frac{1}{4}$

则$P\{2\leqslant X\leqslant 3\}=(\quad)$.

A. $\frac{1}{4}$　　B. $\frac{1}{2}$　　C. $\frac{3}{4}$　　D. 0　　E. 1

【解析】方法一：利用离散型随机变量的分布律可求：$F(x)=\sum\limits_{x_k\leqslant x}p_k$，则 X 的分布函数为

$$F(x)=\begin{cases}0, & x<-1,\\ \dfrac{1}{4}, & -1\leqslant x<2,\\ \dfrac{3}{4}, & 2\leqslant x<3,\\ 1, & x\geqslant 3.\end{cases}$$

故 $P\{2\leqslant X\leqslant 3\}=F(3)-F(2)+P\{X=2\}=1-\dfrac{3}{4}+\dfrac{1}{2}=\dfrac{3}{4}$.

方法二：因为 X 为离散型随机变量，故 $P\{2\leqslant X\leqslant 3\}=P\{X=2\}+P\{X=3\}=\dfrac{1}{2}+\dfrac{1}{4}=\dfrac{3}{4}$.

【答案】C

例 11　设连续型随机变量 X 具有概率密度 $f(x)=\begin{cases}kx, & 0\leqslant x\leqslant 1,\\ 0, & 其他,\end{cases}$ 则确定常数 k 后，可求得 X 的分布函数 $F(x)$ 为(　　).

A. $F(x)=\begin{cases}0, & x<0,\\ x, & 0\leqslant x<1,\\ 1, & x\geqslant 1\end{cases}$

B. $F(x)=\begin{cases}0, & x<0,\\ x^2, & 0\leqslant x<1,\\ 1, & x\geqslant 1\end{cases}$

C. $F(x)=\begin{cases}0, & x<0,\\ 2x, & 0\leqslant x<1,\\ 1, & x\geqslant 1\end{cases}$

D. $F(x)=\begin{cases}0, & x<0,\\ x^2+1, & 0\leqslant x<1,\\ 1, & x\geqslant 1\end{cases}$

E. 以上选项均不正确

【解析】由连续型随机变量的正则性，得 $\int_0^1 kx\,\mathrm{d}x=1$，解得 $k=2$，于是 X 的概率密度为

$$f(x)=\begin{cases}2x, & 0\leqslant x\leqslant 1,\\ 0, & 其他.\end{cases}$$

X 的分布函数为 $F(x)=\begin{cases}0, & x<0,\\ \int_0^x 2t\,\mathrm{d}t, & 0\leqslant x<1,\\ 1, & x\geqslant 1,\end{cases}$ 即 $F(x)=\begin{cases}0, & x<0,\\ x^2, & 0\leqslant x<1,\\ 1, & x\geqslant 1.\end{cases}$

【答案】B

例 12　一个靶子是半径为 2 米的圆盘，设击中靶上任一同心圆盘上的点的概率与该圆盘的面积成正比，并设射击都能中靶，以 X 表示射中点与圆心的距离，则随机变量 X 的分布函数为(　　).

A. $F(x)=\begin{cases}0, & x<0,\\ \dfrac{x^2}{2}, & 0\leqslant x\leqslant 2,\\ 1, & x>2\end{cases}$

B. $F(x)=\begin{cases}0, & x<0,\\ \dfrac{x^2}{4}, & 0\leqslant x\leqslant 2,\\ 1, & x>2\end{cases}$

C. $F(x)=\begin{cases}0, & x<0,\\ x^2, & 0\leqslant x\leqslant 2,\\ 1, & x>2\end{cases}$　　D. $F(x)=\begin{cases}0, & x<0,\\ 2x, & 0\leqslant x\leqslant 2,\\ 1, & x>2\end{cases}$

E. 以上选项均不正确

【解析】若 $x<0$，则 $\{X\leqslant x\}$ 是不可能事件，于是 $F(x)=P\{X\leqslant x\}=0$.

若 $0\leqslant x\leqslant 2$，由题意，得 $P\{0\leqslant X\leqslant x\}=kx^2$，$k$ 是某一常数．已知 $P\{0\leqslant X\leqslant 2\}=1=2^2k$，故有 $k=\frac{1}{4}$，即 $P\{0\leqslant X\leqslant x\}=\frac{1}{4}x^2$．于是 $F(x)=P\{X\leqslant x\}=P\{X<0\}+P\{0\leqslant X\leqslant x\}=\frac{x^2}{4}$.

若 $x>2$，由题意 $\{X\leqslant x\}$ 是必然事件，于是 $F(x)=P\{X\leqslant x\}=1$.

综上所述，X 的分布函数为

$$F(x)=\begin{cases}0, & x<0,\\ \frac{x^2}{4}, & 0\leqslant x\leqslant 2,\\ 1, & x>2.\end{cases}$$

【答案】B

题型 4　随机变量函数的分布

技巧总结

随机变量函数的分布的求解方法如下：

(1)离散型随机变量函数的分布解题关键是通过 $Y=g(X)$ 确定 Y 的所有可能取值，再根据 X 的分布律确定 Y 的分布律．

(2)连续型随机变量函数的分布解题关键是在 $Y\leqslant y$ 中，即在 $g(X)\leqslant y$ 中解出 $X\leqslant g^{-1}(y)$，再将 $g^{-1}(y)$ 替换掉 x 代入 X 的分布函数 $F_X(x)$ 中，即得到 Y 的分布函数 $F_Y(y)=F_X[g^{-1}(y)]$.

例 13　设随机变量 X 的分布律如下：

X	-1	0	1	2
P	0.2	0.3	0.1	0.4

则 $Y=(X-1)^2$ 的分布律为(　　).

A. $\begin{pmatrix}Y & 0 & 1 & 4\\ P & 0.1 & 0.7 & 0.2\end{pmatrix}$　　B. $\begin{pmatrix}Y & 0 & 1 & 4\\ P & 0.3 & 0.4 & 0.2\end{pmatrix}$

C. $\begin{pmatrix}Y & 0 & 1 & 4\\ P & 0.2 & 0.6 & 0.2\end{pmatrix}$　　D. $\begin{pmatrix}Y & 0 & 1 & 4\\ P & 0.1 & 0.6 & 0.3\end{pmatrix}$

E. 以上选项均不正确

【解析】由 $Y=(X-1)^2$ 确定 Y 的所有可能取值为 0，1，4，由

$$P\{Y=0\}=P\{(X-1)^2=0\}=P\{X=1\}=0.1,$$
$$P\{Y=1\}=P\{(X-1)^2=1\}=P\{X=0\}+P\{X=2\}=0.7,$$
$$P\{Y=4\}=P\{(X-1)^2=4\}=P\{X=-1\}=0.2,$$

即得$Y=(X-1)^2$的分布律为

Y	0	1	4
P	0.1	0.7	0.2

【答案】A

例 14　设连续型随机变量X具有概率密度$f(x)=\begin{cases}\dfrac{x}{8}, & 0<x<4,\\ 0, & \text{其他},\end{cases}$则随机变量$Y=2X+8$的概率密度为(　　).

A. $f_Y(y)=\begin{cases}\dfrac{y-8}{16}, & 4<y<16,\\ 0, & \text{其他}\end{cases}$

B. $f_Y(y)=\begin{cases}\dfrac{y-8}{8}, & 8<y<16,\\ 0, & \text{其他}\end{cases}$

C. $f_Y(y)=\begin{cases}\dfrac{y-8}{32}, & 8<y<16,\\ 0, & \text{其他}\end{cases}$

D. $f_Y(y)=\begin{cases}\dfrac{y-8}{4}, & 4<y<16,\\ 0, & \text{其他}\end{cases}$

E. 以上选项均不正确

【解析】分别记X，Y的分布函数为$F_X(x)$，$F_Y(y)$，下面先求Y的分布函数$F_Y(y)$，有

$$F_Y(y)=P\{Y\leqslant y\}=P\{2X+8\leqslant y\}=P\left\{X\leqslant\frac{y-8}{2}\right\}=F_X\left(\frac{y-8}{2}\right),$$

将$F_Y(y)$关于y求导，可得$Y=2X+8$的概率密度，为

$$f_Y(y)=f_X\left(\frac{y-8}{2}\right)\left(\frac{y-8}{2}\right)'=\frac{1}{2}f_X\left(\frac{y-8}{2}\right)=\begin{cases}\dfrac{1}{8}\times\dfrac{y-8}{2}\times\dfrac{1}{2}, & 0<\dfrac{y-8}{2}<4,\\ 0, & \text{其他}\end{cases}$$

$$=\begin{cases}\dfrac{y-8}{32}, & 8<y<16,\\ 0, & \text{其他}.\end{cases}$$

【答案】C

例 15　设随机变量X的分布函数为$F(x)$，则随机变量$Y=2X+1$的分布函数$G(y)=$(　　).

A. $F\left(\frac{1}{2}y+1\right)$　　B. $2F(y)+1$　　C. $\frac{1}{2}F(y)-\frac{1}{2}$

D. $F\left(\frac{1}{2}y-\frac{1}{2}\right)$　　E. $F\left(\frac{1}{2}y\right)+1$

【解析】$G(y)=P\{Y\leqslant y\}=P\{2X+1\leqslant y\}=P\left\{X\leqslant\frac{y-1}{2}\right\}=F\left(\frac{y-1}{2}\right)=F\left(\frac{1}{2}y-\frac{1}{2}\right)$.

【答案】D

例 16　设连续型随机变量X具有概率密度$f(x)=\begin{cases}k(1-x^{-2}), & 1\leqslant x\leqslant 2,\\ 0, & \text{其他},\end{cases}$现对$X$进行5次独立重复观测，以$Y$表示观测值不大于1.5的次数，则$Y$的分布律$P\{Y=k\}(k=0,1,\cdots,5)$为

(　　).

A. $P\{Y=k\}=C_5^k\left(\frac{1}{2}\right)^k\left(\frac{1}{2}\right)^{5-k}$　　B. $P\{Y=k\}=C_5^k\left(\frac{1}{3}\right)^k\left(\frac{2}{3}\right)^{5-k}$

C. $P\{Y=k\}=C_5^k\left(\frac{2}{3}\right)^k\left(\frac{1}{3}\right)^{5-k}$　　D. $P\{Y=k\}=C_5^k\left(\frac{1}{4}\right)^k\left(\frac{3}{4}\right)^{5-k}$

E. 以上选项均不正确

【解析】由$\int_{-\infty}^{+\infty}f(x)\mathrm{d}x=1$，得$\int_1^2 k(1-x^{-2})\mathrm{d}x=1$，即 $k=2$，故

$$f(x)=\begin{cases}2(1-x^{-2}), & 1\leqslant x\leqslant 2,\\ 0, & 其他.\end{cases}$$

设事件 A 表示“观测值不大于 1.5”，即 $A=\{X\leqslant 1.5\}$，于是

$$P(A)=P\{X\leqslant 1.5\}=\int_1^{1.5}f(x)\mathrm{d}x=2\int_1^{1.5}(1-x^{-2})\mathrm{d}x=\frac{1}{3}.$$

对 X 进行 5 次独立重复观测，每次观测值不大于 1.5 的概率为$\frac{1}{3}$，Y 表示观测值不大于 1.5 的次数，即 Y 的分布律为

$$P\{Y=k\}=C_5^k\left(\frac{1}{3}\right)^k\left(1-\frac{1}{3}\right)^{5-k}=C_5^k\left(\frac{1}{3}\right)^k\left(\frac{2}{3}\right)^{5-k}(k=0, 1, \cdots, 5).$$

【答案】B

【点评】本题中 Y 服从二项分布 $Y\sim B\left(5, \frac{1}{3}\right)$，在后面的内容中我们会讲到.

第 2 节　随机变量的数字特征

考纲解析

1. 掌握随机变量的数学期望.
2. 重点掌握随机变量函数的数学期望.
3. 掌握随机变量的方差.

知识精讲

1　随机变量的数学期望

1.1　数学期望的定义

定义 1　设离散型随机变量 X 的分布律为 $P\{X=x_k\}=p_k$，$k=1, 2, \cdots$，若级数 $\sum_{k=1}^{\infty}x_k p_k$ 绝对收敛，则称级数 $\sum_{k=1}^{\infty}x_k p_k$ 的和为**离散型**随机变量 X 的**数学期望**，记为 $E(X)$，即

$$E(X)=\sum_{k=1}^{\infty}x_kp_k.$$

定义 2 设连续型随机变量 X 的概率密度函数为 $f(x)$，若积分 $\int_{-\infty}^{+\infty}xf(x)\mathrm{d}x$ 绝对收敛，则称积分 $\int_{-\infty}^{+\infty}xf(x)\mathrm{d}x$ 的值为**连续型**随机变量 X 的**数学期望**，记为 $E(X)$，即

$$E(X)=\int_{-\infty}^{+\infty}xf(x)\mathrm{d}x.$$

数学期望简称为期望，又称为均值.

1.2 数学期望的性质

(1)常量 C 的数学期望等于它本身，即 $E(C)=C$.

(2)常量 C 与随机变量 X 乘积的数学期望，等于常量 C 与这个随机变量的数学期望的积，即 $E(CX)=CE(X)$.

(3)随机变量和的数学期望，等于随机变量数学期望的和，即 $E(X+Y)=E(X)+E(Y)$.

推论 有限个随机变量和的数学期望，等于它们各自数学期望的和，即

$$E(\sum_{i=1}^{n}X_i)=\sum_{i=1}^{n}E(X_i).$$

(4)设随机变量 X 和 Y 相互独立，则它们乘积的数学期望等于它们数学期望的积，即

$$E(X\cdot Y)=E(X)\cdot E(Y).$$

推论 有限个相互独立的随机变量乘积的数学期望，等于它们各自数学期望的积，即

$$E(\prod_{i=1}^{n}X_i)=\prod_{i=1}^{n}E(X_i).$$

2 随机变量函数的数学期望

设 Y 是随机变量 X 的函数：$Y=g(X)$.

若 X 是离散型随机变量，它的分布律为 $P\{X=x_k\}=p_k$，$k=1,2,\cdots$，若 $\sum_{k=1}^{\infty}g(x_k)p_k$ 绝对收敛，则有 $E(Y)=E[g(X)]=\sum_{k=1}^{\infty}g(x_k)p_k$.

若 X 是连续型随机变量，它的概率密度函数为 $f(x)$，若积分 $\int_{-\infty}^{+\infty}g(x)f(x)\mathrm{d}x$ 绝对收敛，则有 $E(Y)=E[g(X)]=\int_{-\infty}^{+\infty}g(x)f(x)\mathrm{d}x$.

3 随机变量的方差

3.1 方差定义

设 X 是随机变量，若 $E\{[X-E(X)]^2\}$ 存在，则称它为 X 的**方差**，记为 $D(X)$ 或 $\mathrm{Var}(X)$，即 $D(X)=\mathrm{Var}(X)=E\{[X-E(X)]^2\}$，$\sqrt{D(X)}$ 记为 $\sigma(X)$，称为**标准差或均方差**.

方差实际是随机变量 X 的函数 $g(X)=[X-E(X)]^2$ 的数学期望.

对于离散型随机变量有 $D(X)=\sum_{k=1}^{\infty}[x_k-E(X)]^2 p_k$，其中 $P\{X=x_k\}=p_k$，$k=1,2,\cdots$ 是 X 的分布律．

对于连续型随机变量有 $D(X)=\int_{-\infty}^{+\infty}[x-E(X)]^2 f(x)\mathrm{d}x$，其中 $f(x)$ 是 X 的概率密度．

一般地，方差可通过期望进行计算：$D(X)=E(X^2)-[E(X)]^2$.

3.2 方差的性质

(1)常量 C 的方差等于零，即 $D(C)=0$.

(2)随机变量 X 与常量 C 的和的方差，等于这个随机变量的方差，即 $D(X+C)=D(X)$.

(3)常量 C 与随机变量 X 乘积的方差，等于这个常量的平方与随机变量的方差的积，即 $D(CX)=C^2D(X)$.

(4)设随机变量 X 与 Y 相互独立，则它们和的方差，等于它们方差的和，即 $D(X\pm Y)=D(X)+D(Y)$.

推论 有限个相互独立的随机变量和的方差，等于它们各自方差的和，即

$$D\left(\sum_{i=1}^{n}X_i\right)=\sum_{i=1}^{n}D(X_i).$$

(5)对于一般的随机变量 X 与 Y，则

$$D(X\pm Y)=D(X)+D(Y)\pm 2E[(X-E(X))(Y-E(Y))].$$

题型精练

题型5 计算随机变量数学期望与方差

技巧总结

(1)离散型随机变量的数学期望计算公式为 $E(X)=\sum_{k=1}^{\infty}x_k p_k$，注意有些题型需利用古典概型等方法，正确求出离散型随机变量的分布律后再计算．

(2)连续型随机变量的数学期望通过积分进行计算，公式为 $E(X)=\int_{-\infty}^{+\infty}xf(x)\mathrm{d}x$，具体积分上下限对应概率密度函数取非零值时的变量所属区间．

(3)方差一般通过公式 $D(X)=E(X^2)-[E(X)]^2$ 进行计算．

(4)结合数学期望和方差的性质及随机变量独立性等解题．

例17 已知甲、乙两箱中装有同种产品，其中甲箱中装有3件合格品和3件次品，乙箱中仅装有3件合格品．从甲箱中任取3件产品放入乙箱后，则乙箱中次品件数 X 的数学期望为(　　).

A. $\frac{1}{2}$　　B. 1　　C. $\frac{3}{2}$　　D. $\frac{4}{3}$　　E. $\frac{5}{2}$

【解析】方法一：X 的可能取值为0，1，2，3，X 的分布律为 $P\{X=k\}=\frac{C_3^k C_3^{3-k}}{C_6^3}$，$k=0,1,2,3$，即

X	0	1	2	3
P	$\frac{1}{20}$	$\frac{9}{20}$	$\frac{9}{20}$	$\frac{1}{20}$

因此$E(X)=\sum_{k=1}^{3}x_kp_k=0\times\frac{1}{20}+1\times\frac{9}{20}+2\times\frac{9}{20}+3\times\frac{1}{20}=\frac{3}{2}$.

方法二：设$X_i=\begin{cases}0，从甲箱中取出的第 i 件产品是合格品，\\1，从甲箱中取出的第 i 件产品是次品，\end{cases}$ $i=1，2，3$，则X_i的概率分布为

X_i	0	1
P	$\frac{1}{2}$	$\frac{1}{2}$

可求出X_i的数学期望为$E(X_i)=\frac{1}{2}(i=1，2，3)$，因为$X=X_1+X_2+X_3$，所以

$$E(X)=E(X_1+X_2+X_3)=E(X_1)+E(X_2)+E(X_3)=\frac{3}{2}.$$

【答案】C

【点评】考生应多学习研究方法二的思想，本题看似方法一更为简单，但当样本数量比较大，或者样本数量不确定时，方法二更为实用.

例 18　一袋中装有 6 只球，编号为 1，2，3，4，5，6，在袋中同时取 3 只，则 3 只球中的最大号码X的数学期望为(　　).

A. 5　　B. 5.25　　C. 5.5　　D. 5.75　　E. 6

【解析】X的取值为 3，4，5，6，$P\{X=k\}=\frac{C_{k-1}^2}{C_6^3}$，$k=3，4，5，6$. 因此，$X$的分布律为

X	3	4	5	6
P	$\frac{1}{20}$	$\frac{3}{20}$	$\frac{6}{20}$	$\frac{10}{20}$

故$E(X)=3\times\frac{1}{20}+4\times\frac{3}{20}+5\times\frac{6}{20}+6\times\frac{10}{20}=\frac{21}{4}=5.25$.

【答案】B

例 19　已知随机变量X的概率分布为$P\{X=1\}=0.2$，$P\{X=2\}=0.3$，$P\{X=3\}=0.5$，则X的数学期望和方差分别为(　　).

A. 2.3，0.61　　B. 0.61，0.61　　C. 2.3，5.9

D. 5.9，0.61　　E. 5.9，2.3

【解析】X的数学期望为$E(X)=\sum_{k=1}^{3}x_kp_k=1\times0.2+2\times0.3+3\times0.5=2.3$，又因为$E(X^2)=\sum_{k=1}^{3}x_k{}^2p_k=1\times0.2+4\times0.3+9\times0.5=5.9$. 可求出$X$的方差为

$$D(X)=E(X^2)-[E(X)]^2=5.9-5.29=0.61.$$

【答案】A

例 20 设连续型随机变量 X 具有概率密度 $f(x)=\begin{cases}k(1-x^{-2}), & 1\leqslant x\leqslant 2,\\ 0, & \text{其他}.\end{cases}$ 确定常数 k 后，可求 X 的期望和方差分别为(　　).

A. $3-2\ln2$，$\dfrac{8}{3}-(3-\ln2)^2$　　　B. $3-\ln2$，$\dfrac{8}{3}-(3-\ln2)^2$

C. $3-2\ln2$，$\dfrac{8}{3}-(3-2\ln2)^2$　　　D. $3-2\ln2$，$\dfrac{8}{3}-(3-\ln2)$

E. $3-2\ln2$，$\dfrac{8}{3}-(2-2\ln2)^2$

【解析】由 $\int_{-\infty}^{+\infty}f(x)\mathrm{d}x=1$，得 $\int_{1}^{2}k(1-x^{-2})\mathrm{d}x=1$，即 $k=2$.

X 的数学期望为 $E(X)=\int_{-\infty}^{+\infty}xf(x)\mathrm{d}x=\int_{1}^{2}2x\left(1-\dfrac{1}{x^2}\right)\mathrm{d}x=3-2\ln2$；

又因为 $E(X^2)=\int_{-\infty}^{+\infty}x^2f(x)\mathrm{d}x=\int_{1}^{2}2x^2\left(1-\dfrac{1}{x^2}\right)\mathrm{d}x=\dfrac{8}{3}$；

可求出 X 的方差为 $D(X)=E(X^2)-[E(X)]^2=\dfrac{8}{3}-(3-2\ln2)^2$.

【答案】C

例 21 设 X 的概率密度为 $f(x)=\begin{cases}1+x, & -1\leqslant x\leqslant 0,\\ 1-x, & 0<x<1,\\ 0, & \text{其他}.\end{cases}$ 则方差 $D(X)=$(　　).

A. $\dfrac{1}{2}$　　B. $\dfrac{1}{3}$　　C. $\dfrac{1}{4}$　　D. $\dfrac{1}{5}$　　E. $\dfrac{1}{6}$

【解析】根据连续型随机变量求期望的公式，有

$$E(X)=\int_{-\infty}^{+\infty}xf(x)\mathrm{d}x=\int_{-1}^{0}x(1+x)\mathrm{d}x+\int_{0}^{1}x(1-x)\mathrm{d}x=0.$$

同理，$E(X^2)=\int_{-\infty}^{+\infty}x^2f(x)\mathrm{d}x=\int_{-1}^{0}x^2(1+x)\mathrm{d}x+\int_{0}^{1}x^2(1-x)\mathrm{d}x=\dfrac{1}{6}$.

所以 $D(X)=E(X^2)-[E(X)]^2=\dfrac{1}{6}$.

【答案】E

例 22 设随机变量 X_1，X_2，X_3 相互独立，其中 $D(X_1)=\dfrac{6^2}{12}$，$D(X_2)=4$，$D(X_3)=3$，记 $Y=X_1-2X_2+3X_3$，则 $D(Y)=$(　　).

A. 40　　B. 23　　C. 46　　D. 41　　E. 37

【解析】$D(Y)=D(X_1)+(-2)^2D(X_2)+3^2D(X_3)=\dfrac{6^2}{12}+4\times4+9\times3=46$.

【答案】C

例 23 设两个相互独立的随机变量 X 和 Y 的方差分别为 4 和 2，则随机变量 $3X-2Y$ 的方差是(　　).

A. 8　　B. 16　　C. 28　　D. 44　　E. 60

【解析】因为 X 与 Y 是相互独立的，由方差的性质，有

$$D(3X-2Y)=3^2D(X)+(-2)^2D(Y)=9\times4+4\times2=44.$$

【答案】D

题型6 随机变量函数的数学期望

技巧总结

(1) 利用 $E(Y)=E[g(X)]=\sum_{k=1}^{\infty}g(x_k)p_k$ 求离散型随机变量函数的数学期望，需确定 Y 的所有可能取值，并依据 X 的分布律求出 Y 的分布律；

(2) 利用 $E(Y)=E[g(X)]=\int_{-\infty}^{+\infty}g(x)f(x)\mathrm{d}x$ 求连续型随机变量函数的数学期望，求解积分时需结合换元法等积分方法；

(3)利用随机变量独立性和期望的性质求随机变量函数的数学期望.

例 24 一汽车沿一街道行驶，需要通过三个均设有红绿信号灯的路口，每个信号灯为红或绿，与其他信号灯为红或绿相互独立，且红绿两种信号显示的时间相等，以 X 表示该汽车首次遇到红灯(或没遇到红灯)停止行驶时已通过的路口的个数，则 $E\left(\frac{1}{1+X}\right)=($ $)$.

A. $\frac{23}{96}$　　B. $\frac{29}{96}$　　C. $\frac{67}{96}$

D. $\frac{69}{96}$　　E. $\frac{89}{96}$

【解析】X 的可能值为 0，1，2，3. 以 A_i 表示事件“汽车在第 i 个路口首次遇到红灯”.

因为红绿两种信号显示的时间相等，则 $P(A_i)=P(\overline{A_i})=\frac{1}{2}$，$i=1,2,3$；又因为信号灯之间相互独立，则 A_1，A_2，A_3 相互独立，所以有

$P\{X=0\}=P(A_1)=\frac{1}{2}$；

$P\{X=1\}=P(\overline{A}_1\cdot A_2)=P(\overline{A}_1)\cdot P(A_2)=\frac{1}{4}$；

$P\{X=2\}=P(\overline{A}_1\cdot\overline{A}_2\cdot A_3)=P(\overline{A}_1)\cdot P(\overline{A}_2)\cdot P(A_3)=\frac{1}{8}$；

$P\{X=3\}=P(\overline{A}_1\cdot\overline{A}_2\cdot\overline{A}_3)=P(\overline{A}_1)\cdot P(\overline{A}_2)\cdot P(\overline{A}_3)=\frac{1}{8}$.

X 的分布律为

X	0	1	2	3
P	$\frac{1}{2}$	$\frac{1}{4}$	$\frac{1}{8}$	$\frac{1}{8}$

对应 X 的所有可能取值，可求 $\frac{1}{X+1}$ 的分布律为

$\frac{1}{X+1}$	1	$\frac{1}{2}$	$\frac{1}{3}$	$\frac{1}{4}$
P	$\frac{1}{2}$	$\frac{1}{4}$	$\frac{1}{8}$	$\frac{1}{8}$

则可求得 $E\left(\frac{1}{1+X}\right)=1\times\frac{1}{2}+\frac{1}{2}\times\frac{1}{4}+\frac{1}{3}\times\frac{1}{8}+\frac{1}{4}\times\frac{1}{8}=\frac{67}{96}$.

【答案】C

例 25 已知随机变量 Y 的概率密度为 $f(y)=\begin{cases}\frac{y}{a^2}e^{-\frac{y^2}{2a^2}}, & y>0,\\ 0, & y\leqslant 0,\end{cases}$ 则随机变量 $Z=\frac{1}{Y}$ 的数学期望 $E(Z)$ 为( ).

A. $\frac{\sqrt{2\pi}}{2a}$ B. $\frac{\sqrt{2\pi}}{a}$ C. $\frac{\sqrt{\pi}}{2a}$ D. $\frac{\sqrt{\pi}}{a}$ E. $\sqrt{2\pi}$

【解析】由连续型随机变量函数求期望的公式 $E(Y)=E[g(X)]=\int_{-\infty}^{+\infty}g(x)f(x)\mathrm{d}x$，可得

$$E(Z)=E\left(\frac{1}{Y}\right)=\int_{-\infty}^{+\infty}\frac{1}{y}f(y)\mathrm{d}y=\int_{0}^{+\infty}\frac{1}{a^2}e^{-\frac{y^2}{2a^2}}\mathrm{d}y$$

$$=\frac{1}{a^2}\int_{0}^{+\infty}e^{-\left(\frac{y}{\sqrt{2}a}\right)^2}\mathrm{d}y=\frac{1}{a^2}\int_{0}^{+\infty}\sqrt{2}a e^{-t^2}\mathrm{d}t=\frac{\sqrt{2\pi}}{2a}.$$

【答案】A

例 26 设随机变量 $X_{ij}(i,j=1,2,\cdots,n;n\geqslant 2)$ 独立同分布，$E(X_{ij})=2$，则行列式 $Y=\begin{vmatrix}X_{11} & X_{12} & \cdots & X_{1n}\\ X_{21} & X_{22} & \cdots & X_{2n}\\ \vdots & \vdots & & \vdots\\ X_{n1} & X_{n2} & \cdots & X_{nn}\end{vmatrix}$ 的数学期望 $E(Y)=$( ).

A. 0 B. 1 C. 2 D. 3 E. 4

【解析】由 $Y=\sum\limits_{j_1j_2\cdots j_n}(-1)^{\tau(j_1j_2\cdots j_n)}X_{1j_1}X_{2j_2}\cdots X_{nj_n}$，且随机变量 $X_{ij}(i,j=1,2,\cdots,n)$ 独立同分布，$E(X_{ij})=2$，有

$$E(Y)=E\left(\sum_{j_1j_2\cdots j_n}(-1)^{\tau(j_1j_2\cdots j_n)}X_{1j_1}X_{2j_2}\cdots X_{nj_n}\right)$$

$$=\sum_{j_1j_2\cdots j_n}(-1)^{\tau(j_1j_2\cdots j_n)}E(X_{1j_1})E(X_{2j_2})\cdots E(X_{nj_n})$$

$$=\begin{vmatrix}E(X_{11}) & E(X_{12}) & \cdots & E(X_{1n})\\ E(X_{21}) & E(X_{22}) & \cdots & E(X_{2n})\\ \vdots & \vdots & & \vdots\\ E(X_{n1}) & E(X_{n2}) & \cdots & E(X_{nn})\end{vmatrix}=\begin{vmatrix}2 & 2 & \cdots & 2\\ 2 & 2 & \cdots & 2\\ \vdots & \vdots & & \vdots\\ 2 & 2 & \cdots & 2\end{vmatrix}=0.$$

【答案】A

第3节 常见的离散型分布

考纲解析

1. 掌握二项分布(含0-1分布)及其数字特征.
2. 掌握几何分布及其数字特征.
3. 掌握泊松分布及其数字特征.
4. 利用常见离散型随机变量分布计算有关的概率.

知识精讲

1 二项分布

1.1 二项分布

在n重伯努利试验中，事件A恰好发生$k(0\leqslant k\leqslant n)$次的概率为$C_n^k p^k q^{n-k}$，$k=0,1,2,\cdots,n$，其中$p$为每次试验中$A$发生的概率，$q$为$A$不发生的概率.

用X表示n重伯努利试验中事件A发生的次数，所以随机变量X的分布为

$$P\{X=k\}=C_n^k p^k q^{n-k}(k=0,1,2,\cdots,n;\ 0<p<1,\ q=1-p),$$

则称X服从参数为n，p的**二项分布**，记为$X\sim B(n,p)$.

1.2 0-1分布

$n=1$时的二项分布$X\sim B(1,p)$称为**二点分布**，或称**0-1分布**，其分布列为$P\{X=k\}=p^k q^{1-k}(k=0,1)$，或者

X	0	1
P	$1-p$	p

凡是只有两个基本事件的随机试验都可以确定一个服从二点分布的随机变量.

1.3 二项分布的数学期望和方差

(1)0-1分布的数学期望和方差

由0-1分布的分布列，易知其期望为

$$E(X)=0\times(1-p)+1\times p=p.$$

由$E(X^2)=0^2\times(1-p)+1^2\times p=p$，求得0-1分布的方差为

$$D(X)=E(X^2)-[E(X)]^2=p-p^2=p(1-p).$$

(2)二项分布的数学期望和方差

0-1分布是二项分布的特例，可以将二项分布分解成n个相互独立且以p为参数的0-1分布之和. 设随机变量X_k，$k=1,2,\cdots,n$服从0-1分布，则$X=X_1+X_2+\cdots+X_n$，因X_k独立同分布，所以二项分布的数学期望和方差，分别为

$$E(X)=E(X_1)+E(X_2)+\cdots+E(X_n)=np,$$
$$D(X)=D(X_1)+D(X_2)+\cdots+D(X_n)=np(1-p)=npq.$$

2 几何分布

定义 一般地，在 n 重伯努利试验中，记每次试验中事件 A 发生的概率为 p，试验到第 k 次事件 A 才首次出现的概率为

$$p_k=pq^{k-1}(k=1，2，\cdots；0<p<1，q=1-p).$$

记随机变量 X 为事件 A 首次发生所做试验的次数，则 X 的分布律为

$$P\{X=k\}=pq^{k-1}\quad(k=1，2，\cdots，n，\cdots；0<p<1，q=1-p),$$

称 X 服从参数为 p 的**几何分布**，记为 $X\sim G(p)$.

注 几何分布的期望为 $E(X)=\dfrac{1}{p}$，方差为 $D(X)=\dfrac{1-p}{p^2}$.

3 泊松分布

3.1 泊松分布的定义

设随机变量 X 的分布为

$$P\{X=k\}=\frac{\lambda^k}{k!}e^{-\lambda}(k=0，1，2，\cdots，n，\cdots；\lambda>0),$$

则称 X 服从参数为 λ 的**泊松分布**，记为 $X\sim P(\lambda)$.

3.2 泊松分布的数学期望和方差

$$E(X)=\lambda，E(X^2)=\lambda^2+\lambda，D(X)=E(X^2)-[E(X)]^2=\lambda.$$

题型精练

题型7 二项分布

技巧总结

(1)利用公式 $C_n^k p^k(1-p)^{n-k}$ 进行二项分布概率计算，其中二点分布是二项分布的特例．当样本容量大或者不确定时，常把二项分布看作 n 个二点分布去计算．

(2)利用 $P\{X\geqslant t\}=1-P\{X<t\}$ 转化公式计算概率，同时可结合概率的性质、事件的独立性等解题．

(3)熟记二项分布的期望 $E(X)=np$ 和方差 $D(X)=np(1-p)$，灵活运用，可快速解题．

例 27 设随机变量 X 服从参数为(2，p)的二项分布，随机变量 Y 服从参数为(3，p)的二项分布，若 $P\{X\geqslant1\}=\dfrac{5}{9}$，则 $P\{Y\geqslant1\}=$(　　).

A. $\dfrac{1}{2}$　　B. $\dfrac{1}{4}$　　C. $\dfrac{3}{5}$　　D. $\dfrac{19}{27}$　　E. $\dfrac{13}{27}$

【解析】因为 $X\sim B(2，p)$，所以 X 可能的取值为 0，1，2，由题意可得

$$P\{X\geqslant1\}=1-P\{X<1\}=1-P\{X=0\}=1-C_2^0p^0(1-p)^2=1-(1-p)^2=\frac{5}{9},$$

解得 $1-p=\frac{2}{3}$，$p=\frac{1}{3}$.

由上可得，$Y\sim B\left(3,\ \frac{1}{3}\right)$的二项分布，$Y$可能的取值为0，1，2，3，由此可得

$$P\{Y\geqslant1\}=1-P\{Y<1\}=1-P\{Y=0\}=1-C_3^0p^0(1-p)^3=1-\left(\frac{2}{3}\right)^3=\frac{19}{27}.$$

【答案】D

例 28　设随机变量 $X\sim B(n,\ p)$，且 $E(X)=1.6$，$D(X)=1.28$，则 n，p 分别为(　　).

A. 6，0.1　　B. 8，0.2　　C. 10，0.3　　D. 12，0.4　　E. 16，0.5

【解析】因为随机变量 $X\sim B(n,\ p)$，所以 $E(X)=np=1.6$，$D(X)=np(1-p)=1.28$，联立解得 $n=8$，$p=0.2$.

【答案】B

题型 8　几何分布

技巧总结

几何分布的实际背景是重复独立试验下首次成功的概率，判断几何分布的关键就在于“首次”，它可作为描述“独立射击，首次击中时的射击次数”；“有放回地抽取产品，首次抽到次品时的抽取次数”等概率分布的数学模型.

例 29　甲、乙两名篮球队员轮流投篮直至某人投中为止，设甲每次投篮命中的概率为0.7，乙每次投篮命中的概率为0.6，每次投篮是独立事件. 设投篮的轮数为 X，若甲先投，则 $P\{X=k\}=$(　　).

A. $0.6^{k-1}\times0.7$　　B. $0.12^{k-1}\times0.88$　　C. $0.7^{k-1}\times0.6$

D. $0.58^{k-1}\times0.42$　　E. $0.81^{k-1}\times0.48$

【解析】已知甲每次投篮命中的概率为0.7，不中的概率为0.3；乙每次投篮命中的概率为0.6，不中的概率为0.4，两人的投篮结果相互独立，则在一轮投篮中两人均未中的概率为 $0.3\times0.4=0.12$，至少有一人中的概率为 $1-0.12=0.88$.

$P\{X=k\}$是指前 $k-1$ 轮两人均未投中，第 k 轮时至少有一人投中的概率，则 X 服从几何分布，$P\{X=k\}=0.12^{k-1}\times0.88$.

【答案】B

题型 9　泊松分布

技巧总结

题中出现泊松分布，则需要注意：

(1)利用泊松分布的分布律求概率，熟记泊松分布的期望 $E(X)=\lambda$ 和方差 $D(X)=\lambda$；

(2)泊松分布中参数 λ 未知，通过结合分布律的性质及已知条件求出参数 λ 的值，再求相应的概率.

例 30 设某地一天内发生火灾的次数 X 服从泊松分布 $X\sim P(0.8)$，那么该地一天内发生 1 次火灾的概率是(　　).

A. $0.2e^{-0.2}$　B. $0.4e^{-0.4}$　C. $0.6e^{-0.6}$　D. $0.8e^{-0.8}$　E. $0.9e^{-0.9}$

【解析】已知 X 的分布律为 $P\{X=k\}=\frac{\lambda^k}{k!}e^{-\lambda}$，$\lambda>0$，$k=0,1,2,\cdots$. 本题中，$\lambda=0.8$，故发生 1 次火灾的概率是 $P\{X=1\}=\frac{\lambda^1}{1!}e^{-\lambda}=\lambda e^{-\lambda}=0.8e^{-0.8}$.

【答案】D

例 31 随机变量 X 服从泊松分布，并且已知 $P\{X=1\}=P\{X=2\}$，则 $P\{X=4\}=$(　　).

A. $\frac{2}{3}e^{-2}$　B. $\frac{2}{3}e^{-1}$　C. $\frac{1}{3}e^{-2}$　D. $\frac{1}{3}e^{-1}$　E. $\frac{2}{3}e^{2}$

【解析】由随机变量 X 服从泊松分布，可知 X 的分布律为

$$P\{X=k\}=\frac{\lambda^k}{k!}e^{-\lambda},\ \lambda>0,\ k=0,1,2,\cdots.$$

由 $P\{X=1\}=P\{X=2\}$ 可得 $\lambda e^{-\lambda}=\frac{\lambda^2}{2}e^{-\lambda}$，即 $\lambda^2-2\lambda=0$，因为 $\lambda>0$，故解得 $\lambda=2$.

故 $P\{X=4\}=\frac{2^4}{4!}e^{-2}=\frac{2}{3}e^{-2}$.

【答案】A

例 32 设随机变量 X_1，X_2，X_3 相互独立，且都服从参数为 λ 的泊松分布．令 $Y=\frac{1}{3}(X_1+X_2+X_3)$，则 Y^2 的数学期望为(　　).

A. λ^2　B. $\frac{1}{3}\lambda$　C. $\lambda^2+\frac{1}{3}\lambda$　D. $\lambda^2-\frac{1}{3}\lambda$　E. $\lambda^2+2\lambda$

【解析】根据独立随机变量和的性质以及服从参数为 λ 的泊松分布的随机变量数学期望和方差均为 λ，知 $E(Y)=\frac{1}{3}[E(X_1)+E(X_2)+E(X_3)]=\lambda$，$D(Y)=\frac{1}{9}[D(X_1)+D(X_2)+D(X_3)]=\frac{1}{3}\lambda$. 利用求方差的公式 $D(Y)=E(Y^2)-[E(Y)]^2$，有 $E(Y^2)=[E(Y)]^2+D(Y)=\lambda^2+\frac{1}{3}\lambda$.

【答案】C

第 4 节　常见的连续型分布

考纲解析

1. 掌握均匀分布及其数字特征.
2. 掌握指数分布及其数字特征.
3. 掌握正态分布及其数字特征.
4. 利用常见连续型随机变量的分布计算有关的概率.

知识精讲

1 均匀分布

1.1 均匀分布的定义

设随机变量 X 的密度函数为

$$f(x)=\begin{cases}\dfrac{1}{b-a}, & a<x<b, \\ 0, & 其他,\end{cases}$$

则称 X 服从区间 (a, b) 上的**均匀分布**，记为 $X\sim U(a, b)$.

如果随机变量 $X\sim U(a, b)$，那么对于任意的 c，$d(a<c<d<b)$，则有

$$P\{c<X<d\}=\int_c^d f(x)\mathrm{d}x=\int_c^d \frac{1}{b-a}\mathrm{d}x=\frac{d-c}{b-a}.$$

上式表明，X 在 (a, b)（即有正概率密度区间）中，任一个小区间上取值的概率与该长度成正比，而与该小区间的位置无关.

1.2 均匀分布的分布函数

$$F(x)=\begin{cases}0, & x<a, \\ \dfrac{x-a}{b-a}, & a\leqslant x<b, \\ 1, & x\geqslant b.\end{cases}$$

1.3 均匀分布的数学期望和方差

若 $X\sim U(a, b)$，则

$$E(X)=\int_{-\infty}^{+\infty} xf(x)\mathrm{d}x=\int_a^b x\frac{1}{b-a}\mathrm{d}x=\frac{a+b}{2},$$

$$E(X^2)=\int_{-\infty}^{+\infty} x^2f(x)\mathrm{d}x=\int_a^b x^2\frac{1}{b-a}\mathrm{d}x=\frac{a^2+ab+b^2}{3},$$

$$D(X)=E(X^2)-[E(X)]^2=\frac{(b-a)^2}{12}.$$

2 指数分布

2.1 指数分布的定义

设随机变量 X 的密度函数为

$$f(x)=\begin{cases}\lambda \mathrm{e}^{-\lambda x}, & x\geqslant 0, \\ 0, & x<0,\end{cases} 其中 \lambda>0,$$

则称 X 服从参数为 λ 的**指数分布**，记为 $X\sim E(\lambda)$ 或 $Exp(\lambda)$.

2.2 指数分布的分布函数

$$F(x)=\begin{cases}1-\mathrm{e}^{-\lambda x}, & x\geqslant 0, \\ 0, & x<0,\end{cases} 其中 \lambda>0.$$

2.3 指数分布的数学期望和方差

若 $X \sim E(\lambda)$，则

$$E(X)=\int_{-\infty}^{+\infty} x f(x) \mathrm{d} x=\int_{0}^{+\infty} x \lambda \mathrm{e}^{-\lambda x} \mathrm{d} x=\frac{1}{\lambda}, \quad E(X^{2})=\frac{2}{\lambda^{2}},$$

$$D(X)=E(X^{2})-[E(X)]^{2}=\frac{1}{\lambda^{2}}.$$

3 正态分布

3.1 正态分布的定义

设随机变量 X 的密度函数为

$$f(x)=\frac{1}{\sqrt{2\pi}\sigma} \mathrm{e}^{-\frac{(x-\mu)^{2}}{2\sigma^{2}}} \quad (-\infty<x<+\infty),$$

其中 μ，σ 为常数且 $\sigma>0$，则称 X 服从参数为 μ，σ^2 的正态分布，记为 $X\sim N(\mu, \sigma^2)$. 若 X 近似服从正态分布，简记为 $X\sim N(\mu, \sigma^2)$.

特别地，称 $\mu=0$，$\sigma^2=1$ 的正态分布为**标准正态分布**，记为 $X\sim N(0, 1)$，其密度函数为

$$\varphi(x)=\frac{1}{\sqrt{2\pi}} \mathrm{e}^{-\frac{x^{2}}{2}}.$$

当 μ，σ 取不同值时，正态分布的密度函数的图像如图 9-1 所示：

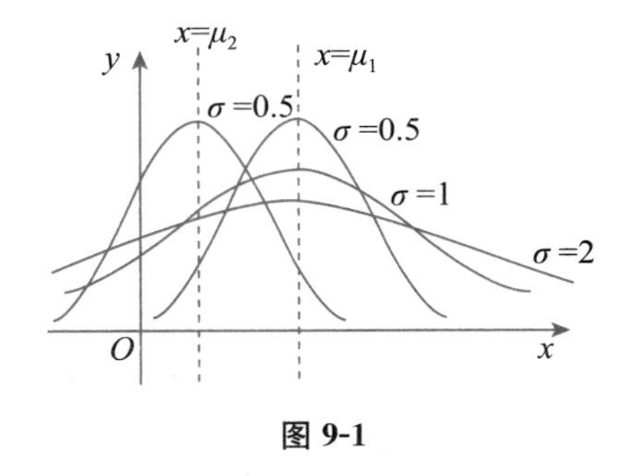

图 9-1

正态分布的图形有如下性质：

(1)曲线关于 $x=\mu$ 对称，这表明对于任意 $h>0$ 有 $P\{\mu-h<X\leqslant\mu\}=P\{\mu<X\leqslant\mu+h\}$.

(2)当 $x=\mu$ 时取得最大值 $f(\mu)=\frac{1}{\sqrt{2\pi}\sigma}$.

(3)固定 σ，改变 μ，则图形不改变形状，沿着 x 轴平移；固定 μ，改变 σ，图形位置不动，但随着 σ 减小，形状变得越尖. 故称 μ 为位置参数，σ 为尺度参数.

3.2 正态分布的性质

(1)如果 $X\sim N(\mu, \sigma^2)$，a 与 b 是实数，那么 $aX+b\sim N(a\mu+b, (a\sigma)^2)$.

(2)如果 $X\sim N(\mu_X, \sigma_X^2)$，$Y\sim N(\mu_Y, \sigma_Y^2)$，且随机变量 X，Y 相互独立，则有

$$U=X+Y\sim N(\mu_X+\mu_Y, \sigma_X^2+\sigma_Y^2); \quad V=X-Y\sim N(\mu_X-\mu_Y, \sigma_X^2+\sigma_Y^2).$$

3.3 正态分布的分布函数

一般正态分布的分布函数为

$$F(x)=\frac{1}{\sqrt{2\pi}\sigma}\int_{-\infty}^{x}\mathrm{e}^{-\frac{(t-\mu)^2}{2\sigma^2}}\mathrm{d}t,$$

当 $\mu=0$，$\sigma^2=1$ 时，标准正态分布的分布函数为

$$\Phi(x)=\frac{1}{\sqrt{2\pi}}\int_{-\infty}^{x}\mathrm{e}^{-\frac{t^2}{2}}\mathrm{d}t.$$

注 ① $\Phi(x)=P(X\leqslant x)$. ② $\Phi(-x)=P(X>x)=1-\Phi(x)$.

③ $P\{a<X<b\}=\Phi(b)-\Phi(a)$. ④ $P\{|X|<c\}=2\Phi(c)-1$.

⑤一般正态分布 $X\sim N(\mu,\sigma^2)$，可以通过线性变换 $Z=\frac{X-\mu}{\sigma}$，将 Z 化为标准正态分布.

3.4 正态分布的数学期望和方差

若 $X\sim N(\mu,\sigma^2)$，则

$$E(X)=\int_{-\infty}^{+\infty}xf(x)\mathrm{d}x=\mu,\ D(X)=\sigma^2.$$

因此 $X\sim N(\mu,\sigma^2)$，其中的参数分别为期望 μ 和方差 σ^2，例如 $X\sim N(4,6)$，即 X 服从期望为4、方差为6的正态分布．特别地，$X\sim N(0,1)$，即标准正态分布的期望和方差分别为 $E(X)=0$，$D(X)=1$.

题型精练

题型10 均匀分布

技巧总结

题干中出现均匀分布，要注意:

(1) $X\sim U(a,b)$，即 X 是连续型随机变量，可利用密度函数 $f(x)$ 的积分求解概率．但根据均匀分布的性质，在做选择题时，我们更常用 $\frac{\text{任一区间的长度}}{\text{整个区间的长度}}$ 来计算概率；

(2)结合二项分布出综合题，利用均匀分布求二项分布中参数 p 的值；

(3)利用均匀分布计算随机变量函数的数学期望．

例33 设电阻值 R 是一个随机变量，R 均匀分布在 900Ω～1 100Ω，则 R 落在 950Ω～1 050Ω 的概率为(　　).

A. 0.2　　B. 0.3　　C. 0.5　　D. 0.4　　E. 0.6

【解析】 因为 R 均匀分布在 900Ω～1 100Ω，所以 R 服从均匀分布，则 R 的概率密度函数为

$$f(r)=\begin{cases}\frac{1}{200}, & 900<r<1\,100,\\ 0, & \text{其他}.\end{cases}$$

26. 设随机变量 X 服从参数为 λ 的泊松分布，且已知 $E[(X-1)(X-2)]=1$，则 $\lambda=$(　　).

A. 1　　B. 2　　C. 3　　D. 4　　E. 5

27. 设随机变量 Y 服从(0，5)上的均匀分布，则关于 x 的二次方程 $4x^2+4xY+Y+2=0$ 有实数根的概率为(　　).

A. 0.2　　B. 0.4　　C. 0.5　　D. 0.6　　E. 0.8

28. 某公共汽车从上午7：00起每隔15分钟有一趟班车经过某车站，即7：00，7：15，…时刻有班车到达此车站，如果某乘客是在7：00至7：30等可能地到达此车站候车，则他等候不超过五分钟便乘上汽车的概率为(　　).

A. $\frac{1}{2}$　　B. $\frac{1}{3}$　　C. $\frac{1}{4}$　　D. $\frac{1}{5}$　　E. $\frac{1}{6}$

29. 假设某元件使用寿命 X(单位：小时)服从参数为 $\lambda=0.002$ 的指数分布，则该元件能正常使用600小时以上的概率是(　　).

A. $e^{-0.6}$　　B. $e^{-1.2}$　　C. $e^{-1.8}$　　D. $e^{-2.4}$　　E. $e^{-3.6}$

30. 设顾客在某银行的窗口等待服务的时间 X(以分计)服从指数分布，其概率密度为

$$f_X(x)=\begin{cases}\frac{1}{5}e^{-\frac{x}{5}}, & x>0,\\ 0, & x\leqslant 0.\end{cases}$$

某顾客在窗口等待服务，若超过10分钟，他就离开，他一个月要到银行5次，以 Y 表示一个月内他未等到服务而离开窗口的次数，则 $P\{Y\geqslant 1\}=$(　　).

A. $1-(1-e^{-1})^5$　B. $1-(1-e^{-2})^5$　C. $(1-e^{-2})^5$　D. $1-(1-e^{-2})$　E. $1-e^{-1}$

31. 某地区18岁女青年的血压(收缩压以mmHg为单位)服从 $N(110, 12^2)$. 在该地区任选一18岁女青年测量她的血压 X，则 $P\{X\leqslant 105\}=$(　　).

A. $\Phi\left(\frac{5}{12}\right)$　　B. $2-\Phi\left(\frac{5}{12}\right)$　　C. $1-\Phi\left(\frac{5}{12}\right)$　　D. $1+\Phi\left(\frac{5}{12}\right)$　　E. $\Phi\left(\frac{5}{12}\right)-1$

32. 设 $X\sim N(2, \sigma^2)$，且 $P\{2<X<4\}=0.3$，则 $P\{X<0\}=$(　　).

A. 0.1　　B. 0.2　　C. 0.3　　D. 0.4　　E. 0.5

33. 已知连续型随机变量 X 的概率密度函数为 $f(x)=\frac{1}{\sqrt{\pi}}e^{-x^2+2x-1}$，则 X 的数学期望和方差分别为(　　).

A. 1，2　　B. 1，$\frac{1}{2}$　　C. 2，1　　D. 2，$\frac{1}{2}$　　E. 1，1

34. 设两个相互独立的随机变量 X 和 Y 分别服从正态分布 $N\sim(0, 1)$ 和 $N\sim(1, 1)$，则下列正确的是(　　).

A. $P\{X+Y\leqslant 0\}=\frac{1}{2}$　　B. $P\{X+Y\leqslant 1\}=\frac{1}{2}$　　C. $P\{X-Y\leqslant 0\}=\frac{1}{2}$

D. $P\{X-Y\leqslant 1\}=\frac{1}{2}$　　E. $P\{X+Y\leqslant 1\}=1$

35. 设电压(以V为单位) $X\sim N(0, 9)$. 将电压施加于检波器，其输出电压为 $Y=5X^2$，则输出电压 Y 的均值为(　　).

A. 35V　　B. 40V　　C. 45V　　D. 50V　　E. 55V

故 R 落在 $950\Omega \sim 1\,050\Omega$ 的概率为 $\dfrac{1\,050-950}{1\,100-900}=0.5$.

【答案】C

例 34 设随机变量 X 在(1，6)上服从均匀分布，则方程 $t^2+Xt+1=0$ 有实根的概率为(　　).

A. 0.2　　B. 0.4　　C. 0.5　　D. 0.8　　E. 0.9

【解析】因为 X 在(1，6)上服从均匀分布，故 X 的密度函数为

$$f(x)=\begin{cases}\dfrac{1}{5}, & x\in(1,6),\\ 0, & \text{其他}.\end{cases}$$

方程 $t^2+Xt+1=0$ 有实根的条件是 $\Delta=X^2-4\geqslant 0$，解得 $X\leqslant -2$(舍去)或 $X\geqslant 2$，结合 X 的定义域可知，$2\leqslant X<6$. 随机变量 X 在此区间的概率为 $\dfrac{6-2}{6-1}=0.8$.

所以方程有实根的概率为 0.8.

【答案】D

例 35 设随机变量 X 在(2，5)上服从均匀分布，现对 X 进行 3 次独立观测，则至少有 2 次的观测值大于 3 的概率为(　　).

A. $\dfrac{9}{27}$　　B. $\dfrac{13}{27}$　　C. $\dfrac{17}{27}$　　D. $\dfrac{20}{27}$　　E. $\dfrac{23}{27}$

【解析】因为随机变量 X 服从均匀分布，故其密度函数为

$$f(x)=\begin{cases}\dfrac{1}{3}, & x\in(2,5),\\ 0, & \text{其他}.\end{cases}$$

因为 X 在(2，5)的任一个小区间上取值的概率与该长度成正比，易得 $P\{X>3\}=\dfrac{2}{3}$.

设随机变量 Y 为对 X 进行 3 次独立观测，观测值大于 3 的次数，则 $Y\sim B\left(3,\dfrac{2}{3}\right)$，由二项分布的分布律可知

$$P\{Y\geqslant 2\}=C_3^2\left(\frac{2}{3}\right)^2\frac{1}{3}+C_3^3\left(\frac{2}{3}\right)^3=\frac{20}{27}.$$

【答案】D

例 36 对球的直径作近似测量，设其值均匀分布于区间(a，b)内，则球体积的期望值为(　　).

A. $\dfrac{\pi}{3}(b+a)(b^2+a^2)$　　B. $\dfrac{\pi}{6}(b+a)(b^2+a^2)$

C. $\dfrac{\pi}{12}(b+a)(b^2+a^2)$　　D. $\dfrac{\pi}{24}(b+a)(b^2+a^2)$

E. $\dfrac{\pi}{36}(b+a)(b^2+a^2)$

【解析】设球的直径为 X，且 X 在(a，b)内均匀分布，故其密度函数为

$$f(x)=\begin{cases}\dfrac{1}{b-a}, & a<x<b,\\ 0, & \text{其他}.\end{cases}$$

又设球的体积为 Y，利用球的直径 X，可求出 $Y=\dfrac{1}{6}\pi X^3$，故

$$E(Y)=\int_a^b \frac{1}{b-a}\cdot\frac{1}{6}\pi x^3\,\mathrm{d}x=\frac{\pi(b^4-a^4)}{24(b-a)}=\frac{\pi}{24}(b+a)(b^2+a^2).$$

【答案】D

例 37　游客乘电梯从底层到电视塔顶层观光，电梯于每个整点的第 5 分钟、第 25 分钟和第 55 分钟从底层起行，假设一游客在早八点的第 X 分钟到达底层候梯处，且 X 在(0，60)上服从均匀分布，则游客等候时间的数学期望为(　　)(结果保留两位小数).

A. 12.50　　B. 11.67　　C. 37.50　　D. 12.67　　E. 11.50

【解析】因为 X 在(0，60)上服从均匀分布，所以 X 的概率密度为 $f(x)=\begin{cases}\dfrac{1}{60}, & 0<x<60,\\ 0, & \text{其他}.\end{cases}$

设 Y 为游客等候电梯的时间(单位：分)，则

$$Y=g(X)=\begin{cases}5-X, & 0<X\leqslant 5,\\ 25-X, & 5<X\leqslant 25,\\ 55-X, & 25<X\leqslant 55,\\ 60-X+5, & 55<X<60.\end{cases}$$

因此游客等候时间的数学期望为

$$\begin{aligned}E(Y)&=E[g(X)]=\int_{-\infty}^{+\infty}g(x)f(x)\,\mathrm{d}x=\frac{1}{60}\int_0^{60}g(x)\,\mathrm{d}x\\&=\frac{1}{60}\left[\int_0^5(5-x)\,\mathrm{d}x+\int_5^{25}(25-x)\,\mathrm{d}x+\int_{25}^{55}(55-x)\,\mathrm{d}x+\int_{55}^{60}(60-x+5)\,\mathrm{d}x\right]\\&=\frac{1}{60}(12.5+200+450+37.5)\approx 11.67.\end{aligned}$$

【答案】B

题型11　指数分布

技巧总结

题干中出现指数分布，从以下方面入手解题：

(1)利用指数分布的密度函数或分布函数求解概率．

(2)利用密度函数的性质求指数分布中参数 λ 的值．

例 38　设 $X\sim Exp(\lambda)$，则 $P\left\{X>\dfrac{1}{\lambda}\right\}=$(　　).

A. $\dfrac{1}{e}$　　B. $\dfrac{2}{e}$　　C. $\dfrac{3}{e}$　　D. $\dfrac{1}{2e}$　　E. $\dfrac{1}{3e}$

【解析】指数函数的分布函数为

$$F(x)=\begin{cases}1-\mathrm{e}^{-\lambda x}, & x\geqslant 0,\\ 0, & x<0,\end{cases}$$

故有 $P\left\{X>\frac{1}{\lambda}\right\}=1-P\left\{X\leqslant\frac{1}{\lambda}\right\}=1-F\left(\frac{1}{\lambda}\right)=1-[1-\mathrm{e}^{-\lambda\frac{1}{\lambda}}]=\frac{1}{\mathrm{e}}$.

【答案】A

例 39　设 X 服从参数为 $\lambda=\frac{1}{4}$ 的指数分布，则 $P\{2<X<4\}=($　　$)$.

A. $\frac{1}{4}\int_2^4 \mathrm{e}^{\frac{x}{4}}\mathrm{d}x$　　B. $\frac{1}{4}\left(\frac{1}{\sqrt{\mathrm{e}}}-\frac{1}{\mathrm{e}}\right)$　　C. $\frac{1}{\sqrt{\mathrm{e}}}-\frac{1}{\mathrm{e}}$

D. $\int_2^4 \mathrm{e}^{-\frac{x}{4}}\mathrm{d}x$　　E. $\frac{1}{2}\left(\frac{1}{\sqrt{\mathrm{e}}}-\frac{1}{\mathrm{e}}\right)$

【解析】因 X 服从参数 $\lambda=\frac{1}{4}$ 的指数分布，所以其密度函数 $f(x)=\begin{cases}\frac{1}{4}\mathrm{e}^{-\frac{x}{4}}, & x\geqslant 0,\\ 0, & x<0,\end{cases}$ 故有

$$P\{2<X<4\}=\int_2^4 f(x)\mathrm{d}x=\frac{1}{4}\int_2^4 \mathrm{e}^{-\frac{x}{4}}\mathrm{d}x=-\mathrm{e}^{-\frac{x}{4}}\Big|_2^4=\frac{1}{\sqrt{\mathrm{e}}}-\frac{1}{\mathrm{e}}.$$

【答案】C

题型12　正态分布

技巧总结

出现正态分布，可从以下方面入手解题：

(1)利用正态分布密度函数关于 $x=\mu$ 对称的性质求概率，即对于任意的 $h>0$，有 $P\{\mu-h<X<\mu\}=P\{\mu<X<\mu+h\}$，$P\{\mu-2h<X<\mu-h\}=P\{\mu+h<X<\mu+2h\}$.

(2)利用正态分布的性质求随机变量线性函数的均值与方差.

(3)利用 $\frac{X-\mu}{\sigma}\sim N(0,1)$ 转化为标准正态分布进行相关概率计算.

(4)利用标准正态分布的结论 $\Phi(-x)=1-\Phi(x)$，$P\{|X|<c\}=2\Phi(c)-1$.

例 40　若随机变量 X 服从均值为 2、方差为 σ^2 的正态分布，$P\{2<X<4\}=0.3$，则 $P\{X<0\}=$ (　　).

A. $\frac{1}{2}$　　B. $\frac{1}{3}$　　C. $\frac{1}{4}$　　D. $\frac{1}{5}$　　E. $\frac{1}{6}$

【解析】由于 X 的密度函数关于 $X=2$ 对称，故

$$P\{X<2\}=P\{X>2\}=0.5,\ P\{0<X<2\}=P\{2<X<4\}=0.3,$$

从而 $P\{X<0\}=P\{X<2\}-P\{0\leqslant X<2\}=P\{X<2\}-P\{0<X<2\}=0.5-0.3=\frac{1}{5}$.

【答案】D

例 41 设随机变量 X 服从正态分布 $N(\mu, \sigma^2)(\sigma>0)$，且二次方程 $y^2+4y+X=0$ 无实根的概率为 $\frac{1}{2}$，则 $\mu=$(　　).

A. 1　　B. 2　　C. 3　　D. 4　　E. 5

【解析】二次方程 $y^2+4y+X=0$ 无实根的充要条件是 $\Delta=16-4X<0 \Rightarrow X>4$，故无实根的概率可表示为 $P\{X>4\}=\frac{1}{2}$.

由于正态分布密度函数曲线是关于直线 $x=\mu$ 对称的，根据密度函数图像的性质，有 $P\{X>\mu\}=\frac{1}{2}$，故 $\mu=4$.

【答案】D

例 42 已知随机变量 $X\sim N(-3, 1)$，$Y\sim N(2, 1)$，且 X，Y 相互独立，设随机变量 $Z=X-2Y+7$，则 Z 服从的分布为(　　).

A. $Z\sim N(0, 1)$　　B. $Z\sim N(0, 2)$　　C. $Z\sim N(0, 5)$

D. $Z\sim N(0, 7)$　　E. $Z\sim N(0, 9)$

【解析】Z 为服从正态分布的随机变量的线性组合，故仍然服从正态分布，且

$$E(Z)=E(X)-2E(Y)+7=-3-2\cdot 2+7=0,$$

$$D(Z)=D(X)+2^2D(Y)=1+4\cdot 1=5.$$

故 $Z\sim N(0, 5)$.

【答案】C

例 43 设随机变量 X 服从正态分布 $N(\mu, \sigma^2)$，则随 σ 的增大，概率 $P\{|X-\mu|<\sigma\}$ 会(　　).

A. 单调增加　　B. 单调减小　　C. 保持不变

D. 先增加后减小　　E. 先减小后增加

【解析】将此正态分布转化为标准正态分布，可得 $\frac{X-\mu}{\sigma}\sim N(0, 1)$，故有

$$P\{|X-\mu|<\sigma\}=P\left\{\left|\frac{X-\mu}{\sigma}\right|<1\right\}=\Phi(1)-\Phi(-1)=2\Phi(1)-1.$$

其中 Φ 表示标准正态分布 $N(0, 1)$ 的分布函数，$2\Phi(1)-1$ 为定值，所以概率 $P\{|X-\mu|<\sigma\}$ 保持不变.

【答案】C

例 44 测量某零件长度，其误差值 $X\sim N(3, 4)$，则误差的绝对值不超过 3 的概率是(　　).

A. $1-\Phi(0)+\Phi(3)$　　B. $\Phi(0)-\Phi(3)-1$　　C. $\Phi(3)-\Phi(0)-1$

D. $1-\Phi(0)-\Phi(3)$　　E. $\Phi(0)+\Phi(3)-1$

【解析】误差的绝对值不超过 3 的概率为

$$P\{|x|\leqslant 3\}=P\{-3\leqslant x\leqslant 3\}=P\left\{\frac{-3-3}{2}\leqslant\frac{x-3}{2}\leqslant\frac{3-3}{2}\right\}=\Phi\left(\frac{3-3}{2}\right)-\Phi\left(\frac{-3-3}{2}\right)$$

$$=\Phi(0)-\Phi(-3)=\Phi(0)+\Phi(3)-1.$$

【答案】E

本章通关测试

1. 当$C=$(　　)时，$P\{X=k\}=C\cdot\left(\frac{2}{3}\right)^{k}$$(k=1,2,3,\cdots)$才能成为随机变量$X$的分布律．

A. $\frac{1}{2}$　　B. $\frac{1}{3}$　　C. $\frac{1}{4}$　　D. $\frac{1}{5}$　　E. $\frac{1}{6}$

2. 设随机变量X的概率密度为$f(x)=\begin{cases}A\cos x, & |x|\leqslant\frac{\pi}{2},\\ 0, & |x|>\frac{\pi}{2},\end{cases}$则$X$落在$\left(0,\frac{\pi}{4}\right)$内的概率为(　　)．

A. $\frac{1}{4}$　　B. $\frac{\sqrt{2}}{4}$　　C. $\frac{1}{2}$　　D. $\frac{\sqrt{2}}{2}$　　E. $\frac{\pi}{4}$

3. 设排球队A与B进行比赛，若有一队胜3场，则比赛结束．假定A在每场比赛中获胜的概率$p=\frac{1}{2}$，则比赛场数X的数学期望为(　　)．

A. $\frac{21}{8}$　　B. $\frac{15}{8}$　　C. $\frac{27}{8}$　　D. $\frac{33}{8}$　　E. $\frac{18}{8}$

4. 将n只球$(1\sim n$号$)$随机地放进n个盒子$(1\sim n$号$)$中去，一个盒子只装一只球，若一只球装入与球同号的盒子中，称为一个配对．记X为总的配对数，则$E(X)=$(　　)．

A. 0.5　　B. 1　　C. 1.5　　D. 2　　E. 3

5. 连续型随机变量X的概率密度函数为$f(x)=\begin{cases}\frac{A}{\sqrt{1-x^{2}}}, & |x|<1,\\ 0, & \text{其他},\end{cases}$则$X$落在区间$\left(-\frac{1}{2},\frac{1}{2}\right)$内的概率为(　　)．

A. $\frac{1}{2}$　　B. $\frac{1}{3}$　　C. $\frac{1}{4}$　　D. $\frac{1}{5}$　　E. $\frac{1}{6}$

6. 某种型号的电子管其寿命(以小时计)为一随机变量，概率密度函数是

$$\varphi(x)=\begin{cases}\frac{100}{x^{2}}, & x\geqslant 100,\\ 0, & \text{其他}.\end{cases}$$

某一无线电器材配有三个这种电子管，则使用150小时内不需要更换的概率为(　　)．

A. $\frac{1}{3}$　　B. $\frac{2}{3}$　　C. $\frac{4}{9}$　　D. $\frac{4}{27}$　　E. $\frac{8}{27}$

7. 设随机变量X具有对称的概率密度，即$f(-x)=f(x)$，则对任意$a>0$，$P\{|X|>a\}$是(　　)．

A. $1-2F(a)$　　B. $2F(a)-1$　　C. $2-F(a)$　　D. $2[1-F(a)]$　　E. $2[1-2F(a)]$

8. 一个盒子内有5个小球，2个白的和3个黑的，如果从中任取2个，那么取到黑球的分布函数是(　　).

A. $F(x)=\begin{cases}0.1, & x<0,\\ 0.6, & 0\leqslant x<1,\\ 0.3, & 1\leqslant x<2,\\ 1, & x\geqslant 2\end{cases}$　　B. $F(x)=\begin{cases}0, & x<0,\\ 0.1, & 0\leqslant x<1,\\ 0.6, & 1\leqslant x<2,\\ 0.3, & x\geqslant 2\end{cases}$

C. $F(x)=\begin{cases}0, & x<0,\\ 0.1, & 0\leqslant x<1,\\ 0.7, & 1\leqslant x<2,\\ 1, & x\geqslant 2\end{cases}$　　D. $F(x)=\begin{cases}0, & x<0,\\ 0.4, & 0\leqslant x<1,\\ 0.7, & 1\leqslant x<2,\\ 1, & x\geqslant 2\end{cases}$

E. 以上选项均不正确

9. 设随机变量 X 的概率密度为 $f(x)=\begin{cases}A\cos x, & |x|\leqslant\frac{\pi}{2},\\ 0, & |x|>\frac{\pi}{2},\end{cases}$ 则 X 的分布函数为(　　).

A. $F(x)=\begin{cases}0, & x<-\frac{\pi}{2},\\ \frac{\sin x}{2}, & -\frac{\pi}{2}\leqslant x<\frac{\pi}{2},\\ 1, & x\geqslant\frac{\pi}{2}\end{cases}$　　B. $F(x)=\begin{cases}0, & x<-\frac{\pi}{2},\\ \frac{\sin x+1}{2}, & -\frac{\pi}{2}\leqslant x<\frac{\pi}{2},\\ 1, & x\geqslant\frac{\pi}{2}\end{cases}$

C. $F(x)=\begin{cases}0, & x<-\frac{\pi}{2},\\ \sin x+1, & -\frac{\pi}{2}\leqslant x<\frac{\pi}{2},\\ 1, & x\geqslant\frac{\pi}{2}\end{cases}$　　D. $F(x)=\begin{cases}0, & x<-\frac{\pi}{2},\\ \frac{\sin 2x}{2}, & -\frac{\pi}{2}\leqslant x<\frac{\pi}{2},\\ 1, & x\geqslant\frac{\pi}{2}\end{cases}$

E. 以上选项均不正确

10. 以随机变量 X 表示某商店从早晨开始营业起直到第一个顾客到达的等待时间(以分钟为单位)，X 的分布函数是 $F_X(x)=\begin{cases}1-e^{-0.4x}, & x>0,\\ 0, & x<0,\end{cases}$ 则 $P\{$至多3分钟$\}=$(　　).

A. $e^{-1.2}$　　B. $1-e^{-1.2}$　　C. $1-e^{1.2}$　　D. $-e^{-1.2}$　　E. $e^{1.2}-1$

11. 设随机变量 X 的分布律为

X	-1	0	1
P	$\frac{1}{4}$	a	b

分布函数为 $F(x)=\begin{cases}c, & x<-1,\\ d, & -1\leqslant x<0,\\ \frac{3}{4}, & 0\leqslant x<1,\\ e, & x\geqslant 1,\end{cases}$ 则可确定 a，b，c，d，e 的值分别为(　　).

A. $\frac{1}{2}$，0，$\frac{1}{4}$，$\frac{1}{4}$，1　　B. $\frac{1}{4}$，$\frac{1}{4}$，0，$\frac{1}{2}$，1　　C. $\frac{1}{2}$，$\frac{1}{2}$，0，$\frac{1}{4}$，1

D. $\frac{1}{2}$，$\frac{1}{4}$，0，$\frac{1}{4}$，1　　E. $\frac{1}{4}$，$\frac{1}{4}$，0，$\frac{1}{4}$，1

12. 设随机变量 X 的概率分布为 $P\{X=k\}=\frac{1}{2^k}$，$k=1, 2, 3, \cdots$，试求随机变量 $Y=\sin\left(\frac{\pi}{2}X\right)$ 的分布律为(　　).

A. $\begin{pmatrix} Y & -1 & 0 & 1 \\ P & \frac{2}{15} & \frac{1}{3} & \frac{8}{15} \end{pmatrix}$　　B. $\begin{pmatrix} Y & -1 & 0 & 1 \\ P & \frac{1}{3} & \frac{2}{15} & \frac{8}{15} \end{pmatrix}$　　C. $\begin{pmatrix} Y & -1 & 0 & 1 \\ P & \frac{2}{15} & \frac{8}{15} & \frac{1}{3} \end{pmatrix}$

D. $\begin{pmatrix} Y & -1 & 0 & 1 \\ P & \frac{2}{15} & \frac{2}{5} & \frac{8}{15} \end{pmatrix}$　　E. $\begin{pmatrix} Y & -1 & 0 & 1 \\ P & \frac{2}{5} & \frac{2}{15} & \frac{8}{15} \end{pmatrix}$

13. 设连续型随机变量 X 具有概率密度 $f(x)=\begin{cases} kx, & 0\leqslant x\leqslant 1, \\ 0, & 其他, \end{cases}$ 对 X 进行 5 次独立重复观测，以 Y 表示观测值不大于 0.1 的次数，则 $P\{Y\geqslant 1\}=$(　　).

A. $(0.99)^5$　　B. $1-(0.99)^5$　　C. $1-(0.01)^5$　　D. $(0.01)^5$　　E. $(0.99)^4$

14. 设随机变量 X 的概率密度为 $f_X(x)=\begin{cases} e^{-x}, & x\geqslant 0, \\ 0, & x<0. \end{cases}$ 则随机变量 $Y=e^X$ 的概率密度 $f_Y(y)$ 为(　　).

A. $f_Y(y)=\begin{cases} \frac{1}{y}, & y\geqslant 1, \\ 0, & y<1 \end{cases}$　　B. $f_Y(y)=\begin{cases} 1-\frac{1}{y^2}, & y>1, \\ 0, & y\leqslant 1 \end{cases}$

C. $f_Y(y)=\begin{cases} \frac{1}{y^2}, & y\geqslant 1, \\ 0, & y<1 \end{cases}$　　D. $f_Y(y)=\begin{cases} 1-\frac{1}{y}, & y>1, \\ 0, & y\leqslant 1 \end{cases}$

E. 以上选项均不正确

15. 设随机变量 X 与 Y 相互独立，且均服从区间(0, 3)上的均匀分布，则 $P\{\max\{X, Y\}\leqslant 1\}=$(　　).

A. $\frac{1}{3}$　　B. $\frac{2}{3}$　　C. $\frac{1}{9}$　　D. $\frac{1}{27}$　　E. $\frac{8}{9}$

16. 设在某一规定的时间间隔里，某电气设备用于最大负荷的时间 X(以分计)是一个随机变量，其概率密度为 $f(x)=\begin{cases} \frac{1}{1\,500^2}x, & 0\leqslant x\leqslant 1\,500, \\ \frac{-1}{1\,500^2}(x-3\,000), & 1\,500\leqslant x\leqslant 3\,000, \\ 0, & 其他, \end{cases}$ 则 $E(X)=$(　　).

A. 500　　B. 1 000　　C. 1 500　　D. 2 000　　E. 2 500

17. 设随机变量 X 的概率密度为 $f(x)=\begin{cases} \frac{1}{2}\cos\frac{x}{2}, & 0\leqslant x\leqslant \pi, \\ 0, & 其他, \end{cases}$ 对 X 独立地重复观察 4 次，用 Y 表

示观察值大于$\frac{\pi}{3}$的次数，则Y^2的数学期望为(　　).

A. 1　　B. 2　　C. 3　　D. 4　　E. 5

18. 设随机变量X的分布律为

X	-2	0	2
P	0.4	0.3	0.3

$E(X^2)=$(　　).

A. 0.3　　B. 0.7　　C. 2.8　　D. 1.6　　E. 1.2

19. 设随机变量X服从参数为1的指数分布，则数学期望$E(X+e^{-2X})=$(　　).

A. $\frac{1}{2}$　　B. $\frac{1}{3}$　　C. $\frac{3}{2}$　　D. $\frac{4}{3}$　　E. $\frac{5}{4}$

20. 设随机变量X的概率密度为$f(x)=\begin{cases} kx, & 0\leqslant x<1, \\ 2-x, & 1\leqslant x<2, \\ 0, & 其他, \end{cases}$则$X$的期望和方差为(　　).

A. 1，$\frac{7}{6}$　　B. $\frac{7}{6}$，$\frac{1}{6}$　　C. 1，$\frac{1}{6}$　　D. $\frac{1}{6}$，1　　E. $\frac{1}{6}$，$\frac{1}{6}$

21. 设随机变量X在区间$(-1,2)$上服从均匀分布．随机变量$Y=\begin{cases} 1, & X>0, \\ 0, & X=0, \\ -1, & X<0, \end{cases}$则方差$D(Y)=$(　　).

A. $\frac{2}{3}$　　B. $\frac{1}{3}$　　C. $\frac{8}{9}$　　D. $\frac{1}{9}$　　E. $\frac{4}{3}$

22. 一栋大楼里装有5个同类型的供水设备，调查表明在任一时刻每个设备被使用的概率为0.1，则在同一时刻，至少有1个设备被使用的概率是(　　).

A. 1　　B. $1-(0.9)^5$　　C. $1-(0.1)^5$　　D. $(0.9)^5$　　E. $(0.1)^5$

23. 进行某种试验，成功的概率为$\frac{3}{4}$，失败的概率为$\frac{1}{4}$，以X表示直到试验首次成功时所需试验的次数，则X取偶数的概率为(　　).

A. $\frac{1}{5}$　　B. $\frac{3}{4}$　　C. $\frac{1}{16}$　　D. $\frac{4}{5}$　　E. $\frac{5}{16}$

24. 已知随机变量X服从二项分布，且$E(X)=2.4$，$D(X)=1.44$，则二项分布的参数n，p的值为(　　).

A. $n=4$，$p=0.6$　　B. $n=6$，$p=0.4$　　C. $n=8$，$p=0.3$

D. $n=24$，$p=0.1$　　E. $n=30$，$p=0.5$

25. 有一繁忙的汽车站，每天有大量汽车通过，设一辆汽车在一天的某段时间内出事故的概率为0.000 1. 在某天的该时间段内有1 000辆汽车通过，则出事故的车辆数不小于2的概率是(　　).

A. $1-1.1e^{-0.3}$　　B. $1-1.1e^{-0.2}$　　C. $1-1.1e^{-0.1}$

D. $1.1e^{-0.2}$　　E. $1.1e^{-0.1}$

答案速查

1～5 ABDBB　　6～10 EDCBB　　11～15 DABCC

16～20 CECDC　　21～25 CBABC　　26～30 ADBBB

31～35 CBBBC

答案详解

1. A

【解析】分布律应满足正则性$\sum_{k=1}^{\infty} p_k=1$，所以

$$\sum_{k=1}^{\infty} C\cdot\left(\frac{2}{3}\right)^k=1，即 C\cdot\left[\frac{2}{3}+\left(\frac{2}{3}\right)^2+\cdots+\left(\frac{2}{3}\right)^n+\cdots\right]=1,$$

根据无穷递减等比数列前 n 项和公式可知，$C\cdot\frac{\frac{2}{3}}{1-\frac{2}{3}}=1$，$C=\frac{1}{2}$.

验证：因为当 $C=\frac{1}{2}$时，$P\{X=k\}=\frac{1}{2}\cdot\left(\frac{2}{3}\right)^k>0(k=1，2，3，\cdots)$.

故当 $C=\frac{1}{2}$时，$P\{X=k\}=C\cdot\left(\frac{2}{3}\right)^k$ 满足了非负性和正则性，能成为随机变量的分布律.

2. B

【解析】由$\int_{-\infty}^{+\infty} f(x)\mathrm{d}x=1$，可得$\int_{-\frac{\pi}{2}}^{\frac{\pi}{2}} A\cos x\,\mathrm{d}x=2A=1$，即 $A=\frac{1}{2}$.

故 X 落在$\left(0，\frac{\pi}{4}\right)$内的概率为 $P\left\{0<x<\frac{\pi}{4}\right\}=\int_0^{\frac{\pi}{4}} f(x)\mathrm{d}x=\int_0^{\frac{\pi}{4}}\frac{1}{2}\cos x\,\mathrm{d}x=\frac{\sqrt{2}}{4}$.

3. D

【解析】X 的可能取值为 3，4，5.

若以 3 场结束比赛，则 A 全胜或 B 全胜，此时概率为

$$p^3+q^3=\left(\frac{1}{2}\right)^3+\left(\frac{1}{2}\right)^3=\frac{1}{4},$$

即 $P\{X=3\}=\frac{1}{4}$，这里 q 为 B 在每场比赛中获胜的概率，$q=1-p=\frac{1}{2}$；

若以 4 场结束比赛，则 A 在第 4 场取胜，或 B 在第 4 场取胜，故 A 获胜的概率为 $C_3^2p^2qp=\frac{3}{16}$，

同样 B 获胜的概率为 $qC_3^2q^2p=\frac{3}{16}$，故 $P\{X=4\}=\frac{3}{16}+\frac{3}{16}=\frac{3}{8}$.

若以 5 场结束比赛，则 A 在第 5 场取胜或 B 在第 5 场取胜，即

$$P\{X=5\}=pC_4^2p^2q^2+qC_4^2q^2p^2=2\times6\times\left(\frac{1}{2}\right)^5=\frac{3}{8}.$$

故 X 的分布律为

X	3	4	5
P	$\frac{1}{4}$	$\frac{3}{8}$	$\frac{3}{8}$

由此得 $E(X)=3\times\frac{1}{4}+4\times\frac{3}{8}+5\times\frac{3}{8}=\frac{33}{8}$.

4. B

【解析】引进随机变量 $X_i=\begin{cases}1，第 i 号球放进第 i 号盒子，\\0，第 i 号球未放进第 i 号盒子\end{cases}(i=1,2,\cdots,n)$，则 $X=\sum\limits_{i=1}^{n}X_i$. 因为将 n 只球随机地放进 n 个盒子，可看作把 n 只球进行全排列，有 $n!$ 个排列数. 若第 i 号球放进第 i 号盒子，剩余的 $n-1$ 只球进行全排列，有 $(n-1)!$ 个排列数，由此得 X_i 的分布律为

$$P\{X_i=1\}=\frac{(n-1)!}{n!}=\frac{1}{n}，P\{X_i=0\}=1-\frac{1}{n}.$$

所以 $E(X_i)=1\cdot\frac{1}{n}+0\cdot\left(1-\frac{1}{n}\right)=\frac{1}{n}$. 由数学期望的性质得

$$E(X)=E\left(\sum_{i=1}^{n}X_i\right)=\sum_{i=1}^{n}E(X_i)=n\cdot\frac{1}{n}=1.$$

5. B

【解析】因为 $\int_{-\infty}^{+\infty}f(x)\mathrm{d}x=1$，故

$$\int_{-\infty}^{+\infty}\frac{A}{\sqrt{1-x^2}}\mathrm{d}x=\int_{-1}^{1}\frac{A}{\sqrt{1-x^2}}\mathrm{d}x=A\arcsin x\Big|_{-1}^{1}=A\left(\frac{\pi}{2}+\frac{\pi}{2}\right)=1,$$

由此得 $A=\frac{1}{\pi}$，则 $P\left\{-\frac{1}{2}<X<\frac{1}{2}\right\}=\int_{-\frac{1}{2}}^{\frac{1}{2}}\frac{1}{\pi}\frac{1}{\sqrt{1-x^2}}\mathrm{d}x=\frac{1}{\pi}\arcsin x\Big|_{-\frac{1}{2}}^{\frac{1}{2}}=\frac{1}{3}$.

6. E

【解析】每个电子管寿命在 $X\leqslant150$ 的概率为

$$P\{X\leqslant150\}=\int_{100}^{150}\frac{100}{x^2}\mathrm{d}x=-\frac{100}{x}\Big|_{100}^{150}=\frac{1}{3}.$$

每个电子管寿命在 $X>150$ 的概率为

$$P\{X>150\}=1-\frac{1}{3}=\frac{2}{3}.$$

故三个电子管的寿命都在 150 个小时以上的概率为

$$P=\left(\frac{2}{3}\right)^3=\frac{8}{27}.$$

7. D

【解析】因为 $f(-x)=f(x)$，所以

$$F(-a)=\int_{-\infty}^{-a}f(x)\mathrm{d}x=\int_{a}^{+\infty}f(-x)\mathrm{d}x=\int_{a}^{+\infty}f(x)\mathrm{d}x,$$

所以 $F(-a)+F(a)=\int_{-\infty}^{+\infty}f(x)\mathrm{d}x=1$，所以 $F(-a)=1-F(a)$，故有

$P\{|X|>a\}=1-P\{|X|\leqslant a\}=1-P\{-a\leqslant X\leqslant a\}=1-[F(a)-F(-a)]=2[1-F(a)]$.

8. C

【解析】令 X 表示取到黑球的个数，因为 X 为离散型随机变量，其全部可能取值为 0，1，2，由古典概型，得

$$P\{X=k\}=\frac{C_3^k C_2^{2-k}}{C_5^2}(k=0,\ 1,\ 2),$$

故 $P\{X=0\}=0.1$，$P\{X=1\}=0.6$，$P\{X=2\}=0.3$，其分布函数为

$$F(x)=\begin{cases}0, & x<0,\\ 0.1, & 0\leqslant x<1,\\ 0.7 & 1\leqslant x<2,\\ 1, & x\geqslant 2.\end{cases}$$

【点评】在求解离散型随机变量的分布函数时，先利用概率公式求得分布律，再应用 $F(x)=P\{X\leqslant x\}=\sum\limits_{k\leqslant x}P\{X=k\}$ 这一公式，这是最基本的方法.

9. B

【解析】由概率密度的正则性 $\int_{-\infty}^{+\infty}f(x)\mathrm{d}x=1$，得 $\int_{-\frac{\pi}{2}}^{\frac{\pi}{2}}A\cos x\,\mathrm{d}x=2A=1$，所以 $A=\frac{1}{2}$.

已知 $F(x)=\int_{-\infty}^{x}f(x)\mathrm{d}x$，因为 $f(x)$ 为分段函数，所以有

当 $x<-\frac{\pi}{2}$ 时，$F(x)=\int_{-\infty}^{x}f(t)\mathrm{d}t=0$；

当 $-\frac{\pi}{2}\leqslant x<\frac{\pi}{2}$ 时，$F(x)=\int_{-\infty}^{x}f(t)\mathrm{d}t=\int_{-\frac{\pi}{2}}^{x}\frac{1}{2}\cos t\,\mathrm{d}t=\frac{\sin x+1}{2}$；

当 $x\geqslant\frac{\pi}{2}$ 时，$F(x)=\int_{-\infty}^{\frac{\pi}{2}}f(t)\mathrm{d}t+\int_{\frac{\pi}{2}}^{x}f(t)\mathrm{d}t=1$.

$$\text{故 }F(x)=\begin{cases}0, & x<-\frac{\pi}{2},\\ \frac{\sin x+1}{2}, & -\frac{\pi}{2}\leqslant x<\frac{\pi}{2},\\ 1, & x\geqslant\frac{\pi}{2}.\end{cases}$$

10. B

【解析】由分布函数的定义可知 $F(x)=P\{X\leqslant x\}$，至多 3 分钟对应 $X\leqslant 3$，即所求概率为

$$P\{X\leqslant 3\}=F_X(3)=1-\mathrm{e}^{-0.4\times 3}=1-\mathrm{e}^{-1.2}.$$

11. D

【解析】由分布函数性质：$F(-\infty)=0$，可知 $c=0$，$F(+\infty)=1$，可知 $e=1$.

由分布律与分布函数的关系：$F(-1)=P\{X\leqslant -1\}=P\{X=-1\}=\frac{1}{4}$，可知 $d=\frac{1}{4}$；

$F(0)=P\{X\leqslant 0\}=P\{X=-1\}+P\{X=0\}=\frac{1}{4}+a=\frac{3}{4}$，可知 $a=\frac{1}{2}$.

由分布律的性质$\frac{1}{4}+a+b=1$，得 $b=\frac{1}{4}$.

12. A

【解析】$P\{Y=0\}=P\{X=2\}+P\{X=4\}+P\{X=6\}+\cdots=\frac{1}{2^2}+\frac{1}{2^4}+\frac{1}{2^6}+\cdots=\frac{1}{3}$；

$P\{Y=-1\}=P\{X=3\}+P\{X=7\}+P\{X=11\}+\cdots=\frac{1}{2^3}+\frac{1}{2^7}+\frac{1}{2^{11}}+\cdots=\frac{2}{15}$；

$P\{Y=1\}=1-P\{Y=0\}-P\{Y=-1\}=\frac{8}{15}$.

故 $Y=\sin\left(\frac{\pi}{2}X\right)$的分布律为

$$\begin{pmatrix} Y & -1 & 0 & 1 \\ P & \frac{2}{15} & \frac{1}{3} & \frac{8}{15} \end{pmatrix}.$$

13. B

【解析】由$\int_{-\infty}^{+\infty} f(x)\mathrm{d}x=1$，得$\int_0^1 kx\,\mathrm{d}x=1$，即 $k=2$， 于是 X 的概率密度为

$$f(x)=\begin{cases} 2x, & 0\leqslant x\leqslant 1, \\ 0, & \text{其他}. \end{cases}$$

设事件 A 表示“观测值不大于 0.1”，即 $A=\{X\leqslant 0.1\}$，于是

$$p=P(A)=P\{X\leqslant 0.1\}=\int_{-\infty}^{0.1} f(x)\mathrm{d}x=\int_0^{0.1} 2x\,\mathrm{d}x=0.01,$$

由题意 $Y\sim B(5,0.01)$，故 Y 的概率分布为 $P\{Y=k\}=\mathrm{C}_5^k(0.01)^k(1-0.01)^{5-k}(k=0,1,\cdots,5)$，所以

$$P\{Y\geqslant 1\}=1-P\{Y=0\}=1-(0.99)^5.$$

14. C

【解析】方法一：先求 Y 的分布函数再求概率密度．

①当 $y<1$ 时，$F_Y(y)=0$；

② 当 $y\geqslant 1$ 时，$F_Y(y)=P\{Y\leqslant y\}=P\{\mathrm{e}^X\leqslant y\}=P\{X\leqslant \ln y\}=\int_0^{\ln y}\mathrm{e}^{-x}\mathrm{d}x=1-y^{-1}$，则

$$f_Y(y)=F_Y'(y)=\begin{cases} \frac{1}{y^2}, & y\geqslant 1, \\ 0, & y<1. \end{cases}$$

方法二：因为 $y=\mathrm{e}^x$ 在$(0,+\infty)$内是单调的，其反函数 $x=\ln y$ 在$(1,+\infty)$内是可导的且 $x'=\frac{1}{y}$，所以根据公式有 $f_Y(y)=\begin{cases} f_x(\ln y)(\ln y)', & y\geqslant 1, \\ 0, & y<1, \end{cases}$即有

$$f_Y(y)=\begin{cases}\dfrac{1}{y^2}, & y\geqslant 1,\\ 0, & y<1.\end{cases}$$

15. C

【解析】方法一：X 与 Y 具有相同的概率密度

$$f(x)=\begin{cases}\dfrac{1}{3}, & 0<x<3,\\ 0, & \text{其他}.\end{cases}$$

则 $P\{X\leqslant 1\}=P\{Y\leqslant 1\}=\dfrac{1}{3}$. 由 X，Y 的独立性可知

$$P\{\max\{X, Y\}\leqslant 1\}=P\{X\leqslant 1, Y\leqslant 1\}=P\{X\leqslant 1\}P\{Y\leqslant 1\}=\frac{1}{9}.$$

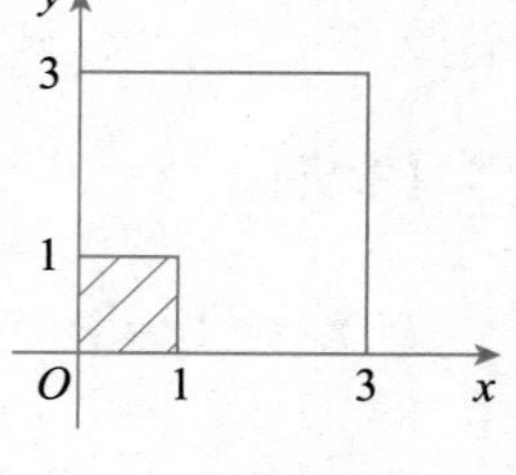

图 9-2

方法二：本题也可运用几何概率计算，如图 9-2 所示，故有

$$P\{\max\{X, Y\}\leqslant 1\}=P\{X\leqslant 1, Y\leqslant 1\}=\frac{S_{\text{阴影}}}{S}=\frac{1}{9}.$$

16. C

【解析】根据连续型随机变量求数学期望的公式，有

$$\begin{aligned}E(X)&=\int_0^{1\,500}x\frac{1}{1\,500^2}x\mathrm{d}x+\int_{1\,500}^{3\,000}x\left[\frac{-1}{1\,500^2}(x-3\,000)\right]\mathrm{d}x\\&=\frac{1}{1\,500^2}\int_0^{1\,500}x^2\mathrm{d}x-\frac{1}{1\,500^2}\int_{1\,500}^{3\,000}x^2\mathrm{d}x+\frac{1}{1\,500^2}\int_{1\,500}^{3\,000}3\,000x\mathrm{d}x\\&=\frac{1}{1\,500^2}\left[\left(\frac{1}{3}x^3\right)\Bigg|_0^{1\,500}-\left(\frac{1}{3}x^3\right)\Bigg|_{1\,500}^{3\,000}+(1\,500x^2)\Bigg|_{1\,500}^{3\,000}\right]\\&=\frac{1}{1\,500^2}\left[\frac{1\,500^3}{3}-\frac{3\,000^3-1\,500^3}{3}+1\,500(3\,000^2-1\,500^2)\right]\\&=1\,500.\end{aligned}$$

17. E

【解析】由于 $P\left\{X>\dfrac{\pi}{3}\right\}=\displaystyle\int_{\frac{\pi}{3}}^{\pi}\frac{1}{2}\cos\frac{x}{2}\mathrm{d}x=\frac{1}{2}$，故 $Y\sim B\left(4, \dfrac{1}{2}\right)$，因此

$$E(Y)=4\times\frac{1}{2}=2, D(Y)=4\times\frac{1}{2}\times\left(1-\frac{1}{2}\right)=1,$$

所以 $E(Y^2)=D(Y)+[E(Y)]^2=1+2^2=5$.

18. C

【解析】方法一：先求 $Y=X^2$ 的分布律，再利用 Y 的分布律求 Y 的数学期望．

Y 的分布律为

Y	0	4
P	0.3	0.7

则 $E(Y)=E(X^2)=0\times 0.3+4\times 0.7=2.8$.

方法二：直接利用 X 的分布律求 X^2 的数学期望．

$$E(X^2)=\sum_{k=1}^{3}x_k^2p_k=(-2)^2\times 0.4+0\times 0.3+2^2\times 0.3=4\times 0.4+4\times 0.3=2.8.$$

19. D

【解析】因为 X 服从参数为 1 的指数分布，故 X 的概率密度为 $f(x)=\begin{cases}e^{-x}, & x\geqslant 0,\\ 0, & x<0,\end{cases}$ 故有

$$E(X+e^{-2X})=E(X)+E(e^{-2X})=1+\int_0^{+\infty}e^{-2x}e^{-x}dx=1+\frac{1}{3}=\frac{4}{3}.$$

20. C

【解析】由 $\int_{-\infty}^{+\infty}f(x)dx=1$，得 $\int_0^1 kxdx+\int_1^2(2-x)dx=1$，即 $k=1$，故

$$E(X)=\int_{-\infty}^{+\infty}xf(x)dx=\int_0^1 x^2dx+\int_1^2 x(2-x)dx=1,$$

$$E(X^2)=\int_{-\infty}^{+\infty}x^2f(x)dx=\int_0^1 x^3dx+\int_1^2 x^2(2-x)dx=\frac{7}{6},$$

$$D(X)=E(X^2)-[E(X)]^2=\frac{7}{6}-1=\frac{1}{6}.$$

21. C

【解析】由题意可知 $P\{Y=1\}=P\{X>0\}=\frac{2}{3}$. 同理，$P\{Y=0\}=P\{X=0\}=0$，$P\{Y=-1\}=P\{X<0\}=\frac{1}{3}$. 因此 $E(Y)=\frac{1}{3}$，$E(Y^2)=1$，故 $D(Y)=E(Y^2)-[E(Y)]^2=\frac{8}{9}$.

22. B

【解析】由已知条件，供水设备只有“被使用”和“不被使用”两个可能结果，每个供水设备被使用的概率为 0.1，大楼里共有 5 个同类型的供水设备，则在同一时刻使用供水设备的数量，可以看作“供水设备被使用”这个事件独立重复地进行 5 次，是 5 次独立重复的伯努利试验.

设被使用的供水设备数为 X，则 X 服从二项分布 $X\sim B(5,\ 0.1)$，即 $P\{X=k\}=C_5^k(0.1)^k(0.9)^{n-k}$ $(k=0,\ 1,\ 2,\ 3,\ 4,\ 5)$，至少有 1 个设备被使用的概率是

$$P\{X\geqslant 1\}=1-P\{X<1\}=1-C_5^0(0.1)^0(0.9)^5=1-(0.9)^5.$$

23. A

【解析】由题意可知，$X\sim G\left(\frac{3}{4}\right)$，故 X 的分布律为

$$P\{X=k\}=\frac{3}{4}\left(\frac{1}{4}\right)^{k-1},\ k=1,\ 2,\ \cdots.$$

$$P\{X=\text{偶数}\}=\frac{3}{4}\cdot\frac{1}{4}+\frac{3}{4}\cdot\left(\frac{1}{4}\right)^3+\frac{3}{4}\cdot\left(\frac{1}{4}\right)^5+\cdots=\frac{3}{4}\cdot\frac{\frac{1}{4}}{1-\frac{1}{16}}=\frac{1}{5}.$$

24. B

【解析】由二项分布的数学期望与方差公式，得 $E(X)=np=2.4$，$D(X)=np(1-p)=1.44$，解得 $n=6$，$p=0.4$.

25. C

【解析】设 X 为出事故的车辆数，则 $X\sim B(1\ 000,\ 0.000\ 1)$. 在二项分布 $X\sim B(n,\ p)$ 中，当 p 较小，$n\to\infty$ 时，有 $np\to\lambda$，则 $\lambda=1\ 000\times 0.000\ 1=0.1$，$X\sim P(0.1)$，故

$$P\{X=k\}=\frac{(0.1)^k}{k!}e^{-0.1}.$$

故出事故的车辆数不小于 2 的概率为

$$P\{X\geqslant 2\}=1-P\{X=0\}-P\{X=1\}\approx 1-e^{-0.1}-\frac{0.1^1}{1!}e^{-0.1}=1-1.1e^{-0.1}.$$

26. A

【解析】$E(X)=\lambda$，$D(X)=\lambda$，$E(X^2)=\lambda+\lambda^2$，因此根据期望的性质，有

$$E[(X-1)(X-2)]=E(X^2-3X+2)=\lambda^2+\lambda-3\lambda+2=1,$$

解得 $\lambda=1$.

27. D

【解析】x 的二次方程 $4x^2+4xY+Y+2=0$ 有实根的充要条件是它的判别式

$$\Delta=(4Y)^2-4\times 4(Y+2)\geqslant 0\Rightarrow (Y+1)(Y-2)\geqslant 0,$$

解得 $Y\geqslant 2$ 或 $Y\leqslant -1$.

根据均匀分布的性质，随机变量 X 在(0，5)的任一个小区间上取值的概率与该长度成正比，在除(0，5)之外的区间的取值，概率为 0. 故 $P\{Y\geqslant 2\}=\frac{3}{5}=0.6$，$P\{Y\leqslant -1\}=0$.

故关于 x 的二次方程 $4x^2+4xY+Y+2=0$ 有实数根的概率为 0.6.

28. B

【解析】设乘客于 7 点过 X 分钟到达车站，因为 X 等可能地出现在(0，30)的区间内，则有 $X\sim U(0,30)$，其概率密度为 $f(x)=\begin{cases}\frac{1}{30}, & 0<x<30,\\ 0, & \text{其他}.\end{cases}$

该乘客等候不超过 5 分钟便能乘上汽车，则他可能的到站时刻如图 9-3 所示：

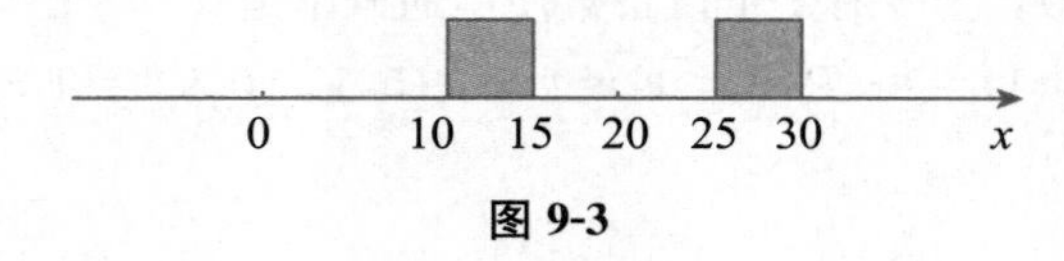

图 9-3

根据均匀分布的性质，随机变量 X 在(0，30)的任一个小区间上取值的概率与该长度成正比，看图易知，$p=\frac{5+5}{30}=\frac{1}{3}$.

29. B

【解析】该元件能正常使用 600 小时以上的概率为

$$P\{X\geqslant 600\}=\int_{600}^{+\infty}0.002e^{-0.002x}dx=e^{-1.2}.$$

30. B

【解析】该顾客在窗口未等到服务而离开的概率为

$$P\{X>10\}=\int_{10}^{+\infty}f_X(x)dx=\int_{10}^{+\infty}\frac{1}{5}e^{-\frac{x}{5}}dx=-e^{-\frac{x}{5}}\Big|_{10}^{+\infty}=e^{-2},$$

显然 $Y\sim B(5,e^{-2})$，故 $P\{Y=k\}=C_5^k e^{-2k}(1-e^{-2})^{5-k}$，$k=0,1,2,3,4,5$，所以

$$P\{Y\geqslant 1\}=1-P\{Y=0\}=1-(1-e^{-2})^5.$$

31. C

【解析】设随机变量 X 为女青年的血压，且 $X\sim N(110,\ 12^2)$，利用 $Y=\dfrac{X-\mu}{\sigma}$ 将其转化为标准正态分布得 $Y=\dfrac{X-110}{12}\sim N(0,\ 1)$，故有

$$P\{X\leqslant 105\}=P\left\{\frac{X-110}{12}\leqslant\frac{105-110}{12}\right\}=\Phi\left(-\frac{5}{12}\right)=1-\Phi\left(\frac{5}{12}\right).$$

32. B

【解析】因为 $0.3=P\{2<X<4\}=P\left\{\dfrac{2-2}{\sigma}<\dfrac{X-2}{\sigma}<\dfrac{4-2}{\sigma}\right\}=\Phi\left(\dfrac{2}{\sigma}\right)-\Phi(0)$ 且 $\Phi(0)=\dfrac{1}{2}$，所以 $\Phi\left(\dfrac{2}{\sigma}\right)=0.3+0.5=0.8$，于是

$$P\{X<0\}=P\left\{\frac{X-2}{\sigma}<\frac{0-2}{\sigma}\right\}=\Phi\left(-\frac{2}{\sigma}\right)=1-\Phi\left(\frac{2}{\sigma}\right)=0.2.$$

33. B

【解析】将 $f(x)$ 改写为 $f(x)=\dfrac{1}{\sqrt{2\pi}\cdot\sqrt{\dfrac{1}{2}}}\cdot\exp\left\{-\dfrac{(x-1)^2}{2\left(\sqrt{\dfrac{1}{2}}\right)^2}\right\}$，可见 X 服从正态分布 $N\left(1,\ \dfrac{1}{2}\right)$，所以 $E(X)=1$，$D(X)=\dfrac{1}{2}$.

34. B

【解析】由于 X 与 Y 相互独立，则 $Z=X+Y$ 仍服从正态分布，即 $Z\sim N(\mu,\ \sigma^2)$，并且 $\mu=E(X+Y)=E(X)+E(Y)=1$，$\sigma^2=D(X+Y)=D(X)+D(Y)=2$，可知

$$P\{X+Y\leqslant 1\}=P\{Z\leqslant 1\}=\frac{1}{2}.$$

35. C

【解析】$E(X)=0$，$D(X)=9$，由 $E(X^2)=D(X)+[E(X)]^2$，得

$$E(Y)=5E(X^2)=5(9+0)=45.$$

故输出电压 Y 的均值为 45V.

附录

综合测试

测试卷 I

数学基础：第 1～35 小题，每小题 2 分，共 70 分．下列每题给出的五个选项中，只有一个选项是最符合试题要求的．

1. 已知方程 $xy^2-\cos(\pi y)=0$，则 $y'\Big|_{(0,\frac{1}{2})}=($　　$)$.

A. $-\dfrac{1}{4\pi}$　　B. $-\dfrac{1}{2\pi}$　　C. $-\dfrac{1}{2}$　　D. $\dfrac{1}{4\pi}$　　E. $\dfrac{1}{2\pi}$

2. 已知 $\lim\limits_{x\to 0}\dfrac{\sin x}{e^x-a}(\cos x-b)=5$，其中 a，b 是常数，则(　　).

A. $a=1$，$b=4$　　B. $a=-1$，$b=4$　　C. $a=1$，$b=-4$

D. $a=-1$，$b=-4$　　E. $a=-1$，$b=0$

3. 当 $x\to 0^+$ 时，与 $\sqrt{x}$ 等价的无穷小量是(　　).

A. $1-e^{\sqrt{x}}$　　B. $\sqrt{1+\sqrt{x}}-1$　　C. $\ln\dfrac{1+x}{1-\sqrt{x}}$

D. $1-\cos\sqrt{x}$　　E. x^3

4. 设 $f(x)=\begin{cases} x^2\sin\dfrac{1}{x}+1, & x<0, \\ k, & x=0, \\ \dfrac{1}{x^2}\sin x^2, & x>0, \end{cases}$ 则常数 $k=($　　$)$时，函数 $f(x)$在定义域内连续．

A. 2　　B. -2　　C. 0　　D. 1　　E. -1

5. 设 $f(x)=\begin{cases} \sin x, & x\leqslant 0, \\ \dfrac{\tan x-x}{2x}, & 0<x\leqslant 1, \\ e^x-1, & 1<x\leqslant 2, \end{cases}$ 则 $f(x)$的间断点个数为(　　).

A. 0　　B. 1　　C. 2　　D. 3　　E. 4

6. 曲线 $y=2x+\sin x^2$ 在横坐标 $x=0$ 的点处的切线方程为(　　).

A. $x-y=0$　　B. $x-y=1$　　C. $2x-y=0$

D. $2x-y=1$　　E. $2x+y=0$

7. 设 $y=e^{3x}\cos^2 x$，则 $dy=($　　$)$.

A. $(3e^{3x}\cos^2 x-e^{3x}\sin 2x)dx$　　B. $(3e^{3x}\cos^2 x+e^{3x}\sin 2x)dx$

C. $(3e^{3x}\cos^2 x-2e^{3x}\sin 2x)dx$　　D. $(3e^{3x}\cos^2 x+2e^{3x}\sin 2x)dx$

E. $(3e^{3x}\cos x-e^{3x}\cos 2x)dx$

8. 设 $f(x)=\begin{cases}2, & |x|\leqslant 1,\\ 0, & |x|>1,\end{cases}$ 则 $f\{f[f(x)]\}$ 等于(　　).

A. 0

B. $\begin{cases}2, & |x|\leqslant 1,\\ 0, & |x|>1\end{cases}$

C. 2

D. $\begin{cases}0, & |x|\leqslant 1,\\ 2, & |x|>1\end{cases}$

E. $\begin{cases}0, & x\leqslant 1,\\ 2, & x>1\end{cases}$

9. 若连续函数 $f(x)$ 满足 $\int_0^{x^3} f(t)\mathrm{d}t=x$，则 $f(8)=$(　　).

A. 1　B. 2　C. 0　D. $\frac{1}{2}$　E. $\frac{1}{12}$

10. 若在区间 (a,b) 内，导数 $f'(x)>0$，二阶导数 $f''(x)<0$，则函数 $f(x)$ 在该区间内(　　).

A. 单调减少，曲线是凹的

B. 单调增加，曲线是凹的

C. 单调减少，曲线是凸的

D. 单调增加，曲线是凸的

E. 无法判断

11. 函数 $z=y^3-x^2+6x-12y+5$，则(　　).

A. 点(3，2)是函数的极大值点

B. 点(3，−2)是函数的极大值点

C. 点(3，2)是函数的极小值点

D. 点(3，−2)是函数的极小值点

E. 点(3，−2)不是函数的极值点

12. 不定积分 $\int \frac{x}{\cos^2 x}\mathrm{d}x=$(　　).

A. $x\tan x-\ln|\sin x|+C$

B. $-x\tan x+\ln|\cos x|+C$

C. $-x\tan x-\ln|\cos x|+C$

D. $x\tan x+\ln|\cos x|+C$

E. $x\tan x-\ln|\cos x|+C$

13. 令 $y=\int_0^x \mathrm{e}^{2t}\mathrm{d}t$，则 $\left.\frac{\mathrm{d}y}{\mathrm{d}x}\right|_{x=0}=$(　　).

A. −2　B. −1　C. 2　D. 1　E. 0

14. 设 $I_1=\int_0^1\sqrt{x}\,\mathrm{d}x$，$I_2=\int_0^1 \mathrm{e}^x\mathrm{d}x$，$I_3=\int_0^1 x^2\mathrm{d}x$，则 I_1，I_2，I_3 的关系是(　　).

A. $I_2>I_1>I_3$　B. $I_1>I_3>I_2$　C. $I_3>I_1>I_2$　D. $I_1>I_2>I_3$　E. $I_2>I_3>I_1$

15. 设 $f(x)=\begin{cases}2-x^2, & x>0,\\ x-2, & x\leqslant 0,\end{cases}$ 则 $\int_{-1}^1 f(x)\mathrm{d}x=$(　　).

A. $2\int_{-1}^0(x-2)\mathrm{d}x$

B. $2\int_0^1(2-x^2)\mathrm{d}x$

C. $\int_0^1(2-x^2)\mathrm{d}x+\int_{-1}^0(x-2)\mathrm{d}x$

D. $\int_0^1(x-2)\mathrm{d}x+\int_{-1}^0(2-x^2)\mathrm{d}x$

E. $\int_{-1}^1(x-x^2)\mathrm{d}x$

16. 计算 $\int_{-1}^1(\sqrt{1-x^2}-x^2\tan x)\mathrm{d}x=$(　　).

A. 0　B. 1　C. π　D. 2π　E. $\frac{\pi}{2}$

17. 函数 $y=x^3-3x^2-9x+3$ 的极大值为(　　).

A. -1　　B. 3　　C. 8　　D. 0　　E. -8

18. 设 $z=\frac{1}{y}f(x+y)+x\varphi(xy)$，其中 f，φ 都是可导函数，则 $\frac{\partial z}{\partial x}=$(　　).

A. $\frac{1}{y}f'(x+y)+\varphi(xy)+xy\varphi'(xy)$

B. $\frac{x}{y}f(x+y)+\varphi(xy)+xy\varphi'(xy)$

C. $\frac{1}{y}f'(x+y)+\varphi'(xy)$

D. $\frac{x}{y}f'(x+y)+x\varphi'(xy)$

E. $\frac{1}{y}f'(x+y)+\varphi(xy)+x\varphi'(xy)$

19. 设函数 $z=z(x, y)$ 由方程 $x^2+y^2+z^2-3xyz=0$ 确定，则 $\mathrm{d}z=$(　　).

A. $\frac{3yz+2x}{2z-3xy}\mathrm{d}x+\frac{3xz+2y}{2z-3xy}\mathrm{d}y$

B. $\frac{2x-3yz}{2z-3xy}\mathrm{d}x+\frac{2y-3xz}{2z-3xy}\mathrm{d}y$

C. $\frac{3yz}{2z-3xy}\mathrm{d}x+\frac{3xz}{2z-3xy}\mathrm{d}y$

D. $\frac{2x}{2z-3xy}\mathrm{d}x+\frac{2y}{2z-3xy}\mathrm{d}y$

E. $\frac{3yz-2x}{2z-3xy}\mathrm{d}x+\frac{3xz-2y}{2z-3xy}\mathrm{d}y$

20. 设 $z=\mathrm{e}^x(x^2+x+y^2+2y)$，则点$(0, -1)$是该函数的(　　).

A. 驻点，但不是极值点

B. 驻点，且是极小值点

C. 驻点，且是极大值点

D. 驻点，偏导数不存在的点

E. 不是驻点，但是极值点

21. 如果 $f(x)=\frac{1}{x^2}$，则 $\int\frac{f(\ln x)}{x}\mathrm{d}x=$(　　).

A. $-\frac{1}{x}+C$　　B. $-x+C$　　C. $\frac{1}{\ln x}+C$

D. $-\frac{1}{\ln x}+C$　　E. $-\frac{1}{x^2}+C$

22. $f(x)$在 $x=0$ 处可导，$f(0)=0$，$\lim\limits_{x\to\infty}xf\left(\frac{1}{2x+3}\right)=1$，则 $f'(0)=$(　　).

A. -1　　B. 2　　C. 1　　D. 0　　E. -2

23. 设 $\boldsymbol{A}$ 为 3 阶矩阵，$|\boldsymbol{A}|=3$，$\boldsymbol{A}^*$ 为 $\boldsymbol{A}$ 的伴随矩阵，若交换 $\boldsymbol{A}$ 的第一行与第二行得到矩阵 $\boldsymbol{B}$，则 $|\boldsymbol{BA}^*|=$(　　).

A. 3　　B. -3　　C. 27　　D. -27　　E. -9

24. 设 $D=\begin{vmatrix}3 & -1 & 2\\-2 & -3 & 1\\0 & 1 & -4\end{vmatrix}$，$A_{ij}$ 表示行列式 D 中位于第 i 行第 j 列元素的代数余子式，则 $2A_{11}+A_{21}-4A_{31}=$(　　).

A. 12　　B. -12　　C. 0　　D. 1　　E. -1

25. 设 $\boldsymbol{A}$，$\boldsymbol{B}$，$\boldsymbol{C}$ 是 n 阶矩阵，若 $\boldsymbol{AB}=\boldsymbol{BC}=\boldsymbol{CA}=\boldsymbol{E}$，其中 $\boldsymbol{E}$ 为 n 阶单位矩阵，则 $\boldsymbol{A}^2+\boldsymbol{B}^2+\boldsymbol{C}^2=$(　　).

A. 零矩阵　　B. $\boldsymbol{E}$　　C. $2\boldsymbol{E}$　　D. $3\boldsymbol{E}$　　E. $12\boldsymbol{E}$

26. 已知$\boldsymbol{A}$、$\boldsymbol{B}$均为n阶矩阵，满足$\boldsymbol{AB}=\boldsymbol{O}$，若$r(\boldsymbol{A})=n-2$，则(　　).

A. $r(\boldsymbol{B})=2$　　B. $r(\boldsymbol{B})<2$　　C. $r(\boldsymbol{B})\leqslant 2$

D. $r(\boldsymbol{B})\geqslant 1$　　E. $r(\boldsymbol{B})=n-2$

27. 设$\boldsymbol{\alpha}_1=(1,1,1)^{\mathrm{T}}$，$\boldsymbol{\alpha}_2=(1,2,3)^{\mathrm{T}}$，$\boldsymbol{\alpha}_3=(1,3,t)^{\mathrm{T}}$，若向量组$\boldsymbol{\alpha}_1$，$\boldsymbol{\alpha}_2$，$\boldsymbol{\alpha}_3$线性相关，则$t=$(　　).

A. 5　　B. -5　　C. 3　　D. -3　　E. 2

28. 设齐次线性方程组$\begin{cases}kx+z=0,\\2x+ky+z=0,\\kx-2y+z=0\end{cases}$有非零解，则$k=$(　　).

A. 0　　B. -1　　C. 1　　D. -2　　E. 2

29. 设$\boldsymbol{B}=\begin{pmatrix}1&1&1&1\\0&1&2&2\\0&-1&a-3&-2\end{pmatrix}$，$\boldsymbol{\beta}=\begin{pmatrix}0\\1\\b\end{pmatrix}$，且方程组$\boldsymbol{Bx}=\boldsymbol{\beta}$与方程$3x_1+2x_2+x_3+ax_4=-1$无公共解，则$a$，$b$的取值为(　　).

A. $a=1$　　B. $b\neq -1$　　C. a，b为任意实数

D. $a=1$且$b\neq -1$　　E. $a=1$且$b=-1$

30. 甲袋中有2个白球3个黑球，乙袋中一半白球一半黑球．现从甲袋中任取2个球，从乙袋中任取1个球，混合后，再从中任取一个球，此球为白球的概率为(　　).

A. $\frac{11}{30}$　　B. $\frac{6}{15}$　　C. $\frac{13}{30}$　　D. $\frac{7}{15}$　　E. $\frac{1}{2}$

31. 在区间(0，1)中随机地取两个数，则这两个数之差的绝对值小于$\frac{1}{2}$的概率为(　　).

A. $\frac{1}{4}$　　B. $\frac{1}{2}$　　C. $\frac{3}{4}$　　D. $\frac{1}{3}$　　E. $\frac{2}{3}$

32. 将一均匀骰子独立地抛掷三次，则掷得的三个点数之和X的数学期望$E(X)$为(　　).

A. $\frac{19}{2}$　　B. $\frac{21}{2}$　　C. $\frac{23}{2}$　　D. $\frac{25}{2}$　　E. $\frac{27}{2}$

33. 设随机变量X服从参数为1的泊松分布，则$P\{X=E(X^2)\}$为(　　).

A. $\frac{1}{\mathrm{e}}$　　B. $\frac{2}{\mathrm{e}}$　　C. $\frac{1}{2\mathrm{e}}$　　D. $\frac{3}{\mathrm{e}}$　　E. $\frac{1}{3\mathrm{e}}$

34. 设随机变量的概率分布为$P\{X=k\}=\frac{c}{k!}$，$k=0,1,2,\cdots$，则$E(X^2)=$(　　).

A. 1　　B. 2　　C. 3　　D. 4　　E. 5

35. 设随机变量X的分布律为

X	-2	0	2
P	0.4	0.3	0.3

则$E(3X^2+5)=$(　　).

A. 10.4　　B. 11.4　　C. 12.4　　D. 13.4　　E. 14.4

答案速查

1～5 ACCDB　6～10 CABED　11～15 BDDAC
16～20 ECAEB　21～25 DBDCD　26～30 CAEDC
31～35 CBCBD

答案详解

1. A

【解析】在方程两边同时对 x 求导，得 $y^2+2xyy'+\pi\sin(\pi y)\cdot y'=0$，解得 $y'=\dfrac{-y^2}{\pi\sin(\pi y)+2xy}$，所以 $y'\Big|_{(0,\frac{1}{2})}=-\dfrac{1}{4\pi}$.

2. C

【解析】由 $\lim\limits_{x\to0}\sin x(\cos x-b)=0$，知 $\lim\limits_{x\to0}(e^x-a)=0$，从而 $a=1$.

而 $\lim\limits_{x\to0}\dfrac{\sin x}{e^x-a}(\cos x-b)=\lim\limits_{x\to0}\dfrac{\sin x}{e^x-1}(\cos x-b)=1-b=5$，得 $b=-4$.

3. C

【解析】

A项：$\lim\limits_{x\to0^+}\dfrac{1-e^{\sqrt{x}}}{\sqrt{x}}=\lim\limits_{x\to0^+}\dfrac{-\sqrt{x}}{\sqrt{x}}=-1$；

B项：$\lim\limits_{x\to0^+}\dfrac{\sqrt{1+\sqrt{x}}-1}{\sqrt{x}}\overset{令t=\sqrt{x}}{=\!=\!=}\lim\limits_{t\to0^+}\dfrac{\sqrt{1+t}-1}{t}=\lim\limits_{t\to0^+}\dfrac{\frac{t}{2}}{t}=\dfrac{1}{2}$；

C项：$\lim\limits_{x\to0^+}\dfrac{\ln\dfrac{1+x}{1-\sqrt{x}}}{\sqrt{x}}=\lim\limits_{x\to0^+}\dfrac{\ln\left(1+\dfrac{x+\sqrt{x}}{1-\sqrt{x}}\right)}{\sqrt{x}}=\lim\limits_{x\to0^+}\dfrac{x+\sqrt{x}}{\sqrt{x}(1-\sqrt{x})}=\lim\limits_{x\to0^+}\dfrac{\sqrt{x}+1}{1-\sqrt{x}}=1$；

D项：$\lim\limits_{x\to0^+}\dfrac{1-\cos\sqrt{x}}{\sqrt{x}}\overset{令t=\sqrt{x}}{=\!=\!=}\lim\limits_{t\to0^+}\dfrac{1-\cos t}{t}=\lim\limits_{t\to0^+}\dfrac{t^2}{2t}=0$；

E项：$\lim\limits_{x\to0^+}\dfrac{x^3}{\sqrt{x}}=\lim\limits_{x\to0^+}x^{\frac{5}{2}}=0$.

根据等价无穷小的定义，选C.

4. D

【解析】因为 $\lim\limits_{x\to0^+}f(x)=\lim\limits_{x\to0^+}\dfrac{\sin x^2}{x^2}=1$；

根据无穷小量与有界变量的积为无穷小量的性质，知 $\lim\limits_{x\to0^-}x^2\sin\dfrac{1}{x}=0$，从而

$$\lim_{x\to0^-}f(x)=\lim_{x\to0^-}\left(x^2\sin\frac{1}{x}+1\right)=1,$$

若函数在定义域内连续，则 $f(0)=k=\lim\limits_{x\to0^-}f(x)=\lim\limits_{x\to0^+}f(x)=1$，即 $k=1$.

5. B

【解析】$f(x)$的可能间断点为 $x=0$，$x=1$.

在 $x=0$ 处，由于 $\lim\limits_{x\to0^-}f(x)=\lim\limits_{x\to0^-}\sin x=0$，$f(0)=0$，$\lim\limits_{x\to0^+}f(x)=\lim\limits_{x\to0^+}\left(\dfrac{\tan x-x}{2x}\right)=0$，故函数 $f(x)$在 $x=0$ 处连续；

在 $x=1$ 处，由于 $\lim\limits_{x\to1^-}f(x)=\lim\limits_{x\to1^-}\left(\dfrac{\tan x-x}{2x}\right)=\dfrac{\tan 1-1}{2}$，$\lim\limits_{x\to1^+}f(x)=\lim\limits_{x\to1^+}(e^x-1)=e-1$，故 $x=1$ 为间断点.

6. C

【解析】因为 $y'=(2x+\sin x^2)'=2+2x\cos x^2$，于是 $y'(0)=2$. 又因为 $y(0)=0$，代入切线方程得 $y=2x$，即 $2x-y=0$.

7. A

【解析】$dy=(e^{3x}\cos^2 x)'dx=(3e^{3x}\cos^2 x-e^{3x}\sin 2x)dx$.

8. B

【解析】由 $f[f(x)]=\begin{cases}2, & |x|>1,\\0, & |x|\leqslant1,\end{cases}$ 得 $f\{f[f(x)]\}=\begin{cases}2, & |x|\leqslant1,\\0, & |x|>1.\end{cases}$

9. E

【解析】方程两边同时求导可得

$$\left(\int_0^{x^3}f(t)dt\right)'=x'\Rightarrow\left(\int_0^{x^3}f(t)dt\right)'=f(x^3)(x^3)'=3x^2f(x^3)=1,$$

得 $f(x^3)=\dfrac{1}{3x^2}$，令 $x=2$，则 $f(8)=\dfrac{1}{12}$.

10. D

【解析】由函数的单调性知，$f'(x)>0$，$f(x)$单调增加；

由函数的凹凸性知，$f''(x)<0$，$f(x)$在(a, b)上的曲线是凸的.

11. B

【解析】求偏导，$\begin{cases}\dfrac{\partial z}{\partial x}=-2x+6=0,\\ \dfrac{\partial z}{\partial y}=3y^2-12=0\end{cases}\Rightarrow\begin{cases}x=3,\\y=\pm2,\end{cases}$ 得驻点 $P(3, 2)$，$Q(3, -2)$.

又因为$\dfrac{\partial^2 z}{\partial x^2}=-2$，$\dfrac{\partial^2 z}{\partial x\partial y}=0$，$\dfrac{\partial^2 z}{\partial y^2}=6y$，则

①在点 $P(3, 2)$处，$A=-2$，$B=0$，$C=6y|_{(3,2)}=12$，得 $AC-B^2=-24<0$，故点 $P(3, 2)$不是极值点；

②在点 $Q(3, -2)$处，$A=-2$，$B=0$，$C=6y|_{(3,-2)}=-12$，得 $AC-B^2=24>0$，且 $A=-2<0$，故点 $Q(3, -2)$是极大值点.

12. D

【解析】根据分部积分公式，可得

$$\int \frac{x}{\cos^2 x}\mathrm{d}x = \int x\sec^2 x\,\mathrm{d}x = \int x\,\mathrm{d}\tan x = x\tan x - \int \tan x\,\mathrm{d}x$$

$$= x\tan x + \ln|\cos x| + C.$$

13. D

【解析】$y' = \left(\int_0^x \mathrm{e}^{2t}\mathrm{d}t\right)' = \mathrm{e}^{2x}$，解得 $y'(0)=1$，即$\left.\frac{\mathrm{d}y}{\mathrm{d}x}\right|_{x=0}=1$.

14. A

【解析】因为当 $0<x<1$ 时，$\mathrm{e}^x>\sqrt{x}>x^2$，所以由保号性，知$\int_0^1 \mathrm{e}^x\mathrm{d}x>\int_0^1\sqrt{x}\,\mathrm{d}x>\int_0^1 x^2\mathrm{d}x$，即 $I_2>I_1>I_3$.

15. C

【解析】根据积分区间可加性，得 $\int_{-1}^1 f(x)\mathrm{d}x=\int_0^1(2-x^2)\mathrm{d}x+\int_{-1}^0(x-2)\mathrm{d}x$.

16. E

【解析】被积函数 $\sqrt{1-x^2}$ 是偶函数，$x^2\tan x$ 是奇函数，所以根据对称区间上函数定积分的公式可得

$$\int_{-1}^1(\sqrt{1-x^2}-x^2\tan x)\,\mathrm{d}x=\int_{-1}^1\sqrt{1-x^2}\,\mathrm{d}x-\int_{-1}^1 x^2\tan x\,\mathrm{d}x=\int_{-1}^1\sqrt{1-x^2}\,\mathrm{d}x$$

$$\xlongequal{令\ x=\sin t} 2\int_0^1\cos t\,\mathrm{d}\sin t=2\int_0^{\frac{\pi}{2}}\cos^2 t\,\mathrm{d}t=\frac{\pi}{2}.$$

17. C

【解析】由 $y=x^3-3x^2-9x+3$ 得 $y'=3x^2-6x-9=3(x-3)(x+1)$.

令 $y'=3(x-3)(x+1)=0$，解得驻点 $x=3$，$x=-1$.

又因为 $y''=6x-6$，$y''(3)=12>0$，$y''(-1)=-12<0$，根据极值的第二充分条件，可知 $x=-1$ 为极大值点，此时 $y=8$ 为极大值.

18. A

【解析】$\frac{\partial z}{\partial x}=\frac{1}{y}f'(x+y)+\varphi(xy)+xy\varphi'(xy)$.

19. E

【解析】设 $F(x,y,z)=x^2+y^2+z^2-3xyz$，则 $F'_x=2x-3yz$，$F'_y=2y-3xz$，$F'_z=2z-3xy$，根据隐函数求导公式，则有

$$\frac{\partial z}{\partial x}=-\frac{F'_x}{F'_z}=-\frac{2x-3yz}{2z-3xy}=\frac{3yz-2x}{2z-3xy};\quad \frac{\partial z}{\partial y}=-\frac{F'_y}{F'_z}=-\frac{2y-3xz}{2z-3xy}=\frac{3xz-2y}{2z-3xy};$$

于是 $\mathrm{d}z=\frac{\partial z}{\partial x}\mathrm{d}x+\frac{\partial z}{\partial y}\mathrm{d}y=\frac{3yz-2x}{2z-3xy}\mathrm{d}x+\frac{3xz-2y}{2z-3xy}\mathrm{d}y$.

20. B

【解析】$\begin{cases} z'_x=(x^2+3x+y^2+2y+1)\mathrm{e}^x=0,\\ z'_y=(2y+2)\mathrm{e}^x=0,\end{cases}$ 把$(0,-1)$代入，满足方程，故$(0,-1)$是驻点.

$A=(x^2+5x+y^2+2y+4)\mathrm{e}^x\big|_{(0,-1)}=3>0$，$B=(2y+2)\mathrm{e}^x\big|_{(0,-1)}=0$，$C=2\mathrm{e}^x\big|_{(0,-1)}=2$.
$AC-B^2>0$，故有极值，由于$A>0$，所以$(0,-1)$是极小值点．

21. D

【解析】利用第一换元积分法和不定积分的性质可得

$$\int\frac{f(\ln x)}{x}\mathrm{d}x=\int f(\ln x)\mathrm{d}\ln x\xlongequal{令 u=\ln x}\int f(u)\mathrm{d}u=\int\frac{1}{u^2}\mathrm{d}u=-\frac{1}{u}+C=-\frac{1}{\ln x}+C.$$

22. B

【解析】由$\lim\limits_{x\to\infty}xf\left(\frac{1}{2x+3}\right)=\lim\limits_{x\to\infty}\frac{f\left(\frac{1}{2x+3}\right)-f(0)}{\frac{1}{2x+3}}\cdot\frac{x}{2x+3}=\frac{1}{2}f'(0)=1$，故$f'(0)=2$.

23. D

【解析】由题意可知，$|\boldsymbol{B}|=-|\boldsymbol{A}|=-3$，又因为$\boldsymbol{A}^*=|\boldsymbol{A}|\boldsymbol{A}^{-1}$，则$|\boldsymbol{A}^*|=|\boldsymbol{A}|^{3-1}=|\boldsymbol{A}|^2=9$，从而有

$$|\boldsymbol{B}\boldsymbol{A}^*|=|\boldsymbol{B}||\boldsymbol{A}^*|=-3\times9=-27.$$

24. C

【解析】根据行列式的展开定理，所求表达式$2A_{11}+A_{21}-4A_{31}$，即为将行列式D的第一列换为$2,1,-4$所得的行列式的值，即

$$2A_{11}+A_{21}-4A_{31}=\begin{vmatrix}2&-1&2\\1&-3&1\\-4&1&-4\end{vmatrix}=0.$$

25. D

【解析】由$\boldsymbol{AB}=\boldsymbol{BC}=\boldsymbol{CA}=\boldsymbol{E}$，可得$\boldsymbol{A}=\boldsymbol{B}^{-1}=\boldsymbol{C}=\boldsymbol{A}^{-1}$，从而有$\boldsymbol{A}^2=\boldsymbol{E}$，同理，$\boldsymbol{B}^2=\boldsymbol{C}^2=\boldsymbol{E}$，则有$\boldsymbol{A}^2+\boldsymbol{B}^2+\boldsymbol{C}^2=3\boldsymbol{E}$.

26. C

【解析】由$\boldsymbol{AB}=\boldsymbol{O}$可知$\boldsymbol{B}$的列向量恰好是线性方程组$\boldsymbol{Ax}=\boldsymbol{0}$的$n$个解向量．
因为$r(\boldsymbol{A})=n-2$，则线性方程组$\boldsymbol{Ax}=\boldsymbol{0}$的基础解系的秩为$n-r(\boldsymbol{A})=2$，从而可得以解向量为列向量的矩阵$\boldsymbol{B}$的秩一定不超过基础解系的秩，即$r(\boldsymbol{B})\leqslant2$.

27. A

【解析】以$\boldsymbol{\alpha}_1,\boldsymbol{\alpha}_2,\boldsymbol{\alpha}_3$为列，构成3阶方阵$\boldsymbol{A}$，并进行初等行变换，可得

$$\boldsymbol{A}=(\boldsymbol{\alpha}_1,\boldsymbol{\alpha}_2,\boldsymbol{\alpha}_3)=\begin{pmatrix}1&1&1\\1&2&3\\1&3&t\end{pmatrix}\to\begin{pmatrix}1&1&1\\0&1&2\\0&2&t-1\end{pmatrix}\to\begin{pmatrix}1&1&1\\0&1&2\\0&0&t-5\end{pmatrix},$$

可见当$t=5$时，$r(\boldsymbol{A})=2$，$\boldsymbol{\alpha}_1,\boldsymbol{\alpha}_2,\boldsymbol{\alpha}_3$线性相关．

28. E

【解析】当系数矩阵$\boldsymbol{A}$是方阵时，齐次线性方程组有非零解的充要条件为$|\boldsymbol{A}|=0$，从而有

$$|\boldsymbol{A}|=\begin{vmatrix}k&0&1\\2&k&1\\k&-2&1\end{vmatrix}=2k-4=0,$$

解得$k=2$.

29. D

【解析】两个方程组无公共解则联立两个方程组构成的新方程组 $\boldsymbol{Ax}=\boldsymbol{d}$ 一定无解，从而对新方程组 $\boldsymbol{Ax}=\boldsymbol{d}$ 的增广矩阵作初等行变换化为阶梯形，有

$$\overline{\mathbf{A}}=\begin{pmatrix}1&1&1&1&0\\0&1&2&2&1\\0&-1&a-3&-2&b\\3&2&1&a&-1\end{pmatrix}\rightarrow\begin{pmatrix}1&1&1&1&0\\0&1&2&2&1\\0&0&a-1&0&b+1\\0&0&0&a-1&0\end{pmatrix},$$

要使方程组无解，则必有 $r(\mathbf{A})\neq r(\overline{\mathbf{A}})$，则 $a-1=0$ 且 $b+1\neq 0$，所以当 $a=1$ 且 $b\neq -1$ 时，方程组无解.

30. C

【解析】设事件 A 为最后取出的球为白球，事件 B 为球来自甲袋，则 $\overline{B}$ 为球来自乙袋.

因为最后 3 个球中 2 个球是从甲袋中取出，1 个球从乙袋中取出，显然 $P(B)=\frac{2}{3}$，$P(\overline{B})=\frac{1}{3}$.

由条件概率公式，可知在取出的球为来自甲袋的条件下，取出白球的概率，即 $P(A\mid B)=\frac{2}{5}$，

同理 $P(A\mid \overline{B})=\frac{1}{2}$，由全概率公式，有

$$P(A)=P(A\mid B)P(B)+P(A\mid \overline{B})P(\overline{B})=\frac{2}{5}\cdot\frac{2}{3}+\frac{1}{2}\cdot\frac{1}{3}=\frac{13}{30}.$$

31. C

【解析】本题是几何型概率，不妨假定随机地取出两个数分别为 X 和 Y，显然 X 与 Y 是两个相互独立的随机变量．如果把 (X,Y) 看成平面上的一个点的坐标，由于 $0<X<1$，$0<Y<1$，所以 (X,Y) 为平面上正方形 $0<X<1$，$0<Y<1$ 中的一个点，如图 1 所示正方形区域.

X 与 Y 两个数之差的绝对值小于 $\frac{1}{2}$ 的点 (X,Y) 对应于 $|X-Y|<\frac{1}{2}$ 的区域，即图 1 中阴影区域 D.

根据几何概型公式，这两个数之差的绝对值小于 $\frac{1}{2}$ 的概率为

$$P\left\{|X-Y|<\frac{1}{2}\right\}=\frac{\text{区域 }D\text{ 的面积}}{\text{正方形区域的面积}}=\frac{1-\left(\frac{1}{2}\right)^2}{1}=\frac{3}{4}.$$

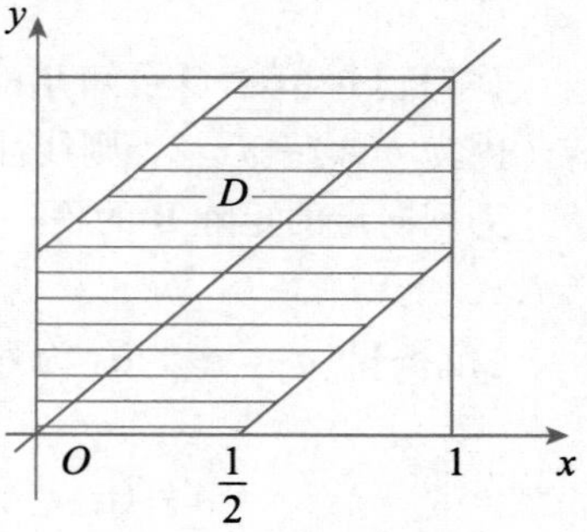

y
D
O
$\frac{1}{2}$
1
x

图 1

32. B

【解析】设 X_i 为第 i 次抛掷骰子所得的点数，$i=1,2,3$. 显然 $X=X_1+X_2+X_3$，从而 $E(X)=E(X_1)+E(X_2)+E(X_3)$，由题意得 X_i 的分布律为

X_i	1	2	3	4	5	6
P	$\frac{1}{6}$	$\frac{1}{6}$	$\frac{1}{6}$	$\frac{1}{6}$	$\frac{1}{6}$	$\frac{1}{6}$

故 $E(X_i)=\frac{1}{6}(1+2+3+4+5+6)=\frac{21}{6}=\frac{7}{2}$，$E(X)=\frac{7}{2}+\frac{7}{2}+\frac{7}{2}=\frac{21}{2}$.

33. C

【解析】由公式 $E(X^2)=D(X)+[E(X)]^2=1+1^2=2$，故 $P\{X=E(X^2)\}=P\{X=2\}=\frac{1^2}{2!}e^{-1}=\frac{1}{2e}$.

34. B

【解析】$\sum_{k=0}^{\infty}P\{X=k\}=\sum_{k=0}^{\infty}\frac{c}{k!}=c\sum_{k=0}^{\infty}\frac{1}{k!}=ce=1$，则 $c=e^{-1}$，$P\{X=k\}=\frac{1}{k!}e^{-1}$，显然 $\lambda=1$，$X\sim P(1)$，$E(X^2)=D(X)+[E(X)]^2=2$.

35. D

【解析】$E(X^2)=(-2)^2\times0.4+0\times0.3+2^2\times0.3=2.8$；

由期望的性质，得 $E(3X^2+5)=3E(X^2)+5=3\times2.8+5=13.4$.

测试卷Ⅱ

数学基础：第1～35小题，每小题2分，共70分．下列每题给出的五个选项中，只有一个选项是最符合试题要求的．

1. 设 $x\to0$ 时，$f(x)=\sin ax^3$ 与 $g(x)=x^2\ln(1-x)$ 是等价无穷小，则 $a=$（　　）.

A. -1　　B. -2　　C. 1　　D. 2　　E. 0

2. 设 $f(x)=\begin{cases}1-2x, & 2x\leqslant0,\\ x\sin\dfrac{1}{x}, & 0<x\leqslant1,\\ \dfrac{x^2-1}{x^2-3x+2}, & 1<x\leqslant2,\end{cases}$ 则 $f(x)$ 在（　　）.

A. $x=0$ 处间断，$x=1$ 处连续

B. $x=0$，$x=1$ 处都连续

C. $x=0$，$x=1$ 处都间断

D. $x=0$ 处连续，$x=1$ 处间断

E. $(-\infty,+\infty)$ 内连续

3. 设 $\lim\limits_{x\to0}\left(\dfrac{1-\tan x}{1+\tan x}\right)^{\frac{1}{\sin kx}}=\mathrm{e}$，则 $k=$（　　）.

A. $\dfrac{1}{2}$　　B. -1　　C. 1　　D. 2　　E. -2

4. 设 $f(x)=\begin{cases}2x+3, & x>1,\\ x^2+2, & x\leqslant1,\end{cases}$ 则 $f(x)$ 在 $x=1$ 处（　　）.

A. 左、右导数均存在且相等

B. 左、右导数均存在但不相等

C. 左导数不存在，右导数存在

D. 左导数存在，右导数不存在

E. 左、右导数均不存在

5. 已知函数 $y=x\arcsin\dfrac{x}{2}+\sqrt{4-x^2}$，则 $\mathrm{d}y=$（　　）.

A. $\left(\arcsin\dfrac{x}{2}+\dfrac{2x}{\sqrt{4-x^2}}\right)\mathrm{d}x$

B. $\left(\arcsin\dfrac{x}{2}-\dfrac{2x}{\sqrt{4-x^2}}\right)\mathrm{d}x$

C. $\arcsin\dfrac{x}{2}\mathrm{d}x$

D. $\left(\dfrac{x^2}{\sqrt{4-x^2}}+\dfrac{x}{\sqrt{4-x^2}}\right)\mathrm{d}x$

E. $\dfrac{x}{\sqrt{4-x^2}}\mathrm{d}x$

6. 曲线 $y=(3x^2-2x-1)^2$ 上，切线平行于 x 轴的切点为（　　）.

A. $\left(-\dfrac{1}{3},\dfrac{4}{3}\right)$　　B. $(1,0)$　　C. $\left(\dfrac{1}{3},0\right)$

D. $\left(-\dfrac{1}{3},\dfrac{16}{9}\right)$　　E. $(-1,9)$

7. 已知函数 $y=f(x)$ 由方程 $e^y+6xy+x^2-1=0$ 确定，则 $y''(0)=$(　　).

A. -2　　B. 2　　C. 0　　D. 1　　E. e

8. 当 $x=\frac{\pi}{3}$ 时，函数 $f(x)=a\sin x+\frac{1}{3}\sin 3x$ 达到极值，则 $a=$(　　).

A. 0　　B. 2　　C. $\sqrt{3}$　　D. -2　　E. $-\sqrt{3}$

9. 曲线 $y=\frac{10}{4x^3-9x^2+6x}$ 的单调减区间的个数为(　　).

A. 0　　B. 1　　C. 2　　D. 3　　E. 4

10. 若点 $(-1,0)$ 为 $y=x^3+ax^2+bx+1$ 的拐点，则 a，b 的值为(　　).

A. $a=-6$，$b=3$　　B. $a=\frac{3}{2}$，$b=\frac{3}{2}$　　C. $a=0$，$b=3$

D. $a=3$，$b=0$　　E. $a=3$，$b=3$

11. 不定积分 $\int \sin x\cos^3 x\,dx=$(　　).

A. $\frac{1}{4}\cos^4 x+C$　　B. $-\frac{1}{4}\cos^4 x+C$　　C. $\frac{1}{4}\sin^4 x+C$

D. $-\frac{1}{4}\sin^4 x+C$　　E. $\sin 4x+C$

12. 已知 $f(x)$ 的一个原函数为 $\ln^2 x$，则 $\int xf'(x)\,dx=$(　　).

A. $-2\ln x-\ln^2 x+C$　　B. $2\ln x+\ln^2 x+C$　　C. $2\ln x-\ln^2 x+C$

D. $\ln^2 x-2\ln x+C$　　E. $\ln x-\ln^2 x+C$

13. 估计积分 $\int_{-1}^{1}(x^2+1)\,dx$ 的值，下列结论正确的是(　　).

A. $0\leqslant\int_{-1}^{1}(x^2+1)\,dx\leqslant 1$　　B. $0\leqslant\int_{-1}^{1}(x^2+1)\,dx\leqslant 2$

C. $1\leqslant\int_{-1}^{1}(x^2+1)\,dx\leqslant 2$　　D. $2\leqslant\int_{-1}^{1}(x^2+1)\,dx\leqslant 4$

E. $1\leqslant\int_{-1}^{1}(x^2+1)\,dx\leqslant 4$

14. $\int_{\sqrt{5}}^{5}\frac{x}{\sqrt{|x^2-9|}}\,dx=$(　　).

A. 6　　B. 4　　C. 0　　D. 2　　E. 1

15. 设二元函数 $z=e^{x^2+y^2}$，则全微分 $dz=$(　　).

A. $e^{x^2+y^2}(x\,dx+y\,dy)$　　B. $e^{x^2+y^2}(y\,dx+x\,dy)$

C. $2e^{x^2+y^2}(x\,dx+y\,dy)$　　D. $2e^{x^2+y^2}(y\,dx+x\,dy)$

E. $2e^{x^2+y^2}(dx^2+dy^2)$

16. $\frac{d}{dx}\left(\int_0^{x^2}\frac{e^t}{\sqrt{1+t^2}}\,dt\right)=$(　　).

A. $\frac{e^t}{\sqrt{1+t^2}}$　　B. $\frac{e^{x^2}}{\sqrt{1+x^4}}$　　C. $\frac{e^{x^2}}{\sqrt{1+t^4}}$

D. $\frac{e^{x^2}}{\sqrt{1+x^2}}$　　E. $\frac{2xe^{x^2}}{\sqrt{1+x^4}}$

17. $\int_{-2}^{2}(x-1)\sqrt{4-x^2}\,\mathrm{d}x=(\quad)$.

A. 0　　B. $-\pi$　　C. π　　D. -2π　　E. 2π

18. 若 $z=\ln\sqrt{x^2+y^2}$ 所确定，则 $x\frac{\partial z}{\partial x}+y\frac{\partial z}{\partial y}=(\quad)$.

A. $\frac{x+y}{\sqrt{x^2+y^2}}$　　B. 2　　C. 1

D. $\frac{x+y}{x^2+y^2}$　　E. $\frac{2(x+y)}{x^2+y^2}$

19. 积分 $\int_0^3\frac{x\,\mathrm{d}x}{1+\sqrt{x+1}}=(\quad)$.

A. 9　　B. $-\frac{1}{3}$　　C. $\frac{1}{3}$　　D. $\frac{2}{3}$　　E. $\frac{5}{3}$

20. 若可微函数 $z=f(x, y)$ 在点 (x_0, y_0) 取得极大值，下列各项说法正确的是(　　).

A. $f(x_0, y)$ 在 $y=y_0$ 处的导数大于 0

B. $f(x_0, y)$ 在 $y=y_0$ 处的导数等于 0

C. $f(x_0, y)$ 在 $y=y_0$ 处的导数小于 0

D. $f(x_0, y)$ 在 $y=y_0$ 处的导数不存在

E. 无法确定 $f(x_0, y)$ 在 $y=y_0$ 处的导数的存在性

21. 函数 $z=2\ln|x|+\frac{(x-1)^2+y^2}{2x^2}$ 的极小值为(　　).

A. $f\left(\frac{1}{2}, 0\right)=2\ln 2$　　B. $f\left(\frac{1}{2}, 0\right)=2$　　C. $f\left(\frac{1}{2}, 0\right)=\frac{1}{2}$

D. $f(1, 0)=2-\ln 2$　　E. $f\left(\frac{1}{2}, 0\right)=\frac{1}{2}-2\ln 2$，$f(-1, 0)=2$

22. 极限 $\lim\limits_{x\to 0}\frac{\mathrm{e}^{2x}-1}{\ln(1+3x)}=(\quad)$.

A. $\frac{1}{2}$　　B. $\frac{1}{3}$　　C. 2　　D. 3　　E. $\frac{2}{3}$

23. 已知矩阵 $\boldsymbol{A}=\begin{pmatrix}1 & -1 & 0 & 0\\ -2 & 1 & -1 & 1\\ 3 & -2 & 2 & -1\\ 0 & 0 & 3 & 4\end{pmatrix}$，$A_{ij}$ 表示 $|\boldsymbol{A}|$ 中第 i 行第 j 列元素的代数余子式，则 $A_{11}-A_{12}=(\quad)$.

A. 4　　B. -4　　C. 0　　D. 11　　E. -11

24. 设三阶方阵 $\boldsymbol{A}=(\boldsymbol{\alpha}, \boldsymbol{\gamma}_1, \boldsymbol{\gamma}_2)$，$\boldsymbol{B}=(\boldsymbol{\beta}, 2\boldsymbol{\gamma}_1, -3\boldsymbol{\gamma}_2)$，其中 $\boldsymbol{\alpha}, \boldsymbol{\beta}, \boldsymbol{\gamma}_1, \boldsymbol{\gamma}_2$ 均是三维列向量且 $|\boldsymbol{A}|=-\frac{1}{3}$，$|\boldsymbol{B}|=3$，则 $|\boldsymbol{A}+\boldsymbol{B}|=(\quad)$.

A. 5　　B. -5　　C. 16　　D. -16　　E. $\frac{8}{3}$

25. 设 $\boldsymbol{AB}=\begin{pmatrix}1&1&0\\0&1&0\\0&0&1\end{pmatrix}$，且 $\boldsymbol{B}=\begin{pmatrix}1&0&3\\2&1&-1\\1&-2&1\end{pmatrix}$，则 $\boldsymbol{A}^{-1}=$(　　).

A. $\begin{pmatrix}1&1&3\\2&3&-1\\1&-1&1\end{pmatrix}$　　B. $\begin{pmatrix}1&-1&3\\2&3&-1\\1&-1&1\end{pmatrix}$　　C. $\begin{pmatrix}1&0&3\\2&1&-1\\1&-2&1\end{pmatrix}$

D. $\begin{pmatrix}1&-1&3\\2&-1&-1\\1&-3&1\end{pmatrix}$　　E. $\begin{pmatrix}1&1&3\\2&-1&-1\\1&-3&1\end{pmatrix}$

26. 向量组 $\boldsymbol{\alpha}_1=(a,3,1)^T$，$\boldsymbol{\alpha}_2=(2,b,3)^T$，$\boldsymbol{\alpha}_3=(1,2,1)^T$，$\boldsymbol{\alpha}_4=(2,3,1)^T$ 的秩为 2，则 a，b 的取值为(　　).

A. $a=1$，$b=3$　　B. $a=-2$，$b=9$　　C. $a=-2$，$b=1$

D. $a=2$，$b=3$　　E. $a=2$，$b=5$

27. 如果 $\boldsymbol{\alpha}_1$，$\boldsymbol{\alpha}_2$，$\boldsymbol{\alpha}_3$ 线性无关，则下列向量组线性相关的是(　　).

A. $\boldsymbol{\alpha}_1+\boldsymbol{\alpha}_2$，$\boldsymbol{\alpha}_1+2\boldsymbol{\alpha}_3$，$\boldsymbol{\alpha}_1+\boldsymbol{\alpha}_3$

B. $\boldsymbol{\alpha}_1+\boldsymbol{\alpha}_3$，$\boldsymbol{\alpha}_2+2\boldsymbol{\alpha}_3$，$2\boldsymbol{\alpha}_1+\boldsymbol{\alpha}_3$

C. $\boldsymbol{\alpha}_1+\boldsymbol{\alpha}_2$，$2\boldsymbol{\alpha}_3-\boldsymbol{\alpha}_1$，$2\boldsymbol{\alpha}_1+\boldsymbol{\alpha}_3$

D. $\boldsymbol{\alpha}_1+\boldsymbol{\alpha}_2+\boldsymbol{\alpha}_3$，$\boldsymbol{\alpha}_1+\boldsymbol{\alpha}_2+2\boldsymbol{\alpha}_3$，$\boldsymbol{\alpha}_1+2\boldsymbol{\alpha}_2+3\boldsymbol{\alpha}_3$

E. $\boldsymbol{\alpha}_1-2\boldsymbol{\alpha}_2$，$\boldsymbol{\alpha}_2-\boldsymbol{\alpha}_3$，$2\boldsymbol{\alpha}_3-\boldsymbol{\alpha}_1$

28. 若 $\boldsymbol{A}=\begin{pmatrix}1&2&-1\\2&-3&1\\4&1&-1\end{pmatrix}$，则齐次线性方程组 $\boldsymbol{Ax}=\boldsymbol{0}$ 的线性无关的解的最大个数为(　　).

A. 0　　B. 1　　C. 2　　D. 3　　E. 无法确定

29. 已知线性方程组 $\begin{cases}-x_2+ax_3=0,\\-ax_1+x_2+ax_4=1,\\x_1-x_3-x_4=1,\\x_2-ax_3=b\end{cases}$ 有无穷多组解，则 a，b 的取值为(　　).

A. $a=1$，$b=2$　　B. $a\neq1$，$b\neq2$　　C. $a=-1$，$b=0$

D. $a\neq-1$，$b\neq0$　　E. $a=b=1$

30. 4 封信等可能投入 3 个邮筒，在已知前 2 封信放入不同邮筒的条件下，求恰好有 3 封信放入同一邮筒的概率为(　　).

A. $\frac{1}{9}$　　B. $\frac{2}{9}$　　C. $\frac{1}{3}$　　D. $\frac{4}{9}$　　E. $\frac{5}{9}$

31. 8 件产品中含有 3 件次品，今从中任取两件，已知其中有一件是次品，则另一件也是次品的概率为(　　).

A. $\frac{1}{2}$　　B. $\frac{1}{3}$　　C. $\frac{1}{4}$

D. $\frac{3}{10}$　　E. $\frac{1}{6}$

32. 设随机变量 X 的概率分布为 $P\{X=k\}=\theta(1-\theta)^{k-1}$，$k=1$，2，…，其中 $0<\theta<1$，若 $P\{X\leqslant 2\}=\frac{5}{9}$，则 $P\{X=3\}=($　　$)$.

A. $\frac{4}{27}$　　B. $\frac{5}{27}$　　C. $\frac{7}{27}$　　D. $\frac{11}{27}$　　E. $\frac{13}{27}$

33. 设随机变量 ξ 在(0，6)上服从均匀分布，则方程 $x^2+2\xi x+1=0$ 无实根的概率是(　　).

A. $\frac{1}{6}$　　B. $\frac{2}{5}$　　C. $\frac{1}{2}$　　D. $\frac{3}{5}$　　E. $\frac{4}{5}$

34. 设随机事件 A，B 相互独立，且 $P(B)=0.5$，$P(A-B)=0.3$，则 $P(B-A)=($　　$)$.

A. 0.1　　B. 0.2　　C. 0.3　　D. 0.4　　E. 0.5

35. 设连续型随机变量 X 的分布函数为

$$F(x)=\begin{cases}A+Be^{-\lambda x}, & x>0,\\ 0, & x\leqslant 0,\end{cases}$$

$\lambda>0$，则 $P\{-1\leqslant X<1\}=($　　$)$.

A. $e^{\lambda}-e^{-\lambda}$　　B. $1-e^{-\lambda}$　　C. $\frac{1}{2}(1+e^{-\lambda})$

D. $\frac{1}{2}(1+e^{\lambda})$　　E. 以上选项均不正确

答案速查

1～5　ACEDC　　6～10　BABDE　　11～15　BCDAC

16～20　EDCEB　　21～25　EEBAD　　26～30　EEBCB

31～35　EAABB

答案详解

1. A

【解析】由等价无穷小的定义得$\lim\limits_{x\to0}\dfrac{\sin ax^3}{x^2\ln(1-x)}=\lim\limits_{x\to0}\dfrac{ax^3}{x^2(-x)}=-a=1$，所以 $a=-1$.

2. C

【解析】判断分段函数在分段点处的连续性只需按照函数在一点连续的定义及间断点的定义去判断即可.

在点 $x=0$ 处，左极限 $f(0-0)=1$，右极限 $f(0+0)=0$，由于在点 $x=0$ 处的左极限不等于右极限，即 $f(0-0)\neq f(0+0)$，所以点 $x=0$ 为 $f(x)$的间断点；

在点 $x=1$ 处，$f(1-0)=\sin 1$，而

$$f(1+0)=\lim_{x\to1^+}\frac{x^2-1}{x^2-3x+2}=\lim_{x\to1^+}\frac{(x+1)(x-1)}{(x-2)(x-1)}=\lim_{x\to1^+}\frac{x+1}{x-2}=-2,$$

在点 $x=1$ 处的 $f(1-0)\neq f(1+0)$，所以点 $x=1$ 为 $f(x)$的间断点.

3. E

【解析】

$$\lim_{x\to0}\left(\frac{1-\tan x}{1+\tan x}\right)^{\frac{1}{\sin kx}}=\lim_{x\to0}\left(1-\frac{2\tan x}{1+\tan x}\right)^{\frac{1}{\sin kx}}=\lim_{x\to0}e^{\frac{1}{\sin kx}\ln\left(1-\frac{2\tan x}{1+\tan x}\right)}$$

$$=\lim_{x\to0}e^{\frac{1}{\sin kx}\left(-\frac{2\tan x}{1+\tan x}\right)}=\lim_{x\to0}e^{\frac{-2x}{kx}}=e^{\frac{-2}{k}}=e,$$

所以 $k=-2$.

4. D

【解析】因为

$$f'_-(1)=\lim_{x\to1^-}\frac{x^2+2-3}{x-1}=2,\quad f'_+(1)=\lim_{x\to1^+}\frac{2x+3-3}{x-1}=\infty,$$

所以 $f(x)$在点 $x=1$ 处左导数存在，右导数不存在.

5. C

【解析】

$$\begin{aligned}dy&=d\left(x\arcsin\frac{x}{2}\right)+d(\sqrt{4-x^2})\\&=\arcsin\frac{x}{2}dx+xd\left(\arcsin\frac{x}{2}\right)+\frac{1}{2\sqrt{4-x^2}}d(4-x^2)\\&=\arcsin\frac{x}{2}dx+x\frac{1}{\sqrt{4-x^2}}dx-\frac{2x}{2\sqrt{4-x^2}}dx\\&=\arcsin\frac{x}{2}dx.\end{aligned}$$

6. B

【解析】利用函数在某点处的导数就是函数在该点处切线的斜率求解.

$y'=2(3x^2-2x-1)\cdot(6x-2)=4(3x+1)(x-1)(3x-1)$，令 $y'=0$，解得 $x=\pm\frac{1}{3}$，$x=1$，

因此切点为$(1,0)$，$\left(-\frac{1}{3},0\right)$，$\left(\frac{1}{3},\frac{16}{9}\right)$，故只有B项正确.

7. A

【解析】方程两边对 x 两次求导得

$$e^y y'+6xy'+6y+2x=0, \tag{1}$$

$$e^y y''+e^y y'^2+6xy''+12y'+2=0, \tag{2}$$

将 $x=0$ 代入原方程得 $y=0$，将 $x=y=0$ 代入式(1)得 $y'=0$，再将 $x=y=y'=0$ 代入式(2)得 $y''(0)=-2$.

8. B

【解析】由条件可知 $f'(x)=a\cos x+\cos 3x$，由于函数在 $x=\frac{\pi}{3}$ 处取得极值，故 $f'\left(\frac{\pi}{3}\right)=0$，即 $a\cos\frac{\pi}{3}+\cos\pi=0$，所以 $a=2$.

9. D

【解析】函数的定义域为$(-\infty,0)\cup(0,+\infty)$，对函数求一阶导数，为

$$y'=\frac{-120\left(x-\frac{1}{2}\right)(x-1)}{(4x^3-9x^2+6x)^2},$$

令 $y'=0$，解得 $x_1=\frac{1}{2}$，$x_2=1$；当 $x_3=0$ 时函数没有定义.

列表，得

x	$(-\infty,0)$	0	$\left(0,\frac{1}{2}\right)$	$\frac{1}{2}$	$\left(\frac{1}{2},1\right)$	1	$(1,+\infty)$
y'	$-$	不存在	$-$	0	$+$	0	$-$
y	单调递减		单调递减	极小值	单调递增	极大值	单调递减

由此可得，单调减区间有三个，分别为$(-\infty,0)$，$\left(0,\frac{1}{2}\right)$，$(1,+\infty)$.

10. E

【解析】对函数求一阶、二阶导数可得 $y'=3x^2+2ax+b$，$y''=6x+2a$. 因为$(-1,0)$是拐点，于是 $y''(-1)=2a-6=0$，又因为$(-1,0)$在曲线上，则有 $y(-1)=a-b=0$，由此可得 $b=a=3$.

11. B

【解析】$\int\sin x\cos^3 x\,dx=-\int\cos^3 x\,d\cos x=-\frac{1}{4}\cos^4 x+C$.

12. C

【解析】因为 $f(x)$的一个原函数为 $\ln^2 x$，所以 $f(x)=(\ln^2 x)'=\frac{2\ln x}{x}$，于是

$$\int xf'(x)\mathrm{d}x=xf(x)-\int f(x)\mathrm{d}x=2\ln x-\ln^2 x+C.$$

13. D

【解析】在$[-1,1]$上，$0\leqslant x^2\leqslant 1$，因此，$1\leqslant x^2+1\leqslant 2$，所以$2\leqslant\int_{-1}^{1}(x^2+1)\mathrm{d}x\leqslant 4$.

14. A

【解析】$\int_{\sqrt{5}}^{5}\frac{x}{\sqrt{|x^2-9|}}\mathrm{d}x=\int_{\sqrt{5}}^{3}\frac{x}{\sqrt{9-x^2}}\mathrm{d}x+\int_{3}^{5}\frac{x}{\sqrt{x^2-9}}\mathrm{d}x$

$$=-\frac{1}{2}\int_{\sqrt{5}}^{3}\frac{1}{\sqrt{9-x^2}}\mathrm{d}(9-x^2)+\frac{1}{2}\int_{3}^{5}\frac{1}{\sqrt{x^2-9}}\mathrm{d}(x^2-9)=6.$$

15. C

【解析】分别对x，y求偏导，$\frac{\partial z}{\partial x}=2x\mathrm{e}^{x^2+y^2}$，$\frac{\partial z}{\partial y}=2y\mathrm{e}^{x^2+y^2}$，于是

$$\mathrm{d}z=2x\mathrm{e}^{x^2+y^2}\mathrm{d}x+2y\mathrm{e}^{x^2+y^2}\mathrm{d}y=2\mathrm{e}^{x^2+y^2}(x\mathrm{d}x+y\mathrm{d}y).$$

16. E

【解析】根据变限积分求导公式可得，$\frac{\mathrm{d}}{\mathrm{d}x}\left(\int_0^{x^2}\frac{\mathrm{e}^t}{\sqrt{1+t^2}}\mathrm{d}t\right)=\frac{2x\mathrm{e}^{x^2}}{\sqrt{1+x^4}}$.

17. D

【解析】显然对于$\forall x\in\mathbf{R}$，函数$\sqrt{4-x^2}$为偶函数，函数$x\sqrt{4-x^2}$为奇函数，并且以上两个函数在区间$[-2,2]$上都连续，故有

$$\int_{-2}^{2}(x-1)\sqrt{4-x^2}\mathrm{d}x=-2\int_0^2\sqrt{4-x^2}\mathrm{d}x=-2\cdot\frac{\pi}{4}\cdot 2^2=-2\pi.$$

18. C

【解析】

$$\frac{\partial z}{\partial x}=\frac{1}{\sqrt{x^2+y^2}}\cdot\frac{1}{2\sqrt{x^2+y^2}}\cdot 2x=\frac{x}{x^2+y^2},$$

$$\frac{\partial z}{\partial y}=\frac{1}{\sqrt{x^2+y^2}}\cdot\frac{1}{2\sqrt{x^2+y^2}}\cdot 2y=\frac{y}{x^2+y^2},$$

于是，$x\frac{\partial z}{\partial x}+y\frac{\partial z}{\partial y}=\frac{x^2}{x^2+y^2}+\frac{y^2}{x^2+y^2}=1$.

19. E

【解析】根据第一换元积分法和牛顿—莱布尼茨公式，可得

$$\int_0^3\frac{x}{1+\sqrt{x+1}}\mathrm{d}x\xlongequal{\text{令}\sqrt{x+1}=t}\int_1^2(t-1)\cdot 2t\mathrm{d}t=\left(\frac{2t^3}{3}-t^2\right)\Big|_1^2=\frac{5}{3}.$$

20. B

【解析】可微函数$z=f(x,y)$在点(x_0,y_0)取得极大值，则$f'(x_0,y_0)=0$，因此$f(x_0,y)$在$y=y_0$处的导数等于0.

21. E

【解析】对x，y分别求偏导，有$\begin{cases}\frac{\partial z}{\partial x}=\frac{2x^2+x-1-y^2}{x^3}=0,\\ \frac{\partial z}{\partial y}=\frac{y}{x^2}=0,\end{cases}$得驻点$P_1(-1,0)$，$P_2\left(\frac{1}{2},0\right)$.

求二阶偏导，得$\frac{\partial^2 z}{\partial x^2}=\frac{(4x+1)x-3(2x^2+x-1-y^2)}{x^4}=\frac{-2x^2-2x+3+3y^2}{x^4}$，$\frac{\partial^2 z}{\partial x\partial y}=\frac{-2y}{x^3}$，$\frac{\partial^2 z}{\partial y^2}=\frac{1}{x^2}$.

在$P_1(-1,0)$点处，$A=3$，$B=0$，$C=1$，$AC-B^2=3>0$，$A>0$，于是$f(P_1)=2$为极小值.

在$P_2\left(\frac{1}{2},0\right)$点处，$A=24$，$B=0$，$C=4$，$AC-B^2=96>0$，$A>0$，则$f(P_2)=\frac{1}{2}-2\ln 2$为极小值.

22. E

【解析】等价无穷小替换，$\lim\limits_{x\to 0}\frac{e^{2x}-1}{\ln(1+3x)}=\lim\limits_{x\to 0}\frac{2x}{3x}=\frac{2}{3}$.

23. B

【解析】根据行列式展开定理，可知

$$A_{11}-A_{12}=|\boldsymbol{A}|=\begin{vmatrix}1&-1&0&0\\-2&1&-1&1\\3&-2&2&-1\\0&0&3&4\end{vmatrix}=\begin{vmatrix}1&0&0&0\\-2&-1&-1&1\\3&1&2&-1\\0&0&3&4\end{vmatrix},$$

按第一行展开可得

$$原式=\begin{vmatrix}-1&-1&1\\1&2&-1\\0&3&4\end{vmatrix}=\begin{vmatrix}-1&-1&1\\0&1&0\\0&3&4\end{vmatrix},$$

再按第一列展开可得

$$原式=-\begin{vmatrix}1&0\\3&4\end{vmatrix}=-4.$$

24. A

【解析】
$$\begin{aligned}|\boldsymbol{A}+\boldsymbol{B}|&=|\boldsymbol{\alpha}+\boldsymbol{\beta},3\boldsymbol{\gamma}_1,-2\boldsymbol{\gamma}_2|=|\boldsymbol{\alpha},3\boldsymbol{\gamma}_1,-2\boldsymbol{\gamma}_2|+|\boldsymbol{\beta},3\boldsymbol{\gamma}_1,-2\boldsymbol{\gamma}_2|\\&=-6|\boldsymbol{\alpha},\boldsymbol{\gamma}_1,\boldsymbol{\gamma}_2|+|\boldsymbol{\beta},2\boldsymbol{\gamma}_1,-3\boldsymbol{\gamma}_2|=-6|\boldsymbol{A}|+|\boldsymbol{B}|\\&=-6\times\left(-\frac{1}{3}\right)+3=5.\end{aligned}$$

25. D

【解析】方法一：由$\boldsymbol{AB}=\begin{pmatrix}1&1&0\\0&1&0\\0&0&1\end{pmatrix}$，可得$\boldsymbol{A}=\begin{pmatrix}1&1&0\\0&1&0\\0&0&1\end{pmatrix}\boldsymbol{B}^{-1}$，从而

$$\boldsymbol{A}^{-1}=\boldsymbol{B}\begin{pmatrix}1&1&0\\0&1&0\\0&0&1\end{pmatrix}^{-1}=\begin{pmatrix}1&0&3\\2&1&-1\\1&-2&1\end{pmatrix}\begin{pmatrix}1&1&0\\0&1&0\\0&0&1\end{pmatrix}^{-1}=\begin{pmatrix}1&-1&3\\2&-1&-1\\1&-3&1\end{pmatrix}.$$

方法二：$\boldsymbol{AB}=\begin{pmatrix}1&1&0\\0&1&0\\0&0&1\end{pmatrix}=\boldsymbol{E}\cdot\boldsymbol{E}_{12}(1)$，其中$\boldsymbol{E}_{12}(1)$表示把第一列加到第二列的初等矩阵.

从而有 $\boldsymbol{ABE}_{12}(1)^{-1}=\boldsymbol{ABE}_{12}(-1)=\boldsymbol{E}$，则 $\boldsymbol{A}^{-1}=\boldsymbol{BE}_{12}(-1)$，而 $\boldsymbol{BE}_{12}(-1)$恰好是对矩阵 $\boldsymbol{B}$ 作初等变换 $\boldsymbol{E}_{12}(-1)$，也就是把矩阵 $\boldsymbol{B}$ 的第一列的 -1 倍加到第二列所得到的矩阵，所以

$$\boldsymbol{A}^{-1}=\begin{pmatrix}1&-1&3\\2&-1&-1\\1&-3&1\end{pmatrix}.$$

26. E

【解析】以 $\boldsymbol{\alpha}_1$，$\boldsymbol{\alpha}_2$，$\boldsymbol{\alpha}_3$，$\boldsymbol{\alpha}_4$ 为列，构成 3×4 阶矩阵 $\boldsymbol{A}$，即

$$\boldsymbol{A}=(\boldsymbol{\alpha}_1,\boldsymbol{\alpha}_2,\boldsymbol{\alpha}_3,\boldsymbol{\alpha}_4)=\begin{pmatrix}a&2&1&2\\3&b&2&3\\1&3&1&1\end{pmatrix},$$

对其作初等行变换，有

$$\begin{pmatrix}a&2&1&2\\3&b&2&3\\1&3&1&1\end{pmatrix}\to\begin{pmatrix}1&3&1&1\\0&b-9&-1&0\\0&2-3a&1-a&2-a\end{pmatrix},$$

由于向量组 $\boldsymbol{\alpha}_1$，$\boldsymbol{\alpha}_2$，$\boldsymbol{\alpha}_3$，$\boldsymbol{\alpha}_4$ 秩为 2，则最后两行必然对应成比例，从而 $2-a=0$，且 $\frac{b-9}{2-3a}=\frac{-1}{1-a}$，解得 $a=2$，$b=5$.

27. E

【解析】把各选项中的向量组分别表示成已知向量组 $\boldsymbol{\alpha}_1$，$\boldsymbol{\alpha}_2$，$\boldsymbol{\alpha}_3$ 与矩阵的乘积．对于选项 A，

$$(\boldsymbol{\alpha}_1+\boldsymbol{\alpha}_2,\boldsymbol{\alpha}_1+2\boldsymbol{\alpha}_3,\boldsymbol{\alpha}_1+\boldsymbol{\alpha}_3)=(\boldsymbol{\alpha}_1,\boldsymbol{\alpha}_2,\boldsymbol{\alpha}_3)\begin{pmatrix}1&1&1\\1&0&0\\0&2&1\end{pmatrix}=(\boldsymbol{\alpha}_1,\boldsymbol{\alpha}_2,\boldsymbol{\alpha}_3)\boldsymbol{A},$$ 且 $|\boldsymbol{A}|\neq0$(或者 $r(\boldsymbol{A})=3$)，则向量组 $\boldsymbol{\alpha}_1+\boldsymbol{\alpha}_2$，$\boldsymbol{\alpha}_1+2\boldsymbol{\alpha}_3$，$\boldsymbol{\alpha}_1+\boldsymbol{\alpha}_3$ 线性无关；

同理可得选项 B，C，D 都是线性无关的，选项 E 是线性相关的．

28. B

【解析】方程组线性无关解的最大个数即为基础解系的个数，为 $3-r(\boldsymbol{A})$，因此对矩阵 $\boldsymbol{A}$ 进行初等行变换，有

$$\boldsymbol{A}=\begin{pmatrix}1&2&-1\\2&-3&1\\4&1&-1\end{pmatrix}\to\begin{pmatrix}1&2&-1\\0&-7&3\\0&-7&3\end{pmatrix}\to\begin{pmatrix}1&2&-1\\0&-7&3\\0&0&0\end{pmatrix},$$

所以，$r(\boldsymbol{A})=2$，从而方程组的线性无关解的最大个数为 $3-r(\boldsymbol{A})=1$.

29. C

【解析】对线性方程组的增广矩阵进行初等行变换，有

$$\begin{pmatrix}0&-1&a&0&0\\-a&1&0&a&1\\1&0&-1&-1&1\\0&1&-a&0&b\end{pmatrix}\to\begin{pmatrix}1&0&-1&-1&1\\-a&1&0&a&1\\0&-1&a&0&0\\0&1&-a&0&b\end{pmatrix}\to\begin{pmatrix}1&0&-1&-1&1\\0&1&-a&0&1+a\\0&-1&a&0&0\\0&1&-a&0&b\end{pmatrix}$$

$$\rightarrow\begin{pmatrix}1 & 0 & -1 & -1 & 1\\0 & 1 & -a & 0 & 1+a\\0 & 0 & 0 & 0 & 1+a\\0 & 0 & 0 & 0 & b-1-a\end{pmatrix}$$

由于方程组有无穷多解，则必有 $r(\mathbf{A})=r(\overline{\mathbf{A}})$，即 $a+1=0$ 且 $b-1-a=0$，解得 $a=-1$，$b=0$.

30. B

【解析】本题是求条件概率．设事件 A 为前 2 封信放入不同邮筒，事件 B 为恰好有 3 封信放入同一邮筒，所求的条件概率应为 $P(B\mid A)=\dfrac{P(AB)}{P(A)}$.

4 封信任意投入 3 个邮筒，总的投法应有 3^4 种．

事件 A 发生的情况：第 1 封信可以随便投，有 3 种；第 2 封信不能投入第 1 封信已投的邮筒，只有 2 种；第 3，4 封信可以任意投，均有 3 种，所以

$$P(A)=\frac{3\cdot2\cdot3\cdot3}{3^4}=\frac{2}{3}.$$

事件 AB 发生的情况：第 1、2 两封信投入有 $3\cdot2$ 种；第 3 封信只能投入已投有信的两个邮筒之一，共 2 种；第 4 封信只能投入第 3 封信投入的邮筒，以确保有 3 封信在同一邮筒，所以

$$P(AB)=\frac{3\cdot2\cdot2\cdot1}{3^4}=\frac{4}{27}.$$

因此 $P(B\mid A)=\dfrac{P(AB)}{P(A)}=\dfrac{2}{9}$.

31. E

【解析】设事件 A 为取出两件产品中至少有一件次品，事件 B 为取出两件产品均为次品．

现取出两件产品中已知有一个次品，即事件 A 发生的条件下，求另一件也是次品这事件，即事件 B 发生的条件概率，即 $P(B\mid A)=\dfrac{P(AB)}{P(A)}=\dfrac{P(B)}{P(A)}$.

由于 $P(A)=1-P(\overline{A})$，$\overline{A}$ 是两件中没有次品，故

$$P(\overline{A})=\frac{C_5^2}{C_8^2}=\frac{5}{14}.$$

所以 $P(A)=\dfrac{9}{14}$.

又 $P(B)=\dfrac{C_3^2}{C_8^2}=\dfrac{3}{28}$，故 $P(B\mid A)=\dfrac{P(B)}{P(A)}=\dfrac{1}{6}$.

32. A

【解析】$\dfrac{5}{9}=P\{X\leqslant2\}=P\{X=1\}+P\{X=2\}=\theta+\theta(1-\theta)$，得

$$\theta^2-2\theta+\frac{5}{9}=0,$$

解得 $\theta=\dfrac{1}{3}$ 或 $\theta=\dfrac{5}{3}$，又 $0<\theta<1$，故 $\theta=\dfrac{1}{3}$. 因此 $P\{X=3\}=\theta(1-\theta)^2=\dfrac{1}{3}\left(\dfrac{2}{3}\right)^2=\dfrac{4}{27}$.

33. A

【解析】方程有实根，则有 $4\xi^2-4\geqslant0$，有实根的概率为

$$P\{4\xi^2-4\geqslant 0\}=P\{\xi\geqslant 1\}+P\{\xi\leqslant -1\}=\frac{6-1}{6-0}+0=\frac{5}{6}.$$

故无实根的概率为 $1-P\{4\xi^2-4\geqslant 0\}=\frac{1}{6}$.

34. B

【解析】$P(A-B)=0.3\Rightarrow P(A)-P(AB)=0.3$.

因为随机事件 A，B 相互独立，则 $P(A)-P(AB)=P(A)-P(A)P(B)=0.3$，又 $P(B)=0.5$，代入解得 $P(A)=0.6$，则 $P(AB)=P(A)P(B)=0.3$，因此

$$P(B-A)=P(B)-P(AB)=0.2.$$

35. B

【解析】根据分布函数的性质有 $F(+\infty)=A=1$. 又因为连续型随机变量的分布函数是右连续函数，所以 $F(0)=F(0+0)$，于是有 $0=1+B$，即 $B=-1$，因此

$$F(x)=\begin{cases}1-\mathrm{e}^{-\lambda x}, & x>0,\\ 0, & x\leqslant 0,\end{cases}$$

故 $P\{-1\leqslant X<1\}=F(1)-F(-1)=1-\mathrm{e}^{-\lambda}-0=1-\mathrm{e}^{-\lambda}$.

测试卷Ⅲ

数学基础：第1～35小题，每小题2分，共70分．下列每题给出的五个选项中，只有一个选项是最符合试题要求的．

1. 极限 $\lim\limits_{x\to0^+}\dfrac{\ln(1+x^2)}{x(1-\cos\sqrt{x})}=($　　$)$.

A. -2　　B. 2　　C. $-\dfrac{1}{2}$　　D. $\dfrac{1}{2}$　　E. 1

2. 若 $x\to0$ 时，$\mathrm{e}^{\tan x}-\mathrm{e}^x$ 与 x^n 是同阶无穷小，则 $n=($　　$)$.

A. 0　　B. 1　　C. 2　　D. 3　　E. 4

3. $\lim\limits_{x\to0}(x^2+x+\mathrm{e}^x)^{\frac{1}{x}}=($　　$)$.

A. $\dfrac{1}{\mathrm{e}}$　　B. e　　C. e^2　　D. e^3　　E. 1

4. 若函数 $f(x)=\begin{cases}\dfrac{1-\mathrm{e}^{\tan x}}{\arcsin\dfrac{x}{2}}, & x>0,\\ a\mathrm{e}^{2x}, & x\leqslant0,\end{cases}$ 在 $x=0$ 处连续，则常数 $a=($　　$)$.

A. -2　　B. 2　　C. 1　　D. -1　　E. 0

5. 设 $f(x)$ 是连续函数，则 $\dfrac{\mathrm{d}}{\mathrm{d}x}\displaystyle\int_{5x}^{3}f(t)\mathrm{d}t=($　　$)$.

A. $f(5x)$　　B. $5f(x)$　　C. $-f(5x)$　　D. $5f(5x)$　　E. $-5f(5x)$

6. 已知函数 $f(x)$ 在点 $x=0$ 处可导，且 $f(0)=0$，则 $\lim\limits_{x\to0}\dfrac{f(tx)-f(x)}{x}=($　　$)$.

A. $(t-1)f'(0)$　　B. $tf'(0)$　　C. $f'(0)$　　D. $-f'(0)$　　E. $-tf'(0)$

7. 若函数 $f(x)$ 可导，$F(x)=f(x)(1+|\sin x|)$ 在点 $x=0$ 处可导，则必有(　　).

A. $F'(0)=0$　　B. $F(0)+F'(0)=0$　　C. $F(0)-F'(0)=0$

D. $F(0)=0$　　E. 无法确定 $F(0)$，$F'(0)$ 的值

8. 设方程 $x=y^y$ 确定 y 是 x 的函数，则 $\mathrm{d}y=($　　$)$.

A. $\dfrac{1}{x(1-\ln y)}\mathrm{d}x$　　B. $\dfrac{1}{x(1+\ln y)}\mathrm{d}x$　　C. $\dfrac{1}{1+\ln y}\mathrm{d}x$

D. $\dfrac{1}{x(1+\ln y)}$　　E. $\dfrac{1}{1-\ln y}\mathrm{d}x$

9. 设 $f(x)$ 在 $(-\infty,+\infty)$ 内可导，且对任意 x_1，x_2，当 $x_1>x_2$ 时，都有 $f(x_1)<f(x_2)$，则(　　).

A. 对任意 x，$f'(x)>0$　　B. 对任意 x，$f'(-x)\geqslant0$

C. 函数 $-f(-x)$ 单调减少　　D. 对任意 x，$f'(x)<0$

E. 函数 $f(-x)$单调减少

10. 不定积分$\int \frac{dx}{x\sqrt{1-\ln^2 x}}=$(　　).

A. $\arctan(\ln x)+C$　　B. $\sqrt{1-\ln^2 x}+C$　　C. $2\sqrt{1-\ln^2 x}+C$

D. $-2\sqrt{1-\ln^2 x}+C$　　E. $\arcsin(\ln x)+C$

11. 设函数 $f(x)$的一个原函数为 $\sin x$，则 $f'(x)=$(　　).

A. $\sin x$　　B. $-\sin x$　　C. $\cos x$　　D. $-\cos x$　　E. $\sin^2 x$

12. 曲线 $y=\frac{x^2-2x-3}{x^2-1}$的垂直渐近线的方程是(　　).

A. $x=1$　　B. $y=1$　　C. $x=0$　　D. $y=0$　　E. $x=-1$

13. 定积分$\int_0^3 \sqrt{9-x^2}\,dx$ 的值是(　　).

A. 3π　　B. $\frac{9\pi}{2}$　　C. $\frac{3\pi}{2}$　　D. 9π　　E. $\frac{9}{4}\pi$

14. $\int_{-1}^{1}(x+\sqrt{1-x^2})^2\,dx=$(　　).

A. 0　　B. -1　　C. 1　　D. 2　　E. -2

15. $\int_1^{+\infty}\frac{1}{x\sqrt{x^2-1}}\,dx=$(　　).

A. $\frac{\pi}{2}$　　B. $\frac{3\pi}{2}$　　C. $-\frac{\pi}{2}$　　D. π　　E. ∞

16. $x=4$ 为函数 $y=\frac{\sqrt{x}-2}{x-4}$的(　　).

A. 连续点　　B. 振荡间断点　　C. 无穷间断点

D. 可去间断点　　E. 跳跃间断点

17. 设 $f(x)=\int_1^{\sqrt{x}} e^{-t^2}\,dt$，求$\int_0^1 \frac{f(x)}{\sqrt{x}}\,dx=$(　　).

A. $e^{-1}-1$　　B. $\frac{1}{2}e^{-1}-\frac{1}{2}$　　C. $2e^{-1}-2$

D. $1-e^{-1}$　　E. 0

18. 函数 $z=\frac{\ln(x^2+y^2-4)}{\sqrt{9-x^2-y^2}}$的定义域为(　　).

A. $\{(x,y)\mid 4\leqslant x^2+y^2<9\}$　　B. $\{(x,y)\mid 4\leqslant x^2+y^2\leqslant 9\}$

C. $\{(x,y)\mid 4<x^2+y^2<9\}$　　D. $\{(x,y)\mid 4<x^2+y^2\leqslant 9\}$

E. $\{(x,y)\mid 2\leqslant x^2+y^2<3\}$

19. 极限$\lim\limits_{\substack{x\to 0\\ y\to 0}}\frac{x^2y^2}{x^2+y^2}$(　　).

A. 不存在　　B. 3　　C. 2　　D. 1　　E. 0

20. 下列结论错误的是(　　).

A. 若 $f(x, y)$在(x_0, y_0)处连续，则$\lim\limits_{\substack{x\to x_0\\y\to y_0}}f(x, y)$一定存在

B. 若 $f(x, y)$在(x_0, y_0)处可微，则 $f(x, y)$在(x_0, y_0)处连续

C. 若 $f(x)$在 $x=x_0$ 处有极小值，则 $f'(x_0)=0$ 或者 $f'(x_0)$不存在

D. 若 $f(x, y)$在(x_0, y_0)处可偏导，则 $f(x, y)$在(x_0, y_0)处可微

E. 若$\lim\limits_{\substack{x\to x_0\\y\to y_0}}f(x, y)$不存在，则 $f(x, y)$在(x_0, y_0)处一定不连续

21. 函数 $z=x^2+2xy+2y^2-6y$，则(　　).

A. $(-3, 3)$是极大值点　　B. $(-3, 3)$是极小值点

C. $(3, -3)$是极大值点　　D. $(3, -3)$是极小值点

E. 无极值点

22. 函数 $f(x, y)=xye^{x^2}$，则 $x\dfrac{\partial f}{\partial x}-y\dfrac{\partial f}{\partial y}=$(　　).

A. 0　　B. $f(x, y)$　　C. $2x^2f(x, y)$　　D. $2xf(x, y)$　　E. $2yf(x, y)$

23. 设$\boldsymbol{A}$，$\boldsymbol{B}$为三阶矩阵，且$|\boldsymbol{A}|=2$，$|\boldsymbol{B}|=3$，则$\left||\boldsymbol{A}|\boldsymbol{A}^{\mathrm{T}}\boldsymbol{B}^{-1}\right|=$(　　).

A. $\dfrac{4}{3}$　　B. $\dfrac{16}{3}$　　C. $\dfrac{1}{3}$　　D. 3　　E. 12

24. 设$\boldsymbol{A}=(a_{ij})$是三阶非零矩阵，$|\boldsymbol{A}|$为$\boldsymbol{A}$的行列式，A_{ij}为a_{ij}的代数余子式，若$a_{ij}+A_{ij}=0(i, j=1, 2, 3)$，则$|\boldsymbol{A}|=$(　　).

A. 1 或 -1　　B. 0　　C. 1　　D. -1　　E. 0 或 1

25. 设$\boldsymbol{A}$，$\boldsymbol{B}$都是n阶可逆矩阵，则下列说法不正确的是(　　).

A. $(\boldsymbol{A}^{\mathrm{T}})^{-1}=(\boldsymbol{A}^{-1})^{\mathrm{T}}$　　B. $(\boldsymbol{A}^{-1})^{-1}=\boldsymbol{A}$　　C. $(k\boldsymbol{A})^{-1}=k\boldsymbol{A}^{-1}$

D. $(\boldsymbol{AB})^{-1}=\boldsymbol{B}^{-1}\boldsymbol{A}^{-1}$　　E. $[(\boldsymbol{AB})^*]^{-1}=[(\boldsymbol{AB})^{-1}]^*$

26. 若三阶矩阵$\boldsymbol{A}=\begin{pmatrix}1&0&1\\0&1&1\\-1&0&a\end{pmatrix}$的秩为2，则$a=$(　　).

A. 0　　B. 2　　C. -2　　D. 1　　E. -1

27. 设$\boldsymbol{\alpha}_1=\begin{pmatrix}1\\0\\0\\k_1\end{pmatrix}$，$\boldsymbol{\alpha}_2=\begin{pmatrix}1\\2\\0\\k_2\end{pmatrix}$，$\boldsymbol{\alpha}_3=\begin{pmatrix}1\\2\\3\\k_3\end{pmatrix}$，$\boldsymbol{\alpha}_4=\begin{pmatrix}3\\1\\5\\k_4\end{pmatrix}$，其中$k_1$，$k_2$，$k_3$，$k_4$是任意实数，则有(　　).

A. $\boldsymbol{\alpha}_1$，$\boldsymbol{\alpha}_2$，$\boldsymbol{\alpha}_3$ 总线性相关　　B. $\boldsymbol{\alpha}_1$，$\boldsymbol{\alpha}_2$，$\boldsymbol{\alpha}_3$，$\boldsymbol{\alpha}_4$ 总线性相关

C. $\boldsymbol{\alpha}_1$，$\boldsymbol{\alpha}_2$，$\boldsymbol{\alpha}_3$ 总线性无关　　D. $\boldsymbol{\alpha}_1$，$\boldsymbol{\alpha}_2$，$\boldsymbol{\alpha}_3$，$\boldsymbol{\alpha}_4$ 总线性无关

E. 以上选项均不正确

28. 设$\boldsymbol{A}=\begin{pmatrix}1&-2&2\\-2&6&x\\3&0&-6\end{pmatrix}$，三阶矩阵$\boldsymbol{B}\neq\boldsymbol{O}$且满足$\boldsymbol{AB}=\boldsymbol{O}$，则(　　).

A. $x=-8$，$r(\boldsymbol{B})=1$　　B. $x=-8$，$r(\boldsymbol{B})=2$　　C. $x=8$，$r(\boldsymbol{B})=1$

D. $x=8$，$r(\boldsymbol{B})=2$　　E. x 与 $r(\boldsymbol{B})$的值无法确定

29. 设$\boldsymbol{A}$为n阶方阵，齐次线性方程组$\boldsymbol{Ax}=\boldsymbol{0}$有两个线性无关的解，$\boldsymbol{A}^*$是$\boldsymbol{A}$的伴随矩阵，则有(　　).

A. 方程组$\boldsymbol{A}^*\boldsymbol{x}=\boldsymbol{0}$仅有零解

B. 方程组$\boldsymbol{A}^*\boldsymbol{x}=\boldsymbol{0}$的解一定是$\boldsymbol{Ax}=\boldsymbol{0}$的解

C. 方程组$\boldsymbol{A}^*\boldsymbol{x}=\boldsymbol{0}$与$\boldsymbol{Ax}=\boldsymbol{0}$无非零的公共解

D. 方程组$\boldsymbol{A}^*\boldsymbol{x}=\boldsymbol{0}$与$\boldsymbol{Ax}=\boldsymbol{0}$有且仅有一个非零的公共解

E. 方程组$\boldsymbol{A}^*\boldsymbol{x}=\boldsymbol{0}$与$\boldsymbol{Ax}=\boldsymbol{0}$有无穷多个非零的公共解

30. 10 台洗衣机中有 3 台二等品，现已售出 1 台，在余下的 9 台中任取 2 台发现均为一等品，则原先售出 1 台为二等品的概率为(　　).

A. $\frac{3}{10}$　　B. $\frac{1}{4}$　　C. $\frac{1}{5}$　　D. $\frac{3}{8}$　　E. $\frac{1}{2}$

31. 某时间段内通过路口的车流量X服从泊松分布，已知该时段内没有车通过的概率为$\frac{1}{\mathrm{e}}$，则这段时间内至少有两辆车通过的概率为(　　).

A $\frac{1}{\mathrm{e}}$　　B. $\frac{2}{\mathrm{e}}$　　C. $1-\frac{1}{\mathrm{e}}$　　D. $1-\frac{2}{\mathrm{e}}$　　E. $\frac{1}{2\mathrm{e}}$

32. 设随机变量X服从参数为$\lambda(\lambda>0)$的指数分布，且$P\{X\leqslant 1\}=\frac{1}{2}$，则参数$\lambda$为(　　).

A. 1　　B. 2　　C. ln 2　　D. e　　E. ln 3

33. 如果随机事件A，B满足条件$0<P(A)<1$，$P(B)>0$，$P(B\mid A)=P(B\mid \overline{A})$，则下列正确的是(　　).

A. $P(A\mid B)=P(\overline{A}\mid B)$　　B. $P(A\mid B)\neq P(\overline{A}\mid B)$

C. $P(A\overline{B})=P(A)P(\overline{B})$　　D. $P(AB)\neq P(A)P(B)$

E. 以上选项均不正确

34. 设随机变量X的概率密度为

$$f(x)=\begin{cases}\mathrm{e}^{-x}, & x>0,\\ 0, & x\leqslant 0,\end{cases}$$

则$Y=\mathrm{e}^{-2X}$的数学期望为(　　).

A. $\frac{1}{2}$　　B. $\frac{1}{3}$　　C. $\frac{1}{4}$　　D. $\frac{1}{5}$　　E. $\frac{1}{6}$

35. 设随机变量X的分布函数为$F(x)=\begin{cases}0, & x<0,\\ \frac{1}{2}, & 0\leqslant x<1,\\ 1-\mathrm{e}^{-x}, & x\geqslant 1,\end{cases}$则$P\{X=1\}=$(　　).

A. 0　　B. $\frac{1}{2}$　　C. $\frac{1}{2}-\mathrm{e}^{-1}$

D. $1-\mathrm{e}^{-1}$　　E. 以上选项均不正确

答案速查

1～5 BDCAE　　6～10 ADBCE　　11～15 BAEDA
16～20 DACED　　21～25 BCBDC　　26～30 ECAED
31～35 DCCBC

答案详解

1. B

【解析】原式$=\lim\limits_{x\to 0^+}\dfrac{x^2}{x(1-\cos\sqrt{x})}=\lim\limits_{x\to 0^+}\dfrac{x^2}{x\cdot\frac{1}{2}x}=2.$

2. D

【解析】当 $x\to 0$ 时，根据题干，有

$$\lim_{x\to 0}\frac{e^{\tan x}-e^x}{x^n}=\lim_{x\to 0}\frac{e^x(e^{\tan x-x}-1)}{x^n}=\lim_{x\to 0}\frac{\tan x-x}{x^n}=\lim_{x\to 0}\frac{\sec^2 x-1}{nx^{n-1}}$$
$$=\frac{1}{n}\lim_{x\to 0}\frac{\tan^2 x}{x^{n-1}}=\frac{1}{n}\lim_{x\to 0}\frac{x^2}{x^{n-1}},$$

所以 $n-1=2$，即 $n=3$.

3. C

【解析】$\lim\limits_{x\to 0}(x^2+x+e^x)^{\frac{1}{x}}=\lim\limits_{x\to 0}e^{\ln(x^2+x+e^x)^{\frac{1}{x}}}=e^{\lim\limits_{x\to 0}\frac{\ln(x^2+x+e^x)}{x}}=e^{\lim\limits_{x\to 0}\frac{x^2+x+e^x-1}{x}}=e^{\lim\limits_{x\to 0}\frac{2x+1+e^x}{1}}=e^2.$

4. A

【解析】$\lim\limits_{x\to 0^+}f(x)=\lim\limits_{x\to 0^+}\dfrac{1-e^{\tan x}}{\arcsin\frac{x}{2}}=-\lim\limits_{x\to 0^+}\dfrac{\tan x}{\frac{x}{2}}=-2$，$\lim\limits_{x\to 0^-}f(x)=\lim\limits_{x\to 0^-}a e^{2x}=a$，由连续的定义知 $a=-2$.

5. E

【解析】根据变下限积分求导数公式，可得

$$\frac{d}{dx}\int_{5x}^{3}f(t)dt=\left(-\int_{3}^{5x}f(t)dt\right)'=-5f(5x).$$

6. A

【解析】根据导数的定义知 $f'(0)=\lim\limits_{x\to 0}\dfrac{f(x)}{x}$.

当 $t=0$ 时，$\lim\limits_{x\to 0}\dfrac{f(tx)-f(x)}{x}=\lim\limits_{x\to 0}\dfrac{f(0)-f(x)}{x}=-\lim\limits_{x\to 0}\dfrac{f(x)}{x}=-f'(0)$；

当 $t\neq 0$ 时，$\lim\limits_{x\to 0}\dfrac{f(tx)-f(x)}{x}=\lim\limits_{x\to 0}\dfrac{tf(tx)}{tx}-\lim\limits_{x\to 0}\dfrac{f(x)}{x}=(t-1)f'(0)$.

综上，可知 $\lim\limits_{x\to 0}\dfrac{f(tx)-f(x)}{x}=(t-1)f'(0)$.

7. D

【解析】$F(x)=f(x)(1+|\sin x|)=\begin{cases} f(x)(1-\sin x), & -\dfrac{\pi}{2}<x<0, \\ f(0), & x=0, \\ f(x)(1+\sin x), & 0<x<\dfrac{\pi}{2}. \end{cases}$

$F'_{-}(0)=\lim\limits_{x\to 0^-}\dfrac{f(x)(1-\sin x)-f(0)}{x}=\lim\limits_{x\to 0^-}\dfrac{f(x)-f(0)}{x}-\lim\limits_{x\to 0^-}f(x)\dfrac{\sin x}{x}=f'(0)-f(0)$;

$F'_{+}(0)=\lim\limits_{x\to 0^+}\dfrac{f(x)(1+\sin x)-f(0)}{x}=\lim\limits_{x\to 0^+}\dfrac{f(x)-f(0)}{x}+\lim\limits_{x\to 0^+}f(x)\dfrac{\sin x}{x}=f'(0)+f(0)$;

因 $F(x)$在点 $x=0$ 处可导，则必有 $F'_{-}(0)=F'_{+}(0)$，即 $f'(0)-f(0)=f'(0)+f(0)$，从而 $f(0)=0$，故 $F(0)=0$.

8. B

【解析】方程两边关于 x 求导，得 $1=e^{y\ln y}\left(y'\ln y+y\dfrac{1}{y}y'\right)$，解得 $y'=\dfrac{1}{y^y(1+\ln y)}=\dfrac{1}{x(1+\ln y)}$，从而 $dy=y'dx=\dfrac{1}{x(1+\ln y)}dx$.

9. C

【解析】由题意可知，函数 $f(x)$是单调减函数，故 $f'(x)\leqslant 0$. 当 $x_1>x_2$ 时，$-x_1<-x_2$，则 $f(-x_1)>f(-x_2)$，从而$-f(-x_1)<-f(-x_2)$，即 $f(-x)$单调增加，$-f(-x)$单调减少.

10. E

【解析】原式$=\displaystyle\int\frac{d\ln x}{\sqrt{1-\ln^2 x}}=\arcsin(\ln x)+C$.

11. B

【解析】由原函数的概念知 $f(x)=(\sin x)'=\cos x$，所以 $f'(x)=-\sin x$.

12. A

【解析】因为$\lim\limits_{x\to 1}\dfrac{x^2-2x-3}{x^2-1}=\infty$，$\lim\limits_{x\to -1}\dfrac{x^2-2x-3}{x^2-1}=\lim\limits_{x\to -1}\dfrac{(x-3)(x+1)}{(x-1)(x+1)}=\lim\limits_{x\to -1}\dfrac{x-3}{x-1}=2$，所以曲线的垂直渐近线的方程是 $x=1$.

13. E

【解析】由定积分的几何意义可知，该定积分值等于圆 $x^2+y^2=9$ 的四分之一的面积，故有

$$\int_0^3\sqrt{9-x^2}\,dx=\frac{1}{4}\cdot\pi\cdot 3^2=\frac{9}{4}\pi.$$

14. D

【解析】$\displaystyle\int_{-1}^{1}(x+\sqrt{1-x^2})^2dx=\int_{-1}^{1}(1+2x\sqrt{1-x^2})dx=\int_{-1}^{1}1dx=2$(其中 $2x\sqrt{1-x^2}$ 为奇函数，在$[-1,1]$上的积分值为 0).

15. A

【解析】$\displaystyle\int_1^{+\infty}\frac{1}{x\sqrt{x^2-1}}dx=\lim_{b\to+\infty}\int_1^b\frac{1}{x\sqrt{x^2-1}}dx=\lim_{b\to+\infty}\int_1^b\frac{-1}{\sqrt{1-\frac{1}{x^2}}}d\frac{1}{x}=\lim_{b\to+\infty}\left(-\arcsin\frac{1}{x}\right)\Big|_1^b$

$$=\lim_{b\to+\infty}\left(-\arcsin\frac{1}{b}\right)+\frac{\pi}{2}=\frac{\pi}{2}.$$

16. D

【解析】易知，$x=4$ 是函数的间断点，$\lim\limits_{x\to4}\dfrac{\sqrt{x}-2}{x-4}=\lim\limits_{x\to4}\dfrac{(\sqrt{x}-2)(\sqrt{x}+2)}{(x-4)(\sqrt{x}+2)}=\lim\limits_{x\to4}\dfrac{1}{\sqrt{x}+2}=\dfrac{1}{4}$，函数在 $x=4$ 这一点极限存在，所以左右极限相等，$x=4$ 为第一类间断点中的可去间断点.

17. A

【解析】$\int_0^1\dfrac{f(x)}{\sqrt{x}}\mathrm{d}x=2\int_0^1 f(x)\mathrm{d}\sqrt{x}=2[\sqrt{x}f(x)]\Big|_0^1-2\int_0^1\sqrt{x}f'(x)\mathrm{d}x$. 因为 $f(x)=\int_1^{\sqrt{x}}\mathrm{e}^{-t^2}\mathrm{d}t$，于是有

$$f(1)=0,\ f'(x)=\mathrm{e}^{-x}\frac{1}{2\sqrt{x}},$$

所以 $\int_0^1\dfrac{f(x)}{\sqrt{x}}\mathrm{d}x=0-\int_0^1\mathrm{e}^{-x}\mathrm{d}x=\mathrm{e}^{-x}\Big|_0^1=\mathrm{e}^{-1}-1$.

18. C

【解析】要使函数有意义，须

$$\begin{cases}x^2+y^2-4>0,\\9-x^2-y^2>0,\end{cases}$$

所以 $4<x^2+y^2<9$.

19. E

【解析】因为 $x^2+y^2\geqslant2|xy|$，所以 $0\leqslant\left|\dfrac{x^2y^2}{x^2+y^2}\right|\leqslant\dfrac{|xy|}{2}$. 又因为 $\lim\limits_{\substack{x\to0\\y\to0}}\dfrac{|xy|}{2}=0$，由夹逼准则，极限 $\lim\limits_{\substack{x\to0\\y\to0}}\dfrac{x^2y^2}{x^2+y^2}=0$.

20. D

【解析】D选项中，若 $f(x,y)$ 在 (x_0,y_0) 处可求偏导并且偏导数连续的话，才能推出 $f(x,y)$ 在 (x_0,y_0) 处可微.

21. B

【解析】由 $\begin{cases}z_x=0,\\z_y=0,\end{cases}$ 得 $\begin{cases}2x+2y=0,\\2x+4y-6=0,\end{cases}$ 解得唯一驻点 $(-3,3)$.

再由 $z_{xx}=2$，$z_{xy}=2$，$z_{yy}=4$ 得，$A=2$，$B=2$，$C=4$，则有 $AC-B^2=4>0$，$A>0$，故得 $(-3,3)$ 是极小值点.

22. C

【解析】根据求偏导公式，有

$$x\frac{\partial f}{\partial x}-y\frac{\partial f}{\partial y}=x(y\mathrm{e}^{x^2}+2x^2y\mathrm{e}^{x^2})-y(x\mathrm{e}^{x^2})=2x^3y\mathrm{e}^{x^2}=2x^2f(x,y).$$

23. B

【解析】根据矩阵的运算和行列式的性质，可得

$$\left||\boldsymbol{A}|\boldsymbol{A}^{\mathrm{T}}\boldsymbol{B}^{-1}\right|=|\boldsymbol{A}|^3\cdot|\boldsymbol{A}^{\mathrm{T}}|\cdot|\boldsymbol{B}^{-1}|=2^3\cdot2\cdot\frac{1}{3}=\frac{16}{3}.$$

24. D

【解析】由 $a_{ij}+A_{ij}=0$ 可知，对任意的 i，j 都有 $a_{ij}=-A_{ij}$，即 $\boldsymbol{A}^{\mathrm{T}}=-\boldsymbol{A}^{*}$，从而有

$$|\boldsymbol{A}|=a_{i1}A_{i1}+a_{i2}A_{i2}+a_{i3}A_{i3}=a_{1j}A_{1j}+a_{2j}A_{2j}+a_{3j}A_{3j}=-\sum_{j=1}^{3}a_{ij}^{2}=-\sum_{i=1}^{3}a_{ij}^{2},$$

即行列式 $|\boldsymbol{A}|$ 恰好等于每一行(或列)三个元素的平方和的相反数，由于 $\boldsymbol{A}$ 是非零矩阵，所以一定有 $|\boldsymbol{A}|<0$. 再由 $\boldsymbol{A}^{\mathrm{T}}=-\boldsymbol{A}^{*}$ 可得，$|\boldsymbol{A}|=|\boldsymbol{A}^{\mathrm{T}}|=|-\boldsymbol{A}^{*}|=-|\boldsymbol{A}|^{2}$，故 $|\boldsymbol{A}|=-1$.

25. C

【解析】根据矩阵的逆的运算法则，易知选项 A，B，D，E 都正确．

选项 C 是错误的，数乘矩阵求逆的运算法则应该是 $(k\boldsymbol{A})^{-1}=k^{-1}\boldsymbol{A}^{-1}$，故选 C.

26. E

【解析】由 $r(\boldsymbol{A})=2<3$ 可得 $|\boldsymbol{A}|=\begin{vmatrix}1&0&1\\0&1&1\\-1&0&a\end{vmatrix}=a+1=0\Rightarrow a=-1$.

27. C

【解析】根据向量组相关性的性质，如果三维向量是线性无关的，则再加上一维分量必线性无关，因此先取 4 个向量的前三个分量进行判定．

以 $\boldsymbol{\alpha}_1$，$\boldsymbol{\alpha}_2$，$\boldsymbol{\alpha}_3$，$\boldsymbol{\alpha}_4$ 的前三个分量为列向量构成 3×4 阶矩阵 $\boldsymbol{A}$，即

$$\begin{matrix}\quad\ \ \boldsymbol{\alpha}_1, & \boldsymbol{\alpha}_2, & \boldsymbol{\alpha}_3, & \boldsymbol{\alpha}_4\end{matrix}$$

$$\boldsymbol{A}=\begin{pmatrix}1&1&1&3\\0&2&2&1\\0&0&3&5\end{pmatrix},$$

可以看出，这是一个阶梯形矩阵，且第一，二，三列线性无关，第一，二，四列也线性无关，则可得这两组向量加上任意的第四维分量之后仍然是线性无关的．从而有 $\boldsymbol{\alpha}_1$，$\boldsymbol{\alpha}_2$，$\boldsymbol{\alpha}_3$ 总是线性无关的，$\boldsymbol{\alpha}_1$，$\boldsymbol{\alpha}_2$，$\boldsymbol{\alpha}_4$ 总是线性无关的．故选项 C 正确．

其他选项的相关性取决于添加的最后一个分量 k_i 的值．

28. A

【解析】由于 $\boldsymbol{AB}=\boldsymbol{O}$ 且 $\boldsymbol{B}\neq\boldsymbol{O}$，则可知齐次线性方程组 $\boldsymbol{Ax}=\boldsymbol{0}$ 一定有非零解，从而 $r(\boldsymbol{A})<3$.

对矩阵 $\boldsymbol{A}$ 作初等行变换，可得

$$\boldsymbol{A}=\begin{pmatrix}1&-2&2\\-2&6&x\\3&0&-6\end{pmatrix}\to\begin{pmatrix}1&-2&2\\0&2&x+4\\0&6&-12\end{pmatrix}\to\begin{pmatrix}1&-2&2\\0&1&-2\\0&2&x+4\end{pmatrix}\to\begin{pmatrix}1&-2&2\\0&1&-2\\0&0&x+8\end{pmatrix},$$

因为 $r(\boldsymbol{A})<3\Leftrightarrow x+8=0$，所以 $x=-8$.

此时 $r(\boldsymbol{A})=2$，从而方程组 $\boldsymbol{Ax}=\boldsymbol{0}$ 的基础解系的秩为 $3-r(\boldsymbol{A})=3-2=1$，也就是矩阵 $\boldsymbol{B}$ 的列向量组的秩 $r(\boldsymbol{B})\leqslant1$，而 $\boldsymbol{B}$ 非零，则 $r(\boldsymbol{B})\geqslant1$. 所以一定有 $r(\boldsymbol{B})=1$.

29. E

【解析】由 $\boldsymbol{Ax}=\boldsymbol{0}$ 有两个线性无关的解，可知基础解系中向量的个数不小于 2，所以 $r(\boldsymbol{A})\leqslant n-2$，从而 $r(\boldsymbol{A}^{*})=0$，即 $\boldsymbol{A}^{*}=\boldsymbol{O}$. 所以任意 n 维向量都是方程组 $\boldsymbol{A}^{*}\boldsymbol{x}=\boldsymbol{0}$ 的解向量．而方程组 $\boldsymbol{Ax}=\boldsymbol{0}$的基础解系的秩$\geqslant2$，从而方程组 $\boldsymbol{Ax}=\boldsymbol{0}$ 一定有无穷多组非零解，但不是任意 n 维向量

都是$\boldsymbol{Ax}=\boldsymbol{0}$的解，显然，选项A，B错误．对于选项C，D，E，由于方程组$\boldsymbol{A}^*\boldsymbol{x}=\boldsymbol{0}$与$\boldsymbol{Ax}=\boldsymbol{0}$的公共解即为方程组$\boldsymbol{Ax}=\boldsymbol{0}$的解，从而必有无穷多个非零公共解，故选E.

30. D

【解析】设事件A为售出的1台为二等品，事件B为9台中取2台均为一等品，则所求概率为

$$P(A\mid B)=\frac{P(A)P(B\mid A)}{P(B)}=\frac{P(A)P(B\mid A)}{P(B\mid A)P(A)+P(B\mid \overline{A})P(\overline{A})},$$

由于$P(A)=\frac{3}{10}$，$P(\overline{A})=\frac{7}{10}$，$P(B\mid A)=\frac{C_7^2}{C_9^2}=\frac{7}{12}$，$P(B\mid \overline{A})=\frac{C_6^2}{C_9^2}=\frac{5}{12}$，故

$$P(A\mid B)=\frac{\frac{3}{10}\cdot\frac{7}{12}}{\frac{3}{10}\cdot\frac{7}{12}+\frac{7}{10}\cdot\frac{5}{12}}=\frac{3}{8}.$$

31. D

【解析】X服从泊松分布，已知$P\{X=0\}=\frac{\lambda^0}{0!}\mathrm{e}^{-\lambda}=\frac{1}{\mathrm{e}}$，解得$\lambda=1$，则至少有两辆车通过的概率为

$$P\{X\geqslant 2\}=1-P\{X<2\}=1-P\{X=0\}-P\{X=1\}=1-\frac{1}{\mathrm{e}}-\frac{\lambda}{1!}\mathrm{e}^{-\lambda}=1-\frac{2}{\mathrm{e}}.$$

32. C

【解析】$P\{X\leqslant 1\}=1-\mathrm{e}^{-\lambda\cdot 1}=\frac{1}{2}$，即$\mathrm{e}^{-\lambda}=\frac{1}{2}$，解得$\lambda=\ln 2$.

33. C

【解析】由条件概率的定义可得

$$P(B\mid A)=\frac{P(AB)}{P(A)},\ P(B\mid \overline{A})=\frac{P(\overline{A}B)}{P(\overline{A})}=\frac{P(B)-P(AB)}{1-P(A)},$$

则有$\frac{P(AB)}{P(A)}=\frac{P(B)-P(AB)}{1-P(A)}$，即

$$P(AB)[1-P(A)]=P(A)[P(B)-P(AB)],$$

从而有$P(AB)=P(A)P(B)$，故A与B相互独立，则有A与$\overline{B}$相互独立．

34. B

【解析】由连续型随机变量函数期望的计算公式，有

$$E(Y)=E(\mathrm{e}^{-2X})=\int_{-\infty}^{+\infty}\mathrm{e}^{-2x}f(x)\mathrm{d}x=\int_0^{+\infty}\mathrm{e}^{-2x}\mathrm{e}^{-x}\mathrm{d}x=\frac{1}{3}.$$

35. C

【解析】利用分布函数计算概率．由已知条件，可得

$$P\{X=1\}=F(1)-F(1-0)=1-\mathrm{e}^{-1}-\frac{1}{2}=\frac{1}{2}-\mathrm{e}^{-1}.$$